CHUYẾN BAY SAU CÙNG

The Last Flight Out (English Version)

Những Câu Chuyện Về Lòng Dũng Cảm, Tình Yêu Và Khởi Đầu Mới

Nguyễn Văn Ba

CHUYẾN BAY SAU CÙNG (The Last Flight Out)
Copyright © 2025 by Nguyễn Văn Ba

All rights reserved. No part of this book may be used or reproduced in any manner whatsoever without written permission except for brief quotations embodied in critical articles or reviews.

Many names, characters, and businesses have been altered for privacy purposes. Any resemblance to actual persons, living or dead, events, or locales is entirely coincidental.

Mọi quyền được bảo lưu. Không phần nào của cuốn sách này được sử dụng hoặc sao chép dưới bất kỳ hình thức nào mà không có sự cho phép bằng văn bản, ngoại trừ những trích dẫn ngắn trong các bài viết phê bình hoặc đánh giá.

Nhiều tên, nhân vật, và doanh nghiệp đã được thay đổi vì mục đích bảo mật. Bất kỳ sự trùng hợp nào với người thật, còn sống hay đã mất, sự kiện, hoặc địa điểm chỉ là ngẫu nhiên.

Images on the USS Kirk courtesy of the US Navy.

For information contact:
Web: https://nguyenvanba.com
Email: mdn425@gmail.com

ISBN: 979-8-9919618-1-3

BVN1EDV - November 2024

MỤC LỤC

MỤC LỤC..	1
LỜI CẢM ƠN...	3
PHẦN 1: SỰ SỤP ĐỔ VÀ CUỘC TRỐN CHẠY	5
Tổng Quan: Ch. 1 - "Chuyến Bay Sau Cùng"	6
Tổng Quan: Ch. 2 - "Phi Vụ Tống-Lệ-Chân"	8
Tổng Quan: Ch. 3 - "Vết Chân Tị Nạn"	10
CHƯƠNG 1...	13
CHƯƠNG 2...	26
CHƯƠNG 3...	37
PHẦN 2: TÁI ĐỊNH CƯ VÀ THÍCH NGHI	55
Tổng Quan: Ch. 4 - "Đổi Đời"	56
Tổng Quan: Ch. 5 - "Xóm Cầu Nổi"	58
Tổng Quan: Ch. 6 - "Dĩ Vãng Buồn"	60
Tổng Quan: Ch. 7 - "Thầy Giáo Bảo"	62
CHƯƠNG 4...	64
CHƯƠNG 5...	95
CHƯƠNG 6...	248

CHƯƠNG 7	**288**
PHẦN 3: SUY NGẪM VÀ ĐOÀN TỤ	**348**
Tổng Quan: Ch. 8 - "Mưa Đầu Mùa"	349
Tổng Quan: Ch. 9 - "Bong Bóng Nước Mưa"	351
Tổng Quan: Ch. 10 - "Những Cánh Chim Việt"	353
Tổng Quan: Ch. 11 - "Những Chiếc Lá Cuối Mùa"	355
CHƯƠNG 8	**357**
CHƯƠNG 9	**370**
CHƯƠNG 10	**418**
CHƯƠNG 11	**462**
VỀ TÁC GIẢ	**470**

Lời Cảm Ơn

Gia đình của Nguyễn Văn Ba xin bày tỏ lòng biết ơn sâu sắc nhất đến Đại úy Paul Jacobs và những thành viên dũng cảm của tàu USS Kirk vì lòng nhân ái và sự cảm thông phi thường được thể hiện vào ngày 29 tháng 4 năm 1975. Những nỗ lực của họ đã cứu sống vô số mạng người, bao gồm cả gia đình chúng tôi, trong một thời điểm then chốt của lịch sử. Chúng tôi cũng vô cùng biết ơn Jan K. Herman, người đã thông qua nghiên cứu cần mẫn của mình mà làm sáng tỏ những hành động anh hùng trong ngày hôm đó qua cuốn sách và bộ phim tài liệu, "The Lucky Few: The Fall of Saigon and the Rescue Mission of the USS Kirk."

Xin gửi lời cảm ơn đặc biệt đến Rory Kennedy, Moxie Film, Naja Pham Lockwood, và PBS/American Experience vì vai trò quan trọng của họ trong việc sản xuất bộ phim được đề cử giải Oscar năm 2015 "Last Days in Vietnam." Bộ phim tài liệu này đã góp phần quan trọng trong việc chia sẻ câu chuyện của gia đình chúng tôi trong số rất nhiều câu chuyện xúc động khác trong những ngày cuối tháng Tư năm 1975, gìn giữ ký ức về những thời kỳ hỗn loạn đó.

Chiến tranh và xung đột để lại những bóng tối dài, mang đến bóng tối và đau khổ không kể xiết. Tuy nhiên, trong hậu quả của nó, chiến tranh cũng hé lộ những câu chuyện về sự kiên cường và tinh thần nhân văn. Nội dung gốc của cuốn sách này được rút ra từ những bài viết của Nguyễn Văn Ba, được viết ban đầu bằng tiếng Việt trong khoảng thời gian từ cuối những năm 1980 đến năm 2004 và đã được xuất bản trước đó trên các tờ báo Việt ngữ chủ yếu tại Seattle và các thành phố khác của Hoa Kỳ. Bộ sưu tập được dịch này không chỉ là một lời tri ân đến kỷ niệm 50 năm (2025) của những sự kiện then chốt này mà còn là để thực hiện nguyện vọng cá nhân chân thành của Nguyễn Văn Ba để cháu con và hậu duệ của ông hiểu rõ nguồn gốc và sức mạnh của di sản và văn hóa gia đình mình.

Giữa việc kể lại những thực tế của chiến tranh và xung đột từ góc nhìn độc đáo của mình, Nguyễn Văn Ba đã hy vọng sẽ thấy một cộng đồng người Việt toàn cầu thống nhất — một cộng đồng chia sẻ các lý tưởng chung và những truyền thống phong phú, cùng nhau nỗ lực hướng tới hòa giải và tình anh em. Qua những trang sách này, chúng tôi mong muốn tôn vinh di sản của ông và đóng góp vào việc chữa lành và thống nhất mà ông đã hình dung.

www.nguyenvanba.com

CHUYẾN BAY SAU CÙNG

Phần 1: Sự Sụp Đổ và Cuộc Trốn Chạy

Sự Sinh Tồn và Hy Sinh Trước Cơn Hỗn Loạn - Phần này tập trung vào các sự kiện kịch tính xung quanh ngày Sài Gòn thất thủ, cuộc trốn chạy khỏi Việt Nam, và những hậu quả tức thời. Nó thể hiện sự căng thẳng, sợ hãi, và tuyệt vọng trong những ngày cuối cùng, cũng như những hy sinh cá nhân đã được thực hiện.

Tổng Quan: Ch. 1 - "Chuyến Bay Sau Cùng"

"Chuyến Bay Sau Cùng" là một câu chuyện đầy cảm xúc về những giờ phút cuối cùng trước khi Sài Gòn thất thủ vào ngày 29 tháng 4 năm 1975, qua góc nhìn của Nam, một phi công trong Phi đoàn 237 Lôi Thanh. Câu chuyện bắt đầu vào rạng sáng tại phi trường Tân Sơn Nhất, khi Nam và đồng đội đang chuẩn bị cho một chuyến bay đầy hiểm nguy trong bối cảnh hỗn loạn của cuộc chiến.

Sự Hỗn Loạn và Quyết Định Cuối Cùng: Trong tình hình phi trường Tân Sơn Nhất bị ném bom bởi các phi công đào ngũ theo Việt Cộng, Nam đối mặt với một quyết định khó khăn: liệu nên ở lại để nhận lệnh từ Bộ Tư lệnh Không Quân hay nhanh chóng di tản để bảo vệ tính mạng của bản thân và đồng đội. Sự lo lắng và căng thẳng bao trùm khi những chuyến bay vận tải cơ khác đang lần lượt rời đi, mang theo gia đình của các sĩ quan cao cấp. Trong tình thế cấp bách, Nam quyết định giữ bình tĩnh, tổ chức các phi hành đoàn và chuẩn bị cẩn thận cho một chuyến bay mà điểm đến vẫn chưa được xác định.

Trách Nhiệm và Tình Đồng Đội: Với vai trò là người chỉ huy cuối cùng của Phi đoàn 237, Nam mang trên vai trách nhiệm nặng nề của một người lãnh đạo. Dù anh có thể dễ dàng bỏ trốn như những người khác, Nam chọn ở lại để đảm bảo an toàn cho đồng đội của mình. Cùng với những người lính dưới quyền, anh chuẩn bị kỹ lưỡng cho phi hành đoàn, sắp xếp vũ khí và đạn dược, đồng thời cảnh giác trước mọi nguy cơ bị tấn công bởi lực lượng đặc công của Việt Cộng. Quyết định ở lại và không bỏ rơi đồng đội của Nam thể hiện lòng trung thành và tinh thần trách nhiệm của một người lính trước tình hình ngặt nghèo.

Cuộc Chiến Sinh Tồn và Lòng Yêu Nước: Trong chuyến bay từ Tân Sơn Nhất đến Vũng Tàu và sau đó là Mỹ Tho, Nam và đồng đội phải đối mặt với nhiều hiểm nguy, bao gồm cả pháo kích từ phía Việt Cộng. Sau khi hạ cánh an toàn tại Mỹ Tho, Nam nhận ra rằng tình hình đang ngày càng trở nên tuyệt vọng. Trong cuộc họp kín với đồng đội, Nam quyết định bay ra Đệ Thất Hạm Đội của Mỹ, nơi hải quân Hoa Kỳ đang chờ sẵn ngoài khơi biển Thái Bình Dương. Dù đây là một quyết định khó khăn, nhưng nó là lựa chọn duy nhất để bảo toàn mạng sống trong tình thế khẩn cấp này.

Hy Sinh và Sự Lựa Chọn: Câu chuyện đạt đến cao trào khi Nam thực hiện cú đáp khẩn cấp xuống biển, sau khi đã đưa vợ con và đồng đội lên tàu của Hải quân Mỹ một cách an toàn. Trong thời khắc đối mặt với nguy hiểm cận kề, Nam vẫn giữ vững tinh thần trách nhiệm và lòng yêu nước, không bao giờ bỏ rơi đồng đội hay tìm cách thoát thân trước. Sự hy sinh của Nam được thể hiện qua việc anh quyết định thực hiện nhiệm vụ đến cùng, dù biết rằng hành trình này có thể là chuyến bay cuối cùng trong cuộc đời binh nghiệp của mình.

"Chuyến Bay Sau Cùng" không chỉ là một câu chuyện về sự hy sinh và lòng trung thành, mà còn là một cái nhìn sâu sắc về những quyết định sinh tử trong những giờ phút cuối cùng của chiến tranh Việt Nam. Câu chuyện này nhấn mạnh sự tận tụy, lòng can đảm của những người lính trong những giây phút ngặt nghèo nhất, và nỗi đau đớn khi buộc phải rời bỏ quê hương trong cảnh khốn cùng.

Tổng Quan: Ch. 2 - "Phi Vụ Tống-Lệ-Chân"

"Phi Vụ Tống-Lệ-Chân" là một câu chuyện đầy kịch tính và xúc động, xoay quanh một chiến dịch quân sự nguy hiểm của Phi đoàn Lôi Thanh 237 trong cuộc chiến Việt Nam vào năm 1972. Câu chuyện tái hiện lại một phi vụ cảm tử mang tên "Tống-Lệ-Chân," nơi những người lính can đảm đã đối mặt với hiểm nguy và cái chết để thực hiện nhiệm vụ.

Bối cảnh chiến trường khốc liệt: Tống-Lệ-Chân không phải là tên của một người, mà là tên của một ngọn đồi chiến lược nằm gần thành phố An Lộc. Vào mùa hè năm 1972, Bắc Việt mở cuộc tấn công lớn với ý định chiếm hai tỉnh Bình Long và Phước Long nhằm tạo áp lực lên chính phủ Việt Nam Cộng Hòa và giành ưu thế trên trường quốc tế. Ngọn đồi Tống-Lệ-Chân, được bảo vệ bởi một tiểu đoàn Biệt Động Quân VNCH, trở thành điểm phòng thủ trọng yếu, đóng vai trò như "tai và mắt" cho cả thành phố Sài Gòn. Do vị trí chiến lược quan trọng, ngọn đồi này trở thành mục tiêu mà quân đội Bắc Việt quyết tâm chiếm đóng bằng mọi giá.

Phi vụ cảm tử: Trước tình hình chiến sự căng thẳng, Tổng Tham Mưu QLVNCH ra lệnh thực hiện một phi vụ cảm tử để tăng cường lực lượng và tiếp tế cho các binh sĩ trên ngọn đồi Tống-Lệ-Chân. Phi vụ này đặc biệt nguy hiểm bởi vì khu vực này bị quân đội Bắc Việt bao vây chặt chẽ, trang bị vũ khí phòng không hiện đại, bao gồm cả hoả tiễn tầm nhiệt SA-7. Trong bối cảnh đó, Đại úy Lê Văn C, phi đội trưởng của Phi đội 1 thuộc Phi đoàn Lôi Thanh 237, cùng với Đại úy Huỳnh Bá H và các thành viên khác trong phi hành đoàn, đã dũng cảm tình nguyện thực hiện nhiệm vụ này.

PHẦN 1: SỰ SỤP ĐỔ VÀ CUỘC TRỐN CHẠY

Cuộc chiến sinh tử: Trong màn đêm đen tối, phi cơ của họ tiến vào khu vực Tống-Lệ-Chân, đối mặt với làn đạn phòng không dày đặc từ quân địch. Mặc dù bị bắn trúng nhiều lần và gặp phải vô vàn khó khăn, phi hành đoàn vẫn cố gắng điều khiển máy bay đáp xuống bãi đáp nhỏ hẹp trên đỉnh đồi, nơi họ cần thả binh lính tiếp viện và rút lui các thương binh. Tuy nhiên, chiếc trực thăng đã bị hư hại nặng nề và cuối cùng bốc cháy, tạo nên một khung cảnh đầy bi thảm. Một số thành viên của phi hành đoàn và các binh sĩ Biệt Động Quân đã anh dũng hy sinh trong trận chiến khốc liệt này.

Tinh thần dũng cảm và tình huynh đệ: Mặc dù phải đối mặt với những nguy hiểm chết người, các thành viên của phi hành đoàn đã thể hiện tinh thần dũng cảm, sự quyết tâm cao độ trong việc bảo vệ đồng đội của mình. Đặc biệt, Thượng sĩ Nguyễn Văn T đã hy sinh trong khi thực hiện nhiệm vụ, để lại nỗi đau và sự tiếc thương sâu sắc trong lòng đồng đội. Cuối cùng, phi vụ đã thành công trong việc cứu thoát một số binh sĩ Biệt Động Quân còn sống sót và đưa về thi thể của những người đã ngã xuống, bất chấp mọi hiểm nguy rình rập.

"Phi Vụ Tống-Lệ-Chân" không chỉ là một câu chuyện về chiến tranh, mà còn là một lời ca ngợi tinh thần dũng cảm, lòng trung thành và tình huynh đệ giữa những người lính trong những giờ phút nguy nan nhất. Câu chuyện này tôn vinh sự hy sinh cao cả của những người lính, đồng thời là một lời nhắc nhở sâu sắc về những trang sử oai hùng nhưng đầy bi thương của dân tộc, nơi mà những con người đã sẵn sàng hiến dâng mạng sống vì tổ quốc và đồng đội.

Tổng Quan: Ch. 3 - "Vết Chân Tị Nạn"

"Vết Chân Tị Nạn" là một hồi ký xúc động kể về hành trình gian khổ của Nam và gia đình trong những ngày cuối cùng của chiến tranh Việt Nam, khi họ buộc phải rời bỏ quê hương để tìm kiếm một cuộc sống mới tại Hoa Kỳ. Câu chuyện bắt đầu vào ngày 30 tháng 4 năm 1975, ngày Sài Gòn thất thủ, khi Nam cùng gia đình bước lên một tàu hải quân thuộc Đệ Thất Hạm Đội Mỹ, mở đầu cho một cuộc hành trình đầy gian nan và cảm xúc.

Nỗi đau và mất mát: Tác giả mô tả sâu sắc nỗi đau của việc rời xa quê hương, nơi đã gắn bó với Nam suốt 13 năm phục vụ trong quân ngũ. Sự mất mát này không chỉ là về mặt vật chất mà còn là về tinh thần, khi Nam phải từ bỏ tất cả những gì quen thuộc và thân yêu để đối mặt với một tương lai bất định. Cảm giác bị bỏ rơi và phản bội bởi những người lãnh đạo, cùng với nỗi lo sợ cho số phận gia đình, tạo nên một bức tranh đầy bi kịch về cuộc đời của những người lính chiến bại.

Sự kiên cường và hy vọng: Dù phải đối mặt với những khó khăn khắc nghiệt trên biển, từ việc thiếu thốn lương thực, nước ngọt đến điều kiện vệ sinh tồi tệ, gia đình Nam vẫn giữ vững niềm tin vào tương lai. Sự kiên cường này không chỉ thể hiện ở việc vượt qua những thử thách vật chất, mà còn là ở tinh thần không ngừng hy vọng, dù cho hoàn cảnh có nghiệt ngã đến đâu. Những khoảnh khắc hy vọng nhỏ bé, như khi gia đình được thông báo sẽ chuyển sang một con tàu lớn hơn, giúp họ tiếp tục vượt qua cuộc hành trình dài.

Tinh thần cộng đồng và sự giúp đỡ: Khi đặt chân lên đảo Guam, gia

PHẦN 1: SỰ SỤP ĐỔ VÀ CUỘC TRỐN CHẠY

đình Nam nhận được sự giúp đỡ từ các tổ chức thiện nguyện quốc tế, đặc biệt là Hội Hồng Thập Tự. Sự giúp đỡ này không chỉ cung cấp những nhu yếu phẩm cơ bản mà còn mang lại niềm tin vào lòng nhân ái và tình người trong những hoàn cảnh khắc nghiệt nhất. Tác giả cũng nhấn mạnh sự cần thiết của sự đoàn kết trong cộng đồng, khi những người cùng chung cảnh ngộ cần phải giúp đỡ lẫn nhau để vượt qua khó khăn.

Sự thích nghi và bắt đầu lại: Khi đến Hoa Kỳ, Nam và gia đình phải đối mặt với thách thức mới trong việc thích nghi với cuộc sống tại trại tị nạn Camp Pendleton. Từ việc học cách sinh tồn trong điều kiện sống mới đến việc hòa nhập vào xã hội Mỹ, gia đình Nam dần dần tìm thấy con đường của mình. Quá trình này không hề dễ dàng, nhưng nó thể hiện sự quyết tâm và lòng kiên trì của những người tị nạn trong việc xây dựng lại cuộc sống từ con số không.

Ký ức và tình yêu quê hương: Suốt hành trình, Nam luôn nhớ về quê hương, nơi anh đã lớn lên và trưởng thành. Những ký ức về Việt Nam, về cuộc sống trước chiến tranh, về những người thân yêu đã bị bỏ lại, luôn ám ảnh anh. Tình yêu quê hương sâu đậm này khiến sự ra đi trở nên đau đớn hơn, nhưng cũng là nguồn động lực để anh tiếp tục sống và hy vọng vào một tương lai tươi sáng hơn cho gia đình.

Tài liệu này không chỉ là một hồi ký cá nhân mà còn là một bức tranh toàn cảnh về cuộc đời của những người Việt Nam tị nạn sau chiến tranh. Nó phản ánh những mất mát, sự kiên cường và lòng nhân ái, đồng thời ghi lại những trải nghiệm sâu sắc của một thế hệ đã phải rời xa quê hương để tìm kiếm tự do và hòa bình ở một miền đất mới.

CHƯƠNG 1

Chuyến Bay Sau Cùng

29-04-1975 Lúc bốn giờ sáng tại phi trường Tân Sơn Nhất, bốn chiếc phi cơ vận tải khổng lồ Chinook, đậu song-song nhau trước phi cảng hàng không dân sự Việt Nam.

Sở dĩ phi hành đoàn tạm trú tại đây, là vì ngày hôm trước 28-04-1975. Mấy tên hoa tiêu phản loạn theo Việt Cộng, đã dùng phi cơ chiếm được của Không Lực V.N.C.H, bỏ bôm phi trường để gây thêm áp lực, và làm hoang mang dân chúng Sài-Gòn.

Phi đoàn 237 Lôi Thanh của Nam cũng đành chịu chung số phận, và định mệnh đất nước. Tất cả nhân viên phi hành đều có vẽ rất nôn nóng. Họ muốn Nam có quyết định, nhưng anh vẫn còn trì hoãn, có ý chờ đợi Lôi Thanh một, gia nhập chung với anh em rồi sẽ quyết định dứt khoát sau. Vì trước đó ngày 27-04-1975, phi đoàn 237 được lệnh di chuyển căn cứ Biên-Hoà về Tân Sơn Nhất, vì lý do đó Lôi Thanh một phải ở lại Biên-Hoà, để điều động cùng với Chuẩn Tướng T...tư lệnh Sư Đoàn ba Không Quân, và Đại Tá T... không đoàn trưởng không đoàn 43 chiến thuật, còn Nam được chỉ định về điều động, chỉ huy lập cầu không vận Biên Hoà _Tân Sơn Nhất.

Trong lúc nầy các sĩ quan tham mưu của phi đoàn, đã hoàn toàn vắng mặt từ khi nghe tin phi trường bị dội bôm. Chiều ngày 28-04-1975 là những giờ phút cực kỳ nghiêm trọng, như ngồi trên dầu sôi lửa bỏng. Nam nhận thấy nhiều chuyến vận tải cơ C130, C47, C119..v..v.. đã lần lược cất cánh, chở đầy gia đình thân nhân của các sĩ quan tại Bộ tư lệnh Không Quân, để đi Thái Lan hoặc Côn Sơn. Một số lớn anh em sĩ quan, và hạ sĩ quan trong phi đoàn còn lại, họ cố bám theo Nam như một chiếc phao cuối cùng.

Nguyễn Văn Ba ["Nam"]

Sau khi kiểm điểm laị phi cơ, trong tình trạng tốt khả dụng hành quân, và yêu cầu đổ đầy xăng, Nam cắt bốn phi hành đoàn, gồm Nam, Đ/u S, Tr/u Q, Tr/u K và các anh em cơ phi, xạ thủ phi hành. Súng đạn được cất dâú trên tàu, để sẵn sàng tuỳ nghi ứng biến. Nam ra mật khẩu cho mọi người, và chia nhau canh gát để đề phòng đặc công trong đêm tối. Đêm hôm đó mọi người đều ngủ dưới bụng tàu, để chờ xem có tin tức gì mới từ Bộ tư lệnh Không Quân không?

Đã ba ngaỳ nay, Nam không có cơ hội để tắm rửa, vì sau khi đưa bà xã và các con về tạm trú với gia đình ở Phú Lâm, là anh ăn ở ngay tại phi đoàn, cấm trại 100% như tất cả các anh em khác. Có nhiều anh em sĩ quan cho Nam biết, là họ đã thấy gia đình của Không đoàn Trưởng, Không Đoàn Phó của các không đoàn chiến thuật, đang bận rộn đưa vợ con và gia đình ra khỏi Việt Nam. Trước kia thỉnh thoảng Nam có hỏi Lôi Thanh một, về chương trình di tản. Ong ta cũng chỉ biết rất mơ hồ là chờ lệnh trên.

Nam cũng thừa hiểu trong giai đoạn khẩn trương nầy. Các Tư Lệnh Sư Đoàn, Không Đoàn., và các sĩ quan tham mưu cao cấp, của Bộ Tư Lệnh Không Quân đã bí mật giữ kín tin tức để thuộc cấp khỏi hoang mang.

Nam khuyên anh em phi hành đoàn, nên nằm ngũ trên nền xi măng dưới bụng phi cơ, vì nếu có đặc công bắn phá, mình sẽ có cơ hội sống sót, và cũng có lợi the, là tầm quan sát rộng rãi để chống trả hữu hiệu hơn.

Lúc đầu hôm, Nam nhận thấy có rất nhiều phi cơ vận tải của Không lực V.N.C.H, lên xuống chở đầy ắp người, cất cánh bay về hướng nam, anh

CHƯƠNG 1 - CHUYẾN BAY SAU CÙNG

cũng không cần chú tâm để ý nhiều lắm. Thỉnh thoảng cũng có vài chiếc phi cơ, hàng không dân sự ngoại quốc đáp đêm, đậu cạnh chỗ CH-47. Hành khách đa số là dân chính ăn mặc rất tươm tất. Nam nghĩ có lẽ là các phu nhân mệnh phụ, hay gia đình của các quí tộc trong chính phủ V.N.C.H, mấy anh em hạ sĩ quan cho Nam biết họ đi Thái Lan.

Trong giờ phút cực kỳ khó khăn nầy, ngay chính anh em trong phi hành đoàn, Nam cũng không hoàn toàn tin tưởng, là họ có cùng ý nghĩ như anh, vì biết đâu những anh em đó có thể bị móc nối, bởi đặc công Việt Cộng, Nam chỉ cẩn thận im lặng, để ý dò xét cử chỉ và khuyến khích anh em chờ lệnh thượng cấp.

Đã nhiều đêm mất ngủ, thêm vào đó những sự suy nghĩ mênh mang, Nam đã thiếp đi lúc nào không hay biết, đến chừng một trái đạn hoả tiển 122 ly rớt gần đó, tiếng nổ long trời, làm mọi người phải thức giấc. Nam nhìn về đầu phi đạo phía nam, lửa đã cháy đỏ một vùng trời, hình như kho xăng bị trúng đạn phát hỏa. Lúc bấy giờ vào khoảng 3:30 giờ sáng, ngày 29-04-1975. Việt Cộng đang tập trung hỏa lực, để pháo vào phi trường, tiếng nổ hầu như không dứt. Tiếng đại bát 130 ly, cộng với tiếng hỏa tiển 122ly của địch phóng đi, rích lên trong gió, nghe như tiếng ma tru quỉ rống thật rợn người.

Phi trường gần như bị thụ động, vì Nam không nghe hay thấy, một tiếng phi cơ chiến đấu nào cất cánh, để oanh kích các mục tiêu pháo kích của địch cả. Nam gọi tất cả bốn phi hành đoàn lại, chuẩn bị sẵn sàng chờ lệnh, khi nào thấy chiếc số một quay máy, là các anh em hãy làm theo. Tất cả các anh em nôn bóng và cố gắng chờ đợi, để nghe tin tức từ Bộ tư Lệnh Không Quân qua tần số đài kiểm báo Paris.

Là một Sĩ Quan, đang đứng trước một tình trạng ngặc nghèo, rối loạn của lịch sử dân tộc, Nam vẫn luôn luôn tuyệt đối tuân hành kỷ luật quân đội, đặc mình dưới sự chỉ huy của thượng cấp. Như Cao-Bồi có ngựa trong tay, anh muốn bay đi lúc nào cũng được. Nhưng anh không làm chuyện đó, vì anh không phải là kẻ đào binh trốn tránh trách nhiệm, và anh em còn lại trong phi đoàn. Bổn phận và trách nhiệm của cấp chỉ huy, không cho anh làm thế. Lôi Thanh một không có mặt nơi đây, Nam là cấp chỉ huy cuối cùng của anh em trong đơn vị. Hiện tại anh em sĩ quan, và hạ sĩ quan còn lại xem Nam như một chiếc phao, cho họ níếu lấy trong giai đoạn gần như tuyệt vọng này.

Khoảng 4:00 giờ sáng, Nam nghe tin từ chiếc maý truyền tin của an ninh phi cảng, báo cáo là Việt cộng đang tấn công, và xâm nhập được vào vòng rào phía tây bắc phi trường, cách chỗ phi cơ đậu không xa lắm. Nam suy nghĩ có nán lại cũng vô ích. Anh cho tất cả phi hành đoàn quay máy, bay ra phim trường Vũng Tàu. Nam vẫn nghĩ Vũng Tàu nằm gần bờ biển, chắc là đỡ pháo kích hơn, anh cất cánh trước thì được biếc chiếc số hai của Đ/u S bị trục trặc, chưa quay máy được, Nam quay lại định đáp xuống để rước phi hành đoàn, thì số hai cũng vừa nổ máy lại được. Tất cả bốn chiếc trực chỉ Vũng Tàu, trời vẫn còn tối, Nam nhận thấy có rất nhiều chỗ chớp lên từng đợt sáng, ở chung quanh phi trường không xa lắm, anh chắc chắn đó là những chỗ đặc súng của bọn tụi nó đang pháo vào phi trường.

Hợp đoàn lên cao khoảng 3000 bo, nhìn xuống Sài gòn có rất nhiều đám cháy nhỏ, nhìn lại phi trường Tân Sơn Nhất, các bồn nhiên liệu đang cháy đỏ một góc trời. Gần tới căn cứ Haĩ Quân Vũng Tàu, hợp đoàn báo cáo là haỹ tránh xa, vì Haĩ Quân đang ở dưới tàu bắn lên phi cơ, Nam bảo anh em tắc hết đèn navigation bên ngoài, để dưới đất khó nhận thấy.

Không lâu lắm, bốn chiếc phi cơ đã đáp an toàn tại bai đổ xăng, dành cho phi cơ trực thăng, mọi việc coi như xong êm xui, Nam bảo tất cả anh em dời phi cơ ra bãi trống gần đó đậu, và tắc máy để nghe ngóng tình hình Sài Gòn, sẵn dịp để mọi người có thời gian, đi giải quyết vấn đề cá nhân, Nam cũng lợi dụng cơ hội để thay luôn bộ áo bay, vì chiếc áo anh đang mặc trong người đã ba ngày đêm rồi, bây giờ không có mùi thơm tho mấy. Nam vừa mặc xong chiếc áo, còn chưa kịp mang đôi giầy vào, thì "Oành - Oành" cát bụi tung toé khắp nơi, Tụi Việt Cộng lại pháo theo chúng tôi nửa. Mọi người đều nhanh nhẹn quay máy cất cánh, Nam cho lệnh anh em trực chỉ Cần Thơ. Khi tàu ở vị trí bình phi, Nam cố gọi về Paris lần cuối cũng không nhận được lệnh lạc gì cả. Nam nghĩ thế là xong!!?

Một phút sau đó Nam gọi hợp đoàn để biết chắc vị trí của họ:

– Đại bàng hai, ba, bốn đây một gọi cho biết vị trí
– Hai bên phải cách một dậm, một nghe rỏ trả lời
– Một nghe 5/5, ba báo cáo vị trí nghe rỏ trả lời
– Một đây bốn
– Nghe bốn 5/5
– Hình như Đại bàng ba, đã tách rời hợp đoàn trong khi cất cánh tại Vũng Tàu
– Nghe rỏ bốn

Nam im lặng như bất động trong phòng lái. Lại một cánh chim đã tách rời đàn, không luyến lưu, không một lời từ giã lần cuối cùng. Trong giờ phút nầy, Nam không có đủ thời giờ để oán giận, hay phiền trách bất cứ một hành động nào của anh em. Phi cơ là tài sản của quốc gia, nhưng ngay giờ phút nầy, là vật sở hữu của những anh em ngồi trong phòng lái. Họ muốn xử dụng tuỳ nghi theo ý nguyện, mặc dù Nam là cấp chỉ huy trực tiếp, nhưng sự thật trong giờ phút nầy, chỉ còn lại là tình "Chiến Hữu" vì các cấp chỉ huy của Nam, cũng tiềm đường lẩn tránh hoặc đào tẩu hết cả rồi!

– Đại bàng một đây hai gọi

CHƯƠNG 1 - CHUYẾN BAY SAU CÙNG

- Một nghe hai 5/5
- Xin một vui lòng cho tôi đáp xuống bờ hồ Mỹ Tho, để từ giã vợ con nghe trả lời
- Nghe hai 5/5 đồng ý. Chổ đáp bờ hồ hơi nhỏ, anh em nên cẩn thận.
Hai, bốn nghe rỏ trả lời
- Hai rỏ 5/5
- Bốn rỏ 5/5

Sau khi bay ở cao độ thấp, để quan sát xung quanh thành phố, Nam nhận thấy ở đây hoàn toàn yên tỉnh. Chợ Mỹ Tho vẫn đen nghịch khách hàng, mua bán không có vẻ gì là rối loạn giặc giã gì cả. Anh cho lệnh đáp, ba chiếc Chinook đậu choán gần hết bờ hồ, sau khi tắc máy, ai nấy đều có vẻ thoải mái. hình như nơi đây, không có cảnh bôm đạn náo loạn gì hết, chắc chắn dân chúng cũng chưa biết những gì đã xãy ra tại Sài Gòn.

Trong lúc Đ/u S chạy về thăm vợ con, ở trong phố, Nam bàn với anh em nên tạm trú nơi đây chứ không đi Cần Thơ nửa, tất cả đều đồng ý. Tr/u K phụ trách bay sang phi trường Đồng Tâm, để lấy thêm xăng cho ba chiếc phi cơ.

Thời gian đó, hình như các anh em phi hành đoàn còn độc thân, ngoại trừ Nam và Đ/u S đã có gia đình. Vợ và ba đứa con của Nam còn đang tạm trú tại Phú Lâm, nên Nam quyết định bay trở về, để bốc vợ và các con, rồi tới đâu hay tới đó!!

Bây giờ vào khoảng 9:30 sáng, ngày 29-04-1975 sau khi căn dặn anh em, nếu có thể thì ở đây chờ, khoảng 11:00 trưa anh sẽ trở lại. TR/u L, Thượng sĩ C và xạ thủ phi hành thượng sĩ M chúng tôi cất cánh trở về Phú Lâm.

Thời tiết ở miền nam, vào mùa nầy những buổi sáng thường có mây rất dầy và ở cao độ thấp. Nam cũng thừa biết, là cộng sản đã đặc súng phòng không ở gần ven đô, vùng Bình trị để bắn phi cơ lên xuống phi trường, nên anh cho phi cơ bay trên các tầng lớp mây trắng, để tránh phòng không và hoả tiển Sam7. Khoảng mười lăm phút sau, anh đã nhận diện sân bay Tân Sơn Nhất, vẫn còn khói lửa mịt mù. Giảm cao độ chui lách qua những đám mây trắng, anh đã nhận thấy rỏ ngôi nhà ba má phía dưới. Quần một vòng thật thấp xung quanh, Nam nhận thấy ba má, vợ và các con anh chạy ra sân dòm lên, Nam chòm ra đưa tay vẫy, và đáp xuống khoảng đất trống phía trước.

Thượng sĩ C mở cửa phía sau đuôi tàu, chạy ra rước dùm bà xã các con anh và hai đứa cháu lên tàu. Lúc nầy thì dân chúng hiếu kỳ xung quanh đó, chạy ra xem đầy đường. Xe cảnh sát cũng hụ còi chạy lăn xăn, hình như họ cũng không biết chuyện gì đã xãy ra.

Trong ba phút sau, Thượng sĩ C báo cáo an toàn 'Ramp up' sẵn sàng

"Zu-Lu" Nam cất cánh với sức máy tối đa, chiếc tàu to lớn như con tuấn mã ngoan ngoãn nhảy thẳng lên không trung một cách nhẹ nhàng, để lại phía sau một trận cuồng phong thật khủng khiếp. Sau nầy ba má anh cho biết, là phi cơ cất cánh đã làm sụp một căn nhà phía sau, ở nhà phải đền tiền cất lại cho người ta.

Trong khoảnh khắc, Nam đã đưa phi cơ lên khỏi các lớp mây trắng, cũng là lúc đèn đỏ báo hiệu máy số hai có mạc sắt bật sáng, theo thường lệ là phải tiềm chỗ đáp càng sớm càng tốt, nhưng giờ phút nầy thì không thể được, ví Nam biết phía dưới là. Vùng Bình Chánh, giờ nầy chắc chắn có rất nhiều du kích cộng sản đang tiến về Sài Gòn, vã lại Nam vẫn tin nơi anh có đủ khả năng bản lảnh, để đưa phi cơ đến chỗ an toàn. Phía trái Nam không xa lắm, anh nhìn thấy một chiếc UH-1 đang bay về hướng Mỹ Tho anh mở tần số cấp cứu gọi, để xin hộ tống nếu trường hợp phải đáp ép buộc, nhưng không được trả lời.

Tuy nhiên mọi chuyện rồi cũng xong xui êm đẹp cả, cuối cùng phi cơ vẫn đáp được một cách an toàn tại bờ hồ Mỹ Tho, các anh em vẫn còn ngồi đây chờ, họ rất mừng rỡ khi thấy Nam đã trở lại đúng hẹn.

Lúc nầy vào khoảng 11:00 giờ trưa. Nam có giữ một số tiền của quỹ phi đoàn do Đ/u L giao lại ngày hôm trước, cộng với tiền bà xã Nam mang theo. Anh đưa tiền cho anh em phi hành đoàn đi ăn cơm trưa, và du hí với các em gái Mỹ Tho lần chót.

Nam đang ngồi nói chuyện với bà xã, và cho mấy đứa con ăn uống. Đứa nhỏ nhất Mina con gái mới vừa đầy tám tháng, thằng trai kế Mika vừa đầy ba tuổi, đứa trai đầu lòng Miki đã bảy tuổi. Cũng vừa lúc đó các anh em dẫn đến với Nam, một cụ già trên sáu mươi tuổi. Ong tự giới thiệu là cha của Chuẩn Tướng T Tư lệnh sư đoàn ba Không Quân Biên Hoà. Vì đường bộ Sài Gòn Mỹ Tho bị Việt cộng chận, nên chạy xe không được, ông nhờ nếu có bay về Sài goon cho ông xin theo. Nam báo là tất cả anh em đều chạy nạn từ Sài Gòn, hiện tại chưa quyết định sẽ phải đi về đâu trong những giờ phút tới. Vã lại Tướng T và Đ/tá T đã bặt tin từ ngày hôm qua. Ong ta lắc đầu có vẻ chán chường.

— Nếu vậy xin T/t vui lòng đi đâu cho tôi theo đó
— Không có gì trở ngại xin bác ngồi chờ vậy

Nam quan sát lại bản đồ, và bàn luận với anh em là không thể nào ở đây được trong đêm nay, vì vị trí mất an ninh cộng sản có thể tấn công bất cứ lúc nào. Bây giờ nên tiềm một hòn đảo ở ven biển, để tạm qua đêm chờ nghe tin tức Sài Gòn.

Số súng đạn có rất nhiều trên tàu, phi hành đoàn có thể tử thủ nếu cần, mọi người có vẻ đồng ý với ý kiến đó. Nam nhờ tài xế lái chiếc xe Toyota của ông cụ, đưa ra phố Mỹ Tho để mua lương thực dự trữ, anh mua hai bao gạo loại 100 kg, hơn chục ký đường tán, chục chay nước mắm và một số khô cá lốc, cùng thực phẩm khô và dụng cụ làm bếp, nồi niêu son chảo.v..v.. Số lương thực mới mua dự trù, cũng nuôi sống được anh em trong một thời gian chờ đợi.

Tr/u K cũng đã đổ xăng xong chiếc phi cơ cuối cùng, anh bước lại gần cho Nam biết những tin anh đã nhận được trên tầng số.

– Tôi nghe trên tầng số guard, là hạm đội Mỹ kêu gọi tất cả anh em pilot nên tìm cách di tản ra Đệ thất hạm đội thiếu tá nghĩ sao?

Sau một phút suy nghĩ Nam lắc đầu.

– Tại sao phải nghe lời tụi Mỹ, mình nên đợi, để nghe tin tức từ Đài phát thanh Sài Gòn xem tình hình như thế nào rồi sẽ tính sau!

Hình như Tr/u K đã hiểu ý định của Nam, nên không bàn luận gì thêm nửa anh trở về tàu nằm nghỉ.

Bây giờ vào khoảng một giờ trưa, tất cả các anh em đều có mặt đầy đủ, Đ/u S và vợ con cũng đang ở chung với anh em trên tàu, bỗng Nam sực nhớ lại còn mấy chay rượu Napoleon của Đ/Ta T cho mấy ngày hôm trước, lúc ông dọn nhà di tản về Sài Gòn. Nam lấy ra mời anh em dùng, để gọi là tiệc rượu cuối cùng của phi đoàn 237 Lôi Thanh.

Trong lúc anh em đang vui vẻ, để tạm quên đi những cái gì nặng nề đau đớn, và hoang mang nhất trong cuộc đời binh nghiệp, thì lúc đó một ông Tr/Ta bộ binh, mang phù hiệu của Bộ Tổng tham mưu lái xe jeep đến. Với đôi mắt gần như mất thần sợ hải, sự lo lắng hiện rõ trên khuôn mặt và cử chỉ của ông ta.

– Các anh định đi đâu đây?
– Tôi đang chờ lệnh Sài Gòn.
– Trời ơi! Các anh chưa biết sao. Đại Tướng Tổng Tham Mưu Trưởng đã dông mất rồi, Bộ Tổng Tham Mưu không còn ai hết. Tôi là người sau cùng vừa chạy khỏi xuống đây, nếu các anh ở đây lâu hơn nửa, Đ/Ta tỉnh trưởng Mỹ Tho sẽ cho lính giữ các anh lại, để đưa gia đình họ di tản, nếu các anh không tin chờ tôi chạy về mang gia đình đi theo các anh luôn.
– OK ông về rước vợ con đi.

Sau đó Nam gọi các anh em phi đoàn lại họp kín, phía bên trong nghĩa trang quân đội Mỹ Tho

– Ong ta nói cũng có lý, nếu ở đây lâu sẽ kẹt cả đám, bây giờ các anh em tín sao. Nên ra đệ thất hạm đội Mỹ, hoặc bay đi nơi khác?

Tr/u K nhanh nhẹn trả lời

- Tôi nghĩ mình nên bay ra đệ thất hạm đội cho an toàn hơn, rồi sẻ tín sau thiếu tá và anh em nghĩ thế nào?
- Nếu tất cả anh em đồng ý như Tr/u K, đề nghị, thì chúng mình cùng đi. Còn người nào có gia đình, hoặc muốn ở lại thì anh em cứ tự nhiên, trước giờ phút khó khăn nầy tôi không bắt buộc các anh em phải theo tôi.

Sau đó có vài người xin ở lại, vì họ không biết nếu ra đi rồi cuộc sống của họ sẻ ra sao. Còn phần lớn các anh khác đều đồng ý ra đi. Nam bắt tay từ giã những người ở lại, chúc họ gặp nhiều mai mắn. Anh chia làm hai phi hành đoàn, một do chính anh lái, còn chiếc thứ hai do Đ/u S, chiếc thứ ba giữ lại trên bờ hồ để dự phòng.

Lúc nầy vào khoảng hơn một giờ trưa tại Mỹ Tho, hai chiếc Chinook cất cánh tại bờ hồ lấy hướng 90 độ, trực chỉ hướng đông nam vũng tàu. Trên tầng số Guard, đệ thất hạm đội đã gọi, và cho biết vị trí của chiến hạm Mỹ đang di chuyển ngoài khơi biển Thái Bình Dương.

Trên cao nhìn xuống, những cánh đồng xanh rì, những con sông uống khúc, những mái nhà lá ở vùng làng Long Định, hình như họ đang thổi cơm trưa, khói trắng toả lên từng cụm nhỏ mỏng manh trên các mái lá. Quê hương Nam, có vẻ thái bình và đẹp để thế kia, những người dân quê hiền lành chất phát dưới đó, có lẽ họ đang chờ đợi bữa cơm trưa, họ đâu có nghĩ rằng các anh đang chạy loạn, đang sắp sửa rời bỏ quê hương, nơi Nam và các bạn, đã chôn dấu biết bao là kỹ niệm, từ thời thơ ấu tung tăng cấp sách đến trường làng, cho đến ngày đầu quân vào binh nghiệp. Hôm nay chiến tranh không còn xãy ra tại vùng quê hẻo lánh nữa, mà nó đã mang đến ngay tại thủ đô Sài Gòn, tại phi trường quốc tế Tân Sơn Nhất. Dân chúng thủ đô đang nếm mùi bôm đạn, của cái gọi là giải phóng miền nam, đang rình rập mang chế độ vô sản, bần cố nông, vô thần, để đem vào canh tân miền nam. Hướng dẫn cả dân tộc trở về với thời kỳ bán khai trung cổ!

Nam trở về với thực trạng, khi nghe copilot là Tr/u M...kêu lên.

- Thiếu tá thấy cụm khói đen hướng mười một giờ trên biển đó không? Đó là check point của tụi Mỹ cho.
- OK, Mình cứ giữ hướng đó bay tới, chắc hạm đội tụi nó không xa lắm.

Chiếc số hai của Đ/u S nhanh nhẹn hơn, bay trước chúng tôi cũng khá xa. Đã hai mươi phút bay trên nước, bờ biển Việt Nam mờ dần từ phía dưới chân trời xa thẳm. Nam hơi ngậy, vì vợ con trong tàu không có lấy một chiếc phao cấp cứu, nếu phi cơ trở chứng thì chết cả lũ dưới biển sâu.

Nam cố mở to đôi mắt, để tìm kiếm cho được dấu vết gì của hạm đội,

CHƯƠNG 1 - CHUYẾN BAY SAU CÙNG

nhưng có quá nhiều sương mù, nên tầm mắt bị giới hạn không nhìn thấy xa được. Lúc đó Tr/u M, đưa tay chỉ về hướng mười hai giờ.

- Kìa! T/t thấy gì không?
- Ồ! Hình như là một chiếc tàu!

Một sự vui mừng khó tả, hiện lên gương mặt mọi người. Như kẻ đang chết đuối vớ được chiếc phao cứu mạng. Nam bảo Tr/u M, quan sát chung quanh, còn anh cho phi cơ vòng một lược xung quanh tàu xin đáp, vì là loại tuần duyên nên chỉ có một bãy đáp nhỏ, dành cho UH-1 còn chiếc tàu Chinook của Nam quá lớn nên không thể hạ cánh được.

Lời của Biên tập viên: *Câu chuyện này (chương 1) được viết vào cuối những năm 1980. Gia đình của ông Nguyễn đã không biết tên của con tàu, cũng như chưa từng nhìn thấy những bức ảnh này từ Hải quân Hoa Kỳ cho đến năm 2009.*

Lúc ban đầu thuỷ thủ dưới tàu khoát tay, không cho đáp họ dùng súng shoot gun nhắm vào phi cơ để doạ. Chiếc tàu tuần vẫn chạy nhanh, chứ không chịu dừng lại. Nam cứ bám sát theo, cuối cùng họ đành chịu thua, dừng lại đứng yên một chỗ, không đáp được, Nam phải hover một chỗ thật chính xát, vì tàu có quá nhiều cột Antenna cao, rồi mọi người lần lược nhãy xuống, phía dưới có thuỷ thủ Mỹ đứng chờ sẵn để chụp từng người, nếu không có thể bị gãy chân dể dàng, vì Nam không thể xuống thấp hơn được nữa. Vợ và các con Nam cũng chịu chung số phận, như mọi người khác trên tàu. Độ vài phút mọi người đã xuống an toàn, Nam day qua bảo Tr/u M.

- Bây giờ tới phiên anh, nhưng trước khi nhãy xuống anh hãy xem lại phía sau tàu, xem còn có ai bị kẹt lại không, tôi sẻ làm ditching.

Tr/u M cởi bỏ áo giáp, tháo giây an toàn bước khỏi phòng lái, đi ra phía sau kiểm soát lại lần cuối, vài giây sau đó anh đưa ngón tay cái lên trời, ra dấu OK. Nam nhìn anh gật đầu cám ơn. Chốc lát sau đó Nam nhìn thấy Tr/u M đã đứng trên tàu khoát tay chào.

Vào khoảng hai giờ chiều, ngày 29-04-1975 Nam đưa chiếc Chinook ra khỏi vị trí hover, và đang ra cách tàu thật xa khoảng 200 bộ. Vài chiếc máy quay phim của hải quân Mỹ nhắm thẳng vào chiếc Chinook Nam đang lái, họ không để mất đi một cơ hội hiếm có nầy, vì họ biết chắc Nam sẽ làm Ditching.

Nguyễn Văn Ba đã lơ lửng để tháo bỏ thiết bị và quần áo.

Chiếc CH-47 đã ở vị trí an toàn, Nam đưa tay kéo chốt thoát hiểm, cho cánh cửa sổ bên trái văng ra ngoài rơi xuống biển, rồi từ từ lần mò một tay lái một tay cởi áo giáp áo bay, và súng đạn một cách hết sức khó khăn. Lẽ ra Nam phải nhờ Tr/u M lái để có thời gian rảnh rang, cởi bỏ những cái thứ lỉnh kỉnh nầy, trước khi anh M nhãy ra khỏi tàu. Nhưng bây giờ mọi chuyện đã xong rồi (Kinh nghiệm nầy chắc không bao giờ tái diễn lần thứ hai).

Nam đã sẵn sàng trong tư thế cuối cùng, Haĩ quân Mỹ cũng đã hạ phao cấp cứu, mọi việc xong xuôi, họ đang chờ cách đó khoảng 200 bộ. Nam đưa ngón tay cái lên trời ra dấu sẵn sàng. Những cánh quạt to lớn, quay vù-vù đan vào nhau ở phía trên đầu, như những thanh long đao bén nhạy, nếu sơ hở trong đường tơ kẻ tóc, có thể thân xát sẽ trở thành những miếng thịt bầm vụn nát, làm mồi cho cá biển. Sự thật tất cả phi cơ CH-47 của phi đoàn, hầu như không có đủ điều kiện để đáp nước làm Ditching như khi đang học ở trường huấn luyện Fort Rucker (Alabama), vì nước sẽ tràn vào trước khi cánh quạt ngưng quay.

Nam đưa mắt kiểm soát lại lần cuối, các đồng hồ phi kế, rotor RPM.

CHƯƠNG 1 - CHUYẾN BAY SAU CÙNG

v....v tất cả đều tốt đẹp, trong vòng an toàn. Nam đẩy nhẹ cần lái về phía trước, và sang bên phải, cùng lúc chân phải đạp vào Pedal, chiếc Chinook ngoan ngoãn trườn tới trước, và vạt về hướng phải, cùng lúc đó Nam nhanh nhẹn phóng mình ra cửa sổ bên trái xuống biển.

Anh cố lặn sâu xuống nước, nhưng nước biển mặn cứ đẩy Nam trồi lên trên mặt, anh cố mở mắt nhìn lại chiếc phi cơ, bây giờ nó như một con khủng long đang cuồng nộ giận dữ, cánh quạt chặt ầm-ầm trên mặt nước, thân xát to lớn của nó còn đang đu đưa, dẫy dụa chưa chịu chiềm. Nam lại cố gắng lặn trở lại, vì chỗ phi cơ rớt không xa lắm, cánh quạt có thể gãy văng ra như miếng bôm, giết người một cách dễ dàng. Độ vài chục giây sau, Nam lại trồi lên mặt nước. bây giờ thì tất cả đều yêm lặng, phi cơ chưa chiềm hẳn, vẫn còn nổi lấp xấp trên mặt nước, vừa lúc ấy thuyền cấp cứu của hải quân Mỹ cũng vừa chạy tới vớt anh lên.

Cuối cùng, Nguyễn Văn Ba ("Nam") đã đạt được tự do.

Khi bước lên bong tàu, Nam chỉ còn lại chiếc quần đùi và chiếc áo thun đang mặc trong người. Không biết người lính hải quân nào đó thương hại, đã cho Nam một chiếc áo mưa bằng plastic màu vàng, để choàng vào cho đỡ lạnh. Sau đó viên thuyền trưởng đã đến bắt tay, cám ơn sự bình tỉnh mà Nam đã đưa được những hành khách xuống tàu một cách an toàn và xin chụp ảnh lưu niệm.

Nguyễn Văn Ba ("Nam") và Đại úy Paul Jacobs.

Một chuyến bay sau cùng của đời binh nghiệp, một sự đóng góp hy sinh của một thời trai trẻ cho quốc gia dân tộc. Nam luôn-luôn có một hoài bảo, và ước vọng là đất nước Việt Nam được sớm thanh bình hạnh phúc, để rồi kết quả sau cùng, thật chua chát đắng cay. Gia tài của mẹ Việt Nam, Nam đã mang theo một vợ ba con, chiếc quần đùi và cái áo thun ba lỗ!!

Nghỉ lại anh em trong đơn vị, phi đoàn 237 Lôi Thanh NAM rất hảnh diện là đã làm tròn bổn phận của một cấp chỉ huy sau cùng. Nam không lừa phỉnh bỏ đơn vị, để trốn tránh anh em lo cho riêng mình. Ngay cả đến giờ phút cuối cùng, Nam cũng đã tự nguyện hy sinh như một thuyền trưởng, để cho người khác được an toàn tính mệnh. Nam không thích tự đề cao mình nhưng chính đó là sự thật!!

Nam cũng không muốn nhắc đến tên tuổi, những anh em đã bỏ họp đoàn trốn đi trước, anh nghĩ rằng vì quá sợ hải cho tính mệnh, và gia đình mình nên anh em mới có hành động ngoài ý muốn như vậy.

CHƯƠNG 1 - CHUYẾN BAY SAU CÙNG

USS Kirk - DE 1087

Nam không quên cám ơn Thượng Sĩ C, Thượng sĩ M, và Tr/u M đã cùng Nam bay trở về Phú Lâm, để rước vợ con trong phút chót. Cũng như Đ/u S nếu không có anh xin đáp xuống Mỹ Tho, thì có lẽ vận mệnh chúng ta đã đổi khác nhiều. Nam cũng cám ơn Tr/u K và tất cả các anh em phi hành đoàn, đã thi hành nhiệm vụ mà quân đội đã giao phó cho tới giờ phút cuối cùng.

###

Lời của biên tập viên: Gia đình của Nguyễn Văn Ba xin gửi lời biết ơn đến Đại úy Paul Jacobs và thủy thủ đoàn của tàu USS Kirk vì đã cứu gia đình ông Nguyễn cùng nhiều gia đình khác vào ngày 29 tháng 4 năm 1975.

CHƯƠNG 2

Phi Vụ - Tống-Lệ-Chân

"Tống-Lệ-Chân", mới nghe qua, như tên người con gái Trung Hoa, có nhan sắc tuyệt vời, tài danh nổi bật, được ghi trong sử sách để lưu truyền cho hậu thế.

Tôi không biết mỹ danh đó đã có tự lúc nào, hay xuất xứ từ đâu? Nhưng nó đã chiếm một vị trí chiến lược vô cùng quan trọng trong mùa hè đổ lửa 1972!

Nhiều sư đoàn chánh quy Bắc Việt được yểm trợ bởi chiến xa và đại pháo hạng nặng, ồ ạt tiến sang từ biên giới Kampuchea và Hạ Lào theo đường mòn Hồ Chí Minh với mưu đồ đánh chiếm hai tỉnh Bình Long và Phước Long để thành lập chánh phủ gọi là *"Mặt Trận Giải Phóng Miền Nam"* gây hậu thuẫn quốc tế và đặt áp lực nặng nề cho Chánh Phủ Việt Nam Cộng Hoà tại Sàigòn.

Tống Lệ Chân là một địa danh hay đúng hơn là một ngọn đồi chiến thuật, khoảng hơn năm dặm nằm về hướng Tây Nam của thành phố An Lộc. Ngọn đồi nầy nhờ nằm vào một địa thế cao được trấn giữ bởi một tiểu đoàn Biệt Động Quân VNCH rất tinh nhuệ, nên nó chính là tai và mắt không những cho thành phố An Lộc, mà ngay chính cho thủ đô Sàigòn, vì nó kiểm soát được sự vận chuyển của bộ đội Bắc Việt và cơ giới chiến tranh về hướng Tây Bắc Sàigòn, đưa quân vào Bình Dương, Lái Thiêu và

CHƯƠNG 2 - PHI VỤ - TỐNG-LỆ-CHÂN

Biên Hoà, nơi đặt Bộ Tư Lệnh Vùng III Chiến thuật.

Vì những lý do chiến thuật và toàn bộ chiến lược xâm chiếm miền Nam nên ngọn đồi Tống Lệ Chân chính là cây gai nhọn nhức nhối trong nách, cộng sản Bắc Việt phải nhổ nó đi bằng mọi giá.

Từ một ngọn đồi hiền lành, xung quanh bao bọc bởi rừng xanh bát ngát, dưới chân đồi một con suối uốn khúc quanh co tô đậm nét như một bức tranh thủy mạc. Nếu không có trận chiến vừa qua cũng chẳng ai cần biết nó như *Ben Hét, Đức Cơ, ĐắcPeck, ĐắcTô* v.v…

Những địa danh thật xa lạ với mọi người dân thị thành, nhưng bỗng chốc nó trở thành những danh xưng được nhắc nhở thường xuyên qua những trận đánh hãi hùng khiếp đảm hằng ngày trên báo chí, trên đài phát thanh, màn ảnh truyền hình đã làm chấn động lương tâm thế giới.

Đã lâu lắm rồi, những vết tích tàn phá của chiến tranh, trong trí nhớ gần như đi vào trong quên lãng. Nhưng chiều hôm nay nó lại được hâm nóng và sống lại trong tôi vì tình cờ đã gặp những chiến hữu cùng đơn vị sau hơn hai mươi năm dài đăng đẳng cách biệt.

Người hùng "Tống Lệ Chân", cựu Đại úy (Đ/u) C, phi tuần trưởng của *Phi Đoàn Chinook 237*, tôi không dùng đại danh hay ca tụng anh để lấy lòng, nhưng sự thật đã xảy ra cách đây trên hai thập niên vừa qua. Vẫn dáng người gầy gầy như ngày nào, nhưng không bao giờ thiếu nụ cười cởi mở buông thả trên gương mặt, để chào đón anh em chiến hữu.

Gặp lại anh trong bữa tiệc họp mặt tại thành phố San José, California bởi một số anh em cựu Lôi Thanh như *Nguyễn Văn Tiên, Nguyễn Vũ,*

Nguyễn Văn Mai (Đà Nẵng) cùng hai phu nhân của hai anh Vũ và Mai. Thật sung sướng và hãnh diện, tôi được may mắn gặp lại anh em đã có một thời chiến đấu vào sinh ra tử có nhau, chia xẻ từ bịt gạo xấy, lon thịt heo ba lác, cùng ngồi ăn trưa dưới bụng tàu trong những buổi trưa hè nắng cháy của vùng hoả tuyến Tây Ninh.

Bây giờ gặp lại các anh em ở vùng đất xa lạ nầy, chúng ta tuy có già thêm đôi chút, cuộc sống nhiều thay đổi hơn xưa tuy vậy tình anh em vẫn nồng nàn ấm áp như thuở nào.

"*Tôn*" vẫn tính nào tật nấy, hào hoa quá mức, "*Ngọc*" ăn chơi như công tử, "*Vũ*" vẫn hoạt bát trẻ trung, "*Mai*" cứ ngỡ là tài tử Henry Chúc, "*Tiên*" mới sang nên còn nhiều ưu tư bở ngỡ, niên trưởng "*Mai*" cựu phi đoàn trưởng Đà Nẵng, mới về hưu ở hãng IBM, trông đạo mạo như cụ non, cần nhiều chất tươi để tóc bớt rụng?!

Chúng tôi chia nhau chén tới chén lui, chén qua chén lại, từ ba giờ trưa mãi tới gần bảy giờ chiều, vì có nhiều anh em phải đi đám cưới chiều hôm đó nên chúng tôi tạm chia tay nhau, và hẹn sẽ gặp lại ở vũ trường "*MINI*" vào lúc 9 giờ 30 tối.

Niên trưởng Mai đưa tôi về để thăm gia đình anh chị, còn "chú tư Đ/u C" về nhà rước vợ con sẽ tới sau.

Thật hạnh phúc và sung sướng không ai bằng, chú tư Đ/u C được thiếm tư vừa trẻ, vừa đẹp, về để giúp chú nâng "*càm*" sửa "*mũi*"?! và tặng cho chú hai cháu thật ngoan hiền, kháu khỉnh dễ thương. Lúc nầy niên trưởng Mai, có lẽ muốn dành sức lực để phục vụ bà xã tối nay nên xin vào nghỉ lưng một tí, còn tôi với chú tư Đ/u C ngồi lai-rai, nhậu tiếp dài-dài, kể chuyện trên trời dưới biển, rồi đến chuyện hành quân ly-kỳ, hấp dẫn của một thời "*đốc sổi*" Biên Hòa.

Tôi biết Đ/u C từ ngày thành lập đệ nhất phi đoàn *Chinook LÔI THANH 237*, vào giữa khoảng năm 1970-1971. Anh thuộc nhóm sĩ quan hoa tiêu trẻ mới ra trường, chưa vợ con, rất hăng say hoạt động trong mọi công tác, còn chúng tôi lúc đó cũng không đến đỗi già lắm, tuy nhiên đối với các anh thì được xếp vào lớp "*lão làng*".

Vào khoảng mùa Hè năm 1972, chiến trận ở vùng III chiến thuật càng ngày càng trở nên khốc liệt hơn. Thành phố An Lộc chịu đựng hàng ngàn quả đạn, đại pháo ngày đêm, nhà cửa phố xá tan nát thành từng mãnh vụn, dân chúng đã bồng bế, dẫn dắt nhau, bỏ hết tài sản theo quốc lộ chạy về hướng Chân Thành về Sàigòn.

Tiền đồn "*Tống Lệ Chân*" được tử thủ, khoảng một tiểu đoàn biệt động quân đã bị cô lập nhiều tuần qua bởi cả trung đoàn chính quy bắc Việt đang rình rập sát dưới chân đồi, trực thăng tiếp tế và tải thương bị hoả

CHƯƠNG 2 - PHI VỤ - TỐNG-LỆ-CHÂN

tiễn tầm nhiệt *SA-7* và súng phòng không đe doạ trầm trọng không thể đáp được trong ban ngày, phi cơ vận tải *C-130* thả dù thực phẩm, thuốc men phần lớn đều bị gió đưa ra ngoài rơi vào vùng kiểm soát của địch.

Việt cộng thường xuyên pháo kích, miễn đạn đại pháo cày nát gần trọc hết ngọn đồi, những chiến sĩ mũ nâu gan lì Việt Nam Cộng Hoà núp trong những giao thông hào sâu trong lòng đất như những con rắn độc, đã oai hùng đốn ngã những đợt tấn công biển người của Việt cộng. Trung tá N, chỉ huy trưởng tiền đồn kêu gọi không quân cho trực thăng đưa quân vào tăng viện và chuyển bớt thương binh về bịnh viện để ông rảnh tay chiến đấu.

Lệnh từ Tổng Tham Mưu QLVNCH đưa xuống chuẩn tướng Tư Lệnh SĐ3KQ yêu cầu cho trực thăng khổng lồ Chinook CH-47, phi đoàn 237 thi hành phi vụ cảm tử nầy. *Lôi Thanh 01*, phi đoàn trưởng phi đoàn 237 nhận được mật lệnh, ông cho mở một cuộc họp kín với sự có mặt đầy đủ một số anh em phi hành, đã có nhiều kinh nghiệm chiến trận để chọn người tình nguyện. Sau khi *Lôi Thanh 01* tuyên bố lý do và cho biết mật lệnh, không khí trong phòng họp lúc đó trở nên cực kỳ yên lặng, nặng nề và khó thở, không ai có một lời thêm bớt hay bình luận gì cả.

Tôi nhìn tất cả anh em hoa tiêu và anh em hạ sĩ quan phi hành, mắt tôi đã chùn xuống như mờ đi, tâm não tôi hoàn toàn như tê dại, tự nhủ thầm: *"người ta sắp bắt chúng tôi làm vật tế thần"*. Thật ra, tất cả anh em chúng tôi không phải là người sợ chết hay muốn tránh né những phi vụ hiểm nguy, nhưng cái bực tức không nói được lúc đó là cấp chỉ huy không biết khả năng kỹ thuật cơ giới của chiếc Chinook, hay vì sợ trách nhiệm nên xử dụng chúng tôi một cách sai lầm?!!

Cũng không thể dựa vào các yếu tố chiến tranh chánh trị hay tâm lý chiến thuật nào khác để bào chữa cho phi vụ, vì nó có thể thực hiện được bằng trực thăng loại nhỏ như *U-1H*, chở mỗi lần 10 quân nhân và chọn thời gian đáp trong năm lần khác nhau.

Loại trực thăng *U-1H* được chế tạo để dùng trong chiến thuật đạt yếu tố bất ngờ trong lòng địch, như chiến thuật *"DIỀU HÂU"*, nó có khả năng xoay trở rất nhanh nhẹn, chỉ cần một thời gian trong khoảng năm giây đồng hồ là có thể đổ được quân, đạn dược và thương binh dễ dàng, ta có thể ước đoán khoảng thời gian nguy hiểm nhất từ lúc nhào vào bãi đáp đến khi rời khỏi vị trí một cách tương đối an toàn chỉ tốn vào khoảng 20 giây đồng hồ là tối đa.

So với một chiếc *Chinook CH-47* thật to lớn kềnh càng, chở 50 binh sĩ, khi hạ cánh với một tốc độ rất chậm vào một tiền đồn trên đồi, không chỗ ẩn núp, diện tích bãi đáp không lớn hơn khuôn viên một căn nhà, xung quanh tiền đồn là quân chính quy Bắc Việt núp dưới giao thông hào chằng chịt, với những đại liên phòng không tối tân của Nga Sô và Tiệp Khắc, hoả tiễn *SA-7*, súng cối 82 ly và đại pháo 122 ly, đã lấy tọa độ chính xác.

Giả sử binh lính Việt Cộng có mù mắt, điếc tay, ngủ gục hết cả lũ, tính theo thời gian nhanh nhất, khi tàu giảm tốc độ, vào cận tiến để chuẩn bị đáp an toàn cho 50 quân nhân, chạy ra phía cửa sau đuôi và chờ khiêng thương binh đưa vào, xong xuôi cất cánh, ra tới vị trí an toàn, ít ra cũng mất khoảng 200 giây đồng hồ.

Nếu ta thử so sánh thời gian nguy hiểm trên vùng, với chiếc phản lực *F-5* khi chúi xuống thả bom, xong kéo lên rời khỏi vị trí chỉ trong tích tắc vài giây đồng hồ, mà còn đôi khi bị bắn hạ bởi *SA-7* hay đạn phòng không một cách dễ dàng, còn chiếc *Chinook*, to lớn gấp 2, 3 lần, xoay sở một cách chậm chạp, hai bên thân tàu mang cả chục ngàn lít xăng *JP-4*, chỉ cần một phát súng nhỏ, nhạy lửa là nó trở thành cây đuốc khổng lồ, soi đường cho thần chết, không những thiêu mạng của phi hành đoàn mà còn đốt cháy luôn 50 quân nhân ngồi phía sau.

Trong phạm vi bài nầy, tôi không có ý gián tiếp chỉ trích cá nhân bất cứ một cấp chỉ huy thừa hành nào cả, vì tôi biết lệnh từ trên tối cao đưa xuống, tôi chỉ đưa ra những dẫn chứng sai lầm về sự xử dụng kỹ thuật tác chiến cơ giới. Nhưng quân đội, lệnh là phải thi hành, nếu may mắn còn sống sót không tật nguyền, hoặc sứt tay, gãy gọng là điều đáng mừng phước đức ông bà để lại.

Một phút yên lặng thật nghẹt thở trôi qua, như dò xét phản ứng của tất cả đoàn viên phi hành. *Lôi Thanh 01* cho biết rằng, đây là lệnh từ thượng cấp đưa xuống, nếu không có người tình nguyện, ông sẽ chỉ định người để thi hành phi vụ tối quan trọng nầy. Thời gian chậm chạp như muốn dừng lại, tôi lên tiếng hỏi nhiệm vụ chính của phi vụ dùng vào công việc gì?

Mặc dù tôi là Trưởng Phòng Hành Quân của phi đoàn lúc đó, nhưng ông ta cũng từ chối không cho biết, mục đích để bảo toàn bí mật cho bãi đáp. Khi *Lôi Thanh 01* vừa dứt lời, tôi nhận thấy đại úy Đ/u C phi đội trưởng phi đội 1, ngồi bên ghế trái của tôi, đưa tay lên xin tình nguyện, tiếp theo là đại úy *H*, phi đội trưởng phi đội 2 cũng đưa tay tình nguyện.

Bây giờ cần một cơ phi, xạ thủ và áp tải. Thượng sĩ T, trung sĩ *H* cũng đưa tay tình nguyện, tôi nhớ cũng còn nhiều anh em sĩ quan và hạ sĩ quan khác nữa, cũng xin tình nguyện, nhưng sau cùng chỉ chọn được phi hành đoàn có đủ khả năng như sau:

— Trưởng phi cơ cho phi vụ: Đ/u C
— Hoa tiêu phụ: Phi đội trưởng Đại úy H
— Cơ Phi: Thượng sĩ T
— Xạ thủ: Trung sĩ H

CHƯƠNG 2 - PHI VỤ - TỐNG-LỆ-CHÂN

- Áp tải viên: (tôi rất tiếc là không còn nhớ tên anh).

Phiên họp kết thúc vào khoảng 4 giờ chiều. Để bảo toàn bí mật phi vụ, lệnh phi đoàn cấm trại 100% cho tới khi nào công tác thi hành xong. Tôi đưa các anh em trong phi hành đoàn tình nguyện vào khu quán ăn của cư xá Hạ Sĩ Quan trong căn cứ KQ để dùng cơm chiều.

Bây giờ chiều ngày 26-12-1972 phi cơ được lệnh cất cánh từ phi trường Biên Hoà, liên lạc với *C&C* qua tần số vô tuyến *FM*, để vào đáp An Lộc, nghe thuyết trình và nhận lệnh từ đơn vị bạn.

Trời cuối tháng vào mùa lễ Noel nên có vẻ tối sớm hơn thường lệ, những tia nắng hanh vàng đã bắt đầu nhạt dần, ở phía bên kia đầu phi đạo, sân bay đã vắng người qua lại, chỉ còn mình tôi lẻ loi, đang ngồi đây để tiễn đưa anh em.

Trong trận thế chiến vừa qua, Phi Đội Thần Phong cảm tử của Nhật Hoàng, trước khi cất cánh ra trận, được vinh dự đứng trước hàng quân, uống cạn ly rượu *"sa-kê"* hâm nóng, trao tặng từ một tướng lãnh cao cấp, để rồi cất cánh bay vào tử địa. Còn các anh bây giờ, được ai tiễn, ai đưa?!! Hàng quân vinh dự nào đứng dàn chào để tiễn biệt các anh?!! Tôi biết các anh cũng chẳng cần những thứ rườm rà, màu mè đó, nhưng với ý chí và lòng dạ sắt son, nguyện dâng hiến đời mình cho quê mẹ Việt Nam, nên các anh đã hy sinh tình nguyện chấp nhận phi vụ đáp một nơi được gọi là *"địa ngục của trần gian"*.

Phi cơ đã mất hút, chìm vào bóng hoàng hôn về phía Tây Bắc chân trời, tôi lặng lẽ lái xe trở về phòng Hành Quân phi đoàn để theo dõi tin tức phi vụ, lòng râm râm khấn vái, cầu nguyện cho các anh đi được bình an.

Trách nhiệm của phi vụ, các anh chia đều cho nhau: Đ/u C, chỉ huy toàn diện cũng như lo phần bay và điều khiển các cơ phận phi cơ, đại úy H lo phần vô tuyến, truyền tin liên lạc với *C&C* và đơn vị bạn cũng như kiểm soát bản đồ, hướng bay và toạ độ hành quân, các anh em cơ phi, xạ thủ và áp tải, giữ an ninh phía trong tàu và đồng thời kiểm soát, báo cáo các vị trí phòng không, *SA-7* của Việt Cộng từ dưới bắn lên để phi cơ tránh né cùng lúc xử dụng hoả lực tối đa của hai khẩu đại liên gắn hai bên thân tàu để làm áp lực địch.

Kim đồng hồ chỉ hơn tám giờ tối, phi cơ đã đến vùng chỉ định, bên ngoài chỉ còn lại một màu đen, xung quanh là rừng núi âm u của đêm sau ngày Chúa Giáng Sinh. Thành phố An-Lộc hoàn toàn như bóng ma trong đêm, không còn một ngọn đèn đường nào được đứng vững hay cháy sáng để ghi nhận là vị trí của một khu phố. Ngọn đồi Tống Lệ Chân, cách đó không xa lắm, nghe tiếng phi cơ, bèn chớp đèn hiệu, không liên lạc được với *C&C*, hai anh cứ ngỡ đó là thành phố An-Lộc, nên cho phi cơ bay thẳng vào hướng có ánh đèn hiệu.

Một phút sau, những tia sáng không ngừng của đại liên phòng không từ dưới đất bắn lên như pháo bông ngày Tết, các anh mới nhận ra là đang bay hơi chệch về hướng Tống Lệ Chân. Đại úy C bình tĩnh kéo nhanh cần lái về phía phải cho con tàu lướt nhanh ra khỏi tầm hoả lực địch, cũng trong lúc đó thượng sĩ T báo cáo nhìn thấy đèn hiệu về hướng một giờ cách đó không xa lắm, sau khi quan sát thật kỹ và liên lạc được với quân bạn, đại úy H OK đưa ngón tay cái lên trời, đồng ý cho đại úy C chuẩn bị cho phi cơ đáp xuống phía Nam của An Lộc.

Sau khi kiểm soát lại phi cơ, mọi sự đều bình an, anh em phi hành đoàn được đưa vào Bộ Chỉ Huy Hành Quân Tiền Phương để nghe thuyết trình phi vụ. Sĩ quan tình báo cho biết, quân chính quy Bắc Việt được trang bị với đại liên phòng không đủ loại, đang ẩn núp dưới các hầm hố xung quanh chân đồi, tin cũng cho biết thêm là chúng có thể, đã được trang bị hoả tiễn tầm nhiệt *SA-7* để chống lại các phi cơ chiến đấu của Không Lực VNCH.

Nhiệm vụ chính của phi vụ là chở 50 lính Biệt Động Quân để tăng viện và thay thế những người đã ở quá lâu trong đó, đồng thời rước về một số thương binh; phi vụ rất giản dị chỉ có thế thôi, nếu ở một vị trí nào khác thì công việc không có gì quan trọng hay đáng nói cả.

Giờ hẹn tại bãi đáp là đúng 12 giờ khuya, trung tá N, tiểu đoàn trưởng Biệt Động Quân phải chuẩn bị sẵn sàng tại bãi đáp, đèn hiệu phải đặt dưới hầm trú ẩn để Việt cộng khỏi nhìn thấy.

Phi hành đoàn họp nhau để bàn về kỹ thuật đáp và phân chia công việc cho mọi người. Tàu sẽ chở 50 quân nhân trang bị vũ khí đầy đủ là một việc khó khăn cho hoa tiêu điều khiển phi cơ để né tránh đạn phòng không, vì quá nặng nề không xoay trở nhanh chóng được. Nếu bay sát ngọn cây với tốc độ thật nhanh, đột ngột từ dưới chân đồi, bay thẳng vào bãi đáp quá nhỏ, xung quanh là ụ súng của tiền đồn thì là một chuyện làm không thể thực hiện được nhất là về ban đêm như tối hôm nay, chỉ có loại phi cơ nhỏ, một cánh quạt như *U-1H* hay *H-34* là có thể thực hiện được lối bay nguy hiểm tránh phòng không nầy, như vậy chỉ còn lại một giải pháp cuối cùng là kỹ thuật đáp 360 độ. Đ/u C và Đ/u H đều đồng ý với lối bay nầy, tuy rằng nó rất nguy hiểm vì sẽ làm mồi cho súng phòng không, nhưng còn có cơ hội sống sót nhiều hơn là kỹ thuật bay *"nhảy lỗ"* lúc ban đêm.

Đúng 11 giờ 45 khuya, trời bên ngoài tối đen như mực, 50 quân nhân Biệt động quân đã ngồi yên trong lòng tàu. Đại úy C cho quay máy, chuẩn bị cất cánh. Âm thanh của hai động cơ phản lực phía sau hoà lẫn với tiếng cánh quạt quay đều trong gió, nghe như tiếng rống phẫn nộ của rừng xanh vang lên trong đêm khuya tĩnh mịch, đại úy H kiểm soát lại các tần số liên lạc với *C&C* và các danh hiệu đơn vị bạn lần cuối, thượng sĩ T báo cáo cho trưởng phi cơ tình trạng tàu tốt, sẵn sàng cất cánh.

CHƯƠNG 2 - PHI VỤ - TỐNG-LỆ-CHÂN

Hơn 11 giờ 50, *C&C* cho lệnh cất cánh, lấy cao độ khoảng hai ngàn bộ, trực chỉ hướng Tây Nam, vào thẳng *"Tống Lệ Chân"*. Đại úy C ra lệnh cho tr/sĩ H lên đạn haikhẩu đại liên để sẵn sàng tác xạ, đèn *"NAVIGATION"* bên ngoài phi cơ đã tắt, chiếc phi cơ hiên ngang như một dũng tướng ngày xưa, đơn thân độc mã tiến vào trận địa.

Đại úy H chỉ về phía trước mặt, đèn báo hiệu bãi đáp đã nháy nháy dưới hầm, tiền đồn *"Tống Lệ Chân"* gần về trước mặt.

— OK! "Pitch down"!

Toàn thân phi cơ như hụp xuống khỏi mặt nước, xoay tròn thật gắt 360 độ về phía trái, theo ánh đèn hiệu phía dưới, trong màn tai mọi người như muốn vỡ tung, hết sức khó chịu vì sức rơi lúc đáp quá nhanh từ trên cao độ.

"Rầm.... Rầm..."!! nhiều khối lửa to lớn đang chớp nhoáng phía dưới, chúng đang pháo kích vào bãi đáp. Địa ngục trần gian, bắt đầu đội mồ dậy sóng?!! Đạn lửa súng phòng không dưới chân đồi đã tập trung giăng chằng chịt cả màn đêm, những viên đạn đỏ tươi như màu máu, vọt lên đan vào nhau thành những tia sáng như hình rẻ quạt quét trọn cả vùng trời nhắm về hướng phi cơ đang lơ lửng xoay tròn giữa không gian, vì trời quá tối nên nhiều trái sáng được địch quân bắn lên để cho chúng dễ dàng nhận diên phi cơ.

Dưới sức sáng nhân tạo của các trái hoả châu, con tàu thật lẻ loi đơn độc không thể dấu mình trong màn đêm được nửa, đã gánh chịu hàng trăm viên đạn của loài quỷ đỏ hung hăng ghim vào thân xác như một con đại bàng bị tên trúng vào tử huyệt, nhưng vẫn oai hùng dang cánh thản nhiên đáp trên đầu địch.

Đại úy H không còn liên lạc qua tần số vô tuyến với *C&C* được nữa, cơ phận phát điện bị trúng đạn phát hoả, hệ thống thủy điều bị bể ống hoàn toàn ngưng hoạt động, cần lái bị *"lock"* chặt cứng không còn điều khiển được. Đại úy C như tê dại, nhìn thẳng tới trước, dùng hết sức còn lại, với phản ứng tự nhiên của mình, cố điều khiển để cho con tàu rơi từ cao độ hơn 30 bộ xuống bãi đáp.

Thân phi cơ chạm mạnh trên đất, nhẩy dựng trở lên uốn mình như con khủng long hung hãn dãy chết. Những cánh quạt phía trước chặt mạnh vào ụ súng của tiền đồn, tan nát văng lên từng mãnh vụn. Lửa khói đã cuồn cuộn cháy ở phía sau đuôi, đạn súng cối, hoả tiễn địch quân liên tiếp vào những chuỗi dài nối tiếp nhau chớp sáng của tạc đạn nổ long trời, cát bụi tung bay mù mịt cả bốn bề.

Con tàu sau vài giây đồng hồ mới chịu đứng yên, chấp nhận ngày cuối cùng của mãnh long trên ngọn đồi xa lạ nầy. Lửa đã cháy dữ dội hơn, một số lính Biệt động quân còn sống sót chạy tràn ngập ra phía trước phòng lái tìm cách thoát ra ngoài. Đại úy C cảm thấy nhức nhối đau đớn ở gót chân mặt nhưng vì sự sống còn, anh cố gắng lết ra từ phía bên trái của cửa sổ phi cơ. Bên ghế phải đại úy H đang bị buộc chặt vì dây an toàn gẫy chốt ghì chặt anh vào thành ghế.

Với áo giáp súng đạn lỉnh kỉnh bên hông, lại bị lính Biệt động quân chen lấn thoát thân đè chặt anh dưới ghế. Lửa đã cháy sát bên lưng, sức nóng hừng hực của cả ngàn lít dầu *JP-4* táp vào mặt, anh cảm thấy gần như tuyệt vọng. Trong lúc đó một anh lính biệt động quân sau cùng vừa trèo lên để chui ra thì một mảnh đạn pháo kích trúng vào đầu bị thương, ngã người bật lại về phía sau, tay anh lính níu chặt lấy chiếc gối nệm phía sau đại úy H để khỏi ngã qụi xuống sàn tàu.

Chiếc gối sút ra, văng xuống theo tay anh lính. Nhờ cơ hội may mắn hiếm hoi nầy, đại úy H lòn mình, thoát ra được từ phía lỗ trống trên nóc phòng lái, tr/sĩ H nhờ Trời Phật che chở nên chui ra ngoài được an toàn trước khi phi cơ phát nổ.

Tất cả những anh em thoát chết đều cố gắng bò nhanh xuống hầm trú ẩn gần đó, đạn pháo vẫn tiếp tục rú lên trong gió gây ra những âm thanh thật kỳ dị như tiếng ma tru quỷ rống nghe rợn người. Lửa cháy phi cơ soi sáng cả góc trời, có lẽ giờ phút đó dưới chân đồi trong các hang hóc chằng chịt, loài quỷ đỏ đang ăn mừng nhảy múa bên các vong linh oan hồn mà chúng vừa mới sát hại?!!

Trung tá N cho anh em Biệt động quân ra khiêng đại úy C vào băng bó, kiểm điểm quân số phi hành đoàn không thấy thượng sĩ T, mọi người nghĩ rằng anh đã chết. Sáng hôm sau, mọi việc tương đối yên lặng, anh em lần mò bò ra phi cơ để lấy xác vì có nhiều quân nhân Biệt động quân đã bị súng phòng không của Việt cộng bắn chết trong lúc đáp, cũng như bị thương chạy ra ngoài không được, bị chết cháy trong tàu.

Phi đoàn nhận diện được dấu tích của thượng sĩ T, mặc dầu đã bị cháy tan biến nhưng thẻ bài kim loại và dụng cụ súng đạn anh mang theo cho biết rằng anh đang đứng gần cửa phía sau thân tàu, có lẽ anh bị đạn phòng không chết trước khi đáp. Đại úy H thu nhặn cẩn thận tất cả thân xác còn lại của anh chờ ngày mang về để mai táng.

Khoảng 3 ngày sau, phi hành đoàn được báo là sẽ có một phi hành đoàn *U-1H* vào rước về, mọi người thức suốt đêm chờ đợi, sau cùng được báo là phi vụ cấp cứu bị lộ nên bãi bỏ, không thể vào rước các anh được. Những giờ phút ở đây thật là dài vô tận, những giấc ngủ chập chờn, tử thần luôn luôn rình rập, ranh giới giữa sự sống và chết gần như lẫn lộn, không giới tuyến rõ rệt.

Các anh lính mũ nâu anh hùng chiến đấu thật cô đơn, cam khổ. Đạn

CHƯƠNG 2 - PHI VỤ - TỐNG-LỆ-CHÂN

pháo kích ngày đêm từng chập không ngơi nghỉ, tiếng trống, tiếng loa của loài quỉ đỏ vẫn hò hét kêu gào dưới triền núi, vọng lên như tiếng khóc than từ địa ngục. Những anh lính Biệt động quân VNCH, ngày đêm kềm chặt tay súng, núp sâu dưới lòng đất, sẵn sàng đứng lên để đập vỡ cái mưu toan của chúng muốn biến nơi nầy làm mồ chôn tập thể.

Vào khoảng 9 giờ tối của đêm thứ năm, trung tá N cho phi hành đoàn biết, lệnh mật từ Bộ Chỉ Huy Hành Quân Không Quân là sẽ có người vào rước anh em trong giờ giao thừa của đầu năm dương lịch. Mọi trách nhiệm về kế hoạch di tản được chuẩn bị đầy đủ. Tr/sĩ H sẽ cõng đại úy C bị thương chân không đi được, đại úy H sẽ ôm xác của thượng sĩ T, cố gắng chạy nhanh ra tàu.

Bây giờ là 22 giờ 55 đêm 31 tháng 12 năm 1972, chỉ còn năm phút nửa là một năm mới sẽ ra đời. Trong những giây phút thiêng liêng nầy, ở các quốc gia khác, người ta đang hạnh phúc sung sướng bên những ly *"sâm banh"* sùi bọt, những lời chúc tụng an lành, những nụ hôn ấm cúng, những dạ hội, những điệu vũ, những bài ca gần như bất tận trong đêm nay.

Còn tại nơi đây, nơi một quốc gia nhỏ bé, một tiền đồn heo hút nằm giữa rừng hoang vắng, nơi mà những căm thù được dựng lên bằng những sự suy luận vô lý của hai ý thức hệ ngoại lai. Hỡi những người Việt Nam da vàng máu đỏ tại sao??! Và tại sao??!!

Tiếng động cơ trực thăng đã bắt đầu nghe rõ từ hướng Đông Bắc, như một thiên thần từ trời cao đang ngang nhiên tiến vào chiến tuyến giữa đêm trừ tịch để cứu người lâm nạn. Đạn lửa phòng không nổ ròn như pháo Tết, hoả tiễn ì ầm rơi vào bãi đáp. Cộng sản đang làm lễ đăng quang để tiếp rước thiên thần giáng thế.

Thật bình tĩnh, với nụ cười ngạo mạn, trung úy P đã nhiều lần vào sinh ra tử, khéo léo đặt con tàu vào bãi đáp một cách dễ dàng, bên ghế trái phi công phụ là Trung úy B, một cựu Biệt động quân biên phòng, một người hùng luôn luôn đặt nặng trách nhiệm và bổn phận của Tổ Quốc giao phó trước sự sống còn của đời mình.

Đạn pháo kích vẫn tiếp tục rơi tới tấp, những cái chớp nhoáng lập loè gây ra một thứ ánh sáng cực kỳ man rợ. Tr/sĩ H hết sức khó khăn vất vã mới đưa được đại úy C lên tàu, đại úy H nhất quyết ôm chặt tro xác của thượng sĩ T lần mò chạy theo sau, phi hành đoàn đã lên tàu đầy đủ.

Trung úy Bằng đưa ngón tay lên trời ra dấu cho trưởng phi cơ, trung úy P sẵn sàng cất cánh. Như một con chiến mã thật hiên ngang nhảy vọt lên không trung, chỉ trong tích tắc sau đó, đã lặng lẽ biến mình trong màn đêm dày đặc.

Xin giã biệt Tống Lệ Chân, giã biệt những anh hùng mủ nâu Biệt Động.

Qua tầng số radio của đài phát thanh Sàigòn, chuông kiểng nhà thờ đã rộn rã khua lên từng hồi để chào đón một năm mới vừa ra đời.

Các anh Đ/u C, Đ/u H, Tr/sĩ H và vong linh thượng sĩ T, cũng như phi hành đoàn UH-1 cấp cứu, anh P, anh BẰNG, hôm nay tôi viết bài nầy để nhắc nhở những thành tích oanh liệt can trường của các anh, các anh là những anh hùng của KHÔNG QUÂN nói riêng và của QUÂN ĐỘI VIỆT NAM CỘNG HOÀ nói chung. Vì vận nước không may, các anh đã chia tay mỗi người mỗi nẻo, khắp nơi trên thế giới, nhưng tinh thần "TỐNG LỆ CHÂN" của trên hai mươi ba năm về trước, các anh đã thể hiện được tình huynh đệ chi binh, quên thân mình để cứu giúp đồng đội chiến hữu. Tôi cầu nguyện và chúc lành các anh em, gặp được nhiều may mắn và hạnh phúc trong quảng đời còn lại.

Riêng với thượng sĩ T, tôi xin thành tâm khấn vái và cầu nguyện cho vong linh anh, được yên lành trong thế giới VĨNH CỬU. Hãy vui trong giấc ngủ bình yên!

CHƯƠNG 3

Vết Chân Tị Nạn

Sau khi đặc chân lên tàu hãi quân của Đệ Thất Hạm Đội My, Nam gặp lại bà xã và các con, mọi người đều bình yên, làm anh vững bụng yên tâm. Đang ngồi thu mình, trong chiếc áo mưa choàng ngoài cho đỡ lạnh, vì sau khi tàu cấp cứu vớt lên, anh chỉ còn lại chiếc áo thun, và cái quần đùi sủng nước biển, có một người nào đó mang đến cho anh một gói thuốc lá, bảo là của một ông Chuẩn Tướng Việt Nam gơỉ cho.

Nhờ chất nhựa kích thích của thuốc lá, làm anh tỉnh hẳn người lại. Lúc bây giờ Nam mới bắt đầu để ý, đi xung quanh tàu quan sát. Xa xa bờ biển Việt Nam chỉ còn lờ mờ thấp thoáng, dưới đường chân trời xa thẳm, anh cố nhìn về đó, nhưng chính anh cũng không biết để làm gì!

Tại đây Nam đã gặp lại một vài sĩ quan Không Quân, như Tr/Ta L phi đoàn trưởng 251, không biết ông ra đây tự lúc nào, nhưng trông ông ta ăn mặc rất tươm tất, rất thản nhiên vui vẻ trò chuyện, với những người xung quanh xem như không có chuyện gì đã xaỷ ra.

Mặt trời đã lặn ở phía bên kia bờ nước, mặt biển bắc đầu lấp lánh phản chiếu, những vì sao mọc sớm hơn thường lệ. Bà xã Nam đã cho các con nằm vào một chỗ để ru ngủ, còn anh vẫn còn cố thủ trong chiếc quần đùi, choàng ngoài chiếc áo đi mưa nylon vàng, như nhân viên chữa lửa. Nam tìm được một chỗ vắng ngoài hành lang của con tàu. Chống cầm trên đó, nhìn ra biển cả.gió biển về đêm của vùng nhiệt đới, làm cho anh cảm thấy rất dễ chịu, nhưng trong đầu óc anh, cứ hoan man những suy tư không thứ tự, cứ chợt đến rồi chợt đi.Như có một sự thu hút cực mạnh, tầm mắt anh vẫn bị lôi kéo về hướng bờ biển, để cố tìm những ánh đèn điện quen thuộc của quê hương, mà nơi đó anh đã lớn lên, và trưởng thành, anh đâu có khóc, nhưng tự dưng cảm thấy cay cay trong đôi mắt, và hình như có cái gì âm ấm chạy dài trên má. Hơn mười ba năm trời, là quân nhân tác chiến, trên bốn vùng chiến thuật. Nam chỉ có nhiệm vụ là bay hành quân. Cuộc sống rất đơn sơ giản dị, chỉ biết đặc tin tưởng vào ngày hôm nay, còn cái gì sẽ xảy ra ngày mai là điều anh không cần biết đến, nên những giọt nước mắt, hầu như không đến với Nam một cách dể dàng như thế nầy. Anh không nhận định được, giọt nước mắt nầy dành cho quê mẹ Việt Nam, hay cho thân phận một chiến binh bại trận tuỉ nhục như anh!!?

Xa xa có nhiều ánh sáng lập loè trên mặt bể, có lẽ là các ghe thuyền đánh cá, họ đang từ từ tiến về hướng tàu đang đậu, nhưng mỗi lần gần đến, là chiếc tàu Mỹ bỏ chạy xa hơn. Sau nầy Nam được biết là haĩ quân Mỹ, sợ đặc công Việt Cộng nên không vớt người ban đêm, họ chỉ đưa người lên ban ngày mà thôi.

Gói thuốc lá ban chiều đã vơi dần hết nửa gói. Bây giờ trời cũng đã khá khuya, bắt đầu hơi thấm lạnh, Nam trở về nằm cạnh với các con trên sàng tàu, để qua giấc ngũ đêm hôm đó. Bà xã Nam có lẽ lạ chỗ, và mang nhiều lo lắng nên thức dậy rất sớm, nàng hối thúc đánh thức Nam và các con dậy.

— Anh thức dậy mau, hình như người ta đang chuẩn bị chuyển sang tàu khác.

Mặt trời cũng đã nhô lên khỏi mặt nước, ở bên kia bờ biển phía đông, nhờ gío biển mát rười rượi, và không khí trong lành, thêm vài đêm mất ngũ Nam đã có một giấc ngũ thật ngon lành, như uống được một liều thuốc bổ cực mạnh, làm cho anh khoẻ hẳn, tâm thần tỉnh táo. Tất cả mọi người xung quanh, đều lo cuốn xếp đồ đạc bỏ vào vali, xếp hàng chuẩn bị xuống thang, để sang Cano chuyển qua tàu khác.

— Em lo xếp đồ lại để đi với người ta.
— Có cái gì đâu mà xếp! Liệng hết cả xuống biển hồi trưa hôm qua rồi.
— Thôi cũng được, anh cổng Mika, em ẩm Mina còn Miki đi theo chị Mai với anh Châu để xuống cầu thang.

Nói là cầu thang, cho có vẻ trịnh trọng, chứ thực ra là một loại thang dây dã chiến, được thòng xuống từ trên tàu dùng để cấp cứu, hay những

CHƯƠNG 3 - VẾT CHÂN TỊ NẠN

trường hợp khẩn trương khác. Thang nhỏ chỉ vừa đủ cho một người leo trên đó, nếu rủi ro hay sơ ý trật tay là rơi ùm xuống biển một cách dễ dàng.

Sau khi dặn dò cẩn thận cho bà xã cách leo, Châu, Mai và thằng con trai lớn Miki, đã nhanh nhẹn leo xuống cầu thang trước, tới phiên Nam hơi khó khăn, vì thằng con thứ nhì ba tuổi nó mập mạp hơn những đứa trẻ đồng lứa khác, nó bám sát trước ngực, nên hết sức cẩn thận Nam mới bước được từng nấc dây, tiếp theo là vợ và đứa con gái út Mina tám tháng, cũng ôm chặc lấy mẹ nó từng bước một như Nam dò dẫm bước xuống theo. Cuối cùng gia đình Nam cũng như những người khác, được lên tàu thứ hai một cách an toàn.

Bây giờ là trưa ngày 30-04-1975. Nam nhận thấy có vài tướng lãnh Việt Nam, đang ngồi trên sàng phía dưới hầm tàu. Các vị nầy vẫn còn nguyên quân phục, với đầy đủ cấp bậc trên cầu vai trên nón, và xung quanh đó có nhiều cận vệ cũng ngồi chung với các ông. Nam nghe loáng thoáng một vài lời phê bình không được êm tai lắm, của một số quân nhân đang đứng gần đó, về tư cách của một ông tướng có nhiều thành tích không được tốt đẹp.

Ở đây mọi người được phát thức ăn trong hộp của quân đội. Cái khổ nhất là con gái út Mina vẫn còn bú bình, nhưng ở đây tìm đâu ra sữa, nên mẹ nó phải dùng cream loại pha cà phê, để khuấy đường với nước lạnh cho uống đỡ, lúc đầu nó cự nự không chịu, đến khi đói quá đành phải nút luôn, vì có vài lon sữa Guigo để dành cho nó, đều chiềm xuống biển hết khi nhảy xuống tàu.

Cái khốn nạn va ích kỹ nhất mà Nam còn nhớ, một anh bạn cùng quân chủng cũng có con nhỏ, vợ chồng anh ta mai mắn mang theo được hơn nửa chục bình sữa, bà xã Nam cố van xin anh chị để mượn đỡ một cái pha cream cho con bú, vì nó uống bằng ly không được gọn gàng đổ chảy tùm lum, thế mà ông bà ấy lại nhẫn tâm từ chối một cách tàn nhẫn với đứa bé gái còn bú. Cũng nhờ trời phật giúp đỡ, nó chỉ bị tiêu chãy chút ít chứ không đau ốm gì cả.

Trên tàu mỗi lúc càng đông người hơn, vì có rất nhiều ghe tàu đánh cá từ trong bờ biển Việt Nam chạy đi lánh nạn, nhiều người có mang theo Radio nghe được đài Sài Gòn, báo tin là Việt Cộng đã có mặt tại thành phố, và chánh phủ V.N.C.H Tổng Thống Dương Văn Minh đã đầu hàng v...v.

Nam ghi nhận có rất nhiều trực thăng của Không Lực V.N.C.H cũng như của hảng Mỹ. Air America đang tới tấp bay ra hạm đội. Sau khi đáp xong là hoa tiêu phải lo phụ đẩy cho tàu rơi xuống biển, để lấy chỗ đáp cho chiếc khác.

Tàu của Nam hình như đã được lệnh dùng để cứu dân tị nạn, nên nó cứ chạy lòng vòng xung quanh đó chứ không đi xa hơn nữa. Trời đã xẩm tối đoàn người đi ra bằng ghe càng đông hơn. Những chiếc thang dây để đưa người lên tàu, đã được kéo lên từ lúc mặt trời bắc đầu đổi màu xám đục ở phía tây bờ biển, nên mỗi lần ghe thuyền xáp lại gần, là trên tàu dùng vòi chữa lửa xịt nước xuống để họ phải dang ra xa hơn.

Những chiếc đèn lòng trên ghe, toả ra một thứ ánh sáng leo lét khi tỏ khi mờ theo nhịp gợn của sóng biển, tựa hồ như những con đom đóm đang bay trong đêm. Tiếng đàn bà kêu cứu, trẻ con la khóc lẫn trong tiếng sóng đánh rì rầm, nghe thật hãi hùng ghê rợn.

Thỉnh thoảng vài chiếc trực thăng cất cánh trễ, bay lượn lòng vòng trên đầu vì không nhận diện được chỗ đáp trên tàu, nên làm Ditching trong đêm, còn số khác bị Vertigal chóng mặt chúi đầu thẳng xuống biển, như những con thiêu thân nhào vô ánh đèn phản chiếu trên mặt nước. Nam không biết số phận của những phi công lâm nạn nầy sống hay chết như thế nào, vì trong đêm tối anh không nhận thấy phao cấp cứu được thả xuống để cứu vớt họ.

Khi con người đang sống kề với tuyệt vọng, và sợ hãi cùng cực, thường họ dễ trở nên liều lĩnh, có những quyết định táo bạo. Nam vẫn còn nhớ vào đầu tháng tư năm 1975, anh được lệnh chở dụng cụ tiếp liệu khẩn cấp cho căn cứ Không Quân Phan Rang, sau khi thả hàng xong anh mang tàu đến bãy đổ xăng, trước khi bay về Biên Hoà. Khi ramp vừa hạ xuống, nhanh như chớp bốn anh lính phòng thủ kho xăng đã nhảy thẳng lên tàu, với súng AR16 trong tay đạn lên nồng họ chĩa thẳng vào phi hành đoàn ra lệnh

— Các anh không cho chúng tôi về Sài Gòn, chúng tôi sẻ bắn các anh.

Xin nhắc lại là tỉnh Khánh Hoà thành phố Nha Trang, đã lọt về tay quân đội Cộng Sản Bắc Việt, chỉ còn lại Phan Rang, và căn cứ Không Quân, tại đây là tiền đồn phòng thủ cuối cùng, nên cũng không biết được căn cứ sẻ cầm cự bao lâu nữa là phải di tản chiến thuật, như lời Tổng Thống Nguyễn Văn Thiệu lúc bỏ Pleiku.

Nam cởi dây an toàn bước ra khỏi phòng lái

— Các anh muốn cái gì?
— Chúng tôi muốn về Sài gòn.

Nam nhìn thẳng vào mặt và quan sát cử chỉ của họ, anh nhận thấy những sự sợ hãi và hoan mang tột cùng hiện trên nét mặt.

— Còn xếp các anh đâu?
— Đã trốn đi đâu mất rồi!

Nam nghĩ có từ chối cũng không được, và không ích lợi gì, cũng có thể chúng nó làm càng nữa là đằng khác.

CHƯƠNG 3 - VẾT CHÂN TỊ NẠN

– OK các anh muốn về cũng được, nhưng phải leo xuống đổ xăng mới có đủ để bay về.

Bây giờ tình thế lắng dịu, bốn họng súng đen ngòm, không còn chĩa thẳng đến phi hành đoàn nữa, hai đứa nhảy xuống chạy máy bôm đổ xăng, còn hai đứa vẫn ngồi trên tàu cốt ý để canh chừng. Khoảng mười phút sau tàu sẵn sàng cất cánh, chở theo bốn tên lính nổi loạn bỏ ngũ. Vừa qua khỏi Cà Ná trên cao độ khoảng năm ngàn bộ, Nam gọi về Biên Hoà báo cáo những sự việc vừa xẩy ra, nên khi tàu vừa đáp là đã có xe quân cảnh chờ sẵn để dàn chào bốn anh.

Trong thâm tâm, thực sự Nam không hờn ghét các anh lính đó, vì anh biết chắc họ không có ý định muốn đoạt phi cơ, hay bắn giết phi hành đoàn, chỉ vì quá sợ sẻ bị bỏ rơi. Cũng như cấp chỉ huy trực tiếp đã bỏ rơi họ trốn đi trước, bây giờ phi cơ vừa đến đúng lúc, như trong khi sắp chết đuối thì bằng mọi giá họ phải nắm lấy cho bằng được chiếc phao cứu mạng, nên mới có hành đông liều lỉnh như vậy.

Nam cũng có nghe một vài anh em bay F5, trong lúc sang Thái Lan vì thiếu xăng phải đáp ép buộc xuống xa lộ, hoặc hai người phải chen nhau ngồi chung một chiếc ghế trong phòng lái. Cũng như tin phi cơ quan sát L19 đáp trên hàng không mẫu hạm v..v.

Thì những anh em lái UH-1 có làm Ditching vào ban đêm, cũng là đều dể hiểu.

Qua sau hai ngày đêm tàu đã vớt đầy người, đa số là dân chúng ven biển và ngư dân chày lưới, đủ hạng và mọi lứa tuổi, nên tàu đã bắt đầu rời bỏ vị trí chỉ định, chạy ra xa hơn ngoài hãi phận quốc tế. Hơn một ngày sau đó, đoàn người tị nạn được giới thiệu trong loa phóng thanh, là tất cả sẻ sang một chuyến tàu lớn nhất và có tốc độ rất nhanh, sức chứa trên bốn ngàn người. Nghe tin mọi người đều tỏ vẻ rất hân hoan vỗ tay như pháo tết. Cái hy vọng lớn nhất của Nam, là chắc sẻ có sửa bình đẳng hoàn cho con gái bú, và có nước để tắm, vì thực ra trong nhiều ngày qua, từ khi được vớt lên khỏi mặt biển, Nam chỉ biết súc miệng và tắm bằng hơi gió biển, mình mẩy sắp sửa lên men núm cả rồi!

Không lâu lắm, chiếc tàu của đoàn người tị nạn được đậu cặp kè với một tàu buôn rất lớn, trong vịnh Subic Bay Phi luật Tân. Một chiếc cầu dả chiến đã được bắt ngang qua để nối liền hai con tàu. Dân chúng bắc đầu dắc diều nhau sang tàu, Nam và bà xã cũng bồng bế các con bước nhanh theo đoàn người đi trước, anh cố gắng hy vọng và mong mỏi tìm được một chỗ kha khá dưới tàu, cho các con nằm vì anh không biết cuộc hành trình nầy sẻ kéo dài trong bao lâu và sẻ đi về nơi đâu!?

Mọi người chen lấn dẫn nhau chui xuống hầm tàu. Nam dẫn vợ cỏng con cố bước nhanh theo sau, để xuống cầu thang. Đứng trên sàn tàu niềm tin trong anh đã tan biến, nhìn những loan lỗ rỉ sét và ẩm thấp. Cả một hầm tàu rộng lớn, leo teo chỉ có vài bóng đèn điện không sáng lắm, mọi người ngồi xếp hàng dài trên những chỗ tương đối còn sạch sẽ khô ráo. Nam có cảm nghĩ như đang ngồi trong nhà tù, hay cảnh tượng trong phim, ngày xưa người da trắng sang Phi Châu bắt nhốt dân nô lệ da đen, để chở về đem bán. Mùi ẩm mốc xông lên rất khó chịu, thêm vào đó cảnh người chen lấn, dành giựt từng chỗ ngồi cải nhau om tỏi. Nam cảm thấy thất vọng chán chường, con bé vẫn không có sữa bú, nhiều người bị bệnh rên la gần đó. Anh bước sang bảo nhỏ với vợ.

– Ở dưới nầy nguy hiểm quá, dễ lây bệnh, hay là mình leo lại lên trên, không khí tốt hơn chỉ sợ có mưa mà thôi.

Bà xã Nam đồng ý gật đầu ngay

– Vậy mình leo lên trên đi, có mưa lấy khăn che lại chắc không sao.

Cả gia đình lại bồng bế dẫn dắt nhau leo lên cầu thang, để ra ngoài bong tàu. Trên đây cũng chật ních đầy người, khó khăn lắm mới di chuyển được, mai mắn thay Nam tìm được một cái kẹt còn bỏ trống, chỉ vừa đủ cho gia đình anh ngồi xuống. Nơi đây Nam gặp lại Thượng sĩ M…và Thượng sĩ C…vì sau khi nhảy xuống tàu đã mất liên lạc với hai anh, vã lại hai người còn độc thân không có gia đình, nên di chuyển rất lẹ. Hai anh căn võng nằm gần nên có bạn nói chuyện cho qua ngày giờ chờ đợi.

– M ở đây có chỗ nào tắm không?
– Ơ!Th/ta không biết à! Tụi nó đang tắm rầm rầm ngoài kia kià.

Anh vừa nói vừa chỉ tay về phía đằng sau tàu

– OK. Tôi phải đi tắm một phát mới được

Bước lần về phía sau theo hướng chỉ dẫn của M… Nam nhận thấy cả chục vòi nước bằng ống dây chữa lửa, thòng xuống đang xả nước ào ào vào đám người đang đứng kỳ cọ phía dưới, đủ mặt cả đàn ông, đàn bà trẻ con đều mặc quần áo đang đứng tắm chung nhau, xem họ có vẻ thoải mái lắm. Không suy tư hay do dự Nam nhào vào nhập cuộc luôn, anh ngước mặt lên để hớp nước súc miệng, lập tức phèo ra ngay tỏ vẻ khó chịu Nam lẩm nhẩm một mình.

– Trời ơi, nước gì mà mặn chát vậy!

Anh bạn trẻ đứng kề bên, có lẽ cũng bị hố như tôi nên cười thật lớn

– Chưa biết à? Nước biển súc miệng tốt lắm khỏi cần kem đánh răng.

Từ khi cha sinh mẹ đẻ đến giờ, có lúc nào Nam đi tàu như lần nầy đâu.

CHƯƠNG 3 - VẾT CHÂN TỊ NẠN

Nam còn nhớ, vào khoảng năm 1969 Bộ Tư lệnh Không Quân đã gởi anh sang Hoa Kỳ để tu nghiệp, học bay trên một loại phi cơ mới mà quân đội Hoa Kỳ sắp chuyển giao cho Việt Nam. Trong lúc ở căn cứ huấn luyện fort Rucker. Trường đã tổ chức đi câu "Deep fishing" ở Miami Florida cho các sĩ quan đồng minh. Tuy rằng trên một chiếc tàu khá lớn, Nam cũng vẫn bị say sóng ói mửa gần chết, nên từ đó anh không ưa đi tàu biển, mặc dù là đi chơi, nên kinh nghiệm sống thoát hiểm trên biển là anh bù trớt.

Lúc đầu Nam cứ ngỡ là nước biển được lọc lại thành nước ngọt để tắm hay giặc giũ, chứ có ngờ đâu nước biển nguyên chất một trăm phần trăm. Anh cười và nhủ thầm. Tắm nước biển mát và sát trùng, người ta còn bỏ tiền ra để đi vũng Tàu hay Nha trang để được tắm biển. Bây giờ được tắm Free còn phàn nàn cái gì nữa! Nhưng có cái khác hơn, là khi người ta tắm xong được tắm lại nước ngọt, còn Nam khi tắm xong, chẳng bao lâu sau là anh biến thành củ cải muối. Trên đầu trên lưng trong nách. Đâu đâu cũng có muối bọt trắng lấp lánh cả, thậm chí cái "Private Part" cũng thành "Hot Dog" ngâm muối luôn.

Mặc dù trời đang nắng chói chang của miền nhiệt đới, nhưng nhờ tàu chạy với tốc độ khá nhanh, không khí thật trong lành của biển khơi, Nam cảm thấy rất dể chịu. Những con cá to mình dài, Nam không biết tên, chúng vượt theo sóng nước phía sau con tàu trông rất đẹp mắt. Xung quanh chỉ còn là màu xanh dương của biển cả. Ngồi trên đây anh cảm thấy như mình đang bay, lạc vào một khoảng hư không nào đó trong một vũ trụ mênh mang huyền bí tuyệt vời. Những cảm giác êm êm đáng thương đáng nhớ đó thường xảy ra với anh trong những phi vụ thật sớm.

Vào trước những năm 1969 lúc ấy Nam còn ở phi đoàn 215 đồn trú tại Nha Trang, thường phải đi biệt phái Pleiku, Ban Mê Thuộc, hoặc Qui Nhơn nên phi hành đoàn phải cất cánh thật sớm, để kịp yểm trợ cho quân bạn. Thời tiếc miền trung vùng hai chiến thuật, vào những buổi sáng sớm thường có mây trắng dầy đặc, lơ lững ở cao độ thấp, những hạt sương bụi lành lạnh màu trắng đục, kết hợp thành những cụm mây nặng nề, bao phủ cả một vùng rừng núi phía trước mặt. Không gian bên ngoài còn lạnh lẽo, và trời chưa sáng hẳn.

Cửa sổ phòng lái đã được đóng kín, tiếng động cơ của chiếc máy phản lực gắn phía sau thân tàu, và tiếng cánh quạt quay trong gió đã dịu hẳn xuống. Nam cảm thấy mình nhẹ nhàng như cánh bướm, lặng lẽ lướt qua những cánh rừng còn ngáy ngủ, những đỉnh núi vô danh, những giòng suối uốn khúc thon mềm như thân hình người con gái. Cảnh trí thật tuyệt vời trinh nguyên, như đang sửa soạn để chào đón một ngày mới sắp sửa ra đời. Trong những giờ phút siêu việt nầy, nhiều lúc Nam cảm thấy con người như thoát tục, để trở thành những cánh chim tự do bay lượn, đi tìm những khám phá mới kỳ diệu tuyệt hảo của thiên nhiên

Còn đang ngẩn ngơ chìm mình trong quá khứ, Nam giật mình vì nghe có tiếng động mạnh ở sau lưng.

– Sao anh không đi lãnh đồ hộp đi, người ta đang phát ngoài kia kià?

Thì ra bà vợ Nam chờ hoài không thấy mang thức ăn về, nên mới đến để nhắc nhở.

– Ok để anh đi lãnh

Một thực trạng hèn hạ mánh mung, đang diễn ra trước mặt, do một nhóm người đi lãnh rồi phân chia lại cho đồng bào, không đồng đều, đang kèn cựa cải nhau. Vì người đại diện đi lãnh, khi mang về đã dấu hết những thứ ngon ăn được cho gia đình, và phe đảng họ, chỉ chia lại những thứ dở ít người thích ăn, mai mắn là chưa có ai chết đói cả

Nam cảm thấy chán chường cho một số người.

Sau nhiều năm bị đô hộ, cả Tàu lẫn Tây, rồi đến áp lực của My, trên danh nghĩa tốt đẹp là đồng minh. Có rất nhiều người Việt Nam chúng ta, đã làm mất đi những tinh hoa cố hữu của dân tộc, để học hỏi những lọc lừa gian trá mánh mung. Những câu ca dao Nhiễu điều phủ lấy giá gương. Người trong một nước phải thương nhau cùng hay là 'Lá lành đùm lá rách v..v. Đôi lúc Nam nghĩ, đó chỉ là những mỹ từ, dùng để đem ra rao bán, hoặc an ủi những người lỡ thời mạc vận!?

Nhiều người có thể bán rẻ lương tâm, chỉ vài trăm bạc đi làm nghề chửi thuê cho kẻ khác, hay vài chục bạc để viết một bài báo chụp mũ, hoặc mạt sát cá nhân người không đồng chánh kiến, ngay cả việc mua xát bán xương người quá cố họ cũng không từ!! Nam rất buồn nôn, khi nghe những người đã tự kêu và hãnh diện, là đi học trường tây trường đầm, chứ không học trường việt, hoặc đi làm bồi tây bồi Mỹ để nghe có vẻ văn minh tiến bộ hơn.

Đến khi đất nước loạn lạc cần họ, thì những tên nầy rất hãnh diện khoe khoan, là đã biết trước, nên cuốn gói chạy mất, khi sang đến tây đến Mỹ chúng vui mừng hân hoan, như cứ ngỡ là đã trở về được bản xứ, hay quê nội không bằng! Thương thay cho quê mẹ Việt Nam, hiền lành đạo đức lại có những đứa con như thế!!?

Sau hơn hai ngày lênh đênh trên biển cả, mọi người bàn tán, vì không biết tàu sẻ chở đoàn người về đâu? Nam cũng mù tịch không định hướng được nữa, anh tự nhủ thầm "Mặc kệ đi đâu thì đi.." chỉ trông sao được sớm lên bờ. để tìm nước ngọt tắm rửa vì ngứa ngáy khó chịu, tóc tai cháy quéo, đầy muối biển dựng đứng như rễ tre. Tuy nhiên rất mai mắn là vợ con không ai bệnh hoạn gì cả.

Sau khi dùng bữa cơm trưa xong, Nam đang ngồi nhắm mắt, dựa lưng

CHƯƠNG 3 - VẾT CHÂN TỊ NẠN

vào vách sắt tìm giấc ngủ trưa. Đột nhiên Thượng sĩ C gọi giật tôi dậy.

- Th/Ta, mình sắp đến nơi rồi.

Trong lúc mắt nửa nhắm nửa mở Nam hỏi lại để khỏi nghe lầm.

- Đến đâu? Tôi có thấy gì đâu?

Thượng sĩ C đưa tay chỉ mấy con chim đang bay lãn văn phía sau tàu.

- Đó, ông thấy mấy con chim đang bay là dấu hiệu sắp đến bờ.

Đúng vậy, mấy bửa rài có thấy chim chóc gì đâu, chỉ có nước xanh mây trắng vây quanh. Và lại chim không bao giờ bay xa đất liền cả. Nam mừng rở đứng dậy đi ra phía trước đầu tàu, nơi đây cũng đã có một số người đã phát hiện được bờ biển lờ mờ hiện ra trước mặt, họ đang chỉ chỏ bàn luận vì khộng biết là cù lao, hay đất liền.

Khoảng vài giờ sau đó, mọi người thấy rỏ là đất liền có người ở, có nhiều tàu bè chạy tới chạy lui trong vùng, nhưng mọi người không xát định được là đang ở trong haỉ phận của một quốc gia nào. Không lâu sau đó qua máy phóng thanh, báo là tàu sắp cập bến tại Guam, và yêu cầu mọi người hãi chuẩn bị hành lý giữ trật tự làm thủ tục nhập cảnh khi xuống tàu.

Bây giờ vào khoảng trưa ngày 07 tháng 05 năm 1975.sau khai điền vào các giấy tờ cần thiết do các nhân viên sở di trú giúp đỡ, đoàn người tị nạn được hướng dẫn về tạm trú, trong những căn lều vải được căn sẵn từ trước, trên một khoảng đất trống rộng lớn gần bến tàu. Hội hồng thập tự quốc tế đã cung cấp cho đoàn người, một số mền mùng quần áo, và thức ăn cho trẻ con. Hơn tuần lễ nay con gái út Nam chỉ sống bằng nước đường và cream, bây giờ được bú sửa tươi áo quần sạch sẻ mới toanh, nhìn thấy nó vui vẻ ra nét mặt. Ưu tiên kế tiếp là phải đi tắm súc miệng.

Cách đó không xa lắm Nam nhận thấy có vài cái nhà tắm, được che cất bằng cây ván có ghi bản dành riêng cho đàn ông đàn bà hẳn hòi, có vài đứa trẻ con đang tắm rửa đùa ngịch ngoài đó. Những giọt nước mát đầu tiên, túa ra từ búp sen phía trên, lên đầu lên cổ sao mà nó ngọt ngào làm sao!! Nam nhắm mắt lại để nghe cái hạnh phúc mát mẻ, chảy lần từ ngọn tóc đến ngón chân, những cảm giác nhẹ nhỏm lân lân, như một người mới tìm lại được cái gì quí giá mà mình đã đánh mất từ lâu. Hai đúa con trai của Nam cũng rất sung sướng đùa giởn với nước thoải mái. Nam bây giờ không còn là củ cải muối nữa, tóc tai da thịt trở lại bình thường, chứ không như rể tre hay nhám xàm như một vài giờ trước đây.

Chiều hôm đó gia đình Nam được ăn mặc áo quần lành lẻ và sạch sẻ, tuy nhiên có hơi rộng rải không đúng ni tất, mặc dù đã chọn "small size" ống quần và tay áo phải săn lên cho gọn gàng. Bà xã Nam rất khéo tay về may vá sửa đổi cắt sén, nhưng ở đây không có kim chỉ, phải đành chịu có sao mặc vậy. Bữa cơm chiều có nhiều thức ăn nóng rất ngon, có trái cây tươi nước ngọt ở câu lạc bộ dã chiến của quân đội Mỹ, để bù trừ lại với những ngày lênh đênh trên mặt biển, phải ăn củ rền tím với gạo xấy, mai mắn lắm mới được thịt ba lác hoặc cá Tuna vì các thứ khác bọn đầu nậu đi lảnh đã chom chỉa trước rồi.

Trở về lều trời cũng vừa chạng vạng tối, gío biển thổi mát rười rượi, được nằm nệm đắp mền ấm áp Nam thiếp đi lúc náo cũng chẳng biết. Mãi đến khi nghe tiếng động cơ chộn rộn xung quanh, tiếng gọi nhau ơi ới... Nam mới giật mình tỉnh dậy.

Khoảng bãy giờ sáng, mặt trời còn khuất bên kia dãy núi sau lều. Các con vẫn còn ngũ say, Nam rón rén bước ra khỏi lều để quan sát chung quanh, vì trưa hôm qua có nhiều chuyện ưu tiên cần phải làm ngay nên anh không có cơ hội.

Đang đứng ngơ ngác, suy nghĩ vẫn vơ bên lề đường, như dân nhà quê mới ra tỉnh thành, thấy cái gì cũng lạ cũng đáng chú ý cả. Thình lình một chiếc xe bus lớn kiểu nhà binh, chạy trờ tới đậu ngay trước mặt, cửa xe vừa mở tên tài xế quân nhân, đưa tay ngoắc mọi người bảo lên xe để chuyển trại. Nam chạy nhanh về lều hối thúc đưa cả gia đình hối hả lên xe.

Gần một giờ sau, xe bus thả cả toán xuống phi trường Guam, nơi đây đã có một số đông đồng bào đang ngồi gom lại thành từng nhóm, trong nhà chứa phi cơ, bà xã Nam hơi ngạc nhiên thắc mắc.

— Có lẽ họ định đưa mình đi đâu nữa, chứ không phải ở đây!
— Anh cũng không biết nữa, muốn đi đâu thì đi mình kể như dân vô gia cư rồi.

Thực vậy trong thời điểm nầy, Nam không còn gì để mà lưu luyến vấn vương hay thương tiếc nữa. Của cải gia tài của mẹ Việt Nam, sau mười ba năm chiến đấu hy sinh gian kho, Nam đã mang theo được chiếc quần đùi và cái áo thung!?Chỉ thương cho vợ và các con, chỉ vì có chồng và cha là quân nhân nên phải vất vã long đong chịu đựng nhiều gian khổ. Nhưng Nam còn được nhiều an ủi, và mai mắn hơn nhiều người khác là có vợ con bên cạnh, đở cô đơn trống vắng, qua đoạn đời nhiều khủng hoản nầy.

Trời sắp đứng bóng, mọi người có vẻ lo lắng chờ đợi, Nam theo giỏi nghe ngóng tin tức, được biết là sẻ đi Wake để tạm cư, nhưng cũng không chắc chắn lắm, vì trong tình trạng nầy, mọi người như chiếc lá rơi trước gío, thổi đi đâu, là lá cuốn theo đấy chứ không thể nào định trước được! Hình như có tiếng động cơ máy bay ở xa tiến đến, mọi người đều đưng phắc dậy, ngẩn đầu tìm kiếm.

Đúng rồi một chiếc vận tải cơ C130 to tướng, đang sắp sửa vào cận tiến để đáp. Không ai bảo ai, mọi người hành lý đã sẳn sàng trên tay, trong

CHƯƠNG 3 - VẾT CHÂN TỊ NẠN

tư thế chuẩn bị. Độ mười phút sau đó nhóm của Nam được lệnh ra phi cơ, vì là máy bay quân đội dùng để chở hàng tiếp liệu, và chuyển quân nên chỉ có hai dẫy ghế vải gắn hai bên thành tàu, những người lên trước thì được ngồi ghe, còn lên sau là phải ngồi trên sàng tàu, tuy nhiên nó cũng còn sang trong sạch sẻ, và thơm hơn chiếc tàu hàng biển đi đến Guam mấy ngày trước đây.

Sau đoạn đường bay từ Guam, Nam được thả xuống phi trường quân sự tại đảo Wake, và mọi người được đưa vào tạm trú, trong những căn nhà khang trang xây bằng gạch hẳn hòi, Nam được biết trước đây khu nhà nầy dành cho gia đình quân đội Mỹ. Tất cả được xếp hai, hoặc ba gia đình tuỳ theo số người được đưa vào ở một căn, có nhà tắm nhà vệ sinh, đúng theo tiêu chuẩn Hoa Kỳ rất sạch sẻ.

Gia đình Nam ở chung với gia đình đông con, người Quảng Ngải làm nghề chày lưới, và hai cha con một anh sĩ quan bộ binh gia đình còn kẹt lại ở đảo Guam. Nam chọn phòng khách cho rộng rải và mát mẻ hơn, những căn nhà nầy đã bị bỏ trống từ lâu, nên không có trang bị giường ghế gì hết, chỉ cần quét và lau sạch bụi nằm ngủ dưới gạch bông.

Trong những ngày đầu mới tới rất thoải mái, cũng chẳng có việc gì để làm, nên sau khi ăn uống xong cả đám thường rủ nhau ra bờ biển gần đó để bắt cá. Cá ở đây rất nhiều và dạn dĩ, lội hàng đàn sát trong bờ cát, có con lớn bằng bắp vế hoặc nhỏ nhất cũng bằng cổ tay, nhưng không biết tên là loại cá gì, thịt nướng hoặc kho ăn rất ngọt.

Nam và anh Trần Văn L "cowboy" chỉ huy trưởng phi đoàn 223 ở Biên Hoà, dùng vải mùng của quân đội phát làm lưới, chặn bắt. Bà xã Nam và chị L đi kiếm củi về kê gạch làm bếp nấu ngay tại bờ biển, trong lúc nấu anh L lãnh phần canh chừng quân cảnh Mỹ, có lẽ vì vấn đề vệ sinh chung nên họ không cho mọi người bắt cá và nấu nướng trên đảo. Chiều đến cả toán rủ nhau thả bộ đi xem chiếu bóng công cộng.

Cũng tại nơi đây, Nam gặp lại Đ/tá T không đoàn trưởng không đoàn 43 chiến thuật, anh Cao van T, anh P, "Đạo dừa" Sử ngọc C, Thái văn Â v…v. Trong lúc mọi người, đang lo nghĩ nghề nghiệp tương lai khi sang đất Mỹ, thì anh P…anh T…và một số anh em khác nhất quyết trở về Việt Nam, theo chuyến tàu "Việt Nam thương tín" Mọi người ở đây có khuyên các anh, nên ở lại rồi tín sau nhưng không được, vì phần lớn vợ con gia đình còn bị kẹt lại Việt Nam.

Độ hơn tuần sau, đồng bào chuyển trại đến đây rất đông, vào khoảng trên bốn ngàn người, nhà ăn công cộng có giới hạn, chỉ có ba bốn địa điểm, nên số người đứng xấp hàng để vào dùng cơm rất đông, có khi dài đến mấy trăm thước, cũng có lúc phải đứng đợi hai ba giờ mới được vào ăn, nhất là những ngày có trái cây tươi thì kể như đứng từ sáng tới chiều, nhiều lúc khi ăn bửa trưa xong về nghĩ chốc lát, là lo đi xếp hàng để dùng cơm chiều.

Ngày tháng ở đây cứ kéo dài, ngày nào cũng tuần tự giống như nhau, thỉnh thoảng nhân viên sở di trú kêu lên để bổ túc giấy tờ, hay sở y tế gọi đi chích ngừa, hoặc đi lảnh quần aó lout, thuốc hút của quân đội. Vì là một căn cứ hoàn toàn chiến lược quân sự, nên ở đây không có hàng quán dân sự như ở ngoài phố. Có một buổi chiều, Nam đang đi thơ thẩn trên đường, bổng có tiếng gọi của Sử Ngọc C…ở phía sau.

- Ê!! Nam mầy đi uống bia với tao không?
- Mầy nói cái gí, bia đâu mà có?
- Tao có thằng em, nó có tiền đô nhờ tụi Phi Luật Tân mua trong câu lạc bộ
- OK. Thế là nhất đi ra bờ biển, đừng để tụi mẻo nó thấy.

Sử ngọc C đã mai mắn gởi được vợ con đi trước, nên bây giờ có vẻ nhàn hạ ung dung như người độc thân. Cả ba đứa dẫn nhau ra hướng bờ biển, chia nhau mỗi người được hai lon Bubweizer, Nam lựa một phiến đá bằng phẳng ngồi cho thoải mái, thưởng thức vị đắng của chất men. Vừa hút thuốc vừa lai rai, gió biển phơn phớt mát thật tuyệt vời, Nam cảm thấy như đang nghĩ mát ở quán số năm Nha Trang hay quán lá Vũng Tàu không bằng.

Gia đình Nam ở trên đảo này khoảng hơn hai mươi ngày, cũng vừa lúc đứa cháu trai bệnh bác sĩ, cho về đất liền để chữa trị trong bệnh viện, nên cả gia đình làm thủ tục rời đảo để theo nó về trại Camp penleton ở Sandiago California. Sau một đêm tạm trú tại Hawaii, để đổi phi cơ, mọi người được tắm rửa, thay quần aó sạch se hơn để ra phi trường dân sự lấy vé phi cơ lên tàu.

Trên gương mặt mọi người đều hân hoan đầy hy vọng, chứ không não nềlo lắng như những lần chờ đợi trước kia. Ai nấy cũng có vẻ tử tế ăn nói lịch thiệp hơn, không còn có cử chỉ ích kỷ tham lam cục mịch như những ngày trước mà Nam đã gặp. Ngày xưa ông bà mình nói rất đúng "Phú quí sinh lễ nghĩa, Bần cùng sinh đạo tặc." Con người có thể thay đổi tính tình tuỳ theo môi trường và hoàn cảnh hiện tại?

Hơn nửa giờ sau đó, đoàn người được đưa lên phi cơ dân sự Boeing 747, có nữ tiếp viên hàng không, đứng trước cửa chào đón hẳn hòi sang trọng không khác gì những lần Nam đi du học Hoa kỳ, khi còn ở trong Không Lực V.N.C.H vào những năm 1963 và 1969 bằng Boeing 707. Phi cơ đã rời bỏ phi trường Honolulu từ lâu, trên cao độ 33000 bộ, phía dưới mây trắng phủ kín dầy đặc như tuyết, trên vòm trời xanh cao vút vô tận. Tiếng động cơ phản lực rầm rì lướt trong gió, tạo thành một âm thanh đều đều không dứt đoạn.

CHƯƠNG 3 - VẾT CHÂN TỊ NẠN

Nam đã thực sự rời bỏ Việt Nam, bỏ lại những đau đớn tàn phá của chiến tranh, của một quốc gia nhỏ bé nghèo nàn, nhưng mang nhiều thù hận. Những người đồng chủng cùng gốc gác tổ tiên ông bà, đã hăn sai nhận lấy vũ khí ngoại nhân, mang về chém giết lẫn nhau để được phong là tiền đồn chống cộng, chống đế quốc tư bản do cường quốc Nga Mỹ dựng lên.

Nam và những người trẻ khác đã trót sinh ra lầm thế hệ, hơn nữa cuộc đời hiến dâng cho quê mẹ thân yêu. Sự ra đi hôm nay có rất nhiều vấn vương buồn tủi, nhưng là điều bắt buộc chính đáng, không còn lựa chọn nào khác nữa.

Những tia nắng không còn chói chang xuyên qua các khung cửa sổ nhỏ hai bên thân tàu, có lẽ bây giờ gần xế chiều, phi cơ đã vượt qua vài múi giờ, bay ngược với ánh sáng mặt trời, nên thời gian ban ngày trôi qua rất nhanh, Nam được một tiếp viên hàng không cho biết giờ địa phương là 5:30 chiều, và dự trù sẽ đáp tại Sandiago vào khoảng bảy giờ chiều, như vậy còn khoảng một giờ rưỡi nữa mới đến. Nam cố nhắm mắt để cắt ngắn khoảng thời gian chờ đợi nầy.

Sau cái vỗ nhẹ trên vai của bà xã Nam

– Anh dậy coi, hình như mình đang bay trên đất liền không còn trên mặt nước nữa.

Qua cửa sổ phi cơ, xuyên qua từng cụm mây trắng lớn đang bay lơ đểnh, Nam nhìn thấy lờ mờ những khu rừng xanh phía dưới.

– À! Có lẽ mình đang bay dọc theo bờ biển của Hoa Kỳ, như vậy chắc không còn lâu nữa phi cơ sẽ đáp.

Một căm nghĩ nhẹ nhàng nhưng mang nhiều lo lắng chợt đến trong anh, những năm về trước Nam đến cái xứ nầy, anh mang tâm trạng của một kẻ đi du học trong một đôi năm, sẽ trở về mọi việc đều có chính phủ lo lắng tươm tất, nên ai nấy cũng đều vui vẻ thoải mái. Bây giờ hoàn toàn đổi khác "Ngày đi thì có Ngày về thì không tiền bạc của cải trống trơn, không một đồng xu dính túi, cuộc sống rồi sẽ ra sao trên vùng đất lạ nầy!

Nam cứ nghĩ là chính phủ Hoa Kỳ, sẽ đưa tất cả đến một vùng rừng núi nào đó để khai phá đất hoang trồng trọt lập nghiệp, như những vùng kinh tế mới ở Việt Nam thời chính phủ Ngô Đình Diệm, đưa dân di cư từ bắc vào nam năm 1954. Anh tự an ủi "Sợ chó gì! Người ta sao mình vậy.." và lại Nam là người luôn luôn tự tin vào đôi tay và khả năng của chính mình.

Phi cơ đã ngừng hẳn, trước cửa phòng chờ đợi của phi cảng Sandiago. Sau khi cho tất cả hành khách du lịch xuống trước. Nam và đoàn người tị nạn bước ra đi nhận hành lý, sau đó đoàn người được hướng dẫn lên xe Bus nhà binh, để đưa về trại tỵ nạn Camp Penleton. Nơi đây là một căn cứ huấn luyện của Thuỷ quân lục Chiến Hoa Kỳ, nên nó được đặc trong một vùng rừng núi xa hẳn thành phố.

Bây giờ trời bên ngoài đã lờ mờ tối. Xe Bus đã đưa dân tị nạn băng qua những xa lộ rộng thênh thang, đến những con đường nhỏ chạy hai chiều quanh co qua xóm làng thưa thớt. Nhìn qua khung cửa kính, nhà cửa nằm rải rác hai bên đường, những ngọn đèn điện được thấp sáng, toả ra một màu hanh vàng ấm áp. Nam cố gắng dán chặc đôi mắt vào đó để tìm kiếm, tưởng tượng hình dung một cảnh hạnh phúc gia đình của thôn dân, có người cha ngồi uống trà đọc báo, người mẹ ngồi may vá, và các trẻ con đang xúm xích xung quanh, để nghe bà kể chuyện.

Như hình ảnh bài hạnh phúc gia đình trong quyển sách tập đọc lớp ba, mà anh vẫn còn nhớ khi bé đi học ở trường làng. Một khung cảnh thật giản dị bình thường, lẽ ra ai sống trên đời nầy cũng đều có được. Nhưng trở trêu thay cho đất nước Việt Nam, hỏi có bao nhiêu gia đình, có cảnh sống những buổi tối êm đềm hạnh phúc đơn sơ như vậy! Có biết bao nhiêu trẻ thơ vô tội miệng vừa bặp bẹ gọi được tiếng cha cha, đã vội vấn lên đầu vành tang trắng. Người con gái xóm trên vừa xong tiệc cưới ngày hôm trước, vài hôm sau nhận được tin buồn, bức thơ tình để gởi ra ngoài chiến địa cho chồng, còn đang viết dở, đoạn kết đã trở thành thư vĩnh biệt!

Tự dưng Nam cảm thấy buồn, và như có cái gì đang chắn ngang cổ anh cố quay đi chỗ khác, để xô đuổi những hình ảnh không tốt đẹp đó ra khỏi trí nhớ.

Xe Bus đang chạy ngang qua một cánh rừng, hai bên đường tối om, với những bóng cây cao xừng xửng, anh không còn nhận diện cảnh vật bên ngoài được nữa, vài phút sau phía trước bỗng hiện ra nhiều ánh đèn điện, cùng lúc người nữ quân nhân lái xe cho biết là xắp sửa tới trại.

Mọi người được hướng dẫn đi lảnh mền mùng, và các thứ lỉnh kỉnh khác nhập trại.

Hôm nay là tối ngày 30-05-1975 cả toán được chính thức đưa vào trại sáu. Trong những ngày đầu khá bận rộn, vì phải lo khai báo bổ túc giấy tờ những gì còn thiếu sót đi làm thẻ an sinh xã hội, chụp hình, ghi tên vào các hội thiện nguyện để tìm người bảo trợ v...v cũng trong lúc nầy Nam tìm lại được tin tức của hai người em gái đã sang đây trước, và một số thân hữu bạn bè khác. Độ non một tuần sau tất cả mọi việc đều ổn định tạm thời.

Căn lều vải bố quân đội, nằm sát cạnh cánh rừng cây phía sau, có những đêm khuya, nghe văng vẳng tiếng chó tru, có người nói là tiếng chó sói ở trong núi gần đó, Nam chưa được nghe tiếng chó sói tru lần nào, nên không biết có đúng vậy không? Có một hôm anh hỏi chuyện với anh lính

CHƯƠNG 3 - VẾT CHÂN TỊ NẠN

Mỹ, phụ trách dựng lều, anh lính Mỹ bảo ở đây có rắn run chông "Rattle Snake" độc lắm, không nên đi vào các bụi rậm phía sau. Những câu chuyện như vậy đều làm cho các bà sợ hãi, tối nào cũng quấn mền kín mít.

Khí hậu ở đây, ban ngày ấm áp nhiều khi nóng bức tuy nhiên về đêm khá lạnh, nên đêm nào cũng phải ấp "Trứng Voi". Nam không biết ai đã phát minh cái trứng nầy, và có từ lúc nào, nhưng nó chống lạnh một cách hiệu quả vô cùng. Trứng voi được giữ gìn kỹ lắm, khi người nào có giấy xuất trại, thì được bàn giao cho người thân nhất của mình. Thỉnh thoảng cũng có vài chuyện cải nhau, vì người nầy ấp nhầm trứng của người khác. Bà xã Nam kỹ càng hơn, không muốn ai cầm nhầm trứng của mình, nên viết tên họ cẩn thận trên đó.

Trứng voi là một phát minh cực kỳ khoa học của dân chạy loạn!!? Nó làm bằng bình nylon lớn nhỏ đủ loại, được các đại giáng điệp, tầm vóc cở "Z28" hay "Zambon" lỏn vào nhà bếp, bí mật mang về lều, sau khi chùi rửa cẩn thận, nếu không thì mùi mẵn không được thơm tho mấy, có lẽ tụi mẻo ngụy trang dùng nó để đựng nước tương tàu vị yểu, nên mới nực mùi như vậy. Sau đó cứ trước khi đi ngủ cho nước nóng vào là thành trứng voi nóng hổi ngay, cứ thế chia nhau mà ấp hạnh phút tuyệt vời. Nếu quí vị nào sợ tốn tiền sưởi, cứ làm thử xem nhưng phải cẩn thận đậy nút kỹ lưỡng, nếu không nó phỏng cái "hot dog" hay cái "pan cake" của quí vị.

Hiệp chủng quốc Hoa Kỳ có khác! Nơi đây không còn cái khổ sở phải đứng xếp hành chờ đợi hàng giờ mới được vào ăn, vì nơi đây có quá nhiều nhà ăn rộng lớn thênh thang thức ăn uống thừa thẩy, áo quần giày dép hàng thùng to lớn cứ tự do lựa chọn cho vừa ý. Nhưng chỉ có cái khổ cho dân ghiền thuốc, là vì ở đây không phát thuốc chùa như ở đảo Wake. Bà xã Nam có hai đô trong túi, do ông cậu vợ bà con xa cho, khi còn ở dưới tàu nên bà cất quí như vàng, còn một số tiền Việt Nam nằm một đống không làm gì được cả.

Lúc nhàn rỗi, Nam thường thả bộ lên các cơ quan thiện nguyện, để nghe ngóng tin tức xát thực, vì có quá nhiều tin tức đồn đại trong trại, chẳng hạn như Nam nghe nói có ông trung tá bộ binh nào đó, bị thương mất một chân, được cá nhân bảo trợ đem về rồi giao cho ông ta một cây súng, mỗi buổi sáng ông ta được đưa ra một căn lều của nông trại ngoài bìa rừng, để canh giữ chiều được rước về cứ thế ngày nầy sang ngày khác. Câu chuyện nầy được đồn ra cả lều, làm mọi người đều ớn lạnh. Hoặc bàn tán với nhau là nhà thờ bảo trợ khá hơn cá nhân, hay họ đạo nầy tốt hơn họ đạo khác v...v Như chúng ta biết ăn no ngồi không sinh ra nhiều chuyện để nói, hoặc là chuyện có một, lại vạch ra trăm ngàn lần cho có vẻ ly kỳ rùn rợn.

Có một lần Nam ra cổng trại, để tìm hiểu và tiếp xúc với thế giới bên ngoài, vì khuôn viên trại tuy rộng lớn, nhưng được cách biệt với xã hội bên ngoài, bằng những hàng rào thiên nhiên của rừng núi bốn bề, nên có những người đã xuất trại trước, thường trở lại vào thăm thân nhân, hay bạn bè còn trong trại. Một hôm tình cờ Nam gặp lại anh Trần Z cựu hoa tiêu phi đoàn quan sát, lái xe vào thăm thân nhân, Nam hết sức ngạc nhiên, trông anh văn minh le lói làm sao!? Anh tự lái xe một mình, ăn mặc đẹp hết xẫy, sung sướng còn gì cho bằng!! Anh là giấc mơ của mọi người lúc đó, Nam nhìn anh với nhiều hy vọng cho tương lai mong muốn, chính mình sẽ được như anh.

Anh trần Z cho biết anh đã xin được một chổ bán xăng xe hơi, ở một quận nhỏ gần Sandiago lương mỗi giờ là ba đồng, cái xe anh mới mua hai trăm trả góp cho người bảo trợ. Trông anh có vẻ hạnh phúc và thoải mái lắm.

Trở về lều, Nam kể lại cho mọi người xung quanh nghe, ai nấy cũng đều chăm chú lắng tai theo giỏi câu chuyện một cách thích thú. Niềm tin tưởng và sung sướng thể hiện lên nét mặt của những người ngồi xung quanh, Nam tin chắc rằng trong lúc nầy mọi người cũng đều mong muốn cho mình được mai mắn như anh Trần Z bây giờ.

Chính những lúc đi lanh quanh, Nam có gặp lại ông cựu hoa tiêu trực thăng niên trưởng làm ở Bộ Tư lệnh Không Quân phòng Đặc trách Trực Thăng trước ngày mất nước, đó là quan năm Lưu Văn T Nam chỉ nghe tiếng đồn và biết chút ít về ông chứ không rành rẻ lắm. Cho đến ngày quân đội, tưởng thưởng đi du lịch Đài Loan, theo phái đoàn chiến sĩ xuất sắc Campuchia, do Chuẩn Tướng Trần Bá D... hướng dẫn. Khi vào trình diện Bộ tư lệnh để làm thủ tục xuất ngoại, lúc nầy Nam được biết ông nhiều hơn, qua sự gởi gấm mua áo quần mặc để đánh Tennis loại Delux, nhưng kẹt một nỗi mua dùm, mà không đưa tiền.

Còn Nam thuộc loại lính trận khố rách áo ôm "Tiền lính tính liền" đâu có dư giã để mua lòng chuộc nghĩa với ai! Tuy nhiên khi trở về, Nam có biếu cho ông nột chiếc áo thun loại tốt, để khỏi làm mất lòng, ông ta nhận nhưng không vui vẻ lắm. Bây giờ tình cờ gặp lại đây, Nam biết ông ta hiện đang giữ một vị trí quan trọng, vì ông ta được bảo trợ bởi một mục sư mỹ đang là xếp xòng cơ quan thiện nguyện Lutheran tại trại, và hội này cũng đang cần người làm thông dịch viên để giúp cho đồng bào khai báo giấy tờ tìm người bảo trợ, mà ông ta hiện được coi như là trưởng ban thông dịch, nên chỉ cần ông niên trưởng nầy giới thiệu là được "job" ngay.

Sau khi tiếp chuyện tả oán, ông ta vẫn nhất quyết có điều kiện, là chia hai tiền lương lao động của Nam sẻ lảnh. Không biết lúc trước kia ông có bắc chẹt ai không, bây giờ sang đây, trong giai đoạn khốn cùng loạn lạc nầy, ông ta vẫn còn đối xử với anh em đồng đội như vậy. Nam suy nghĩ một người như ông chỉ biết có tiền bạc, chứ không còn tình cãm luật lệ gì hết, nên gật đầu cho ông bốc lột.

CHƯƠNG 3 - VẾT CHÂN TỊ NẠN

Trong lúc tạm thời làm việc ở đây, Nam được biết nhiều tin tức cặn kẻ rõ ràng hơn về tình trạng đời sống của dân tị nạn, không đến nổi bi quan quá đáng như những tin đồn đại mà anh đã nghe. Nam có liên lạc với anh Lại Như S cựu trung tá làm ở bộ tư lệnh Không Quân qua điện thoại, lúc đó anh ngụ tại Maryvill tiểu bang Washington, anh có khuyến khích Nam nên đưa gia đình lên đây ở "Đất lành chim đậu." và gần gũi anh em cho vui vẻ.

Trong những năm về trước, khi sang đây Nam đều ở các tiểu bang miền nam, nên không rõ khí hậu và phong cảnh ở miền tây bắc Hoa Kỳ, tuy nhiên về sự hiếu kỳ và cổ võ của anh S nên anh làm thử một chuyến bắc tiến xem sao.

Sau nhiều ngày làm việc tại cơ quan từ thiện nầy. Nam có cơ hội làm quen với rất nhiều người mỹ tại địa phương đang tình nguyện làm việc giấy tờ cho hội. Trong số nầy, Nam mến nhất là bà Beryl E, Cox, bà thường vào lều để an ủi và thăm hỏi gia đình Nam, thỉnh thoảng bà mua quần áo mới biếu cho vợ con anh. Có những bữa trưa nóng nực bà ưa mua dưa hấu, hoặc kem khệ nệ bưng vào biếu các con anh, nhiều lúc bà hỏi thăm ba má gia đình còn ở Việt Nam, rồi kể chuyện gia đình của bà cho Nam nghe, trong dáng điệu cử chỉ thật hiền lành đạo đức, Nam bảo bà giống mẹ của anh còn ở Việt Nam, thật tình lo lắng và thương yêu như người trong gia đình, không kiểu cách màu mè.

Sau nầy khi xuất trại, Nam vẫn còn liên lạc thường xuyên với bà. Cho mãi đến mười bốn năm sau đó, bà quá già yếu, nhưng trước khi mất bà còn căn dặn người nhà, gởi biếu cho Nam chiếc muỗng bằng bạc dùng để ăn cơm lúc bà còn bé, khoảng đôi ba tuổi, có ghi tên bà trên đó, và cũng không quên căn dặn người nhà là bảo Nam đừng gởi quà gì xuống cho bà nữa. Tuy đã khuất bóng, nhưng bà đã để lại trong tâm hồn gia đình Nam, một sự thương yêu kính mến. Một người khác chủng tộc, màu da và tiếng nói, nhưng tình cảm trong tim bà nó cao quí và trong sáng như sao trời.

Đã gần một tháng làm tại đây, hôm nay Nam nhận được một ngân phiếu của hội trả lương là ba trăm đồng. Sau khi đổi ra tiền mặt, Nam lấy ra một nữa, một trăm năm chục đồng trả tiền đầu cho ông niên trưởng nhà họ Lưu. Nam thiếc nghĩ tên của ông nên đổi lại là "Lưu văn Manh" có lý hơn, và hợp với gương mặt râu rễ tre khi ông cười xoè tay nhận tiền đầu. Tuy Nam rất bắt mãn nhưng anh cố gắng yên lặng, để chờ ngày xuất trại. Khoảng hai tuần lễ sau đó, gia đình Nam đã hoàn thành thủ tục giấy tờ bảo lãnh, do họ đạo nhà thờ Lutheran tại Bellevue tiểu bang Washington đở đầu.

Trước khi xuất trại chính thức Nam đưa anh Trần Văn L lên thay thế công việc thông dịch, và luôn tiện từ giã mọi người. Ngân phiếu sau cùng của hội trả lương được một trăm năm chục đồng, lần nầy Nam nhất định không để cho ông ta bốc lột nữa, nên cất giữ đi thẳng về lều sửa soạn cho một cuộc ra đời thật sự.

Chiều hôm đo, sau khi đi tắm về bà xã Nam có bảo niên trưởng nhà họ Lưu có đến đòi tiền đầu. Nam biết chắc thế nào sáng hôm sau, hắn ta cũng đến nữa nên chuẩn bị sẵn sàng lên xe Bus sớm để khỏi nhìn thấy gương mặt phúc hậu đó! Quả tình đúng như dự đoán, sau khi gia đình Nam vừa lên xe xuyên qua cửa kính, anh đã thấy gương mặt với bộ râu rễ tre, của nhà họ Lưu loáng thoáng bên cửa sổ muốn leo lên xe, nhưng bị tài xế đuổi xuống. Xe bắt đầu lăn bánh hắn ta vẫn còn đứng miệng lép nhép như đang chửi rủa gì đó, Nam nhìn hắn ta cười khinh bỉ đưa tay chào giã biệt!!....

Hôm nay là ngày 22-07-1975, Nam trên đường đi ra phi trường Sandiago, cũng trên cùng một con đường duy nhất mà cách đây hơn tháng rưỡi, đã mang anh đến đây chỉ có khác hơn là thời điểm cách biệt giữa đêm và ngày.

Sáng hôm nay trời thật đẹp, cả gia đình Nam ăn mặc rất tươm tất, mọi người đều có áo len lạnh mặc ngoài. Nam được bà xã lo lắng cẩn thận, bảo phải thắt cà vạt cho ra vẻ trịnh trọng, anh được báo trước là sẽ có nhiều người đại diện nhà thờ ra đón rước tại phi trường Seatac.

Cổng trại tỵ nạn Camp penleton đã hoàn toàn mất hút phía sau dãy đồi. Xe bus đang băng qua một cánh đồng cỏ, với những vòm cây lưa thưa rãi rác hai bên lề, thỉnh thoảng có một vài con thỏ rừng trắng, nhanh nhẹn băng qua đường. Nam ngã người ra phía sau thành ghế, hít vào buồng phổi cái không khí tinh anh của rừng núi thiên nhiên.

Trước mặt Nam là những tia nắng sớm, như đang rực rỡ đón chào một ngày trọng đại trinh nguyên sắp ra đời. Giã biệt Camp Pendleton!

Phần 2: Tái Định Cư và Thích Nghi

Khó Khăn và Sự Kiên Cường Trong Thế Giới Mới - Phần này bao quát hành trình thích nghi với cuộc sống ở Hoa Kỳ sau khi trốn khỏi Việt Nam. Nó đào sâu vào những thách thức của việc tái định cư, mất mát về bản sắc văn hóa, và những khó khăn cá nhân cũng như gia đình trong việc xây dựng lại cuộc sống từ đầu.

Tổng Quan: Ch. 4 - "Đổi Đời"

"Đổi Đời" là một hồi ký chi tiết và đầy cảm xúc kể về hành trình định cư tại Hoa Kỳ của Nam và gia đình sau khi rời khỏi Việt Nam vào năm 1975. Câu chuyện bắt đầu với những ngày đầu tiên họ đặt chân đến Washington, nơi mà gia đình Nam bắt đầu một cuộc sống mới sau thời gian sống trong các trại tị nạn. Từng bước một, họ phải đối mặt với nhiều thách thức, từ sự bỡ ngỡ trước môi trường mới, khó khăn về ngôn ngữ, đến việc tìm kiếm công việc để ổn định cuộc sống.

Sự thay đổi và thích nghi: Nam và gia đình phải đối mặt với nhiều khó khăn khi thích nghi với cuộc sống mới ở Hoa Kỳ. Từ việc học tiếng Anh đến tìm kiếm công việc, mỗi thành viên trong gia đình đều phải nỗ lực hết mình để hòa nhập vào xã hội mới. Đối với Nam, công việc đầu tiên làm trong một nhà máy điện tử đã giúp anh hiểu thêm về môi trường làm việc tại Mỹ, dù đó không phải là công việc yêu thích. Sự thay đổi từ một quân nhân sang một công nhân tay nghề thấp thể hiện rõ sự chênh lệch về vị trí xã hội mà Nam phải chấp nhận trong quá trình thích nghi.

Tinh thần kiên trì và hy vọng: Mặc dù gặp phải nhiều trở ngại, Nam và gia đình vẫn luôn giữ vững niềm tin vào tương lai. Việc Nam quyết định học nghề điện tử tại một trường tư đã minh chứng cho tinh thần cầu tiến và nỗ lực vượt qua nghịch cảnh của anh. Câu chuyện về việc Nam cuối cùng tốt nghiệp và tìm được công việc đúng với mong muốn là biểu tượng cho tinh thần kiên trì và hy vọng vào một tương lai tốt đẹp hơn.

Gia đình và cộng đồng: Gia đình Nam không chỉ là nguồn động lực, mà còn là điểm tựa vững chắc trong suốt hành trình đổi đời. Từng thành viên trong gia đình hỗ trợ lẫn nhau để vượt qua những khó khăn về tài chính và tinh thần. Ngoài ra, sự giúp đỡ từ cộng đồng, đặc biệt là những người Mỹ tốt bụng và những người Việt khác cũng đã giúp gia đình Nam đứng vững trong những ngày đầu tiên trên đất Mỹ.

Sự đồng cảm và lòng nhân ái: Câu chuyện còn khắc họa sự đồng cảm và lòng nhân ái của những người dân Mỹ đối với gia đình Nam. Những người bảo trợ từ nhà thờ đã không chỉ giúp đỡ về mặt vật chất, mà còn hỗ trợ tinh thần cho gia đình Nam, giúp họ vượt qua những ngày tháng khó khăn ban đầu.

Mất mát và kỷ niệm: Nam thường xuyên nhớ về quê hương, về những kỷ niệm khi còn ở Việt Nam, đặc biệt là những khó khăn và mất mát mà gia đình anh phải trải qua trong chiến tranh. Những lá thư từ gia đình gửi về từ Việt Nam đã khiến Nam càng thêm nhớ về quê nhà, nơi mà cha mẹ anh đang phải đối mặt với cuộc sống khó khăn dưới chế độ mới.

Tài liệu này không chỉ là một câu chuyện cá nhân về cuộc sống của một gia đình Việt Nam tại Mỹ, mà còn là một bức tranh toàn cảnh về quá trình định cư và hội nhập của người Việt sau chiến tranh. Nó phản ánh sự kiên trì, hy vọng và lòng nhân ái, cùng với những thử thách mà người Việt phải đối mặt trong hành trình xây dựng cuộc sống mới.

Tổng Quan: Ch. 5 - "Xóm Cầu Nỗi"

"Xóm Cầu Nỗi" là một câu chuyện đầy cảm xúc, lấy bối cảnh lịch sử đầy biến động của Việt Nam, tập trung vào cuộc đời của Nguyễn Văn Châu, một người đàn ông có cuộc sống bị thay đổi hoàn toàn bởi cuộc chiến kéo dài giữa lực lượng Cộng sản và chính quyền Quốc gia, đỉnh điểm là sự kiện ngày 30 tháng 4 năm 1975.

Cuộc sống nông thôn giản dị trước chiến tranh: Trước chiến tranh, Châu là một nông dân đơn giản ở làng "Cầu Nỗi", sống một cuộc đời giống như tổ tiên của mình. Những ngày tháng của Châu trôi qua với công việc đồng áng, theo đuổi truyền thống được truyền lại qua nhiều thế hệ. Câu chuyện vẽ nên một bức tranh về cuộc sống nông thôn yên bình, gắn bó sâu sắc với đất đai và các giá trị truyền thống.

Ảnh hưởng của chiến tranh và sự thay đổi: Tuy nhiên, chiến tranh đã mang lại những thay đổi lớn trong cuộc đời của Châu. Cuộc xung đột kéo dài giữa lực lượng Cộng sản và Quốc gia, và sự sụp đổ của Sài Gòn, đánh dấu một bước ngoặt trong cuộc đời ông. Câu chuyện nêu bật cách mà những sự kiện lịch sử này đã làm gián đoạn lối sống truyền thống, buộc Châu phải rời bỏ làng quê và tham gia vào quân đội dưới chính sách bắt lính của Tổng thống Ngô Đình Diệm.

Tình yêu và sự chia ly: Giữa sự hỗn loạn của chiến tranh, Châu phát triển một mối quan hệ lãng mạn với Năm Lài, một cô gái xinh đẹp từ ngôi làng bên cạnh. Câu chuyện tình yêu của họ là một khía cạnh cảm động của câu chuyện, đầy những khoảnh khắc âu yếm và lãng mạn của tuổi trẻ.

PHẦN 2: TÁI ĐỊNH CƯ VÀ THÍCH NGHI

Tuy nhiên, cuộc chiến sắp đến và việc Châu bị bắt lính đã đổ bóng đen lên mối quan hệ của họ, dẫn đến một sự chia ly đau đớn, ảnh hưởng sâu sắc đến cả hai.

Những khó khăn trong cuộc sống quân ngũ: Sự chuyển đổi của Châu từ một nông dân thành một người lính được miêu tả một cách chi tiết. Thời gian của ông tại trại huấn luyện Quang Trung, những khó khăn của cuộc sống quân đội và những thách thức mà ông phải đối mặt trong việc thích nghi với thực tế mới đều được khám phá. Câu chuyện phản ánh trải nghiệm chung của nhiều thanh niên phải tham gia quân đội trong giai đoạn này, để lại gia đình và người thân yêu ở phía sau.

Mất đi sự ngây thơ và thực tế của chiến tranh: Khi câu chuyện của Châu tiếp diễn, rõ ràng là chiến tranh đã tước đi sự ngây thơ của ông. Câu chuyện truyền tải thực tế khắc nghiệt của chiến tranh, bao gồm sự hủy diệt của cuộc sống, gia đình và cộng đồng. Hành trình của Châu được đánh dấu bằng sự mất mát, không chỉ là cuộc sống yên bình và tình yêu của ông, mà còn là các giá trị truyền thống và những niềm vui giản dị từng định hình cuộc sống của ông.

"Xóm Cầu Nổi" là một cuộc khám phá sâu sắc về tác động của chiến tranh lên cuộc sống nông thôn Việt Nam, khắc họa nỗi buồn, sự mất mát và sức mạnh kiên cường của những người đã sống qua một trong những thời kỳ thách thức nhất trong lịch sử của đất nước. Câu chuyện là một sự phản ánh về những ảnh hưởng lâu dài của chiến tranh, cũng như những thay đổi sâu sắc mà nó mang lại cho cá nhân và cộng đồng.

Tổng Quan: Ch. 6 - "Dĩ Vãng Buồn"

"Dĩ Vãng Buồn" kể lại cuộc đời và những trải nghiệm của Nam, một người sinh ra trong thời kỳ đầy biến động và thay đổi ở Việt Nam. Câu chuyện đưa người đọc trở về với những ký ức thời thơ ấu của Nam, được định hình bởi bối cảnh xã hội và chính trị của làng quê ông cũng như những ảnh hưởng sâu rộng từ thời kỳ thực dân Pháp, sự chiếm đóng của Nhật Bản, và sau đó là sự trở lại của người Pháp.

Sự hồn nhiên của tuổi thơ giữa chiến tranh và xáo trộn: Những năm tháng đầu đời của Nam được miêu tả trên nền một cuộc sống làng quê yên bình, được bao quanh bởi những vườn cây trái và một gia đình gần gũi. Tuy nhiên, sự yên bình này bị phá vỡ bởi những thực tế khắc nghiệt của chiến tranh và chiếm đóng. Nam nhớ lại cách mà cuộc sống lý tưởng ở làng quê đã bị gián đoạn bởi sự trở lại của quân đội Pháp, những người áp đặt các biện pháp tàn bạo lên dân làng, dẫn đến việc sơ tán thường xuyên và một trạng thái sợ hãi liên tục. Những trải nghiệm này đã hình thành nên sự hiểu biết ban đầu của Nam về thế giới, pha trộn giữa sự hồn nhiên của tuổi thơ và sự khắc nghiệt của chiến tranh.

Ảnh hưởng của chủ nghĩa thực dân và xung đột đối với bản sắc: Khi Nam lớn lên, ông chứng kiến những tác động của chủ nghĩa thực dân và xung đột lên cộng đồng của mình. Câu chuyện nêu bật những chia rẽ rõ rệt giữa những người cai trị và dân địa phương, với Nam thấm nhuần lòng tự hào dân tộc và tinh thần kháng chiến chống lại sự thống trị ngoại bang. Giai đoạn này được đánh dấu bởi những biến động lớn, khi gia đình Nam phải đối mặt với những nguy hiểm từ cả lực lượng chiếm đóng và các cuộc xung đột địa phương. Câu chuyện khắc họa sự căng thẳng giữa mong muốn có một cuộc sống bình yên và thực tế phải sống dưới những chế độ áp bức.

Đấu tranh và kiên cường trong thời kỳ thay đổi: Gia đình Nam phải chịu đựng nhiều khó khăn, bao gồm sự di dời, khó khăn kinh tế, và mối đe dọa bạo lực liên tục. Câu chuyện miêu tả sự kiên cường của cha mẹ Nam, những người đã làm việc không ngừng nghỉ để chăm sóc gia đình bất chấp sự bất ổn. Bản thân Nam cũng đảm nhận những trách nhiệm vượt quá tuổi của mình, đóng góp vào sự sống còn của gia đình trong khi vẫn cố gắng theo đuổi việc học. Câu chuyện phản ánh những thách thức lớn mà nhiều gia đình Việt Nam phải đối mặt trong giai đoạn này, làm nổi bật quyết tâm vượt qua nghịch cảnh của họ.

Sự mất mát của truyền thống và những thay đổi văn hóa: Khi câu chuyện tiến triển, Nam suy ngẫm về sự mất mát của các giá trị truyền thống và những thay đổi trong cộng đồng của mình do hiện đại hóa và chiến tranh mang lại. Ông nhớ về những niềm vui đơn giản của cuộc sống làng quê, nay đã bị thay thế bởi văn hóa đô thị hối hả, vật chất. Sự thay đổi này được miêu tả như một điều tất yếu nhưng cũng đầy tiếc nuối, khi Nam đau lòng trước sự biến mất của thế giới mà ông từng biết.

"Dĩ Vãng Buồn" là một cuộc khám phá sâu sắc về những phức tạp của ký ức, bản sắc, và những ảnh hưởng lâu dài của các sự kiện lịch sử lên cuộc sống cá nhân, mang đến một bức chân dung phong phú về hành trình của một con người qua một thế giới đang thay đổi nhanh chóng.

Tổng Quan: Ch. 7 - "Thầy Giáo Bảo"

"Thầy Giáo Bảo" là một câu chuyện phản ánh sâu sắc về cuộc đời của Bảo, một giáo viên dạy văn tại Sài Gòn, người dần trở nên thất vọng với cuộc sống ở Việt Nam sau chiến tranh. Câu chuyện bắt đầu với hình ảnh Bảo, đang cảm thấy chán nản và bực bội sau khi tham gia một buổi họp của hội cựu giáo chức địa phương, nơi ông bị chất vấn tại sao lại trở về Việt Nam khi chế độ cộng sản vẫn còn. Câu hỏi này khơi dậy trong ông nhiều suy nghĩ về quá khứ và những thách thức hiện tại.

Đam mê giảng dạy và tác động của chiến tranh: Trước năm 1975, Bảo là một giáo viên văn học nhiệt huyết, đặc biệt yêu thích thơ văn cổ điển Việt Nam. Ông nổi tiếng với phong cách giảng dạy độc đáo, cuốn hút học sinh và được học trò gọi là "Tú Uyên" theo tên một nhân vật văn học nổi tiếng. Tuy nhiên, cuộc đời ông bị gián đoạn khi ông bị động viên vào quân đội Việt Nam Cộng Hòa trong chiến tranh Việt Nam. Sau khi hoàn thành nghĩa vụ quân sự, Bảo trở lại giảng dạy, nhưng chiến tranh đã để lại dấu ấn sâu sắc, khiến ông khó tìm lại niềm vui và sự thỏa mãn trong công việc.

Sự thất vọng trong chế độ mới: Thời kỳ sau chiến tranh mang đến những thay đổi lớn lao khiến Bảo cảm thấy bị xa lánh. Sự tiếp quản của chế độ cộng sản dẫn đến sự biến đổi toàn diện của xã hội, bao gồm việc cưỡng chế khai báo lý lịch cá nhân và tham gia các buổi học tập chính trị bắt buộc. Bảo bị một tên côn đồ trước đây, giờ là quan chức địa phương, làm nhục trong quá trình khai báo, nhấn mạnh sự thay đổi mạnh mẽ trong cán cân quyền lực. Cảm giác về danh tính và mục đích của Bảo với tư cách là một giáo viên tiếp tục bị thách thức khi ông buộc phải tuân theo các tiêu chuẩn tư tưởng mới, tước đi niềm đam mê và sáng tạo vốn là đặc trưng của phong cách giảng dạy của ông.

Sự cô lập và mất phương hướng: Sự thất vọng ngày càng gia tăng của Bảo cuối cùng dẫn đến cảm giác bị cô lập trong một xã hội không còn coi trọng lý tưởng của ông. Khí hậu chính trị áp bức đã làm suy giảm tình yêu của ông đối với văn học, khiến ông phải đặt câu hỏi về vị trí của mình trong một thế giới đã thay đổi quá nhiều. Câu chuyện khám phá những tổn thương tình cảm của việc sống dưới chế độ độc tài, nơi mà tự do cá nhân bị kìm hãm và những đam mê trước đây bị lu mờ.

"Thầy Giáo Bảo" là một câu chuyện cảm động, khám phá những xáo trộn cá nhân và nghề nghiệp mà những người sống sót sau sự chuyển đổi sau chiến tranh của Việt Nam phải trải qua. Câu chuyện nêu bật sự thất vọng, mất mát về danh tính và thực tế khắc nghiệt mà những cá nhân này phải đối mặt khi cố gắng thích nghi với một xã hội đã trải qua những thay đổi sâu sắc và đau đớn.

CHƯƠNG 4

Đổi Đời

Hôm nay là ngày 22-07-1975. Một thời điểm vô cùng quan trọng của chính Nam và gia đình, vì thực sự bắt đầu bước vào một đời sống với xã hội bên ngoài, chứ không còn lang thang đây đó, với những hoang mang lo lắng như trước kia, cứ kéo dài lê thê từ trại tị nạn nầy sang trại khác.

Phi cơ đã bắt đầu vào cận tiến, để đáp xuống phi trường Seatac tiểu bang Washington. Bà xã Nam bận rộn kiểm soát lại áo quần các con cho ngay ngắn, nàng cũng không quên sửa lại chiếc cà vạt trên cổ áo của chồng cho chính xát. Ánh nắng bên ngoài thật đẹp, xuyên qua cửa sổ làm thành những bóng trắng di động. Mọi người yên lặng hồi hộp chờ đợi. Phi cơ đã dừng hẳn, trước cửa ra vào của hành khách phi cảng, một giọng nói nhỏ nhẹ của người nữ tiếp viên hàng không trên loa phóng thanh "Chào mừng quan khách đến tiểu bang Washington." Gia đình Nam lần lược theo đoàn người phía trước bước ra khỏi cửa.

— Hello! Are you Mr Nguyễn?

Nam vội vàng khựng lại, ngay trước mặt một người đàn ông trạc độ bốn mươi tuổi, với nụ cười hiền lành cởi mở đang đứng với một người đàn bà, có lẽ là vợ ông ta.

— Yes, I am

CHƯƠNG 4 - ĐỔI ĐỜI

Một cái bắt tay thật chặc, ấm áp đầy tình căm, Nam thấy tin tưởng thoải mái, như gặp lại người bạn thân quen biết từ lâu. Tự giới thiệu ông là Richard Hanner và vợ ông là bà Darlean Hanner, người mà Nam đã tiếp chuyện nhiều lần qua điện thoại khi làm thông dịch viên ở trại Camp Penleton. Ong bà là người của nhà thờ, ra đây để tiếp đón gia đình Nam. Sau khi thăm hỏi sơ qua, ông bà hướng dẫn ra phòng chờ đợi để nhận hành lý, tại đây Nam lại gặp thêm nhiều người nhà thờ khác, cũng cùng ra đây để tiếp đón, như ông bà mục sư Baseler, ông bà mục sư Joe Grandi, ông bà Gorman Colling.Nam nhận thấy tất cả mọi người đều vui vẻ sồ sắng, như đi đón một người thân của mình. Nam không biết có phải đây là lần đầu tiên, nhà thờ đã đở đầu một gia đình tị nạn hay không? Vì trông tất cả mọi người đều niềm nở giúp đở tận tình.

Seattle, USA – Tháng Tám, 1975.

Sau khi nhận hành lý, thực ra cũng chẳng có gì quan trọng gọi là hành lý, vì chỉ có hai bịt áo quần củ xin được trong trại, đựng trong hai thùng "Card Board" mà thôi. Gia đình Nam chia làm hai nhóm, để lên xe về nơi cư trú.

Đoàn xe đã rời bỏ phi trường quốc tế Sea tac, chạy xuyên qua các đại lộ dài gần như bất tận. Khoảng hai mươi phút sau, họ dừng lại trước một quán ăn cạnh bên đường, tất cả mọi người đều xuống xe, vào uống càphê và ăn trưa. Các con của Nam rất thích món bánh mì thịt bầm chiên(hamburger) uống coca, xem chúng ra chiều thoải mái lắm. Trời bây giờ cũng đã trưa đứng bóng, ánh nắng chói chang trên đĩnh đầu, bà xã Nam hình như cảm thấy nóng nực, nên đã cởi bỏ chiếc áo lạnh dầy cộm phía ngoài. Nam cũng lần mò tháo gở chiếc cà vạt bực bội khó chịu nơi cổ áo. Vì đây là; lần đầu tiên Nam mới đặc chân lên vùng cực bắc của Hoa Kỳ, anh cứ ngỡ rằng khí hậu nơi đây luôn luôn lạnh buốc suốt năm, tuyết sẻ không bao giờ tan ở trên các đỉnh núi!!

Kinh nghiệm nầy Nam đã học được trong năm 1965.Khi đó sau khi hoàn tất khoá hoa tiêu CH-34, đang trên đường trở về nước. Phi cơ Boeing 707 đáp tại phi trường Anchorage Alaska để lấy thêm nhiên liệu, và rước thêm hành khách trước khi xuyên Thái Bình Dương bay về Việt Nam. Ngồi trong phi cơ ấm áp, nhìn ra ngoài thấy trời xanh cao vòi vọi, nắng chói chang rất đẹp, khi tàu mở cửa để hành khách xuống phòng chờ đợi. Nam nghĩ rằng bên ngoài nắng sẻ ấm, nên lười biến không mang theo áo lạnh, cho thêm bận bịu, nhưng vừa bước ra cầu thang để leo xuống, là anh cảm thấy hai vành tai tê cứng, trời không có gió, nhưng khí hậu lạnh buốc như nước đá. Nam và các bạn chỉ biết co giò chạy nhanh vào phòng đợi, để tránh cái lạnh ác liệt của miền cực bắc nầy. Như chim đã bị trúng tên, nên thấy cành công nào cũng sợ cả, vì lẻ đó gia đình Nam đã mặc đồ nhiều hơn cần thiết và không đúng mùa.

Sau khi dùng trưa xong, đoàn xe lại tiếp tục lên đường, Nam yên lặng ngồi ngắm nhìn xung quanh, phong cảnh ở đây cái gì cũng lạ, cây cối rất nhiều và xanh tươi đẹp đẽ, chứ không như ở California nắng cháy gần như quanh năm, đồng cỏ chỉ có một màu vàng úa, kéo dài suốt tận chân trời, thỉnh thoảng có một vài chùm cây lưa thưa, đứng sừng sững như vài chiếc răng còn sót lại, trên đôi hàm trống rỗng của những người già cả. Hình như xe đang chạy ngang qua một nông trại, vài mẩu đất ở bên phải con đường, Nam nhận thấy bắp đa lên cao sắp sửa có trái. Tới đây Nam sực nhớ lại chuyện của ông trung tá giữ vườn đã được đồn đại trong trại Camp penleton, Anh tự vấn an mình "Có lẻ không như vậy đâu." Vì nhà thờ đở đầu có nhiều người giúp đỡ, chắc không đến nỗi tệ bạc như mình tưởng. Vã lại trước khi nhận bảo trợ tại quận Bellevue, Nam có hỏi ý kiến của bà Beryl E. Cox thì bà cho rằng, vùng nầy rất đẹp và giàu có nhất của tiểu bang, nên anh cũng an lòng phần nào. Độ mười phút sau, xe đã chạy vào vùng dân cư, có phố xá buôn bán rất khang trang đẹp đẽ. Ong Hanner đang lái xe nhìn sang Nam bảo.

– Chúng ta sắp gần đến nơi tạm trú.

Nam khẽ gật đầu cám ơn. Cuối cùng xe dừng lại trước một căn nhàmàu trắng xinh xắn, có vườn cỏ xanh mịn màng, và bông hoa nở rộ nhiều loại khác nhau trồng ở trước cửa theo lối dẫn vào nhà.

Bà xã Nam, và các con đã xuống xe theo ông bà Colling đi vào trước, anh cũng khệ nệ mang hành lý theo sau. Gia đình Nam được ông bà dành cho tầng dưới (Basement) Nam và bà xã ngũ trong phòng, các con ngũ ở

CHƯƠNG 4 - ĐỔI ĐỜI

ngoài phòng gia đình, tương đối rất tươm tất. Bà Luala Colling cho biết gia đình Nam sẽ ở tạm trong nhà bà độ một tuần, để chờ cư xá rồi sẻ dọn ra sau. Đây cũng là lần đầu tiên, Nam được vào ở chung với gia đình của người mỹ, nên anh cẩn thận căn dặn vợ, và các con phải để ý học hỏi phong tục tạp quán của chủ nhà, để khỏi bị hớ hênh lầm lỗi.

Qua ngày thứ hai, người nhà thờ chia nhau đưa gia đình Nam di làm thủ tục giấy tờ cần thiết, như đi xin tiền trợ cấp xã hội. Nơi đây sau khi phỏng vấn vài ba câu hỏi, sau đó họ viết cho Nam một ngân phiếu năm trăm đồng, và một số tiền giấy food stamp. Một phút ngơ ngẩn bất ngờ Nam không biết tại sao họ phải cho anh một số tiền lớn như vậy? Anh đưa ngân phiếu cho người đại diện nhà thờ, thì họ bảo là tiền của anh, và mỗi tháng chính phủ sẻ gởi cho gia đình anh như vậy, cho đến khi có việc làm. Thực ra anh hoàn toàn không biết chuyện sở xã hội, sẻ giúp đỡ như vậy, vì anh luôn luôn tự nghĩ, là tự mình tìm cách mưu sinh cho gia đình. Sau khi rời sở xã hội, bà xã nam muốn đi chợ tàu để mua một ít thức ăn Á Châu. Lúc bây giờ chưa có tiệm tạp hoá Việt Nam, chỉ có độc nhất một tiệm tàu"Wahsan" là có nhiều người Á Châu vào mua, thỉnh thoảng mai mắn lắm mới gặp được một vài người Việt. Nam và vợ quê mùa đến mức độ, là cứ ngỡ là tiền giấy Food stamp không để dành lâu được, nên có bao nhiêu là mua hết một lần như gạo, nước mắm TháiLan và nhiều thứ lẩm cẩm ăn chơi khác ăn không hết, mang đem biếu cho các người nhà thờ. Trong lúc tạm trú cùng ông bà Colling, bà Colling đã chỉ cho vợ Nam cách sử dụng máy móc thường xuyên dùng trong nhà, như máy xấy, máy giặt máy rửa chén v...v..bà xã Nam cũng chỉ lại cho bà cách nấu các món ăn Việt Nam, cách pha nước mắm.Lúc ban đầu các con bà chúng không ngửi được mùi nước mắm, nên thường bịt mũi bịt tai thè lưỡi, nhưng khi pha chanh tỏi xong, cả nhà đều ngồi ăn khen ngon đáo để, cho đến bây giờ gia đình bà vẫn dùng nước mắm, thay vì dùng muối và tiêu như trước kia.

Vài ngaỳ sau đó, nhà thờ liên lạc được với gia đình người Việt Nam cũng đang ở chung với người bảo trợ gần đó, nên vào một buổi chiều ăn uống xong xui, ông bà Colling chở Nam tới đó để thăm viếng, làm quen với người Việt đầu tiên trên vùng đất xa lạ nầy, đó là anh chị Vũ Đức V sau khi tiếp chuyện anh V cho biết, anh cũng là một cựu sĩ quan Không Quân, sau thuyên chuyển về làm cho phủ thủ tướng Nguyễn Cao Kỳ, Anh là một nhà văn của quân chũng Không Quân, nên anh có ý định đi học lại về ngành báo chí, ở trường đại học cộng đồng Bellevue. Rồi không lâu sau đó anh cho ra đời, tờ báo Việt ngữ đầu tiên tại tiểu bang Washington là tờ "Đất Mới" tất cả người Việt ở Seattle và vùng phụ cận, lại được một món ăn tinh thần rất quí giá do sự cố gắng vượt bực của anh V.

Trong những ngày kế tiếp, người nhà thờ chỉ cho vợ Nam nhận diện các thứ tiền giấy, và bạc cắt khác nhau, cũng như học cách đi chợ và tiềm hiểu các món hàng cần thiếc trong siêu thị, vì nó không đơn gỉan như các chợ búa ở quê nhà, thịt cá rau cỏ đủ loại, đủ kiểu đã làm sẵn gói trong bịt nylon, bên ngoài toàn là chữ anh khó hiểu. Bà xã Nam lại có thói quen chuyên trị mua thức ăn bằng thị giác, và cảm giác, nên thỉnh thoảng cũng lầm lẫn giữa thứ nầy với thứ khác, khổ một nỗi là các thứ thường dùng hằng ngày, không thể diễn tả bằng dấu hiệu để hỏi được.

Từ khi sang đây bà chỉ biết nói xã giao thường nhật, còn phần lớn chỉ cười duyên rồi "Ngộng" luôn, hoặc nói tiếng mỹ phụ đề tay chân. Nam có cô cháu tuổi trẻ rất nhanh nhẹn, không biết học được tiếng Mỹ ở đâu, nó bảo rằng tiếng mỹ dễ lắm cậu ơi, nó cho thí dụ như mình muốn khen ai, là cứ nói "ếch xào lăn" hoặc muốn bảo người ta yên lặng là "Xe Đạp" như vậy tiếng mỹ giống như tiếng Việt, đâu có khó?

Cũng vì cái ngôn ngữ khác biệt nầy, đã có một lần vợ Nam, dự trù mua thịt heo về kho với nước dừa, để ăn với dưa giá kiểu tết ở quê nhà, nhưng vì mua đúng thịt heo nàng lấy nhầm thịt dê, mang về ướp kho cẩn thận, đến lúc dọn lên bàn, khi gấp thịt đưa vào mồm Nam chới với, vì cái mùi thịt dê rất khó chịu, không quen ăn nên đành gát đũa, bà vợ cứ ngỡ là Nam chê, nên gấp lên để nếm thử, chưa nhay đã vội phun ra ngay, bà mới đồng ý là Nam nói đúng. Rốt cuộc thằng con trai lớn lạ miệng đớp túi bụi, hết trơn một hai ngày sau. Ong bà chúng ta ngày xưa có nói" Chém cha không bằng nháy giọng" cũng chính vì cái giọng phát âm, không chính xát mà nó đã làm cho Nam ít ra cũng một vài lần phải điêu đứng xấu hổ, trong lúc xã giao.

Câu chuyện Nam sắp kể ra, không khác mấy với câu chuyện của anh. Đại khái như sau, vua Việt Nam thời nhà Nguyễn là vua Khải Định (?) cho gọi quan đại thần chuyên lo về cầu cống giao thông, để hỏi về chiếc cầu, do viên toàn quyền Đông Dương là paul doumer làm thế nào? Sau khi báo cáo về sự tiến trình của công việc, nhà vua bèn hỏi tên của người ra dự án làm cầu là ai. Ong quan đại thần lúc đó đỏ mặt, xin phép nhà vua, nói là tên nó không được tốt, sau khi nhà vua cho phép cứ trình tấu, ông ta mới lẩm bẩm tâu rằng, dạ thưa tên nó là "Đ.M." (doumer) cả triều thần chưng hửng, tên gì mà quái gở thế kia?

Còn câu chuyện của Nam thì không đến nỗi nào, vì ít ra anh cũng đã đến cái xứ nầy hai lần, nhưng nói là hai lần cho có vẻ le lói chơi, chứ thực ra Nam ngồi trong ghế nhà trường để thực sự học anh văn, tại Lackland air force Base chỉ có trên dưới sáu tháng, còn những năm kia, chỉ học toàn về kỹ thuật cơ phận phi cơ, thời tiết và kỹthuật điều khiển bay bổng, trên các loại phi cơ dành cho Không Lực V.N.C.H. Có một hôm bà xã Nam làm cơm đãi khách nhà thờ, khi mọi người đến đông đủ, Nam mời khách vào bàn ngồi. Thay vì phải nói là "Please seat down" Nam lại nói kiểu khác cho có vẻ "An Lê" hơn, cuối câu là phải xuống giọng, và kéo dài hơn một tí "Please take a shịt..t..t...."(seat); làm mọi người ngơ ngẩn sửng sốt, gần

CHƯƠNG 4 - ĐỔI ĐỜI

như đỏ mặt nhìn ngó nhau, Nam chợt hiểu ý, muốn choáng váng, biết mình đã lỡ phát âm sai giọng, bèn nhanh nhẹn lập lại câu khác cho rỏ ràng hơn "Lady and Gentlemen please seat down."

Thật là một tai nạn, chonhững người tập nói tiếng mỹ phát âm không đúng giọng, nhất là những người lớn tuổi, miệng lưỡi đã cứng đơ như Nam. Vậy trước khi nói, là phải cuốn lưỡi bẻ môi nhiều lần, để khỏi bị hở hênh, trật đường rầy như khi Nam mới sang đây.

Hơn tuần nhật sau, gia đình Nam dọn ra cư xá gần đó, do nhà thờ mướn cho. Trong tháng đầu tiền thuê, họ đạo đã lo trả xong tất cả, chỗ ở tương đối khang trang, chia làm hai tầng, ở trên gồm có ba phòng rất sạch sẽ còn ở dưới là phòng khách và phòng ăn, bàn ghế tủ giường ti vi, chén bác đủa muỗn, tuy đã cũ, nhưng cũng tạm đủ xài cho gia đình trong bước ban đầu. Bây giờ thì tương đối yên ổn, kể như an cư lạc nghiệp. Nam bắt đầu học để thi lấy bằng lái xe. Ong Colling dạy cho Nam hơn một tiếng đồng hồ để quen tay chân và đường lộ trong thành phố. Cuối cùng Nam cũng lấy được bằng lái bỏ túi, anh cũng vẫn chưa có tiền để mua xe cộ gì hết.

Sau khi dọn ra cư xá được một ngày, thì ông Anderson người của nhà thờ, đưa Nam đi phỏng vấn xin việc làm tại hảng Sunstrand, để làm nghề ráp gắn điện tử (electronic assembly) hảng đồng ý mướn với tính cách tạm thời(temporary) lương mỗi giờ được $2.32 giờ và phải đi làm về ban đêm, trong một thời gian mới được chuyển qua ban ngày.

Đây là việc làm đầu tiên trong đời, cho một hảng tư nhân. Vì từ lúc rời bỏ ghế nhà trường là Nam chui đầu vào quân đội nên từ "A" đến "Z" đều có chính phủ lo tất cả, thậm chí anh xem đơn vị như gia đình, và chuyện làm việc hằng ngày, như công việc nhà, nên đã quen nếp sống vàkỷ luật nhà binh. Bây giờ làm công nhân cho một hảng tư, Nam không biết sẻ phải như thế nào?

Nên sau khi phỏng vấn xong, là hảng nói sao anh nghe vậy trả lương bao nhiêu cũng được. Thật ra Nam không biết, để đòi hỏi kỳ kèo thêm bớt hoặc tìm hiểu thêm cho quyền lợi của mình. Đó là những thiệt thòi, thiếu hẳn kinh nghiệmcủa những người đến trước, không ai cố vấn hay hướng dẫn. Còn đối với mỹ nhà thờ, thì hầu như khi Nam nhận được" job" là đở cho họ một gánh nặng, nên có bao giờ họ chỉ chỗ lợi hại chi cho thêm phiền phức, không phải là Nam muốn nói họ là những người xấu, vì đa số người nhà thờ giúp gia đình Nam, đều đối xử tốt đẹp tận tình, nhưng đó là bản tánh tự nhiên của người mỹ, nếu không có gì liên quan đến quyền lợi hay tín ngưỡng củaho, thì người mỹ chẳng bao giờ dòm ngó hay đá động tới.

Vì vào mùa baĩ trường hè năm 1975, nên thằng con lớn Miki chưa vào nhập học ở trường tiểu học, các bà nhà thờ lại dạy tại nhà, hoặc chở đi học anh văn với mẹ nó ở trường đại học cộng đồng BCC. Mỗi tuần bà xã Nam được đưa đi chợ ở các siêu thị Mỹ một lần, để mua sắm thực phẩm ăn trong tuần, thường thì quý bà xuất tiền quỹ ra trả, nên vợ Nam để dành tiền giấy đi mua các thứ thực phẩm Á Châu ở tiệm "Wahsan" trong khu phố Seattle.

Nam cũng chưa có xe cộ, nên mọi sự di chuyển hơi xa, là phải trông cậy đến người khác, nên thường đành bó gối ngồi nhà xem ti vi để khỏi phiền hà người khác. Nói là ti vi chứ thực ra nó chỉ có hai đài coi được, nhưng phải vỗ và gõ nhiều lần vào thùng, thì hình ảnh mới đứng lại để xem hài kịch "Giligan Islands" ở tầng số 11, và "MR Roger" ở tầng số 9 còn các đài khác toàn là sọc rằng đen thui, xài được hai tuần là mất hình luôn, Nam phải nhờ ông Hanner mang ra tiệm sửa lại, tốn hết hai mươi bảy đồng, hình ảnh trắng đen cũng không khá hơn trước mấy.

Tuy nhiên cũng nhờ nó mà gia đình Nam đã tập nghe được chút ít tiếng Mỹ.

Cứ mỗi sáng chia nhau đi lượm bụi dưới thảm, vì nhà không có máy hút, thỉnh thoảng dơ lắm, Nam mới lên văn phòng quản lý cư xá mượn đỡ máy hút bụi về xài, ở trong nhà không có một cây đinh, hay kềm búa gì để xử dụng được, thật là khó khăn muốn sửa cái gì cũng không được. Không phải là sợ tốn kém, nên không mua sắm những thứ cần thiết thường dùng trong nhà, nhưng không biết là mua các thứ đó ở đâu, tiệm nào? Ngoài đường xe chạy ì xèo không thấy ai đi bộ hết, nên có muốn rủ nhau đi mua cũng không được!

Nam đi làm ban đêm, lúc đi vào khoảng hai giờ chiều, có người đưa dùm, đến khuya trở về có người khác rước. Giờ giấc phương tiện tới lui, bị ràng buộc hết sức khó chịu bực bội, tuy nhiên anh vẫn cố gắng chịu đựng. Độ hơn tháng sau Nam gom góp tiền lương đi làm, và tiền xã hội để dành được có vào khoảng bảy trăm đồng. Nam bèn gọi ông Hanner cho biết là muốn mua xe để làm phương tiện di chuyển, Nam nhờ ông tìm hỏi dùm trong họ đạo, xem có ai bán xe củ không?

Độ hơn tuần sau ông gọi cho Nam biết là có một chiếc xe củ "Plymouth Valiant" đời 1965 máy móc còn tốt, người chủ đòi bán $650.00. Sau khi chạy thử một vòng, Nam đồng ý mua ngay khi ký giấy tờ sang tên, ông Hanner bảo là nhà thờ cho $250.00 còn lại $400.00 Nam phải trả. Mọi thủ tục xong xui, Nam lái xe về khoe bà xã và các con, mọi người đều mừng rỡ sung sướng ra mặt.

CHƯƠNG 4 - ĐỔI ĐỜI

Ba & Nho trước chiếc xe đầu tiên của họ ở Mỹ ('65 Plymouth Valiant)

Công việc Nam làm ở hảng thật buồn tẻ, chỉ gắn ráp các bộ phận điện tử nhỏ nhắn, nhân công xung quanh toàn là nữ giới, chỉ có ông supervisor George Bubar với thằng Gary cựu chiến binh Việt Nam đang làm thợ hàn và Nam là đàn ông. Việc làm cứ tiếp diễn lập đi lập lại giống nhau, khi xong đầu trên chạy trở ngược xuống dưới, cứ thế ngày nầy qua ngàykhác, nhàm chán. Vài tuần sau đó trong khi đi phát lương, ông supervisor cho Nam biết là rất hiểu hoàn cảnh của anh, với đồng lương như vầykhông thể nào nuôi nổi một vợ ba con được, ông giới thiệu anh với một huấn luyện viên điện tử của trường huấn nghệ" lake Washington vocational school" để đihọc nghề ngòai giờ làm.

Ong đưa Nam đến gặp ông Charle Ayling, ở phòng kề bên để tìm hiểu về chuyện đi học. Sau khi tiếp chuyện, ông nầy hứa sẻ giúp đỡ phương tiện di chuyển để đi học vào buổi tối, vì lúc bấy giờ Nam chưa có xe, ông supervisor cũng hứa sẻ đưa Nam sang làm ban ngày, để co cơ hội đi học ban đêm.

Tuần lễ kế tiếp, Nam đã bắt đầu đi làm ban ngày. Trong những ngày đầu tiên anh phải đạp xe đạp đi làm, vì người nhà thờ chưa chuẩn bị sẵn để đưa rước dùm. Từ nhà ra đến sở làm cũng không đến nổi xa xôi lắm, khoảng độ trên mười cây số, tuy nhiên vì đường lên dốc xuống dốc nhiều lần, nên đạp cũng gần muốn đứt hơi mới tới sở, vã lại ở đây không có lộ trình xe bus, nên chỉ có đi bộ hoặc đi xe đạp mà thôi.

Trong thời gian nầy, Nam có quen một anh bạn người thượng góc ở Kontum ngày xưa anh đi lính lực lượng đặc biệt Mỹ. Gia đình anh sang đây cũng cùng thời gian với gia đình Nam. Anh nhận được cái "job" đào mương đắp đường cũng gần đó, anh ta cũng không có tiền để mua xe, nên đi làm phải đạp xe như Nam.Nhưng cái khổ của anh có lẽ đậm đà hơn Nam đôi chút, vì những buổi sáng sớm anh phải đạp qua nhiều căn nhà có nuôi chó.

Chúng nó sủa chạy rượt theo cả đàn, cắn vào chân vào ống quần níu kéo lại, anh co giò đạp gần trối chết. Nên cứ mỗi sáng đi làm anh phải bó ống quần lại thật chặc, cắm đầu cắm cổ đạp thật nhanh qua những căn nhà đó, chiều về anh cũng phải làm như vậy, để khỏi bị chó cắn!! Thỉnh thoảng anh than thở, là người bảo trợ gia đình anh không cho ra khai báo với sở xã hội, để xin tiền hay food stamp, mà họ bắt buộc anh phải đi làm để nuôi sống gia đình, anh cũng không có cơ hội đi học hành nghề nghiệp gì cả.

Mỗi buổi chiều đi làm về, sau khi cơm nước xong xui, khoảng bảy giờ là ông Charle Ayling đến rước Nam đi học, tới gần mười giờ tối lại đưa anh về. Ong cho biết học về ngành nầy, lương tương đối khá hơn và công việc lại nhẹ nhàng, không dãi nắng dầm mưa như các nghề khác, có một vài lần ông đưa Nam về nhà để xem cái" shop" của ông, với đủ thứ máy đo điện tử, lúc đó anh mù tịch chẳng hiểu gì hết, Nam rất khâm phục sự hiểu biết của ông về lãnh vực nầy. Độ tuần sau, Nam đã mua được xe nên anh tự lái xe đi học khỏi làm phiền ông tới lui đưa đón, và người nhà thờ đưa đi làm.

Bà xã Nam ngoài giờ đi học anh văn ở trường BCC, con có người nhà thờ đến dạy thêm cách đàm thoại, nên tiếng mỹ cũng bắc đầu hơi kha khá, có nghĩa là biết chào, hỏi thăm chút ít, chứ không còn nhìn nhau cười duyên hay ra dấu bằng tay chân nữa. Họ đạo nhà thờ có rất nhiều người đến thăm, Nam cũng không biết hết tên tuổi họ, đứa cháu gái nó bèn nghĩ ra một cách là chuyển tên họ thành tên Việt Nam, cho dễ nhớ như ông bà" Lăn chao" ông bà "Y địch" ông bà "Bắc mận" v…v.. thật đúng vậy, mỗi lần nhắc tới, là biết người nào cập nào ngay?

Cũng vì lý do có quá đông người tới lui thăm hỏi và giúp đỡ như vậy, nên bà vợ Nam cứ ngỡ là những người mỹ nào ghé qua, cũng là người nhà thờ cả. Một hôm có bà láng giềng ở căn kề bên, thấy không có xe, bà bèn rủ đi chợ, bà vợ Nam cứ ngỡ là người nhà thờ đến đưa đi chợ như thường lệ để mua thực phẩm hàng tuần.

Bà láng giềng tốt bụng còn chỉ món nầy ngon món kia dở, hoặc cái nầy đang bán "sale" mua để dành lâu được v…v…. bà vợ Nam mua chất đầy một xe, đến khi đẩy ra quầy trả tiền, tổng cộng gần bốn chục đồng, cô thâu ngân viên nói một tràng tiếng anh, bà xã Nam đứng trơ mắt không hiểu ất giáp gì cả, bà láng giềng chới với đành móc bóp ra trả dùm. Đến chiều khi Nam đi làm về, ba láng giềng có cho biết câu chuyện đã xảy ra, Nam bèn giải thích cho bà hiểu là bà vợ anh đã tưởng nhầm người nhà thờ, làm bà ta được một trận cười thoải mái, và bà cũng xin lỗi đã không biết chuyện đó, bà định biếu luôn nhưng Nam không chịu anh hoàn lại đủ số cho bà.

Trong khoảng thời gian đầu tiên định cư ở đây, có lẽ bà xã Nam đã phải chịu trãi qua những sự thay đổi hết sức là vội vàng, từ vật chất chi

CHƯƠNG 4 - ĐỔI ĐỜI

phối bên ngoài, tới tinh thần bên trong gần như luôn luôn bị căng thẳng. Ngôn ngữ bất đồng, tình trạng xã hội hoàn toàn đổi khác, nên trong cử chỉ và gương mặt, buồn nhiều hơn là vui.

Nam co đứa em thứ sáu là nữ điều dưỡng, trước làm ở bệnh viện cơ đốc Sai Gòn, khi sang Hoa Kỳ nó theo phái đoàn của bệnh viện, làm việc tại một tỉnh nhỏ ở California, thỉnh thoảng gọi điện thoại nói chuyện với vợ Nam, hai chị em than thở, buồn bã kể lể nhà cửa anh em cha mẹ, rồi ôm điện thoại khóc ròng cả giờ.

Các con Nam vài ngày đầu còn hơi rụt rè e ngại, với các đứa trẻ đồng lứa chung quanh, sau đó chúng hoà đồng một cách dễ dàng như đã quen biết từ lâu, chúng nói tiếng Việt châm vài tiếng mỹ mới học được, nhưng hình như tụi trẻ con Mỹ cũng hiểu được dễ dàng. Một hôm Nam gọi thằng con thứ nhì Mika vào ăn cơm chiều, trong lúc nó đang chơi với mấy đứa trẻ con hàng xóm, anh lắng nghe nó nói với mấy đứa bạn Mỹ như sau "My daddy kêu me đi ăn cơm." tụi trẻ con Mỹ hiểu ý ngay gật đầu "OK" liền.

Riêng Nam từ khi đặc chân lên đây, chỉ ở nhà nghỉ được khoảng một tuần lễ là đi làm ngay, nên từ đó không còn đủ thời giờ dư dã để mà suy tư, nghĩ ngợi mong lung, ban ngày đi làm tối đi học nghề, có thì giờ rảnh là phải ôn bài vở, vì vốn liếng anh văn của anh có giới hạn, nên phải đọc đi đọc lại nhiều lần mới hiểu được cặn kẻ các danh từ kỹ thuật chuyên môn, vì lẽ đó mất rất nhiều thời giờ để làm bài vở ở nhà trường.

Từ lúc đi làm khi lãnh được cái "Pay Check" đầu tiên, thì tiền cấp dưởng của xã hội cũng đã hạ xuống phân nửa, phải dành dụm tiện tặng lắm mới đủ trả tiền mướn nha, và tiền bảo hiểm xe trong tháng sau.

Thật ra lãnh tiền "Chùa" thì ai cũng ham, nhưng Nam quá chán nản cái cảnh sở xã hội gọi lên kêu xuống, để khai báo làm tình làm tội đủ thứ, có tiền dư chút đỉnh cũng không dám gởi vào ngân hàng, vì nếu trên năm trăm đồng là phải khai báo lung tung. Mang phiếu thực phẩm (Food stamp) đi mua, khi trả tiền thì các người đứng xung quanh trầm trồ nhìn ngó bằng nữa con mắt, có vẻ khinh dể, bà vợ Nam cảm thấy bực bội khó chịu vô cùng.

Tội nghiệp cho vơ, lãnh đủ những chuyện cay đắn đó, vì mỗi khi đi chợ trả bằng tiền giấy, là Nam lẩn trốn ra xe ngồi trước, để cho bà trả tiền, đến khi bệnh hoạn hoặc đi làm răng, là phải hỏi tới lui xem bác sĩ nào chịu nhận medical coupon, phần lớn là các bác sĩ ít khách hoặc mới ra trường, họ mới miễn cưởng chấp nhận để chữa trị, vì công việc anh làm chỉ tạm thời, nên hảng không có bảo hiểm cho gia đình như những nhâm viên khác làm ở đây lâu năm.

Vài tuần sau đo, nhà trường qua kỳ nghỉ hè đã bắc đầu nhập học trở lại. Đứa lớn đã vào trường tiểu học "Hillaire" gần đó, đưa đón bằng xe bus nhà trường, xe đậu ngay trước cửa cư xá nên cũng tiện không lo lắng mấy, còn đứa thứ nhì Mika, được các bà nhà thờ đưa rước vào học ở vườn trẻ mẫu giáo mỗi ngày vài tiếng, chỉ còn lại đứa gái út Mina ở nhà với me nó.Công việc hằng ngày giờ giấc đâu đã vào đó, lúc ban đầu các cuộc hẹn hò Nam chỉ nhớ, chớ không ghi vào lịch, độ vài tuần sau là đủ thứ chuyện, không thể nào nhớ hết giờ giấc như kiểu ở Việt Nam, nên phải ghi ra lịch như thời khoá biểu, ngày nào cũng kiểm soát lại xem phải làm gì hoặc hẹn hò với ai không, cuộc sống bắt đầu giống như máy móc, có giờ thức giờ ngủ chứ không như trước kia lúc còn ở quê nhà, chỉ còn lại ngày cuối tuần là thong thả rảnh rang muốn làm gì thì làm.

Thấm thoát đã gần nửa năm trôi qua, Nam quen biết với vài gia đình Việt Nam cũng đang ở các cư xá xung quanh đó, tiền mướn nhà tương đối rẻ hơn nên Nam quyết định dời về chỗ mới. Người nhà thờ phụ lực giúp gia đình Nam dọn đi, nơi đây gần chợ gần trường đỡ phiền phức nhờ cậy người khác. Công việc trong hãng bắc đầu chậm lại, vài tuần nay Nam nhận thấy chiều thứ sáu nào cũng có người xách thùng đồ nghề ra về, với vẻ mặt buồn thiu, hỏi ra mới biết là hãng cho nghỉ việc.

Khoảng hai tuần sau ông supervisor đến báo với Nam, là ông muốn nói chuyện riêng trên lầu, anh bước theo ông ta lên phần trên nơi bán thức ăn trưa, cho nhân viên trong hãng. Sau khi ngồi xuống ông nhìn Nam với vẻ mặt buồn, qua giọng nói thật nhỏ nhẹ ông báo rằng, rất tiếc là không thể giữ lại anh lâu hơn được nữa, vì tình trạng của hãng không cho phép.

Ong đưa cho anh một xấp giấy dày cộm, đủ các tên hãng xưởng số điện thoại và địa chỉ để đi tìm việc làm khác, và một giấy giới thiệu khen tặng rất tốt, ông cũng không quên khuyên là nên cố gắng tiếp tục đi học nghề, nếu sau nầy hãng trở lại bình thường, chắc chắn ông sẽ gọi anh trở lại đi làm nếu còn thích.

Chiều hôm đó Nam xách thùng về sớm hơn thường lệ, bà xã rất ngạc nhiên trố mắt nhìn.

— Ơ! Sao hôm nay anh về sớm thế?

Nam để chiếc thùng đồ nghề sang một bên, chậm rải ngồi xuống ghế

— Hôm nay anh bị hãng cho nghĩ việc, vì không còn gì để làm nữa.

Vợ Nam bước tới xách chiếc thùng đi dẹp chổ khác, nàng chậm rải nói

— Thôi nghỉ vài bửa rồi từ từ kiếm việc khác chứ làm sao bây giờ!

Nam yên lặng nhìn ra cửa sổ, lẻ ra chiều nay thứ sáu là phải vui vẻ lắm nhưng hôm nay lại khác hơn, anh không còn muốn lau chùi hay sửa soạn cho chiếc xe, sạch sẻ để đi chơi ngày thứ bảy chủ nhật như anh thường làm từ khi mua được chiếc xe. Đây là lần đầu tiên trong đời, anh bị chủ

CHƯƠNG 4 - ĐỔI ĐỜI

cho nghỉ việc, nên không hiểu được rỏ ràng là tại anh làm việc không được tốt, hay bị phạm lỗi, hảng không thích phải cho nghỉ việc như vậy hay không?

Ví lúc đo, anh có cảm tưởng rằng khi bị hảng cho nghỉ việc, là một điều xấu hổ, nhưng thật ra đó là một chuyện rất bình thường, ở trong các xã hội tân tiến như Mỹ châu hoặc Au châu.

Bị mất việc đôi khi còn là cơ hội mai mắn, vì đôi lúc có việc làm rồi nhiều người ít chịu khó đi tìm, những công việc khác có thể tốt hơn hoặc lương cao hơn v…v

Đợi tối chiều hôm đó, anh gọi điện thoại cho ông Anderson người đại diện nhà thờ, lo về công việc cho anh, Nam nghỉ ông là người rất có nhiều uy tín và quen biết rất nhiều hảng xưởng trong vùng, nên tìm việc với dồng lương thấp như anh đểgiới thiệu tương đối không khó lắm.

Sau những ngày cuối tuần buồn tẻ trôi qua. Đến tối thứ hai kếtiếp Nam nhận được điện thoại củaông, cho biết là đã cóngười muốn phỏng vấn để cho việc, sau khi lấy tên họ địa chỉ, và giờ giấc ở điểm hẹn, ông cho anh biết là sẽ làm nghề Costodian ở trường học trong quận Bellevue. Mới nghe qua Nam chẳng biết là nghề gì? Đây là một danh từ hoàn toàn mới lạ đối với trình độ anh ngữ giới hạn của anh lúc đó, trong nhà cũng chẳng có tự điển, để xem nó la cái quái gì? Nam bàn với vợ "Mình nhỏ con thế nầy làm sao mà làm" costo được? Bà xã Nam cũng không biết gì hơn tuy nhiên nàng khuyến khích" Cứ đi phỏng vấn rồi xem Sao."

Cả đêm hôm đó, Nam thao thức không ngủ được cứ suy nghĩ về cái job Costodian, Nam nhớ ngày xưa lúc còn đi học ở trường CaoThắng, thỉnh thoảng những buổi chiều anh ghé lại sân vân động Phan Đình Phùng, để tập thể thao. Trong thời gian nầy có lực sĩ đẹp Costo Nguyễn Cong An, là thần tượng của giới trẻ. Thỉnh thoảng anh đi biểu diễn thân hình đẹp để cổ vỏ phong trào thể dục thể thao, cho thanh niên sinh viên học sinh thời đó.

Trong dạ cứ nghỉ là nó đãgọi lầm người, rồi anh lại tự an ủi trấn an "Cứ mặc kệ hảy đi phỏng vấn rồi tới đâu hay tới đó, cũng chẳng mất mát gì cả."

Hai tuần sau Nam lựa một bộ đồ đẹp nhất trong tủ quần áo củ, đôi giày chùi thật bóng, đầu tóc chải gở ngon lành, anh lái xe đến điểm hẹn trước mười phút.

Sau khi chào hỏi cô tiếp viên thư ký, Nam ngồi chờ độ năm phút sau, một người đàn ông khoảng năm mươi ngoài, thắc cà vạt áo veston hẳn hòi bước ra bắt tay, xong hướng dẫn anh ra xe đi chung với ông đến một trường học không xa lắm nói là để giới thiệu anh, với người trưởng toán làm đêm tại đó. Hơi ngạc nhiên, tuy vậy anh vẫn yêm lặng để xem sẻ làm cái gì?

Không lâu, xe đậu lại phía trước cột cờ, của một trường trung học, ông đưa Nam đi vòng ra phía sau nhà trường, khi bước vào cửa sân vận động bóng rổ đã gặp ngay ông già trưởng toán ban đêm, đang lụ khụ đẩy một thùng rác to tướng ra ngoài sân.

Sau khi hỏi vài điều qua loa, ông giới thiệu Nam với người trưởng toán đêm, và bảo ông nầy chỉ cho anh những công việc sẽ làm, còn ông ta lên văn phòng hiệu trưởng có chút việc, nữa giờ sau sẽ trở lại đưa anh về.

Nam như đang nằm mơ, từ ngạc nhiên nầy đến ngạc nhiên khác, tuy vậy lúc bấy giờ Nam đã hình dung được chút ít những sự việc đã xãy ra, nhưng cũng chưa rõ ràng lắm.

Ông già trưởng toán là người da đen, cólẽ hai chân ông không đồng đều nên dáng đi hơi loạn choạng, vì gương mặt và màu da quá đen, Nam không nhận rỏ được các nếp nhăn trên trán, nên không đoán được tuổi tác. tuy nhiên với dáng dấp đó anh đoán ông ta phải trên năm mươi ngoài, giọng nói khàn khàn như người ghiền rượu, ông cũng chẳng cần hỏi tên hỏi tuổi xã giao thêm rườm rà, chỉ đưa tay ngoắc ra dấu bảo theo ông ta, đi tới từng lớp học chỉ cách quét bàn, chùi sàn, lau bản đồ rát v...v.

Bây giờ thì anh hiểu rất rỏ ràng cái job costodian rồi. Cho đến hôm nay mỗi lần nhắc đến cái chữ "costodian" là Nam muốn bậc cười cho sự dốt nát về ngôn ngữ của mình. Nam nghĩ tụi Mỹ nó chơi chữ thì đúng hơn, bên mình thì gọi là phu quét trường, còn tụi Mỹ dùng chữ có vẻ văn minh hơn như Building Engineer, building maintenace, house keeper v...v

Sau khi trở về phòng quản lý, và điều hành công óc của quận Bellevue, ông supervisor có hỏi về quá trình kinh nghiệm của Nam, sau khi trình bày ngoài vấn đềquân đội, anh còn là một người ăn ở rất sạch se, nhà cửa lúc nào cũng được quét dọn lau chùi chăm sóc cẩn thận, nghe đến đây ông ta gật gù ra chiều đồng ý lắm. Cuối cùng ông cho biết là đồng ý mướn anh, với tính cách tạm thời (work on call) khi nào thiếu người thì ông sẻ gọi cho biết để đi làm va lương của Nam sẽ được trả $4.32 giờ.

Thật ra khi được hướng dẫn đi xem công việc sẻ làm, là anh cảm thấy chán nản vô cùng, đến khi nghe đồng lương tương đối khá như vậy, anh cảm thấy hơi dể chịu phần náo, vì tính ra trong một khoảng thời gian rất ngắn chưa đầy một tuần, tự dưng được lên lương từ $2.32 giờ tới $4.32 giờ hơn rất nhiều sự mong muốn của anh. Khi làm ở Sunstrand, anh có cái mơ ước là làm sao có được cái công việc làm như thằng Gary, nó làm thợ hàn lảnh $3.00 giờ. Nhưng bây giờ tuy rằng công việc có khác nhau, nhưng đồng lương anh sẻ lảnh cao hơn nó rất nhiều, nên anh nhận lờiông ta ngay.

CHƯƠNG 4 - ĐỔI ĐỜI

Trên đường trở về nhà, với những suy tư lẫn lộn giữa công việc sẽ làm, và đồng lương khá hấp dẫn. Nhưng hình như anh chưa có đủ thời gian để xóa nhoà những kỷ niệm, những dĩ vãng còn tìm ẩn trong anh. Nam muốn quên và nhận chìm nó vào một góc kẹt nào đó của đời mình, nhưng đôi lúc như một chiếc lò xo bất trị, tung vọt ra, gây thành những bảo tố sống dậy một cách mảnh liệt qua vài khoảnh khắc trong tìm thức.

Hôm nay là ngày đầu tiên, Nam làm phu quét trường, sau khi căn dặn bà vợ bới cơm và vài thức ăn mặn bỏ vào hộp, để mang theo cho bữa ăn chiều, anh cố lựa một bộ quần áo củ để mặc, và một chiếc nón lưỡi trai đen đội lên đầu, đứng trước gương soi, Nam cảm thấy mình gần giống và hoàhợp được với ông già trưởng toán da đen, đã chỉ bảo cách làm công việc hôm tuần vừa qua trong khi đi phỏng vấn.

Bà xã Nam xách hộp đựng thức ăn chiều đưa ra xe. Thoáng qua gương mặt và nụ cười không trọn vẹn, tự dưng Nam nhớ lại một bài ca lúc trước, dùng để tặng người anh hùng mũ đỏ tên Đương, đã oanh liệt hiến mình cho tổ quốc "Anh không chết đâu em... Anh sẽ về..."

Cũng tựa hồ như lúc trước kia, những lần Nam đi biệt phái hành quân xa nhà, vợ anh thường lo lắng đủ thứ nhắc nhở từng chi tiết nhỏ, mang túi xách tiễn đưa anh ra xe, Nam cảm thấy mình như một chinh phu lúc ra trận, trong những vần thơ của "Chinh phụ ngâm." Với áo bay đen súng ngắn bên hông, mũ lưỡi trai đen, với hai nhành dương liễu trắng toát ngạo nghề trên vành nón.

Bây giờ cũng quần đen nón đen, nhưng hai hoàn cảnh hai môi trường hoàn toàn đổi khác, thay vì ngồi trong phòng lái để trèo mây lướt gió, xông ra trận tuyến, anh lại ôm chặc lấy chiếc chổi lông to lớn, đứng dưới mái trường kéo tới đẩy lui trên sàn gỗ, như cố lau chùi cho sạch sẽ những vết tích dĩ vãng của đời mình.

Đúng hai giờ ba mươi chiều, Nam mở cửa xe bước ra đi về phía sau sân trường, trình diện ông già trưởng toán ban đêm, để ông chỉ bảo công việc phải làm. Vì là ngày đầu chưa quen biết được việc, nên Nam chỉ theo ông để phụ giúp đẩy bàn ghế, và chất xếp những thứ cần thiết ở sân vận động, và đẩy xe đi thu rát ở các thùng chứa trong lớp học.

Ông bảo gì Nam làm nấy, không thêm bớt nữa lời. Trong những ngày đầu tiên anh cảm thấy mình như cô gái lỡ thời, vì sợ bị ế chồng nên nhận đại nhận bừa, để có được một tấm chồng tạm bợ miễn cưỡng, chớ thực ra không thương yêu hay quý mến gì cả. Anh chưa thực sự chấp nhận và hoà đồng được trong công việc đang làm.

Nam thường lẫn tránh những nơi có phụ huynh học sinh, hoặc thầy giáo cô giáo thường lui tới, có lẽ vì quá bi quan cho một cuộc đổi đời đột ngột, nên Nam có những tư tưởng sai lầm mang nhiều tự ti mặc cảm.

Đúng ra cũng không phải là Nam đã đặc vấn đề quá đáng, để cảm thấy mình thấp kém hơn người khác. Vì trong thời điểm đo, có lẽ anh là một trong những người đầu tiên đi lam phu quét trường, phần lớn những người Việt anh quen biết, họ đã xin được những việc làm như phụ giáo, sở xã hội, tiệm tạp hoá, nhà kho v…v có thể họ được trả lương ít hơn, nhưng công việc còn có vẻ dể coi.

Còn xung quanh Nam những người làm chung đa số là những người già với những gương mặt u sầu đen tối chai đá ăn mặc dơ dáy hôi hám rất khó chịu. Anh thiết nghĩ trong lúc đó nếu có một vài người Việt nào làm chung có bạn, có lẽ Nam sẻ bớt mặc cảm và chắc chắn có những tư tưởng và nhận xét khác hơn.

Vì là công việc tạm thời, nên anh không làm ở một trường học nào chắc chắn cả, cứ chạy lòng vòng chổ nào thiếu người hoặc cần tăng cường là họ đưa anh vào, còn nếu ngàynào đầy đủ người hoặc không cần thì phải ở nha, mỗi tuần trung bình làm được ba đêm.

Trong thời gian nầy Nam có chơi thân với anh chị Lại như X, và Lại như S, Anh X, dang làm phụ giáo ở trường học, anh S, bán hàng ở tiệm "Pay-n-Save." Nam còn nhớ anh X, là người có chiếc máy vô tuyến truyền hình màu đầu tiên, hai mươi lăm inch mới mua để xem chương trình thế vận hội Olympic 1976. Cứ mỗi chiều thứ bảy là gia đình Nam, thường kéo lên nhà anh ở Kirland, để nấu nướng nhậu nhẹt xem ti vi tới khuya mới về.

Thỉnh thoảng rủ nhau chạy lên nhà anh S ở Marysville để vớt cua. Trong những năm đầu cua biển ở đây rất nhiều chỉ mua cánh gà cổgà bỏ vào lòng, để xuống nước độ năm phút sau dở lên, là có hàng chục con cua to lớn cứ đo chiều dài độ một gang tay mới lấy, mang về bỏ đầy trong bồn tắm rửa rái đem ra luộc hoặc rang muối, nhậu với rượu vang đỏ mệt nghỉ.

Có một hôm Nam bàn với anh X về vấn đề đi học nghề, để chuyển nghiệp, anh rất sốt sắng chấp nhận ngay, anh cho biết phải đi học nghề gì cho thực tế và ngắn hạn, để còn kiếm tiền nuôi con cái và gia dình. Nam cho anh biết là đã đi học hơn nửa năm nay về nghành điện tử, ở trường huấn nghệ Kirland, nhưng xem ra không thắm vào đâu cả, anh muốn xin vào học ở một trường chuyên nghiệp hẳn hòi, để trở thành một chuyên viên điện tử có khả năng thực sự.

Sau một thời gian ngắn, theo giỏi các chương trình ở các trường đại học cộng đồng, không vừa ý lắm vì mất nhiều thờigiờ học những môn không cần thiết.

Nhân một cơ hội đi xuống Tacoma thăm bạn bè, Nam gặp anh Hồng thiên V cũng cựu sĩ quan Không Quân, anh V cho biết có một trường kỹ thuật tư nổi tiếng ở Seattle dại về ngành nầy, có huấn luyện viên giỏi kinh nghiệm, phòng thí nghiệm và thực tập tối tân trang bị đầy đủ các dụng

CHƯƠNG 4 - ĐỔI ĐỜI

cụ điện tử trợ huấn, tuy nhiên tiền học khá đắc khoảng bốn trăm đồng mỗi tháng, nhưng khi ra trường chắc chắn sẽ có đủ kinh nghiệm về lý thuyết và thực hành để xin công việc làm.

Không để mất cơ hội vài hôm sau Nam rủ anh X đi đến đó để xem thử, và tìm hiểu chương trình huấn nghệ thế nào. sau khi người đại diện nhà trường, hướng dẫn đi xem và quan sát các sinh viên đang thực tập trong phòng thí nghiệm, nhận thấy rất đúng với sự mong ước của mình. Ong ta còn bảo nhà trường sẽ hướng dẫn và giúp đỡ các thủ tục để xin tài chánh cho các sinh viên nghèo.

Khoảng trên một tuần sau đó, Nam và anh X được gọi vào thi toán, và các môn khác có liên quang đến những sự suy luận chính xát về ngành điện toán, không khó khăn lắm, Nam và anh X đều Pass để được nhận vào học. trong thời gian nầy anh X được chương trình xã hội (cita) giúp đỡ trả tiền học phí, còn Nam bị từ chối vì có việc làm ở trường học và đã có đi học ở trường huấn nghệ tại địa phương. Cảm thấy thất vọng vì Nam không thể nào đủ khả năng tài chánh, để trả tiền học phí quá đắc như vậy. Trong ngày chủ nhật gia đình anh đi lễ nhà thơ, lại mai mắn đúng vào ngày hôm đó, ông mục sư giảng bài kinh về cách huấn luyện người, bài giảng rất dài nhưng Nam chỉ nhớ tóm tắc như sau "Cho họ một con cá, nuôi sống họ một ngày cho hai con nuôi sống được hai ngày.... Nhưng nếu ta dại họ cách câu cá, họ tự nuôi sống được suốt đời..."

Nam không để mất cơ hội tốt đẹp hiếm hoi nầy, nên sau khi tan lễ anh nấn ná ở lại để gặp ông mục sư, anh sẽ cho ông biết ý định đi học nghề, cần nhà thờ giúp đỡ về tài chánh trả tiền học phí, như bài kinh ông đã giảng vừa rồi Anh chỉ muốn làm thợ câu, chứ không muốn ngửa tay xin cá. Ông rất đồng ý, nhưng cần hỏi qua ý kiến của hội đồng nhà thờ để xuất quỹ tài trợ cho anh. Vài ngày sau ông gọi điện thoại và báo cho biết, là họ đạo nhà thờ đồng ý đài thọ tài chánh cho anh đi học nghề.

Kể từ đó Nam đi học trọn ngày, chiều về đi làm ở trường học, công việc ở đây Nam đã quen dần, nên làm rất nhanh để dành thời giờ làm bài tập hằng ngày trong trường. tuy rất vất vã không còn giờ giấc nghỉ ngơi, những ngày cuối tuần, không còn đi chơi nhậu nhẹt như trước, mà phải học bài để thi cử vì các bài thi không thuộc loại A, B, C khoanh, mà phải trả lời vài dòng văn tự hẳn hòi.

Phần lớn những danh từ kỹ thuật rất khó hiểu, phần ngôn ngữ bị giới hạn phải đọc tới đọc lui, mới hiểu nghĩa chắc chắn được. Nhưng anh cũng đã thấy được chút ánh sáng hy vọng le lói ở bên kia đường hầm, để làm tiêu điểm đi tới. Cái mai mắn là tuổi vẫn còn tương đối tre, anh vừa bước qua ba mươi sáu, bà xã hai mươi chín, nên vợ chồng quyết chí lập lại cuộc đời, và nêu gương cho các con. Nếu lúc đó Nam thất vọng nản chí, cứ ngồi lì ra đó chắc chắn ba chục năm sau, anh cũng không hơn gì ông già trưởng toán da đen ghiền rượu kia, chỉ biết còng lưng đi đổ rát.

Mọi việc rất bận rộn vất vã trăm bề, bài vở càng ngày càng nhiều Nam đã thức trắng nhiều đêm để học bài thi cử, vì không thể kéo dài sự chịu đựng được lâu, nên anh xin bớt giờ làm mỗi đêm chỉ còn làm bốn giờ để về sớm lo bài vở.

Thường lệ khi làm tám giờ, thì anh phải lo quét dọn tất cả mười hai lớp học, và cái sân vận động, bây giờ làm bốn tiếng đồng hồ đúng lý ra anh chỉ làm sáu lớp học và phân nữa cái sân vận động, nhưng vì anh cố gắng làm cho thật nhanh, để dành thời giờ ngồi đó ôn bài vở, thường thường khi Nam làm xong bổn phận, thì ít khi bị quấy rầy nhưng hôm nay Nam được cắt cử đến làm ở một trường mới.

Sau khi làm xong công việc mình, người trưởng toán muốn làm khó dễ, bảo chưa tới giờ là phải làm thêm, Nam cho ông ta biết là đã làm xong nhiệm vụ của anh rồi, nên anh không làm thêm cho ai hết. Ong ta có vẻ cự nự, Nam bỏ ra xe, lái thẳng về nhà luôn. Sáng hôm sau anh gọi điện thoại cho ông supervisor trường học, trình bài cớ sự là anh bị chèn ép không muốn đi làm nữa, ông ta hứa sẽ đưa anh đến trường khác làm, nhưng Nam đã mạnh dạn từ chối.

Đây cũng là lần đầu tiên Nam tự ý nghỉ việc vì bất mãn, vài ngày sau nhà thờ gọi cho anh biết, là họ đang cần người quét dọn và làm sạch sẻ sau các buổi lễ, lương mỗi tháng là ba trăm đồng, và họ cũng đồng ý là không cần giờ giấc nhất định Nam vội vàng chấp nhận ngay.

Từ đó mỗi ngày sau khi đi học về, Nam đưa cả gia đình lên để làm cho nhanh, thằng con lớn tám tuổi đi thu rát trong các thùng nhỏ cho váo bịt nylon, bà vợ lau bàn ghế quét bụi xung quanh, Nam hút thảm và lau sàn nhà. Ai nấy đều thạo công việc đã chia, nên mỗi ngày chỉ tốn khoảng mười lăm hoặc hai chục phút là xong việc, khoá cửa nẻo thoải mái ra về không ai dòm ngó hay chỉ bảo làm khó khăn phê bình gì cả, miễn là làm sao giữ cho nhà thờ luôn luôn được vén khéo sạch sẻ thế thôi.

Thời gian cứ trôi qua, ban ngày Nam đi học vợ ở nhà trông nom đứa con gái út Mina vừa lên một tuổi, và xem chừng hai đứa lớn cũng như học thêm anh văn, thỉnh thoảng có vài người lối xóm mang trẻ con lại đến mướn trông coi dùm một vài giờ trong ngày, hàng tháng cũng kiếm thêm được chút ít tiền. Ao quần và các vật dụng linh tinh xài trong nhà phần lớn là do người nhà thờ mang đến cho, tuy củ nhưng nhờ khéo tay, vợ anh sửa đổi lại nên mặc cũng không tệ lắm.

Gia đình anh bạn người thượng Kontum ở đối diện trước cư xá, hình như không chịu nổi công việc ngoài trời, vào những ngày mùa đông lạnh gia, nên đã nghĩ việc vài tháng nay, bây giờ anh xoay qua nghề cắt cỏ và làm vườn cho một hảng thầu nào đó, hôm nay anh ghé qua nhà khoe, là anh

CHƯƠNG 4 - ĐỔI ĐỜI

đã mua được chiếc xe hơi hiệu "Vega" củ, mặc dù anh chưa có bằng lái nhưng thích quá mua về để đó xem chơi, từ từ học lái sau, mỗi chiều đi làm về anh lau chùi đánh bóng rất cẩn thận, rồi nổ máy de lui chạy tới trong bãy đậu, độ vài tuần sau anh đến báo cho Nam là đã lấy được bằng lái rồi, để ăn mừng ngày trọng đại đo, Nam mua một gallon rượu vang đỏ mang sang nhậu chung với anh cả buổi chiều ngày hôm đó.

Lúc bấy giờ chưa có hội đoàn, hay đoàn thể chánh trị nào được thành lập cả, chỉ có các nhà thờ bảo trợ thỉnh thoảng tổ chức những buổi họp mặt cho những người Viết mới tới địa phương, để liên lạc hổ trợ tinh thần cho nhau. Vì hình như gia đình nào cũng có người bị mất mát thất lạc người thân, nên gặp nhau để chia sẻ những đắng cai bất hạnh đó.

Nhạc sĩ Lê quang A thường đánh dương cầm, và bắc giọng hát những bài ca, như bản Quốc thiều và Việt Nam Việt Nam nước tôi, tất cả cùng hát chung qua những tiếng nất nghẹn ngào, những giọt nước mắt chạy dài trên má, những bàn tay nắm chặc, để kềm hãm những xút động mãnh liệt. Quê hương và tổ quốc, được thể hiện qua hình ảnh những bài ca, những gương mặt hiền lành của các bà mẹ già, những chiếc áo dài thật kiêu sa mang hồn dân tộc.

Hơn cả năm trời dùi đầu trong sách vở. Hôm nay Nam và anh Lại như X...đều ăn mặc rất tươm tất, vén khéo hơn thường nhật, một ngày rất quan trọng không những cho riêng cá nhân, mà cho cả gia đình, Nam cảm thấy tâm hồn mình bỗng trơ nên trẻ trung trở lại, như cậu học trò ngày nào hớn hở khi nhìn thấy tên mình trên bản, sau kết quả cuộc thi.

Có tất cả mười lăm sinh viên đủ diểm để ra trường Nam tốt nghiệp với số điểm ưu hạng, nhận chiếc bằng từ tay ông giám đốc nhà trường, anh cảm thấy lòng mình như mở hội. Nam và anh X...đã thực sự trở thành những chuyên viên điện tử có khả năng và bằng cấp hẳn hòi, như thợ câu được chiếc cần trong tay, không sớm thì muộn chắc chắn sẻ bắt được cá. Nam đã nhìn thấy tia sáng hy vọng chói chang trước mặt, sau những tháng năm dài u ám cho một cuộc đổi đời gay go.

Qua tuần lễ sau đó, Nam bắc đầu vát cái bằng tốt nghiệp mới toanh hăn hái đi xin việc, hảng nào cũng nhào vô xin đơn điền vào cả, cuối cùng anh nhận được rất nhiều thơ phúc đáp, họ trả lời cám ơn rất lịch sự, đại khái họ bảo rằng anh mới ra trường, chưa có kinh nghiệm xin chờ dịp khác v...v... Bây giờ anh cảm thấy hơi nghi ngờ những cái hồ hởi, tự tin khi nhận lảnh cấp bằng, và lời các huấn luyện viên khuyến khích khi còn đi học. Nam đã nếm được chút ít vị cay trên bước đường tìm việc.

Quay trở về hảng Sunstrand, nơi Nam làm việc lúc trước, gọi cho ông supervisor củ để nhờ hổ trợ, hai ngày sau hảng gọi vào phỏng vấn. Nam mặc veston cà vạt cho có vẻ là một chuyên viên lành nghề, vào gặp ông

Gary là supervisor của khu chế tạo công tắc nhiệt điện cho phi thuyền không gian, của chương trình N.A.S, A Sau khi xem qua hồ sơ ông ta cũng bảo rằng anh không có kinh nghiệm thực hành nhiều, trên các lảnh vực điện tử, tuy nhiên vì là cựu nhân viên của hảng, ông đồng ý thâu nhận anh làm một công việc, là ngồi canh chừng máy điện toán, để ghi tín hiệu vào các hồ sơ và phải làm ở đây một năm, rồi mới được chuyển qua các phần hành khác.

Hơn vài tuần qua xách xe không chạy lòng vòng, từ hảng nầy sang hảng khác không kết quả, bây giờ không còn một sự chon lựa nào khác hơn là phải chấp nhận, dù công việc không đúng ý muốn và sở thích. Trong giai đoạn nầy, nên Nam gật đầu đồng ý lời đề nghị của ông ta.

Đi làm về ban đêm, công việc rất nhàn hạ chỉ ngồi canh chừng máy điện toán, và ghi nhận các nhiệt độ lên xuống, lúc mở lúc đóng của công tắc nhiệt điện cho đúng tiêu chuẩn đã ấn định. Có nhiều đêm nhàm chán, bù ngủ gần cứng đôi mắt nhưng cũng phải cố nhướng lên, ghi cho đúng nhiệt độ vào hồ sơ để báo cáo.

Được hơn nữa năm, Nam vào gặp ông Gary để đòi lên lương, và xin đổi qua phần hành khác, ông ta tỏ ý không hài lòng đòi phải làm đúng một năm. Nam sang phòng nhân viên để khiếu nại, nhưng không kết quả gì cho lắm.

Cũng trong lúc đó, anh liên lạc với bà English quen biết lúc trước kia ở hảng Sunstrand, nhưng bây giờ bà đã sang hảng điện tử "Teltone" ở Kirkland, bà cho biết là hảng đang cần chuyên viên điện tử, Nam vội vã chạy đi xin đơn để xin việc. Vài ngày sau Nam được gọi vào phỏng vấn và nhận việc làm mới. Trở lại hảng, anh báo là sẽ nghỉ việc trong hai tuần, ông Gary có yêu cầu Nam ở lại hứa sẽ lên lương và đồng ý cho đổi qua phần hành khác, anh cho ông ta biết là đã quá trể, vì anh đã nhận lời làm cho hảng mới rồi.

Anh Lại như X cũng đã nghĩ làm phụ giáo ở trường học, vào làm cho hảng điện thoại G.T.E. ở Kirkland. Anh cho biết là rất thích thú công việc anh đang làm.

Hảng Teltone chuyên làm các bộ phận điện tử, để bán cho các công ty điện thoại, việc làm rất bận rộn có tất cả ba toán làm khác nhau, ngày đêm và cuối tuần.

Nam nhận vào làm ở toán cuối tuần từ thứ sáu đến chủ nhật, mỗi ngày làm mười hai tiếng ba ngày trong tuần, những ngày khác anh làm thêm nên tổng số tiền lảnh được tương đối cũng dể chịu, công việc đúng như sở thích, và học hỏi ở nhà trường Nam có nhiều cơ hội xử dụng các dụng cụ điện tử tối tân khác nhau, để sửa chữa những cơ phận hư hỏng.

CHƯƠNG 4 - ĐỔI ĐỜI

Như ông bà ngày xưa đã nói "Có an cư mới lạc nghiệp." hay "Sống có nhà thác co mồ". Vài tháng sau đó nhờ cần kiệm dành dụm gia đình Nam đã để dư được chút ít tiền, nên có ý định tìm kiếm nhà để mua. Thời điểm nầy vào gần cuối năm 1977 nhà cửa tương đối còn rẻ, tuy nhiên với số lương quá thấp của Nam tổng số kiếm được trước thuế khoảng trên một ngàn đồng, còn tài sản trong nhà không giá đáng bao nhiêu, khi đi mua hàng đều trả tiền mặc nên không có "Credit" tốt nào hết để làm chứng mình là người tốt chưa bao giờ giựt nợ của ai, hay bị phá sản để ngân hàng cho mượn tiền.

Thực là một chuyện hoàn toàn trái ngược với phong tục của Việt Nam, khi còn ở quê nhà, người nào bị thiếu nợ như "Chúa chổm" thường bị cho là nghèo khổ xấu xa, không đáng tin cậy, nhưng ở xã hội tây phương lại khác có vẻ thực tế hơn, nếu thiếu nợ mà trả xòng phẳng thì chứng tỏ là người tốt có "Credit" tốt để mượn tiền nhà băng hơn là người xài tiền mặc.

Nam vẫn còn nhớ chính phủ V.N.C.H khi xưa, thường kêu gọi dân chúng theo chính sách "Thắc lưng buộc bụng" để dành tiền đừng nên tiêu xài trong lúc tình trạng kinh tế bị khủng hoảng. trái lại tại Hoa Kỳ khi tình thế kinh tế bắp bênh, các nhà kinh tế thường khuyến khích dân chúng tiêu xài nhiều hơn, và các ngân hàng cũng gởi thơ mồi mọc cho mượn tiền để tiêu xài thoải mái, rồi từ từ sẻ trả lại sau, mặc dù đồng lời rất là cắt cổ.

Nam không hiểu được nhiều về các chu kỳ, và quy luật vấn đề kinh tế, tuy nhiên anh còn nhớ mãi khi còn đi học ở trường trung học khi được giảng về môn kinh tế học, ông thầy có đưa ra một thí dụ rất đơn giảng, để chứng minh rằng, sự tương quan dây chuyền trong vấn đề mậu dịch và định luật cung cầu như sau : Ong hai đạp xe xích lô, nếu chạy được bao nhiêu tiền đem cất dấu hết, không ăn hủ tiếu uống cà phê, thì anh ba chủ tiệm hủ tiếu bán không được đâu có tiền để mua vải may áo quần mới, rồi thì chị tư bán vải bán không được vải, đâu có tiền để xem hát, anh năm chủ rạp hát bị ế nhệ đâu có dư tiền bạc để ngồi xích lô đi hóng gió.Như vậy anh hai xích lô rồi cũng tiêu luôn vì anh đã" đắp mô" ngăn cản dòng luân lưu trong hệ thống dây chuyền, của định luật cung cầu, Nam chỉ nhắc lại cho vui thôi chứ thật ra không giảng dị như vậy.

Trở lại vấn đề mua nha, Nam phải tới lui năm lần bãy lượt sau cùng ngân hàng mới đồng ý cho anh vai tiền để mua một căn nhà nho, ba phòng ở Bellevue giá lúc đó là $37, 500.00. Vào đúng đầu năm 1978 gia đình Nam bồng bế dẫn dắt nhau về tổ ấm đầu tiên, thật sự cảm thấy như của chính mình, chứ không còn ăn nhờ ở đậu trong các cư xá nữa, mặc dù là nhà của ngân hàng mỗi tháng phải trả tiền vai, nhưng cái sung sướng và hành diện là làm chủ được nó, ngay chính người dân Mỹ, cũng mơ mộng như vậy "American Dream" cái thích là không bị ràng buộc, muốn sơn phết sửa sang làm gì thì làm, không ai la rầy ngăn cấm miễn sao đúng luật lệ là được.

Các con Nam bây giờ cũng đã lớn, Miki đã mười tuổi Mika sáu tuổi. Chỉ trong khoảng thời gian ba năm chúng nó phải đổi tới lui ba bốn trường tiểu học khác nhau, đứa gái út Mina bốn tuổi đi học vườn trẻ mỗi ngày vài giờ, bà xã Nam học tiếng Mỹ củng tương đối khá, tuy nhiên các con còn nhỏ nên phải ở nhà để lo cho chúng nó, Anh vẫn quan niệm con cái quan trọng hơn tất cả, nên vợ anh không vội đi làm, mặc dù khi dọn về đây vợ chồng đã trúc cạn ống nên thiếu thốn nhiều thứ. để phụ giúp cho ngân khoảng thiếu hụt, vợ Nam đi nhận đồ về may và giữ thêm các trẻ con lối xóm, mỗi tháng kiếm thêm được chút ít.

Hảng Teltone nơi Nam làm mấy tháng nay, công việc cũng giảm xút nhiều nên không có "Overtime" Ở nhà từ thư hai đến thứ năm cũng chán. Nam bèn chạy đi tìm "Job part time" nhờ kinh nghiệm sẳn có, nên không khó khăn mấy, anh được nhận vào làm cho phòng nghiên cứu các dự án sáng chế về ngành điện tử, của một hảng nhỏ gần nhà. Họ đồng ý mướn anh làm mỗi tuần ba ngày, từ thứ hai đến thứ tư còn dành ngày thư năm nghỉ ở nhà.

Công việc của Nam là chạy thử, và tìm nguyên do sai biệt không đúng tiêu chuẩn dự trù, qua các tín hiệu, báo cáo các dữ kiện thu được cho ông quản lý chương trình (project manager). Công việc có tính cách hoàn toàn về kỹ thuật xem chừng dể dàng như chơi "Video game" nhưng cũng có đôi lúc suy nghĩ tìm lý do hư hỏng muốn bể não.

Trong những năm đầu định cư, vợ chồng Nam thật vất vã cố gắng tối đa. Anh nghĩ không chỉ riêng cho gia đình anh, mà hình như tất cả những người Việt Nam khác đều củng như thế? Mọi người đều cố gắng tranh đấu để vương lên, họ làm việc thì nhiều ăn xài biết tiện tặng dành dụm, nên đã làm ngạc nhiên rất nhiều người bản xứ vì chỉ trong một thời gian ngắn mọi người hầu như đứng vững được, trong giai cấp trung lưu của xã hội mới nầy.

Nhiều trẻ con Việt Namđã tỏ ra xuất sắc trong lảnh vực học vấn, nhiều gian hàng buôn bán của người Việt đã rãi rát khai trương. Dân Việt di cư trong giai đoạn nầy, tựa ho như những thân cây đã bị bứng đi đem trồng lại trong một vùng đất xa lạ mới mẻ, bây giờ đã tiếp nhận được những chất dinh dưởng phù sa, nên bắc đầu vươn nhành kết lá đơm hoa nở nhụy xinh tươi trở lại.

Mặc dù đời sống kinh tế, và vật chất càng ngày càng tương đối dể dàng hơn, tuy nhiên trong anh vẫn luôn luôn cảm thấy có một điều gì đó. Thỉnh thoảng được thư ba má ở Sài Gòn gửi qua, theo đường Au Châu vì giữa Mỹ và Việt Nam chưa có liên hệ về bưu chính. Nam thường cẩn thận quan sát, xem từng nét chữ quen thuộc viết bằng mựt xanh của mẹ anh,

CHƯƠNG 4 - ĐỔI ĐỜI

trên mãnh giấy học trò màu vàng, ẩm móc cũ kỹ dầy cộm như bánh tráng đựng trong chiếc phong bì có hình máy bay và hàng chữ "Par Avion". Cầm bức thư trên tay, anh cảm thấy nghẹn ngào.

Cha mẹ anh, quê hương anh đã nghèo khổ cùng cực quá mức đến thế này? Ngay cả tờ giấy viết thư của mẹ đã gởi qua, là một loại giấy thô, Nam đã thấy cách đây hơn bốn thập niên về trước khi anh còn đi học ở trường làng, rồi từ từ sau đó loại giấy nầy học trò không đứa nào thèm xài nữa, vì quá lạc hậu nên đã biến mất trên thị trường Việt Nam. Cũng vì báo chí và truyền hình tin tức của Mỹ ít khi nhắc tới Việt Nam, nên anh không ngờ được. Những người lảnh đạo cộng sản anh minh vẫn tự xưng là "Đĩnh cao trí tuệ của loài người" đã hướng dẫn dân tộc Việt, đi ngược dòng lịch sử của nhân loại một cách đắng cay như thế?!!

Ba má anh đã lớn tuổi, không còn đi làm được nữa, nên đã bán lần hồi đồ đạc trong nhà để mưu sinh, hai đứa em trai Nam là cựu sĩ quan trong quân lực V.N.C.H bị đưa vào tù tẩy não, vợ con chúng nó thiếu thốn ăn uống bữa no bữa đói. Gia đình Nam phải cố gồng gánh, gởi tiền về phụ giúp gia đình sống đỡ qua ngày.

Vì chiều hướng chính trị giữa Mỹ và Việt Nam lúc bấy giờ rất là chia cách, nên không ai có thể ngờ được là sẻ có ngày trở về thăm lại quê hương. Ngay trong công đồng người Việt hãi ngoại, cũng có nhiều ý kiến chính trị khác nhau, có một số tư tưởng quá khích, họ muốn tàn phá chế độ cộng sản, bằng cách không gởi tiền về cho thân nhân, hay khuyến khích dân chúng đừng trở về thăm lại quê hương nữa, vì họ cho rằng những hành động đó sẻ tiếp tay cho chế độ cộng sản sống lâu dài hơn?

Trong lúc đo, cũng có rất nhiều người luôn luôn mang những sắc thái hoài bảo tình tự của dân tộc giống nòi, họ không ưa tập đoàn lảnh đạo cộng sản, nhưng họ vẫn mong muốn làm sao cho cha mẹ, thân nhân anh em bạn bè được có miếng cơm manh áo, cho quê hương dân tộc được phú cường.

Suy luận của họ dựa trên nguyên tắc, sự phát triển nhu cầu căn bản của con người, theo từng giai đoạn trong đời sống xã hội hằng ngày. Chủ trương của cộng sản là "cai trị dân chúng bằng cái bao tử" Nếu mọi người đều thiếu ăn thiếu mặc, đói là người thì có thời giờ đâu để mà suy nghĩ hay đòi hỏi những cái cao xa hơn?

Ong bà ta ngày xưa có nói "Có thực mới giựt được đạo" Nếu mọi người có no lòng, thì mới có sự sáng suốt suy tín đòi hỏi những chuyện khác được. Ta thử hỏi từ trước tới nay, có ai chờ đợi đến khi thiếu ăn thiếu mặc chết đói tới nơi, mới chịu đứng ra đòi hỏi "Nhân quyền?" Hay thường là những nhân vật có tiếng tâm trong xã hội, có địa vị giầu có dư ăn dư mặc đứng ra quyết tâm tranh đấu, để làm áp lực chính quyền đòi hỏi phải thực thi quyền làm người cho toàn dân trong nước? Đó là những nhận xét, về chính kiến của người Việt trong thời điểm nầy. Nam không kết luận đúng hoặc sai, anh chỉ đưa ra những dẫn chứng thực tế để chúng ta cùng suy luận?

Sau nhiều năm dài xa xứ, anh chỉ biết cố gắng làm lụng để lo tương lai cho con cái, và giúp đỡ cha mẹ già bên nhà. Anh không muốn tiếp xúc, hay đúng hơn, là anh rất e ngại những đảng phái hội đoàn chính trị tại đây. Tuy nhiên anh vẫn thường xuyên gởi tiền, để giúp đỡ những công tác xã hội như cứu người vượt biển, giúp đỡ những chiến hữu gặp hoàn cảnh hoạn nạn bên nhà, qua các hội từ thiện, tôn giáo hay các hội ái hữu của cộng đồng Việt Nam tại đây.

Mãi vào khoảng năm 1990 đợt "H.O" đầu tiên được đưa sang Hoa Kỳ, Nam mới có diệp gặp lại những người bạn, những chiến hữu thân thuộc ngày xưa, đã cùng xát cánh chiến đấu bên nhau từ vĩ tuyến 17 đến tận mũi Cà Mau, gắng bó chia sẻ những hiểm nguy, và những thăng trầm của đời lính. Nam làm sao quên được những người bạn như Huỳnh van B, Thái van A, Nguyễn van C, Phạm van T, Nguyễn van T, và còn nhiều nữa, có người đã hiến mình cho đại cuộc, có người vẫn còn vất vã bôn ba lo cho cuộc sống mới. Tên tuổi của họ như gắn liền vào anh, như những chứng tích lịch sử của đời người.

Trong giai đoạn nầy, chế độ cộng sản quốc tế đã từ từ rã ngũ, sau khi bức tường Bá Linh sụp đổ. Tập đoàn lãnh đạo cộng sản Hà Nội bắc đầu bị bối rối e ngại dân chúng nổi dậy theo trào lưu thế giới, họ bắc đầu dè dặc cũng như hơi nới rộng vòng tay oan nghiệt đặc lên đầu lên cổ toàn dân. Nhiều người Việt hải ngoại, có cơ hội trở về thăm lại cố hương.

Họ mang về Việt Nam một làn gío mới trong đời sống, tư tưởng tự do cởi mở và sự sung túc của người phương tây, họ giúp đỡ gia đình bằng những ân tình ấm áp, của ơn cha nghĩa mẹ anh em láng giềng ruột thịt. Chính đều nầy đã làm cho cán bộ cộng sản tại địa phương, cũng đã âm thầm tự xét lại số phận hẩm hiu cơ cực của mình.

Mẹ Nam từ nhiều năm trước viết thư qua, tuy rằng nhớ con nhớ cháu, nhưng bà vẫn thường khuyên, đừng nên vội trở về sớm vì bà sợ chế độ gạt gẩm của Việt cộng, sẻ gây trở ngại khó khăn cho anh. Maĩ tới năm 1992 khi cha anh đau nặng, nằm suốt ngày trên giường bệnh, Nam nhất quyết trở về Việt Nam để thăm ông bà, bà xã Nam cũng muốn đi theo luôn cho có bạn để về thăm mẹ và các em ở Nha Trang.

Chiếc phản lực cơ bốn máy, cất cánh từ phi trường quốc tế Seatac của hảng hàng không dân sự Thái Lan đưa Nam và vợ trở lại cố hương, sau mười bẩy năm dài cách biệt, kể từ ngày 29-04-1975 lúc mười giờ sáng. Ngồi trong phòng lái của chiếc trực thăng vận tải CH-47, Nam chỉ

CHƯƠNG 4 - ĐỔI ĐỜI

thấy loáng thoáng bóng dáng cha mẹ, đứng trước cửa nhà để đưa tiễn nàng dâu và các cháu lên tàu, một cách vội vã, không một lời từ giã hay nhắn nhũ Nam biết tâm hồn cha mẹ anh, cũng đã chết đi những hy vọng kể từ ngày đó.

Hôm nay anh trở lại để hàn gắn, và kết thúc một cuộc chiến tranh dai dẳng trong tâm hồn, cũng như những sức mẻ dở dang, những đắn đo mập mờ chưa dứt khoát, mà Nam đã khoác khoải mang trong người suốt gần hai thập niên vừa qua.

Nam muốn thấy và nhìn tận mắt những người bên kia chiến tuyến, những người chưa một lần quen biết, nhưng họ đã có ít nhiều liên hệ đưa thế hệ của Nam, vào một thời kỳ đen tối nhất trong đời binh nghiệp. Nam không thù không ghét họ, tuy rằng là một chiến binh bị thua trận một cách nghiệt ngã ép buộc, nhưng trong anh vẫn luôn luôn kiêu hãnh là một cựu chiến sĩ của V.N.C.H. Trong trận chiến nào rồi kết cuộc cũng phải có kẻ thua người thắng, nhưng cái hãnh diện của Nam, là đã làm tròn trách nhiệm làm trai trong thời chiến.

Quan niệm chiến đấu của Nam rất đơn giản và khẳng định là vì dân tộc, đất nước Việt Nam phải được tự do công bằng và no ấm, anh không tin tưởng vào lý thuyết của những ý thức hệ ngoại lại, do các siêu cường đưa ra để cổ suý đàn em đâm chém nhau rồi ngối không thu lợi.

Sau một đêm ngủ tại TháiLan, để chuyển phi cơ. Bây giờ Nam đã thật sự bay trên không phận Việt Nam, xuyên qua cửa sổ nhìn xuống phía dưới, cũng đồng ruộng bao la cũng những dòng sông uốn khúc, cũng những khóm nhà nghèo nàn xơ xát nằm chơ vơ đơn lẻ giữa những cánh đồng nước mênh mông, như bị quên lãng và tách rời qua những thăng trầm của dân tộc. Quê hương anh, một miền nam có người dân quê hiền lành như khoai sắn, một bát canh rau mồng tơi, một dĩa rau đắng luộc cũng đủ làm họ vui lòng qua bữa.

Sau mười ba năm trời, trong đời chinh chiến, Nam đã thấy nhiều hiểu nhiều và khóc cũng đã nhiều, cho số phận hẩm hiu đắng cay của dân tộc. Làm sao anh quên được, những lần đổ quân trên các kinh rạch của vùng đồng tháp mười, những bà mẹ già tóc trắng như vôi, chống gậy lom khom ra quì lại trước cửa nhà, Nam đã nghẹn ngào run tay trên cần lái, vì bà ấy có thể là mẹ anh, cũng có thể là mẹ của bạn, nhưng tại sao Nam phải nhìn thấy những cảnh đau đớn nầy? Nam đâu phai là hun thần hay ác quỷ.

Nam có quả tim ấm áp và chơn tình của ngườiViệt Nam, anh có dòng máu thương yêu của giống nòi Hồng Lạc. Sự chiến đấu của tuổi trẻ hôm nay, không đặc căn bản trên một ý thức hệ ngoại lai nào cả, mà được xây dựng vững chắc ăn sâu trong lòng dân tộc, như những tiền nhân đã dựng nước và cứu nước của ngàn năm về trước.

Phi cơ đã bắt đầu giảm dần cao độ, xuyên qua những đám mây trắng. Nam đoán chừng đang bay trên vùng Gò Đen hay Bến Lức gì đó, nhà cửa phố xá dọc theo quốc lộ, dẫn về Sài Gòn đông đúc hơn xưa. Có người bảo rằng sau chiến tranh có rất nhiều gia đình người bắc, khi vào nam thăm bà con họ hàng đã nhìn thấy sự trù phú ở đây, nên nhiều người đã rủ nhau trốn về miền nam lập nghiệp.

Cũng như một số lớn cán bộ, những người tự nhận là kẻ chiến thắng, nhanh chân đưa vợ con vào nam vơ vét chiến lợi phẩm, để anh bịt thêm vài chiếc răng vàng, nàng được cặp bánh bao trên ngực xum xuê với đời. Phi cơ đã chạm bánh trên phi đạo, phi trường Tân Sơn Nhất đã hoàn toàn thay đổi, cỏ dại mọc cao úa vàng hai bên lề không người cắt xén, những dãy nhà công xưởng, và vài ụ chứa phi cơ trống rỗng vẫn còn nằm chơ vơ, ngả màu phong sương theo năm tháng.

Xe bus của hãng hàng không Việt Nam, thả hành khách xuống ngay trước cửa toà nhà của hãng hàng không dân sự, để vào làm thủ tục nhập cảnh. Nam hết sức xúc động, nhìn lại cảnh cũ sau mười bẩy năm xa vắng, trước mặt anh, cũng tại nơi đây đêm 28-04-1975 cả bốn phi hành đoàn nằm ngủ dưới bụng phi cơ, để chờ đợi trong những giây phút hoang mang nhất.

Trong một cảm giác thật nhẹ nhàng chợt hiện đến, Nam nghe như có tiếng thì thầm trong gió, như chào đón thăm hỏi lại người xưa, của cây cỏ của bãy đậu phi cơ, của mấy nhà công xưởng của màu sơn ngày cũ, đã làm lòng anh ấm lại, sung sướng với những kỹ niệm, những dĩ vãng xa xưa đó.

Vợ Nam đứng ra để lo thủ tục nhập cảnh, và nhận lãnh hành lý, nàng lắc đầu than phiền, vì những cử chỉ kém xã giao căn bản của nhân viên quan thuế hàng không quốc tế Việt Nam, chính anh cũng cảm thấy đều đó, những gương mặt lúc nào cũng lầm lì chay đá, như có những mối hận thù truyền kiếp từ ngàn đời trước, Nam nhủ thầm "Tại sao họ không có được những nụ cười tình cảm xã giao cố hữu của người Việt?" Không lẽ chế độ cộng sản lại huấn luyện nhân viên quan thuế tiếp nhận khách du lịch quốc tế phải có gương mặt lạnh lùng băng giá như thế sao?

Nam bảo bà xã giữ yêm lặng, lo làm thủ tục "Đầu Tiên" để gấp rút đi ra, để khỏi nhìn thấy những gương mặt đáng yêu của họ lâu hơn nữa. Nhờ chiếc đũa thần, để nối vòng tay lớn, hơn nữa giờ sau đó Nam và vợ đã ra khỏi chỗ ngột ngạc khó thở nầy.

Mẹ và các em cháu đã chờ sẵn phía ngoài cổng trước tự lúc nào. những gương mặt, những ánh mắt bổng như sáng rực hẳn lên. Sau mười bảy năm dài chờ mong, tóc mẹ đã bạc trắng mái đầu, vần trán nhăn như từng đợt sóng, cuốn xếp cất dấu những năm dài vô tận mỏi mòn trông đợi

CHƯƠNG 4 - ĐỔI ĐỜI

đàn con.

Mẹ Nam một người mẹ Việt Nam, kiên nhẫn hy sinh chấp nhận những đắng cay bảo táp của cuộc đời, để lo cho đàn con dại. Kể từ ngày Nam hiểu biết chút ít, chưa một lần nào thấy mẹ vui chơi thoải mái cho riêng mình, vì nhà nghèo mẹ thường dành miếng ngon cho con ăn, tấm áo lành cho con mặc, mẹ chắc mót từng đồng từng cắt để lo cho con đi học tranh đua với đời, tương lai của con, chính là tương lai của mẹ.

Ngày con đậu tú tài bước chân vào đại học, là ngày mẹ mừng rơi nước mắt, rồi chiến tranh mang đến, con phải từ giã nhà trường gia nhập quân đội, với áo mảo cân đai quân trường, con lên đường du học, tuy buồn chia ly xa cách nhưng ngày ấy trong lòng mẹ vui như mở hội "Con tôi đã thành nhân." Nam ôm mẹ vào lòng "Thưa má con mới về." mẹ nghẹn ngào không nói được một lời, mẹ hôn anh như đứa trẻ lên ba.

Con dù có bao nhiêu tuổi, có khôn hơn bao nhiêu lần, con vẫn luôn luôn là đứa trẻ khờ dại dưới đôi mắt của mẹ! Các em cháu cho biết, vì ba bệnh nên không ra được, ông đang chờ đợi và nhắc nhở từ nhiều ngày qua khi hay tin Nam trở về.

Sau khi chất xếp hành lý lên chiếc xe của thằng em. Bây giờ Nam mới có cơ hội quan sát chung quanh, cố gắng tập trung trí nhớ xem coi còn nhận diện được gì quen thuộc ngày xưa không. Con đường từ sân bay Tân Sơn Nhất đi ngang qua cổng Phi Long và lăng cha cả, về ngang qua trường đua Phú Thọ xong quẹo phải để về Phú Lâm, Nam vẫn nhớ rõ ràng như vậy. Nhưng tại sao hôm nay, Nam hoàn toàn không nhận ra được gì cả? Ở đâu cũng thấy người, thấy nhà cửa chen chút xát ra mặt đường, ngay cả con đường quẹo vào nhà, nơi Nam đã sống từ bé đến lớn cũng không nhận ra được.

Mười bảy năm trôi qua, Nam nhớ như mới ngày nào, những hình ảnh những ngôn từ ngày xưa anh vẫn còn thuỷ chung cất giữ, bây giờ anh cảm thấy mình là con người thể hiện gần hai thập niên về trước. Nam vẫn kiên trì đứng đây, nhưng xã hội Việt Nam bên ngoài đã biến đổi, theo nhịp điệu của thời gian như dòng nước lũ trôi qua, ngay cả những danh từ thường dùng hằng ngày cũng hoàn toàn khác lạ, anh chưa được nghe bao giờ.

Xe dừng lại phía trước cổng nhà, ba Nam tuy bị bệnh lâu ngày ông cũng cố gắng lần mò ra trước cửa để đón thằng con trai trở về, trông ông ốm yếu gầy nhiều hơn xưa, Nam ôm ông để dìu vào nhà "Tụi con về thăm ba đây" tuy rất mệt nhọc khó thở nhưng trông ông vui vẻ hiện ra mặt.

Nam còn nhớ khi còn ở dưới quê, thỉnh thoảng theo mẹ lên thăm ông ở Chợ lớn. Mỗi buổi sáng hai cha con thường dẫn nhau đi uống cà phê ăn hũ tiếu ở ngoài tiệm trước ngỏ, ba thường rót cho một miếng cà phê sữa để uống thử, vì không quen Nam nhắm mắt bảo ông uống nước cơm cháy khét, làm cho ông cười một cách thích thú.

Vài ngày sau đo, khá rảnh rổi Nam cố tìm lại một vài người bạn củ, cùng học một trường ngày xưa, phần lớn đều thất lạc hoặc biệt tích anh chỉ gặp lại hai người bạn là anh Nguyễn van N, và Trần Van N, anh Nguyễn van N, đương kiêm là dân cử trong hội đồng hàng quận, còn anh N, là trưởng ty điện lực ở LâmĐồng nhưng đến sau ngày tháng tư 1975, vì chán nản cho cuộc đổi đời anh nghĩ việc về tu tại gia, ăn chay trường từ đó.Nam vô cùng xúc động khi gặp lại nhau sau gần ba mươi năm cách biệt, mọi người cứ ngỡ là Nam đã chết trong cuộc chiến vừa qua.

N đưa Nam đi thăm lại một vòng Sài Gòn, qua những đại lộ mà anh đã đi học thường nhật ngày xưa, nhưng bây giờ đã hoàn toàn đổi khác, ngay cả tên con đường cũng lạ lùng làm sao?!

Nam và N trở lạithăm ngôi trường cũ, ngôi trường mà anh đã tới luihằng ngày đe dùi mày sử sách trong bảy năm trời dài đăng đẳng, anh vẫn còn nhớ rỏ từng viên gạch, được khắc tên, những ổ gà bị mưa sói thủng những hàng me cao vòi vọi cho nhiều bóng mát trước cổng trường, cũng là chỗ tạm trú che mưa nắng cho anh thợ vá vỏ xe đạp dưới góc cây.

Ngôi trường của anh ngày xưa trông rất trang nghiêm cổ kính đẹp đẻ, như một cô gái kín cổng caotường, nhưng bây giờ đã hoàn toàn khác biệt có lẽ cũng nhờ công ơn của bác và đảng, đã thay đổi bộ mặt ngôi trường thành một cô gái làng chơi về chiều! Những bức tường cao và xong sắt chung quanh đã được phá huỷ, để thay vào đó nhiều gian hàng chỉ lớn bằng nắm tay bán đủ thứ "Lạc Sơn" gạch cát, sắt vụn trông thật nham nhở lạc hậu.

Sài Gon bây giờ không còn những nét đặc thù của nó, để được gọi là hòn ngọc Viễn Đông. Sai gon đã chết theo sự bần cùng hoá của dân tộc, của ô nhiễm môi trường, của tệ trạng xã hội bao cấp. Ngày xưa muốn đi du hí tìm động hoa vàng thìphải chạy lên tận ngã ba chuồng chó, nhưng bây giờ các em hành nghề ngay các con đường lớn tại trung tâm thành phố.

Ghé vào quán nước, Nam hết sức ngạc nhiên khi nhìn thấy toàn la những thanh niên, tuổi từ khoảng hai mươi đến ba mươi, đang vô tư ngồi uống cáphê táng gẩu hàng giờ, Nam thắc mắt về công ăn việc làm của họ, N cho biết một số là con cái cán bộ cao cấp, chúng nó xài tiền như nước, ví chamẹ nó làm tiền rất dể nhiều đứa không cần đi học hay đi làm gì cả, chỉ cả ngày rong chơi tán gái, hết quán nhạc nầy đến vũ trường khác, còn số khác thường hẹn hò gặp nhau để nghiên cúuchạy áp phe, hoặc tìm mưu chước để gạt người khác, chỉ có một số rất nhỏ là khách hàng lương thiện vào để uống càphê giải trí trong chốc lác.

Đa số thanh niên ở vào tuổi sản xuất, đều thất nghiệp, hoặc không có

CHƯƠNG 4 - ĐỔI ĐỜI

việc làm vững chắc lâu dài, tương lai là một cái gì mập mờ khó nghỉ họ đâm ra chán nản nên làm được bao nhiêu là ăn chơi xã láng, ngày mai sẻ tính sau?

Sài gòn của ngày xưa, với con đường Duy Tân cây dài bóng mát, với những quán lá thơ mộng hẹn hò của vùng mũi tàu Phú Lâm, của những tình tự nhẹ nhàng thoang thoảng hương yêu, của những chàng trai mới lớn. Sài gòn chất chứa những kỷ niệm thương yêu của Nam, bây giờ không còn nữa nó đã bị đổi tên như một cô gái làng chơi, sau khi bị cưỡng bức sự trong trắng của đời nàng, bởi những du thuyết phản dân tộc.

Sài Gòn như một Thuý Kiều người con gái trung trinh ngày xưa, bị bắt phải sống ép buộc dưới những đại lộ đèn vàng hiu hắt, để đưa đón khách qua đường, những hộp đêm suốt sáng, để làm vui những khách lắm bạc nhiều tiền. Sài Gon hôm nay là phồn hoa giả tạo, là những nét phấn son che đậy dưới lớp tuổi về chiều.

Còn hai ngày nữa là Nam hết phép của hảng, phải trở về đi làm tiếp tục cuộc sống thường nhật. Cũng là ngày ba anh trở lại bệnh nặng hơn phải đưa vào nhà thương vì chứng bệnh xuyển khó thơ, các em cháu chia nhau canh chừng ngày đêm bên cạnh ông. Ở đây bệnh rất nhiều nhưng số bác sĩ và y tá rất ít, nên họ làm việc rất vất vã tận tâm, người nhà thường phụ giúp săn sóc thân nhân mình những công việc khác. Nhà thương gần như thiếu thốn đủ thứ phương tiện, ngay cả vấn đề sạch sẻ bảo trì nhà vệ sinh, cũng không có đủ người lo lắng chu đáo.

Một ông cụ bệnh nhân nằm kề bên gường ba anh, sau khi tiếp chuyện, biết Nam là cựu quân nhân của quân lực V.N.C.H. ông bèn thố lộ kể lể tâm sự cưỡng bức trái ngang của chế độ cộng sản, sau năm 1975. Ông cho biết sau nhiều năm tần tảo làm việc của vợ chồng ông, với khả năng và hiểu biết về kỷ thuật ấn loát, ông bà đã tạo dựng được một cơ sở nhà in khá lớn ở Sai Gon, công việc làm ăn rất phát đạt vương lên.

Rồi một sớm một chiều sau đó chế độ miền nam bị cưỡng bức rã ngủ, vì tiếc cho công lao gầy dựng sự nghiệp của mình, ông nhất quyết ở lại, vốn tính tình chân thật của người miền nam, ông nghĩ rằng chế độ nào cũng vậy, dù sao họ cũng là người Việt với nhau, chắc không đến nỗi nào, vã lại công việc làm của ông cũng chẳng bao giờ làm hại hay gieo thù kết oán với ai cả.

Ngưng một chút sau tiếng thở dài chán nản ông bảo "Tôi không ngờ họ tàn nhẫn tới mức độ như vậy, họ đã cướp giựt công lao, mồ hôi nước mắt của vợ chồng tôi, suốt một đời cậm cuội làm việc!" Vì sau khi chiếm được miền nam họ gán ép cho vợ chồng ông là thành phần tư sản bốc lột, nên bắt buộc ông phải kýgia nhập vào hợp tác xã quốc doanh, ngay cả căn phố lầu cuả gia đình ông đang trú ngụ, cũng phải nhường lại cho cán bộ cộng sản, vợ chồng ông lần hồi bị đưa đi vùng kinh tế mới.

Vì không quen sống với ruộng đất đồng lầy hai ông bà tron về Sai Gon sống vất vưởng nơi các vỉa hè góc chơ, lượm bao nylon lon sắt vụn ở các đống rát đầu đường làm kế sinh nhay.

Ngồi yên lặng cuối đầu, nghe ông kể chuyện Nam cảm thấy có cái gì nóng ran trong lòng ngực, một sự đè nén bực tức của người bất lực trước hoàn cảnh trái ngang ngược đải mà dân tộc anh đang gánh chiụ.

Sáng hôm nay Nam và vợ đến bệnh viện, từ giã ba anh để trở lại Hoa kỳ. Ông tuy chưa khoẻ hẳn nhưng cố gắng ngồi dậy, nắm lấy tay anh căn dặn giữ gìn sức khoẻ và chúc vợ chồng ra đi được bình an. Nam không ngờ đó là lời nói và cái nắm tay cuối cùng của cha. Vì hơn một năm sau đó cha anh đã mất tại nhà, đó cũng là ý nguyện của ông lúc sống tại gia, khi ra đi vĩnh viễn cũng phải tại gia. Nam tin chắc rằng linh hồn của ba anh rất thoải mái, vì trước khi nhắm mắt ông đã gặp lại hết tất cả các con sau nhiều năm dài xa cách.

Hôm nay trời gần cuối thu 1995, vùng Tây bắc Hoa Kỳ không lạnh lắm thường có mưa tầm tã suốt ngày. Hảng đóng phi cơ Boeing nơi vợ chồng Nam làm việc, đã đình công hơn tám tuần nay, Nam và vợ không có việc gì để làm thường thức xem ti vi, sáng dậy trể rủ nhau đi ăn, xong đi lòng vòng cho hết ngày.

Các con anh bây giờ cũng đã lớn thằng con lớn Miki đã tốt nghiệp đại học, có việc làm ba bốn năm nay, Mika đứa thứ nhì cũng đã học xong đang tìm việc làm, đứa gái út Mina khi mới sang đây nó còn bú bình, bây giờ đã hai mươi mốt tuổi, đang học năm thứ tư của trường đại học "U.W" Tuy rằng ba đứa đã lớn khôn đủ lông đủ cánh, nhưng cũng chưa có đứa nào dám bay đi tách rời khỏi tổ.

Khoảng hơn năm về trước, con chim trống đầu đàn Miki, đã hùng dũng tự ý nghĩ việc ở đây cất cánh bay về California, tính chuyện lớn muốn biến San jose trở thành thung lủng cỏ xanh, nó bay xuống hợp tác với người em trai cô cậu của mẹ nó để lập hảng điện tử.

Cậu xuất vốn và sáng chế sản phẩm, cháu đi tìm thị trường để tiêu thụ, cảhai đêu làm việc không lương, sau gần cảnăm trời, hai cậu cháu cố gắng tối đa, sản phẩm càng ngày càng bị cạnh tranh ráo riết, vốn đầu tư phải bỏ ra rất nhiều số thu vào rất chậm.

Sau khi thẩm xét khả năng tài chánh, và nghiên cứu thị trường hai cậu cháu quyết định tạm thời ngưng tiến hành cuộc phiêu lưu lập hảng. Nó lại cuốn gói cất cánh bay về tổ cũ. Với kinh nghiệm chuyên môn đã có về thị trường, khoảng tháng sau nó được nhận vào làm cho một hảng nhỏ tại quận Bellevue.

CHƯƠNG 4 - ĐỔI ĐỜI

Sau hai thập niên lập nghiệp trên đất người, nhờ trời phật và ơn trên giúp đỡ gia đình, Nam đã di chuyển tới lui tất cả năm lần, hai lần đầu từ cư xá nầy đến cư xá khác, và ba lần sau cùng là mua nhà đổi chổ ở cho phù hợp và tiện lợi công việc làm. Hai vợ chồng Nam đã mai mắn cùng làm việc cho hảng Boeing, trên mười năm nay Nam đã chuẩn bị chongày về vườn cuốc đất trồng cây cũng không xa xôi lắm.

Bây giờ là chín giờ sáng ngày 29-11-1995, nhớ lại trong giờ phút nầy cách đây hai mươi năm và bãy tháng về trước, anh đang có mặt tại bờ hồ Mỹ Tho với những tâm trạng hoan mang lo lắng cùng cực, mà anh cứ tưởng chừng như mới xảy ra ngày hôm qua.

Bên ly cà phê nóng, vợ anh đã pha cho khói vẫn còn bay lên quyện tròn ẻo lã như những tiên nữ đang múa khúc nghê thường, đưa tay vuốt lại máy tóc trên đầu, Nam chực nhớ ra chỉ còn lưa thưa vài sợi. Thời gian bên ngoài thật yên lặng, chầm chậm trôi qua vài chiếc lá vàng rơi rụn, còn đang đu đưa trong gió. Nam ngồi đây để nhìn và tận hưởng những cái yên lành thanh bình, của mùa thu đang len lén đi qua song cửa.

Hômnay anh đã thật sự sống tương đối thoải mái chonội tâm, những sức mẻ đắn đo được hàn gắng. Cuộc chiến tranh Việt Nam dài đằn đẳn, đã thật sự kết thúc trong anh. Anh đã có cơ hội trở về nhìn lại những chiếc áo bà ba đen, với khăn rằng quấn cổ của người dân quê hiền lành như nương rau luống sắn, trên dòng sông hậu, những vành nón lá che nghiên nghiên, những chiếc áo dài trinh bạch của các nữ sinh tuổi mới vào đời.

Ba Van Nguyen & Nho Tran Nguyen (wife)

Quê hương anh tuy nghèo nàn, nhưng ngàn năm vẫn đẹp vẫn kiêu hùng, vẫn sắt son trơ gan cùng tuế nguyệt, mặt cho kẻ đi người ở, cho nắng sớm mưa chiều, cho sự dầy dò của chế độ, cho sự nguyền rủa của lũ người mại bản chối bỏ cội nguồn.

Quê hương anh nơi đó còn có mồ mã tổ tiên ông bà, vong linh cần nơi nương tựa, còn có bà mẹ già tóc trắng như bông, vẫn một nắng hai sương, chấp nhận những thăng trầm, một lòng thuỷ chung cùng dân tộc.

Quê hương anh là thế! Một Việt Nam vĩnh cữu và muôn đời!

CHƯƠNG 5

Xóm Cầu Nối

Nếu không có trận chiến dằn co trên hai mươi năm giữa Cộng Sản và Quốc Gia, cũng như nếu không có ngày 30-4-75 thì cuộc đời của anh Út Châu cũng vẫn là một anh nông phu. Thường ngày với chiếc quần xà lỏn đen, ở trần dẫn trâu, vác cuốc ra đồng, để nối nghiệp cha ông như trăm ngàn anh nông phu khác ở trong xóm *"Cầu Nối"*.

Nhưng ông bà ta xưa có nói: *"không ai giàu ba họ, cũng chẳng ai khó ba đời"*

Quả đúng như vậy. Cuộc đời và định mệnh của anh *NGUYỄN-VĂN-CHÂU* đã khác hơn thế hệ của ông cố, ông nội và cha anh rất nhiều. Anh Châu không biết nhiều về ông cố của anh. Tuy nhiên lúc lên sáu, lên bảy tuổi, ông nội anh thường nhắc lại chuyện cũ của ông cố cho anh nghe như là chuyện *"đời xưa"*.

Ông cố anh vốn là một tá điền cho ông Hội Đồng Bền. Tá điền có nghĩa là mướn ruộng của ông Hội Đồng để canh tác lúa hàng năm. Ông làm được ba mẫu ruộng, như vậy cũng đủ để nuôi sống gia đình một bà vợ với bảy người con. Ông nội của anh Châu là người con cả trong bảy người con đó.

Ông Hội Đồng Bền vốn là người giàu có. Do của hương quả để lại từ đời cha ông trước đó. Nghe nói là tổ tiên của ông ta, có người làm quan lớn trong thời chúa Nguyễn nên có rất nhiều đất đai bổng lộc của triều đình chúa Nguyễn ban cho.

Ông Hội Đồng Bền, có lẽ có căn tu từ kiếp trước vì khi sinh ra được rơi vào ngay hủ vàng nên không cần lo lắng làm lụng gì cả. Được cha mẹ nuông chìu như quí tử, cậu hai Bền lớn lên được gởi lên Sàigòn để theo học trường Tây. Đến khi thi đậu được bằng *"thành chung"* tương đương với bằng trung học đệ nhất cấp, cậu hai được cha mẹ gọi trở về làng để cưới vợ và giúp ông bà cai quản đất đai, ruộng vườn, nhà cửa. Vợ mới cưới của cậu hai Bền là một nữ sinh trung học ở tỉnh Long An trẻ đẹp, là con gái của ông Cả Lân cùng làng bên.

Cặp vợ chồng mới cưới nầy thật xứng đôi vừa lứa cũng như là hai gia đình rất là môn đăng hộ đối. Vì xóm trên là ruộng của ông Hội Đồng, xóm dưới là ruộng của ông Cả Lân, nói theo kiểu miền Nam là ruộng *"cò bay thẳng cánh, chó chạy cong đuôi"*.

Ngày đám cưới thật linh đình. Hàng trăm tá điền hai bên, người xách gà, kẻ quẩy vịt, mang chuối, họp nhau lại, hai bên nhà trai gái, phụ giúp làm heo, bò để đãi đằng, những người có chức phận, quan trên trong làng xã và bà con lối xóm cả ba ngày đêm liền.

Vợ chồng cậu hai Bền lúc đó, được dân làng xem như là một đại trí thức. Có kẻ ăn người ở trong nhà cậu hai nói lại, thỉnh thoảng hai vợ chồng giận nhau cải lộn, họ dùng tiếng Tây nói nghe *"lốp bốp"* như rang bắp.

Quân đô hộ Pháp, lúc đó đang đóng ở quận Cần Đước, nghe tiếng tăm giàu có và khả năng học vấn nên cho người mời cậu hai Bền lên trình diện quan Tây. Sau đó, quan đầu quận phong cho cậu hai một chức hàm là "Hội Đồng". Có nghĩa là chức Hội Đồng để đi ăn đám giỗ, đám cưới, được ngồi trên trước, chứ thực ra không có quyền hạn gì cả! Vì lẽ đó nên dân trong làng không còn gọi cậu là cậu hai nữa mà được thay thế bằng một danh từ có vẽ trịnh trọng và quan liêu hơn, là ông bà Hội Đồng.

Cha mẹ ông hội đồng là người tuy giàu có *"tràn bồ nức vách"* và quyền thế trong làng, nhưng hai ông bà ăn ở rất là đạo đức với tá điền và người ăn kẻ ở trong nhà. Đến khi già yếu không còn trông coi được nữa, nên giao tất cả sản nghiệp lại cho vợ chồng ông hội đồng Bền, là người con trai độc nhất của hai ông bà.

Ông hội đồng, tính tình giống như cha mẹ, ăn ở rất sởi lởi với những người chung quanh. Trái lại bà vợ của ông hội đồng rất ư là khó khăn, khắc nghiệt với tá điền làm ruộng nhà bà. Theo lời của ông nội anh Châu nói lại, cứ mỗi lần xong mùa gặt là tá điền phải phơi khô lúa, xong phải gánh lại nhàông hội đồng để đong trả lúa ruộng hàng năm. Cứ mỗi lần như vậy, chính đích thân bà hội đồng sai người ở mang ra một thau nước.

CHƯƠNG 5 - XÓM CẦU NỔI

Bà bóc từng nắm lúa của tá điền mang tới rồi bỏ vào nước. Nếu có hạt lép nổi lên là bà không nhận, bắt tá điền phải gánh trở về đem dê lại cho hết lúa lép rồi đong lúa ruộng sau. Hay có những năm trở trời thất mùa, bà không cần biết chuyện đó, tá điền đều phải đóng góp đúng số lượng như hàng năm. Nếu có ai khóc lóc than van nài nỉ cho hoàn cảnh gia đình thiếu trước hụt sau, thì vụ mùa năm tới phải đóng bù trừ thêm số lượng đã thiếu trong năm nầy. Chính ông cố của anh Châu đã rơi vào hoàn cảnh bi đát đó. Sau vụ lụt thất mùa trong mùa nước lũ năm Thìn. Ông nội của anh phải ăn cháo mỗi ngày để thay cơm vì năm đó thiếu gạo.

Đó là chuyện đời xưa của ông cố anh. Chuyện đã xảy ra vài ba thế hệ về trước. Nhưng đến đời anh, thì ông bà hội đồng đã chết mất từ lâu, chỉ còn lại dư âm và tai tiếng truyền khẩu của dân trong xóm trong làng mà thôi. Cha mẹ anh bây giờ đang làm ruộng công điền, là ruộng của chánh phủ, của làng xã, chứ không phải của tư nhân như thời trước. Mỗi năm sau vụ mùa chỉ đóng thuế nên có phần dễ dải hơn nhiều.

Gia đình anh Châu có cha mẹ, hai anh trai và một bà chị. Mướn làm được bốn mẫu rưỡi ruộng công điền. Mọi người phụ nhau làm, mỗi năm thu hoạch sau khi đóng thuế cho làng, cũng còn thừa đủ gạo ăn và xoay sở trong gia đình chút ít.

Nhà anh ở ven rạch nên sau vụ mùa là anh em chia nhau đi vó cá, bắt tôm, quậy đìa, tát ao để bán kiếm thêm tiền chợ giúp ba má.

Bà chị có chồng cũng làm ruộng ở xóm trên, ông anh cả đã lập gia đình nhưng không có con vẫn còn ở chung một nhà. Anh Châu là người em út trẻ nhất trong gia đình.

Sau khi học hết lớp nhất, bậc tiểu học ở trường làng, anh phải nghỉ ở nhà để phụ giúp làm ruộng với cha mẹ và anh em.

###

Vào khoảng năm 1962-1963, lệnh tổng động viên của tổng thống Ngô Đình Diệm, lúc ấy Út Châu cũng vừa đến tuổi phải đi quân dịch làm nghĩa vụ quân sự.

Cũng kể từ đó, anh phải rời gia đình, từ giã cha mẹ anh em để đi lên trại tập kết huấn luyện Quang Trung thi hành nghĩa vụ quân sự. Cũng như tất cả những người con trai khác trên toàn quốc.

Chuyện đi quân dịch là một biến cố hết sức quan trọng, đã thực sự xảy ra trong cuộc đời của anh nông dân Nguyễn văn Châu.

Một trang sử mới. Một dấu gạch thật lớn để làm nhịp cầu bước sang giai đoạn mới, cũng là một cái móc thời gian để đánh dấu một sự chuyển tiếp trong cái quá khứ và tương lai của anh.

Chiến tranh là một sự tàn phá hủy diệt, thiếu hẳn đạo đức. Nhưng chiến tranh cũng là một cơ hội để chứng minh trình độ khoa học và kỹ thuật siêu việt của loài người. Nếu chúng ta không muốn nói là, có chiến tranh là loài người mới tiến bộ, vì có sự cạnh tranh để sinh tồn. Thế giới ngày nay đã chứng minh rất cụ thể và rõ ràng về điều đó.

Cũng nhờ có chiến tranh, có lệnh tổng động viên của tổng thống Diệm nên cuộc đời của anh Út Châu từ một nông dân tay lấm chân bùn, một lực điền quanh năm nước phèn ăn lên tới rúng. Hôm nay anh mới có dịp để từ giã cặp trâu cổ và con nghé vừa tròn một tuổi. Thường ngày mỗi sáng anh phải dẫn ra đồng để cày ruộng, tối lùa về lo rơm rạ cho chúng ăn đêm v...v.

Nhưng cái buồn nhất của anh Út Châu là phải nói lời từ giã với cô bạn láng giềng ở xóm trên mới làm quen hơn nữa năm nay.

Cô năm Lài là một thôn nữ ở xóm "Dừa" tuổi vừa tròn mười tám. Cô có một nhan sắc thật dễ coi, nước da bánh mật. Thường ngày đi chợ, cô năm để tóc dài kẹp gọn sau lưng, còn nếu đi cấy lúa, cô bới lên thật gọn. Anh Út mê nhất là khi cô năm mặc chiếc áo bà ba đen, ôm sát bờ mông, với chiếc eo thật nhỏ và gò ngực vung lên trông thật lẵng.

Câu chuyện tình đã xảy ra giữa anh Út Châu và cô năm Lài cũng hết sức là ngô nghĩnh, lãng mạn. Chuyện xảy ra cách đây hơn nữa năm. Khi Út Châu đang lùa trâu ra ruộng để kéo rơm khô về nhà để dành chụm và cho trâu ăn vào mùa nắng. Cô năm Lài lúc đó đang lui cui dùng cần vợt để kéo nước trên bờ ao làng mang về xài. Chiếc dây buộc gào kéo nước lại bị đứt nữa chừng, cô năm loay quay mãi không biết làm sao để lấy chiếc gàu từ dưới ao sâu lên để buộc lại.

Tình cờ lúc đó Út Châu lùa trâu đi ngang qua, thấy cô năm đang lúng túng, hai bàn tay xoa vào nhau. Cô liếc nhìn anh như muốn nhờ cậy điều gì, nhưng ngượng ngùng quay sang chỗ khác. Đã từ lâu Út Châu đã để ý nhiều về cô năm Lài, nhưng không có cơ hội để làm quen. Cũng như tính tình con trai mới lớn còn nhút nhát, đôi khi muốn nói mà không dám nói. Nhưng hôm nay nhìn chung quanh không có ai để ý cả chỉ có cô năm Lài một mình kéo nước trên bờ ao, nhờ đó Út Châu trở nên khá dạn dĩ. Anh đánh bạo lên tiếng hỏi trước:

– Cô năm làm gì đứng đó một mình vậy?

Hình như có vẻ e thẹn, cô năm khom người xuống, chấp hai bàn tay kẹp vào giữa hai đầu gối ấp úng trả lời:

– Tại... kia kìa...

Út Châu bước lại gần nhìn xuống ao. Anh mới nhận ra chiếc gàu đan

CHƯƠNG 5 - XÓM CẦU NỔI

bằng lá dừa đang nổi lều bều dưới nước.

— À! cô bị đứt dây gàu. Thôi để tôi lội xuống lấy dùm cho!

Út Châu cởi vội chiếc áo bà ba đen, buộc lên đầu như chiếc khăn đóng để khỏi ướt. Anh cẩn thận đưa chân dò dẫm bước xuống bờ ao. Nhưng vì mực nước khá sâu và độ dốc bờ ao khá thẳng nên chỉ vài bước sau là bị đất lở. Anh rớt ngay xuống nước như xe không thắng. Đầu cổ tay chân mình mẩy lấm đầy bùn, tuy nhiên anh cố làm như không có chuyện gì đã xảy ra. Lặng lẽ bơi ra phía ngoài để lấy chiếc gàu dừa cho cô năm.

Đang đứng trên bờ ao nhìn xuống, cô năm Lài nửa thương hại, nửa buồn cười vì khi nhìn thấy bùn đất lấm đầy mặt mày của anh Út Châu như là anh hề. Cô không dám cười thành tiếng nên quay nhanh đi chỗ khác. sau cùng lấy lại được bình tỉnh, cô năm lên tiếng hỏi thăm:

— Ở dưới có sao không?
— Không sao cả! nhưng bây giờ leo lên không được, vì đất lở không bước hay níu vào đâu được. hay là cô năm liệng dùm sợi dây xuống, rồi phụ kéo tôi lên.

Cô năm nhanh nhẹn quay ra phía sau lấy sợi dây.

— Chờ một chút, tôi quăng dây xuống cho anh Út nắm. Cô năm tìm cách đứng lấy thế để ghị lại sợi dây. Anh út phía dưới ao, vừa phăng dần theo dây bước lên được vài bước là đầu dây trong tay cô năm đã tuột khỏi. Út Châu lại lăn cù mèo xuống nước một lần nữa. Có vẻ hờn trách, anh gọi vọng lên:
— Trời ơi! cô nắm cho thật chặt chớ!
— Chặt lắm mà! nhưng ở dưới đó nặng quá tôi nắm không nổi. Hay là để tôi buộc vào eo ếch cho chắc ăn khỏi sút ra.
— Trên đó cô năm tính sao cũng được!

Sau khi buộc chặt sợi dây dừa vào chiếc eo thon nhỏ thật dễ thương, cô Năm liệng đầu dây kia xuống cho Út Châu một lần nữa. Lần nầy thì khá hơn vì không sút ra khỏi tay cô năm, nhưng kết quả lại khác hơn nhiều.

Ở trên bờ ao cô năm đang la chói lói vì lúc đó cả nguyên thân hình cô tuột dần xuống theo dốc bờ ao. như không còn sức cản nào chống lại được, một vài tích tắc sau, cả thân hình thon nhỏ xinh xắn của cô năm Lài đã nằm trọn trong tay Út Châu. Vừa bẽn lẽn vừa mắc cỡ, cô năm đưa tay đẩy anh ra xa.

— Anh nầy kỳ quá hà!

Út Châu có vẻ khoái chí, cười "hề hề' giả lả:

— Tôi có làm gì đâu?

Cô năm có vẻ hơi nũng nịu giận hờn, liếc xéo Út Châu:

- Không làm gì à? Ôm người ta chớ bộ!
- Tại cô té xuống vô tay tôi, nếu tôi không kịp ôm cô lại, cô lăn xuống nước tự nảy giờ rồi!

Sau đó Út Châu muốn làm lành, dỗ ngọt:

- Thôi để tôi múc nước cho cô rửa mặt, đang dính đầy bùn kìa!

Cô năm Lài có vẻ hài lòng không cằn nhằn nữa. Lấy tay khoát nước từ trong chiếc gàu dừa do anh Út Châu múc lên để rửa mặt. Sau đó cô lên tiếng hỏi:

- Xem lại dùm coi còn dính chỗ nào nữa không?

Thấy cô năm Lài cứ nói trổng hoài, anh Út bèn nhắc lại tên mình cho cô năm biết:

- Tên của tôi là Châu, ở trong xóm gọi là Út Châu, cô năm biết không?

Sau một cái nguýt thật dài:

- Tên người ta ai mà không biết!
- Vậy thì cô năm gọi tôi là Châu hay là Út đi cho dễ. Gọi trổng hoài nghe kỳ quá!

Bằng đi sau vụ hai người té ao hơn một tuần lễ, Út Châu hằng ngày cảm thấy dường như tiếc nhớ một điều gì. Đôi khi thả trâu đi ăn ở xóm trên, anh cũng ráng cố gắng đi ngang qua bờ ao làng ít nhất là một lần trong ngày để nhìn xuống ao, nơi anh đã có lần ôm trọn thân hình cô năm trong vòng tay vì một tai nạn đã vô tình xảy ra cho ngày hôm đó.

Anh nhớ nhất là đôi má thẹn thùng, đỏ hồng hồng trông thật đẹp của cô năm vì mắc cở, và chiếc ngực phập phồng căng tròn của cô năm đã vô tình áp sát vào ngực anh. Anh muốn ôm thật lâu nhưng cô năm đã đẩy anh ra sau đó. Cũng như cô Năm Lài đã có những cảm nghĩ không khác gì Út Châu mấy. Với tuổi mười tám đang độ dậy thì, nuôi rất nhiều mơ mộng.

Những cái mông lung thầm kín phớn phớt của tuổi đầu đời. mặc dù có nhiều chàng trai trong làng đã để ý chọc ghẹo, nhưng cô chưa lựa chọn một ai cả. Rồi cũng kể từ ngày xảy ra cái tai nạn ngàn năm một thuở đó, cô năm lại thường đâm ra có những suy nghĩ vẫn vơ. Như tiếc nuối và nhớ nhung cái cảm giác kỳ lạ khi anh Út Châu ôm cứng lấy thân hình nàng.

Nói đúng hơn, kể từ ngày đó, cô Năm có hơi thương thương và để ý nhiều về anh trai ở xóm dưới.

CHƯƠNG 5 - XÓM CẦU NỔI

Hôm nay trời tương đối tốt đẹp, nắng không nóng lắm, gió nhè nhẹ thổi liu riu trên các gốc rạ ngả màu trắng đục. Anh Châu xách cần câu đi đào trùn để mang ra bờ ao ngồi câu cá rô mè. Trong mùa nắng ở dưới quê, tất cả cá lóc, cá rô, cá trê đều từ ngoài ruộng. Khi nước bắt đầu rút xuống là cá tìm cách lóc vô ao, vô hào để sống trong mùa khô, chờ mùa mưa trở lại lóc ra ruộng sinh sản...

Ao làng là nơi để chứa nước uống cho dân làng về mùa hè nên chung quanh bờ ao được đắp rất cao, thường trồng cây trâm bầu để làm rào cản thú vật. Dân làng không ai được quyền tát nước để bắt cá, vì lẽ đó trong ao cá rất nhiều và gần như đủ loại.

Phía trong bờ ao có một cây da thật lớn, gọi là cây *"bồ đề"*. Trẻ con trong xóm thỉnh thoảng ra đó, lấy dao chặt vào thân, hoặc hái lá để lấy mũ. Mũ là một loại nhựa trắng, trẻ con mang về phơi cho heo héo, nó dính và dẻo như keo. Thoa hoặc quấn lên các nhành cây, đem gậm ngoài đồng lúa chín để bẫy chim.

Con chim se sẻ nào vô phước đậu vào đó là bị dính chân luôn đứng như trời trồng. Trẻ con hay người lớn chỉ việc bắt chim về nhổ lông làm rô ti là có một bữa nhậu với rượu đế ngon lành.

Dưới gốc cây "bồ đề" dân làng lập một ngôi miếu nhỏ để thờ, Châu không biết thờ thần thánh, ông hay bà gì đó mà hình như ngày rằm nào cũng có người mang chuối, mang xoài đến đó để cúng kiến. Nhiều người trong làng cho là linh thiêng, nhưng Út Châu chỉ nghe người ta nói chứ không biết về sự linh thiêng quả ứng đó như thế nào cả.

Anh xách chiếc giỏ đan bằng tre và chiếc cần câu trúc dài thậm thượt. Lựa một chỗ thật tốt dưới bóng mát của cây *"bồ đề"* ngồi xuống. Anh móc mồi trùn vào lưỡi câu và cẩn thận buộc lại chiếc phao nổi làm bằng nút điên điển khô vào sợi dây nhợ.

Mặt nước ao mọc chen chút đầy lá sen, có những lá màu xanh đậm to bằng chiếc sàn gạo. Khó khăn lắm Châu mới tìm được một lỗ trống nhỏ để thả mồi ngâm câu. Chiếc phao một đầu cắm xuống, một đầu trồi lên khỏi mặt nước. bây giờ chỉ việc ngồi chờ, khi nào chiếc phao rút xuống khỏi mặt nước biết chắc là cá ăn mồi, chỉ việc giật lên là xong.

Đi câu cần phải có đức tính nhẫn nại, trong lúc ngồi chờ đợi cá tìm đến đớp mồi. Để cho được thoải mái yên tỉnh, anh gác chiếc cần lên mặt lá sen, xong kéo trong túi áo ra một gói muối ớt xanh đâm sẵn ở nhà để chấm với mấy trái ổi chua anh đã hái khi sửa soạn đi câu.

Trưa ngồi ăn ổi chấm muối ớt cay dưới bóng cây chờ cá đớp mồi là thú nhất ở dưới quê.

Thỉnh thoảng có vài tiếng *"lỏm bỏm"* của cá đớp bóng dưới ao nghe thật hồi họp. Anh nghĩ chắc là cá dưới đó đang đói đi tìm mồi. trước sau gì chắc chắn cũng sẽ được vài con cá rô mề thật to mang về chiên vàng, dầm nước mắm ớt ăn với rau nhút luộc hoặc nấu canh rau dền đều mồng tơi đậu bắp. Ăn với cơm gạo mới thật mát miệng, tối ngủ nằm mơ đi chơi khỏi cần đội nón!

Một tiếng *"bủm"* vang lên thật to làm nước văng cao lên phủ đầy lá sen gần đó làm anh giật mình. Châu đứng thẳng người lên, dòm dáo dác xung quanh. Anh biết chắc tiếng động đó gây ra không phải do cá quặn hay đớp bóng dưới nước mà do một người nào đó liệng đất xuống phá anh. Còn đang suy nghĩ vẫn vơ, bất chợt anh nghe tiếng cười khúc khích có vẻ tinh nghịch của một người con gái:

– Anh Út! làm gì mà hơ hải sợ sệt vậy? ở đây ban ngày đâu có ma mà sợ?

Lấy lại vẻ tự nhiên khi Út Châu nhận ra cô Năm Lài, tuy cố làm ra điều trách móc cho chiếu lệ:

– Trời ơi! cô Năm liệng đất phá mà tôi lại cứ tưởng ai phá đám không cho câu chớ!

Nàng bước ra khỏi lùm cây trâm bầu mọc phía dưới bờ ao cách đó không xa hướng về phía Út Châu:

– Hôm trước, anh Út lấy dùm tôi cái gàu dưới ao lên mà không kịp cám ơn. Hôm nay tôi muốn ra đây để nói tiếng cám ơn anh Út.
– Chòm xóm với nhau đâu có gì gọi là ơn nghĩa, cô Năm?
– Lài cúi đầu có vẻ hơi mắc cỡ, nói nho nhỏ:
– Đâu phải tại cái gàu thôi đâu... người ta té kia kìa...! nhớ hôn?

Lài vừa nói tới đây, Châu đã hiểu ý ngay nên đỡ lời nàng và tự trách cứ mình.

– Tại tôi biểu cô Năm lấy dây dừa buộc vào eo ếch nên mới té đó, nhưng đâu có sao đâu?

Lài nhìn Út Châu, trề môi, liếc một cái thật dài:

– Xí! anh ôm người ta mà nói không sao! Châu nhìn nàng cười vã lã cầu hòa. Với giọng điệu nữa đùa nữa thật:
– Bây giờ ra đây, cô Năm bắt đền tôi phải không? Hay là cô Năm ôm tôi lại thì huề chứ gì!

Sau câu nói của Châu, nàng bước nhanh tới đưa bàn tay đẩy mạnh vào bả vai Út Châu:

– Anh nầy nói cái gì kỳ thấy bà, không sợ người ta cười à?

CHƯƠNG 5 - XÓM CẦU NỔI

###

Thế rồi, cũng từ ngày đó, Út Châu và cô năm Lài thường bí mật hẹn hò nhau. Lúc dưới bóng cây da ở bờ ao làng, có lúc ngồi tại cầu Vó ở bờ rạch cạnh nhà để hóng mát.

Tình yêu của chàng trai mới lớn thật mạnh mẽ và tươi tốt như ruộng lúa gặp phân, mênh mang trong một màu xanh biếc. Cô Năm Lài xóm Dừa đã mang đến cho anh một sinh khí mới. Những cảm giác thật ngây ngất mà anh chưa bao giờ có được. Khi hai người ngồi gần nhau, nàng thường mắc cỡ ngượng ngập muốn dang ra xa. Chàng thì như nam châm vẫn muốn hút lại gần sát hơn. Không phải là cô Năm không thương nên không chịu ngồi sát với với anh Út Châu. Vì đôi khi anh Út giả làm mặt giận ngồi dang ra xa, là cô Năm Lài lại tìm cách rề rề lại gần anh hơn.

Cô thương anh rất nhiều, nhưng bạn bè cô Năm thường tọc mạch đồn đại với nhau là: *"mấy thằng con trai ghê lắm, ưa làm cho con gái có chửa hoang rồi trốn đi v.v..."* làm cô Năm đâm ra sợ sệt.

Vã lại, cô thường nghe mẹ nói là*: "con gái nhà quê có chửa hoang ở trong làng không tốt, bà con lối xóm ai cũng biết hết, rồi đồn đại rùm beng, nhiều khi phải bỏ làng mà đi, vì tai tiếng xấu xa cho cả dòng họ nội ngoại..."*

Nên cứ mỗi lần nghĩ đến làm cô Năm lo sợ phập phồng. Hình như cô gái hay người đàn bà nào cũng thường phán đoán và quyết định bằng quả tim nhiều hơn lý trí, cô Năm biết vậy nhưng ai cấm được cô yêu?

Tuổi mười tám con gái dậy thì, trông cô Năm đẹp hẳn ra như một đóa hoa đầu mùa vừa mới nở, nước da thật láng mịn màu bánh mật của các cô thôn nữ thường làm việc ngoài trời. Đôi môi đầy đặn luôn luôn ươn ướt trữ tình, nhất là đôi má mỗi khi cô cười có hai đồng tiền in sâu, hồng hồng như màu xoài chín trông thật dễ thương.

Không biết cô Năm có nhờ tình thương say đắm và sự nâng niu của anh Út hay không, vì kể từ ngày hai người quen nhau, rồi yêu nhau, hình như vóc dáng của cô Năm càng ngày càng nẩy nở thật đều đặn như bụi hành, bụi hẹ gặp mưa sớm nên bộc phát thật nhanh, nhất là đôi gò bồng đảo căng tròn lên như muốn xé toạc những hạt nút bóp, để phô trương ra ngoài một sức sống mãnh liệt của người con gái mới lớn, tạo cho người nhìn có cảm giác như vòng eo quanh bụng càng thon nhỏ lại, trông thật thanh tú dễ thương.

Với những đường cong tuyệt mỹ và tính hơi e thẹn mỗi khi gặp người khác phái của cô Năm đã làm cho rất nhiều chàng trai trong xóm chết mê, chết mệt thầm mong có được cái diễm phúc làm người yêu của cô.

Cuộc tình giữa anh Út và cô Năm được giữ kín rất cẩn thận. Tuy rằng hai người đã yêu thương nhau trên năm sáu tháng qua, nhưng cô Năm nhất định căn dặn anh Út không được cho ai biết, vì là con gái, cô sợ tiếng đồn, dị nghị rùm beng trong xóm. Rồi ba má cô sẽ ngăn cấm la rầy không cho ra khỏi nhà hay đi chợ búa tự do như trước. Để đặt sự bảo đảm và tin tưởng cho người yêu, anh Út đã hứa chắc và thề chết sống có Trời Phật làm chứng là sẽ không bao giờ hở môi cho ai biết cả.

Hôm nay có lẽ là ngày buồn nhất trong đời từ trước tới nay của anh Út. Sau khi ăn cơm chiều xong chiếc đồng hồ quả lắc treo trên cây cột giữa nhà đã gõ từng tiếng đếm đủ bảy lần, anh lầm bầm một mình; *"còn nữa giờ nữa!"* nên hối hả phụ thu dọn chén bát ở trên chiếc đệm trước sân để cả nhà ngồi ăn cơm chiều.

Nhận thấy cử chỉ hơi khác lạ và sự yên lặng của anh từ sớm đã làm cho bà chị dâu hơi thắc mắc nên bà lên tiếng hỏi:

– Hôm nay thấy chú Út lầm lì ít nói, có phải do cái giấy gọi chú đi quân dịch của làng gởi bữa hôm qua làm chú buồn hay không?

Anh giả vờ nhăn mặt:

– Không phải đâu chị Hai! Tại tui hơi nhức đầu một chút vì đi ngoài nắng kéo rơm cả ngày mà quên đội nón.

– Vậy thôi chú đi tắm rồi lấy thuốc uống, để tôi lo cho.

Như vừa được thoát nạn, Út Châu chạy vội ra cầu ngoài hào lấy gầu múc nước xối ào ào lên gội đầu vì bụi rơm rạ bám trong tóc, trong cổ ngứa ngáy rất khó chịu. Bây giờ thì có vẻ mát mẻ thoải mái nhiều. Anh lựa một chiếc quần đùi và cái áo bà ba đen còn tương đối mới mặc vào. Liếc nhìn lại chiếc đồng hồ treo trên cột, anh lẩm nhẩm: *"còn mười lăm phút nữa đi ra đó là vừa..."*

Mực nước của con rạch nằm dưới chân cầu vó đã phủ đầy quá nữa hai mắt của chiếc cột tre. Cầu Vó là căn chòi được cất bằng tre, lợp lá dừa nước của ba anh Út. Căn chòi nầy được dựng lên vào khoảng gần chục năm nay, dùng để vó cá trên con rạch lúc ban đêm.

Nhưng từ khoảng hai năm nay, ba anh vì lớn tuổi thường bệnh hoạn nên không ra đây vó cá nữa mà giao lại cho anh Út Châu thay ông để vó lúc ban đêm ở khúc rạch nầy. Cũng vì lý do đó, anh Út xem nơi đây là chỗ hò hẹn lý tưởng và bí mật nhất. Nhờ vị trí của nó nằm sát bờ rạch và khuất lấp sau các bụi rậm ô rô cũng như đám dừa nước cao sừng sững mọc chằng chịt bao che kín phía ngoài lối vào.

Xế chiều hôm nay, trời thật đẹp, gió hiu hiu chỉ đủ làm gợn nhè nhẹ từng làn sóng lăn tăn trên mặt nước con rạch. Những chiếc lá dừa đu đưa cọ vào nhau tạo thành một thứ âm thanh rào rào như mưa đang đổ trên mái lá.

CHƯƠNG 5 - XÓM CẦU NỔI

Ngồi chờ một lúc, anh Út có vẻ nóng nảy đi tới đi lui trên chòi tre mà diện tích vào khoảng bốn thước vuông. Thỉnh thoảng anh ngóng cổ cao lên, nhìn xuyên qua kẻ hở của đọt dừa nước phía ngoài như đang chờ một người khách thật quan trọng. Anh đoán chắc đã hơn bảy giờ ba mươi, vì anh căn cứ vào ánh mặt trời đã trốn mất sau rặng tre ở cuối xóm, chỉ để lại một vùng hào quang màu vàng cam tuyệt đẹp.

Mỗi phút chờ đợi trôi qua, dài gần như thế kỷ, anh út uể oải bước sang góc chòi với tay kéo chiếc võng lác. Trong lúc anh vừa đặt người trên đó thì một tiếng *"độp"* vang lên thật to trên nóc chòi lá. Hình như có ai liệng đất làm hiệu hay chọc phá gì đó. Anh Út giật mình đứng phắt dậy với dáng điệu mừng rỡ thở ra một cách nhẹ nhàng, anh lên tiếng:

Không sao! vô đi!

Đây cũng là mật hiệu của anh Út và cô Năm, vì anh sợ có người ra chòi chơi bắt gặp sự hẹn hò của hai người nên muốn cho chắc ăn, cô Năm phải lấy đất liệng như vậy cho anh Út biết trước mà lo liệu.

Khi nghe rỏ tiếng anh Út ở phía trong chòi vọng ra, cô Năm vẫn cẩn thận đứng nhìn xung quanh xem có người lối xóm nào rình rập dòm ngó hay không? Vừa lúc đó anh Út đã chạy ra tới phía ngoài nắm tay đưa cô vào chòi trong.

– Trời ơi! đợi em lâu gần đứt hơi!

Cô Năm Lài nủng nịu kéo tay anh Út:

– Bộ em không biết sao? Má em cứ "hỏi đon hỏi ren" hoài. Ăn cơm xong là em giả bộ đi sang nhà bác Hai để mượn đở ống chỉ đen về may đồ nên mới ra đây với anh được đó chớ bộ...! Mà anh Út hẹn em để cho biết có gì quan trọng không?

Với một vẻ buồn buồn anh Út thong thả đáp:

– Có! anh mới nhắn em ra chứ!

Anh Út đưa tay với kéo cô Năm cùng ngồi chung trên chiếc võng lác:

– Anh đã nhận được giấy của ngoài làng gởi ngày hôm qua. Họ gọi anh phải đi lính quân dịch.

Cô Năm chợt ngẩn người nhìn thẳng vào mặt người yêu:

– Anh Út bị gọi đi quân dịch?
– Ừ! Làng gọi anh trình diện để đi lính.
– Mà anh đi lính ở đâu?
– Anh cũng không biết ở đâu nữa!
– Rồi chừng nào anh đi?

– Ngày mai anh ra làng rồi người ta sẽ cho biết sau.

Vẻ mặt cô Năm hiện lên một nét buồn rười rượi. Như cảm thấy sắp mất đi một cái gì quan trọng mà cô muốn cất giữ từ lâu, nàng yên lặng cúi đầu nhìn xuống sàn tre, hai bàn tay bóp chặt vào nhau. Mái tóc đen dài được thoa bằng dầu dừa bóng mượt đang rũ xuống che khuất bờ vai và một phần gương mặt. Anh Út đưa tay lòn xuyên qua suối tóc, choàng trên bờ vai tròn lẳn ghì cô Năm sát vào lòng:

– Anh đi lính làm em buồn phải không?

Với một cái cựa mình nhè nhẹ, nàng nói vừa đủ để anh Út nghe:

– Rồi anh Út đi xa, sẽ quên em phải không?

Như để bảo đảm cho lời nói của mình chắc chắn, anh kéo nàng ngả ra nằm ngửa trên hai bắp vế, rồi cúi xuống hôn thật mạnh trên chiếc má mát rượi của người yêu.

– Ai nói là anh sẽ quên em?

Bị tấn công bất ngờ, cô Năm gắng gượng đẩy anh ra để ngồi dậy, nhưng anh Út đã ôm siết cứng ngang eo ếch nàng trong vòng tay, nên đành thất thủ xui tay nằm luôn trên đó.

– Anh Út coi chừng người ta thấy kìa!

Bên ngoài trời đã hoàn toàn yên lặng. Với cảnh hoàng hôn lờ mờ đang rón rén buông xuống vây kín không gian. Một vài cặp cò trắng như hối hả bay về tổ. thỉnh thoảng có vài tiếng "bum bủm" nho nhỏ của cá đớp mồi dưới rạch nước.

Căn chòi vó của anh Út Châu là một vật vô tri, nhưng chính nó là một nhân chứng hùng hồn cho sự kết hợp gắn bó của một cặp tình nhân đã trải dài trên sáu tháng qua. Nó chứng kiến rất đầy đủ từ hơi thở dồn dập, phập phồng thoát ra từ lòng ngực vun tròn trắng mịn của cô Năm cũng như những cái nâng niu vuốt ve và những nụ hôn thật sát của anh Út.

Tình yêu giữa hai người cứ ngỡ là nó sẽ nẩy nở nhanh chóng khỏe mạnh như buội mía luốn khoai để hy vọng có một ngày nào đó trong xóm sẽ có một đám cưới đơn sơ rồi bà con quen biết trong làng sẽ thì thầm với nhau khen rằng: "thằng Út xóm Cầu Nổi vậy mà có phước, lấy được con Năm Lài ở xóm Dừ...!"

###

Hôm nay là ngày mãn khóa học quân sự của tân binh quân dịch ở trại huấn luyện Quang Trung.

CHƯƠNG 5 - XÓM CẦU NỔI

Mặt trời có vẻ lên sớm hơn thường lệ. Mới bảy giờ sáng mà bóng nắng đã lòn qua khe hở của chiếc lều vải bố quân sự màu phân ngựa căng rộng ở trên sân xi măng. Kế bên là dãy nhà gạch củ kỷ của sĩ quan cán bộ và huấn luyện viên trong trại làm việc.

Mọi người đang chuẩn bị xem xét lại áo quần giầy mũ cho ngay ngắn để đi ra sắp hàng làm lễ chào cờ và nghe huấn lệnh mãn khóa của viên Sĩ Quan Chỉ Huy Trưởng.

Sau ba tháng kể từ ngày rời xóm *"Cầu Nổi"*, anh Út Châu đã hoàn toàn thay đổi gần như *"lột xác"*, ngay cả chính tên anh, bạn bè trong đám quân dịch không ai gọi anh là anh Út như lối xóm và cô Năm Lài thường gọi. Họ chỉ gọi đích danh anh là Châu. Trong những ngày đầu còn bỡ ngỡ chưa quen với cái tên cúng cơm đó, thiết rồi cũng quen dần và cảm thấy hay hơn cái tên Út vì thứ bậc trong gia đình đã gán cho anh. Út là đứa con nhỏ nhất trong nhà.

Trước khi rời gia đình, anh vẫn còn nhớ ngày anh lên trình diện ở trại huấn luyện Quang Trung, bà mẹ đã đem bán hết mấy giạ lúa lấy tiền ra tiệm đo sắm cho anh một bộ đồ tây và một đôi dép Nhật mới toanh, cũng như cô Năm Lài đã lén lút trao tặng chiếc khăn *"mù xoa"* để lau mặt trắng toát, thêu cành hoa mai vàng với hai con chim đang đậu trên đó. Và cũng để cho anh nhớ mãi cái tình yêu đầu đời của người con gái xóm Dừa dành trọn cho anh, cô đã cẩn thận xịt vào đó một vài giọt dầu thơm hiệu "Bông Lài" thơm phức để anh nhớ đời khỏi quên cô khi ở nơi xa vắng.

Trong ngày đầu mới nhập trại, anh phải đi lãnh quân trang quân dụng đủ thứ như: nón sắt, gà mèn, áo quần nhà binh và giày trận v.v... Nhưng cái khổ nhất là anh phải tập mang giày ống nhà binh vì từ bé tới lớn ở nhà quê, anh chỉ biết đi chân đất. Thỉnh thoảng có đi đâu, bảnh lắm như đám cưới, ăn giỗ hoặc ngày mùng một Tết chẳng hạn là anh mới có dịp mang dép cho có vẻ le lói sang trọng chứ có mang dày da bao giờ, vã lại dưới quê vào mùa mưa, đất bùn dẻo nẹo dính cứng ngắt như cơm nếp làm sao mang dép, mang giày đi được.

Còn vào mùa nắng, ruộng khô nứt nẻ to bằng ngón chân cái và lỗ chân trâu to bằng bụm tay, mang dép đi lớ quớ sụp xuống đó gẩy chân nên dưới quê đi chân không là khỏi tốn tiền và chắc ăn nhất. Cũng vì lẽ đó mà da bàn chân anh rất dày chay cứng ngắt, xung quanh nứt nẻ đóng phèn màu vàng, có lằn như sọc dưa. Mỗi lần tra giày ống nhà binh vào là anh cảm thấy rất khó chịu, nực nội, đau nhức muốn tháo ra ngay. Nhưng lệnh của huấn luyện viên của quân trường là phải mang giày đi tập chỉ trừ khi bị thương hoặc bác sĩ cho phép mới được mang dép.

Rồi sau đó trên một tuần lễ, anh cảm thấy hơi quen dần và có phần thích thú hơn, sau khi anh đã phát hiện được các lớp phèn vàng đã tróc ra gần hết, bàn chân anh trở nên tương đối khá trắng trẻo dễ nhìn hơn lúc xưa rất nhiều.

Sau gần nữa giờ đứng trong hàng quân dưới chân cột cờ để nghe những lời huấn dạy bổn phận và trách nhiệm của một quân nhân trong quân đội của viên sĩ quan chỉ huy trưởng trung tâm huấn luyện Quang Trung.

Ánh nắng ban mai đã tràn ngập cả sân cờ. Mọi khóa sinh tuy có vẻ nôn nóng chờ đợi cho buổi lễ được chấm dứt sớm, nhưng tất cả vẫn đứng thẳng người nghiêm chỉnh lắng nghe những lời nhắn nhủ sau cùng của người anh cả trước khi chạm trán với cuộc chiến hôm nay.

Chỉ chừng phút chốc nữa đây, mỗi anh tân binh sẽ được cấp phát một giấy phép đặc biệt để về thăm nhà, gia đình và vợ con trước khi đi trình diện ở đơn vị mới.

phía trước cổng trại có rất nhiều thân nhân họ hàng đang đứng lố nhố trông ngóng chờ đợi họ. Châu biết chắc chắn trong đám người đó không có ai là thân nhân với anh cả vì cha mẹ anh đã già yếu, các anh chị luôn luôn bận rộn với việc ruộng rẫy suốt năm không hở tay. Vừa qua vụ mùa gặt là lo trồng trọt tưới rau cỏ trong vườn. Bây giờ lại phải thay thế Châu để coi sóc luôn ba con trâu trong nhà không còn thì giờ nào rảnh rang cả. Vã lại họ là dân quê ở ruộng rẫy quanh năm suốt tháng gần như thu gọn đời mình trong các vuông tre trong xóm. Thành thị Sàigòn, Chợlớn hoa lệ, đối với họ có vẻ xa hoa, xảo quyệt làm cho họ có cái cảm tưởng ngại ngùng, sợ sệt.

Đã hơn một lần ở trong xóm, anh nghe người ta kể lại chuyện của dì Hai con bà Tám ở xóm trên đi bán hàng bông ở Chợlớn. Bị tụi móc túi lấy hết tiền, phải khóc lóc trở về với hai bàn tay trắng, rồi không lâu sau đó, độ vài tháng, dì Hai lại bỏ nhà trốn theo trai ở Sàigòn luôn cho mãi đến bây giờ không ai biết dì Hai đang ở đâu cả.

Câu chuyện chỉ có thế, lại được dân làng đồn đại thêm mắm thêm muối rùm beng cả xóm, bà Tám vì giận và nhớ con cũng như bực mình vì lối xóm phóng đại, làm xấu xa gia đình bà nên sinh ra bệnh rồi mất không đầy một năm sau.

Sau khi nhận lãnh giấy phép đặc biệt mãn khóa, Châu hí hửng trở về trại lo thu xếp tất cả cho vào xắc ba lô nhà binh. Anh quẩy lên vai đi lần ra cổng đón xe lam ba bánh về bến xe đò đi lục tỉnh trong Chợlớn.

Chuyến xe đò chạy đường Chợlớn- Rạch Đào- Cần Đước đã đầy người. Bác tài xế bóp kèn inh ỏi để báo hiệu cho mọi người xe sắp bắt đầu rời bến.

Châu vẫn mặc nguyên vẹn bộ đồ lính trận màu xanh còn mới toanh từ

CHƯƠNG 5 - XÓM CẦU NỐI

buổi sáng khi làm lễ mãn khóa. Anh được chú lơ xe mời lên ngồi ở hàng ghế trước. Như chúng ta đã biết trên xe đò chạy về miệt lục tỉnh hàng ghế trên gần tài xế được mặc nhiên coi là ghế danh dự dành cho những người ăn mặc sạch sẽ, còn các hàng ghế phía sau phần lớn là những người bán hàng bông, gà vịt hoặc những người ăn mặc dơ dáy lôi thôi.

Xe vừa ra khỏi Phú Lâm gần tới Mũi Tàu, nhà cửa hai bên đường đã bắt đầu thưa thớt. Những cánh đồng lúa sắp trổ đồng đồng theo từng đợt gió nhẹ đang gờn gợn một màu xanh biếc trải dài đến tận chân trời.

Trong chiếc ghế được đang bằng những cọng dây *"ny lông"* hai màu trắng xanh tương đối mềm mại, Châu kéo xụp chiếc nón lưỡi trai nhà binh để che khuất ánh sáng bên ngoài, anh cố nhắm mắt đi tìm một giấc ngủ ngắn.

###

Lục bình được kể là một loại cây sống dưới nước như rau muống, rau nhút, điên điển, rau dừa v...v... nhưng nó khác lạ hơn các loại rau ăn được như rau nhút, rau dừa lẽ thường thường phải có người trồng và cặm cây trên sông, trên ao đìa để giữ cho nó đứng yên một chỗ, trái lại lục bình thì chưa nghe nói có người nào ăn cả, có lẽ vì thế nên chẳng có ai thèm để ý đến loài cây dại đó. Nhưng có cái hơi lạ là hoa lục bình, khi trổ ra trông khá đẹp. Những cánh mỏng màu trắng xanh và hơi tim tím nhô lên cao khỏi đám lá xanh đậm nằm chen chút phía dưới. Các trẻ con nhà quê thường lấy cây hoặc lội xuống nước bẻ những cây hoa nầy về cắm trong bình chưng chơi.

Cuộc đời của anh Út Châu rồi đây định mệnh sẽ đưa đẩy về đâu? chưa ai đoán trước được, chẳng khác nào là một loài lục bình, nó đã xuất phát từ một con rạch nào đó, quanh năm suốt tháng, mưa qua nắng lại, chỉ nhìn thấy những bụi ô rô với gai lá chằn chịt, hay quanh quẩn đây đó là những cánh tai bèo đang chết dần theo ngày tháng. Nhiều lúc anh Châu cũng đã biết như thế, nhưng với trình độ giáo dục và sự hiểu biết căn bản của anh, không cho phép anh nghĩ ngợi xa xôi hơn nữa, đành phải chấp nhận sự an phận, như tất cả những người lối xóm chung quanh.

Cái mơ mộng duy nhất của anh là, nếu may mắn được trúng mùa, anh sẽ dành dụm đủ tiền để đi cưới cô Năm Lài, xong thì hàng ngày theo nối gót ông bà:

– *"Trên đồng cạn, dưới đồng sâu. Chồng cày, vợ cấy, con trâu đi bừa."*

Thế là vui và hạnh phúc lắm rồi.

Nhưng đôi khi cuộc đời không giản dị như điều anh Châu đã nghĩ như ông bà ta xưa đã nói: *"muôn sự tại nhân, thành sự tại thiên."*

Con người có thể bày vẽ ra những gì mà ta muốn, nhưng cái kết quả có đúng như vậy không phần lớn là do trời định đoạt.

Chúng ta không biết lời người xưa có hoàn toàn đúng hay không? nhưng để trở về với cuộc đời anh Nguyễn văn Châu, ta thấy gần như có một sự trùng hợp rất ngẫu nhiên là anh Châu phải tạm rời bỏ xóm *"Cầu Nổi"* để nhập ngũ vào quân đội, cái điều mà anh chưa bao giờ nghĩ tới từ trước tới nay cả.

Đang miên mang thiêm thiếp thả hồn về gặp lại cô Năm Lài với những nụ hôn thật dài trên đôi má hồng hồng màu xoài sắp chín, và anh cũng dự tính sẽ kể lại cho cô nghe những chuyện gian lao của đời lính, giống như trong tuồng cải lương mà anh đã nghe ở nhà ông hai Giàu lúc trước, hoặc lãng mạn hơn như bài hát tân nhạc của Hùng Cường và Mai Lệ Huyền anh đã nghe ngoài chợ quận: *"Anh là lính đa tình... Tình anh là tình lính..."*. Anh nghĩ cô Năm lài sẽ phục anh sát đất và cô sẽ thương anh nhiều hơn, vì đi lính là anh hùng chớ không nhút nhát hèn yếu sợ chết như mấy chú chệt trốn quân dịch ở ngoài chợ.

Giấc mơ không đoạn kết vừa tới đây thì chiếc xe đò cũng vừa thắng gấp làm anh bị xô người về phía trước. Anh lơ xe đò đang đánh đu phía sau chân cầu thang, cất giọng thật lớn lập đi lập lại:

– Tới ngã ba Bình Chánh, bà con cô bác có ai xuống xe không?

Độ chừng không có tiếng trả lời, bác tài xế chầm chậm lái đò queo sang trái hướng về Cầu Tràm. Đoạn đường tuy khá dài xuyên qua các làng xã nối liền các quận lỵ nhưng không được tu bổ cẩn thận. Cứ mỗi năm vào mùa hè, phu lục lộ chỉ đào đất dưới ruộng thảy lên đường đắp những chỗ trũng do mùa mưa nước chảy làm bùn đất trôi đi mất. Vì lẽ đó có rất nhiều "ổ gà", có cái to lớn hơn cái nia dê lúa, nên mỗi lần bánh xe lọt vào đó làm cả chiếc xe như nghiêng hẳn sang một bên muốn lật. Ngoài ra mỗi lần xe dừng lại để rước hoặc cho khách hàng xuống xe là có một đám bụi đỏ dầy đặc ở phía sau chụp tới, mọi người phải lấy khăn lông hoặc vạt áo để bịt mũi miệng lại gần nghẹt thở để tránh hít thứ bụi đỏ ác ôn đó vào phổi.

Tuy nhiên, tất cả hành khách trên xe đò vì tới lui nhiều lần nên đã quen đi, hình như chẳng có ai để ý hay lên tiếng phàn nàn gì cả.

Hơn một giờ sau đó, khi xe chạy xuyên qua Ngã Tư Xoài Đôi, Rạch Kiến, Cầu Đồn v.v... cuối cùng dừng lại tại bến xe đò Rạch Đào. Châu kéo chiếc ba lô mang lên vai, đi lần lại bến xe ngựa, để quá giang về xóm *"Cầu Nổi"*.

Trời đã gần xế bóng, vào khoảng ba giờ chiều. Anh định xuống xe ngựa gần nhà cô Năm trước, rồi đi bộ về nhà sau. Nhưng cái khó tính cho anh, làm sao gặp mặt cô Năm để hẹn gặp cô chiều nay ở căn chòi vó như những

CHƯƠNG 5 - XÓM CẦU NỔI

lần hẹn hò khi trước? Anh chợt nẩy ra một kế là viết giấy, ghi rỏ ngày giờ nơi chốn, rồi vò lại đi ngang qua liệng cho cô Năm, chắc là lối xóm không ai để ý! Anh tự mĩm cười một mình cho đó là một kế hay nhất.

Chiếc xe ngựa vừa ngừng lại ở đầu ngỏ, anh đã nhận thấy ngôi nhà mái ngói đỏ của cô Năm nằm sau bờ tre cách đó một mẫu ruộng. Tự dưng anh thấy hơi hồi hộp, tim nhảy thình thịch trong lòng ngực, thầm lo lắng không biết cô Năm có trong nhà hay không? Anh cố gắng làm tỉnh, mang ba lô đi thẳng vào bờ ruộng, ngang qua bụi tre trước cửa nhà. Con chó mực đen đang nằm ngủ phía ngoài mái hiên thấy người lạ, chạy ra trước ngỏ sủa *"gâu gâu"*.

Châu sợ nó cắn ẩu, nên vội bước nhanh hơn, tuy nhiên anh cũng cố gắng để ý nhìn trong nhà. Chẳng thấy ai cả, chỉ nghe tiếng bà mẹ cô năm la con chó đang sủa bậy thế thôi. Trở lại đầu đường, anh thầm nghĩ: *"không lẽ mình để thua cuộc với con chó mực à? hay là nên trở lại một lần nữa xem sao?"*. Anh đánh liều đi trở lại con đường củ, con chó mực lại chạy trở ra, sủa vang như trước, nhưng bây giờ anh nhất định không đi nhanh như trước.

Anh đứng lại dậm chân lên tiếng la con chó, cố để ý cho cô Năm Nghe tiếng anh ở ngoài nầy. Sau một phút dằn co, bà mẹ cô Năm ở trong nhà lại lên tiếng la con chó. Nghe chủ lên tiếng, nó lại cụp đuôi ngầm ngừ chạy vào phía trong, Châu cũng chẳng thấy bóng dáng cô Năm đâu cả, anh có vẻ chán nản, mang ba lô lên vai theo bờ ruộng hướng về nhà.

Vừa băng qua khỏi vài mẫu ruộng, anh nhận thấy xa xa phía trước, có người đàn bà đội nón lá, tay xách bình nước đang đi ngược về hướng của anh. Châu dừng lại để chiếc xách xuống bờ ruộng, lấy tay dụi mắt rồi tự nhủ thầm: *ai đi đẳng kia sao giống cô Năm Lài quá vậy cà?"*. Đúng như lời dự đoán, cô Năm Lài xách nước ra cho mấy người rải phân ruộng uống, xong cô mang bình trở về nhà. Thật là một chuyện bất ngờ và hi hữu. Gặp lại người yêu thật dễ dàng như vầy. Anh tự mĩm cười, vỉ khi nảy chút xíu nữa là bị chó cắn ở trước bụi tre ngõ nhà cô Năm rồi!

Vừa gặp lại Châu, cô Năm hết sức mừng rở. tuy nhiên để giữ ý tứ trong xóm, cô chỉ hỏi đơn sơ vài câu rồi đưa tay nhận tờ giấy hẹn của anh là cô xách bình nước đi thẳng về nhà.

Sau một thời gian khá dài tại trung tâm huấn luyện Quang Trung, Châu đã được huấn luyện ngoài căn bản quân sự chuyên môn như đi, đứng, trườn, bò, tháo ráp các loại súng tự động và thực tập tác xạ ngoài sân bắn. Anh còn được các cán bộ chỉ huy hướng dẫn các buổi học về kỷ luật quân đội như quân phong, quân kỷ và tâm lý chiến tranh chánh trị v.v...

Anh Châu nhờ đi được một đoạn đường nên học được một sàn khôn. bây giờ anh mới biết rỏ mấy ông *"tối trời"* hay mấy ông *"ba mươi"* mà ngày xưa dân ở trong xóm anh thường gọi, chính là các cán bộ cộng sản nằm vùng thường về ban đêm để hoạt động tuyên truyền chống chế độ quốc gia miền Nam.

Trong những ngày nghỉ phép tại đây, anh đã làm cho cô Năm tỏ ra rất thích thú, kính phục, từ ngạc nhiên nầy đến ngạc nhiên khác. Do sự hiểu biết của anh đã học được sau khi rời khỏi xóm *"Cầu Nổi"*. Nhưng cái thích nhất của cô Năm là những lần hẹn hò với nhau, anh Châu thường diện quần áo tây, mang giày da đàng hoàng rất thơm tho, như mấy ông thầy giáo dạy học ở ngoài chợ quận, chứ không giống như những lần trước kia, anh chỉ mặc quần xà lỏn, áo bà ba đen, đi chân đất, khi ngồi gần cô ngửi mùi phèn bùn sình hôi hám.

Hôm nay là lần gặp gỡ cuối cùng của hai người. Sáng sớm mai nầy, anh phải trở về trại để nhận sự vụ lệnh đi trình diện đơn vị mới. trong buổi cơm chiều gia đình, do mấy ông anh và bà chị khoản đãi thằng em Út trước khi lên đường. các món ăm đạc sẵn quê hương gồm có: canh chua bông xua đũa nấu với khô sặc Mỹ Tho, cá rô mề chiên vàng, dầm nước mắm ớt xanh, cá lóc nướng trui trộn rau quế và rau nhút luộc chấm mắm nêm.

Nhưng cái đặc biệt và lạ nhất là hôm nay, không biết anh chị đã tìm đâu ra cái loại gạo nàng thơm để nấu cho chú Út ăn một bữa để nhớ đời. Sau khi cả nhà ngồi lên xung quanh chiếc đệm trải trước sân như thường lệ, anh Hai lớn nhất rong gia đình vừa dỡ nắp vun ra khỏi nồi cơm là hơi khói nóng hổi từ nồi vun đất bốc lên tỏa ra một mùi thơm phưng phức. Tuy chưa ăn nhưng mọi người cũng đều khen đáo để. Út Châu hết sức ngạc nhiên lên tiếng:

– Ủa! hồi xưa tới giờ gia đình mình đâu có loại gạo nầy! Anh Hai mĩm cười có vẻ bí mật:
– Chú Út mầy nói đúng. Mình đâu có mua nổi gạo nầy mà ăn? Nhưng hôm nay là bữa cơm để tiễn đưa chú lên đường đi lính, nên chị Hai chú đánh liều mua đại hai lít ở ngoài chợ về để đãi chú đó!

Út Châu xoay qua nhìn bà chị dâu tốt bụng:

– Chị mua gạo nầy làm chi cho tốn tiền! tui ăn thứ gì cũng được!
– Chú Út nói vậy chớ ở gia đình nầy ai cũng thương chú hết. Lâu lâu mới đãi chú ăn một lần trước khi đi lính, chớ có phải ngày nào cũng vậy đâu!

Bữa cơm chiều gia đình thật vui vẻ ngon miệng. Út Châu cùng hai anh trai lớn đã đưa qua cụng lại hết gần hai xị rượu đế Hốc Môn hạng nhất, mua ở quán bà Hai trên lộ đấp.

Út Châu tính ra đã nốc cạn trên hai ly *"ốc trâu"* rượu đế. Gương mặt tuy có hơi đỏ và nhịp tim nhảy mạnh hơn bình thường, nhưng anh vẫn còn nhớ

CHƯƠNG 5 - XÓM CẦU NỔI

rõ cái hẹn hết sức quan trọng là chiều nay sẽ gặp cô Năm lúc bảy giờ.

Sau khi bữa cơm gia đình vừa xong, anh giả vờ cần phải lên quán bà Hai để mua thêm chút ít đồ cần dùng để ngày mai lên đường sớm.

Cánh đồng bao la phía trước, những ngọn lúa xanh đã bắt đầu trổ đồng đồng. Trời vẫn còn sớm, anh thong thả đi rểu bộ một vòng, qua các bờ mẫu hướng về con rạch. Với những suy tư mênh mang, anh thấy cuộc đời anh, hình như sắp sửa xa dần với những luống cày, luống rau, dòng đậu bắp và những con trâu làm bạn hàng ngày. Rồi còn cô Năm, người yêu đầu đời của anh ở Xóm Dừa nữa! Ngọn gió nào? Dòng nước nào? Lại đưa đẩy cuộc đời anh phải tách rời những thứ như dây mơ rễ má đó, đã trói chặt từ nhiều thế hệ trong gia đình, tổ tiên anh ở thôn xóm hẻo lánh nầy!

Để đánh đuổi những cái suy tư mong lung vớ vẫn đó, anh cúi xuống lựa một cây lúa thật to, có cái bụng tròn bằng ngón tay. Anh nhẹ nhàng tét tép lúa ra hai bên, kéo ra một chùm lúa non màu xanh dợt, yếu ớt, tươm đầy mật cho vào miệng. Chất ngọt và thơm thơm của nụ lúa non đầu mùa còn trong bụng mẹ làm cho anh có cảm giác thấy vui vui thoải mái hơn. Vừa định tét thêm một cộng nữa, thì phía sau bờ dứa gai gần đó có tiếng nói nho nhỏ như hâm dọa vừa đủ cho anh nghe:

— *Tét lúa non? Tôi đi mét chủ ruộng cho coi!* Như trẻ con ăn vụng bị người lớn bắt gặp tại trận. Anh Út nhanh nhẹn đứng thẳng người quay lại. Khi nghe tiếng anh biết chắc là cô Năm muốn chọc phá anh chơi, nên giả bộ làm như không biết:

— Ai núp sau bụi dứa đó? Nếu không ra tôi hốt sình non liệng cho coi!

Cô Năm đang núp để hù anh giật mình chơi. Nhưng khi nghe hâm liệng sình non, cô chạy ra khỏi bụi dứa trách móc:

— Tét đồng đồng của người ta ăn không biết mắc cỡ, còn đòi hốt sình liệng nữa chứ?

Anh Út làm bộ giả vờ chối:

— Tưởng người nào lạ! Ai ngờ em núp trong đó.

Sau một cái liếc thật dài như sao xẹt:

— Xí! ở đó mà không biết... Hẹn với người ta chớ bộ...

Căn chòi vó, lại thêm một lần nữa, làm nhân chứng cho sự âm thầm lén lút với một mối tình sâu đậm giữa người con gái quê ruộng rẫy và anh trai hàng xóm.

Anh Út dìu nàng nằm trên chiếc võng lác của ngày nào lúc hai người mới quen nhau trong lần hẹn hò đầu tiên. Cô vừa đặt mình xuống võng, vội đưa tay ghì anh út cùng nằm xuống chung trên đó. Vì không để ý làm mất thăng bằng anh té ập lên mình cô Năm. Chiếc võng chạy trật sang một bên, hàng nút bóp trên ngực áo của cô Năm theo đó đã vô tình sút bật ra gần hết, vì bàn tay anh Út níu gượng lại cho khỏi té xuống sàn nhà.

Cô Năm có vẻ ngượng ngùng mắc cỡ. Kéo nhanh vạt áo đậy lại, nhưng đã quá trễ, đôi gò bồng đảo đẫy đà trắng mịn của người con gái mới lớn, như trái cấm chưa người nếm đã để lộ phơi phới như thách thức anh Út.

Vì chuyện vừa xảy ra hết sức đột ngột và ngẫu nhiên đã làm anh Út hơi ngượng, tuy vậy anh đã nhận được một cảm giác thật tuyệt vời, khi gương mặt của anh hoàn toàn nằm gọn trên hai ngọn đồi mềm mại ấm áp hiếm hoi đó.

Anh lên tiếng đính chánh:

— Tại em kéo anh xuống mà không cho biết trước! Cô Năm vẫn thản nhiên nằm đó. Đôi má cô tự dưng ửng hồng lên trông thật dễ thương kỳ lạ:
— Chớ không phải tại anh à?

Châu mỉm cười cúi xuống nói nho nhỏ sát bên tai cô Năm:

— Thôi để anh gài nút lại cho nhá!

Cô Năm không nói một lời nào cả. Yên lặng vói tay níu hai bả vai anh kéo xuống.

Út Châu mặc dù lớn hơn cô Năm hai tuổi, nhưng tính tình khi trực diện với con gái anh vẫn rụt rè nhút nhát. Nói đúng ra là anh sợ lấy con gái người ta, nếu có chửa phải làm sao? Lối xóm sẽ cười và chửi anh là thằng sở khanh mất dại, nên mặc dù rất thèm muốn, anh vẫn thụt lùi trước sự cám dỗ của xác thịt.

Tâm trạng của cô Năm cũng không khác xa gì anh Út. Cô vẫn bị ba má ở nhà hâm gần mẻ răng, mẹ cô thường bảo: *"con gái lớn phải chờ có người đem trầu cau mai mối tới hỏi cho đàng hoàng, chớ không được hẹn trai ở đầu đường xó chợ, rồi có chửa hoang, người ta cười cho thúi cả giòng, cả họ v.v.."*

Có một lần nọ, con gà cồ ở lối xóm lại cất tiếng gáy giữa ban trưa. Chuyện chỉ có thế mà cả xóm bàn đủ thứ chuyện, nào là gà gáy giữa ban trưa là một điểm xấu. Thế nào rồi đây cũng có đứa con gái trong làng có chửa hoang! Rồi người ta xì xầm bàn tán, đoán bừa là con Tư liếc mắt đưa tình với thầy Tám, con sáu bẹo hình với thằng Hai v.v..

Mỗi lần nhớ tới những chuyện đó làm cô Năm giật mình, không muốn đưa anh Út đi sâu hơn, ngoài sự nâng niu, sờ mó, hun hít giữa hai người khi

CHƯƠNG 5 - XÓM CẦU NỔI

họ có cơ hội gần nhau.

Chiếc võng lác lắc lư đưa qua đưa lại hai đầu buộc chặt vào gốc cột tre, tạo thành những tiếng *"cút kít"* đều đều. Anh Út vẫn yên lặng nhắm mắt, nằm áp sát mặt trên chiếc ngực ấm áp để trần của người yêu. Qua nhịp tim và hơi thở dồn dập, cô Năm khe khẽ nhắc nhở:

- Khi ở xa nhớ đừng quên em nghe anh Út!

Như đang say mê cố ôm lấy vùng đất thiên nhiên với núi đồi màu mỡ hiếm hoi nầy, anh Út chỉ trả lời bằng cái gật đầu nhè nhẹ. Điều nầy làm cô Năm không hài lòng lắm, vì cô muốn anh phải nhìn thẳng vào mặt mà trả lời cho cô tin, nên vội lấy hai tay đẩy anh Út ngồi dậy. như bị địch tấn công bất ngờ để dành lại đất chủ quyền, anh Út chỉ kịp lấy tay dụi mắt:

- Em làm gì vậy?

Có vẻ hờn mát, cô trách móc:

- Anh có nghe em nói cái gì không?
- Có chớ sao không! Anh hứa dù ở nơi nào, anh cũng vẫn nhớ tới em. Anh thề có hai bên vai giáp làm chứng đó, em chịu chưa?

Cô năm có vẻ hài lòng, nhoẻn miệng cười:

- Thiệt hé?
- Thiệt mà!

Sau khi gài lại hàng nút bóp trước ngực, cô lên tiếng:

- Thôi! tối rồi, em phải về! À chừng nào anh được đi phép nữa?
- Không biết! chừng nào có, anh sẽ cho em hay!

Vừa bước ra khỏi chiếc võng, cô năm đưa hai tay vén lại mái tóc ở phía trước cho khỏi rối. Anh út đứng phía sau choàng tay qua chiếc eo thon nhỏ của người yêu, ôm siết chặt vào lòng;

- Mai mốt mãn lính, anh sẽ về nói với ba má bán bớt một con trâu nghé lấy tiền cưới em.

Cô Năm xoay người lại, đưa tay vuốt nhè nhẹ sau lưng anh Út tỏ vẻ biết ơn.

###

Sau khi trình diện phòng nhập ngũ ở Sàigòn, Châu được cấp phát một sự vụ lệnh cùng chung toán với mười tân binh khác đi lên Ban Mê Thuột trình diện phòng nhân viên của Sư Đoàn 23 Bộ Binh đang đồn trú tại đây. Lẽ ra thì Châu được đưa về đơn vị ở vùng ba hoặc bốn chiến thuật nơi gốc gác của anh, nhưng trong thời gian huấn luyện ở trại Quang Trung, anh chơi rất thân với một người bạn tên là Võ văn Tấn cũng đi quân dịch như anh. Tấn trước chuyên nghề làm rẫy trồng cà phê ở Ban Mê Thuộc, đến tuổi quân dịch nên họ gặp nhau tại Trung tâm Huấn luyện Quang Trung.

Vì cùng giống hoàn cảnh làm ruộng rẫy như anh nên họ rất dễ thông cảm, Tấn tốt bụng rộng rải thảo ăn, thường chia cho Châu bánh, trái cây phơi khô do ba má anh từ Ban Mê Thuộc gởi xuống. Thỉnh thoảng Tấn kể cho anh nghe những chuyện nghịch ngợm nhưng rất thú vị là đi rình xem mấy đứa con gái Thượng thoát y tắm suối. Châu khoái nhất là câu chuyện Tấn kể mấy đứa con gái Thái trắng lai Tây đồn điền, tụi nó có nước da trắng nõn nà như bông bưởi thân hình với những đường cong tuyệt mỹ đẹp như bông hoa rừng biết nói. Mỗi lần như vậy Châu lại tưởng tượng và chực nhớ đến cô Năm Lài, người yêu của anh ở quê nhà.

Nhưng tất cả điều đó chỉ là những yếu tố nhỏ để anh quyết định chọn đơn vị trên đây. Cái quan trọng nhất đối với anh là muốn nhìn thấy một nơi nào có vẻ xa lạ hơn đồng ruộng mênh mông, mỗi năm chỉ có hai mùa; mưa là nước ngập tràn đồng, nắng thời đất khô nứt nẻ. Cứ quanh đi quẩn lại theo một chu kỳ nhất định, không có gì mới lạ cả! Anh muốn nhìn thấy núi, thấy rừng, cọp, beo, nai, gấu, hơn là cặp trâu cổ, con chó mực, con mèo mun ở quê anh.

Với lứa tuổi hai mươi, sức sống và sự thèm muốn phiêu lưu, tìm tòi những điều mới lạ của người con trai thật mãnh liệt. Như cánh chim đại bàng muốn rời hang động để dang rộng đôi cánh bay lên thật cao, đi tìm hiểu cái bao la của vũ trụ.

Anh Út Châu là một hiện tượng của sự khơi động đó.

Gia đình anh đã trải qua nhiều thế hệ, từ đời ông cố, ông nội rồi đến cha anh chưa có ai có ý định phải từ giả vuông tre, ngôi miếu cổ ở bờ ao làng để dấn thân vào một nơi mà người ta thường gọi là "chỗ khỉ ho cò gáy...rừng thiêng nước độc...". Có lẽ vì bản tính nhút nhát di truyền cố hữu, luôn luôn chỉ nghĩ theo kiểu "ăn chắc, mặc dày" của người dân quê ruộng rẫy. Họ sợ phải "thả mồi để đi bắt bóng" nên thà chịu tay lấm chân bùn có ăn, còn hơn lang thang nơi đất lạ quê người.

Hôm nay nhờ vào quân đội, anh Út Châu mới có cơ hội may mắn đó. Nói đúng ra không phải là anh không ngại ngùng khi rời bỏ quê hương làng xóm nhất là phải xa người yêu là cô năm Lài. Nhưng anh vẫn tin là sau thời gian quân dịch, anh sẽ được giải ngũ trở về cưới vợ và sống đời tại đây.

Còn đang mênh mang trong những điều suy tưởng cho cuộc hành trình sắp đến, lúc đó Tấn từ phía sau bước tới vỗ mạnh vào vai anh:

– Ê Châu! mầy xếp cái giấy sự vụ lệnh cất đi rồi ra xe nhà binh đang

CHƯƠNG 5 - XÓM CẦU NỔI

chờ ngoài trước kìa!

Hơi thắc mắc, Châu lên tiếng:

- Bộ tụi mình đi bằng xe nhà binh hả? Ban mê Thuộc có xa không?
- Ban Mê Thuộc xa lắm! tao không biết đi bằng xe nhà binh hay máy bay. Ra xe rồi thằng trưởng toán của mình sẽ cho biết sau.

Sau khi *"ba lô"* lên vai, Châu lầm lủi bước theo bạn. Một đoàn xe nhà binh loại mười bánh đang đậu nối đuôi nhau ngoài trước cổng trại. Châu lấy tay khều Tấn:

- Ê Tấn! làm sao tụi mình biết chiếc nào?
- Tao không biết! Đến đó rồi hỏi tài xế sau!

Cùng lúc đó cả hai nhận thấy có một anh lính khá lớn tuổi mang cấp bậc thượng sĩ trông dáng điệu rất đạo mạo đang bước xuống từ ghế trưởng xa. Tay ông cầm một tập hồ sơ, đang nhìn hai anh lính mới đi tới:

- Có phải hai chú là Võ văn Tấn và Nguyễn văn Châu không?
- Thưa đúng!
- Hai chú lên xe đi, tự nãy giờ chỉ chờ hai chú là đủ số!

Chiếc xe nhà binh rời khỏi đoàn chạy một vòng trên đường phố. Cả toán lính mới hơn mười người ngồi trên xe không ai nói một lời nào cả, hình như họ đang chìm đắm trong một tâm tư riêng biệt, chỉ đưa mắt nhìn quanh phố một cách bâng quơ như những chiếc xác không hồn.

Độ mười lăm phút sau, xe dừng lại trước một cổng trại. Người cảnh binh đứng gác phía dưới trong chòi canh chòm người ra ngoài, vừa lúc anh tài xế chìa ra một tờ giấy, hình như là sự vụ lệnh của cục quân vận. Sau khi liếc sơ qua và nhìn những anh lính mới đang ngồi phía sau, anh ta trả giấy và khoát tay cho đi.

Châu có vẻ ngơ ngác xoay qua hỏi Tấn:

- Ủa! bộ họ chở mình vào trại nào nữa thì phải?
- Tao nghĩ là tụi mình đi Ban Mê Thuộc chớ đâu có vào trại nào nữa đâu. Bây giờ họ chở đám mình đi đó!

Chiếc xe lại tiếp tục băng qua những dãy nhà gạch củ kỷ, có lẽ xây từ thời Pháp thuộc. Hai bên đường là hàng cây trứng cá xanh um, tàng nhánh dang ra tận bên ngoài.

Bất chợt Châu nhìn thấy phía bên trái dưới lề đường có ba người quân nhân, đầu đội mũ lưỡi trai, trang phục thì hình như áo liền quần màu xanh quân đội, mang súng nhỏ có dây đạn gắn chung quanh eo ếch.

Châu xoay qua vổ nhè nhẹ vào bắp đùi Tấn:

– Ê Tấn! Mầy xem kìa! coi họ là lính mà ăn mặc kỳ cục vậy? hình như áo với quần liền nhau?

Nhìn một lúc Tấn lắc đầu:

– Tao không biết! Chắc là lính đặc biệt! nên họ mới mặc áo với quần chung nhau cho dễ cởi!

Chiếc xe nhà binh từ từ chậm lại, sau cùng nó đậu trên một bãi xi măng trống. Ông Thượng sĩ ngồi phía trước mở cửa leo xuống ra lệnh:

– Tới rồi, các chú leo xuống đi!

Hơn chục anh lính quân dịch như cái máy, không ai bảo ai đều mang *"ba lô"* nhảy xuống đất đi theo ông thượng sĩ dẫn đầu.

Một sự ngạc nhiên như chưa từng thấy bao giờ, Châu đang trố mắt châm bẩm nhìn về phía chiếc phi cơ C-47 đang đậu gần đó. Tấn ôm *"ba lô"* đi phía trước chậm lại cố ý chờ Châu cho kịp bước.

– Ê Châu! tụi mình đi bằng máy bay, chớ không phải xe nhà binh!

Châu bước nhanh tới có vẻ thích thú:

– Đi bằng tàu bay! khi nó bay lên hay đáp xuống chắc là lên ruột dữ lắm?

Tấn tỏ ra có vẻ hiểu biết hơn vì mấy đám rẫy anh làm gần phi trường *"Phụng Dực"* nên thỉnh thoảng anh nhìn thấy phi cơ dân sự của hãng Hành Không Việt Nam chở hành khách lên xuống hàng tuần. Tấn vẫn mơ mộng có ngày nào đó, khi có tiền nhiều, anh sẽ mua giấy đi thử máy bay một lần ra Nha Trang cho biết.

– Ờ! Máy bay lên xuống như người ta ngồi xe đò, chạy nhanh lên dốc, xuống dốc, phải lên ruột chứ sao!
– Tao, hồi xưa tới giờ có thấy tàu bay đậu dưới đất lớn tổ cha như vầy đâu! chỉ thấy nó bay mịt mù trên trời cao. Thỉnh thoảng dưới xóm tao, có mấy con *"đầm già"*, bay thấp lẩn quẩn rải truyền đơn chứ đâu có bự quá cỡ như vầy!

Như vẫn còn thắc mắc, Châu quay qua gãi đầu:

– Ê Tấn! hình như nó làm bằng sắt hay bằng nhôm gì đó, trông nặng quá mà bay lên trời được hay quá há! Vậy mà hồi trước tới giờ, tao cứ tưởng nó làm bằng giấy hay vải gì đó cho nhẹ, chớ ai ngờ như thế nầy! Thiệt tụi tây, tụi Mỹ nó hay quá xá phải không Tấn?
– Ờ! chắc lát nữa nó chở tụi mình bằng chiếc đó quá!

Hai anh lính trẻ vừa đi vừa bàn bạc tới đây, lúc đó ông thượng sĩ trưởng

CHƯƠNG 5 - XÓM CẦU NỔI

toán cũng vừa ra lệnh cho cả toán dừng lại để chờ ông ta chạy ra phi cơ liên lạc hỏi thăm cho đúng chuyến bay.

Hơn phút sau, ông trở lại cho cả toán sắp hàng hai, đi thẳng ra phi cơ mà Tấn và Châu vừa bàn lúc nảy.

Sau khi anh áp tải viên phi hành cho mọi người lên tàu ngồi vào ghế, cùng lúc đó Châu lại bắt gặp ba anh lính mặc áo liền quần mang súng ngắn, đi dưới lề đường lúc nảy đang lần lượt bước lên tàu. Một trong ba người đó hỏi anh áp tải viên đang lui cui phía trong:

- Hành khách lên đầy đủ chưa anh Hùng?
- Dạ, xong rồi đại úy.
- Anh ra dấu bảo phi đạo tôi sẵn sàng quay máy!

Sau đó ba người cùng bước vào phòng lái phía trước, Châu có vẻ ngạc nhiên xoay qua nói nhỏ với Tấn:

- Hình như mấy ông nầy là phi công lái máy bay?
- Ờ! chắc vậy. mấy ổng là sĩ quan, sao tao không thấy họ đeo cấp bậc gì hết vậy? mấy ông sĩ quan cán bộ của tụi mình, họ mang lon và huy chương trông gồ lắm! Chứ đâu có xềnh xàng mặc áo liền quần như mấy ông nầy?

Như để tỏ ra hiểu biết chút ít, Châu tiếp lời:

- Mấy ông sĩ quan cán bộ của tụi mình hồi trước là dân đi đánh giặc, còn mấy ông nầy chắc chỉ lái máy bay đưa hành khách chớ đâu có đánh giặc giả gì!

Châu vừa dứt lời, Tấn cải lại:

- Có đánh chứ sao không? mầy có nghe người ta nói máy bay săn giặc, đi bắn súng bỏ bôm hồi tụi Nhật với tụi Tây đó sao?

Câu chuyện giữa hai người vừa tới đây thì bị gián đoạn vì tiếng động cơ đã bắt đầu nổ "rào rào". Toàn thân phi cơ rung nhẹ trong một nhịp độ cao gây ra do cánh quạt *"vù vù"* ở hai bên cánh phía ngoài.

Châu đưa mắt nhìn xuyên qua cửa kính nhỏ, hình như nó bắt đầu chuyển bánh ra phi đạo.

Vài phút sau, chiếc phi cơ lại thắng gấp làm cho hành khách đang ngồi ở phía sau bị xô tới trước. Trong lúc mọi người vừa lấy lại thăng bằng trên ghế, động cơ lại rú mạnh hơn gấp mấy lần trước. Con tàu bây giờ như con mãnh thú đang hung hăng chồm mạnh tới, phóng vù vù trên phi đạo. Mọi người lại bị đẩy mạnh về phía sau vì sức ly tâm.

Châu nhắm mắt ngậm miệng, lấy ngón tay đè chặt hai bên lỗ tai khom người xuống sàn tàu. Tiếng "ào ào" do sự cọ xát của bánh xe trên mặt phi đạo đã chấm dứt. Toàn thân phi cơ được nhấc bổng lên một cách nhẹ nhàng như con diều giấy. Con tàu thản nhiên đâm xuyên lên trời cao như một mũi tên bắn từ dưới đất.

Một chập sau tàu trở lại vị trí bình phi, tấn đang ngồi kế bên ghé miệng lại gần sát bên tai Châu:

– Ê! mầy nhìn ra ngoài coi kìa!

Ngồi nhỏm dậy, Châu nghiêng đầu nhìn ra phía dưới:

– Ồ! nhà cửa ruộng vườn phía dưới nhỏ quá! Sao tao không thấy ai hết vậy?
– Cao quá, mầy làm sao thấy được.

Đây là lần đầu trong đời, Châu được ngồi trên máy bay, nên nghỉ cái gì cũng lạ và đáng phục hết.

– Hồi trước tới giờ, tao cứ tưởng là tụi Mỹ, tụi tây nó bay, chứ đâu ngờ người Việt Nam mình cũng biết bay nữa? Mà mấy ông sĩ quan phi công nầy thuộc về lính gì vậy mầy?

Tấn lại có cơ hội tỏ cho Châu biết là mình khá rành về các quân chủng trong quân đội.

– Tao nghe nói họ là Không Quân ở Tân sơn Nhất đó!
– À! À! Không Quân, Hải Quân, Lục Quân mà tụi mình đã biết khi còn học ở trường huấn luyện Quang Trung. Mới đây mà tao đã quên gần hết, không quân đi máy bay, hải quân đi tàu biển, lục quân là lính trên bộ như tụi mình.

Sau khi tự giải thích, Châu vẫn còn thắc mắc nên hỏi tiếp:

– Chắc học làm phi công khó lắm phải không mầy?
– Ai mà biết! Hồi xưa tới giờ tao nghe nói phi công lái máy bay chớ có gặp lần nào đâu? Bây giờ tao cũng như mầy mới thấy họ lần đầu đây thôi!
– Tao thấy họ ăn mặc khác và hình như họ có vẻ lớn con hơn tụi mình nhiều?

Hai anh lính trẻ quân dịch xuất thân từ ruộng rẫy, lần đầu tiên ra đời giống như những chú nai con, thấy cái gì cũng lạ cũng hay, muốn tìm tòi học hỏi cho biết. Điều nầy trái với tất cả những chuyện mà người trong xóm, trong làng thường bàn luận nhau. Họ cho là đi lính đánh giặc nguy hiểm lắm, không què thì quặc, không chết cũng bị thương v.v...

Có nhiều gia đình, cha mẹ ông bà tìm cách từ chối, không gả con gái

CHƯƠNG 5 - XÓM CẦU NỐI

cho những thanh niên đi lính, vì họ sợ con gái mình sớm góa chồng. Họ khoái nhất là tìm rể làm thầy giáo được hoãn dịch hoặc mấy chú chệt bán chạp phô ngoài chợ hay tệ lắm là dân đi làm ruộng.

Nhưng đôi khi có rất nhiều trường hợp hoàn toàn trái lại. Mấy cô gái nhà quê không hoàn toàn đồng ý với cha mẹ họ muốn. Nhiều cô khoái và thích làm quen với mấy anh trai đi lính. Tóc hớt ngắn, ăm mặc đồ nhà binh gọn gàng, lại có mang súng kè kè bên hông, trông oai hùng hơn. Thứ nhất là mấy anh chàng sĩ quan trẻ với hai bông mai vàng mới toanh, gắn ở hai bên cổ áo, ăn nói lại có duyên, chắc chắn là có nhiều cô đeo theo cứng ngắt như đĩa gỡ không ra.

Âm thanh động cơ bên ngoài hình như đã giảm bớt, nó lượn mình sang hướng trái để tránh những đám mây thấp gần mỏm núi. Con đường lộ từ Khánh Dương dẫn về Ban Mê Thuộc đã thấy rỏ ràng phía dưới. Vài phút sau chiếc C-47 đã đáp an toàn, taxi vào bãi đậu dành cho phi cơ quân sự tại phi trường Phụng Dực.

Ông thượng sĩ trưởng toán, tháo giây an toàn, nhảy xuống trước. Sau khi ra lệnh cho anh em tân binh đứng vào một nơi để ông liên lạc xin xe đưa về Sư Đoàn.

Châu quẳng *"ba lô"* lên vai, theo Tấn đi vào phía trong bóng mát của dãy nhà lợp bằng thiếc;

- Ở đây nóng dữ quá!
- Ừ! xứ núi với rừng mà! Không có cánh đồng nước như dưới quê mầy đâu!

Tấn đưa ngón tay chỉ về hướng Khánh Dương;

- Mầy thấy ở đây núi nhiều chưa? Qua khỏi mấy dãy đó là tới Ninh Hòa, rồi ra Nha Trang. Khí hậu ở đó dễ chịu hơn vì sát bờ biển.

Đây là lần đầu tiên Châu được thấy núi rừng trùng trùng điệp điệp hiện ra trước mặt mà từ trước tới nay, anh chỉ mường tượng qua bức tranh sơn thủy màu mè bán ngoài chợ.

- Ê Tấn! ở đây chắc có nhiều voi cọp lắm hả?
- Cọp thì tao chưa thấy, chỉ nghe nói thôi, chứ voi thì thấy thỉnh thoảng, người ta bắt đi kéo gỗ làm rừng. Hồi lúc trước tao nghe nói là vua Bảo Đại có nhà nghỉ mát ở gần hồ Lạc Thiện, nên thỉnh thoảng ông ta thường lên đây săn bắn nghỉ ngơi. Hai người bạn đang nói chuyện để giết thời gian chờ đợi, ông thượng sĩ cũng vừa liên lạc xong, trở ra cho biết là chốc lát nữa đây, sẽ có xe nhà binh ra rước về hậu cứ của Sư Đoàn 23 Bộ Binh.

Sau khi trình diện phòng nhân viên của sư đoàn, Tấn và Châu được biệt phái về tiểu khu Ban Mê Thuộc để tăng cường cho đơn vị nghĩa quân đang đóng đồn bảo vệ vòng đai phi trường L-19, ngay sát bìa thành phố.

Chuẩn úy Trần văn Tiến là trung đội trưởng của hai anh. Tiến là một sĩ quan trừ bị trẻ tuổi, mới ra trường tại Thủ Đức vừa được thuyên chuyển lên đây độ hơn hai tháng. Tiến hết sức ngạc nhiên khi Châu vào trình diện, báo cáo lý lịch anh là người quê ở làng Rạch Đào, quận Cần Đước, tỉnh Long An. Tiến đưa tay chỉ chiếc ghế đẩu để phía trước bàn:

- Anh Châu có thể ngồi xuống đó. Anh nói anh ở làng Rạch Đào à?
- Thưa Chuẩn Úy! tôi ở làng Rạch Đào nhưng trong xóm "Cầu Nổi" làm ruộng chớ không phải ở chợ Rạch Đào.
- Thế sao anh không xin đổi về miệt dưới mà lại lên đây?

Trong một phút do dự, hai bàn tay đan vào nhau, anh ngập ngừng trả lời:

- Tôi thích đi chỗ lạ cho biết!

Qua giọng cười thật dễ dãi của Tiến:

- Anh có óc phiêu lưu, giang hồ đấy chứ! Quê tôi cũng ở làng Rạch Đào như anh. Ba má tôi có tiệm bán vải và quần áo tại chợ. Hồi nhỏ tôi cũng học tại trường tiểu học ở đó, sau lớn lên ba tôi cho lên Sàigòn đi học trường Kỷ thuật Cao Thắng. Khi tốt nghiệp Tú Tài phần hai, tôi bị động viên đi Thủ Đức, khi ra trường bị đổi lên đây.

Sau những lời nói cởi mở của Tiến, Châu cảm thấy rất thoải mái, dễ chịu, nên có ý muốn tìm hiểu thêm:

- Như vậy chuẩn úy học ở trường Rạch Đào năm nào?
- Tôi nhớ vào khoảng năm 1947 đến năm 1952 thì phải.

Như vừa nhận được một sự trùng hợp bất ngờ, Châu có vẻ mừng rỡ thốt lên:

- Tôi cũng học vào khoảng thời gian đó!

Rồi bỗng nhiên Châu tự dưng dừng lại ở nơi đây. Dường như có một sự cách biệt nào đó giữa anh và đơn vị trưởng của anh là chuẩn úy Tiến. Giọng nói của Châu nhỏ và trầm xuống:

- Nhưng khi học xong tiểu học, ba má tôi nghèo nên phải nghỉ về nhà làm ruộng.

Biết là Châu đang mang một mặc cảm thấp kém vì hoàn cảnh nghèo nàn của mình, Tiến vội vàng bàn sang chuyện khác để khỏi làm mủi lòng người đồng hương kém may mắn.

CHƯƠNG 5 - XÓM CẦU NỔI

- Anh Châu lập gia đình chưa?
- Thưa chuẩn úy chưa!

Chuẩn úy Tiến, cười nửa đùa nửa thiệt:

- Như vậy, để bữa nào rảnh, tôi giới thiệu cho anh một vài em gái hậu phương làm quen nghe! mấy em nữ sinh ở đây trắng trẻo mát mẻ dễ thương lắm. nhưng anh phải cẩn thận, chứ không thì dính cứng ngắt luôn, khỏi gỡ.

Châu cảm thấy thích thú về câu nói đùa của Tiến:

- Chuẩn úy nói vậy chớ tôi đâu dám, sợ các cô chê lính quèn, làm mất mặt chuẩn úy!

Như chực nhớ lại một số công văn đanhg dang dở trên bàn chưa xem, Tiến đứng dậy rời khỏi ghế bước ra phía trước:

- À! anh với Tấn đã có chỗ ăn ở và lãnh mền mùng đủ hết rồi phải không?
- Dạ thưa phải!
- Bây giờ anh ra trình diện với ông thượng sĩ Minh, trung đội phó của tôi, để giao công việc hàng ngày cho hai anh. Nếu có gì thắc mắc, anh lên gặp tôi bất cứ lúc nào.

Châu kính cẩn đứng nghiêm, đưa tay chào vị chỉ huy trước khi quay trở ra ngoài.

###

Trời Ban Mê Thuộc hôm nay thật đẹp, như để bù trừ lại những ngày mưa phùn rỉ rả từ ngày nầy kéo sang ngày khác gần như thúi đất. Những lúc như vậy, Châu mới hiểu tại sao chuẩn úy Tiến gọi ban Mê Thuộc là xứ *"buồn muôn thuở"* hay thành phố *"nắng bụi mưa bùn."*

Có những ngày Châu ôm súng ngồi gác một mình trên chòi canh, phía dưới là những dẩy rừng cao su, trải dài một màu xanh biếc. Nối liền với những rặng núi chập chùng, lúc rỏ lúc mờ. Xuyên qua những hạt mưa bụi, màu trắng như sương sớm bay lất phất theo chìu gió mang theo cái lành lạnh của rừng núi cao nguyên làm anh chực nhớ lại gia đình, cha mẹ, anh em bạn bè, nhất là cô Năm ơ *"xóm Dừa"* của anh.

Tính nhẩm đến nay đã hơn bảy tháng kể từ ngày từ giả người yêu ở Cầu Vó. Anh có hỏi thăm bạn bè đồng đội, được biết dường như là mỗi năm mới may ra được về phép thăm gia đình một lần. Nhiều khi còn bị cấm trại, ở tại đơn vị ứng chiến, không đi đâu được cả. Anh thầm nghĩ chắc ở đây lâu rồi sẽ quen dần. Đôi khi trời xui đất khiến, mọc góc mọc rễ ở đây luôn nữa là đằng khác. như anh đã biết, có vài đứa bạn trong đơn vị, tụi nó quê ở tận Cà Mau đổi ra đây. bây giờ đã có vợ, có con tùm lum.

Nhưng anh nghĩ, cá nhân anh sẽ không làm giống như những người ấy, vì anh đã hứa với cô năm, là sẽ cưới cô làm vợ sau khi mãn thời gian quân dịch. Chắc chắn cô năm sẽ nhớ lời hứa và chờ đợi anh ngày trở về.

Châu cũng có đem câu chuyện về thời gian đi quân dịch để hỏi chuẩn úy Tiến. Ông ta cũng lắc đầu không biết được là khoảng bao lâu cho chính xác. Ông có hứa, khi nào có giấy giải ngũ gởi xuống đơn vị, ông sẽ báo cho anh biết ngay, thế thôi.

Nhìn thấy trời nắng sớm ấm áp, Châu mang chiếc mền nhà binh ra phơi trên bờ rào, cùng lúc đó, chuẩn úy Tiến vừa lái chiếc xe Jeep chạy trở tới thắng lại kế bên:

- Ê Châu! sáng nay chú mầy có làm gì không?
- Thưa chuẩn úy bửa nay tôi xuống ca trực.
- Muốn theo tôi ra phi trường L-19 chơi không?
- Nếu chuẩn úy muốn thì tôi đi!
- Vào mang giày đi, tôi chờ.

Khoảng mười phút sau, hai thầy trò đã vào sân bay trực thăng và L-19 của thành phố. Tiến cho xe dừng lại ở cạnh trạm gác. Anh bảo Châu ở lại giữ xe, để anh vào trong trại truyền tin có chút việc.

Bên trái gần đấy, Châu nhận thấy có vài anh lính hình như họ đang sửa soạn chiếc máy bay loại quan sát đang đậu ở dưới đó. Với bản tính tò mò, anh mon men lại gần để xem cho biết.

Sau một vòng quan sát chung quanh phi cơ, anh lên tiếng hỏi làm quen:

- Có phải chiếc nầy người ta gọi là máy bay "đầm già" không anh?

Một người trong bọn lính thợ quay lại cười xã giao:

- Ờ! Hồi trước hình như mấy người dưới làng gọi loại nầy là "con đầm già', nhưng không quân tụi tôi gọi nó là phi cơ quan sát L-19.
- Như vậy các anh là lính không quân sửa máy bay à?
- Vâng! tụi tôi là hạ sĩ quan cơ khí không quân.

Châu để lộ gương mặt hết sức ngạc nhiên:

- Vậy mà hồi trước tới giờ, tôi lại nghĩ tụi Tây, tụi Mỹ nó sửa chứ không phải người Việt mình.
- Hồi xưa kia thì tụi Tây nó sửa, nhưng bây giờ nó giao cho không quân mình sửa lấy.
- Tôi nghe người ta đi học thợ máy xe hơi ở Sàigòn Chợlớn, còn học sửa máy bay ở đâu anh?

CHƯƠNG 5 - XÓM CẦU NỔI

Biết là anh lính trẻ có vẻ thích thú muốn tìm hiểu về nghề nghiệp của mình, anh lính không quân tỏ ra trịnh trọng hơn. Với tay lấy chiếc khăn, lau sạch bàn tay đang dính dầu, rồi đưa tay chỉ từng người một giới thiệu:

- Anh ngồi đằng kia là trung sĩ nhất Thành, chuyên viên về vô tuyến. Anh đang chế dầu là trung sĩ Tư, chuyên viên động cơ, còn tôi là thượng sĩ Hùng, trưởng toán phi đạo.

Khi Hùng giới thiệu tới đây, Châu cảm thấy hơi ngài ngại, vì lối gọi trổng bằng anh của mình:

- Xin lỗi tự nãy giờ tôi không biết cấp bậc của thượng sĩ nên gọi bằng anh.
- Hùng đưa tay vỗ nhẹ vào vai Châu, cười một cách thoải mái:
- Không quân chúng tôi thường quan niệm về vấn đề tương kính, chớ không đặt quá nặng nề thể thức xưng hô như các ngành binh chủng khác. Anh có thể gọi tôi là anh hay thượng sĩ cũng được.
- Cám ơn thượng sĩ.

Hùng lại tiếp tục trả lời câu hỏi của Châu lúc nãy:

- Phần lớn anh em lo về bảo trì phi cơ thường được gởi sang Hoa Kỳ để huấn luyện nghề chuyên môn khoảng chừng một năm, hoặc lâu hơn tùy ngành học, rồi họ trở về Việt nam để phục vụ trong quân chủng không quân.

Hùng lại chỉ từng người rồi nói tiếp:

- Như anh trung sĩ nhất Thành vừa mới từ Hoa Kỳ trở về độ hơn tháng nay, còn anh Tư và tôi đã có danh sách đi tu nghiệp vào năm tới.
- Như vậy lính không quân đâu có đi đánh giặc như tụi tôi, phải không thượng sĩ?
- Có chứ! mấy ông sĩ quan phi hành như trực thăng, khu trục và L-19 cũng đi bay đánh giặc như điên. Chỉ có khác là các anh đánh ở dưới đất, còn họ đánh trên trời. Riêng anh em chúng tôi, có nhiệm vụ là phải lo yểm trợ bảo trì sửa chữa cho phi cơ thật tốt để các ông đó bay đi đánh giặc hoặc yểm trợ khi bị địch tấn công.

Cảm thấy mình nói hơi nhiều, Hùng lại thân mật vỗ nhè nhẹ vào vai Châu hỏi:

- Còn anh đi lính nghĩa quân ở đây phải không?
- Dạ phải! tôi đi quân dịch được chuyển qua đây. Đang đóng đồn ngoài bờ rào phi trường nầy. Ông chuẩn úy lúc nãy lái xe vào là trung đội trưởng của tôi.
- Vâng! tôi biết chuẩn úy Tiến. Thỉnh thoảng ông ta lái xe vào đây hỏi thăm tin tức tình báo xung quanh phi trường.

Trên đường về đồn, hai thầy trò ghé lại quán cà phê để ăn sáng. Trong khi chờ đợi thức ăn mang lên, Châu bèn đem câu chuyện lúc nãy ra nói cho Tiến nghe.

– Khi chuẩn úy đi vào trong trại truyền tin ở phi trường, tôi có làm quen với mấy ông lính không quân sửa máy bay. Tôi thấy họ giỏi quá, họ có đi qua Mỹ học nghề nữa. Tôi nhớ lúc còn ở dưới quê mình nếu ai có con có cháu đi Tây học đều là người giàu có quyền thế, như mấy ông cai tổng, hội đồng hoặc điền chủ ruộng cò bay thẳng cánh mới được.

Chuẩn úy Tiến đang nâng ly cà phê nóng lên uống, khẽ gật đầu:

– Ừ! Chú mầy nói đúng. Đa số lính không quân là hạ sĩ quan chuyên viên, hoặc lính thợ. Họ đều có nghề nghiệp chuyên môn, chứ không phải lính ra trận như bộ binh của mình.
– Hồi trước, sao chuẩn úy không đi không quân?
– Sau khi tốt nghiệp ở bậc trung học, tôi có nộp đơn xin đi khóa phi hành ở Nha Trang, nhưng khi má tôi nghe được, bả la quá trời, nói là nguy hiểm, máy bay hay bị bắn rớt dễ chết v.v... Bà bảo tôi phải tiếp tục lên đại học để được xin miễn dịch. Rốt cuộc tôi phải nghe theo, bỏ ý định đi không quân, để rồi bây giờ cũng phải chui đầu vào Thủ Đức.

Sau khi trả lời và biết Châu thích không quân, Tiến đột ngột hỏi:

– Còn chú mầy, thích đi lính không quân không?

Châu có vẻ ái ngại đưa tay gãi đầu:

– Làm sao đi được chuẩn úy? tôi đâu có trình độ học cao như họ để xin đi!

Tiến để nhẹ ly cà phê nóng xuống bàn:

– Tôi nghe nói lính không quân phần lớn là hiện dịch, có nghể chọn nghề làm lính suốt đời. Nếu như chú muốn, tôi nghĩ có thể làm đơn gởi về phòng nhân viên của Bộ Tổng Tham Mưu, xin chuyển ngành sang lính phòng thủ của không quân, tôi tin chắc có thể được.
– Nhưng tôi đâu biết rành về giấy tờ hay đơn từ như chuẩn úy vừa nói.
– Tôi có thể giúp chú làm đơn, rồi chuyển theo hệ thống quân giai, để đưa về bộ tổng tham mưu. Tôi thấy các vị sĩ quan chỉ huy ở đây rất tốt. Tôi tin họ sẽ ký đơn của chú chuyển đi không gì trở ngại.

Một dáng điệu hết sức mừng rỡ hiện lên nét mặt:

– Nếu được như vậy tôi sẽ mang ơn chuẩn úy nhiều lắm.

CHƯƠNG 5 - XÓM CẦU NỔI

Sau câu nói vừa xong, Châu hơi cuối đầu đổi giọng:

- Nhưng nếu tôi đi rồi, ai thế tôi ở đây?

Nghe câu hỏi hơi ngờ nghệch của Châu, Tiến không giữ được sự tức cười nói lớn:

- Thì chú mầy đi rồi, sẽ có người khác ra thay thế. Hơi đâu mà lo!

Chiều hôm nay là ngày Tấn lên ca gác đêm ở chòi canh phía ngoài bìa rừng cao su. Anh đang lom khom nhét chiếc mền vào sắc balô để mang ra đó quấn quanh người ngồi gác cho đỡ lạnh, Châu phía sau cũng vừa đi tới:

- Ê Tấn! chừng nào ra ngoài đó mậy? Tao đang nấu nước pha cà phê mang ra đó uống, ngồi nói dóc chơi.

Tấn nhỏm dậy quay đầu nhìn lại:

- Khoảng mười lăm phút nữa. Hôm nay mầy xuống ca mà!
- Ờ! Nhưng chiều nay trời khá đẹp, tao muốn theo mầy ra đó chơi cho có bạn.

Hơn bảy giờ chiều, trời bắt đầu nhá nhem tối. Những tảng mây ở phía Tây đã đổi thành màu xám. Vài ngọn đèn điện ở phía ngoài hàng rào phòng thủ đã bật sáng tự lúc nào, cho một thứ ánh sáng yếu ớt vàng nhạt như ngọn đèn cầy được đốt lên giữa một vùng bóng tối mênh mông.

Rừng núi xung quanh đã hoàn toàn yên lặng, một thứ yên lặng như người bệnh đang thiêm thiếp đi lần vào cõi chết.

Châu với tay lấy chiếc bình thủy rót thêm cà phê vào ly rồi trao cho Tấn:

- Tối nay sao có vẻ buồn quá phải không mậy?
- Ở ngoài rừng sao không buồn được? nhưng tao ở đây từ nhỏ tới lớn nên đã quen rồi! Còn mầy ở đây đã hơn bảy tháng, thấy thế nào?
- Tao nhớ nhà, nhưng không có phép về được.

Tâm bật cười có vẻ trêu chọc:

- Mầy nhớ nhà hay nhớ cô Năm gì đó? Cứ nói phứt ra cho rồi.
- Ờ! tao chịu nhớ con Năm nhiều lắm! Nhưng không biết nó có nhớ tao không?

Để tỏ vẻ sành đời, Tâm ra giọng khuyên can:

- Thôi đi mày ơi! Con gái đời bây giờ khó tin tổ cha. Tụi nó lựa chọn dữ lắm, đứa nào giàu có ngon lành là tụi nó đớp ngay, chứ không chờ đợi những thằng lính nghèo như tụi mình đâu! Mầy biết không, hồi lúc trước tao có quen với con Thoa cũng ở gần xóm. Ban đầu nó nói là thương tao dữ lắm, nhưng vài tháng sau đó, nó đi bắt bồ với thằng Tư, vì thằng ấy mới sắm xe "Gobel" mới toanh để chở nó đi chơi.

– Tao thì không tin như vậy. Con Năm chắc nó thương tao thật, vì lúc đi lính, nó thêu tặng tao khăn tay để làm kỷ niệm.

– Thôi đi cha nội! Mười cái khăn tay của mầy xem cũng như đồ bỏ. Mà mầy có làm cái gì với nó chưa?

– Tao chỉ hôn và sờ mó chút ít, chớ đâu có dám làm gì bậy bạ!

– Ờ! Con trai tụi mình có lẽ nhút nhát hơn tụi con gái về cái vụ đó lắm.

– Thôi dẹp cái chuyện đó qua một bên, tao muốn cho mầy biết cái chuyện hồi sáng nầy.

Tấn nhanh miệng trêu chọc:

– Chuyện gì nữa đây? Mới gặp em khác phải không?

– Mầy sao ưa nghỉ bậy quá! chuyện của tao với chuẩn úy Tiến hồi sáng.

Tấn ngưng cười đưa mắt nhìn thẳng vào Châu tỏ vẻ ngạc nhiên:

– Chuyện mầy với ông trung đội trưởng Tiến?

– Ờ! Ông ta hứa sẽ giúp tao làm đơn xin thuyên chuyển về làm lính phòng thủ không quân.

– Mầy nói thiệt hay nói chơi đó Châu?

– Chuyện quan trọng, tao nói thiệt chớ không phải giỡn đâu!

Tân tỏ vẻ không tin lắm, đưa tay gãi đầu, thắc mắc:

– Hôm trước mầy nói là chỉ học tới lớp nhất rồi nghỉ học ở nhà thì làm sao đi lính không quân được?

– Ừ! tao có nói với ổng như vậy, nhưng ông ta bảo làm lính phòng thủ phi trường chớ có đi làm lính thợ, hay đi làm trung sĩ, hạ sĩ gì đâu mà phải có bằng cấp cao.

– Lính phòng thủ là lính gác phi trường đó mầy, gần giống như tụi mình đang làm bây giờ. Tao có thằng bạn học củ, nó cũng đi lính phòng thủ không quân ở Nha Trang, thỉnh thoảng nó có phép nghỉ, xin theo máy bay trực thăng về đây thăm nhà, trông nó có vẻ sạch sẻ hơn tụi mình nhiều!

Như sực nhớ lại một điều gì quan trọng, Châu vỗ mạnh vào bắp đùi Tấn:

– Ê! hay là mầy vô xin với chuẩn úy Tiến làm đơn chuyển qua luôn với tao cho vui!

CHƯƠNG 5 - XÓM CẦU NỔI

Tấn lắc đầu:

- Ba má, anh em, nhà cửa tao ở đây, chờ hết thời gian quân dịch, giải ngũ, tao về phụ trong gia đình làm rẫy. tao không thích đi xa, mầy có thích thì đi!

Thời gian hơn hai tháng đã trôi qua, Châu hình như đã quên hẳn cái đơn xin thuyên chuyển đã gởi về phòng nhân viên của Bộ Tổng Tham Mưu QLVNCH.

Sáng hôm nay, như thường lệ, Châu rủ Tấn đạp xe ra quán của thiếm Tư để ăn sáng và uống cà phê. Nói là quán, chứ thật ra nó chỉ được ghép lại bằng bốn tấm thiếc che mưa che nắng ở phía trên, xung quanh có hai cái bàn thấp và năm sáu cái ghế ngồi được ghép lại bằng hai tấm ván gỗ của thùng đạn súng 105 ly do mấy anh lính pháo binh mang ra cho thiếm.

Nghe nói chồng thiếm Tư hồi trước cũng đi lính quốc gia bị tử trận vì đạp "mìn" của việt cộng trong lúc đi hành quân. Mấy năm nay, thiếm chịu khó buôn bán tảo tần để nuôi con. Mỗi buổi sáng, thiếm nấu xôi, nấu bắp và cà phê để bán cho mấy người lao động lối xóm và lính tráng xung quanh, vừa ngon, vừa rẻ hợp với túi tiền của mọi người, Tấn và Châu là hai khách hàng trung thành nhất của thiếm.

Ngoài các vấn đề buôn bán, thiếm Tư còn có người con gái lớn có nước da trắng, trông hết sức dễ thương, vào khoảng mười tám hay mười chín tuổi gì đó tên là Hằng. Mỗi sáng cô thường ra giúp mẹ dọn hàng và phụ bán với mẹ khi đông khách.

Hằng tuy không phải là một hoa khôi ở đây, tuy nhiên cô cũng đã làm cho rất nhiều chàng trai mới lớn, chết mê chết mệt vì nụ cười có hai đồng tiền lúm sâu ở hai bên má khi cô đon đả mời khách vào ăn sáng hay uống cà phê. Tấn cũng là một trong những chàng trai trồng cây si, đã mọc gốc, mọc rễ trước cửa quán từ lâu, nên khi vừa nhìn thấy Tấn và Châu vừa thắng xe dựng lại trước cửa, thiếm Tư đã vui vẻ mời vào:

- Vô ngồi ghế đi hai cậu. Hôm nay con Hằng có nướng bánh phồng nếp cặp với xôi nhưn đậu xanh ngon lắm, hai cậu ăn thử nhé!
- Dạ, thiếm cho tụi tôi hai ly cà phê đen luôn.

Tấn xoay đầu liếc chung quanh. Anh cố ý tìm kiếm cô chủ nhỏ. Thiếm Tư đang rót cà phê ra ly. Để ý là thiếm nhận ra ngay nên lên tiếng:

- Tôi mới bảo con Hằng vô nhà để lấy thêm bánh tráng ra đây nướng, chắc nó cũng gần ra tới rồi.

Để chọc quê bạn, Châu lên tiếng tiếp theo lời thiếm Tư:

- Mai mốt nếu thiếm có cần người chạy ra chạy vào hay đi mua thêm đồ đạc ở ngoài chợ, thì nhờ thằng Tấn đi dùm cho, nó có xe đạp đi nhanh hơn cô Hằng nhiều.

Tấn biết Châu muốn phá mình chơi, nên ngồi cứng ngắt. Đưa tay bưng vội ly cà phê nóng trên bàn thổi nhè nhẹ cho đỡ ngượng ngập.

Thiếm Tư với bản tính vui vẻ sẵn có, sau khi nghe Châu giới thiệu, thiếm cười lên tiếng nửa đùa nửa thật.

— Thiệt hôn đó cậu Tấn?

Đang ngần ngừ chưa biết trả lời làm sao cho gọn, Châu lại nhanh nhẹn cướp lời thay Tấn:

— Thiếm khỏi hỏi, nó khoái lắm!

Câu trả lời thế hình như trúng tim đen của Tấn làm cho mọi người bật cười thành tiếng lớn.

Cùng lúc đó Hằng từ trong nhà ôm chồng bánh tráng bước vào quán. Nàng thấy mọi người cười vui vẻ nên lên tiếng hỏi:

— Cái gì làm má với mấy chú nầy cười dữ vậy?
— Ờ! Cậu Châu nói với má, là từ nay khỏi nhờ con chạy vô chạy ra lấy đồ đạc nữa, mà cậu Tấn sẽ tình nguyện lo cho.

Sau khi nghe mẹ nói là Hằng hiểu ý ngay. Gương mặt nàng tự nhiên đỏ rần:

— Thôi, má nói nghe kỳ quá, chuyện của mình chớ phải chuyện của mấy chú nầy đâu. Nhờ cậy người ta cười chết!

Câu chuyện dài giữa anh lính trẻ độc thân và cô hàng nước duyên dáng ở đầu hàng đôi khi kéo dài có cả giờ đồng hồ. Từ chuyện trên trời dưới nước đến chuyện xe cán chó, kiếm hiệp phong thần v.v....

Nhưng hôm nay lại kết thúc nhanh hơn vì sự có mặt bất ngờ của chuẩn úy Tiến.

Sáng hôm nay như thường lệ, anh lính văn thư mang các công lệnh và thư từ cá nhân từ tiểu khu chuyển ra cho trung đội. Tiến bắt gặp một công điện từ Bộ Tổng Tham Mưu gởi ra cho tiểu khu Ban Mê Thuộc yêu cầu cho binh nhất Nguyễn văn Châu về trình diện phòng nhân viên Bộ Tổng Tham Mưu bổ túc hồ sơ thuyên chuyển qua phòng nhân viên của Bộ Tư Lệnh Không Quân Sàigòn.

Tiến vội chạy xuống trại lính độc thân để báo cho Châu biết tin nầy. Anh được các anh lính ở đây báo là thấy Châu với Tấn đã đạp xe đi uống cà phê từ lúc sáng. Xếp tờ công điện lại cho vào túi, Tiến quay trở về văn

CHƯƠNG 5 - XÓM CẦU NỔI

phòng lấy xe đi ra quán. Anh biết chắc thế nào hai tên nầy cũng ra cà rề ngồi trực ứng chiến ở quán cô Hằng chớ không đâu hết.

Châu và Tấn đang ngồi tán gẫu với thiếm Tư và cô Hằng ở phía trong quầy hàng. Khi nghe có tiếng xe Jeep thắng lại ngoài trước, lúc ấy Tiến cũng vừa bước xuống xe đi thẳng vào quán, Châu đứng dậy lên tiếng:

- Mời chuẩn úy vào uống cà phê với tụi nầy.
- Cám ơn hai chú! Tôi vừa mới ăn sáng xong. À! nầy chú Châu! tôi có nhận được công điện của Bộ Tổng Tham Mưu gọi chú về trình diện để bổ túc hồ sơ chuyển qua không quân.

Để lộ một sự ngạc nhiên vui mừng, Châu hỏi gặn lại:

- Thiệt hả chuẩn úy? Không Quân nhận tôi rồi à?
- Thì người ta nhận mới gọi chú mầy về, chứ không gọi về làm gì? Tôi sẽ gọi văn thư làm sự vụ lệnh cho chú xin máy bay quân sự đi về Sàigòn. Như vậy sau khi ăn sáng xong về, chú có thể thu xếp để làm thủ tục xuất trại.
- Dạ cám ơn chuẩn úy, tôi sẽ về trại ngay.

Sau khi trao tờ công điện cho Châu, Tiến quay trở ra xe:

- Bây giờ tôi có chút việc ở văn phòng, hai chú cứ từ từ rồi về sau cũng được.

Tiến vừa lái xe ra khỏi quán, Tấn nhìn thiếm Tư có vẻ phân trần:

- Đó thiếm thấy không, người ta bảo "lù khù có ông cù độ mạng". Thằng Châu mới đổi ra đây, ngồi chưa nóng đít lại được thuyên chuyển đi chỗ khác rồi.
- Ờ! cậu Tấn nói đúng đó! mấy người hiền chậm chạp thì thường được "quới nhơn độ mạng" đó!

Bây giờ, Châu lại tỏ ra phân vân lo nghĩ. Sự thật, anh cũng chẳng biết là may hay rủi, xấu hay tốt. Lính phòng thủ không quân sẽ làm cái gì? Anh chỉ nghe ông chuẩn úy Tiến, nói là lính không quân chỉ ở những thành phố lớn, có phi trường, có máy bay v.v... Nhưng sau khi Tấn và thiếm Tư nói là may mắn làm anh cảm thấy vui vui tin tưởng hơn.

- Mọi việc đều nhờ ông chuẩn úy Tiến giúp đỡ, chớ tao đâu có biết phải làm sao/ À! tấn, khi về tới Sàigòn, làm sao mình biết được Bộ Tổng Tham Mưu nằm ở đâu mà tới? Châu vừa hỏi tới đây, thiếm Tư đã vọt miệng có vẻ rành rẽ hơn:
- Cậu Châu khỏi lo. Hồi lúc trước ông nhà tôi mất, tôi có vào đó một lần để làm giấy tờ lãnh tiền tử, tôi cũng đâu có biết gì đâu! Đến khi hỏi thăm mấy người chạy xe xích lô đạp, họ bảo cứ lên xe, họ đạp

thẳng tới đó ngay. Như vậy mai mốt, cậu vô đó, cứ hỏi mấy ông xích lô đạp, hay xích lô máy, là họ sẽ chở thẳng cậu tới, khỏi sợ lạc, vì họ rành đường ràng ngỏ ở Sàigòn Chợlớn lắm!

###

Phi cơ vừa cất cánh rời phi đạo của phi trường Phụng Dực Ban Mê Thuột hướng về Sàigòn, Châu ngoái đầu nhìn ra khung cửa kính nhỏ. Những cánh rừng phía dưới vẫn nằm yên mang một màu xanh phẳng lì như bức trang vẻ trên khung vải. Phía trước những dãy núi hình như vẫn còn khư khư đứng đợi thời gian giống ngày nào khi anh mới đến.

Ngày tháng thắm thoát trôi qua, Châu có cảm tưởng như mọi vật vẫn còn nằm yên tại đó không thay hình đổi dạng. Nếu ta xem thời gian của một đời người được tính bằng bóng nắng xuyên qua cửa sổ, thì thời gian của tạo vật được tính bằng sự biến chuyển thay đổi của trời đất, của thượng đế.

Ở nơi đây gần chín tháng, Châu có già thêm đôi chút, học hỏi được thêm ít nhiều kinh nghiệm nhờ tiếp xúc với bạn bè bên ngoài xã hội.

Anh bặt thiệp và dạn dỉ hơn, anh không còn là anh Út chăn trâu mười lăm mười sáu tuổi ở xóm Cầu Nổi như ngày xưa. Đôi khi bị chửi rủa, hay rượt đánh bởi chủ ruộng vì anh lơ đểnh lo chơi để trâu ăn lúa. Anh cũng không còn ra đường lộ đấp hít hơi xăng để nghỉ rằng mình là con người văn minh đang tiếp xúc với kỷ thuật và khoa học hiện đại.

Thời gian đi qua gần như nước chảy. Hãy mang theo bụi lục bình ở một con rạch nhỏ cô đơn đến chân trời mới lạ. Rồi có một ngày nào đó nó sẽ trổ hoa tựa như cuộc đời của anh Nguyễn văn Châu hôm nay đang biến đổi.

Sau gần một giờ đồng hồ, chiếc phi cơ vận tải C-47 lại đáp an toàn vào bải đậu của phi trường Tân Sơn Nhất. Mọi người được chuyển lên quân xa của trại tiếp liên phi trường đi ra cổng.

Trời sàigòn vẫn còn sớm. Ánh nắng ban mai chưa đứng thẳng đỉnh đầu, Châu đoán chừng hơn mười giờ sáng. Anh dự trù lợi dụng thời gian nầy nên đi thẳng ra trình diện phòng nhân viên Bộ Tổng Tham Mưu, để dành lại buổi chiều sẽ tính chuyện khác.

Chiếc quân xa của trạm tiếp liên vừa cho khách xuống trước cửa trại Phi Long, kề bên lăng Cha Cả, Châu đã thấy lố nhố năm ba anh lái xích lô đạp, xích lô máy đi tới mời khách.

Còn đang khệ nệ rinh chiếc ba lô leo xuống, bác phu xe đứng kế bên đã nhanh nhẹn giúp anh một tay:

— Cậu Hai lên xe tôi, đi về nhà tôi lấy rẻ cho!

CHƯƠNG 5 - XÓM CẦU NỔI

– Tôi không về nhà bây giờ. Tôi muốn lại phòng nhân viên của Bộ Tổng Tham Mưu.

– Vậy tôi đưa cậu Hai tới đó cũng được. Tôi biết cậu là lính tráng không lấy mắc đâu mà lo!

– Rồi, bác đưa tôi tới đó đi! mà bác biết rành phải không?

– Phòng nhân viên nằm phía trong Bộ Tổng Tham Mưu, tôi không vào đó được. Chỉ đưa cậu tới phía ngoài cổng, rồi cậu đi bộ vào, hỏi thăm người ta chỉ cho không khó đâu!

Sau khi xuất trình sự vụ lệnh cho anh quân cảnh đứng gác phía trước và qua sự hướng dẫn của anh, Châu đã tìm đến phòng nhân viên rất dễ dàng.

Ông thượng sĩ già đang ngồi làm việc ở phòng văn thư, khi thấy Châu bước vào hỏi thăm và xem qua tờ công điện của Bộ Tổng tham Mưu gởi, ông gật đầu biết ngay:

– À! Chú Châu, tôi mới vừa thấy hồ sơ của chú lúc sáng. Chờ một chút, tôi xem lại coi còn thiếu sót gì không? Rồi tôi sẽ làm giấy tờ cho chú đi qua trình diện phòng nhân viên của Bộ Tư Lệnh Không Quân. Nơi đây sẽ quyết định đưa chú đi bổ sung nơi nào cần thiết.

Nhận thấy ông thượng sĩ có vẻ dễ tính, Châu lên tiếng hỏi:

– Thưa thượng sĩ! nếu xong việc chiều nay tôi có thể về thăm nhà được không?

– Chú định về đâu?

– Dạ, ở Cầu Nổi, làng Rạch Đào!

Vừa nghe qua, ông tỏ vẻ ngạc nhiên, vội đặt nhanh tập hồ sơ xuống bàn đưa mắt nhìn thẳng vào Châu:

– Tôi vừa mới đọc báo hôm qua, thấy có vài trận đụng độ đang xảy ra nơi ấy. Tôi nghĩ là chú không nên về đó. Nên tìm nhà bạn bè ở đỡ đâu đây rồi nhắn người nhà lên thăm thì tốt, hơn là chú về dưới đó nguy hiểm lắm!

Châu có vẻ hơi thắc mắc:

– Ủa! cách đây khoảng chín tháng, tôi có về thăm nhà, ở đêm lại đó mấy ngày, có thấy giặc giã gì đâu?

– Cách nay mấy tháng thì dưới đó êm ru, chỉ xảy ra độ vài tuần nay thôi, do tụi Việt cộng nằm vùng, muốn chặn đứng kế hoạch phát triển thôn ấp của tổng thống Ngô đình Diệm.

– Đánh có lớn không thượng sĩ?

– Chỉ đánh lẻ tẻ theo kiểu du kích. ban đêm tụi nó mò về, bắt các thanh niên gần đến tuổi quân dịch để đưa vào mật khu. Thôi, chú ra ngoài trước ngồi chờ, để tôi mang hồ sơ vào trình ký cho chú.

Anh xoay mặt bước ra phía trước "*lan can*", ngồi bệt xuống thềm gạch, dưới bóng cây hoa sứ. bao nhiêu điều dự trù của anh đã hoàn toàn không đúng như ý định. Sau những tháng xa nhà, anh đã cố gắng dành dụm được chút ít, định kỳ nầy về sẽ ra chợ, mua một chai dầu thơm có nhãn hiệu ngoại quốc, thay vì dầu "Bông lài" để tặng cô Năm và anh sẽ nói với ba má là nhờ mai mối tới dạm hỏi cô Năm cho anh. Bây giờ tình trạng đã xảy ra như thế, anh cũng chẳng biết nhờ ai để về đó báo tin giùm anh. Cảm thấy chán nản vì sự việc quá trớ trêu, anh ngả người dựa vào cây cột gạch, nhắm mắt nhủ thầm: "*tới đâu hay tới đó*".

Gió Sàigòn ban trưa nhè nhẹ chỉ đủ phảng phất mùi thơm nhè nhẹ của những chiếc hoa sứ đang xoè cánh nở rộng trên cành.

– Chú Châu! Chú Châu!...

Nghe văng vẳng như có người gọi tên mình làm anh giật mình đứng phắt dậy:

– Dạ thượng sĩ gọi tôi?
– Ờ! Giấy tờ của chú đã xong! Chúng tôi sẽ chuyển hồ sơ qua đó sau. bây giờ, chú cầm tờ giấy giới thiệu nầy, mang sang phòng nhân viên của Bộ Tư Lệnh Không Quân để họ làm thủ tục và lương bổng cho chú!

Ông thượng sĩ xoay cườm tay để xem đồng hồ rồi tiếp lời:

– Bây giờ đã gần ba giờ chiều, chú có thể trình diện ở đó vào sáng mai cũng được. Chú cần giấy sự vụ lệnh để đi đường phải không?
– Dạ phải!
– Tốt! Chú có thể tìm chỗ tạm qua đêm nay đi!

Châu hơi nấng ná đưa tay sửa lại chiếc mủ lưỡi trai nhà binh đang đội trên đầu:

– Thưa thượng sĩ, tôi không biết Bộ Tư Lệnh Không Quân ở đâu?

Ông thượng sĩ già dễ tính, bước lại gần vỗ vào vai Châu:

– Hồi sáng này, chú xuống máy bay phải không?
– Dạ phải!
– Ừ! Chỗ chú xuống máy bay nó nằm trong khu vực của Bộ Tư Lệnh Không Quân, nhưng chắc ăn nhất là chú gọi xe xích lô đưa đi, bảo đảm khỏi lạc đâu cả.

Sau câu nói của ông thượng sĩ, làm Châu nhớ lại lời của thiếm Tư, chủ quán cà phê ở Ban Mê Thuột, thiếm cũng căn dặn khi về đến Sàigòn, muốn

CHƯƠNG 5 - XÓM CẦU NỔI

đi đâu cứ gọi xe xích lô là họ chở tới ngay, điều nầy làm Châu cảm thấy hơi thẹn, khi anh nhớ lại một câu chuyện ngụ ngôn trong cuốn sách tập đọc lớp ba về anh mù chữ đi ra tỉnh, vì không biết đọc tên đường hướng dẫn ra phố, nên đành phải lủi thủi đi theo sau con bò dẫn lối.

Sau khi từ giả ông thượng sĩ ở phòng nhân viên, Châu vác ba lô lên vai ra cổng, băng qua đường. Anh ghé tạt vào một xe bán nước mía dưới bóng mát của cây bàng, định bụng để hỏi thăn chỗ ngủ tối nay.

Sau vài câu đối thoại ngắn, cô hàng bán nước mía, biết anh là lính xa mới đổi về, nên thành thật chỉ dẫn:

– Phòng ngủ với tiệm ăn ở đây thì nhiều lắm nhưng mắc lắm. Tôi thấy nhiều người ăn cơm ở bến xe, rồi mướn ghế bố ngủ đỡ qua đêm thì giá rẻ hơn nhiều.

Một thoáng vui vẻ hiện trên nét mặt, khi cô hàng cho biết như vậy, vì hồi lúc trước khi anh ra bến xe đò lục tỉnh để về quê, anh cũng đã nghe qua các bà bán hàng bông, đang nói chuyện với nhau như vậy.

Châu kéo ghế đứng lên trả tiền cám ơn những lời chỉ dẫn của cô chủ quán.

Đã gần sáu giờ chiều, trên bến xe đò lục tỉnh, trời đã bắt đầu ngả bóng nắng vì các dãy lầu cao ở hai bên đường che khuất ánh mặt trời chiều. Bến xe gần như trống vắng, chỉ còn lại đôi ba chiếc nằm ụ lại để sáng mai khởi hành về tỉnh sớm. vài người phu quét đường đang lom khom quét dọn rác rến ở vỉa hè.

Sau khi tìm mướn được chỗ để ngả lưng qua đêm, Châu cảm thấy có vẻ thoải mái đôi chút, anh thong thả bước về hướng đầu đường nội có sập bán cơm bình dân kế dưới gốc cây, dành cho các bạn hàng và tài xế xe đò ngủ qua đêm tại bến xe.

Bà chủ quán cơm, vừa thấy anh trở tới vội nhanh nhẹn mời vào:

– Chú Hai vào ăn cơm chiều hay uống bia đi chú Hai.

Châu gật đầu bước vào kéo ghế ngồi:

– Bác cho tôi dĩa cơm xào với ly nước trà đá.

Nhìn thấy Châu mặc quân phục, bà chủ quán cơm vui vẻ gợi chuyện làm quen:

– Chắc chú Hai vừa về phép bị trễ xe đò phải không?
– Dạ, tôi về trình diện để đổi đi đơn vị khác!

Như hiểu ý của Châu:

– À! Chú không có người quen nên tạm trú qua đêm ở đây! Vậy quê chú ở đâu?

– Dạ, ở Cầu Nổi, làng Rạch Đào.

– Tôi không biết Cầu Nổi, chứ làng Rạch Đào thì cũng gần đây, có thể đi về trong một ngày.

– Tôi cũng muốn về đó thăm gia đình, nhưng nghe nói ở đó đang đánh nhau lộn xộn, nên không dám!

Gương mặt của bà chủ quán đã biến đi nét vui tươi lúc ban đầu, sau tiếng thở dài:

– Ờ! Tôi cũng nghe mấy anh lái xe đò nói là độ rày mấy ổng bò về quậy phá dữ lắm. Chặn xe đò bắt đóng thuế, đào đường liên miên. Chú Hai là lính tráng cũng đừng về đó nguy hiểm lắm!

Sau bữa cơm chiều, Châu cảm thấy buồn buồn. Anh trở về ghế bố giăng mùng đi ngủ sớm. Chiếc quạt máy treo trên trần nhà, cứ lắc lư quay tròn, tạo thành những tiếng nhịp "kình kịch" đều đều. Đã hơn một giờ trôi qua, Châu vẫn nằm gác tay lên trán chưa ngủ được. Anh đang nghĩ tới cô Năm Lài nhiều hơn là đến cha mẹ anh em dưới đó.

Cô Năm đã mang đến cho anh những cảm giác và rung động thật mạnh. Những lần hẹn hò ở Cầu Vó là những lần da thịt chạm nhau. Rồi những hơi thở gần như đứt quãng, hai thân xác như nam châm siết chặt, như dính liền thành một. Trong khoảng thời gian khát vọng, anh ôm ấp, nâng niu nàng như trái vú sữa đang chín tới, chỉ chờ cắn nhẹ vào đó là tươm đầy mật ngọt. Với khung cảnh cô đơn, anh đang nằm đây nhưng những kỷ niệm ngày xưa cũ dồn dập trở về.

Ngọn gió đêm nhè nhẹ từ bên ngoài thổi vào làm phe phẩy chiếc vải mùng. Cảm thấy lành lạnh, anh co người đưa tay kéo chiếc mền lên đến tận cổ.

Chiếc đồng hồ reo của chị bán hàng bông nằm ở phía sau căn phòng đã vụt ré lên thật mạnh nghe chát chúa như hàng ngàn nhát dao đang liên tục chém vào màn đêm. Ánh đèn điện trong phòng được bật sáng như báo hiệu một ngày mới sắp ra đời.

Nhiều người đã cuốn mùng ngồi dậy. Ngoài trước bến xe đã có tiếng nổ của vài chiếc xe xích lô máy chở rau cải ra chợ sớm. Tiếng xì xào dọn hàng của hai má con chị bán cà phê ở sát bờ tường trước cửa, Châu vén mền đưa tay lên xem kim đồng hồ vừa mới chỉ đúng bốn giờ sáng. Thấy vẫn còn sớm, anh lại co người đắp mền nằm nán lại có ý lắng nghe sự bắt đầu sống lại của thành phố sau một đêm dài yên tĩnh.

Châu chực nhớ ở trong xóm, cứ mỗi độ vào mùa cấy, cũng vào khoảng bốn giờ sáng là anh nghe tiếng *"tù và"* làm bằng sừng trâu do bác Trùm

CHƯƠNG 5 - XÓM CẦU NỔI

Vạn thổi lên nghe *tù tù* làm vang động cả xóm cố ý đánh thức công cấy sửa soạn đi ra đồng ruộng cấy lúa hoặc nhổ mạ.

Thời đó cái thích nhất của anh là được đi ăn cơm cấy, không phải vì cơm người chủ ruộng dọn ra cho công cấy ngon hơn thường nhật, nhưng cái ngon là được ăn chung với nhiều người và ngồi chung nhau trên một chiếu đệm trải ngoài sân phơi lúa hoặc trên một gò mã cao nào đó giữa đồng. Phần lớn công cấy là đàn bà, đủ lứa tuổi từ "sồn sồn" tới mấy cô gái vừa mới lớn độ mười sáu hay mười bảy tuổi.

Trong lúc ăn trưa họ thường bàn chuyện tán gẫu hoặc chọc ghẹo cặp đôi, bà nầy ông kia hay chú nầy với cô nọ, như để quên đi sự mệt nhọc vì cả buổi khòm lưng cậm từng cây lúa hay nhổ từng bó mạ. Họ làm việc lao động chân tay nên ăn uống rất là khỏe mạnh. Người nào không khéo khi ngồi vào bàn ăn trúng vào chỗ gần chảo cơm là phải lo chuyền chén xúc cơm cho người khác không kịp tay, hết ăn luôn. Biết vậy nên thường thường chủ ruộng cắt cử con cháu ngồi gần chảo cơm để phục vụ bới cơm cho mọi người.

Bây giờ những tiếng gà vỗ cánh gáy lúc rạng đông hay những tiếng '*tù và*" của bác Trùm Vạn nào đó, hình như tất cả đã lần lượt trôi vào dĩ vãng. Hiện tại xung quanh anh đang vây chặt những âm thanh kỳ quái do sự giao hợp của nhiều loại tiếng động. Tiếng máy xe nổ, tiếng kèn xe hơi, tiếng chửi bới giành giật hành khách của các lơ xe đò, tiếng chào hàng của mấy bà buôn thúng bán bưng trên hè phố, tất cả những cái ồn ào xáo trộn đó đang xảy ra trong một khung cảnh đặc biệt mà người ta gọi là sự náo nhiệt của đô thành?

Trời bên ngoài bắt đầu rựng sáng, Châu vẫn cố nằm nướng lại thêm đôi phút, nhưng cái lười biếng của anh đã đoán lầm, vì bà chủ nhà cho mướn ghế bố đã tới sát bên anh, nắm giây mùng giật mạnh:

— Dậy đi chú ơi! Hơn sáu giờ sáng rồi! tôi còn phải xếp ghế bố mang đi dẹp nữa!

Tiếng gọi gần như hét của bà vừa chua, vừa đanh đá thuộc loại dân bến xe làm Châu tỉnh hẳn.

Anh lồm cồm ngồi dậy thật nhanh, cuốn mền nhét vào ba lô, chuẩn bị cho cuộc hành trình trong một ngày mới.

Chiếc xe xích lô máy vừa thắng lại ở góc đường gần Lăng Cha Cả. Anh tài xế đưa tay chỉ cho Châu:

— Anh thấy cổng trại Phi Long không? Anh cứ vào đó rồi người ta chỉ cho.

Sau khi trả tiền xe, Châu nhìn lại đồng hồ đeo tay mới vào khoảng tám giờ sáng. Anh cảm thấy vẫn còn sớm, chực nhớ lại một kinh nghiệm nho nhỏ, anh đã học được của mấy người bạn đi lính lâu năm, họ đã nhắc anh lúc trước: "mầy muốn xin hay làm giấy tờ gì ở văn phòng thì nên đi sau chín giờ, vì đi sớm hơn mấy ông đó có vẻ bận rộn hay bị bà xả ở nhà cằn nhằn nên khó chịu.

Châu thấy có lý nên xách "ba lô" tạt vào quán nước kề bên, cố ý để giết bớt thời giờ trước khi vào trình diện.

Trong quán gần như chật ních khách. Bàn nào cũng đầy người, đa số là quân nhân mặc sắc phục nhà binh như anh. Cô chủ, dáng người nho nhỏ dễ thương, đang bưng thức ăn ra bàn cho khách. Thấy anh bước vào còn đang tìm chỗ ngồi, cô vội lên tiếng:

- Chú ơi! ở bàn nầy còn một chỗ nè, ngồi đở nhé! Châu như con chiên ngoan đạo, yên lặng bước tới kéo ghế ngồi.
- Chú ăn hay uống gì đây?
- Tôi mới vừa ăn xong, cô cho tôi ly cà phê đá!

Hai anh lính ngồi chung bàn muốn làm quen day qua Châu lên tiếng hỏi:

Anh mới về phép à?

- Dạ không, tôi từ Ban mê Thuột đổi về chờ vào trình diện không quân.
- Anh là lính không quân biệt phái lên Ban Mê Thuột à?
- Không! Tôi là lính nghĩa quân, xin chuyển qua làm lính phòng thủ không quân.

Châu vừa nói tới đây, hai anh lính ngồi chung tỏ vẻ vui mừng như gặp được người bạn mới. Anh vừa nói vừa cười chỉ người bạn kề bên.

- Tôi với thằng Tư nầy cũng là lính phòng thủ không quân ở Tân Sơn Nhất. Còn anh ở đâu?
- Tôi chưa biết! Một lát nữa vào trình diện họ cho biết tôi đổi đi đâu.
- Người ta hẹn anh mấy giờ? Anh có xe vào đó không?
- Dạ, đến bất cứ lúc nào trong giờ làm việc. Tôi cũng không có xe cộ gì cả.
- Nếu vậy, uống cà phê xong, tôi đưa anh vào đó giùm cho!

Châu tỏ vẻ biết ơn:

- Anh giúp tôi được vậy thì tốt quá!

Sau khi xem qua công điện và giấy tờ giới thiệu của phòng nhân viên Bộ Tổng Tham Mưu, anh trung sĩ nhất văn thư phòng nhân viên của Bộ Tư Lệnh Không Quân nhìn Châu hỏi:

CHƯƠNG 5 - XÓM CẦU NỔI

– Anh là binh nhất Nguyễn văn Châu?
– Dạ phải.
– Anh chờ tôi một chút để tôi trình giấy tờ của anh cho ông sĩ quan trưởng phòng, rồi sẽ gọi anh vào trình diện sau.

Châu nghe theo lời của viên trung sĩ, bước ra trước hàng hiên chờ đợi. Khoảng năm phúa sau, anh được cho vào trình diện đại úy trưởng phòng.

Sau khi hỏi sơ qua vài câu, ông sĩ quan trưởng phòng cho biết là sẽ đưa anh ra Nha Trang để bổ túc quân số phòng thủ cho phi trường ngoài đó. Anh sẽ được phòng nhân viên cấp sự vụ lệnh mới để di chuyển trong khi chờ đợi phi cơ ra Nha Trang.

Sau khi chào từ giả vị sĩ quan trưởng phòng, Châu vừa bước ra gặp viên trung sĩ nhất văn thư cũng vừa làm xong giấy tờ cần thiết trao cho anh.

– Đây, sự vụ lệnh mới để anh đi ra xin phi cơ, còn hồ sơ tôi sẽ chuyển ra đó sau cho anh. Anh có cần hỏi gì nữa không?
– Thưa trung sĩ, tôi phải đưa sự vụ lệnh nầy ở đâu để xin phi cơ?
– Anh mang sự vụ lệnh nầy, ra ghi tên tại trạm tiếp liên quân sự ngoài cổng trại Phi Long, rồi người ta sẽ sắp xếp hẹn ngày cho anh đi.

Anh định hỏi thêm nhưng chực nhớ lại lời thiếm Tư bán cà phê ở Ban Mê Thuột nhắc là: *"đường sá đều ở trong miệng tất cả, muốn biết thì cứ hỏi thăm người ta"*.

Anh cám ơn viên trung sĩ, xếp tờ sự vụ lệnh cho vào túi, đi lần ra phía trước đường đón xe lam ba bánh chạy ra cổng chánh.

###

Hơn một năm trời trôi qua, kể từ ngày cô Năm gặp lại anh Út Châu trong một buổi chiều hẹn hò ở Cầu Vó, khi anh Út được nghỉ phép mãn khóa tân binh ở Trung Tâm Huấn Luyện Quang Trung. Sau đó, cô không còn nghe được tin tức gì về anh nữa, cũng chẳng biết anh đang ở phương trời nào? Trai tráng trong làng có nhiều nơi cây mai mối đến dạm hỏi, nhưng cô đã viện đủ cớ với cha mẹ để từ chối. Cô có ý chờ đợi anh Út Châu mãn lính trở về.

Gái mới lớn mà gặp hơi trai, chẳng khác nào cây thiếu nước gặp lúc mưa rào. Nghĩ đó có lẽ là sự trùng hợp tự nhiên giữa con người và cây cỏ cảnh vật chung quanh.

Quả đúng như vậy, không biết phải nhờ hơi hám của anh Út Châu hay không mà cô Năm Lài càng ngày hình như càng đẹp thêm ra. Những đường cong rất khiêu gợi được nổi bật trên chiếc áo bà ba gần như bó sát và chiếc quần lãnh đen mát rượi cô thường mặc để ra chợ. Cô Năm đẹp phơi phới như miếng thịt mỡ treo trên giàn bếp. Các cậu trai trong làng chẳng khác nào những chú mèo liếm mép thèm thuồng ngóng cổ dòm lên. Nhưng trong đám trai hay dòm ngó chọc ghẹo hoặc giả bộ đi ngang trước cửa bờ tre nhà cô Năm để luôn tiện nhìn vào mà bà Sáu, mẹ cô thỉnh thoảng bắt gặp, có một ông thầy giáo trẻ dạy trường tiểu học ở trong làng Rạch Đào. Bà Sáu chấm và cho là trội nhất trong đám loi choi đó.

Ông thầy giáo ăn mặc sạch sẽ, quần tây áo sơ mi trắng, có nghề nghiệp danh vọng đàng hoàng, còn mấy cậu kia có vẻ lôi thôi, ưa rủ rê ngồi tụ năm tụ ba uống rượu đế ở quán bà Hai, không nghề nghiệp, ưa chọc gái và ăn nói sổ sàng, trái lại ông thầy giáo ăn nói rất lễ phép chững chạc nên đã chiếm rất nhiều cảm tình của bà Sáu mẹ cô Năm Lài, vì lẽ đó khi có cơ hội bàn đến chuyện lập gia đình cho cô, bà ưa nhắc và đề cập đến ông thầy giáo trẻ ngoài làng.

Quan niệm của bà Sáu không khác với những người lớn tuổi ở trong các vùng quê xa xôi, họ rất bảo thủ luôn luôn có đôi mắt nhìn kẻ sĩ là trên hết: *"nhất sĩ nhì nông..."*

Nhà nào có con rể làm thầy giáo hoặc thầy ký trong làng đều rất hãnh diện với bà con lối xóm.

Cô Năm Lài tuy ở nhà quê nhưng cô không quan niệm hẹp hòi như vậy. Mỗi khi cha mẹ bàn đến chuyện lập gia đình, mặc dù cô không tìm được một khuyết điểm nào của ông thầy giáo để từ chối, cô chỉ nói là muốn ở nhà để giúp đỡ cha mẹ thêm ít lâu chớ chưa muốn lập gia đình bây giờ. Bà Sáu cứ nghĩ thương con, cho là cô Năm có hiếu thảo với cha mẹ nên cũng nấn ná chờ đợi chớ không nỡ ép buộc quá đáng.

Thỉnh thoảng bà nhắc chừng là con gái mười bảy mười tám không chịu lấy chồng sớm để đến khi qua đến tuổi hai mươi, người ta cười cho là gái ế chồng! Cứ *"hăm qua hăm lại"* v.v... Ở thôn quê trong các thế hệ trước, con gái nếu trên hai mươi mà chưa có ai đi tới dạm hỏi cưới, thì kể như là ế độ, cha mẹ buồn bực và đôi khi cảm thấy xấu hổ với xóm làng là nhà vô phúc nên không có ai để ý.

Thân phận người con gái thời đó được ví như một món hàng ngoài chợ hay là một quả bôm nổ chậm, nếu có người trả đúng giá thì bán đi chớ không nên kèo cựa chờ đến buổi chợ chiều ế nhệ, hay chưa chồng mà cái bụng lại càng ngày càng to ra thì khổ cả nhà.

Trái lại, người con trai được quan niệm như người đi mua hàng. Người đi mua thì không sợ ế, vì đi lúc nào cũng được. cái quan trọng là lựa được hàng tốt, còn nếu theo kiểu *"già kén chọn hôm"* thì ở giá nằm phơi củ cải tới già...

Tuy ngày tháng trôi qua đã khá lâu, cô Năm không nhận được một tin

CHƯƠNG 5 - XÓM CẦU NỔI

tức nào về anh Út Châu, nhưng cô vẫn luôn luôn tin tưởng vào lời hứa của người tình đầu tiên là anh sẽ cưới cô sau khi mãn lính. Có nhiều lúc cô Năm muốn nói thiệt với mẹ về chuyện nầy, nhưng cứ mỗi lần muốn hé miệng thì cô lại sợ mẹ la rầy là dám trôn cha mẹ để hẹn hò với trai làm xấu hổ gia phong, từ đường v.v.... nên cô đành câm nín luôn cho yên thân.

Sau khi nộp sự vụ lệnh ở trạm tiếp liên hàng không quân sự, hai ngày sau, Châu được gọi lên phi cơ đi ra Nha Trang. Hôm nay nhằm ngày thứ sáu cuối tuần, trong lúc làm thủ tục trình diện đơn vị mới, anh Châu có làm quen được một anh lính trẻ tên Lê Văn Phước cũng là lính phòng thủ tại phi trường Nha Trang. Sau khi nghe Châu bảo rằng đây là lần đầu tiên anh đến tỉnh nầy nên không có bạn bè hay quen biết với ai cả, Phước có ý muốn giúp đỡ trong vài ngày đầu tiên, nên bảo:

- Tôi có mướn một căn phòng nhỏ ở ngoài phố, nếu anh Châu chưa có chỗ tạm trú, thì ra đó ở tạm với tôi cũng được, rồi sẽ tìm cách tính sau.

Châu tỏ vẻ mừng rỡ vì đang buồn ngủ mà gặp chiếu manh, anh cám ơn rối rít:

- Anh Phước giúp tôi, thật tình tôi cám ơn nhiều lắm. Mấy bửa chờ máy bay, tôi phải mướn ghế bố ngủ đỡ tại bến xe đò Chợ lớn.
- Ủa! anh không về nhà à?
- Nhà tôi ở dưới quê, đang đánh nhau lộn xộn lắm nên không dám về.
- Nghe nói ở bến xe đò Sàigòn Chợ lớn tụi đàng điếm cướp giật dữ lắm anh không sợ à?
- Ngoài cái ba lô nầy ra, tôi đâu có gì quí giá mà sợ tụi nó cướp giật?
- Anh làm giấy tờ xong rồi phải không? Người ta bảo anh chừng nào ra trình diện?
- Ông thượng sĩ phòng văn thư lúc nẫy bảo tôi thứ hai ra trình diện ông đại úy trưởng đoàn.
- Thôi xách ba lô tôi chở anh về nhà!

Ngồi phía sau yên chiếc xe gắn máy, Châu níu chặt vào bả vai của Phước cho khỏi ngã. Xe chạy nhanh trên đường hướng về bờ biển. Gió từ mặt nước đại dương thổi vào nghe mát rười rượi. Châu cảm thấy lâng lâng thích thú, anh chực nhớ lại lúc còn ở Ban Mê Thuột, có lần Tấn đã nói cho anh biết về khung cảnh của Nha Thành, với bãi biển cát vàng mịn nằm dưới những dãy dừa cao và hàng thông rủ lá.

Mặt nước biển trong xanh cuộn tròn từng đợt sóng vỗ nhẹ vào bãi cát tạo thành những âm thanh như mời gọi, đón chào du khách. Tấn còn dí dỏm chọc anh: *"con gái Nha Trang đẹp hiền, dễ thương lắm, những đứa lờ khờ nhà quê như mầy, coi chừng mấy đứa đó bắt cóc luôn".*

Qua sự nhận định đầu tiên của anh thì thành phố nầy đẹp và sạch sẻ hơn Ban Mê Thuột. Với hai khung cảnh của hai nơi gần như hoàn toàn khác biệt, Ban Mê Thuột, xứ hoàng triều cương thổ, là linh địa ngày xưa phát xuất từ thổ dân gồm nhiều buôn thượng địa phương kết hợp nằm chong chênh giữa miền rừng núi tiếp giáp với biên giới Cao Miên.

Những tiếng chiêng, tiếng còng để gọi gió hú mây như vẫn còn văng vẳng đâu đây của người dân bản xứ. Ban Mê Thuột đối với những người "lính thú" xa nhà còn được mệnh danh là "xứ buồn muôn thuở" vì có gió núi, mưa phùn rỉ rả kéo dài đôi khi cả tuần không nghỉ.

Trái lại, Nha Trang thành phố nổi tiếng về du lịch, với cảnh trí được thiên nhiên ưu đãi nằm trong một thung lũng rộng lớn chạy dọc theo bờ biển từ Nam lên Bắc. Đối diện phía bên kia là những dãy núi chập chùng tạo thành những thành trì kiên cố như để che chở cho những cái bất hạnh gây ra do bảo tố từ cao nguyên vọng về. Nha Trang có nắng ấm, có Hòn Chồng, Hòn Vợ, Núi Bà, Hòn Rùa, Xóm Búng và Suối Tiên v.v...

Đến Nha Trang khách ngồi dưới bóng cây ven biển, uống một ngụm nước nước dừa tươi mới chặt ra từ trong trái. Đưa mắt nhìn ra biển khơi, khách dù có khó tính, chán nản hay tiêu cực đến đâu cũng cảm thấy cuộc đời hiện tại vẫn còn có ý nghĩa đáng để sống.

Phước vừa cho chiếc xe quẹo sang trái để vào đại lộ chạy dọc theo bờ biển. Đúng vào lúc Châu vừa thoát ra khỏi giấc mơ của người khách mới đến chỉ biết thành phố nầy qua những nét diễn tả tuyệt mỹ như bức tranh dịu dàng vẽ trên lụa quí của người khác kể lại.

Những tiếng ì ầm vang dậy, kéo dài nối tiếp như tiếng sấm sét của trời đất sắp đổ cơn mưa lớn đã làm anh chợt tỉnh. Châu ngước mặt lên nhìn, bầu trời vẫn trong xanh cao vời vợi, không có dấu hiệu nào là chuyển mưa cả. Có vẻ thắc mắc, Châu đưa tay vỗ vào vai Phước:

— Cái tiếng gì nghe như trời gầm vậy anh?
— Ồ! Cái đó là sóng biển đập vào bờ. Hôm nay hình như có gió hơi mạnh ngoài khơi thổi về!

Châu cảm thấy hơi ngượng ngùng vì câu hỏi ngớ ngẩn của mình. thực sự thì anh không biết, vì từ trước tới giờ anh có thấy biển cả là cái gì đâu? Anh chỉ mới nhìn thấy rừng núi và người thượng gùi con ở Ban Mê Thuột là cũng nhờ đi lính đổi lên đó, chớ còn ở quê anh suốt đời chỉ thấy ruộng rẫy, sông rạch nho nhỏ chứ đâu có thấy núi cao biển rộng như thế nầy!

Phước đoán biết là người bạn mới chưa bao giờ đặt chân đến Nha Trang, nên có ý định sau khi sắp xếp chỗ ở xong, anh sẽ đưa Châu đi xem một vòng thành phố cho biết.

CHƯƠNG 5 - XÓM CẦU NỔI

Sau đôi ngày tạm trú, Phước nhận thấy Châu rất hợp tánh tình của anh, nên đề nghị Châu ở luôn để chia sẻ bớt tiền nhà và có bạn đi làm chung, Châu hết sức hân hoan đón nhận ngay lời của Phước vừa thốt ra.

Châu thầm nghĩ và phục tài ông thầy bói ngồi ở vỉa hè coi giùm chỉ tay cho anh hôm trước, lúc tạm trú ở bến xe đò ChợLớn chờ phi cơ đi Nha Trang. Sau khi nhìn tới, dòm lui, lật qua lật lại hai bàn tay, ông ta bảo số anh sẽ gặp hậu vận giàu có và được quới nhân độ mạng giúp đỡ v.v...

Thật sự khá giả giàu có thì anh rất nghi ngờ, khó tin vì không dễ gì tạo được sự nghiệp với đồng lương ít ỏi của lính tráng. Tiện tặng lắm may ra chỉ đủ ăn no, mặc ấm chứ làm sao trở thành giàu được? Nhưng quới nhân độ mạng, có bạn bè giúp đỡ thì trúng phong phóc. Lúc ở Ban Mê Thuột có Tấn, có chuẩn úy Tiến chỉ đường mở nẻo. bây giờ ra Nha Trang có Phước cho ăn nhờ ở đậu thì ông thầy bói đoán không sai chút nào.

Với công việc thường nhật của người lính phòng thủ phải chu toàn bổn phận trong sở, thỉnh thoảng có một vài ngày nghỉ trong tuần, phước thường đưa Châu về các vùng xa ngoại thành trong quận Diên Khánh thăm chơi vườn tượt, ăn trái cây.

Nhưng sáng hôm nay đúng nhằm ngày chủ nhật, Phước dậy sớm hơn thường lệ. Mới vào khoảng sáu giờ anh đã lên tiếng thúc giục:

— Ê! dậy Châu sửa soạn đi ăn đám giỗ mầy!

Còn đang nhựa nhựa trong giấc nướng, Châu cằn nhằn:

— Ai mời đám giỗ đâu mà đi?
— Con bồ tao mời chiều hôm qua, lúc mầy đi trực ứng chiến chưa về!
— Mời mầy thì mầy đi, chứ mắc mớ gì tao mà phải đi?
— Nó bảo tao rủ mầy đi luôn cho vui!

Hai người bạn lại đèo nhau trên chiếc xe gắn máy của Phước, hướng về quận Ninh Hòa. Gió ban mai lành lạnh từ ngoài biển thổi vào, con đường dài thăm thẳm trước mặt cứ nhấp nhô vươn lên rồi sụp xuống. Đôi lúc uốn khúc qua những dãy rừng thưa hay theo triền núi ven biển...

###

Thời gian cứ vô tình đong đưa, tháng nầy vừa qua, năm nọ lại đến. Bóng mặt trời nhô lên rồi lại sụp xuống trước hiên nhà. Như những giọt nước từng hạt nhỏ cứ nhểu đều trên mặt đá, để rồi một ngày nào đó khi chợt nhớ ra thì chính những giọt nước nhẹ nhàng mềm mại kia đã vô tình làm soi mòn và thay đổi hình dạng bản chất của phiến đá ngày xưa.

Cô Năm Lài dù có chặt dạ cầm lòng để giữ lời hẹn ước với anh Út Châu đến đâu cũng mềm lòng trước những lời khuyên và răn he của mẹ.

– Lài à! Tao nghe lối xóm xì xào về mầy đó!

Khi nghe mẹ lên tiếng là cô Năm biết bà muốn nói gì rồi.

– Con làm gì đâu mà họ xì xào?
– Người ta nói mầy lớn mà ưa kén chọn chưa chịu lấy chồng!
– Con mới có hai mươi chớ bộ già lắm sao?
– Ờ! Cứ hăm qua hăm lại, già lúc nào không hay đó! Tao với ba mầy không phải lột da sống đời để lo hoài đâu! Tao thấy thằng giáo Hai ngoài chợ nó hiền lành coi được lắm. Nó khỏi bị đi lính đi tráng nữa, còn đợi gì mà mày không chịu?

Đúng ra không phải cô Năm chê gì thầy giáo Hai, trái lại cô có cảm tình với ông nầy nhiều hơn là mấy cậu con trai trong xóm, chỉ đi nhậu nhẹt cờ bạc tối ngày. Vã lại có chồng làm thầy giáo cũng hãnh diện với bà con lối xóm lắm, vì cô sẽ được người ta gọi là cô giáo Hai chớ phải chơi đâu! Chỉ buồn một nỗi là cô đã quen tiếng bén hơi với anh Út Châu từ lâu nên không nỡ phụ anh thế thôi.

Người đời thường bảo *"xa mặt cách lòng"*, chính cô cũng không biết anh Út có còn nhớ đến cô hay đã có người yêu khác rồi? Cô thường nghe lối xóm nói: *"không tin nổi mấy ông lính, đi tới đâu là có mèo, có vợ tới đó..."*

Nghĩ tới đây cô cảm thấy buồn buồn, nên đôi khi mẹ nhắc tới chuyện ông thầy giáo, cô cũng không còn muốn chống báng như lúc trước nữa!

Bà Sáu thấy cô Năm yên lặng nên tiếp tục:

– Hôm qua tao đi chợ có gặp giáo Hai, luôn tiện tao có nhờ nó làm giùm cái đơn để xin giảm thuế ruộng vì trận lụt vừa qua thất mùa. Nó hứa xế trưa nầy sẽ ghé qua để ba mầy ký tên đem ra làng, vậy mầy ăn mặc cho vén khéo một chút chớ để người ta cười.

Mẹ nói, Lài vẫn cúi mặt lặng thinh bỏ ra sau nhà bếp. Chính nàng cũng không biết nên vui hay buồn trong lúc nầy?

– Mấy đứa bạn cùng lứa tuổi trong xóm như con Hoa, con Nở, con Nhạn, tụi nó đã có chồng, có con đùm con túm hết chớ đâu phải còn cu ki như mầy. Con gái như cái bông, cái hoa mới nở, nếu để quá thì quá lứa, nó sẽ tàn héo xấu xa, không ma nào dám rớ...

Đó là câu kinh mà bà Sáu thường nhắc đi nhắc lại mỗi khi bàn đến chuyện gia đình cho cô Năm.

Vào khoảng bốn giờ chiều, có tiếng chó sủa vang ngoài ngõ bờ tre. Bà Sáu biết chắc là ông giáo Hai đến nên bảo:

– Lài, bước ra la con chó cho thầy giáo đi vào!

CHƯƠNG 5 - XÓM CẦU NỔI

Đang ngồi đun nước sôi phía sau bếp, khi nghe tiếng mẹ gọi, nàng nhanh nhẹn xỏ chân vào đôi dép nhật, đứng dậy lấy tay phủi nhanh bụi dính ở phía sau quần:

- Dạ! con ra bây giờ đây má!
- Ờ! con ra đó mời thầy vào nhà!

Con chó mực thấy Lài bước ra, nó hết sủa, cong đuôi chạy thẳng vào nhà.

Thầy giáo Hai đúng là nhà mô phạm, ăn mặc rất chỉnh tề: áo sơ mi dài tay màu trắng, quần tây màu xanh nước biển và đôi giày da đánh khá bóng, nhất là mái tóc xức dầu chảy láng mướt theo kiểu *mui xe ngựa*.

Lài nắm chặt hai bàn tay để trước bụng gật đầu chào:

- Mời thầy Hai vào chơi!
- Dạ! cám ơn cô Năm! Có bác Sáu ở nhà không cô Năm?
- Dạ có! Ba má tôi đang cho heo ăn ở sau.

###

Giáo Hai là con trai lớn của ông Trùm Vạn ở gần lò heo xóm trên. Nghe nói sau khi giáo Hai học hết bậc tiểu học ở trường làng, rồi lên Sàigòn Chợlớn gì đó, học ba bốn năm nữa, xong trở về làng xin làm thầy giáo đi dạy ở đây.

Thầy giáo Hai còn độc thân và có địa vị tương đối cao trong làng trong xóm nên có rất nhiều nhà khá giả muốn gã con gái cho thầy, nhưng giáo Hai còn đang kén chọn, quyết lựa một cô vợ thật bảnh gái nên thầy cà rà đánh trống lãng.

Nhưng vào khoảng năm nay, sau khi gặp cô Năm Lài với bà Sáu đi chợ ngoài làng, thầy giáo Hai lại đâm ra tương tư, chết mê chết mệt vì ánh mắt sắc bén hơn dao, dáng đi thật lẳng đã ám ảnh thầy suốt đêm... Vì nghề gõ đầu trẻ phải làm gương mẫu trong làng nên mặc dù bên trong đã say đắm cô Năm, nhưng thầy vẫn cố giữ đúng tư cách của nhà mô phạm, không dám tán tỉnh sàm sở như những cậu trai làng.

Nhưng những cử chỉ sốt sắng và nhìn trộm của thầy Hai cũng không làm sao qua được cặp mắt đầy kinh nghiệm của bà Sáu. Đối với bà, nếu giáo Hai làm rể con trong nhà thì nhất trong xóm, chỉ còn trục trặc là cô Năm Lài chưa chịu làm quen, vì trước kia mỗi lần thấy bóng dáng giáo Hai vào thăm là cô tìm cách trốn ra ngoài sau bếp.

Nhưng hôm nay, có lẽ trúng nhằm ngày lành tháng tốt, giáo Hai thấy lòng phơi phới, như buồm gặp gió ra khơi, khi nhìn thấy cô Năm Lài ra tận cửa tiếp đón một cách niềm nở.

Con đường từ ngõ bờ tre đi vào nhà không xa lắm, Lài yên lặng đi phía trước, giáo Hai theo sát phía sau gợi chuyện bâng quơ:

– Hôm nay cô Năm không đi chợ à?
– Tôi đi hồi sáng rồi!
– Hèn gì tôi để ý mà không thấy cô với bác Sáu đi ngang qua trường học!

Vừa lúc ấy bác Sáu trai cũng đi ra phía trước:

– Mời thầy Hai vào nhà. Thiệt tôi mang ơn thầy nhiều quá! Đã làm giùm đơn mà còn phải mang lại nhà nữa!
– Dạ có chi đâu bác! cháu đi dạy học về sẵn tạt qua đây chớ có cực nhọc gì đâu!

Giáo Hai vừa nói xong, bác Sáu trai quay đầu xuống bếp gọi lớn:

– Lài à! bưng bình nước trà mới pha khi nãy lên đây cho ba!

Lài từ phía sau bếp ôm bình nước tra để trong vỏ dừa khô để lên bàn. Bác Sáu gái cho heo ăn xong cũng vừa vào tới:

– À! Thầy giáo đến chơi.

Bà xoay qua, trong lúc Lài đang rót nước ra ly mời khách.

– Lài nè! con xuống dưới bồ lúa lấy cái keo đựng chuối khô đem lên mời thầy ăn, uống nước trà.

Giáo Hai đứng dậy có vẻ ngăn lại:

– Bác Sáu đừng làm phiền cô Năm. Cháu ghé chơi một chút rồi về!
– Bậy nè! mấy thuở thầy ghé chơi. Chuối ở nhà ăn không hết, con Lài ép đem phơi nắng thơm ngon lắm. Để mời thầy ăn thử uống nước trà.

Ngọn gió ban chiều từ cánh đồng lúa chín vàng phía trước nhà thổi vào nghe mát rượi. Con heo nái háo ăn, dẫn theo một bầy heo con to hơn bắp vế, đi đủng đỉnh trước sân nhà nhóc mỏ kêu *"eng ét"* đòi ăn.

Bác Sáu gái xách chổi quét nhà ra trước vừa la vừa đuổi:

– Mới cho ăn hồi bốn giờ đây, bây giờ lại đòi nữa rồi! cái thứ gì mà ăn tạp dữ quá!

Giáo Hai đưa tay nhìn đồng hồ. Nhận thấy đã hơn năm giờ chiều, anh vội vã đứng dậy kiếu từ:

– Thưa hai bác! cháu ghé nhà chơi cũng đã lâu, bây giờ xin phép để đi về.

CHƯƠNG 5 - XÓM CẦU NỔI

Giáo hai nhìn qua bác Sáu trai đang ngồi uống nước trà:

- Nếu cái đơn bác cầm đi có gì trở ngại, bác cứ ghé trường học cho cháu biết!
- Tôi cám ơn thầy. Mai tôi sẽ cầm ra làng để họ chứng rồi sẽ gởi lên tỉnh sau. Khi nào thầy có rảnh mời ghé nhà chơi nói chuyện cho vui.
- Dạ, cám ơn bác! nếu có rảnh, cháu sẽ ghé thăm hai bác!

Sau khi đuổi bầy heo chạy ra phía sau nhà, bác Sáu gái lên tiếng gọi con gái:

- Lài à! đưa giùm thầy hai ra ngõ chứ để con chó nó rượt theo sủa um sùm.

Thế là thầy hai lại được cô Năm Lài đưa ra tận ngõ để về nhà. Định lợi dụng dịp nầy để tỏ ý làm quen và đi sâu hơn là những câu chào hỏi thường xuyên khi gặp mặt ngoài đường, nhưng một lúc suy tới nghĩ lui, giáo Hai cũng chẳng biết phải nói làm sao! nên đành ngỏ ý khen ngợi không ăn nhằm vào đâu cả!

- Cô Năm ép chuối khô ngon quá!
- Dạ chuối sứ ở sau vườn đó thầy, ăn uống nước trà ngon lắm!
- Tôi ghé nhà chơi cô có thấy gì phiền không?
- Thầy nói chuyện với ba má tôi, đâu có gì là phiền!

Câu chuyện trao đổi giữa hai người tới đây cũng vừa đến cửa ngõ bờ tre. Lài đứng lại, dự định xoay người quay trở vào. Thầy giáo Hai cũng đứng lại nhìn xuống đất, như có ý định muốn nói thêm điều gì, nhưng cuối cùng chỉ gật đầu chào rồi xoay mặt bước đi.

Lài nghĩ thầm: *"đàn ông gì mà nhút nhát như thỏ đế! muốn nói mà cũng không dám!"*

Bỗng nàng chợt nghĩ đến Út Châu, lúc hai người tình cờ gặp nhau lần đầu ở ao làng, khi cô Năm bị đứt dây gào nhờ anh Út lượm giùm. Rồi một rủi ro bất ngờ xảy ra, mặt mày dính đầy sình đất, lúc đó anh Út không nghĩ đến bản thân mình mà chỉ lo khoát nước lên để rửa mặt và áo quần cho cô Năm.

Qua cử chỉ tình cảm đôn hậu đó, cô Năm đã để lòng thương yêu anh Út. Nếu đem so với thầy giáo hai thì anh Út có nhiều bản tính con trai hơn, ưa tấn công chớp nhoáng chứ không rụt rè nhút nhát như con gái.

###

Sau khi tổng thống Ngô Đình Diệm bị lật đổ, chiến tranh càng ngày càng tăng cường độ. Xả ấp nông thôn trở thành những địa bàn hoạt động hữu hiệu cho du kích cộng sản nằm vùng. Sự giao thông trên các trục lộ bị gián đoạn. Cầu cống đường xá bị giật mìn. Phi trường và các thành phố thường bị cộng quân pháo kích. Quân đội quốc gia thường được đặt trong tình trạng ứng chiến.

Phi trường Nha Trang lại nằm sát kề bên mật khu Đồng Bò nên sự canh giữ an ninh lại càng cẩn thận hơn. Là lính phòng thủ không quân, Châu cũng phải chịu chung số phận như những quân nhân tác chiến khác. Anh bị cấm trại trực gác liên miên để bảo vệ vòng đai phi trường. Vào khoảng sáu năm về trước, có một lần anh được phép thường niên của đơn vị.

Anh theo trực thăng bay về Sàigòn, định đón xe đò về thăm nhà. Khi ra bến xe Chợlớn mới chưng hửng, vì xe đò chạy đường Rạch Đào- Cần Đước không còn chạy nữa. Hỏi thăm những người ở bến xe, họ cho biết là cầu cống, đường sá bị Việt cộng giật sập và đào phá gần hết, chỉ có đi xe đạp hoặc đi bộ mà thôi. Kể từ đó mỗi lần được phép thường niên thay vì về thăm xóm làng xưa, người yêu cũ, anh lại bay ngược lên Ban Mê Thuột để thăm những bạn cũ: Tấn và Tiến trên đó.

Chuẩn úy Tiến bây giờ đã vinh thăng lên đại úy, còn Tấn đã giải ngũ sau thời gian đi quân dịch. Anh trở về làng với gia đình làm rẫy ở gần phi trường Phụng Dực, Ban Mê Thuột.

Hôm nay là lần thứ ba, anh trở về đây để dự đám cưới Tấn mà người chủ hôn danh dự là đại úy Tiến.

Hai chiếc phi cơ trực thăng HU-1 của phi đoàn Thần Tượng 215 vừa đáp xuống phi trường L-19 trong thành phố. Xuyên qua cửa sổ bên hông tàu, Châu nhận thấy chiếc xe Jeep của đại úy Tiến đã đậu chờ sẵn gần trạm gác. Anh vói xách chiếc vali nhanh nhẹn nhảy xuống trước. Vừa định bước ra phía cổng thì có tiếng gọi giật lại phía sau;

— Ê Châu! còn cái gì nữa tao xách phụ cho!

Châu quay người nhìn lại vừa thấy Tấn tiến lại chỗ anh đang đứng:

— Trời ơi Tấn! mầy mặc áo quần dân sự tao nhận không ra!
— Tao đã giải ngũ rồi mầy không nhớ sao? Đại úy Tiến đang ngồi trên xe chờ mầy kìa!

Hai người bạn lại cặp vai nhau thân thiết như thuở nào khi còn trong quân ngũ, Tân tiếp lời:

— Tao với đại úy Tiến chờ mầy gần nửa giờ ở ngoài nầy. Tội nghiệp ông Tiến tốt tử tế lắm. Thỉnh thoảng ghé nhà tao chơi ăn cơm và ông ta nhắc tới mầy luôn. Ông ta nói là cùng quê với mầy phải không?
— Ở tao ở xóm "Cầu Nổi", còn ổng ở ngoài chợ "Rạch Đào" cùng một làng với nhau.

CHƯƠNG 5 - XÓM CẦU NỔI

Câu chuyện vừa tới đây, đại úy Tiến từ trong xe bước ra đi tới:

- Ê! hạ sĩ Châu! Lần nầy thấy chú trẻ và đẹp trai ra nghe!

Châu dừng lại đưa tay chào theo phong cách nhà binh:

- Chào đại úy!

Tiến bước tới vỗ vào vai Châu:

- *Tôi với Tấn chờ chú cả buổi sáng. Bây giờ ra phố ăn sáng, chú phải trả tiền phở cà phê nghe?*
- Không sao! hạ sĩ không quân độc thân, ông thầy đừng lo!

Sau câu nói diễu của Châu, Tấn khoái chí cười thoải mái.

- Nghe không Tấn, chú Châu bây giờ lanh lẹ đối đáp khôn khéo hơn hồi xưa nhiều!
- Đúng đó đại uý. Bây giờ nó là hạ sĩ quan không quân le lắm, chớ không phải gà mờ như lính quân dịch lúc trước mới đổi ra đây.

Tấn lên xe trước, chui ra phía ghế sau. Đại úy Tiến vừa tra chìa khóa vào định mở máy xe, như trực nhớ lại một điều gì anh xoay qua Châu:

- Ở! hôm trước tôi có nhận được thơ của chú nhờ tôi hỏi thăm giùm gia đình ở dưới quê. Tôi thì không về đó được, nhưng nhờ có ông chú tôi ở Sàigòn về thăm gia đình, có ghé lại gia đình chú được biết là cha mẹ anh em tất cả đều mạnh giỏi. Ba má chú có nhắn lời hỏi thăm và khuyên chú đừng về đó bây giờ nguy hiểm lắm.
- Cám ơn đại úy. Tôi cũng nghe ở dưới đó mấy năm nay lộn xộn dữ lắm!

gồi ghế phía sau, tấn chòm tới phía trước xen vào:

- Đại úy có hỏi thăm giùm con đào của nó còn dưới đó không?
- Tôi đâu có nghe chú nhắc tới cô nào đâu!
- Nó có con đào trước khi đi lính. Nghe nó nói hai người cũng hẹn hò lâm ly dữ lắm.

Tấn đưa tay vỗ mạng vào vai Châu:

- Ê, con đào của mầy tên gì Châu? Hôm trước mầy có nói tên mà tao đã quên rồi.
- Tên Lài!
- À! tao nhớ là cô Năm Lài.

Đại úy Tiến lại chen vào:

- Tên Lài nghe thơm, dễ thương quá hả? Nhưng chú Châu có làm đám hỏi, đám hứa gì không?

– Dạ chưa đại úy! Chỉ quen bồ bịch vậy thôi!
– Như vậy đâu có gì là chắc chắn. Đã ba bốn năm nay, chú mầy không về đó được, thì kể như cô ta đã lấy chồng mất rồi, chứ con gái có đứa nào ở không đâu mà ngồi chờ chú mầy về cưới. Thôi, lên đây rồi Tấn làm mai cô em bạn dì của vợ nó cho.

Đại úy Tiến vừa dứt lời, Châu quay ra phía sau:

– Ê Tấn! mầy cưới cô nào vậy? Tao lên đây ăn đám cưới mầy mà chưa biết tên cô dâu?

Đại úy Tiến lại vọt miệng chen vào:

– Còn ai vào đây nữa? Cái cô chủ quán nho nhỏ dễ thương mà hồi lúc trước kia hai chú thường ghé lại ăn sáng đó!

Như có một sự ngạc nhiên thích thú, Châu vỗ tay thật mạnh.

– Ồ! Cô Hằng con thiếm Tư quán nước. Thằng Tấn lầm lì như vậy mà hay, cưới cô Hằng đẹp lại giỏi buôn bán nữa. Rồi cưới xong mầy định đưa cô ta về vườn làm rẫy phải không?
– Không! ba má tao đã già làm không nổi nữa. Dự trù bán hết mấy mẫu đất để dưỡng già. Còn tao, sau khi cưới vợ, sẽ lập một cái quán cà phê nho nhỏ để bán cho lối xóm và mấy người nhân công làm vườn trong đó. Còn mầy, có bồ khác ở Nha Trang chưa?
– Tao còn long bong lắm. Thỉnh thoảng có đi chơi quen biết chút đỉnh chớ không có bồ bịch ruột rà gì cả. Nếu sau nầy có, tao cũng phải nhờ đại úy Tiến đứng chủ hôn giùm.

Sau câu nói của Châu, Tiến vụt cười lớn:

– Tôi giúp giùm mấy chú thì không có gì trở ngại cả, nhưng khi vợ chồng mấy chú vui thì không nói gì, tôi chỉ sợ lúc buồn đừng kêu tên tôi ra mà cằn nhằn!
– Ông thầy nói vậy, chớ tôi với thằng Tấn không đến đỗi tệ như vậy đâu! Ai lại đi cằn nhằn người đã đi làm ơn cho mình? À! còn vụ của ông Thầy với cô giáo Thảo đi tới đâu rồi?
– Đã mấy năm nay rồi mà chú còn nhớ à?
– Sao lại không! Đó là kỳ đi phép đầu tiên, ông Thầy chở tôi ra nhà cô ta chơi, rồi ăn chiều đúng không?
– Chú mầy nhớ kỹ quá!

Một thoáng buồn nhè nhẹ hiện lên nét mặt của Tiến. Sau cái thở dài, anh tiếp tục:

– Có lẽ lính tráng như tụi mình không gặp được nhiều may mắn như

CHƯƠNG 5 - XÓM CẦU NỔI

những người khác. Họ yêu lính như một người tình hay một thứ đồ vật để trang sức khi đi ra phố hoặc trong những dạ tiệc để tăng giá trị ở trước đám đông, chứ còn lấy làm chồng thực sự còn phải suy nghĩ lại!

Tấn cảm thấy hơi thắc mắc, đưa tay gãi đầu:

- Ông Thầy là sĩ quan, có địa vị trong xã hội, tôi nghĩ là mấy cô mấy bà thích lắm chớ?
- Chú mầy nói đúng. các cô thích là được đưa họ đi ăn kem, dạo phố, nghe nhạc hoặc nhảy đầm, còn lấy nhau làm vợ chồng là chuyện khác.
- Ủa! sao kỳ vậy?
- Vì các cô sợ sớm bị giá chồng!

Tấn và Châu cả hai đều hiểu ý, Châu lại tiếp tục câu hỏi còn bỏ dở:

- Như vậy, ông Thầy và cô giáo Thảo không còn liên lạc nữa à?
- Bộ Quốc Gia Giáo Dục đã gọi cô ta về Sàigòn để làm việc trong đó hơn hai năm nay. Tôi vì bận đi hành quân liên miên nên không có liên lạc thường xuyên, nghe nói là hình như cô ta đã lập gia đình với một ông giáo sư nào đó ở Sàigòn rồi!

Sau ngày đám cưới của tấn, Châu theo phi cơ trực thăng trở lại Nha Trang, Phước đã chờ sẵn ở phi đạo đưa anh về nhà.

- Mầy đi phép đúng lúc lắm. Hồi hôm tụi nó mới khịa vào đây năm trái 122 ly. Tụi tao thức canh suốt đêm bây giờ buồn ngủ quá trời. Thôi leo lên mau vọt về, tao ngủ một giấc mới được.

Châu xách vali lên ngồi phía sau. Anh chợt nghĩ lại lời của đại úy Tiến nói rất đúng. làm lính có thể chết nay chết mai hay què quặt không chừng. Cuộc đời không có gì gọi là bảo đảm cả.

Người ta ca tụng hay tuyên dương công trạng để khuyến khích anh hăng say, can đảm làm anh hùng. Còn chính người ca tụng anh có thể là kẻ muốn chỉ huy anh, sai bảo anh chứ thực ra đôi khi họ không muốn làm kẻ anh hùng để phải hy sinh ra trận mạc như anh.

Như chuyện đã xảy ra cách nay vài ngày. là ngày hôm trước trong buổi lễ chào cờ, sau bài quốc thiều là bài hát *"suy tôn Ngô tổng thống"*. người ta ca tụng ông Ngô Đình Diệm như một bậc vĩ nhân, để rồi ngày hôm sau xảy ra cuộc đảo chánh, người ta lại xem ông như là một kẻ thù truyền kiếp.

Với sự hiểu biết hạn hẹp đôi khi làm anh phải ngờ vực vì những lời tuyên bố của các lãnh tụ chính trị đương thời. Anh nhìn thấy sự đổi khác của Nha Trang trong những năm gần đây là sự có mặt của quân đội ngoại quốc quá nhiều. thành phố trở nên dơ bẩn, xô bồ hơn, các "*bar*" rượu, quán ăn chơi mọc lên như nấm. trong phố cũng như ngoài bãi biển, nơi nào cũng nhìn thấy những bộ mặt trét đầy phấn son lòe loẹt, tóc đánh rối bù như tổ chim của các cô gái làng chơi cặp tay khách Mỹ thong dong nhàn hạ.

Sự thay đổi quá nhanh chóng làm hai anh bực mình vì chủ phố tăng tiền mướn nhà lên quá nhanh. Đã nhiều lần phước cằn nhằn chửi thể:

— Đ.M. tiền lính thì không lên, còn tiền nhà một năm tăng hai lần. Chủ nó muốn đuổi mình ra để cho tụi me Mỹ mướn để làm chỗ bán dâm. Xã hội gì mà kỳ cục, lính đi chợ mua đồ ăn không có mà mấy con me Mỹ đi mua là có liền.

Châu biết như vậy cũng chỉ cười trừ:

— Thôi mẩy ơi! Hơi sức đâu mà phân bì. Tụi nó có tiền nhiều, đi chợ mua hàng đời nào thèm trả giá, nhiều khi còn cho thêm nữa, chứ không phải kèn cựa tính từ đồng từ cắc như tụi lính nghèo mình đâu. Vì lẽ đó mấy bà bán hàng để dành bán cho tụi đó là phải.

Châu vẫn còn nhớ, trong thời gian mới đổi ra đây, anh thường đạp xe dọc theo bờ biển để vào sở làm hoặc thỉnh thoảng chiều đạp xe, đi dạo trên đường phố Độc Lập. Nhưng bây giờ, nếu có đi ra ngoài, phải dòm trước ngó sau cẩn thận, nếu không thì xe nhà binh của tụi Mỹ nó xả ga chạy như điên. Nhiều lúc cán chết người rồi bỏ chạy luôn, như cán một con chó. Nếu có đi thưa kiện, cũng bị ém nhẹm hay xử huề cả làng.

Châu nghĩ tới đây cũng vừa đúng lúc Phước cho xe gắn máy quẹo thật gắt vào ngõ hẻm trước sân nhà làm anh giật mình níu chặt vai bạn.

— Từ từ chứ mẩy!
— Bộ nẫy giờ ngủ gục phía sau hả?
— Đâu có! Đi trực thăng ù tai, tao chỉ nhắm mắt để đó chứ ngủ cái mẹ gì! tao có mua ít chuối khô về cho mẩy nè!
— À, con bồ tao ở Ninh Hoà thích chuối khô ở Ban Mê Thuột lắm. Hôm trước tụi mình xuống nhà nó ăn giỗ, nó có hỏi tao là muốn giới thiệu cho mẩy, cô bạn học của nó. Tao nói mẩy có bồ ở trong Nam rồi nên nó im luôn.

Châu lặng thinh đưa tay mở cửa, đứng chờ Phước đẩy xe vào nhà.

Sau lời nhắc nhở vô tình của Phước làm Châu sực nhớ lại cô bạn gái năm nào. Với lời hẹn ước sẽ về cưới nàng khi mãn thời gian quân dịch. Bây giờ, anh không còn là lính quân dịch nữa mà là lính tình nguyện chính quy trong quân chủng không quân.

Có đôi lúc, Châu đem chuyện tình cảm cá nhân nầy kể cho Phước. Anh có vẻ lo lắng cho cô Năm ở quê nhà đang trông đợi từng ngày, từng tháng

CHƯƠNG 5 - XÓM CẦU NỔI

anh trở lại, Phước chỉ cười nhẹ:

- Ê Châu! mầy là lính mà không thực tế chút nào hết! Vừa lãng mạng vừa mơ mộng nữa! Không có đứa con gái nào chờ mầy tới già đâu! Tụi nó trên hai mươi là sợ ế chồng gần chết rồi! Gặp khứa nào coi được là nhào vô ôm chân ngay, chứ không như mầy tưởng đâu!

Châu cảm thấy hơi khó chịu vì sự suy đoán hàm hồ của Phước, nên cải lại:

- Mầy ưa quơ đũa cả nắm, thành ra gần ba mươi rồi mà chưa có vợ.
- Tao hả? bảo đảm hô một cái là có ngay. Nhưng ai dại đưa cổ vào tròng cho sớm để tụi nó kéo!
- Nói vậy, mấy thằng có vợ tụi nó khùng hết rồi à?
- Cái đó thì tao không dám xác định, mầy thử đi hỏi mấy người có vợ, sau mười năm chung sống họ sẽ nghĩ như thế nào?
- Mầy chưa có vợ mà làm như có cả chục đứa con, kinh nghiệm đầy mình không bằng.
- Tao chưa có vợ, nhưng tao đã thấy cái gương của ông anh cả tao. năm năm đầu, ông anh tao bảo là bà vợ ổng hiền như "ma soeur", ông nói bà nghe. nhưng sau có hai ba đứa con, bả ghen bóng ghen gió dữ hơn bà chằng. bây giờ không có nói chuyện nữa mà chỉ cải lộn thôi. Ổng buồn muốn bỏ nhà trốn luôn, nhưng thương mấy đứa con, nên chuyện gì ổng cũng đành chịu lép vế cho yên nhà yên cửa, còn bả thì được thể trèo lên càng ngày càng tỏ ra hung dữ khó chịu.
- Nghe chuyện ông anh mầy làm tao cũng ớn da gà luôn, nhưng gia đình anh mầy ở tỉnh ở phố nên bả mới bắt chước người ta đổi tánh, chứ còn ở dưới quê đâu có dữ vậy!
- Thôi đi mầy ơi! Ở quê ở tỉnh gì cũng giống như nhau cả, chỉ có khác nhau ở đức tính là khôn khéo hay cục mịch thế thôi. Có vợ khôn, nó biết chiều chuộng trong lời ăn tiếng nói để mình vui vẻ mà làm tới chết cũng hài lòng, còn gặp con vợ tính tình cục mịch, lời nói như "dùi đục chấm nước mắm" hễ mở miệng ra là muốn gây lộn rồi, còn vui thú đâu nữa để mà làm?
- Mầy nói như vậy là tụi đàn ông con trai chắc phải ở giá hết sao?
- Tao không nghĩ như vậy, mục đích của tao là phải chọn lựa kỹ càng, chớ đừng vội vả quơ bậy mà khổ cả đời.
- Vậy quan niệm cô vợ của mầy phải như thế nào?
- Tao hả? Sắc đẹp vừa phải, dễ nhìn chớ đừng tệ quá! Không cần phải học giỏi nhưng phải thông minh, giản dị, có tánh thương người, vui vẻ, hơi tếu là được.

Câu chuyện về gia đình vợ con, tương lai của hai người bàn tới đây gần như đủ chán, Châu đứng dậy đưa tay vươn vai bước ra.

– Thôi để tao chờ mầy lựa vợ xong, tao sẽ xin cưới cô em hoặc cô chị vợ mầy là chắc ăn nhất!

Câu nói vô thưởng vô phạt của Châu làm cả hai cùng cười huê cả làng.

Qua những lần tranh luận và trao đổi ý kiến với Phước, Châu cảm thấy bớt đi sự cắn rứt vì lời hứa khi xưa. Đôi khi anh thầm mong ước cho cô Năm Lài tìm được người yêu khác để lập gia đình hơn là chờ đợi anh.

###

Kể từ ngày thầy giáo Hai đến nhà làm giùm đơn để xin làng miễn thuế cho bác Sáu, cô Năm Lài không còn chống báng hay lẩn tránh mặt như trước kia, làm bác Sáu có vẻ hài lòng hơn. Thầy giáo Hai cũng cảm thấy lòng phơi phới khi được cô Năm chăm sóc đưa đón ra tận cửa và đối đãi vui vẻ hơn xưa nhiều.

Thỉnh thoảng đi chợ, bác Sáu ghé trường học biếu cho thầy nải chuối cao hoặc nửa chục xoài. Ngược lại thầy hai cũng thường ghé nhà thăm, tặng bác Sáu trai vài bánh thuốc rê, vài gói trà *"Thái Đức"*, bác Sáu gái vài thước vải ú đen và đặc biệt cho cô Năm vài cây kẹp có gắn bông cúc vàng để cô kẹp trên tóc làm duyên.

Bóng dáng của Út Châu đã nhạt dần theo ngày tháng. Nhiều mùa lúa chín đã trôi qua. Cây xoài trước nhà đã mấy lần trổ nụ, anh Út vẫn biền biệt bặt tin không trở về, vì lẽ đó cô Năm không thể chờ đợi mãi để trở thành cô gái già lỡ thời rồi lối xóm sẽ cười chê cho nhà nhà bác Sáu vô phước, cô đành vâng lời cha me đi lấy chồng.

Lối xóm bây giờ không còn gọi cô là *"con Năm Lài"* nữa, mà được thay là *"cô giáo"*, vợ của thầy giáo Hai dạy học trong làng.

###

Sáu năm sau kể từ ngày cô Năm về "nâng khăn sửa túi" cho thầy giáo Hai, cô sản xuất cho thầy được ba mặt con. Với số lượng tạm đủ sống và mang danh là vợ của thầy giáo nên cô Năm chỉ ở nhà lo bếp núc, chăm sóc con cái chứ không đi cấy thuê, gặt mướn như thời con gái.

Sáng hôm nay là ngày giỗ hàng năm của ông già bác Sáu trai. hai vợ chồng cùng ba đứa con của cô Năm về sớm để lo phụ mẹ làm vịt gà nấu nướng cúng ông nội cô.

Nhìn ba đứa cháu ngoại chạy tung tăng trước sân gần mé hào, bác lên tiếng gọi con gái;

– Lài à! ở đây có mấy dì con phụ được rồi, con dẫn mấy đứa nhỏ đi lên lộ đấp ra quán bà Hai mua cho má thêm ít tỏi tiêu về ướp thịt.

CHƯƠNG 5 - XÓM CẦU NỔI

Thầy giáo Hai, chồng cô Năm, đang phụ cha vợ lau lại mấy cái chân đèn trên bàn thờ, cũng vội vã nhắn theo:

— Em ra ngoài quán, nhớ mua thêm cho ba một gói thuốc hút "Rubi" hay "Basto" để lát nữa mời khách.

Cô Năm từ phía sau đi thẳng ra mái hiên trước nhà, lấy gáo múc nước trong lu ra rửa tay. mấy đứa nhỏ thấy mẹ cũng chạy bu lại đòi vọc nước.

Con Hoa lớn nhất, vào khoảng năm tuổi, đứa thứ hai, thằng Tèo, bốn tuổi, út là thằng Tý hai tuổi.

Con Hoa chị cả có vẻ khôn lanh hơn, ưa *"làm mủ làm nhọt"* với hai đứa em:

— Tụi bây dọc nước, má không dẫn ra quán mua kẹo bây giờ!

Nghe bà chị hăm dọa, hai đứa lùi bước ra sau. Thằng Tý nhìn mẹ nói tiếng được, tiếng mất:

— Má... mua kẹo... ăn...

Nhìn gương mặt dính đất và hai bàn tay đen thui chơi dơ của thằng Tý, cô Năm đưa tay ngoắc:

— Tý! lại đây má rửa mặt rồi đi mua kẹo cho! Con hoa lấy khăn lau mặt cho thằng Tèo đi con.

Mùa khô năm nay đã sớm hơn so với mọi năm khác. Những thửa ruộng trước nhà lúa đã gặt xong. Những gốc rạ còn mới toanh thơm mùi rơm ủ, đứng thẳng thật đều sắp thành từng hàng như thước kẻ.

Ánh mặt trời vẫn còn nằm chênh về phía đông. Vài con trâu đen đang chậm rãi đứng gậm cỏ sớm trước bờ ruộng. Con Hoa đi trước, cúi cuống lượm đất cục liệng vào bầy trâu để chúng tránh đường.

Cô Năm ẩm thằng Tý đi phía sau lên tiếng:

— Hay là mình băng xuống ruộng đi cho nhanh đi con!
— Thôi má ơi! ruộng khô đi đau chân lắm. Để con đuổi nó lội xuống ruộng chừa đường mình đi có cỏ êm hơn.

Nghe con Hoa nói có lý, cô Năm yên lặng đứng chờ. Quán bà Hai, nhờ có bán thêm cà phê và thuốc hút nên trời vừa mới rạng sáng đã có vài người ngồi phía trước, lai rai uống cà phê hút thuốc lá tán gẫu.

Khi thấy cô Năm Lài dẫn con vào, bà Hai chủ quán lẹ làng hỏi thăm:

— Chu choa! Cô giáo Hai lâu lắm mới đến. Cô được ba cháu rồi phải không?

– Dạ, hai trai một gái đó bác Hai!

– Thầy giáo Hai vẫn khỏe?

– Dạ, nhà con vẫn mạnh đi dạy học đều đó bác! À! quán bác có bán cà phê nữa phải không?

– Ờ! cà phê nầy thơm lắm, có người ở Ban Mê Thuột mang về bán cho tôi đó. Cô mua cà phê về cho ba cô uống thử coi! Hôm trước có người ở Sàigòn xuống đây ghé hỏi thăm tôi nhà của chú Út Châu, có uống thử cà phê, ông ta khen ngon mua cả kí mang trở về trên đó để dành uống đó cô.

Cô Năm lài giật mình khi nghe bác Hai chủ quán nhắc lại cái tên Út Châu quen thuộc ngày xưa. Sau một phút lấy lại trạng thái bình thường, cô giả lả hỏi:

– Ai ở Sàigòn xuống bác biết không?

– Ông ta ghé lại vào buổi xế trưa, ngồi nói chuyện cũng khá lâu. Ông ta nói là người sinh đẻ ở làng Rạch Đào, rồi lên Sàigòn Chợlớn đó để làm ăn. Ông ta có thằng cháu đi lính ở Ban Mê Thuột, nó nhờ ghé để hỏi thăm gia đình thằng Út Châu, và cũng để báo cho ba má nó biết là nó vẫn khỏe mạnh vậy thôi.

Cô Năm Lài hỏi gặn lại cho chính xác:

– Có phải anh Út Châu ở trong xóm "Cầu Nổi" không bác Hai?

– Phải rồi! Nó đó cô giáo! Tôi nghe nó đi lính đã lâu ở nhà không được tin tức gì cả, nay biết được nó còn sống là mừng rồi. Thời bây giờ đi lính đi tráng dễ chết lắm cô ơi!

Thằng Tèo từ nãy giờ đứng đợi mẹ nói chuyện với bà hai, hình như nó không còn kiên nhẫn được nữa. Nó bước ra phía sau, nắm vạt áo của mẹ kéo tới kéo lui thúc dục:

– Má! mua kẹo đi!

Cô Năm đang ẩm thằng Tý trên tay, nó nghe anh đòi cũng dẫy nẩy muốn khóc đòi xuống đất.

Bà Hai chủ quán đã gói đầy đủ các thứ vào tờ báo cũ, trao cho cô Năm mang về nhà, còn căn dặn với theo:

– Khi nào về, ra đây chơi nghe cô giáo!

Ánh nắng ban mai vẫn còn man mác trải dài trên cánh đồng trống trải sau mùa gặt trông nó lẻ loi cô đơn buồn tẻ. Cô Năm chợt sống lại trong những buổi hẹn hò ngày cũ. những nụ hôn đầu đời nóng bỏng. Những cái ôm thật sát gần như nghẹt thở. Lần đầu tiên Út Châu đã mang đến cho cô những cảm giác rung động tuyệt vời, vừa sợ, vừa đam mê như người đi ăn

CHƯƠNG 5 - XÓM CẦU NỔI

vụng.

Sau hơn hai năm nắng ná chờ đợi, nhưng anh Út vẫn biệt tâm hơi, cô đành chìu lòng gia đình để lấy thầy giáo Hai làm chồng. Cũng kể từ dạo đó, cô dấu kín không hở môi với bất cứ ai về mối tình đầu dang dở nầy. Thời gian trôi qua, những đứa con tuần tự ra đời. Với bổn phận làm vợ, làm mẹ, suốt ngày bận rộn chuyện gia đình, cô đã tuyệt nhiên quên hẳn những gì đã xảy ra trong thời con gái.

Bây giờ cô đã có chồng, có con đàn con túm. Nếu tình cờ sau nầy gặp lại anh Út Châu, cô cũng chẳng biết phải ăn nói làm sao cho gọn? Có lẽ chỉ nhìn nhau rồi cúi mặt quay đi xem như người xa kẻ lạ!...

###

Chiến tranh Việt nam càng ngày càng tăng cường độ dữ dội hơn. Quân đội Mỹ và đồng minh chư hầu đã cảm thấy khó gậm nên họ rửa tay, phủi đít ra đi hơn cả năm nay. Họ xem lời hứa danh dự ngày xưa qua các triều đại tổng thống Mỹ như một thứ con buôn trả giá món hàng, khi cảm thấy có lợi thì lấy, không thì bỏ phứt nó đi. Họ hứa giúp đỡ quân đội Việt nam Cộng Hoà đủ sức mạnh để bảo toàn nền độc lập dân chủ cho miền Nam Việt Nam, nhưng rốt cuộc cũng bị quốc hội Hoa Kỳ cắt tỉa lần hồi với nhiều lý do mập mờ không chính đáng để rồi trong những năm kế tiếp tin chiến sự gởi về trên mặt báo, trên đài phát thanh quốc gia và quốc tế: Phước Long thất thủ... cộng quân đã chiếm Ban Mê Thuột... tổng thống Nguyễn văn Thiệu cho lệnh di tản chiến thuật khỏi Kontum, Pleiku v.v...

Dân chúng ở thành phố Nha Trang mấy hôm nay thật xôn xao vì những lời đồn đại rỉ tai là Tuy Hoà, Qui Nhơn và các tỉnh, quận trở ra Huế đã hoàn toàn bỏ ngỏ, nha Trang bây giờ, coi như là thành phố biên trấn. Nhiều gia đình có cơ hội đã bồng bế dẫn dắt nhau về các tỉnh phương nam lánh nạn trước.

Châu và Phước phải túc trực ứng chiến một trăm phần trăm tại đơn vị.

Phước đang ngồi uống cà phê trong quán của thượng sĩ Lộc kề bên phòng họp của đơn vị phòng thủ. Châu vừa xong phiên trực từ tối hôm qua, định về trại ngủ bù, khi anh vừa đi ngang qua cửa quán, bị Phước gọi giật lại;

– Ê Châu! vào đây uống một ly cà phê rồi về trại mầy!

Nghe tiếng gọi, Châu biết ngay là thằng bạn nối khố theo chủ nghĩa độc thân, anh quay lại bước vào:

– Mới hừng sáng mà mẩy đã ứng chiến ở quán cà phê rồi à?
– Nằm ở trại nghe tụi nó bàn tán nhiều quá làm tao xốn xang, nên ra đây uống một ly "xây chừng" cho tỉnh.

- Ừ! May mà tụi mình chưa có vợ con nên cũng nhẹ gánh. Tao nghe tụi nó nói, là có vài ông sĩ quan phòng thủ của mình đã đưa gia đình về Sàigòn rồi. Còn mầy có định đưa bà già đi đâu không?
- Má tao già cả, có nhà cửa gốc gác ở trên quê với ông anh tao, bả nói tao là lính tráng muốn đi đâu thì đi.

Phước vừa nói dứt câu, Châu kéo ghế sát lại gần bên nói nhỏ vừa đủ cho Phước nghe:

- Tao có thằng bạn thân, nó làm cơ phi cho phi đoàn trực thăng 215 Thần Tượng, nó bảo nếu có chuyện di tản chiến thuật, nó sẽ cho tao biết.

Rồi chuyện gì sẽ đến phải đến. Hôm nay thành phố Nha Trang gần như bỏ ngỏ, không còn luật lệ gì cả. Lính tráng từ các nơi khác đã kéo về thật hỗn loạn như rắn mất đầu. Người ta bảo nhau là quan đầu tỉnh đã bí mật đưa gia đình đi tự lúc nào rồi. Cảnh sát, cảnh binh đã tự động rời nhiệm sở trốn về để lo liệu cho gia đình. Thế là Nha Trang trước sau gì cũng phải chịu chung số phận như các thành phố khác.

Châu chợt giật mình thức dậy vì những tiếng súng nổ dòn tan từng đợt ngoài đường phố do vài quân nhân vô kỷ luật lợi dụng quấy phá cướp bóc. Chúng bắn để biểu dương sức mạnh côn đồ lưu manh.

Châu leo xuống đất, bước qua chiếc mùng của Phước gọi giật:

- Dậy Phước! Mau lên mầy, tao nghe súng bắn ngoài phố nhiều quá!
- Phước hình như đã thức dậy, nhưng vẫn còn nằm đó chờ lắng nghe.
- Tao cũng nghe như mầy, nhưng không phải là tiếng AK-47, hình như súng AR-16 của lính mình.
- Thôi, mang giày thay đồ nhanh lên, ở đó mà AK với không phải AK, thứ nào cũng giết người cả.
- Bây giờ tụi mình định đi đâu?
- Thì chạy lại phi đoàn 215 xem tình hình ra sao?
- Nhưng ông xếp sòng của liên đoàn mình chưa nói gì hết mà!

Cảm thấy bực mình vì lối nói cù nhầy của phước, Châu lên tiếng chửi thề:

- Đ.M. Tao nói tụi mình đến đó xem sao, chứ có ý kiến gì đâu? mà xếp với không xếp!

Phước và Châu vừa chạy tới bãi đậu trực thăng của phi đoàn 215 là gặp ngay trung sĩ Hiển cơ phi trực thăng, bạn thân của Châu, anh ta đang hối hả kiểm soát tiền phi cho chiếc phi cơ đang đậu trên phi đạo. Châu có vẻ mừng rỡ gọi lớn:

CHƯƠNG 5 - XÓM CẦU NỔI

– Ê Hiền! chuẩn bị bay đi đâu đó?

Khác hẳn với những lần trước, Hiền không nghỉ tay để tiếp bạn trong một vài phút mà chỉ trả lời ngắn gọn:

– Mầy muốn đi thì vọt lẹ lên, lấy đồ chạy ra nay ngay.

Sau câu trả lời của Hiền, làm anh có vẻ ngơ ngác:

– Mầy nói đi đâu?
– Đ.M. Nha Trang đang trong giờ phút chót mà mầy còn hỏi đi dâu? Ong trung úy pilot đang chạy vào phòng hành quân lấy nón bay ra ngay bây giờ. Vợ con ổng đang ngồi chờ ở ngoài lều phi đạo kia kìa.

Châu không còn ngờ vực điều gì nữa, anh quay sang Phước nói nhanh:

– Phước, mầy cho xe này vào lều phi đạo, khóa lại, tụi mình theo thằng Hiền luôn.
– Trời ơi, cái gì mà nhanh vậy? Tao để xe ở đây là mất luôn.
– Giờ phút nay mà mầy còn sợ mất xe? Còn hơn là để tụi việt cộng vào nay bắt mình?

Phước vẫn đứng đơ như bất động. Dường như anh đang hoang mang vì chuyện xảy ra một cách đột ngột, Châu cũng cảm thấy mình đang quá lời với bạn nên anh dịu giọng:

– Tao biết quê hương, gốc gác mầy ở nay. Nếu mầy không muốn đi thì thôi. Tao thong cảm mầy nên nói vậy, chớ mầy có ở lại cũng không đến nổi nào. Riêng tao là phải theo thằng Hiền về Sàigòn rồi sẽ tính sau.

Đến đây thì ông trung úy hoa tiêu cũng vừa hối hả chạy tới, bảo vợ con chạy ra leo lên phi cơ, ông xoay qua Hiền hỏi qua tình trạng phi cơ:

– Thấy bay được không Hiền?
– Sổ báo cáo ghi chảy dầu ở "gear box", tôi có xem lại thấy không đến nổi nào. Tụi phi đạo đã vọt hết trơn rồi.
– - Tao biết tụi nó "dông" từ sớm. Thôi mầy lên ngồi "copilot" cho tao. Mình bay đến đâu hay đến đó.
– Tôi có thằng bạn muốn đi theo, trung úy cho nó đi luôn về Sàigòn.
– Bảo nó leo lên đi.

Chiếc HU-1 vừa quay máy xong, hai cánh quạt như hai lưỡi dao thật to chặt mạnh vào gió nghe vù vù, rồi toàn thân phi cơ được nhấc bổng lên khỏi mặt đất.

Phước đứng phía dưới nhìn theo, tóc tai rối bù vì bị sức gió ép xuống khi phi cơ cất cánh. Lúc ấy một toán lính độ bốn năm người cũng vừa chạy xe gắn máy tới, Phước chỉ nghe lắp bắp vài tiếng chửi thề vì hình như chúng bị trễ tàu rồi bỏ đi nơi khác.

Con tàu sau khi rời mặt đất lấy hướng ra biển, Châu đang ngồi phía trong dòm xuống, anh thấy Phước vẫn còn vịn xe đứng trơ trơ ra đó ngước mắt nhìn theo. Châu không còn can đảm để đưa tay vẫy bạn như những lần đi phép trước kia, anh bị mặc cảm là người có tội đã bỏ lại người bạn tốt để ra đi tìm sự sống ích kỷ cho riêng mình.

Gió bên ngoài tạt mạnh vào trong tàu, Châu với tay đẩy mạnh cánh cửa tới trước. Trên cao nhìn xuống mặt biển Nha Trang vẫn trong xanh như thuở nào lúc anh mới đến. những dẫy núi vẫn ngạo nghễ yên lặng đứng nhìn sự chuyển biến thăng trầm của thế sự.

Kể từ giờ phút nầy, Châu cũng chẳng biết cuộc đời mình sẽ ra sao hay trôi nổi về đâu? Gần mười ba năm lính, anh chưa có lần nào để nghĩ ra được sẽ xảy ra cái hoàn cảnh thật vô cùng bi đát như ngày hôm nay. Anh chực nghĩ đến Tiến và Tấn, không biết số phận những người đó như thế nào sau khi Ban Mê Thuột thất thủ? Nghĩ đến đây, anh cảm thấy mình quá nhỏ nhoi hèn nhát.

Phi cơ vừa bay ra khỏi vịnh Cam Ranh, Châu nhìn thấy Hiền đưa ngón tay chỉ chiếc đèn đỏ đang cháy nhấp nháy trên bảng phi cụ. Ông trung úy hoa tiêu nhìn rồi gật đầu như hiểu ý, Châu chẳng biết chuyện gì sắp xảy ra, nhưng linh tính cho anh biết là tàu đang gặp trở ngại kỹ thuật. Phi cơ vẫn giữ cao độ bay thẳng không có dấu hiệu gì là sắp đáp khẩn cấp cả. Hiền ngồi ở ghế hoa tiêu phụ, xoay đầu ra phía sau đưa ngón tay cái lên trời cho Châu biết là mọi việc "OK".

Hơn năm phút sau, chiếc HU-1 đã đáp gọn trên vĩ sắt của bải đổ xăng tại phi trường Phan Rang, dành cho trực thăng. Hiền tháo dây an toàn leo ra ngoài, kéo vòi xăng JP-4 để gắn vào bình đổ xăng, Châu cũng xuống theo, xem có phụ giúp được điều gì không. Hiền bước lại gần nói thật lớn để át tiếng phi cơ đang quay máy:

– Tàu đậu ở ngoài phi đạo bị tụi nó ăn cắp xăng nên không đủ để bay thẳng về Sàigòn.

Châu nghĩ thầm rồi tự mĩm cười: "*À, thì ra thế! cái đèn đỏ cháy nhấp nháy trên bảng phi cụ lúc nảy là để báo hiệu tàu sắp hết xăng*".

Phi trường Phan Rang, lính tráng vẫn đi tới đi lui làm việc, xem chừng như vẫn còn yên chưa có dấu hiệu gì là thay đổi cả. Chiếc HU-1 cất cánh trở lại, Châu ngồi ngả đầu vào thành ghế nhắm mắt cố quên đi những suy nghĩ mênh mang về những chuyện đã xảy ra cũng như sắp đến.

Sau mùa hè đỏ lửa năm 1972, với những trận đánh thật ác liệt đã xảy

CHƯƠNG 5 - XÓM CẦU NỔI

ra khắp nơi trên toàn quốc, phi cơ bị bắn rớt liên miên, nên Châu thỉnh thoảng có tạt qua phi đoàn để thăm Hiền. Anh vẫn còn nhớ, Hiền vẫn có lần bảo: *"trong đời lính tráng như tụi mình, đôi khi dại thì chết, còn khôn thì có thể bị đi ở tù, nhưng còn có ngày về để nuôi vợ nuôi con..."*. Câu nói hơi khó nghe nhưng rất chí lý đối với những người bình thường không nuôi mộng lớn như anh.

Lúc còn ở Nha Trang, Phước đã kể cho anh về câu chuyện của một ông trung đội trưởng dẫn lính ra truy kích đặc công việt cộng ở ngoài trước cổng lúc Tết Mậu Thân 1968. Ông ta mặc áo giáp sắt quơ tay đốc thúc lính tiến vào mục tiêu: *"tiến vô tụi bây, chết tao chịu cho...."* Không biết ông trung đội trưởng đó đã vô tình lỡ lời trong lúc ra lệnh tiến quân, thế rồi sau đó ai cũng nghe rồi rỉ tai nhau về cái lối ra lệnh *"chết sống mặc bây, tiền thầy bỏ túi"* của một số ít cấp chỉ huy hèn nhát vô liêm sĩ, làm dơ dáy tập thể quân đội VNCH.

Châu còn đang thả hồn về những mẩu chuyện vẫn vơ không mạch lạc, bỗng giật mình ngồi thẳng dậy vì chiếc phi cơ vụt rớt xuống với một tốc độ khá nhanh. mấy đứa nhỏ con ông trung úy hoa tiêu đang ngủ trên tay mẹ bất thình lình cũng tỉnh giấc khóc mếu máo.

Nhìn ra ngoài, Châu nhận thấy có rất nhiều nhà cửa cất chen chúc nhau ra sát mặt lộ, nhưng dòm xung quanh không phải là phi trường. Anh thắc mắc nghi là có chuyện gì khẩn cấp nên ông trung úy mới đáp nhanh như vậy. Còn cách mặt đất độ trăm thước, chiếc HU-1 quẹo gắt về hướng tay trái, Châu nhìn thấy phía dưới là căn cứ củ đã bỏ của tụi Mỹ có lót vĩ sắt chung quanh. Còn đang phân vân thì chiếc HU-1 đã chạm đất và kéo dài trên bãi đất trống. cái động cơ phản lực gắn phía sau hình như đã tắt hẳn chỉ nghe tiếng cánh quạt quay rào rào.

Hiền mở dây an toàn bước ra ngoài nhìn Châu gượng cười rồi đưa tay làm dấu thánh giá trước ngực.

— Cái gì vậy Hiền? Hình như tàu hư phải không?
— Suýt chết! chớ còn hư cái gì nữa? Bể ống dầu thủy điều rồi máy tắt, may là ông trung úy bay giỏi chứ không là tiêu mạng hết cả rồi!
— Mình đang ở đâu đây? Rồi bây giờ phải làm sao?
— Ở đây là căn cứ Long Bình, để chờ ông trung úy quyết định.

Hiền vừa nói tới đây thì ông trung úy hoa tiêu, sau khi kiểm soát lại gia đình, vợ con an toàn cũng vừa bước tới.

— Hiền ở đây lo buộc cánh quạt và trông coi gia đình dùm tôi, để tôi chạy vào phía trong nhờ mấy anh lính ra gác dùm phi cơ và liên lạc về Biên Hòa xin thợ ra sửa.
— Vâng! trung úy cứ đi, để tôi với Châu ở ngoài nầy lo cho.

Sau khi hoàn tất các thủ tục an toàn cho phi cơ, Hiền đưa tay ngoắc Châu lại ngồi chung trên cái vỏ cây của thùng đạn pháo binh, lấy thuốc ra hút.

- Ở Nha Trang bây giờ đang rần rần chớ còn trong nầy có vẻ yên tỉnh như không có giặc giả gì hết. Tụi mình may mắn lắm mới vọt được, nếu để trể là tụi lính vô kỷ luật ở ngoài phố tràn vào làm khó dễ chưa chắc mình cất cánh được khỏi phi trường.
- Hơn cả tuần nay, tao bị cấm trại một trăm phần trăm nên chẳng biết chuyện gì đã xảy ra ngoài phố cả.
- Mấy bửa rày thì tùm lum, thành phố Nha Trang gần như bỏ ngỏ, mạnh ai nấy lo. Ngay ở trong phi trường cũng vậy, mấy ổng lo gởi vợ con về Sàigòn lánh nạn hết. Như lúc sáng nầy, cả phi đoàn đều di tản về miền Nam. Chiếc phi cơ mình bị chảy dầu nên họ chê, mình mới thoát nạn được.
- Về đây rồi, mầy định đi trình diện ở đâu?
- Tao cũng định hỏi ông trung úy, xem ổng tính sao?

Độ khoảng nữa giờ ông trung úy hoa tiêu cùng một người lính bộ binh đi ra chỗ phi cơ đậu, thấy Hiền và Châu đang ngồi hút thuốc, ông đưa tay ngoắc:

- Anh lại đóng cửa và kiểm soát lần chót, xong rồi mình dọt.
- Mình định đi đâu trung úy?
- Ra đón xe lam ba bánh về nhà chớ còn đi đâu nữa?
- Rồi chừng nào mình đi trình diện?
- Có lẽ trưa mai! mình vào trình diện Bộ Tư Lệnh Phòng Đặc Trách Trực Thăng để xem mình sẽ đến nơi nào?

Sau khi trả lời cho Hiền, ông trung úy quay sang Châu tiếp tục.

- Còn anh thuộc đơn vị phòng thủ, có lẽ anh nên vào phòng nhân viên để cho người ta chỉ cho.

Châu gật đầu:

- Cám ơn trung úy!

Chiếc xe "*lam*" chạy Sàigòn- Biên Hòa đã đậu tại bến gần ngã tư xa lộ để thả hành khách. Ông trung úy gọi xe taxi đưa gia đình về nhà, còn Châu và Hiền, hai người lính trẻ không quân, thả bộ tà tà lại quán cà phê gần đó. bây giờ thì có lẽ thoải mái hơn, Hiền lên tiếng kể chuyện lúc phi cơ lâm nạn:

- Tụi mình chưa có vợ con cũng khỏe. Ông trung úy lúc nẩy khi nhìn thấy động cơ mất sức ép, ông ta sợ gần chết, cứ hỏi tao quay lại xem chừng có gì xảy ra cho vợ con ổng không?

CHƯƠNG 5 - XÓM CẦU NỔI

– Còn tao ngồi đó có biết cái quái gì đâu/ Cũng may là gần tới Biên Hòa, chớ nếu bị giữa rừng chỉ có nước chờ việt cộng ra bắt dẫn đi.
– À, này Châu! Một lát nữa mầy về ở đâu?

Một thoáng buồn hơi nghĩ ngợi hiện lên nét mặt, anh chậm rãi trả lời;

– Đâu có nhà cửa gì đâu mà ở! Có lẽ tao sẽ ra tìm phòng ngủ chỗ nào rẻ mướn ở đỡ, hoặc ra bến xe đò mướn ghế bố ngủ đỡ như hồi xưa cho gọn.
– Nếu tối nay không chỗ ở, về nhà tao ở tạm vài bữa rồi tính sau cũng được.
– Thôi, phiền hà gia đình mầy lắm!
– Nhà tao ở Phú lâm đâu có ai, chỉ có mình má tao và đứa em gái, mầy về ở tạm với tao cho vui, từ từ sẽ tính sau.

Hai chiếc *"honda ôm"* vừa thắng lại trước cửa nhà, đứa em gái Hiền đang ngồi may đồ phía trong nhìn ra thấy ông anh từ Nha Trang về, vội chạy ra mừng gọi lớn:

– Má ơi! Có anh Hai về!

Bà mẹ đang ngồi phía sau bếp lên tiếng:

– Con nói thằng Hiền về phải không Vân?
– Dạ, anh Hiền về má à! Ảnh có dẫn theo một người bạn nữa!

Sau khi trả tiền xe "honda ôm", bà mẹ và đứa em gái cũng vừa bước ra tận cửa trước:

– Con mới về tới đó hả Hiền?
– Dạ thưa má con mới về!

Hiền xoay qua Châu giới thiệu:

– Đây là má của tao, còn đây là Vân, em gái tao.

Sau lời giới thiệu, Châu lễ phép cúi đầu chào:

– Thưa Bác, thưa cô Vân!

Bà mẹ Hiền nhanh nhẹn lên tiếng;

– Cháu vào nhà chơi. Con Vân xách túi đồ của anh Hai con vào nhà.

Vân nhìn người khách lạ nhẹ gật đầu mỉm cười xã giao:

– Anh Hai đưa em xách phụ cho.

Hiền trao cái xách tay cho em gái mang vào nhà trước. Bà mẹ còn đứng lại tiếp tục kể những tin tức bà đã nghe được:

– Mấy bữa rày, má nghe đài phát thanh ở đây nói là các tỉnh miền trung lộn xộn dữ lắm, làm má lo sợ không biết ở Nha Trang có làm sao không?
– Nha Trang kể như xong rồi má à!

Mẹ Hiền có vẻ ngạc nhiên;

– Con nói Nha Trang cũng mất rồi à?
– Dạ, Nha Trang thật sự chưa mất về tay việt cộng, nhưng chánh quyền đã bỏ đi hết rồi! Thành phố không còn luật lệ gì nữa cả.
– Như vậy, con đổi về đây luôn phải không?
– Dạ, tụi con tự động di chuyển về Sàigòn, vì mấy ông xếp lớn đã về đây hết rồi.

Vừa nói tới đây, Hiền xoay qua Châu:

– Má à, Châu cũng ở Nha Trang, về đây tìm nhà để mướn. Trong thời gian chờ đợi, con rủ về ở tạm đây vài ngày rồi tính sau.

Bà mẹ vừa nghe Hiền nói tới đây, bà đưa mắt nhìn Châu lên tiếng:

– Nhà bác tương đối cũng rộng rãi, cháu cứ tự nhiên về tạm trú chung với thằng Hiền, đừng ngại gì hết.

Châu cúi đầu tỏ vẻ biết ơn:

– Dạ, cám ơn bác rất nhiều.

Bà mẹ xoay qua Hiền căn dặn:

– Nè Hiền! con với cháu Châu leo lên gác dọn hết cho sạch sẽ để ở cho rộng rãi, má đi chợ mua thêm chút ít cá mắm về làm cơm, con bảo con Vân ở nhà nấu cơm trước, chút xíu má về.

###

Mặc dầu cơn sốt chiến tranh Việt Nam đã gần đến cực điểm, báo chí ở Sàigòn hàng ngày chạy từng cột lớn, in đậm nét những tin tức chiến sự thật nóng bỏng đưa về từ các tỉnh miền Trung như: Tuy Hòa di tản, nha Trang bỏ ngỏ v.v...

Nhưng đối với dân chúng ở Sàigòn, Chợlớn hình như họ vẫn tỉnh bơ, vẫn buôn bán ăn chơi, xem như không có việc gì xảy ra, hoặc đem ra tán gẫu bên ly cà phê của các bác phu xe để giết thời giờ trong lúc chờ đợi khách.

Tuy nhiên nếu chúng ta để ý xa hơn một tí, ta sẽ thấy dân chúng Sàigòn chia làm hai giới hoàn toàn khác nhau. thứ nhất là giới trí thức, tư bản giàu có, quyền thế, thứ hai là giới tư chức, buôn bán loại nhỏ và lao động thợ thuyền.

CHƯƠNG 5 - XÓM CẦU NỔI

Thành phần thứ nhất thì có vẻ trầm lặng, tính toán, lo thu gọn tài sản, mua quí kim, đổi "đô la", tìm cách đưa con đi du học và chuyển tiền ra ngoại quốc. Họ luôn tìm hiểu và theo dõi tin tức chiến sự hàng ngày.

Thành phần thứ hai theo kiểu *"tay làm hàm nhai"* ngày qua tháng lại đều giống nhau, tới đâu hay tới đó. Chiến tranh thắng hay thua, họ cũng chẳng có cái gì để bị mất mát thiệt thòi, nên các chiến sự thời cuộc đối với họ đôi khi chỉ có nghĩa là bàn cải tranh luận để giải khuây hoặc đo lường sự suy đoán chính xác của mình trong giờ nhàn rỗi.

Sau khi trình diện tại Bộ Tư Lệnh Không Quân, Hiền và Châu được giới thiệu lên căn cứ không quân Biên Hòa để tăng cường cho các đơn vị tác chiến và phòng thủ trên đó. Nhưng với tình trạng hiện tại, sau khi Đà Nẵng thất thủ, rồi tiếp tục tới Pleiku, Phù cát, Nha Trang, tất cả các quân nhân yểm trợ và tác chiến của không quân tại các nơi đều di tản về Sàigòn gây ra tình trạng thặng dư quân số cho các đơn vị còn lại.

Ngoài ra đám quân nhân như gà con mất mẹ chạy lạc nầy đã tạo ra một sự chấn động tâm lý gây hoang mang rất lớn cho nhân viên ở các đơn vị họ tới trình diện.

Con bịnh Việt Nam càng ngày càng trở nên trầm trọng. Chính phủ VNCH để mất các tỉnh miền Trung làm cho các cán binh và bộ chánh trị đảng cộng sản bắc Việt nam thêm hùng chí thừa thắng xông lên. Quân đội miền Nam lúc đó đã chiến đấu với một tâm trạng thật khó khăn bi đát. Họ vừa đánh giặc ở mặt trận trước mặt vừa lo cho sự an ninh gia đình con cái nheo nhóc ở phía sau.

Việt nam lúc bấy giờ chẳng khác nào như một con tàu đang chìm hết phân nữa ở phía trước, hành khách cố gắng chen lấn dành ra phía sau, để rồi sau đó toàn thân con tàu cũng phải nằm sâu dưới đáy biển.

Ngày tối tăm nhất đối với toàn dân miền Nam Việt Nam lại trớ trêu thay là ngày huy hoàng nhất của đảng cộng sản miền Bắc. Họ đã thực hiện được giấc mộng của Hồ Chí Minh sau khoảng hai mươi năm dài chinh chiến.

Việt Nam đau khổ! Việt nam tả tơi rách nát! Việt Nam là một quốc gia trong những quốc gia nghèo nhất còn lại trong gần cuối thế kỷ hai mươi, trong lúc toàn thế giới sống trong hòa bình thịnh vượng. Mọi người lo sản xuất, nghiên cứu, tìm kiếm những khám phá mới lạ của khoa học kỹ thuật, còn chúng ta những người Việt nam nhỏ bé, ngoài cái công việc đào sâu thêm cái giếng thù hận thử hỏi ta còn có làm được điều gì có ích lợi cho thế hệ mai sau?

Châu và Hiền được lệnh di tản từ Biên Hòa về phi trường Tân Sơn Nhất vào ngày 28-4-1975, những ngày gần như cuối cùng của đất nước, khi hai anh theo đường bộ đến được tân Sơn Nhất, thì cổng trại Phi Long đã hoàn toàn đóng kín, quân nhân các cấp không được vào và ra khỏi trại vì lệnh cấm quân.

Trong vài phút đứng trước lăng Cha Cả nghe ngóng tin tức, Hiền lên tiếng:

— Thôi về nhà Châu ơi! Tao thấy kiểu nầy xong rồi! Việt cộng lái A-37 vào đây bỏ bom phi trường thì còn cái gì để nói nữa chớ?

— Ờ! tao thấy dân chúng có vẻ ngơ ngác quá, họ đang chạy tới chạy lui như gà mắc đẻ kìa!

Khi nghe bom nổ trong phi trường và sự bàn tán xôn xao của lối xóm, Vân và mẹ nàng hết sức lo lắng cho Hiền, nên sau khi nhìn thấy hai anh trên xe gắn máy vừa thắng lại trước cửa nhà, Vân chạy ra đón:

— Trời ơi! Hôm qua đến sáng nay má lo van vái trời phật đủ thứ cho hai anh được tai qua nạn khỏi. Hôm qua, bà dì Tú ở Bình Trị có xuống đây thăm nói là ở trên đó mấy ông Việt cộng ôm súng đi rần rần ngoài đường không còn sợ ai nữa hết.

Bà mẹ từ phía trong cũng vừa ra tới có vẻ xăng xái:

— Hiền mới về đó hả con? Ừ! Dì Tư con nói như vậy làm má sợ cho tụi con quá!

Hiền nhìn Châu lắc đầu:

— Chắc kể như tiêu rồi Châu! Mầy biết Bình Trị ở sát đầu phi đạo Tân Sơn Nhất, nếu tụi nó về tới đó, đặt hoả tiễn SA-7 thì kể như phi trường đóng cửa. Thành phố Sàigòn Chợlớn cũng mệt với tụi nó lắm. trước sau gì nó cũng pháo kích để uy hiếp tấn công như lúc Tết Mậu Thân.

Sau một hồi suy nghĩ, bà mẹ kề tai nói nhỏ vừa đủ cho Hiền và Châu nghe:

— Hay là mình tạm đóng cửa nhà nầy về ngoại ở Mỹ Tho vài ngày xem sao?

Bà xoay sang Châu:

— Còn cháu ở đâu?
— Dạ ở làng Rạch Đào bác à!

Sau khi nghe Châu bảo là ở trong làng, bà nhanh nhẹn chận ngay:

— Ở tỉnh lớn còn đỡ, chứ trong làng bây giờ nguy hiểm lắm, hay là cháu theo thằng Hiền đi với gia đình bác về Mỹ Tho ở tạm đôi ngày

CHƯƠNG 5 - XÓM CẦU NỔI

để xem thời cuộc ra sao?
- Cháu ngại đi theo sẽ thêm phiền hà, tốn kém cho gia đình bác. Cháu có thể tạm ở lại Chợlớn nầy cũng được.
- Thời buổi giặc giả loạn lạc giúp nhau mới phải, cháu đừng nghĩ như vậy.

Nghe mẹ nói tới đây, Hiền xen vào:
- Tụi mình chạy từ Nha Trang về mấy không đi theo tao thì buồn lắm, vã lại ở Chợlớn nầy đâu có bà con thân thuộc với mầy đâu?

Thấy Châu yên lặng không từ chối, bà mẹ xoay qua bảo con gái;
- Vân, con vào lo sắp xếp vài bộ quần áo cho con và cho má, còn Hiền với Châu cũng lo chuẩn bị áo quần đồ đạc chút đỉnh, má đi ra chợ mua thêm vài món đồ dùng rồi về ngay.

Mặt trời gần đứng bóng, Vân đã gom góp vừa xong áo quần của mẹ và của nàng để vào xách tay. Châu, ngoài bộ đồ tây dân sự mới mua khi vào Sàigòn, ngoài ra anh cũng chẳng có gì để thu dọn vì tất cả đồ đạc cá nhân đều bỏ lại tại Nha Trang.

Trong lúc chờ đợi mẹ đi chợ, Hiền và Châu đều thay áo quần dân sự, hai anh rủ nhau ra quán ở đầu đường uống cà phê nghe ngóng tình hình.

Mới uống xong ly cà phê, Vân cũng vừa ra tới.
- Má về rồi, gọi anh hai với anh Châu vô nhà!

Vừa thấy Hiền bước vào cửa, bà lên tiếng căn dặn nho nhỏ:
- Nè con! Để lối xóm khỏi nghi kỵ, má với con Vân xách đồ đi ra xe xích lô máy xuống bến xe trước, con với cháu Châu khóa cửa đi sau. À, con định đi xe đò hay chạy xe honda?
- Con với Châu định đi bằng honda để xuống dưới làm chân đi tới đi lui cho gọn.
- Thôi cũng được! Nhưng tụi bây phải chạy cho cẩn thận.

Trục lộ lục tỉnh từ Chợlớn về Mỹ Tho chưa có dấu hiệu gì gọi là chiến tranh cả. Những con trâu đang thản nhiên gặm cỏ bên lề. các trẻ con vẫn vô tư đùa giỡn cút bắt trước sân, xe đò chở đầy khách lên xuống như thường nhật.

Châu có cảm tưởng là cảnh dân chúng bồng bế nhau chạy loạn chiến tranh chỉ xảy ra các tỉnh từ Biên Hòa trở ra miền trung, còn Sàigòn trở về phía Nam chắc đều yên lành như vậy cả.

Gần ba giờ trưa, mặt trời đã nằm nghiêng khỏi đỉnh đầu, Hiền cho xe dừng lại, đổ thêm xăng ở chiếc quán lá đầu đường dẫn vào tỉnh.

- Ê Châu! hồi xưa tới giờ mầy nghe danh hủ tiếu Mỹ Tho chưa?
- Tao có nghe, nhưng chưa ăn tại Mỹ Tho, nơi chính gốc của nó.
- À, vậy tao với mầy đổ xăng xong sẽ đi đớp hủ tiếu cho mầy biết sự khác biệt hủ tiếu Mỹ Tho và hủ tiếu ở Nha Trang như thế nào?
- Rồi, tao cũng thấy đang đói đây. Nghe mầy quảng cáo làm cái bao tử tao nó mừng nhảy loạn cào cào. nhưng từ đây vào nhà ngoại mầy có xa không?
- Nhà ngoại tao ở ven thành phố gần bờ hồ Mỹ Tho, còn khoảng mười lăm phút nữa là tới. Hồi lúc xưa tao còn ở phi đoàn 211 đóng tại Tân Sơn Nhất, thỉnh thoảng đáp xuống đó chở đồ tiếp liệu cho tỉnh ra các tiền đồn trên Đồng Tháp Mười.
- Như vậy mầy rành đường đất ở đây lắm phải không?

Nghe Châu khơi đúng ý, anh bật cười ha hả.

- Mầy biết dân trực thăng tụi tao như thổ địa từ tỉnh lớn đến tỉnh nhỏ, quận lỵ làng xã hay núi cao rừng rậm gì cũng đều tới được. Hễ chỗ nào có bộ binh hành quân hay có đồn bót quốc gia mình đóng là có mặt tụi tao, hàng quán nào ngon, em út nào đẹp, chịu chơi giá cả phải chăng là tụi tao ghi vào sổ bìa đen để dành.
- Như vậy tụi bây là cha trên đời rồi.
- Cha cái con mẹ gì! Được lúc nào xài lúc đó. Nhiều khi bay tiếp tế cho mấy cái đồn bị việt cộng bao vây, cứ tà tà đáp xuống làm bia cho tụi nó nả chết như chơi. Hồi xưa tao có hai thằng bạn mướn ở chung một nhà, sáu giờ tụi nó vào phi đoàn uống cà phê tán dóc trước khi bay đi yểm trợ cho bộ binh hành quân. Hôm đó tao làm hạ sĩ quan trực tại phi đoàn. Đúng sáu giờ ba mươi, tụi nó cất cánh, đến bảy giờ hai mươi, bộ chỉ huy hành quân bộ binh gọi sang phi đoàn báo cáo là tàu tụi nó bị hỏa tiễn SA-7 bắn cháy, cả phi hành đoàn đều tử nạn. Mầy thấy không? nhiều khi mới thấy đó rồi mất đó, không làm sao đoán trước được. Sở dĩ tao sống sót được tới ngày nay, có lẽ nhờ phước đức ông bà để lại, chớ không tài cán hay lanh lẹ gì hơn ai.
- Còn tao thì không đến nỗi nguy hiểm như mầy, nhưng trên cả chục năm nay, tao có về thăm nhà được lần nào đâu, tao chẳng biết ba má anh em tao sống chết ra sao, chiến tranh cứ kéo dài tao thấy chán bỏ mẹ.

Hai người bạn trẻ ăn uống xong vẫn còn ngồi nán lại đấu láo từ chuyện gia đình sang đến chuyện người yêu, rồi chuyện trên trời trời, dưới đất gần như quên cả thời gian. Đến khi bà chủ quán nghe đài phát thanh Sàigòn báo cáo là quân đội chánh quy việt cộng đang tập trung để hướng về Sàigòn, bà bước đến bàn của hai người để chia sẻ tin tức chiến sự vừa mới nghe được.

CHƯƠNG 5 - XÓM CẦU NỔI

— Hai cậu biết không? Đài phát thanh vừa mới nói là quân lực VNCH đã chặn đánh các toán lính chính quy Việt cộng, tụi nó đang hướng về Sàigòn.

Hiền đưa tay lên nhìn đồng hồ, rồi nhìn bà chủ quán gật đầu:

— Tình trạng nầy có lẽ không yên!

Châu kéo ghế đứng dậy:

— Mình ngồi đây cả tiếng đồng hồ rồi mà không hay, chắc bác gái và cô Vân đang trông tụi mình đó.
— Lâu ngày nói chuyện với mầy làm tao cũng quên mất. Thôi tụi mình vọt để má tao chờ, bả lo tội nghiệp.

Hai người đèo nhau trên chiếc honda vừa quẹo vào cửa ngõ, Vân nhìn thấy, nàng gọi lớn:

— Má ơi, anh Hai về tới kià!

Bà mẹ lo soạn đồ phía sau, nghe Vân báo cáo làm bà thở ra một cách nhẹ nhõm:

— Ờ! Tao nghe rồi. Tự nầy giờ cứ lo sợ không biết tụi nó đi đường có sao không?

Bà ngoại đang ngồi trên ván têm trầu, nghe Vân gọi cũng nhìn ra phía cửa ngõ.

— Hình như hai đứa. Thằng Hiền với đứa nào vậy Vân?
— Anh Hai con với anh Châu là bạn của ảnh đó bà ngoại.

Châu và Hiền cũng vừa bước vào cửa, Hiền chấp tay thưa:

— Thưa ngoại con mới về!

Anh xoay sang Châu giới thiệu:

— Châu là bạn con đó ngoại.

Châu chấp tay lễ phép cúi đầu chào bà.

— Ờ! Hai đứa ra giếng múc nước tắm rửa cho khỏe rồi ăn cơm. Mẹ mầy với con vân đang nấu cơm chiều ở dưới bếp.
— Còn cậu Út, với thiếm Út đi đâu rồi ngoại?
— Tụi nó về quê vợ ở bên Long An để giỗ ông già vợ của nó ở bển, mai hay mốt mới trở về.

Trong bữa cơm chiều với canh chua, rau mồng tơi, đậu bếp hấp cơm và cá rô chiên dầm nước mắm thật ngon miệng. Hơn cả chục năm nay,

Châu mới được thấy lại sự ấm cúng của mọi người trong gia đình ngồi chung quanh mâm cơm. Sau khi gia nhập quân đội, sự ăn uống đối với anh chỉ là một một nhu cầu cần thiết để sinh tồn, đôi khi chỉ có một ổ bánh mì, một gói bắp hay một dĩa xôi ăn vội cho chắc bao tử hơn là để cảm nhận cái không khí ấm cúng đoàn tụ trong bữa cơm gia đình.

Sau khi bới chén cơm đầu cho bà ngoại, mẹ Hiền *lên tiếng hỏi:*

– Thời buổi như vầy, rồi tụi con tính sao đây?

Sau một phút suy tư, Hiền đưa mắt nhìn Châu như muốn hỏi ý kiến, Châu yên lặng lắc đầu, Hiền trả lời mẹ:

– Tụi con chưa biết tính sao nữa má à!

Bà ngoại để chén cơm xuống ván lên tiếng:

– Người ta làm sao thì mình làm vậy. Thời buổi nầy khéo giữ mạng sống thì hơn, chừng nào yên rồi hảy về.

Hiền và Châu cúi đầu chấp nhận vì thật ra hai anh cũng chẳng biết tính sao cho đúng trong hoàn cảnh đặc biệt chưa bao giờ xảy ra như thế nầy cả.

Tối hôm đó có lẽ vì lạ nhà và chỗ ngủ cộng thêm sự lo lắng về chiến cuộc thay đổi quá nhanh đã làm cho Hiền và Châu thao thức suốt đêm nên trời vừa lờ mờ sáng, hai người đã rủ nhau ra căn quán gần hồ uống cà phê. Trên đường, dân chúng địa phương kẻ đi bán, người đi chợ vẫn tấp nập như mọi ngày, không có dấu hiệu gì là thay đổi cả.

Châu rút một điếu thuốc lá để lên môi châm lửa đốt.

– Mầy thấy không Hiền? làm dân là sướng nhất, không lo lắng gì cả, còn làm lính như tụi mình lo đủ thứ: lo bị ở tù, lo bị việt cộng bắt....

Châu nói tới đây, Hiền chận ngay:

– Ở tù cái con mẹ gì? Tụi mình đâu có đào ngủ mà sợ? Đơn vị bị tản lạc khi rời bỏ Nha Trang. Tụi mình là thứ gà con lạc mẹ, về đến Biên Hòa cũng là một thứ con ghẻ có ai để ý đâu? Bây giờ tao chỉ sợ mấy thằng việt cộng bắt để trả thù thôi.

– Hôm nay là ngày 29 tháng 4 phải không Hiền?

– Đúng rồi. Hôm qua tụi mình di tản khỏi Biên Hòa là sáng 28 tháng 4, rồi đi xuống đây luôn.

– Thời gian mới có một ngày mà tâm trí tao cứ tưởng là đã lâu hơn.

Câu chuyện được bàn tới đây thì dường như có tiếng trực thăng đang bay quần trên thành phố. Hiền đưa tay ra dấu bảo Châu yên lặng để anh nghe cho rõ. Hơn một phút sau, hợp đoàn phi cơ CH-47 gồm có ba chiếc

CHƯƠNG 5 - XÓM CẦU NỔI

nối đuôi nhau đáp xuống phía bên kia hồ. Như người đang chới với giữa dòng nước vớ được chiếc phao, Hiền nhanh nhẹn đứng dậy hối hả dục bạn:

- Mau lên Châu. Tụi mình chạy ra đó thế nào cũng gặp phe ta.
- Mầy có quen ai ở phi đoàn đó không?
- Tao biết gần hết mấy thằng cơ phi ở phi đoàn 237 Biên Hòa.

Ba chiếc CH-47 trông rất kềnh càng đậu chiếm gần hết bãi đáp trên hồ. trung sĩ Hoàng, cơ phi của chiếc tàu đáp sau cùng vừa cho cánh cửa phía sau hạ xuống để bước ra ngoài. Lúc đó, Hiền đang dựng chiếc xe honda cách đó không xa. Anh nhận ra Hoàng nên gọi lớn:

- Ê! Hoàng, tụi bây bay xuống đây làm gì đây?

Hoàng có vẻ ngạc nhiên vì sự có mặt đột ngột của Hiền tại nơi nầy.

- Ủa! mầy xuống đây hồi nào? Ăn mặc có vẻ thoải mái vậy?
- Tao chạy giặc xuống đây, lo gần chết chớ thoải mái cái gì? Còn tụi bây xuống đây làm gì?
- Mầy không biết gì hết à?
- Biết con mẹ gì đâu! Sáng hôm qua tản hàng từ Biên Hòa về Sàigòn, tụi quân cảnh không quân nó đóng cửa không cho vào phi trường, tao với thằng Châu chạy về đây ở tạm chờ tin tức.
- Hồi hôm nầy, tụi tao ngủ lại dưới bụng phi cơ trong phi trường Tân Sơn Nhất. Đến bốn giờ sáng, tụi việt cộng pháo kích vào làm cháy tùm lum. Mấy ông sĩ quan liên lạc vào trung tâm Hành quân, không có lệnh lạc gì cả, nên mấy ổng tự động dời phi cơ xuống Cần Thơ. Đến khi bay ngang qua đây có ông đại úy trưởng phi cơ xin đáp để rước vợ con đi luôn, nên cả họp đoàn mới xuống đây. Còn mầy tính ở đây hay đi đâu?
- Ở đây làm cái gì? Chắc tao với thằng Châu theo tụi bây luôn. nhưng tụi bây đậu lại đây chừng bao lâu?
- Tao không biết, mầy lại hỏi thăm ông thiếu tá trưởng hợp đoàn chắc ăn hơn.

Sau khi biết họp đoàn Chinook sẽ đậu tạm đây để chờ tin tức từ đài phát thanh Sàigòn, Hiền và Châu hối hả chạy về nhà thay đổi quân sự để gia nhập chung với phi hành đoàn.

Vân đang quét rác phía trước sân nhà, vừa thấy anh cỡi xe về tới, nàng liền báo tin:

- Anh Hai, anh Châu, hồi nãy em thấy ba chiếc trực thăng khổng lồ bay ngang qua, mấy anh thấy không?

Hiền vội đáp lời em gái:

– Ờ! tụi anh thấy. Họ đáp ngoài bờ hồ rồi. Còn má với ngoại đâu rồi Vân?

– Ở nhà sau đang nấu ăn sáng, má cũng đang nhắc anh đó!

Hiền bỏ lửng câu nói của đứa em gái, chạy thẳng ra phía sau gặp mẹ đang vo gạo:

– Má ơi! bây giờ tụi con có lẽ phải đi theo phi hành đoàn trực thăng đang đậu ngoài bờ hồ.

Bà mẹ ngưng tay vo gạo, đứng dậy nhìn thẳng con trai tỏ vẻ ngạc nhiên, chưa kịp phản ứng thì bà ngoại đang ngồi trên chiếc ghế đẩu kế bên tiếp lời cháu:

– Nhưng tụi con phải chờ ăn cơm sáng rồi muốn đi đâu thì đi chớ.

– Dạ tụi con không đói đâu ngoại.

Như đã lấy lại bình tĩnh, mẹ Hiền lên tiếng:

– Rồi hai đứa con định đi đâu?

– Con cũng chưa biết nữa má! Họ bay đi đâu thì con theo đấy.

Vân đang đứng gần đó lắng tai nghe, nàng chen vào câu chuyện:

– Hay là anh Hai ở đây chừng nào yên rồi đi!

Hiền nhìn đứa em gái lắc đầu:

– Không dễ dàng như em tưởng đâu.

Thấy câu chuyện không đi tới đâu, bà ngoại kéo chiếc khăn rằn choàng trên cổ xuống lau mặt, bà bước lại gần mẹ Hiền:

– Nè! Mẹ thằng Hiền, nó cũng đã lớn rồi, đi lính đi tráng, thì để nó đi chung với anh em người ta cho có bạn. Ở đây nó cũng không làm gì được, mà sợ còn nguy hiểm nữa. Tao có ý kiến như vậy còn mẹ con tụi bây tính sao thì tính!

– Con đâu có cản nó làm gì! Thôi hai đứa có đi thì thay đồ đi, rồi tới chỗ nào đó gởi thơ hay báo tin cho má biết.

Từ lúc đầu, Châu chỉ đứng yên lặng lắng nghe chứ không có ý kiến. Dù muốn dù không anh cũng vẫn cảm thấy là một người ăn tạm sống nhờ vào người khác. Bây giờ trước khi từ giã để đi, anh muốn tỏ sự biết ơn đối với gia đình của mẹ Hiền nên lên tiếng:

– Thưa bác, thưa bà, trong thời gian qua thật may mắn cho cháu là được gia đình bác giúp đỡ, cháu không biết dùng lời lẽ nào để cám ơn lòng tốt đó, cháu hy vọng rằng, một ngày nào trong tương lai, sẽ có cơ hội gặp lại gia đình của Bác trong một hoàn cảnh đặc biệt hơn.

– Thời buổi giặc giả giúp nhau mới phải chứ. Đất nước bình an đâu có ai phải khổ sở như vậy đâu cháu! Thôi hai đứa chuẩn bị xong, lo đi cho sớm để họ chờ ngoài đó.

Hơn một giờ trưa, anh em phi hành đoàn với gia đình vợ con dưới bóng mát của thân phi cơ tán gẫu để chờ đợi.

Trong lúc đó, Châu nhận thấy có một ông sĩ quan mang cấp bậc trung tá với phù hiệu của Bộ Tổng Tham Mưu QLVNCH, nhìn qua nét mặt ông có vẻ lo lắng, lái xe Jeep đến nói chuyện với ông thiếu tá trưởng hợp đoàn. Châu không đoán được là họ đang nói những gì, sau đó ông thiếu tá gọi tất cả sĩ quan hoa tiêu để bàn luận và lấy ý kiến chung. Cuối cùng ông cho gọi tất cả các anh em phi đoàn lại họp để cho biết ý định dứt khoát. Ông nói:

– Theo tin tức của ông trung tá, sĩ quan Bộ Tổng Tham Mưu đã chạy được về đây là chúng ta đang ở vào giờ chót của cuộc chiến. Để giữ an ninh cho tính mệnh của tất cả các anh em phi hành đoàn và gia đình, và đây cũng là ý kiến và nguyện vọng chung của tất cả các anh em. Với tình trạng hiện tại, chúng ta không còn phương cách nào khác hơn để giải quyết vấn đề là chúng ta sẽ bay ra đệ thất hạm đội đang có mặt ngoài khơi Thái Bình Dương. Tuy nhiên, đây là vấn đề tình nguyện, anh em nào muốn đi thì theo, còn ai muốn ở lại thì cứ tự nhiên ra về. Trong giờ phút quan trọng cuối cùng nầy, chúng ta chỉ còn lại tình nghĩa anh em, chứ không còn là mệnh lệnh nữa, tôi chúc những anh em nào muốn ở lại gặp nhiều may mắn.

Sau lời nói cuối cùng của vị thiếu tá trưởng đoàn làm mọi người cảm động. Tất cả đều giữ thái độ yên lặng lần lượt leo lên tàu đi theo, Châu nhận thấy chỉ có một người hạ sĩ quan xạ thủ phi hành vì sắp cưới vợ nên tình nguyện ở lại Mỹ Tho.

Phi cơ cất cánh. Vài phút sau thành phố Mỹ Tho với nhà cửa chi chít ở phía dưới chỉ còn lại là một bóng mờ. Từng cụm mây trắng bập bềnh lần lượt trôi qua khung cửa phi cơ.

Hiền với tay vỗ vào lưng Châu chỉ xuống phía dưới:

– Ở đây là vùng Gò Công, tụi mình đang bay ra hướng biển.

Châu không trả lời chỉ gật đầu. Anh đưa mắt nhìn xuống những đám ruộng chia thành từng ô vuông đều đặn. vài mái nhà lá đứng cheo leo giữa cánh đồng gần như cách biệt với thế giới bên ngoài. Quê nhà lại bất chợt hiện đến trong anh, những cơn mưa đầu mùa, ruộng khô vừa lấp xấp nước, ban đêm đi bắt cá lên từ ao đìa trong xóm, đi soi ếch, đi suốt lá me non, hái bông xu đủa, đi nhổ rau dừa về cho mẹ luộc hay nấu canh.

Châu nhớ có một lần, anh sửa soạn đi câu cá rô ngoài ruộng, lúc đó bà chị dâu vô tình bước qua cây cần câu anh đang để nằm dưới đất làm anh giận la hét ầm tỏi. mẹ anh bênh con, la bà chị dâu: "thằng Út có tay sát cá lắm, con vợ thằng hai mầy bước qua cây cần câu như vậy nó cằn nhằn là phải..." vì dưới quê người đi câu nghĩ rằng đàn bà bước qua cần câu là sự xui xẻo làm cá không ăn mồi.

Qua những giòng suy tư lẫn lộn, rồi anh chực nhớ đến cô Năm Lài, anh nghĩ bây giờ chắc cô cũng tròm trèm vào tuổi ba mươi. Thời gian trôi qua, ngày tháng đã làm soi mòn đi những kỷ niệm cũ. Tình yêu của anh đối với cô Năm trong thời gian đầu, như men rượu mạnh làm anh chếnh choáng, nhưng giờ đây, chắc cô Năm đã quên anh hẳn để vui trong bổn phận gia đình. Hiện tại tất cả đều trở thành dĩ vãng.

Phi cơ đã rời khỏi đất liền khá lâu. Bờ biển Việt nam chỉ còn là một đường thẳng kéo dài màu xám lờ mờ ở cuối chân trời và lùi dần về phía sau. Trước mặt chỉ có nước xanh và mây trắng. bây giờ mọi người trên tàu trông có vẻ lo lắng.

Châu nghiêng đầu sát vào bên tai Hiền:

— Mấy ổng bay trên biển lâu rồi mà hạm đội Mỹ đâu không thấy?
— Tao không biết! Chắc họ đang đi tìm đó!

Câu trả lời của Hiền vừa dứt, thì đúng lúc phi cơ quẹo gắt về hướng trái, trung sĩ Hoàng cơ phi của phi hành đoàn, sau khi liên lạc với hoa tiêu qua hệ thống vô tuyến, Hoàng nhìn vào đám hành khách, đưa hai ngón tay cái lên trời ra dấu mọi việc đều "OK". Muốn cho rõ ràng và chắc chắn hơn, Hiền đứng dậy bước lại gần bên Hoàng;

— Mấy ổng thấy tàu tụi Mỹ rồi phải không?
— Chưa thấy, nhưng đã liên lạc được với tụi Đệ Thất hạm đội trên tầng số cấp cứu. Mấy ổng đang đổi hướng bay về phía hạm đội đó.
— Vào khoảng năm phút sau trung sĩ Hoàng đưa ngón tay chỉ ra cửa kính bên trái. Một chiếc tàu trương cờ quốc gia Hoa Kỳ khá lớn di chuyển trên mặt biển. Không để lỡ cơ hội, chiếc Chinook bay vòng theo chung quanh con tàu tìm chỗ đáo. Vì chiếc phi cơ quá to, nên không đáp được vào bãi đáp dành cho trực thăng HU-1, cuối cùng thiếu tá trưởng phi cơ phải bay đứng một chỗ cho mọi người trên tàu nhảy xuống. Sau khi chắc chắn là mọi người đã nhảy xuống an toàn trên boong tàu, Châu nhận thấy phi cơ bay ra khỏi vị trí lúc nảy, anh có hơi thắc mắc:
— Ê Hiền! Bộ ổng bay trở về Mỹ Tho hả?
— Tao không nghĩ vậy, chắc là ổng bay ra xa để làm "ditching"
— "Ditching" là cái gì?

CHƯƠNG 5 - XÓM CẦU NỔI

— Tao chỉ nghe nói là hoa tiêu cho tàu rớt xuống biển rồi lội ra ngoài, chớ chưa thấy lần nào cả.

Châu hết sức ngạc nhiên, yên lặng lắc đầu. Anh tỏ vẻ thương hại cho người trưởng phi cơ, sẵn sàng hy sinh để chấp nhận làm người ra khỏi tàu sau cùng như một thuyền trưởng có lương tâm.

###

Theo sau là những chuỗi ngày dài lênh đênh trên tàu, giữa biển Thái Bình Dương. Châu và Hiền nhận thấy có rất nhiều đồng bào. Họ đủ mọi thành phần và tầng lớp trong xã hội, bỏ cả sản nghiệp chạy ra đây lánh nạn. Chính những người nầy họ cũng chẳng biết sẽ về đâu, kẻ nói đi Phi Luật Tân, người nói đi Mỹ, cũng có người bảo rằng chỉ ở tạm trên tàu khi yên sẽ trở lại Việt Nam v.v...

Mọi người đều suy luận theo ý kiến riêng của chính mình. Một ngày lại nhanh chóng trôi qua, mặt trời trổ màu vàng tươi đã bắt đầu hụp lặn trên mặt nước ở cuối chân mây, lại một hoàng hôn nối tiếp sắp phủ đầy trên biển cả.

Hiền đang ngồi ở phía đầu mũi con tàu, anh đưa tay ngoắc Châu:

— Ra đây ngồi hút thuốc nói chuyện chơi mầy!
— Mầy còn thuốc hút à?
— Sao lại không! trước khi chạy tao đã thủ sẵn một cây rồi. Thiếu ăn thì được chứ thiếu thuốc thì buồn lắm.
— Hồi chiều nầy, mầy có cự lộn với mấy thằng lãnh đồ hộp về chia không?
— Thôi, cái quân "đánh dấm" đó, tụi nó tham lam dữ lắm, chửi lộn không lại với mấy con mụ vợ của tụi nó đâu, chỉ mới nghe qua cái giọng nói the thé là tao chạy rồi.
— Cái tụi đó tình nguyện đi lãnh đồ hộp về chia cho dân tị nạn, nó dấu hết những thứ ngon, còn giao cho tụi mình toàn những thứ dở nó chê, như củ rền, hotdog ăn hoài nuốt không vô, khi hỏi thì cả giòng họ nó chối bây bẩy, nhiều khi còn chửi ngược lại mình là dân tị nạn "chánh trị" mà còn đòi ăn ngon!

Hiền nghe Châu phàn nàn làm anh bật cười:

— Tao nghe mầy nói đến danh từ "tị nạn chánh trị" mà bắt ớn, làm như tao với mầy là những chính khách hay nhà cách mạng có tiếng trong nước không bằng. Bây giờ phải chạy ra nước ngoài sống để chờ ngày trở về phục quốc.
— Tao có nói đâu! Mấy ông mấy bà trong đám ăn chận ăn dấu đồ hộp tụi nó tự nhận như vậy rồi chửi luôn mình chớ tao với mầy là hai thằng lính chạy giặc vì sợ tụi Việt cộng trả thù, chạy từ Nha Trang

vào Sàigòn, ngơ ngác như gà con lạc mẹ, tình cờ gặp bạn bè bay ra đây chớ có tính toán, lo trước cái gì đâu? Mà thôi mặc kệ họ muốn nói sao cũng được. Cái quan trọng là mầy có nghe nói là tụi mình đi đâu không?

– Tao cũng đâu có hơn gì mầy, nghe người ta đồn đại đủ thứ, là đi Phi hay đi Mỹ gì đó! Thôi mặc kệ tới đâu hay tới đó, dân "tị nạn chánh trị" như tụi mình có củ rền, hotdog ăn đền đều hằng ngày khỏi chết đói, lo xa chi cho mệt.

Châu không nín cười được sau câu trả lời của Hiền:

– Ừ! tao cũng nghĩ vậy! Tụi mình cùi đâu sợ lở?

Đã gần ba tháng trôi qua kể từ ngày rời khỏi Việt nam. Hôm nay là sáng ngày 22 tháng 7 năm 1975, sương mù vẫn còn giăng trắng bao trùm cả khu trại "camp Penleton". Châu thức sớm hơn thường lệ, sau khi cuốn chiếc mền cho vào bịt nylon. Anh với tay níu chéo mùng của Hiền đang ngủ trên chiếc ghế bố nhà binh giật mạnh.

– Hiền! dậy mầy, sáng rồi sửa soạn để lát nữa mình xuất trại.

Trong giọng nói lè nhè của giấc ngủ nướng:

– Còn sớm mầy lo đi đâu?
– Gần sáu giờ sáng rồi còn sớm gì nữa? Xếp đồ vô bao rồi đi lên nhà ăn sáng là vừa.

Hiền và Châu sau những ngày tạm trú tại đảo Guam, rồi chuyển sang đảo Wake, cuối cùng cơ quan tị nạn đã đưa hai anh đến trại Penleton ở San Diego (California) vào khoảng hơn tháng nay để chờ người bảo trợ.

Phần lớn những gia đình có con cái thường được các họ đạo của nhà thờ bảo lãnh ra trước, còn lại phần nhiều là lính tráng hoặc độc thân không có nghề nghiệp chuyên môn, nên rất khó tìm được người bảo trợ.

Cái may mắn là cách đây vài tuần, thống đốc tiểu bang Washington đã tình nguyện đứng ra bảo lãnh cho vài trăm người tị nạn bao gồm gia đình và độc thân lên tiểu bang nầy định cư. Vì quá chán nản sống trong trại tị nạn khá lâu, cả ngày chỉ có chờ đợi ba bữa cơm: sáng, trưa, chiều, ăn xong rồi tìm chỗ ngủ, sự di chuyển tới lui rất giới hạn trong một khu vực tù túng như là ở tù lỏng, nên sau khi nghe được tin nầy thông báo trên máy phát thanh, hai anh đã vội vả chạy lên xin ghi tên đi ra trước.

Trong lúc ấy cũng có rất nhiều câu chuyện đàm tiếu xấu tốt, lợi hại v.v... nhưng sự xuất trại sớm đối với Hiền và Châu mới là vấn đề quan trọng. Đi đâu hay có làm gì cũng được. Theo câu châm ngôn mà Châu

CHƯƠNG 5 - XÓM CẦU NỔI

thường nhắc tới, nhắc lui để an ủi mình sau khi đặt chân đến xứ lạ quê người là: *"trời sanh voi phải sinh cỏ..."* ai sao mình vậy rất giản dị theo qui luật tự nhiên thế thôi...

Sáng nay là đợt đầu tiên xuất trại, ra xe buýt để đến phi trường San Diego Bay lên tiểu bang Washington. Châu lựa trong đám áo quần mà anh đã thu góp được do các cơ quan từ thiện mang vào cho dân tị nạn trong trại. Sau cùng anh tìm được một bộ đồ tương đối còn *"kẻng"* vừa vặn nhất để mặc vào. Anh quay qua hỏi ý kiến của Hiền:

- Ê! mầy thấy tao mặc đồ nầy có khá không?
- Coi được lắm! mầy hên nên lựa được cái quần vừa khít, còn mấy cái quần của tao, cái nào cũng kéo lên tới đầu, còn cái bụng thì bự như "cóc chửa".
- Nếu ống quần có dài, mầy xé bớt, bẻ lai lên, lấy kim tây gài lại, còn bụng lưng có rộng, lấy dây nịt mang vô, mặc áo bỏ ra ngoài chắc không đến nỗi nào đâu.
- Ừ! tao cũng đang nghĩ như thế. Ở trên văn phòng hôm qua họ bảo mặc đồ đẹp, sạch sẽ để xuất trại coi cho được, nhưng tụi mình làm gì có đồ đẹp vừa ý mà mặc?
- Thôi mầy ơi! Họ bảo là một chuyện, còn tụi mình không có mà làm sao bây giờ?

Chiếc xe buýt nhà binh bắt đầu chuyển bánh chạy về hướng lộ chính. Mặt trời buổi sáng rực rỡ ở phía đông đã nhô lên cao khỏi đỉnh đồi trọc. Những tia nắng ban mai ấm áp của miền nam Cali gần như ôm trọn cánh rừng chồi bên trái. Một vài con thỏ trắng đang ngồi nhai cỏ dại nhìn thấy xe buýt chạy tới, chúng cong đuôi phóng vào các bụi rậm gần đó.

Đã hơn mười phút trôi qua, Hiền và Châu vẫn giữ yên lặng như đang suy nghĩ hay theo đuổi một sự việc gì đó vô cùng quan trọng, mãi đến khi chiếc xe thắng gấp để ngừng lại ở ngã tư đường, trước khi rẽ vào xa lộ, Châu bị đẩy người tới trước làm anh giật mình như chợt tỉnh sau một cơn mê. Anh ngơ ngác nhìn qua Hiền đang ngồi kế bên.

- Ủa! nó thắng lại làm gì vậy mậy?
- Đèn đỏ trước mặt, nằm chần vần đó bộ mầy không thấy sao?
- À! À!...! Tao không để ý, vì tao đang nghĩ cái chuyện hơi buồn cười đang xảy ra với tụi mình là tự nhiên được giải ngũ ngang xương, không giấy tờ cũng không ai nói gì hết.

Hiền có vẻ thích thú trêu chọc:

- Mầy muốn có giấy tờ giải ngũ thì về Việt Nam, tụi Việt cộng nó làm giấy giải ngũ cho mầy, hay là mầy nhờ mấy ông quan to, chạy trước qua đây ký dùm cũng được, để đi đường quân cảnh khỏi bắt.

– Thôi dẹp cái vụ đó qua một bên đi. bây giờ lo cái chuyện sắp tới, tao với mầy không biết sẽ ra sao? Tiếng Anh, tiếng Mỹ không biết tới mười chữ thì đi làm cái nghề gì được?

Hiền đưa tay vỗ vào vai Châu:

– Ê! Hôm trước tao nghe mầy nói "trời sinh voi phải sinh cỏ" bây giờ mầy ngán à?

Vừa nói tới đây, Hiền nghiêng sát vào tai bạn nói vừa đủ nghe:

– Nè! mầy thấy mấy ông già đánh cá đang ngồi phía sau không? Họ vui vẻ chớ đâu có bận tâm như mầy? Cũng như hồi trước, mấy đứa con nít ở Việt Nam, chỉ biết nói hai tiếng "OK Salem" còn kiếm được tiền, huống hồ gì lớn như tụi mình không lẽ chết đói à?

– Tao đồng ý với mầy, nếu ở bên mình thì không ngại gì cả, chứ còn qua đây, lạ xứ lạ người, cái gì cũng đều khác biệt hết, tao thấy hơi ớn chứ.

Hiền duỗi thân về phía trước, ngả đầu ra sau thành ghế có vẻ thoải mái bất cần:

– Thôi nghỉ đi cho khỏe, chuyện gì tới nó sẽ tới, hơi sức đâu mà lo.

Sau gần nữa tháng ở trại "Murray" tiểu bang Washington, Hiền và Châu được gia đình của một nông trại đồng ý đỡ đầu về quận "Fall City". Theo lời của người thông dịch, thì gia đình bảo trợ, hứa sẽ lo chỗ ăn, ở và mua thêm áo quần cũng như sẽ cung cấp việc làm trong nông trại cho hai anh. Như người mù lâu năm vừa mới được sáng mắt, nhìn thấy cái gì cũng lạ, cũng đẹp đẽ cả, nên hai anh không để mất cơ hội tốt, vui vẻ chấp nhận ngay.

Sáng ngày hôm sau, lúc Hiền, Châu vừa ăn điểm tâm xong quay về trại, hai anh gặp ngay người liên lạc viên xuống báo là hai anh sẵn sàng để lên văn phòng theo người bảo trợ xuất trại.

Qua lời giới thiệu đầu tiên của người thông dịch, Hiền và Châu được biết tên ông là Bob và bà là Linda Lenchou. Tuổi tác đoán chừng khoảng năm mươi.

Sau phần bắt tay chào hỏi xã giao, hai anh đi theo hai ông bà ra xe đang đậu ở phía trước để đi về nhà.

Ông Bob là người cao lớn có dáng dấp nhà quê hơn là dân thành thị. Trong lúc lái xe, ông có hỏi thăm Hiền và Châu vài câu, nhưng cả hai đều không hiểu ý ông muốn nói gì, chỉ gật đầu lia lịa theo kiểu "*vịt nghe sấm*".

CHƯƠNG 5 - XÓM CẦU NỔI

Rốt cuộc ông nói ông nghe, tôi nói tôi nghe. Còn bà vợ, Linda có vẻ vui vẻ hiểu ý thỉnh thoảng quay ra sau nhìn hai anh cười xã giao.

Chiếc xe *Wagon* của hai ông bà đã tách rời xa lộ chính, chạy chậm lại trong tỉnh lộ nối liền giữa các quận ly. Có đôi lúc xe băng qua những cánh rừng thông dày đặc gần như che khuất ánh mặt trời, rồi sau đó lại hiện ra trước mặt cả một cánh đồng thẳng tấp đoán chừng hàng ngàn mẫu ngập đầy ánh nắng mặt trời. Khung cảnh xung quanh hoàn toàn đổi khác, Hiền và Châu đã thực sự xa hẳn cái không khí quen thuộc giữa xã hội của những người cùng nói chung một ngôn ngữ và cái xã hội trống rỗng đang có trước mặt của hai anh. Một chuỗi buồn cô đơn nhè nhẹ đang xăm chiếm vào tâm hồn như người con gái phải từ giả gia đình cha mẹ anh em để về làm dâu nhà người khác để rồi có những buổi chiều với niềm cô đơn khoắt khoải, nàng lén ra cửa sau, đứng ngóng về quê mẹ:

— *"chiều chiều ra đứng ngõ sau, trông về quê mẹ ruột đau chín chiều."*

Với những hy vọng tràn trề được xuất trại và có công việc để làm, trong những ngày trước nhiều bao nhiêu thì bây giờ Hiền và Châu lại cảm thấy buồn tẻ bấy nhiêu. Không phải hai anh sợ sệt vì phải đối diện với thực tế, nhưng tâm trạng bây giờ là tâm trạng của hai con chim bị lạc bầy, hay một loài thú bị nhốt lộn chuồng.

Chiếc xe *wagon* đã chạy chậm lại, sau đó nó quẹo vào con đường nhỏ trải đá sỏi lẫn đất vụn. ông Bob ngồi sau tay lái cũng vừa đưa tay chỉ cho hiền và Châu một ngôi nhà khá lớn nằm trên miếng đất rộng có hàng rào sơn trắng bao bọc xung quanh nằm không xa ở phía trước mặt. tuy không hiểu trọn vẹn lời ông ta, nhưng hai anh cũng đoán chừng đó là ngôi nhà của ông bà.

Hiền nhìn ông Bob gật đầu *"OK"*. Châu nghiêng đầu sang hỏi nhỏ:

— Mầy biết ông ta nói gì không mà trả lời OK?
— Thì cứ gật đầu OK mẹ nó cho rồi, cần gì phải hiểu hết ý của ông ta.

Sau cùng xe ngừng hẳn lại ở bên hông nhà. hai ông bà mở cửa xe leo xuống trước. Hiền và Châu cũng mở cửa bước theo sau.

Ông Bob đưa tay ra dấu bảo một người thanh niên đang ngồi trên xe cắt cỏ ở sân sau, Châu đoán chừng là thằng con trai của ông bà. Lại một màn giới thiệu, người con của ông tên là *"Joe"*, anh ta vào khoảng hai mươi lăm tuổi, tánh tình rất vui vẻ nhanh nhẹn. Joe, sau khi nghe mẹ nói điều gì đó, anh ta sốt sắng mở cửa xe phía sau, xách dùm mấy bịt quần áo của Châu và Hiền rồi gật đầu ra dấu bảo hai anh đi theo vào nhà.

Hiền và Châu được Joe chỉ cho một căn phòng khá rộng, nằm trệt dưới đất có cầu tiêu, nhà tắm đầy đủ với hai chiếc giường nệm gối được sắp xếp cẩn thận ở hai góc phòng.

Sau khi bàn giao căn phòng cho hai anh, Joe khép cửa bước ra ngoài, Hiền nhìn sang Châu, nhướng mắt ra dấu có vẻ hài lòng.

- Tụi bảo trợ Mỹ lo lắng chu đáo quá phải không mậy?
- Ờ! Chạy giặc như vầy là cha trên đời rồi. Tao nhớ hồi xưa lúc tụi tây dẫn lính mặt gạch đi bố Việt Minh trong làng, gia đình tao chạy trốn gần chết, cơm không đủ ăn, áo quần mặc phải may bằng vải bố tời, cứng ngắt, chạy giặc lúc đó khổ lắm. Thôi tao đi tắm trước, cho khỏe cái đã, sướng lúc nào hay lúc nấy.

Vào khoảng sáu giờ chiều, Châu đang ngồi trên ghế xem TV, anh nghe có tiếng gõ cửa nhè nhẹ bên ngoài. Vừa định đứng lên ra mở cửa thì Joe đã mở hé cánh cửa, dùng tay ra dấu chỉ vào miệng, tiếp theo là một tràng tiếng anh, Châu đoán chừng là Joe gọi hai anh ra ăn cơm chiều.

Ông Bob và bà Linda đã chờ sẵn ở hai đầu bàn, Joe ngồi một bên, ông Bob đưa tay chỉ Châu và Hiền vào hai chiếc ghế kê cùng một bên. Khi mọi người đã ngồi yên vào vị trí, ông Bob cúi đầu đọc kinh cầu nguyện. Hiền và Châu cũng bắt chước làm giống như mọi người trong gia đình trước khi dùng bữa. Thức ăn chiều nay gồm có: bắp luộc, bánh mì, bơ và bún trộn thịt bằm. Món ăn đơn sơ chỉ có thế nhưng cách thức bày biện trên bàn như ly tách, dĩa muỗng thật đẹp mắt và sang trọng.

Qua trận chiến Việt nam, Châu đã tìm thấy những cơ giới chiến tranh hết sức tối tân của Hoa Kỳ đã làm anh thán phục. bây giờ anh lại được chứng kiến cuộc sống thực sự của một gia đình mà ta gọi là nhà nông ở đây thì khó mà tưởng tượng được.

Nông dân Việt Nam như anh ngày xưa mua được đôi dép Nhật hay bộ đồ mới chỉ cất dấu để dành, chờ đi đám giỗ, đám cưới mới lấy ra dùng. Trồng được trái mướp to, trái bí lớn không dám ăn, để dành cất đem ra chợ bán lấy tiền mua thêm vài thước vải đen may quần áo. Người dân quê Việt Nam làm việc lao động chính mình làm ra để ăn chớ đừng nghĩ đến chuyện se sua, hay sắm sửa trong nhà trong cửa cho đẹp để dể nhìn.

Hầu hết người Hoa Kỳ có quan niệm rất thực tế là làm việc nhiều để hưởng thụ nhiều. trái lại đa số người Việt nam hình như chỉ ăn để sống, để làm việc chứ ít khi có cơ hội dư dã để hưởng thụ như dân ở các quốc gia tiến bộ Âu Mỹ.

Sau bữa cơm chiều, bà Linda lo thu dọn dĩa muỗng đem ra sau để vào máy rửa chén. ông Bob bưng ly cà phê đứng dậy ra dấu cho Hiền và Châu ra phòng khách ngồi

Tuy rằng chưa hiểu được hết ý muốn của ông bà, nhưng Hiền và Châu cũng đã đoán được một phần nào về những sự việc sắp sửa xảy ra cho hai

CHƯƠNG 5 - XÓM CẦU NỔI

anh trong thời gian tới.

Mọi người đều có mặt trong phòng khách như một phiên họp gia đình. Ông Bob nhìn Hiền và Châu, ông cố gắng nói rất chậm gần như từng chữ một. Đôi lúc ông phải ra dấu cả hai bàn tay cho hai anh hiểu ý ông ta muốn gì. Sau từng câu ông thường gật đầu như muốn hỏi ý kiến là hai anh có đoán hiểu lời ông ta nói hay không? hiền và Châu cố chăm chỉ lắng nghe nhưng phần lớn chỉ hiểu được một vài chữ quen thuộc trong cả câu ông nói. Tuy vậy các anh cũng đoán được phần nào ý ông Bob muốn.

Hiền nhìn Châu để góp ý nhau: hình như ông ta bảo rằng tao với mẩy ngày mai đi làm việc với ông và thằng Joe ở đâu đó, xong chiều bà Linda chở mình đi học tiếng Anh.

Nghe Hiền thông dịch một cách phỏng đoán như vậy, Châu nghĩ gần đúng với ý anh nên cả hai nhìn ông Bob gật đầu đồng ý.

Sau một ngày di chuyển mệt mỏi, cũng như lạ chỗ lạ người, Hiền và Châu không thể nào nhắm mắt ngủ sớm được. cả hai cứ trằn trọc thức nói chuyện gần đến nữa khuya. Lúc quá mòn mỏi mới thiếp đi lúc nào cũng không biết. Chừng đến khi tiếng gõ cửa "cộp cộp", Châu mới giật mình ngồi dậy. Đèn được bật sáng, Joe đưa tay chỉ vào chiếc đồng hồ đang đeo. Anh cũng bắt chước ông Bob lập đi lập lại từng tiếng:

- Six, ... six o'clock... morning... eat breakfast..... and go go to work...... OK?

Châu hiểu ý Joe nên gật đầu:

- OK

Sau khi Joe đóng cửa đi ra phía ngoài, anh bước tới giường của Hiền đang úp mặt xuống gối ngủ ngon lành, lắc mạnh:

- Dậy Hiền! Đã sáu giờ sáng rồi! Thằng Joe gọi tụi mình ra ăn sáng để đi làm kìa!
- Ừ! tao nghe rồi.
- Nghe rồi thì dậy rửa mặt, còn chờ cái gì nữa?
- Mầy làm trước đi rồi tới phiên tao.
- Tụi mình phải mặc đồ gì để đi làm đây?
- Tao đâu biết tụi mình làm cái giống gì? Cứ lấy cha cái bộ đồ mới mặc hồi sáng cho tiện.

Sau khi cả nhà đã dùng điểm tâm, ông Bob bảo Joe mang thêm mấy cái cào cỏ, cuốc xẻn bỏ lên xe *pickup* cho ông.

Mọi việc chuẩn bị xong xui, ông Bob bước ra trước, mở cửa xe ngồi lái, cả ba người leo lên phía sau thùng xe.

Châu có vẻ thắc mắc:

— Tao nghe người ta nói đi Tây, đi Mỹ làm việc trong các xưởng máy móc kỹ nghệ, có vẻ "xôm tụ" lắm, còn tụi mình không biết đi làm cái gì đây mà thấy toàn là cuốc xẻn, cào cỏ?

Hiền nghe Châu nói, anh gượng cười:

— Cái thằng thông dịch viên ở trại, hôm trước có nói với tụi mình rồi, là được một gia đình nông trại đỡ đầu và cho việc làm, thì hôm nay là ngày làm việc đầu tiên của tụi mình chớ còn gì nữa.

— Như vậy là tao với mầy đi cuốc đất làm rẫy cho ông ta?

— Tao không biết rõ. Để xem như thế nào rồi sẽ tính sau.

Vào khoảng mười lăm phút sau, chiếc xe *"pickup"* đậu lại phía trước một căn chòi cây khá lớn trên một dãy đất rộng đoán chừng cả trăm mẫu. Hình như người ta đang trồng bắp, cây cao vừa lên tới đầu gối. Joe nhanh nhẹn nhảy xuống đất trước, anh với tay mang mớ cuốc xẻn vào chòi, ông Bob mở cửa xe, đi ra phía sau đưa tay chỉ cho Châu và Hiền, một dãi đất độ vài mẫu tây còn trống. sau những lời chỉ dẫn cách thức để làm, ông đoán chừng hai anh chưa hiểu ý, nên ông gọi Joe lại làm chung để hướng dẫn cho chắc chắn.

Nói tới nông trại ở Hoa Kỳ thì mọi người đều nghĩ đến phải có hàng ngàn, hàng trăm mẫu đất để trồng trọt và phần lớn đều phải dùng máy móc để cày xới gieo gặt, rải phân xịt thuốc v.v....

Nhưng ở đây gia đình của ông Bob có độ vài chục mẫu đất nằm trên một thung lũng rộng lớn chung với những nông trại khác nên sự canh tác của ông vẫn còn ít nhiều theo tính cách cổ điển, chỉ xử dụng máy móc khi nào cần thiết, còn phần lớn là dùng sức người để theo dỏi săn sóc. Ở đây ông trồng ba loại hoa màu chánh là : bắp, dâu tây và dưa leo; hoa màu phụ là cà chua, rau cải. Thị trường của ông là cung cấp cho các tiệm tạp hoá ở địa phương.

Lúc trước kia, chưa có Hiền và Châu, ông thường mướn học trò về làm bán thời gian, trả tiền lao động với mức lương tối thiểu, lúc đó vào khoảng hai đồng một giờ, nhưng phần lớn học trò không làm được lâu khi nào đủ tiền xài là chúng nghỉ việc, vì lẽ đó nhiều lúc bị gián đoạn vì thiếu người làm, nên khi nghe ở trại tị nạn cần tìm người đỡ đầu để giúp đỡ và cung cấp việc làm cho họ. Ông Bob và bà Linda sẵn sàng bảo lãnh ngay. Ông gọi điện thoại cho trại tị nạn và nói rõ những điều ông có thể làm hoặc cung cấp được cho người tị nạn.

Qua các thủ tục cần thiết, nơi đây đã giới thiệu cho ông bà hai người đàn ông trẻ, độc thân khỏe mạnh là cựu quân nhân của QLVNCH.

CHƯƠNG 5 - XÓM CẦU NỔI

Sau khi căn dặn Joe vài điều cần thiết, ông Bob lái xe đi ra phố chính để mua thêm phân bón và thuốc xịt sâu bọ. Joe trao cho Hiền và Châu, mỗi người một chiếc cuốc, cả hai vác trên vai theo anh ta đi ra miếng đất trống mà ông Bob đã đưa tay chỉ lúc nảy. Đến nơi cả hai mới nhận thấy là mảnh đất đã được trồng dưa leo, cây con nhô lên mới độ vài phân tây, công việc chính là đi kiểm soát để nhổ những cây cỏ dại mọc chung với cây dưa con và sửa lại những líp đất bị phá vỡ bởi thú vật v.v...

Công việc lao động rất giản dị chỉ có thế, tuy nhiên với một diện tích trồng dưa quá lớn nên phải tốn rất nhiều công và thời gian. Sau khi Joe nhận thấy Hiền và Châu đã hiểu ý, rành về công việc, anh bỏ đi sang qua mấy líp trồng bắp và khoai tây để chạy máy bơm, tưới nước cây trong buổi sáng.

Sau một lúc làm việc, chiếc áo sơ mi trắng và đôi giày da mới nhất của hai anh, dành để xuất trại đã bắt đầu dính đất bùn dơ dáy. Hiền buột miệng than có vẻ chán chường:

- ĐM. Tao thấy người ta sang Mỹ để du học có vẻ ngon lành và sang trọng quá, còn tụi mình sang Mỹ để đi làm cu li, mà cu li hạng bét nữa mới chết!

Hiền đưa tay lau mồ hôi trán:

- Thôi đi cha, người ta đi học được chánh phủ bảo trợ, còn tụi mình là thứ chạy giặc gần chết, từ Nha Trang vào Biên Hoà rồi Mỹ Tho. Đùng một cái, người ta thương tình cho sang đây không chết đường chết chợ là may, mầy còn than thân trách phận cái gì nữa?
- Tao biết, mầy khỏi nói, nhưng ngặt một nỗi từ nhỏ tới lớn tao có khi nào làm cái nghề rẫy nầy bao giờ đâu. Hồi trước ham chơi làm biếng, học thi rớt tú tài, má tao bả la dữ quá, tao giận bỏ đi lính không quân, học khóa bảo trì phi cơ làm cơ phí phi hành, chớ tao có ở ruộng rẫy bao giờ đâu?
- Còn tao thì khác mầy nhiều, dù sao chắc gia đình mầy cũng tương đối khá giả còn gia đình ba má tao nghèo, anh em đông ở dưới quê phải chịu cực khổ đi làm ruộng bắt cá từ lúc nhỏ. Rồi đến tuổi phải đi lính quân dịch, đổi lên ban Mê Thuột, cuối cùng do số mệnh đưa đẩy mang tao vào làm lính không quân nên mới gặp mầy ngoài Nha Trang. Đời tao cũng khá nhiều gian nan nên chuyện làm rẫy cực khổ như vầy cũng không đến nỗi nào đối với tuổi trẻ của tao ngày xưa, nhưng đã mấy tháng qua chạy giặc, cứ ăn xong rồi lại đi ngủ sinh ra làm biếng, tao nghĩ làm vài tuần rồi cũng sẽ quen dần.

Qua lời giới thiệu của Châu, Hiền cảm thấy được an ủi phần nào. Trong giọng nói không còn chất chứa những đắng cay như trước mà có vẻ an phận hơn.

– Tụi mình như vầy không biết mấy người khác như thế nào?
– Tao với mầy mù tịt như nhau, có ai biết trời trăng gì đâu!

Sau bữa cơm chiều ngày hôm đó, bà Linda bảo hai anh chuẩn bị để đi học anh văn lớp tối ở một trường đại học cộng đồng dành cho những người di dân mới đến.

Đã hơn sáu giờ chiều, ánh nắng mùa hè ở đây vẫn còn rạng rỡ, một màu hanh vàng tuyệt đẹp. Tiểu bang Washington nằm về miền cực bắc của Hoa Kỳ, vào mùa đông tháng giá, ngày ngắn đêm dài. Trái lại sang mùa hè, thời gian đi ngược, đêm quá ngắn, ngày lại trở nên dài thậm thượt, đôi lúc hơn chín giờ tối, vẫn còn le lói ánh mặt trời.

Hiền và Châu đã sẵn sàng, trong lúc chờ đợi bà Linda, hai anh rủ nhau ra trước hiên nhà hút thuốc lá:

– Ê Châu! mầy nghĩ thế nào?
– Thì làm rẫy ngày đầu hơi mệt vì chưa quen.

Châu nói chưa dứt lời, Hiền vội chận lại:

– Không phải tao muốn hỏi mầy như vậy. Tao muốn nói là không lẽ tụi mình sang tới đây phải đi làm rẫy cả đời hay sao?

Một vẻ buồn nhè nhẹ hiện lên nét mặt, Châu cúi đầu như muốn dấu đi tiếng thở dài buồn tẻ:

– Như tao đã nói với mầy từ lâu là tao xuất thân từ một gia đình nông dân nghèo nên tao hiểu nhiều hơn mầy về cái nghề làm ruộng rẫy nầy. Tuy rằng ở bên nầy họ tân tiến hơn, có nhiều máy móc phụ giúp nhưng chung quy cuộc sống của người nông dân ở đâu cũng vậy, họ luôn luôn gắn liền với ruộng đất, thức dậy theo tiếng gà gáy đầu canh và trở về nhà khi mặt trời khuất bóng, suốt ngày lam lủ cực nhọc dơ bẩn mong sao cho mưa thuận gió hòa để được trúng mùa màng may ra có dư chút đỉnh. Rồi con cái họ thường thường phải tiếp nối cái nghiệp của cha ông, thế hệ nầy sang thế hệ khác như thằng Joe ở đây chẳng hạn.
– Nói thật với mầy, tao đã sống trong cảnh đó nên tao hiểu và chán lắm, tao muốn con cái sau nầy phải được đi học đàng hoàng và có nghề vững chắc ở các hãng xưởng lớn chớ tao không muốn tụi nó lội ruộng tát nước tát sông như tao lúc còn nhỏ.
– Như vậy mầy tính sao?
– Tụi mình mới tới đây một hai ngày, chưa quen biết gì cả, theo tao nghĩ nên chờ một thời gian nữa, khi rành đường đi nước bước đâu ra đó rồi sẽ tính sau. Vả lại gia đình ông Bob đối xử với mình cũng tốt, chỉ có ngôn ngữ là trở ngại thôi.

CHƯƠNG 5 - XÓM CẦU NỐI

Hai anh bàn chuyện tới đây, bà Linda cũng vừa bước ra khỏi cửa, bà ra dấu bảo hai người lên xe để đi đến lớp học tối.

Một sự tình cờ vô cùng ngạc nhiên khi Châu vừa bước ra khỏi xe của bà Linda, anh nhận thấy một người đàn ông có dáng dấp và gương mặt rất quen, ông ta đang ở bãi đậu xe phía ngoài đi tới. Châu đứng khựng lại, anh cố mở rộng đôi mắt để nhìn cho thật rõ, miệng lẩm bẩm một mình: "không lẽ ông đại úy Tiến ở Ban Mê Thuột?".

Hiền nhìn thấy Châu có cử chỉ lạ làm anh thắc mắc:

- Bộ mầy có quen với ông ta hả?
- Ờ! Ờ! hình như ông ta là đại úy Tiến!
- Đại úy Tiến nào?
- Xếp củ của tao ở Ban Mê Thuột!

Người đàn ông lạ hình như cũng đang ngạc nhiên nhìn thẳng vào Châu, cất tiếng hỏi trước:

- Phải anh là người Việt không?

Châu tỏ vẻ mừng rỡ ra mặt, đưa tay lên cao:

- Phải anh là đại úy Tiến ở Ban Mê Thuột không?
- Đúng rồi, chú Châu đó phải không? Trời ơi may mắn quá, chúng mình không ngờ lại gặp nhau ở đây.

Một sự gặp gỡ thật đột ngột bất ngờ, đầy cảm động. Lời nói của Châu hình như bị tắt nghẹn ở cổ.

Hiền biết bạn đang xúc động mạnh, anh bước vỗ vào vai Châu:

- Tụi mình lại có thêm một người bạn mới nữa!

Lấy lại bình tỉnh, Châu nhìn sang Hiền giới thiệu:

- Anh Tiến, đây là Hiền, bạn tôi lúc còn ở trong không quân ngoài Nha Trang. Hai đứa chạy giặc chung rồi sang đây một lượt.

Tiến gật đầu, đưa tay cho Hiền bắt:

- Hai người đi chung có bạn là vui rồi, có mình tôi là phải đi riêng một mình mới buồn.

Hiền vọt miệng hỏi:

- Anh Tiến không có gia đình đi theo à?
- Gia đình ba má và các anh em tôi đều ở dưới quê như Châu. Cũng may là chưa lấy vợ nên không bận bịu. Tôi được hảng rượu nho ở Woodinville lảnh về cho làm phu quét dọn trong xưởng độ hơn tuần

nay.

Châu muốn nói thêm cho Hiền biết thêm về Tiến:

– Anh Tiến ở làng Rạch Đào cùng quê với tao đó, nhờ ảnh lo giúp đỡ về các giấy tờ nên tao mới được chuyển qua không quân đó.

Tới đây, Châu có vẻ hơi thắc mắc, xoay qua hỏi Tiến:

– Mấy năm nay tôi biết anh đang đóng ở Ban Mê Thuột mà làm sao chạy được?

Tiến bật cười:

– Chuyện có hơi dài, để khi nào rảnh tôi sẽ kể chi tiết cho chú nghe. Đại khái là sau khi Ban Mê Thuột thất thủ, tôi và một số anh em chạy về tới được Nha Trang, tôi gặp lại thằng bạn học cũ, nó đang ở trong hải quân làm dưới tàu nên nó đưa tôi đi theo luôn không dè rồi cuối cùng chạy tới cái đất Hoa Kỳ nầy gặp lại chú ở đây. Đúng là trái đất tuy lớn nhưng nó tròn nên đi mãi rồi cũng có ngày gặp nhau.

Trong lớp học anh văn chiều hôm đo có tất cả khoảng tám người Việt nam. Họ rất mừng rỡ như khi gặp lại những người thân thuộc đã xa cách lâu ngày. Họ hỏi thăm nhau đủ thứ chuyện phần lớn là chỗ ăn ở và công việc làm. Họ là những người Việt xa quê hương vì loạn ly giặc giã, tâm hồn mọi người đều rách nát, tả tơi như nhau, nên hình như họ thương và thông cảm gắn bó nhau hơn. Lớp học đêm chỉ trong hai giờ ngắn ngủi để gặp mặt nhau.

Tuy nhiên tâm hồn nặng trĩu ưu tư của những người Việt Nam tha hương đã vơi bớt đi được một phần nào sự lo lắng, vì họ có nhau để chia sẻ những niềm hy vọng, mặc dù những hy vọng đó rất xa vời, nhưng phải có nó để làm nguồn sống và hướng đi tương lai cho họ. Có một nhà học giả đã nói: *"những kẻ nào giống nhau, thường chơi chung với nhau…"*. Loài người hiềm khích và ganh tị nhau phần lớn là do sự khác biệt về tư tưởng và sự chênh lệch quá đáng về đời sống trong xã hội.

Cái nhu cầu đòi hỏi của con người đi theo từng giai đoạn, cái nấc thang đầu tiên là sự an toàn và bảo đảm cuộc sống mới thì những người Việt Nam hôm nay đã gặp nhau trong giai đoạn nầy.

Kể từ ngày gặp lại Tiến, Hiền và Châu lại có thêm một người bạn mới đồng cảnh ngộ. Họ có vẻ thích thú và tin tưởng hơn. Sau giờ làm việc lao động mệt nhọc ở nông trại và hãng rượu chát, ba người lại có cơ hội gặp nhau trong những buổi chiều học anh ngữ, họ trao đổi ý kiến và tin tức hàng ngày.

CHƯƠNG 5 - XÓM CẦU NỔI

Thời gian ở đây trôi qua thật nhanh, mùa hè đã lặng lẽ ra đi mang theo cái nắng ấm và bóng mặt trời tự lúc nào. bây giờ chỉ có mây phủ một màu xám đục và mưa rỉ rả suốt ngày.

Mùa Thu đến chậm rãi như một cụ già, lá xanh đã đổi sang màu vàng úa. tàng cây trước nhà đã bắt đầu thưa thớt lá lổm chổm trơ cành.

Hiền hớp vội ly cà phê sữa nóng anh vừa mới pha, Châu cũng đã thay đồ sẵn sàng để đi ra rẫy.

- Tao đã pha dùm mầy một ly cà phê để đẳng bàn kìa Châu, uống xong đi là vừa.
- Ờ, mà hôm nay mầy biết tụi mình làm cái gì không?
- Hôm qua ông Bob nói là mình đi xem lại mấy cái giống dưa leo, nếu còn sót thì hái đem về hết để vô keo ngâm dấm, xong lấy vải nylon che hết mấy cái máy bơm nước để ngoài trời cho khỏi rỉ sét, ổng cho biết là bà Linda bị cảm phải ở nhà săn sóc chỉ có tao với mầy và thằng Joe ra đó thôi.
- Bà Linda bịnh rồi chiều nay ai chở tụi mình đi học?
- Nhờ thằng Joe đưa đi dùm cũng được vậy.
- Trong buổi học chiều hôm qua, anh Tiến có nói là sẽ gọi điện thoại hỏi chuyện với một người bạn nào đó của ảnh đang ở Seattle để tìm "job" mới.

Châu vừa nói tới đây, Hiền có vẻ ngạc nhiên nên hỏi gặn lại:

- Mầy nói anh Tiến đi tìm "job" mới à?
- Thì ảnh nói với tao như vậy nhưng không chắc chắn lắm, để chiều nay hỏi lại xem sao?

Khóa học anh ngữ dành cho người tị nạn đã kéo dài được hơn ba tháng. Bây giờ thì đã có hơn hai chục người Việt Nam tham dự, Châu nhận thấy có một vài người đã sắm xe hơi riêng, tự túc lái xe đi học, trông họ có vẻ tự tin, hãnh diện và yêu đời hơn. Trong những lúc ra chơi, họ thường tụ tập chia thành từng toán nhỏ bàn tán những mẩu chuyện về xe cộ như loại nào tốt, loại nào xấu, xe Mỹ.

Nhật v.v...

Hiền và Châu đang ngồi hút thuốc, tán gẫu ở trước cửa lớp học, Tiến từ phía ngoài sân bước vào. Hôm nay trông anh có vẻ hứng khởi hơn những lúc trước. Sau khi nhìn thấy Châu và Hiền, anh vội vã lên tiếng ngay:

- Ê! Hiền, Châu! tôi có tin sốt dẻo.

Châu đưa tay dụi điếu thuốc đã tàn trên thùng cát.

- Cái gì mà trông ông thầy có vẻ vui quá vậy?

– Tôi mới được thằng bạn ở Seattle báo đêm hôm rồi là nó đã ghi tên đi lên Alaska đánh cá hay làm cua gì đó, nghe nói ở đó người ta trả lương cũng khá lắm. Họ bao luôn ăn, ở dưới tàu. Muốn làm "overtime" bao nhiêu cũng được, người ta trả một rưởi hơn lương thường. Tôi nghĩ tụi độc thân như mình nên đi thử một chuyến xem sao?

Sau câu nói của Tiến làm Hiền và Châu có vẻ sáng mắt hơn.

– Ê Châu! tụi mình với anh Tiến ghi tên đi làm để thử thời vận. Nếu gặp gió lớn thì phất cờ luôn. còn rủi lụn bại thì cũng chẳng chết ma nào. Tụi mình cùi rồi đâu còn sợ lở nữa, ở đây đi làm rẫy với ông Bob không biết ngày nào mới khá được?

– Tao đâu có ngán mậy? Bây giờ để nhờ ông thầy hỏi bạn của ông ta cách thức xin việc làm sao rồi tụi mình ghi tên một lượt cho vui.

Sau hơn hai tuần lễ tìm công nhân, hảng đóng đồ hộp ở Alaska đã có đủ số người ghi tên tình nguyện xin đi làm. Cả ba Tiến, Châu và Hiền đã được giấy báo của hãng là sẽ rời Seattle vào ngày mai trưa thứ sáu theo chuyến bay thường xuyên của hãng phi cơ Alaska Airline. Ông Bob và bà Linda đã biết trước hơn một tuần do Hiền và Châu kể lại. Ông bà có vẻ hơi buồn, tuy nhiên ông vẫn cho đó là một cơ hội tốt cho hai anh. Ông hứa nếu có gì trở ngại, hai anh có thể trở lại nông trại làm việc như củ.

Trong toán người nhận việc đi làm, Châu nhìn thấy hầu hết đều còn trẻ chỉ có hai cặp vợ chồng còn đa số là độc thân.

Chiếc phản lực cơ "MD80" của hảng hàng không Alaska đáp xuống phi trường Anchorage để thả hành khách. Cả toán nhân công Việt nam được chuyển sang đường bay địa phương bằng phi cơ cánh quạt để đến đảo Dutch Harbor nằm về hướng cực Bắc sát biên giới Liên Sô cũng là điểm cuối cùng nơi đoàn người đến để làm việc.

Khoảng một giờ sau, tiếng nổ của động cơ hình như được giảm bớt, Hiền đưa mắt nhìn xuyên qua khung cửa kính phía dưới, một khung cảnh thật hoang sơ lạnh lẻo đã hiện ra trước mặt, anh xoay mặt lại trố mắt nhìn Châu và Tiến:

– Anh Tiến nhìn xuống đất mà xem, tuyết phủ đầy và trắng xoá khắp nơi. Mình đang nằm trên vùng bắc cực thì phải?

Sau khi quan sát, cả hai đều lắc đầu. Tiến nhìn hai người bạn trẻ cố lấy giọng hơi diễu cợt để giữ vững tinh thần:

– Người ta sao mình vậy. Dân nhà binh đánh trận với việt cộng còn chưa ngán, sợ gì mấy cái thứ tuyết lạnh ở vùng bắc cực nầy?

CHƯƠNG 5 - XÓM CẦU NỔI

Châu cố cười để phụ hoạ:

– Tụi mình làm dân "eskimo" một thời gian thì có sao đâu!

Sau đó không lâu, chiếc phi cơ đã đáp an toàn và taxi vào bãi đậu.

Hành khách đã lần lượt đi vào phòng chờ đợi. Lúc đó Tiến đã nhận ra ngay người đại diện của hãng đồ hộp đang đưa cao chiếc bảng to để những công nhân mới đến dễ nhận diện. Sau khi nhận xong hành lý, toán người được đưa lên xe bus để về văn phòng của hãng bổ túc thêm các giấy tờ cần thiết trước khi đi làm.

Trong khi chờ đợi, Tiến rủ Châu và Hiền lại một góc phòng trống gần đó để hút thuốc lá. Như nhớ lại một điều gì thích thú, Hiền tủm tỉm cười một mình:

– Cuộc đời nầy đi nhanh thật. Mới khoảng bảy tám tháng nay mà mình đã đổi việc đến ba lần, từ lính bảo trì phi cơ tới phu làm rẫy, rồi bây giờ sắp sửa sang nghề thợ lặt cua lựa cá. Đến khi mãn thời gian cam kết ở đây, không biết mình sẽ làm nghề gì nữa?
– Có người ta mướn là tốt rồi, nếu không là chết đói cả lũ.

Tiến ngồi cạnh đó xen vào câu chuyện:

– Chết đói chắc là không, vì có sở xã hội giúp đỡ cho tiền, cho phiếu thực phẩm để mình sống cầm hơi.

Châu có vẻ hơi thắc mắc nhướng mày lên nhìn Tiến:

– Anh nói mình không chết đói được à? Còn cái gì là sở xã hội hay phiếu thực phẩm giúp đỡ? Hồi trước tới nay tôi với thằng Hiền có nghe ai nói gì tới đó đâu?
– Hai chú không biết là vì người bảo trợ họ không muốn để cho mình đi lãnh tiền trợ cấp xã hội. Như trường hợp của tôi cũng vậy, thằng chủ hãng rượu chát đâu có cho tôi đi khai báo gì đâu. Sở dĩ tôi biết được là qua gia đình của người quen ở Seattle. Anh ta có vợ và bảy người con, họ ở nhà đi lãnh tiền xã hội cho cả gia đình không làm gì cả nên có dư thì giờ đi làm mướn lấy tiền mặt để dành mua xe mua cộ chở vợ con đi tới lui.

Tiến vừa nói tới đây, Hiền vọt miệng:

– À, hèn gì hôm trước đi học anh văn buổi tối, tôi thấy có một hai "trự" lái xe nhà, miệng nói oang oang có vẻ le lói lắm. Mình cứ tưởng mấy ông đó may mắn trong khi dốt đặc tiếng anh như mình mà chộp được "job" tốt nên mua xe chạy cho người khác lé mắt chơi. Nhưng tiền xã hội ở đâu mà có, mà mấy ông ấy lãnh hoài vậy?
– Thì tiền thu thuế, chính phủ lấy ra từ đồng lương làm việc của tụi

mình nè!

- Chánh phủ chơi cái kiểu đó không khá, mình đi làm cực bỏ mẹ để nuôi mấy tên lười biếng đó. Như vậy mai mốt khi tụi mình hết việc làm ở đây, về xin lãnh tiền xã hội như tụi nó cho bỏ ghét.

Tiến bật cười thật lớn:

- Chú mầy khỏi lãnh tiền xã hội làm chi cho mất mặt bầu cua, mà chú được quyền lãnh tiền thất nghiệp ở sở thất nghiệp nghe hay hơn nhiều.
- Ủa! sao ông thầy rành vậy?
- Thì nghe lỏm của những người biết nhiều hơn mình về đời sống xã hội Hoa Kỳ.

Ba người tán gẫu tới đây cũng vừa lúc mọi người trong toán đã làm xong thủ tục giấy tờ. Sau khi vị đại diện của hãng căn dặn một vài điều cần thiết, cả toán được hướng dẫn đi quan sát chung quanh xưởng và nơi họ sẽ làm việc cũng như chỗ ăn chỗ ở trong thời gian họ đã ký giấy tờ cam kết làm việc tại đây cho hãng.

Mùa Thu nơi nầy thật cô đơn và buồn tẻ. Chung quanh chỉ có một màu trắng của tuyết rủ và mây xám nặng nề giăng giăng, kéo dài tiếp giáo với những dãy núi mập mờ, nhấp nhô khi tỏ khi mờ ở một chân trời xa xôi nào đó.

Mấy tháng nay, mặt trời gần như đã trốn mất ở phương nào rồi. Đèn điện được mở sáng choang trên tàu gần như không bao giờ tắt. Công việc ở đây gần như bận rộn suốt ngày đêm, hai mươi bốn trên hai mươi bốn. Ai có khả năng sức khỏe làm bao nhiêu cũng được. Tối đi ăn, ngủ một tí dậy bấm thẻ làm tiếp, nhiều người làm một ngày mười sáu tiếng là chuyện gần như bình thường. Nghề đánh cá bắt tôm cua làm theo mùa trong năm nên các hãng đóng đồ hộp xử dụng triệt để nhân công trong thời gian nầy để thu hoạch tối đa huê lợi hải sản trong mùa.

Sau khoảng sáu tháng làm việc lao động trên tàu cũng là thời gian đã ký kết giao kèo với hãng, trước khi nhận việc làm. Mấy hôm nay công việc không còn rộn ràng như trước, Tiến, Châu và Hiền có nhiều thời gian ngồi uống cà phê, hút thuốc lá chung nhau để bàn tán chuyện đời lâu hơn thường lệ.

Suốt bốn mùa ở cái đảo Dutch Harbor vùng biên giới cực bắc nầy không có cái gì gọi là vui cả, với khoảng sáu tháng mặt trời không bao giờ lặn để rồi những tháng còn lại mặt trời bỏ đi du lịch xuống phương nam, mang cái không gian kỳ quái trả về cho phương bắc, cứ như thế tiếp diễn triền miên trong một chu kỳ nhất định.

Thời gian bây giờ cũng vào khoảng cuối đông. Bên ngoài vẫn còn

CHƯƠNG 5 - XÓM CẦU NỔI

tuyết rơi. Mặt biển đóng băng như một tảng đá khổng lồ. Cái lạnh nhức nhối gần như cắt ruột làm cho mọi người sợ hải khi có chuyện cần ra ngoài.

Hớp một ngụm cà phê sửa nóng, Tiên ngồi bật ngửa hai chân gác lên thành ghế nhìn Châu:

– Sao Châu? chú thấy thế nào? mình đã lao động tối đa gần sáu tháng rồi, tính đi về hay ở lại làm thêm?

Hiền ngồi cạnh đó nhanh nhẩu trả lời:

– Thôi đủ rồi đại ca! Mình về Seattle tìm việc khác làm có vẻ vui hơn, ở đây chán bỏ mẹ.
– Đúng rồi ông thầy! Thằng Hiền nói có lý, cái xứ gì chỉ có tuyết rơi tối ngày lạnh thấu xương, buồn như "chùa bà đanh". Hết contract nầy mình rủ nhau về Seattle tìm nghề khác làm.
– OK! Tôi đồng ý với hai chú. bây giờ mình cũng có chút ít vốn rồi, về đó anh em mình hùn hạp làm ăn, biết chừng đâu sẽ khá hơn là đi làm cái thứ bán xác nầy.

Một thời gian ngắn sau đó, Tiến, Hiền và Châu từ giả vùng bắc cực, đáp phi cơ về lại thành phố Seattle.

Hôm nay trời đã bắt đầu vào Xuân, Châu rất sung sướng khi nhìn thấy lại cái ánh nắng ấm áp của mặt trời xuyên qua khung cửa kính trên chuyến phi cơ trở về. Bên dưới là đỉnh núi Rainier, vẫn còn phủ đầy tuyết trắng, đứng nhô lên giữa một màu xanh của rừng thông bát ngát, như một bức tranh tuyệt đẹp mà tạo hóa đã khéo tay tạo dựng lên khung cảnh thiên nhiên nầy, khác hẳn với cái màu trắng của tuyết vá ánh sáng ngày đêm trộn lẫn chập chờm ảm đạm, tạo nên một vẻ buồn tang tóc cô đơn của vùng bắc cực mà Châu đã trải qua trong những tháng dài giá lạnh.

Sau khi nhận lãnh hành lý, Tiến vừa bước ra khỏi cửa, anh gặp ngay Can đang đứng chờ phía trước.

– Tiến, xe tao đang đậu phía trước nầy.

Tiến để chiếc vali xuống đất nghỉ tay, anh xoay qua Châu và Hiền đang đi phía sau giới thiệu:

– Châu, Hiền! Đây là anh Can, người bạn cùng khóa sĩ quan Thủ Đức hồi trước với tôi. Tuần rồi, tôi có gọi điện thoại để nhờ anh Can lo mướn dùm "apartment" cho tụi mình đó.

Can vui vẻ thân mật bắt tay Hiền và Châu.

– Ờ! tao đã mướn được apartment có ba phòng cho mầy, hiền và Châu rồi, ở phía nam đường Rainier, giá cũng rẻ thôi; một trăm năm chục đồng một tháng. tao đã đưa họ trước năm chục đồng rồi để thế chân.

- Rồi, tụi tao sẽ lo, không có gì trở ngại. bây giờ mầy đưa tụi tao đi xuống phố Seattle ăn phở trước, rồi tính sau.
- Không ăn phở nữa mà về nhà tao. bà xã tao nghe tin tụi mầy về đã nấu sẵn một nồi bún bò huế thật lớn còn chờ ở nhà đó.
- Trời ơi! mầy làm phiền bà ấy vậy? Tụi tao độc thân ăn đâu cũng được.
- Bạn bè lâu lâu mới có một lần, chớ có thường ngày đâu mà phiền phức. bả căn dặn tới dặn lui phải mời luôn anh Hiền và anh Châu nữa cho vui.
- Thôi để khỏi phải làm chỉ phiền lòng tụi tao theo mầy về nhà, sẵn dịp thăm mấy đứa cháu luôn.

Chín giờ sáng ngày thứ bảy, ba người vẫn còn nằm ngủ nướng chưa muốn dậy. Có tiếng gõ cửa *"cóc cóc"* phía trước, Châu nằm ở phòng ngoài sát bên cửa sổ. Anh vén màn nhìn ra, nhận thấy người quen, anh chồi dậy bước ra trước mở cửa.

- Mời anh Can vào chơi.
- Cám ơn Châu, còn Tiến dậy chưa?
- Dạ, chắc dậy rồi, để tôi vào gọi anh ấy.

Một phút sau, Tiến từ phòng bước ra đưa tay vun vai có vẻ lười biếng:

- Hôm nay không đi làm hay sao mà tới sớm vậy?
- Thằng chủ tao bệnh, nên tao nghỉ "weekend" nầy. Đến sớm định rủ tụi bây đi uống cà phê tán dóc chơi.
- Thôi đi đâu cho mệt. Hôm qua tao có mua một bịt cà phê chưa xay, nghe chủ tiệm nó quảng cáo ngon lắm. Để tao xay ra uống thử coi.
- À! Hổm rày ba đứa có đi tìm "job" chưa?
- Định đi, nhưng còn làm biếng quá. Tụi tao mới vừa thi lấy xong bằng lái xe ngày hôm qua. Dự trù đi tìm xe cũ để mua trong tuần nầy làm chân cẳng đi tới đi lui, đợi xe bus hoài chán quá!
- Nè Tiến! Thằng chủ tao mới mua thêm được hai căn nhà cũ, nên nó đang cần người làm phụ để sửa chữa, sơn phết lại rồi đem bán, nếu mầy, Hiền và Châu thích đi làm, thì để tao nói với nó mướn tụi bây đi làm chung cho vui!
- Can vừa đưa ra ý kiến, Châu tỏ vẻ vui mừng.
- - Ờ! Anh Can hỏi thử dìm tụi nầy đi, ở nhà lâu cũng chán lắm. Anh Can làm ở đó lâu chưa?
- Tôi làm cho ông Bill cũng vào khoảng ba tháng nay.

Như muốn tìm hiểu thêm công việc làm, Châu tiếp tục:

CHƯƠNG 5 - XÓM CẦU NỔI

- Ông Bill làm chủ hãng thầu phải không anh?
- Nếu nói là hãng thầu thì có vẻ hơi to lớn. Tôi thấy ông ta chỉ mua lại những căn nhà nhỏ, rất rẻ bị hư hại hoặc quá cũ, độ mười, mười lăm ngàn gì đó, ở các khu nghèo, rồi sửa chữa sơn phết lại đem bán cho người khác lấy lời.

Tiến đã pha xong từ dưới bếp, bưng ra bốn ly cà phê sữa còn bốc khói để lên bàn. Hiền cũng vừa thức dậy trong phòng bước ra. Thấy Can đang ngồi trên ghế nói chuyện, anh đưa tay chào:

- Chào anh Can, anh Tiến xay cà phê bay mùi thơm quá, muốn nằm ráng thêm cũng không được.
- Thôi, chú mẩy đừng có nịnh. Tôi đã làm sẵn cho chú một ly rồi nè! Còn thuốc hút không đem ra đây, uống cà phê mà không có thuốc hút thà chết sướng hơn.
- Có ngay. Thuốc hút cao bồi cởi ngựa "Marlboro Country" cho ông thầy đây.

Châu ngồi cạnh đấy đưa ngón tay khẽ nhịp nhè nhẹ lên bàn:

- Ngửi mùi cà phê của anh Tiến, gợi tôi nhớ lại lúc mình còn ở Ban Mê Thuột với thằng Tấn. Lúc đó anh Tiến là trung đội trưởng của tụi nầy.

Châu vừa nói tới đây, Tiến đã xen vào:

- Chú nhắc lại chuyện cũ nữa, chú muốn cà phê ở quán thiếm tư, má cô Hằng ở đầu đường đó chớ gì? Tôi còn nhớ, khi nào muốn tìm hai chú cứ lái xe ra quán đó là gặp ngay. Lúc đó Tấn đang chết mê, chết mệt cô Hằng, còn chú có cô bồ là cô Năm gì đó ở dưới quê phải không?
- Những kỷ niệm ngày xưa bỗng dưng được Tiến vô tình nhắc tới. Cái đống tro đã tắt ngúm hơn cả chục năm nay bây giờ gần như được khơi lại, Châu yên lặng ngồi cúi đầu đưa mắt nhìn ly cà phê. Những làn khói trắng mỏng manh vừa bay lên khỏi miệng ly là tan biến ngay.
- Biết mình vừa đi quá xa gợi lại những chuyện cũ làm Châu có vẻ buồn, Tiến vội vàng đổi đề tài để khỏa lấp:
- Thôi, dẹp cái chuyện đời xưa, đã xảy ra hơn chục năm nay đó đi. À, lúc nảy nghe Can nói là xin "job" đi làm nghề sơn sửa nhà gì đó, khi ấy tôi đang xay cà phê nên nghe không rõ.
- Tao nói là ông chủ tao sắp sửa cần thêm người làm phụ để sơn sửa lại cho nhanh mấy căn ông ta mới mua, nếu tụi bây muốn đi làm, tao có thể hỏi nó xem sao!
- Ờ! mẩy thử hỏi giùm đi. Ba đứa tao ở nhà cả mấy tuần nay cũng nản lắm rồi.

Sáu giờ sáng ngày thứ hai trong tuần kế tiếp, cả ba người còn đang say ngủ, điện thoại reo vang liên tiếp ngoài phòng khách, Châu giật mình thức giấc vì tiếng chuông reo quá to, cứ ngân lên từng chập. Anh lẩm nhẩm có vẻ bực mình: *"cái thằng cà chớn nào mà gọi sớm quá, không để cho người ta ngủ"*. Anh bước ra khỏi phòng khách nhắc điện thoại định bụng cho nó một bài học để đời:

– Alô!
– Can đây! ai đó?
– Châu đây.
– Nầy Châu! thằng chủ tôi nó chịu mướn ba người rồi. Sửa soạn thay đồ đi, khoảng nửa giờ nữa nó sẽ lái xe ghé ngang rước đi làm luôn.
– Đi làm ngay buổi sáng hôm nay phải không anh Can?
– Đúng, nó cần người ngay bây giờ, Châu nói với anh em thay đồ nhanh lên nhá!

Hơn tháng sau hai căn nhà thiếu sự chăm sóc của chủ, bị lở tường sứt vách, cỏ dại mọc đầy sân trước, sân sau trông thật xấu xa, nay được sửa chữa sơn phết lại cẩn thận, vườn tược được cắt xén trông rất đẹp mắt. ông Bill vừa dựng bản bán là có người đến mua ngay.

Cả bốn người: Hiền, Châu, Tiến và Can lại tạm thời thất nghiệp chờ ông Bill tìm chỗ khác mua mới có việc làm lại.

Trong ngày lãnh lương chót nghĩ để chờ việc, Tiến bàn với ba người trong nhóm:

– Tao thấy cái nghề nầy cũng dễ. Đi tìm mua nhà cũ về sơn phết bán kiếm lời không có gì gọi là khoa học khó khăn hết, chỉ cần biết chút ít về giấy tờ, giá cả thị trường và có vốn là được.

Can xen vào:

– Giá cả thị trường hay giấy tờ thì mình có thể đi học được. Chỉ sợ là tụi mình không có vốn để mua nhà vì tụi nhà "bank" hoặc chủ nhà thường đòi trả tiền mặt mới chịu sang giấy tờ.

Châu có vẻ thắc mắc muốn hiểu rõ hơn:

– Chắc phải có vốn nhiều lắm phải không anh Can?
– Tôi đi làm chung với ông bill mấy tháng nay nên để ý biết là nhà như vậy tụi nó bán rẻ lắm, chỉ mười lăm hoặc hai chục ngàn là tối đa. Sau khi sửa soạn lại, ông Bill trả tiền nhân công, vật liệu cũng còn lời được một hai ngàn cho ông ta.

Hiền đang đứng hút thuốc lá kề bên, lên tiếng phụ hoạ:

– Hay là mấy anh em mình, hùn nhau làm thử đi! Chớ đi làm công cho

CHƯƠNG 5 - XÓM CẦU NỔI

người ta, lúc có lúc không kiểu nầy không khá được.

Đôi khi bị thất nghiệp không phải là một chuyện kém may mắn, mà nhiều lúc còn là một cơ hội tốt để vươn lên.

Sau bữa cơm chiều hôm đó, Châu nhắc lại lời của Hiền để xem ý kiến của Tiến nghĩ sao:

- Anh Tiến! hồi sáng nầy Hiền có đề nghị là anh em mình nên hùn hạp nhau để làm ăn, anh nghĩ thế nào?

Tiến không đáp lời vội. Anh đưa tay chống lên trán ra chìu suy nghĩ. Một lúc sau chậm rải trả lời:

- Chú biết không? Nói thì rất dễ nhưng khi thực hành còn phải đòi hỏi nhiều thứ khác. Ở cái xứ nầy, làm cái gì cũng phải có giấy tờ, phép tắc, chứ không như ở bên mình, muốn làm là làm đại, làm càng. Tôi có bàn với anh Can, về thể thức như thế nào, thì được biết, muốn làm cái gì mình phải có "license" như điện nước, cống, rãnh, thợ mộc v.v.... còn vấn đề vốn, thì anh em mình hùn chung lại, chắc không trở ngại lắm.

Hiền đang đứng rửa chén phía sau, nghe Tiến bàn tới đây, anh cũng vội lên tiếng:

- Mấy thứ chuyên môn cần có "license" đó thì mình đi học. Tôi có quen với vài đứa đang làm thợ sửa ống nước, tụi nó nói dễ lắm, mấy thứ đó vào trường dạy nghề là xong ngay.

Hiền có hăng hái tiếp lời bạn:

- Như vậy anh em mình chia nhau đi học, mỗi người một nghề, rồi họp nhau lại mà làm. Mình còn tương đối trẻ độc thân sợ gì? Rủi ro có sập tiệm, hết vốn, thì lại ghi tên đi Alaska, bắt cá làm cua tiếp, đâu có chết ma nào?

Khi nghe Hiền và Châu có ý tưởng dứt khoát rất tích cực làm Tiến cũng thêm hứng khởi:

- Vậy hai chú quyết định cởi áo nhào vô xáp trận rồi phải không?

Hiền vọt miệng lên tiếng trước:

- Đúng! Đúng đó ông thầy. Thắng làm vua, thua làm thợ hay cu li cũng được. Có xuất quân mới biết mình thắng hay bại, làm tớ hoài bị người ta sai khiến nản lắm.

###

Hơn một năm trời đã qua. cả bốn người bạn đã quyết chí thực hành ý định dứt khoát của mình. Ban ngày họ đi làm thợ xây cất cho ông Bill, để giữ mức sống thường nhật và học hỏi kinh nghiệm nghề nghiệp. Chiều về ăn cơm xong là họ chui đầu vào các trường hướng nghiệp để học nghề chuyên môn.

Sáng hôm nay là ngày lãnh văn bằng tốt nghiệp cho Hiền, Châu và Can về các ngành chuyên môn: điện, ống nước và mộc trong kỹ nghệ xây cất nhà cửa.

Mọi người ăn mặc có vẻ sạch sẻ, tươm tất hơn thường lệ. Đặc biệt nhất là Can, có bà xã và các con đi theo để chia vui trong ngày trọng đại của anh.

trong bốn người bạn chỉ có Tiến là phải đợi sang mùa hè năm tới mới xong vì anh đang học về ngành kế toán, cần phải có thời gian lâu hơn mới hoàn tất chương trình.

Riêng Châu, đây là một bước thật dài trong cuộc đời. Bây giờ anh mới có cơ hội trở lại ghế nhà trường không phải để mưu cầu một điều gì to lớn mà hôm nay anh trở lại trường với mục đích là tìm "cây cần câu cơm" trong cuộc sống ở một xã hội có trình độ kỹ thuật cao. Với sức khỏe dồi dào cộng thêm thân hình vạm vở, anh quyết định chọn nghề làm ống nước, cống rảnh hợp với khả năng sẵn có. Hiền thích về điện cơ khí kỹ nghệ, cũng như Can trước khi vào trường sĩ quan Thủ Đức, cha anh có xưởng mộc ở Biên Hòa nên đã biết chút ít về ngành nầy. Tiến bị ba anh em kia đẩy đi học về ngành kế toán vì các anh lập luận rằng nếu lập một công ty đi thầu sửa chữa nhà cửa thì ít ra phải có một người rành về luật lệ giấy tờ và hành chánh tài chánh, nên Tiến đành nhận lãnh cái môn tương đối khó nuốt nầy.

Ngày ra đời của hãng thầu "Tứ Hải" chuyên về sửa chữa nhà cửa vào khoảng đầu mùa hè năm 1979. Tất cả tiền dành dụm lúc đi làm ở Alaska, các anh em đều bỏ chung vào để hùn làm vốn đầu tiên.

Giấy tờ cam kết và các cổ phần hùn hạp làm ăn do Tiến soạn thảo rất rỏ ràng, cả bốn người đều đồng ý để ký vào. Thị trường chính của hãng thầu "Tứ Hải" là nhìn vào cộng đồng Việt Nam. Vào thời gian nầy có rất nhiều gia đình Việt nam di cư đã có công ăn việc làm tương đối vững chắc. Họ thường theo truyền thống cổ truyền là "sống có nhà, thác có mồ" nên rủ nhau đi mua nhà.

Sau bốn năm rời bỏ đất nước sang đây lập nghiệp, làm lại từ đầu phần lớn số thu nhập hàng tháng của họ còn tương đối thấp, nên họ thường tìm mua những căn nhà nhỏ hoặc hư hao chút đỉnh hợp với túi tiền và đồng

CHƯƠNG 5 - XÓM CẦU NỔI

lương để dễ mượn tiền của ngân hàng.

Hảng thầu "Tứ Hải" được khách hàng Việt nam chiếu cố rất nhiều vì việc làm cẩn thận và giá cả phải chăng. Chỉ trong tháng đầu ra quân, hãng đã nhận sửa một lúc ba căn nhà. Lúc khởi sự bốn người chia nhau làm lấy công làm lời, sau đó vài tháng vì tiếng đồn miệng của khách đã làm qua nên rất nhiều người gọi dây điện thoại để xin định giá. Nhiều lúc có tới năm bảy căn một tháng, công việc càng ngày càng bề bộn thêm ra, hãng quyết định mướn thêm từ năm đến mười người thợ phụ làm theo kiểu bán thời gian.

Trong năm đầu tiên, kết toán sổ sách chi thu tổng số vốn của hảng đã lên tới chín mươi ngàn đô la, có nghĩa là số tiền lời và tiền vốn bây giờ gấp hai lần số tiền vốn đầu tiên khi mới lập hãng.

Sau khi báo cáo cuối năm, Tiến đưa ra ý kiến:

- Như anh em đã nhận thấy trong hơn sáu tháng vừa qua, hãng mình mới ra quân đã kiếm được gần bốn mươi lăm ngàn tiền lời, không kể tiền lương tháng của anh em và nhân công mướn thêm. Điều đó chứng tỏ hãng càng ngày càng phát triển có nhiều công việc và vấn đề cần phải giải quyết nhanh. Tôi đề nghị với anh em, là mình nên mướn thêm một thư ký để nhận điện thoại ở văn phòng và tiếp xúc với khách hàng, trong lúc mình bận làm việc ở ngoài, và đồng thời mướn thêm ba nhân công làm "full time" để huấn luyện họ phụ giúp các công việc thường xuyên, còn nhân công bán thời gian "part time" thì tùy theo nhu cầu công việc làm hàng ngày.

Châu đưa tay góp ý kiến:

- Tôi đồng ý với anh Tiến. Để khỏi mất khách hàng hãng phải có một thư ký túc trực điện thoại. Trong phần nầy tôi đề nghị là nên hỏi ý kiến chị Can, vì tôi thấy chị đang ở nhà xem chừng mấy đứa nhỏ, sẵn dịp theo dõi điện thoại cho hãng luôn. Bây giờ hãng vẫn còn nhỏ nên hoạt động theo kiểu cây nhà lá vườn cho gọn, đến khi nào hãng lớn sẽ tính sau.

Hiền cũng tán đồng ý kiến của Châu.

- Tôi thấy ý kiến của Châu rất tốt và thực tế. Nếu được anh em chấp thuận, anh Tiến sẽ làm tờ cam kết rỏ ràng về số lương, và công việc, giờ giấc, rồi nhờ anh Can về bàn lại với chị ấy. Thà mình nếu rủi ro có mất lòng trước mà đặng lòng sau thì tốt hơn, chớ để anh em sau nầy hiểu lầm nhau không tốt.

Sau khi Hiền và Châu đưa ý kiến, Tiến đưa mắt nhìn sang Can.

- Anh Can thấy có gì trở ngại không?

– Đối với cá nhân và gia đình tôi, thì đó là lòng tốt của anh em. Nhà tôi còn con nhỏ không đi làm được nên tài chánh gia đình hơi yếu kém. bây giờ có công việc của hãng giao cho làm tại nhà, tôi nghĩ rằng nhà tôi sẽ vui lòng lắm.

Tiến tiếp tục:

– Thư ký thì để anh Can bàn lại, còn vấn đề mướn thêm ba người làm việc thường xuyên với mình, anh Can và anh em nghĩ sao?
– Theo nhận xét của tôi, trong hơn nửa năm vừa qua, chúng ta chỉ thầu làm những công việc nhỏ như sửa chữa, sơn phết hoặc cất thêm chút đỉnh trong giai đoạn một, chớ mình chưa tiến đến giai đoạn hai là đi mua nhà về sơn sửa hoặc mua đất cất nhà bán lại. Tôi rất đồng ý trong giai đoạn tới, chúng ta nên mướn thêm người để phụ giúp anh em mình trong giai đoạn một để chúng ta có nhiều thì giờ tìm hiểu chuẩn bị đi vào giai đoạn hai.

Hiền đang lắng tai nghe ý kiến của Can vừa đưa ra:

– Tôi đồng ý một phần với anh Can là trong thời gian qua, mình chỉ làm việc trong giai đoạn một, công việc quá nhiều mình làm chưa xuể, nếu bước sang giai đoạn hai, như anh đề nghị sợ đi quá nhanh không?

Châu biết Hiền cẩn thận, sợ thất bại nếu tính toán không chính xác, anh lên tiếng:

– Hiền cẩn thận là đúng, tuy nhiên nếu ta cứ đứng dậm chân một chỗ, sẽ chẳng đi tới đâu hết.

Để dung hoà tư tưởng, Tiến đưa ra ý kiến:

– Tôi nghĩ như thế nầy, anh em mình vẫn tiến sang giai đoạn hai. Hiện tại chúng ta có khá đầy đủ vốn, đủ khả năng để mua một hai căn nhà nhỏ, làm theo kiểu ông Bill trước kia, về sửa lại rồi để bán kiếm lời, đồng thời chúng ta vẫn làm việc và theo dõi nhân công trong giai đoạn một để giữ vững tai tiếng tốt cho hãng chúng ta. Cái lợi và mục đích chính là chúng ta vẫn có việc làm thường xuyên cho mọi người. Vì giai đoạn một và hai sẽ hỗ trợ nhau khi việc nầy vừa chấm dứt là sang việc khác ngay.

Cuối cùng là mọi người đều ưng thuận ý kiến của Tiến vừa nêu ra.

Hãng thầu "Tứ Hải" càng ngày càng thêm phát đạt. Chỉ trong khoảng bốn năm sau, hãng có khoảng năm mươi nhân viên làm việc thường xuyên và cả trăm nhân công phụ làm việc bán thời gian.

Hãng có hai cơ sở chánh đặt tại hai tiểu bang Oregon và Washington

CHƯƠNG 5 - XÓM CẦU NỔI

State. Tổng số vốn đầu tư và bất động sản có vào khoảng bốn triệu mỹ kim.

Tiến, Châu, Can và Hiền không còn phải ra sức lao động như trước kia nữa. Họ tổ chức thành hội đồng quản trị, chỉ cai quản và điều động công việc trên giấy tờ còn tất cả công việc chuyên môn khác đều có quản lý và cai thầu lo liệu. Thỉnh thoảng chỉ chia nhau đi thanh tra việc làm cho đúng tiêu chuẩn của hãng hoặc gặp khách hàng để thương lượng trong các hợp đồng mới.

Thị trường chính của hãng không những nhắm vào cộng đồng Việt Nam mà luôn cả khách hàng bản xứ.

Hôm nay nhằm vào chiều thứ bảy, văn phòng hãng thầu "Tứ Hải" đóng cửa sớm hơn thường lệ vì Hiền và Châu có hẹn sẽ đến thăm một người bạn vừa mới vượt biên sang được Hoa Kỳ cách nay mấy hôm.

Hiền ra xe trước, mở máy ngồi chờ. Châu còn lo đóng lại mấy cánh cửa sổ. Lúc ấy điện thoại trong phòng chợt reo vang. Châu có vẻ hơi bực mình lẩm bẩm: *"thứ bảy rồi cho người ta nghỉ một tí chứ! im đi!"*. Chuông điện thoại vẫn lì lợm cứ reo lên từng chập. Hết kiên nhẫn, Châu bước tới nhấc ống nghe lên:

– A lô hãng thầu "Tứ Hải" tôi xin nghe.

Đầu giây bên kia có tiếng người đàn ông trả lời:

– Chúng tôi là người của Hội Hồng Thập Tự quốc tế. Xin vui lòng cho tôi gặp ông Lê Văn Hiền.

Khi nghe xưng danh là hội hồng thập tự quốc tế, Châu biết chắc là có điều gì quan trọng nên vội vả để ống nói xuống, anh chạy nhanh ra cửa gọi Hiền vào:

– Ê Hiền! có hội hồng thập tự gọi mầy nè, mau lên!

Một vẻ mặt ngơ ngác và lo lắng, Hiền nhanh nhẹn chui ra khỏi xe, chạy nhanh vào văn phòng chụp ống nói:

– Tôi là Lê Văn Hiền đây.
– Ông Hiền! Chúng tôi là người của hội hồng thập tự quốc tế, báo cho ông biết là bà Trấn Ánh Tuyết và cô Lê Thị Thu Vân, thân nhân của ông đã vượt biên. Hiện đang tạm cư ngụ tại đảo "Bulau-Tanga" Mã Lai Á. Họ nhờ chúng tôi tìm ông để báo tin. Sau đây là địa chỉ để ông liên lạc... Nếu có gì cần thiết ông có thể biên thư qua hội chúng tôi để nhờ giúp đỡ. Xin cám ơn ông.

Vừa đặt ống nói trở lại bàn điện thoại, vẻ mặt Hiền như người tỉnh rượu.

Anh chạy nhanh ra phía trước cửa gọi lớn:

- Châu ơi! Má tao và con Vân đã vượt biên tới đảo ở Mã Lai rồi.
- Ủa! Bác gái và cô Vân vọt được rồi à? Bây giờ mầy phải lo giấy tờ gấp để lãnh họ qua đây!
- Bữa nay thứ bảy mà làm được cái gì. Chờ sáng thứ hai tao sẽ gọi điện thoại lên hội Hồng thập tự ở đây, nhờ họ chỉ cách làm giấy tờ bảo lãnh.

Hơn sáu tháng sau, nhờ qua cơ quan thiện nguyện giúp đỡ, mẹ và em gái Hiền được giấy tờ chính thức để xuất trại sang Hoa Kỳ đoàn tụ gia đình.

Hôm nay, văn phòng chính của hãng thầu "Tứ Hải" đã đóng cửa, để toàn ban Giám Đốc ra phi trường quốc tế SeaTac đón mẹ và em gái của Hiền từ Mã Lai sang trong chuyến máy bay thường xuyên của hãng hàng không "Singapore Airline."

Hiền và Châu có vẻ hồi hộp nôn nóng. Hai anh cứ đi tới đi lui, thỉnh thoảng liếc nhìn đồng hồ đeo tay rồi nhìn ra ngoài cửa kính. Với cử chỉ đó làm Tiến bật cười:

- Hai chú làm gì tới lui như gà mắc đẻ vậy? Trước sau gì họ cũng tới mà!

Can xen vào có vẻ diễu cợt:

- Châu có thể lấy điểm với chú Hiền được rồi đó. Nhớ gọi bằng anh cho đàng hoàng, không được mầy tao, nếu không, cô Vân bắt lỗi sửa lưng chú cho coi.

Người nữ tiếp viên phi trường vừa tháo chiếc dây chắn ngay cổng để hành khách từ phi cơ đi vào nơi khám xét hành lý của sở quan thuế nhập cảnh.

Hiền để ý từng người lần lượt sắp hàng đi vào. những người từ đảo mới sang ăn mặc rất dễ nhận diện, họ ăn mặc tương đối sạch sẽ, gọn gàng. Đi đầu là người đàn bà một tay ẵm em bé độ hai tuổi, tay kia dắt đứa con gái khoảng bốn năm tuổi, ông chồng khệ nệ khiêng giỏ đồ lục đục theo sau.

Một lúc sau đó, Châu với tay vỗ mạnh vào vai Hiền:

- Nè Hiền! Mầy nhìn vào cái đuôi của hàng thứ hai, hình như bác gái và cô vân thì phải?
- À! Đúng rồi, má tao và con Vân đó.

CHƯƠNG 5 - XÓM CẦU NỐI

Tiến và Can cũng cảm thấy vui vui, dành nhau hỏi:

- Đâu? Đâu...?
- Đứng đâu chỉ coi?

Hiền đưa ngón tay chỉ vào mặt kiến chắn ngang:

- Phía sau cùng hàng thứ hai. Má tôi bới đầu, quấn khăn ở cổ, kế đến là con Vân, để tóc dài xách cái giỏ nylon đó.

Tiến đưa mắt nhìn theo ngón tay của Hiền:

- À! thấy rồi. Trông bác gái vẫn còn khỏe lắm. Còn cô Vân bao nhiêu tuổi mà gương mặt còn trẻ măng vậy?
- Nó là em Út trong gia đình. năm nay hình như nó hai mươi ba tuổi.

Can lại vọt miệng trêu chọc:

- Bởi vậy tao thấy thằng Châu với Hiền, hai đứa nó chơi thân, khắn khít như anh vợ em rể vậy đó.

Sau câu nói của Can làm mọi người cười rộ....

###

Căn nhà của Hiền và Châu hùn nhau mua ở vùng Redmond khá rộng rãi nằm trên một khu đất rộng cạnh bờ suối nhỏ rất xinh xắn. Phía trước có tàng cây *"Cidar"* che mát vào mùa hè. Vân và mẹ nàng được Châu và hiền rước về tạm trú tại đó.

Sáng nay nhằm vào ngày cuối tuần, hai anh có vẻ ngủ trễ hơn mọn ngày. bác Hai gái, mẹ Hiền, quen lúc còn ở nhà có tật thức dậy thật sớm, xuống bếp lục đục lo dọn dẹp, rửa cái nầy, cất cái kia, xong nấu ăn sáng cho Hiền và Châu trước khi đi làm.

Chiếc đồng hồ treo tường kiểu ăng lê ở phía dưới nhà thong thả gõ đủ tám tiếng. Một thứ âm thanh nhẹ nhàng tạo thành một điệu nhạc vui vui.

Ánh nắng ban mai đã có một vài tia chui lọt được qua khe cửa sổ.

Vân đã thức dậy từ hơn nửa giờ qua. Nếu biết có công chuyện nhiều nàng thường xuống phụ mẹ, nhưng hôm nay chỉ có vài cái chén của Châu và Hiền ăn thêm lúc ban tối, chưa kịp rửa nên nàng không vội vàng gì mấy.

Vân với tay kéo chiếc gối ôm, ghì sát vào lòng. Một hơi ấm thoải mái dễ chịu, làm nàng có những cảm giác là lạ thật nhẹ nhàng. Đúng hơn là những cảm giác và xao xuyến của một loài hoa đang khoe muôn vàng sắc thắm để đợi chờ ong bướm.

Nàng vẫn nhớ, với tuổi mười sáu lúc còn ở Chợlớn. Mỗi sáng Vân thường mặc áo dài trắng để đi học. Bác Hai gái vẫn tấm tắc khen thầm, khi nhìn thấy con gái mình đã trổ mã dậy thì. Bà có cảm tưởng hình như mỗi ngày nàng đẹp thêm ra.

Sau ngày chồng qua đời, bác hai gái đã thay thế bổn phận làm mẹ lẫn làm cha để lo cho Hiền và Vân được nên người. Vì kém may mắn trong đường học vấn, Hiền phải gia nhập vào quân đội hơi sớm, điều đó làm bác hai gái có phần không hài lòng lắm. Tuy nhiên bác vẫn chìu ý con nên không ngăn cản.

Khi Hiền đi rồi, trong nhà quạnh hiu, chỉ có Vân quanh quẩn bên mẹ. nàng là con gái, vào tuổi mới lớn, được mẹ may cho chiếc áo dài trắng vừa hơn sáu tháng trước, bây giờ vòng eo gần như bó sát, và đôi ngực nở tròn ra khá lớn không còn mặc được nữa phải chi tiền để may lại chiếc áo dài khác cho con, *"con gái đến tuổi dậy thì thì lớn nhanh như thổi"* bác Hai gái thường nói như vậy với Vân, mỗi khi nàng đòi may áo mới.

Vài cậu học trò xóm trên thỉnh thoảng đi ngang qua huýt gió nhìn vào nhà cố ý tìm Vân, nhưng khi thấy bác Hai thấp thoáng phía trong là các cậu bèn lẻn dọng mất. Hiền lâu lâu mới có dịp về thăm nhà nên bác hai không muốn Vân có chồng sớm, tuy nhiên với sức quyến rũ của người con gái đẹp như một thứ mật ngọt không chóng thì chầy sẽ có vết chân ong bướm lân la mò tới. bác biết vậy nên đôi khi cảm thấy buồn buồn vì sợ một ngày nào đó Vân đi lấy chồng, bác sẽ mất con.

..... Rồi miền Nam thất thủ, bác hai đưa Vân về quê ngoại tạm lánh nạn. Hiền, đứa con trai cả đã theo đồng đội bay đi biền biệt, chưa có tin tức để biết sống chết ra sao. Ngôi nhà cũ ở Chợlớn, nơi gia đình bác đã sống từ thời bác trai còn trẻ, sau khi chạy giặc trở về, căn nhà bị trôm cướp cạy phá gần như trống rỗng. Con trai mất tích, nhà cửa bị phá, của cải dành dụm tiêu tán, hai mẹ con chỉ biết ngồi ôm mặt khóc.

Bác nhớ lúc trước, khi quân giải phóng tràn được vào thành phố Mỹ tho, các cán bộ phường xóm có nói với bác là *"miền Nam đã hoàn toàn giải phóng, bây giờ dân được làm chủ, ở Sàigòn, Chợlớn vui lắm, họ liên hoan làm tiệc tưng bừng để chào mừng chiến thắng của bác và đảng"*.

Quả thật như lời cán bộ phường xã đã nói. Bây giờ đứng trước cảnh tượng nầy mẹ con bác đang vui lắm? Vì bác và đảng đã giúp bác trở thành vô sản và đứa con trai đã đi mất, để biến bác thành ra vô gia đình luôn, như vậy quá tốt thì còn gì nữa bác phải buồn? Bác đang cười ra nước mắt đấy chứ, có ai bảo là bác đang khóc đâu?

Biết là không thể nào trở về căn nhà đầy kỷ niệm thuở còn trẻ hai vợ chồng bác mua nó khi vừa có đứa con trai đầu lòng được mấy tháng.

Vân khuyên mẹ nên bán hết khu đất và chỗ còn lại để dọn về tạm trú

CHƯƠNG 5 - XÓM CẦU NỔI

với ngoại. bác thấy Vân có lý, bèn bán rẻ cho gia đình người bạn láng giềng được khoảng năm cây vàng. hai mẹ co quay trở về sống chung với ngoại ở Mỹ Tho. Độ hơn năm sau, ngoại vì già cả yếu đuối và thiếu thuốc men chạy chữa nên đã qua đời sau đó.

Kể từ sau ngày 30-4-75 cộng sản gọi là ngày miền nam được giải phóng, Vân đã không còn cơ hội để đi học lại như trước kia. Tài sản của cải dành dụm nhiều năm do sự làm ăn cơ cực của hai bác bây giờ lại bị khai báo và đổi chát tiền bạc nhiều lần nhà nước cộng sản đã cướp đi gần trọn hết, vân phải ở nhà giúp mẹ, đi mua thúng bán bưng trong xóm kiếm sống qua ngày.

Gần hai năm sau, Vân và mẹ nàng nhận được thư của Hiền gởi về từ Pháp, do một người bạn củ cha nàng mang đến. Hiền báo tin cho mẹ và em gái biết là mọi sự đều bình yên, hiện anh và Châu đang sống tại Hoa Kỳ, anh cũng nhắn kín với mẹ là hảy tìm cách vượt biên ra khỏi xứ, anh sẽ tìm cách nhờ người bảo lãnh đưa sang Hoa Kỳ.

Đọc xong lá thư của Hiền, bác Hai thở phào ra nhẹ nhõm vì biết chắc thằng con trai của bà còn sống, còn chuyện vượt biên thì bà nghỉ rằng nó khó khăn quá, trái với mẹ, Vân rất hứng khởi khi nghe anh trai bảo như vậy. Nàng luôn đốc thúc mẹ tìm cơ hội để ra đi.

Khoảng hơn hai năm sau, một cơ hội may mắn đã đến vì có một người bà con gần trong gia đình của mẹ nàng, đang di chuyển ra Gò Công mua tàu tìm cách vượt biên, nên người ta chỉ cần hai mẹ con nàng đóng góp thêm hai cây vàng là được. Nghỉ thương cho tương lai con cái, bà đánh liều gom tất cả còn lại chồng đủ hai cây trao cho chủ tàu để mua hai chỗ ngồi trong con tàu hy vọng.

Sự sợ hải đến với con người một phần là vì con người còn có sự tin tưởng vào niềm hy vọng tương lai, nhưng khi sự hy vọng vào tương lai đã mất rồi thì sự sợ hải trở thành vô nghĩa.

Trường hợp nẩy thật đúng với gia đình bác Hai gái, vì bác Hai và Vân đã mất hẳn niềm hy vọng.

Miền Nam Việt Nam từ trước tới nay được kể là một trong những vựa thóc của vùng Đông Nam Á Châu, bây giờ lại thiếu gạo để ăn, căn bản tối thiểu để sinh tồn còn không được bảo đảm thì tương lai chỉ là một bóng đen mù mịt.

###

Gần một năm sau, hai mẹ con đã sống trên đảo dưới sự giúp đỡ của Liên Hiệp Quốc và hội Hồng Thập Tự quốc tế đã dò tìm tin tức của Hiền.

Sự van vái cầu nguyện của bác Hai hàng đêm được trời cao chứng kiến để đến ngày hôm nay cả gia đình được đoàn tụ trên vùng đất tự do xa xôi nầy.

Có tiếng chân người bước tới trước cửa phòng. Vân biết là mẹ nàng sắp sửa vào đánh thức. Chiếc cửa đóng hờ vừa mở, Vân đã nghe mẹ thúc giục:

– Thôi dậy chớ cô Út! Con gái gì mà ngủ trễ quá người ta cười!

Vân có vẻ nũng nịu cải lại mẹ:

– Má nói gì kỳ quá, có ai cười con đâu?

Bác cúi gần bên tai Vân nói vừa đủ nghe:

– Cậu Châu cười chớ ai vô đây!
– Nữa! má cứ nói vậy hoài, anh ấy nghe được cười con chết. À, hình như lát nữa, anh Hai chở má đi xem mạch hốt thuốc Bắc ở ngoài phố phải không?
– Ừ! Qua bên bên nầy thời tiết đổi khác hơi lạnh nên má ưa nhức mình, đau khớp xương, thằng Hiền nói bữa nay chở má đi ra thầy thuốc bắc xem mạch, rồi bổ thuốc để uống. Còn cậu Châu sẽ đưa con đi chợ mua thêm ít thức ăn để nấu nướng trong tuần.

Seattle vào khoảng cuối tháng tám. Mặt trời mùa hè vẫn còn đầy đặn, tuy nhiên cái nóng bức của mấy tuần vừa qua hình như đã lùi dần về phương nam để nhường lại cái lành lạnh cố hữu tràn xuống từ miền cực bắc.

Châu vói tay lấy chiếc áo lạnh từ trong xe đưa cho Vân:

– Trời hôm nay hơi lạnh, cô Vân mặc chiếc áo nầy vào cho ấm.
– Em mặc cái áo nầy, còn anh Châu lấy cái gì mà mặc?
– Tôi ở đây mấy năm nay cũng quen dần, sợ cô Vân mới sang chịu lạnh không nổi. Bây giờ mình sang qua bên kia đường ăn sáng cái đã rồi đi mua đồ sau.
– Tùy anh, em không đói lắm.

Chiếc đèn đỏ hướng dẫn bộ hành băng qua đường vừa đổi thành màu xanh, Châu đưa tay cho Vân nắm để dìu nàng đi nhanh qua đường. Một hành động thật tự nhiên, Vân đưa bàn tay chụp vội và nắm chặt vào bàn tay của Châu. Một cảm giác an toàn nhận được qua sự che chở bởi một người đàn ông đầu tiên trong đời làm nàng hơi mắc cỡ nên vừa bước tới lề đường bên kia, nàng vội vàng buông tay ra.

Châu đọc được cái suy nghĩ thầm kín đó của Vân nên có ý đùa:

– Tay của Vân mềm và ấm quá, còn bàn tay của tôi cứng chai hết

CHƯƠNG 5 - XÓM CẦU NỔI

phải không?

Vân bẽn lẽn lấy tay che miệng cúi đầu cười;

- Không phải vậy đâu, đừng nói oan cho em, tại người ta mắc cỡ chớ bộ!

Châu đưa Vân vào một quán phở gần đó. Anh lựa một chiếc bàn trống kê sát cửa kính để dễ nhìn ra ngoài:

- Cô Vân ăn phở ở đây để thử xem có ngon hơn ở Mỹ Tho không nhé?
- Hồi trước 75 thỉnh thoảng còn rủ nhau đi ăn phở chứ sau nầy đủ gạo ăn là mừng rồi anh à!
- Trong những năm trước khi sang đây, tôi và anh Hiển cũng vậy, thèm ăn món Việt nam gần chết. Đi mua gà về chặt, xào với xì dầu ăn cơm ngon lành. bây giờ có bác Hai và cô Vân sang đây, nấu đủ thứ món tôi thích lắm. Tôi muốn mình sẽ ở chung với nhau hoài.

Vân mĩm cười liếc xéo Châu:

- Bộ anh không tính cưới vợ lập gia đình à?
- Có chứ! Nhưng sợ người ta chê mình già, xấu trai thôi!

Vân cúi mặt nhìn xuống bàn, với giọng buồn buồn nàng nói vừa đủ Châu nghe:

- Ai nói với anh như vậy? Em nghĩ anh là người đàn ông tốt!
- Cám ơn cô Vân. Lần đầu tiên tôi mới được nghe lời khen từ một người đàn bà.

Như vừa phát giác được một sự ngạc nhiên, Vân đưa mắt nhìn thẳng vào Châu:

- Anh ở Hoa Kỳ nầy gần bảy năm rồi mà không quen với cô nào hết à?
- Có chứ! Nhưng phần lớn là về công việc làm ăn rồi ai về nhà nấy, chớ đâu có thời giờ rảnh như mình ngồi nói chuyện bây giờ.

Công việc của hãng thầu xây cất "Tứ Hải" hàng năm rất bận rộn trong mùa hè, nhưng khi đến cuối Thu vào mùa đông giá thì công việc gần như chậm lại, nhân cơ hội nầy anh em trong ban quản trị chia nhau nghỉ hoặc đi chơi xa.

Mưa bên ngoài vẫn rỉ rả kéo dài suốt từ hôm qua. mây xám nặng nề che kín cả vòm trời, thỉnh thoảng vài cơn gió giật cuốn theo những chiếc lá mới vừa nhuộm vàng của cây "Alder" trước cửa nhà bay tung lên như những cánh bướm.

Hiền đang sửa soạn lại mấy sấp hồ sơ rồi cho vào cặp, Châu cũng đang ngồi uống cà phê gần đó lên tiếng than phiền:

- Mưa gì mà cứ kéo dài ngày nầy qua ngày khác gần thúi đất, không đi đâu được cả!

Hiền nghe Châu phàn nàn, vội cười lớn:

- Mầy biết không? Nhờ thời tiết như thế nầy nên làm cho nhiều người họ ngại lên đây, vì lẽ đó công việc làm ăn của tụi mình không sợ có nhiều người cạnh tranh. Nếu như nắng ấm quanh năm như ở California, khó tranh giành lắm. À, theo như chương trình, hình như mầy phải xuống Portland hôm nay để thăm văn phòng làm việc ở dưới phải không?
- Ờ! Có vài chuyện anh Tiến nhờ tao xuống coi lại có đúng như vậy không?
- Nè Châu! Mầy có đi sẵn dịp đưa con Vân đi chơi luôn cho biết Portland. Từ ngày sang đây nó chưa biết ở đâu hết.

Châu không trả lời ngay. Anh xoay đầu nhìn chung quanh xem có Vân hay bác Hai gái đứng gần đấy không. sau đó, anh trả lời vừa đủ để cho Hiền nghe:

- Thưa anh Hai, em rất được hân hạnh.

Hiền cười có vẻ khoái chí:

- Ờ! Nghe được đó. Ráng lên đi!

Chiếc xe Toyota của Châu vừa ra khỏi ranh giới của thủ phủ thành phố Olympia lại trở chứng xì bánh, Châu phải chạy tấp vào bên lề để thay vỏ khác.

Trời bên ngoài vẫn lạnh và mưa bay lất phất, Châu lên tiếng cằn nhằn:

- Lại cán đinh rồi! Trời mưa mà còn gặp cái vụ nầy nữa thiệt mệt.

Vân đang ngồi bên ghế bên phải biết là Châu đang bực mình vì chiếc xe hư dọc đường:

- Để em xuống phụ anh thay bánh mới nghe?

Châu vừa mở cửa bước ra khi nghe Vân nói, anh ngoái đầu lại;

- Không sao đâu cô vân! Ngoài nầy mưa ướt hết tôi thay vỏ một mình cũng được.
- Em muốn ra ngoài phụ với anh cho vui.

CHƯƠNG 5 - XÓM CẦU NỔI

– Nếu muốn, Vân có thể che dù dùm tôi để đỡ ướt mưa cũng được.

Vân với tay lấy cây dù đen để ở ghế phía sau, dựng lên để che mưa cho Châu, trong lúc anh đang cúi xuống hì hục tháo bánh. Vừa nghỉ tay, anh quay lại nhìn ra phía sau, chợt nhận ra Vân chỉ che mưa cho anh, còn nàng đang đứng chịu mưa ướt cả đầu cổ mặt mày. Châu buông cả đồ nghề xuống đất, đứng lên có vẻ trách móc:

– Trời ơi, sao Vân không che luôn cho Vân mà chỉ lo có mình tôi thôi.? Để đầu cổ ướt mưa lạnh thấm bệnh chết.
– Em có áo ấm không đến nỗi nào đâu. Cây dù nầy hơi nhỏ nên chỉ vừa đủ che cho anh thôi.
– Cây dù hơi nhỏ thì Vân ngồi sát phía sau tôi, rồi che luôn cho cả hai đứa chứ có sao đâu.
– Rồi, em sẽ nghe theo, anh cứ tiếp tục đi, em che cho.

Châu mĩm cười sau lời nói chân thành của Vân. Anh ngồi xuống tiếp tục công việc thay vỏ xe còn dang dở. Khoảng nửa giờ sau đó, chiếc xe đã thay xong, cả hai cùng vào ngồi phía trong để chuẩn bị cho quảng đường còn lại. Châu xoay đầu nhìn sang Vân cười có vẻ diễu cợt:

– Cám ơn cô Vân, nhờ che dù nên tôi không bị ướt mà còn ấm nữa là đằng khác.

Như ngầm hiểu ý lời Châu vừa mới nói, Vân có vẻ hơi thẹn, cúi đầu cười:

– Tại cây dù hơi nhỏ, sợ anh bị ướt nên em mới ngồi sát anh chớ bộ...

Gần hai giờ trưa, Châu và Vân đã đến tỉnh Portland (Oregon). Thời tiết ở đây giống hệt như ở Seattle, cũng lất phất mưa bay, cũng mây xám bao phủ cả vòm trời trông thật buồn nản.

Châu cho xe ngừng lại ở bãi đậu trước cửa văn phòng đại diện hảng thầu "Tứ Hải". Vân đưa mắt nhìn qua trong lúc Châu đang sắp sửa mở cửa bước xuống.

– Em ngồi trên xe chờ hay xuống với anh luôn?
– Cô Vân vào luôn cho biết, rồi mình đi ăn cơm luôn.

Viên quản lý đang ngồi phía trong nhìn ra vừa thấy Châu mở cửa xe, anh ta vội chạy ra tiếp đón.

– Chào anh Châu, chào chị. Sớm mơi nầy tôi nghe điện thoại báo là có anh xuống, nên đang ngồi chờ anh đây.

Châu quay sang Vân giới thiệu.

– Đây là chú Tư đại diện cho hảng mình ở Portland.

Xong anh xoay qua chú Tư

– Đây là cô Vân, em gái của Hiền.
– Nếu anh Châu không giới thiệu, tôi cứ tưởng là anh đã lập gia đình mà không mời tụi nầy chớ.
– Thì chừng nào có thiệt tôi không quên hai ông bà dưới nầy đâu.

Cả hai cùng cười, bước vào phía trong văn phòng làm việc. Sau gần một giờ trao đổi ý kiến và thu thập những dữ kiện do chú Tư trao cho Châu mang về Seattle. Châu bắt tay tạm biệt viên quản lý mở cửa đưa Vân trở ra xe.

– Mình ra phố ăn cơm, chắc Vân đói rồi phải không?
– Chỉ hơi thôi, còn anh đói rồi phải không

Châu cười có vẻ tinh nghịch. trã lời.

– Nếu không có Vân đi theo chắc tôi xĩu rồi!

Vân biết Chân nói đùa để chọc ghẹo nên nàng chỉ nguýt xéo mà không trả lời.

Sau bữa cơm có canh chua và cá kho tộ tại quán cơm Việt Nam vừa mới khai trương. Châu cảm thấy thoải mái dể chịu hơn. Bên ngoài vẫn còn mưa, bà chủ quán mang bình trà nóng lại bàn mời khách.

– Mời hai cô chú dùng trà cho ấm, hôm nay mưa nhiều quá nên quán hơi vắng khách. cô chú có thể ngồi nán lại, chờ hết mưa rồi sẽ về...

Châu liếc nhìn Vân đang ngồi đối diện, anh mĩm cười về cách thức xưng hô của bà chủ quán. Anh nói nho nhỏ vừa đủ cho nàng nghe:

– Bà ta tưởng hai đứa mình là vợ chồng thật đó, Vân có nghe không?

Một nét thẹn thùng hiện lên đôi má phơn phớt hồng. Nàng cúi đầu nhìn xuống bàn, có vẻ nủng nịu cằn nhằn:

– Em nghe rồi, anh nhắc lại làm em mắc cở nè!

Châu giả bộ ra chìu giải thích:

– Hồi lúc nảy ở văn phòng, chú Tư quản lý cũng nghĩ hai đứa mình như vậy, bây giờ tới bà chủ quán, chứ tôi có thêm bớt gì đâu?

Vân cảm thấy trong giọng nói của Châu có hơi đổi khác nên ngước mắt nhìn chàng:

– Bộ anh Châu giận em hả? Em chỉ nói mắc cở thôi chớ bộ....
– Đâu có! Vậy mà tôi tưởng cô Vân giận tôi chớ!

CHƯƠNG 5 - XÓM CẦU NỐI

Vân đưa tay sang véo nhẹ vào cánh tay của Châu đang để trên bàn.

– Anh có tài ưa làm tỉnh chọc quê em hoài.

Châu đứng dậy với tay lấy chiếc áo ấm trao cho Vân:

– Cái ông Hiền, sớm mai nầy bảo tôi đưa Vân xuống đây cho biết thành phố Portland, nhưng gặp mưa như vầy làm mất vui. Bây giờ, Vân mặc áo lạnh vào đi rồi mình chạy lại đằng kia bỏ cái xe cho nó vá vỏ bị lủng đinh hồi sáng. Mình sẽ đi lội bộ một vòng phố cho Vân biết nhé!

– Anh Châu muốn đưa em đi đâu cũng được.

Thành phố hoa hồng vào cuối Thu với mưa phùn lất phất. Những chiếc lá cuối cùng đã từ giả khá lâu để lại thân cây trơ trụi. Những cơn gió giật nhè nhẹ mang hơi lạnh từ cực bắc đủ làm cho những cặp tình nhân đi sát nhau hơn.

Châu đưa Vân đi suốt con lộ chính, nơi có những gian hàng thật vỉ đại. Những khung cửa kính lớn chưng đầy những hàng mẫu quảng cáo sang trọng đắt tiền. Hai người đi gần như khắn khít bên nhau cùng dưới một chiếc dù che mưa. Vân chỉ yên lặng trong khi Châu giới thiệu từng tên của những cửa hàng khi họ đi ngang qua. Đến một góc phố, Vân với tay níu Châu đứng lại.

– Mình quẹo vào con đường nhỏ nầy đi anh. Đi ở phố lớn làm em cảm thấy lạc lỏng quá! Có lẽ em mới sang nên chưa quen với những cái vỉ đại của xứ nầy.

Châu với tay vỗ nhẹ vào chiếc eo thon nhỏ sau lưng nàng.

– Sao Vân không nói trước làm tôi cứ tưởng Vân thích những nơi sang trọng như vậy.

– Em thích chứ, nhưng có lẽ chưa hợp với hoàn cảnh của em trong lúc nầy. Em muốn đi trên những con đường vắng để coi nó có giống như ở Việt Nam mình hay không?

Châu đưa tay vuốt lại mái tóc phơn phớt ướt mưa.

– Ờ! Vân nói có lý. Đã bảy tám năm qua vì công việc quá bề bộn từ ngày nầy sang ngày khác làm tôi quên mất.

– Em có nghe anh Hiền nói là quê anh ở làng Rạch Đào phải không?

– Vâng. Quê tôi ở xóm Cầu Nối làng Rạch Đào. Từ ngày đi lính tới bây giờ, tôi chỉ về thăm nhà được có một lần là lúc ra khỏi trường huấn luyện Quang Trung cách đây gần mười chín năm. Bây giờ tôi cũng không biết tin tức về ba má và anh chị tôi như thế nào nữa?

– Anh biết hôn? Sau ngày anh và anh Hiền đi theo anh em không quân bay luôn từ bờ hồ Mỹ Tho, em, má và bà ngoại thật buồn. Cứ trông đứng trông ngồi. Má luôn miệng cầu trời cho các anh được bình yên. Sau đó vài năm được thơ anh Hiển gởi về, nói các anh đã đến Hoa Kỳ bình yên, ở nhà mới hết lo.

- Lúc ấy tôi cũng buồn nhiều vậy khi nhìn thấy phi cơ rời khỏi bờ biển Việt Nam, tôi cứ ngỡ rằng khó có ngày gặp lại nhau.
- Trái đất to lớn, nhưng nó tròn thì đi mãi cũng sẽ có ngày gặp lại nhau phải không anh?
- Vân nói đúng! Nếu có duyên số thì chắc chắn sẽ gặp lại nhau ở một điểm nào đó.

Hai người cùng bàn chuyện đến đây, Vân tự dưng dừng lại. Nàng nhìn Châu rồi mỉm cười, như có ý muốn nói một điều gì khá quan trọng, nhưng lại thôi. Nàng cúi đầu nhìn xuống đất tiếp tục bước. Với cử chỉ hơi đột ngột nầy làm Châu hơi thắc mắc.

- Hình như cô Vân muốn nói với tôi một điều gì phải không?

Vân im lặng một lúc khá lâu như để cân nhắc chính chắn câu hỏi:

- Anh đi với em, anh có cảm thấy em nhà quê lắm không?

Châu với tay níu nàng đứng lại, chàng nhìn thẳng vào đôi mắt Vân.

- Vân nói cái gì kỳ vậy? Đi bên Vân tôi hãng diện lắm chớ! Vân trẻ đẹp, còn tôi hơi lớn tuổi sợ Vân cảm thấy có sự cách biệt nên không thích.
- Em thích lắm chớ! Anh hiền và khôn ngoan nữa, nhưng có một điều em không thích.

Châu cười:

- Có điều anh hơi già phải không?

Vân nguýt mắt nhìn Châu:

- Không phải vậy đâu. Anh có tài gán ép, em không bao giờ nghĩ như vậy cả.
- Như vậy Vân không thích cái gì? Nói để tôi biết mà sửa đổi chứ.

Nàng mỉm cười liếc mắt nhìn Châu:

- Anh biết hôn? Em không thích anh gọi em bằng cô và xưng tôi với em nữa! Vậy thôi.

Sau câu nói của Vân làm Châu rất thích thú, phấn khởi. Anh lấy ngón tay trỏ nhè nhẹ đặt lên chiếc mũi thon nhỏ của Vân lập lại từng tiếng:

- Vâng. Anh sẽ nghe lời em, sẽ không gọi bằng cô và xưng tôi nữa

CHƯƠNG 5 - XÓM CẦU NỔI

chịu chưa?

Vân gật đầu cúi mặt trả lời nho nhỏ:

— Em thích anh gọi như vậy hơn....

###

Bác gái đang lau chùi sửa lại chiếc bình chưng bông để trên bàn thờ. Hiền cũng vừa từ ngoài cửa bước vào, anh báo cho mẹ biết:

- Con với Châu đã kiểm soát và xếp đặt mọi việc ở nhà hàng cho buổi chiều mai xong xuôi hết rồi.
- Con về đây, còn thằng Châu đâu rồi?
- Nó ghé qua nhà anh Tiến để nhắc nhở thêm những việc cần thiết cho lễ cưới ngày mai.
- Ờ! Lát nữa nó về, con nhắc nó đưa con Vân đi mua thêm vài thứ đồ dùng cần thiết chớ để tới sáng mai có nhiều việc làm lộn xộn quên hết.
- Dạ, để con nhắc nó cho má.

Người sung sướng và lo lắng nhất cho lễ cưới của Vân và Châu không ai khác hơn là mẹ của Vân. Kể từ ngày bác Hai trai qua đời, khi ấy Hiền vừa được mười tuổi, Vân vào khoảng sáu tuổi, chỉ một tay bà lo lắng trước sau cho hai đứa con dại.

Sau nhiều cuộc thăng trầm biến đổi, bây giờ Vân đã là người con gái lớn khôn, ngày mai nầy nàng sẽ chánh thức lấy chồng để tạo dựng gia đình mới. Rồi chắc không lâu bác sẽ có cháu ngoại để ẵm để bồng, điều đó làm bác thích thú. Nhưng dù sao bác vẫn là người mẹ như trăm ngàn người mẹ khác, trong ngày con đi lấy chồng, bác vẫn thương yêu lo lắng nhưng không dấu nổi những vẻ buồn thoang thoáng bất chợt hiện lên trên nét mặt. Vân là vợ người khác, nàng sẽ không còn ở trong tầm tay của bác như thuở nào. Bác cảm thấy như sẽ mất con vĩnh viễn.

Có tiếng xe hơi vừa ngừng lại trước cửa nhà. Bác Hai đưa tay vén màn cửa sổ nhìn ra. Châu và Tiến cũng vừa bước ra khỏi xe đi về hướng cửa chính vào nhà. Vân đang nấu ăn phía sau, nghe tiếng xe biết là Châu vừa về tới. Nàng chạy nhanh ra mở cửa, định bụng sẽ nói với Châu là đưa nàng đi ra chợ. Nhưng khi vừa thấy Tiến đi vào cùng với Châu, nàng gật đầu chào:

- Chào anh Tiến!
- Chào chị Vân! Có bác và anh Hiền ở nhà không chị?
- Dạ, má tôi và anh hai đang ở phía sau.

Vân bước sang nắm tay Châu để tránh bước cho Tiến đi vào trong.

– Lát nửa, anh chở em đi ra chợ mua thêm chút đồ nhá!
– OK! chút nửa, anh sẽ đưa em đi.

Hiền đang pha cà phê ở phía sau, nghe Tiến đi vào, anh vội gọi lớn:

– Anh Tiến đi thẳng ra phía sau nầy uống cà phê luôn, tôi đang pha nửa chừng đây nè.

Bác Hai từ trong phòng khách bước ra ngoài, Tiến nhìn thấy, anh vội cúi đầu chào:

– Thưa Bác!
– Ờ! Tiến, cháu tới chơi. Từ sáng tới giờ, bác lo sắp xếp lại cái bàn thờ để ngày mai làm lễ.
– Dạ, sáng nay cháu cũng muốn hỏi ý kiến bác vài chuyện để ngày mai khỏi lúng túng.
– Ờ! Đúng đó cháu, phải chuẩn bị trước để khỏi cảnh trống đánh xuôi, kèn thổi ngược người ta cười.

Vân và Châu đứng gần đó cũng lên tiếng phụ họa:

– Anh Tiến hay lắm má ơi! Lúc con đi lính còn ở Ban Mê Thuột, ảnh cũng đã làm chủ hôn cho nhiều đứa cưới vợ rồi!

Sau khi nghe Châu khen, Hiền cười lớn có vẻ châm chọc:

– Anh Tiến cưới vợ giùm cho người khác thì hay lắm, còn chính ảnh vẫn còn thờ chủ nghĩa độc thân. Hay là ảnh chưa tìm được người chủ hôn để cưới vợ nên vẫn còn bị kẹt đạn?

Sau câu nói diễu của Hiền, làm mọi người cùng cười lớn, Tiến bèn trả đũa:

– Chú Hiền nói tôi mà không nghĩ lại mình về cái cảnh cô đơn của chú!

Vân nghe Hiền và Tiến chọc phá nhau nên lên tiếng giảng hoà:

– Em có quen vài cô bạn còn độc thân, đẹp, hiền và dễ thương lắm. Để từ từ em giới thiệu cho hai anh làm quen nghe!

Châu nghe Vân nói xong, anh có vẻ hoan nghinh ý kiến đó ngay:

– Bà xã tương lai của tôi nói nghe có lý đó. Hai anh ráng ăn chay thêm một thời gian ngắn nữa nghe!

Châu chưa dứt lời đã bị Vân liếc xéo một cái thật bén.

– Anh Hiền, anh Tiến chưa trả lời chỉ có anh là hơi tươm tướp.

Châu bị tấn công bất ngờ nên có vẻ yếu ớt phân trần:

CHƯƠNG 5 - XÓM CẦU NỔI

— Thì anh có nói gì đâu?

Tiến bật cười lớn, bước tới vỗ vai Châu cố ý trêu ghẹo thêm:

— Sắp cưới vợ rồi, từ nay chú phải giữ mồm giữ mép, phải theo người xưa, uốn lưỡi bảy lần trước khi phát ngôn, chớ không được bừa bãi tùm lum như ngày xưa nữa nhá!

Sau gần mười năm hoạt động, hãng thầu xây cất "Tứ Hải" đã giảm đi bớt sự sôi động mạnh mẽ như những năm trước. Phần lớn hình như là do sự mệt mỏi của ban quản trị vì bốn cột trụ chính là Tiến, Can, Hiền và Châu đều lập gia đình và con cái bề bộn, nên công việc giao du với khách hàng đã giảm thiểu khá nhiều.

Ngoài ra còn một số hãng thầu khác mới lập ra, họ cố gắng cạnh tranh ráo riết để dành giật thị trường xây cất. Vì lẽ đó nên cách đây một tháng, Tiến đã đưa ý kiến đề nghị với Ban Quản Trị là sang hãng thầu "Tứ Hải" cho người khác để các anh tự do kinh doanh theo khuôn khổ gia đình của từng người.

Hôm nay là buổi họp cuối cùng của ban Quản Trị để quyết định dứt khoát về số phận của hãng thầu.

Sau khi báo cáo từng chi tiết về tài chánh và số bất động sản của hãng đang làm chủ, Tiến còn đưa ra danh sách của hai hãng thầu lớn ở Bellevue có ý muốn mua lại toàn bộ hãng thầu "Tứ Hải". Phần giá cả là do toàn ban quản trị quyết định để thương lượng với người mua.

Một phút yên lặng bao trùm cả gian phòng họp. Có một vài tiếng thở dài luyến tiếc. Hình như mọi người không ai muốn nói lên một điều gì cả. Tiến là người hiểu rõ hơn ai hết.

Hơn mười hai năm về trước, mọi người đều tả tơi trong cuộc mưu sinh thường nhật ở xứ lạ quê người. Rồi tình cờ họ gặp lại nhau, chung vốn chung công để xây dựng đến ngày hôm nay. Mười năm qua, hãng đã nuôi sống và mang sự thịnh vượng giàu có đến cho mọi người. Bây giờ lại phải vứt bỏ nó đi vì hoàn cảnh bắt buộc. Nếu đứng về phương diện tình cảm thử hỏi mấy ai không thương không tiếc? mặc dù nó chỉ là một thứ vật vô tri.

Để phá vỡ cái không khí nặng nề đó, Tiến lên tiếng trước:

— Tôi rất hiểu tình cảm của các anh em đối với hãng thầu "Tứ Hải". Tuy nhiên để theo đúng lịch trình đã định của cuộc họp hôm nay, như theo báo cáo của tôi vừa đọc về tổng kết tài chánh và quyền sở hữu của hãng, trước khi thương lượng với người mua, tôi đề nghị đưa ra một giá là ba triệu mỹ kim gồm hai công trình chánh tại Seattle và Portland. Bây giờ tùy anh em định liệu tăng hoặc giảm trong cái giá đề nghị đó.

Can đưa tay lên tiếng:

– Như lúc nảy anh Tiến báo cáo là hiện tại trong trương mục của hãng, sau khi chi cho các món nợ hãng còn thiếu thì còn lại được chín trăm năm mươi ngàn mỹ kim, đúng không?
– Đúng vậy, sau khi ta thanh toán những món nợ cho các hãng cung cấp vật liệu, trương mục hảy còn lại chín trăm năm mươi ngàn mỹ kim.

Can tiếp lời:

– Như vậy, nếu ta sang hãng mọi việc đều êm xui thì tổng cộng tài sản bằng tiền mặt vào khoảng gần bốn triệu mỹ kim?
– Đó là cái giá của tôi đề nghị để thương lượng, hy vọng sẽ được như vậy.

Châu đưa tay lên có ý kiến:

– Như anh Tiến vừa trình bày, chúng ta có hai công trường chính ở Seattle và ở Portland. Ở Seattle thì kể như hoàn tất, chỉ còn ở Portland chưa kết thúc hẳn, như vậy, nếu ta sang hãng, người chủ mới sẽ tiếp tục công việc còn dang dở của chúng ta phải không?
– Đúng như câu hỏi của anh Châu, tôi đã viết hết tất cả những điều đó vào các giấy tờ cam kết cho hãng mới. Họ phải ký tên chấp nhận tiếp tục công việc cho đến khi hoàn tất trong thời gian hạn định.

Vừa trả lời xong cho Châu, Tiến xoay qua Hiền:

– Anh Hiền, có ý kiến gì ngoài vấn đề vừa nói không?
– Tôi thấy tất cả, hình như anh đã lo lắng đầy đủ, còn vấn đề thuế má, chắc anh cũng đã nghĩ tới rồi?
– Thuế má và các thủ tục cần thiết khác, tôi sẽ tính sau, khi có người chính thức mua hãng. Bây giờ Ban Quản Trị chúng ta có ai đề nghị về giá thương lượng nào mới hay có ý kiến gì nữa không?

Châu đưa tay có ý kiến:

– Tôi đề nghị chúng ta hảy nghỉ giải lao mười phút, rồi sẽ lấy quyết định. Nếu có hai phần ba số phiếu ưng thuận thì được.

Hiền và Can đưa tay đồng ý theo lời đề nghị của Châu.

Sau phiên họp bỏ thăm kín để lấy biểu quyết chung của Ban Quản Trị.

CHƯƠNG 5 - XÓM CẦU NỔI

Mọi người đều đồng ý một trăm phần trăm, chấp nhận số tiền thương lượng của Tiến đã đề nghị.

Hơn tuần lễ sau đó, tin vui đã đến với tất cả mọi người là hãng thầu "Tứ Hải" đã có người mua xong với giá như lời đề nghị của Tiến lúc trước.

Một phiên họp bất thường đã được Tiến triệu tập vào ngay buổi chiều hôm đó để anh báo cáo chính thức là hãng đã có người mua và anh đã đại diện ban Quản trị của hãng, ký các giấy tờ cần thiết và đã nhận một chi phiếu một trăm ngàn đồng tiền đặt cộc trước trong lúc chờ đợi làm giấy tờ sang tên. Công việc giấy tờ dự trù vào khoảng bốn tuần là hoàn tất.

Như vậy mọi việc tạm kể như xong xuôi chỉ chờ ngày chia cổ phần từ trương mục chung của hãng cho các cổ phần viên, cũng như ký các giấy tờ cần thiết là kết thúc. Các thành viên sẽ được tự do hoạt động theo chiều hướng riêng của cá nhân và gia đình mình.

###

Bên ngoài những hạt tuyết trắng nho nhỏ bay lất phất như những giọt mưa phùn mong manh rơi trong buổi sáng. Mặc dù trời đang ở vào cuối thu, nhưng hình như mùa đông đã đến sớm hơn thường lệ. Những cây thông mọc ở xung quanh nhà có vài chiếc nhánh rủ xuống màu xanh đậm được lốm đốm tô thêm những hạt tuyết trắng ngần vừa mới bám trông thật đẹp mắt.

Châu yên lặng ngồi ở bàn ăn kề bên khung cửa kính. Anh đang say mê theo dõi hai con chim lớn bằng đầu ngón chân cái đang nhảy nhót tìm mồi dưới mấy cành thông. Vân đang nấu nước nóng pha cà phê cũng gần cạnh đó. nàng có vẻ hơi ngạc nhiên vì sự im lặng của chồng:

— Anh đang nhìn cái gì ngoài đó mà chăm chú dữ vậy?
— Anh đang theo dõi hai con chim nhỏ như loại chim sâu ở quê mình, chúng nó đang nhảy tới nhảy lui tìm mồi trông dễ thương lắm. À, con Thu còn ngủ trên lầu hả em?
— Dạ, hồi hôm nầy nó thức hơi khuya nên còn ngủ trên đó.

Kể từ ngày hãng thầu "Tứ Hải" đã sang cho người khác, công việc thường nhật của Châu không còn bắt buộc theo giờ giấc bận rộn như xưa. Với số vốn khá lớn hãng đã chia cho các thành viên, mỗi người vào khoảng một triệu mỹ kim, Châu và Hiền dùng một phần tiền hùn hạp nhau để mở tiệm cung cấp các vật liệu trang bị nội thất. Hai anh mướn quản lý và nhân công để lo cho cửa hàng, hai người thỉnh thoảng chỉ ghé qua để xem xét sổ sách chi thu của cửa hàng nên họ có rất nhiều thì giờ dành cho gia đình và những chuyện riêng tư khác.

Bây giờ công việc làm ăn buôn bán đã trôi chảy đều đặn và cuộc sống gia đình bảo đảm chắc chắn, nên Châu có ý định bàn với vợ đưa bé Thu trở về thăm lại quê hương nội ngoại.

Vân vừa đặt ly cà phê sữa trên bàn trước mặt chồng, Châu đưa tay kéo vợ ngồi xuống ghế kế bên.

– Em ngồi xuống đây một chút, anh có cái nầy muốn bàn với em.

Vân chợt cười có vẻ tinh nghịch, đưa tay ôm cổ chồng:

– Bàn hồi hôm rồi, còn bàn cái gì nửa đây ông xã?
– Cái vụ hai đứa mình bàn hồi hôm là để cho con Thu có em dẫn đi chơi còn cái vụ nầy thì khác.
– Rồi, em ngồi xuống nè, nói đi.
– Anh muốn nói với em là hai đứa mình dẫn con Thu về Việt Nam chơi vài tuần để biết gốc gác nội ngoại của nó. Đã hơn hai mươi năm, anh cũng đã biệt tin cha mẹ anh em bên nhà, không biết họ ở dưới quê, sống chết ra sao nửa? nên anh muốn đưa em và bé Thu về thăm quê anh một lần cho biết...

Châu vừa nói tới đây, Vân có vẻ thích thú tiếp lời:

– Hôm tuần rồi đi chợ, em có gặp người bạn quen vừa ở Việt Nam trở về. Họ nói ở bên đó bây giờ đỡ lắm rồi chớ không còn như mấy năm trước. Vậy anh hỏi thử giấy máy bay coi thể nào? Nếu được mình rủ má đi luôn cho vui, chắc má thích lắm.
– Nếu có đi, mình phải ra bưu điện điền đơn, xin giấy thông hành, chắc phải chờ gần cả tháng rồi mình mới đi mua vé máy bay được.
– Như vậy thì càng tốt vì ở đây gần tới mùa đông rồi. Mình về đó ấm hơn, khoảng một tháng rồi trở qua cũng được. À! Hôm trước em nghe anh Tiến nói là quê anh ta ở làng Rạch Đào cũng gần chỗ anh. Hay là mình rủ anh ấy đi chung cho có bạn.
– Mấy bữa trước anh có hỏi nhưng anh Tiến còn ngại vì anh là sĩ quan QLVNCH, sợ bị tụi cán bộ ở làng bên nhà làm khó dễ. Anh bảo nếu có đi mình về trước rồi cho anh biết, anh sẽ về thăm nhà sau.

###

Chiếc phi cơ Boeing 747 của hãng Hàng Không Thái Lan vừa ngừng lại tại bãi đậu dành cho phi cơ nước ngoài trong phi trường Tân Sơn Nhất. Hành khách trên tàu có vẻ nhộn nhịp lo lấy hành lý xách tay để chuẩn bị xuống cầu thang lên xe bus ra ngoài.

Châu bảo vợ ôm bé Thu ngồi nán lại tại chỗ chờ cho mọi người đi xuống trước. Đây là lần đầu tiên, sau ngày quốc nạn năm 1975, anh mới có cơ hội trở về thăm lại quê hương.

Vốn xuất thân từ gia đình nông dân nghèo làm ruộng mướn đã trải qua nhiều đời, anh Út Châu lớn lên được hấp thụ một nền giáo dục gia đình

CHƯƠNG 5 - XÓM CẦU NỔI

theo truyền thống an phận của dân quê miền Nam là sẽ nối nghiệp ông bà chỉ đi học để biết chút ít chữ nghĩa bỏ túi, rồi về nhà làm ruộng, khi đến tuổi trưởng thành, cha mẹ sẽ lựa một cô gái quê nào đó, biết mua thúng bán bưng hay gặt gủi để cậy người đến mai mối cưới vợ cho con. Rồi thì sanh con đẻ cháu cứ thế tiếp tục đời nầy qua đời nọ.

Làm ruộng mỗi năm chỉ một mùa, cơm canh ngày ba bữa là xong. Nếu may mắn trúng mùa được vài vụ là cất nhà ba gian lợp ngói đỏ. Mua xe đạp hiệu *"An Sông"* và chiếc radio ba băng hay có khá hơn nửa là mua dàn hát máy hiệu con chó ngáp, để chiều chiều nghe hát vọng cổ cải lương vậy là nhất trong xóm.

Nhưng bây giờ đến đời anh Út Châu, thì cái sợi dây ràng buộc vô hình đó lại bị đứt gẫy vì cái lệnh động viên đi quân dịch của tổng thống Ngô Đình Diệm lúc đó.

Nếu chúng ta cho đó là một cơ duyên hay định mệnh vì nó đã vô tình xảy ra làm một cái móc nối của thời gian để chuyển hướng cho tương lai cuộc đời anh Út thì điều đó chắc cũng không hoàn toàn sai? Nhưng cái cơ duyên đó lại vô tình trùng hợp với câu mà ông bà ta đã nói: *"không ai giàu ba họ, cũng chẳng ai khó ba đời..."*

Tổ tiên từ đời ông cố của anh, đều là tá điền thì không thể gọi là giàu có được, nếu ta không muốn nói họ được xếp vào hạng người nghèo khó, cho đến thế hệ của anh Út Châu là đời thứ tư đã hoàn toàn lột xác. Anh không còn là một nông dân tay lấm chân bùn, thức dậy từ lúc gà gáy đầu hôm đến khi trở về nhà thì mặt trời tắt nắng, với bữa cơm chiều vội vả, đạm bạc có mắm chưng và đậu bắp hoặc rau dền luộc.

Vị trí xã hội của anh Út Châu hôm nay được xếp vào hàng giàu có lớn, là một trong những triệu phú mới của Hoa Kỳ, nhờ vào cơ sở buôn bán và nhiều cổ phần đầu tư trong các xí nghiệp lớn của thế giới. Những câu chuyện thường xuyên khi gặp bạn bè không còn nằm trong lãnh vực nông gia với mưa nắng hai mùa mà được thay bằng lời bàn cải về thị trường chứng khoán ở Nữu Ước hay Tokyo lên xuống trong ngày.

Anh Út Châu là một biểu tượng của thế hệ mới. Trong căn bản giáo dục anh không có cấp bằng cao, tuy nhiên nhờ trí thông minh lanh lẹ tháo vát anh đã học hỏi được những kinh nghiệm thực tế trong đời và áp dụng thật chính xác vào các công việc làm ăn.

Đã hơn một lần khi xưa, lúc Tiến và anh còn đi đánh cá bắt cua ở Alaska, đang trong mùa đông tháng giá, Châu nhìn thấy ông cựu chỉ huy trưởng ngày xưa của mình phải chịu cực khổ gian lao, anh thấy tội nên thường tình nguyện phụ giúp những công việc nặng nề. Tiến biết được điều đó nên có lần đã vỗ vai Châu tâm sự: *"tôi cảm ơn chú đã giúp đỡ và tôi cũng hiểu chú đang nghĩ gì về những kỷ niệm thời dĩ vãng lúc còn trong* quân đội, nhưng có một điều tôi muốn nói với chú là cái quá khứ của con người có oai hùng vàng son đến đâu chỉ để cho người ta thầm hiểu kính phục, chứ bây giờ đem ra rao bán một xu cũng chẳng ai thèm mua, chỉ có hiện tại và tương lai mới quan trọng để đánh giá con người." Sau câu nói của Tiến, từ dạo đó, Châu cảm thấy rất phấn khởi và tin tưởng nhiều hơn vào chính bản thân mình.

Bây giờ đoàn người trên tàu đã xuống gần hết, vân xoay qua bảo chồng:

– Tới phiên mình đi xuống kìa anh!

Châu như chợt tỉnh qua một giấc mơ ngắn ngủi;

– À! tới rồi... Em dẫn con đi trước, để anh lấy xách tay cho.

Sau những thủ tục khó khăn lần nhằn trong việc giấy tờ và khám xét hành lý của các nhân viên quan thuế tại cửa khẩu Tân Sơn Nhất, cuối cùng mọi việc cũng được trôi chảy êm xui, nhờ cái *"đức"* của tổng thống *"Washington"* và *"In God We Trust"*.

Đoàn người đứng chờ thân nhân ở phía trước phi cảng đông nghẹt choáng gần hết lối đi, khó khăn lắm Châu mới xách được hai chiếc vali ra ngoài.

Vân dẫn bé Thu đi trước vừa tách ra khỏi đoàn người thì nàng nhận ra ngay vợ chồng cậu Út đang đứng chờ trong đám người gần đó.

Kể từ khi bà ngoại của Vân qua đời, rồi sau đó hai mẹ con nàng tìm cách vượt biên, thời gian kể đến bây giờ cũng đã vào khoảng chục năm, mẹ Vân thỉnh thoảng biên thư và gởi quà về giúp đỡ cho gia đình, thằng em trai Út còn ở lại để giữ ngôi nhà tiền đường và coi sóc chăm lo mồ mả ông bà tổ tiên giòng họ.

Hôm tháng rồi, bà có viết thư về báo là hai vợ chồng Vân và bé Thu sẽ về thăm lại quê nhà. Cậu mợ Út tuy rằng ở nhà tiền đường và hơn hai mẫu ruộng hương quả của ông bà để lại để lấy huê lợi phụng thờ giòng họ, nhưng dưới chế độ bao cấp của cộng sản, phân bón bán ra giá đắt đỏ khó mua nên bị thất mùa liên miên.

Nếu có thu hoạch được chút ít phải bán ra cho nhà nước với giá rẻ mạt nên gia đình cậu Út chỉ đủ sống qua ngày. Khi nhận được thư của bà chị từ Hoa Kỳ gởi về là nhờ cậu Út lên Sàigòn đón dùm vợ chồng Vân đưa về thăm nhà. Cậu mợ Út nghe tin cháu về rất mừng nhưng chưa biết cách nào để đón cháu, vì trong lúc nầy, trong túi cậu đã vắng hoe không còn một xu ten để làm vốn đi mướn xe lên Sàigòn. Trong khi cậu Út gãy đầu suy tư tìm cách chạy tiền, mợ Út tháo đôi bông tai bằng vàng y mang đến đưa cho chồng:

CHƯƠNG 5 - XÓM CẦU NỔI

– Mình à! đem cầm cái nầy đi lấy tiền về đi mướn xe lên Sàigòn và mua thêm cá thịt cho cháu nó ăn trong lúc vợ chồng nó ở chơi tại đây.

Vừa nhìn thấy đôi bông tai ngày xưa của mẹ cậu cho nàng dâu lúc làm đám cưới đang nằm gọn trong tay vợ, với hành động và tấm lòng rộng rãi độ lượng của mợ Út làm cậu rất cảm động.

– Trời ơi, mình đưa cho tôi cầm rồi lấy gì mình đeo?
– Thì mình cứ đem cầm đỡ, rồi chừng nào có tiền sẽ chuộc lại.

Cậu Út yên lặng chấp nhận, cậu tin chắc là nếu đem cầm những kỷ vật nầy đi thì chắc chắn không thể nào có đủ tiền để chuộc lại cả, nhưng tình trạng túng thiếu hiện nay thì cậu không còn có cách nào làm khác hơn lời vợ đề nghị cả.

Sau cùng có chút đỉnh tiền, cậu đặt may cho mợ Út một chiếc áo dài có bông màu hoa cà và cái quần lãnh đen mới, điều mà mợ thường mơ ước.

Còn cậu thì mua được một chiếc áo sơ mi trắng dài tay để mặc cho sạch sẻ lên Sàigòn. Số tiền còn lại dùng để mướn xe du lịch và chi vào tiền chợ búa.

Theo trong thư và lời dặn của bà chị, thì chuyến phi cơ của hãnh hàng không Thái Lan sẽ đáp vào lúc mười một giờ rưỡi trưa, nhưng cậu Út đã hối bác tài xế xe du lịch quốc doanh khởi hành tại Mỹ Tho vào lúc bảy giờ sáng. Vào khoảng chín giờ là là hai ông bà đã có mặt tại Sàigòn, đứng lóng ngóng chung trong đám người đợi thân nhân ngoài cổng chính.

Đến khi Vân dẫn bé Thu ra khỏi đám người, mợ Út đang đứng cách đó không xa đưa tay khều chồng:

– Ở! hình như con Vân đưa con đi trước, thằng chồng nó xách vali đi phía sau?

Cậu mợ Út vừa bàn tán, nhận diện đến đây thì Vân đã nhận ra người thân trong gia đình ra đón. Nàng tỏ vẻ rất mừng rỡ, dẫn con đi thẳng lại gọi lớn:

– Cậu mợ Út chờ tụi con có lâu không?

Cậu Út chưa kịp trả lời thì Vân đã cúi xuống bảo bé Thu khoanh tay thưa ông bà Út, xong nàng xoay lại giới thiệu Châu đang xách vali đứng phía sau:

– Thưa cậu mợ, ông xã con tên Châu!
– Ở! lúc nảy tao với bả thấy tụi bây từ phía trong kia, nhưng không

chắc lắm, vì bây khác hơn hồi xưa lúc còn nhỏ rất nhiều. Mợ Út đanh với tay ẩm bé Thu cũng lên tiếng:

— Con bây giờ trắng trẻo, đẹp hơn hồi xưa nhiều, nên cậu Út bây hơi do dự nhận không ra. Thôi ra xe về nhà chứ!

Trên mười lăm năm, sau ngày chiến tranh Việt Nam đã cáo chung, đây là lần đầu Châu trở về thăm lại xứ sở. Mọi khung cảnh bên ngoài đều như hoàn toàn khác lạ. Đường xá Sài gòn gần như chật chội và dơ bẩn hơn, nhà cửa quán xá lớn bằng nắm tay cứ san sát chen lấn nhau từng phân đất ra đường lộ.

Hình như chỗ nào cũng buôn bán, Châu để ý nhận thấy người mua thì ít mà kẻ bán thì nhiều, chỉ có các quán ăn bình dân là đông khách nhất.

Châu có vẻ thắc mắc, lên tiếng hỏi cậu Út đang ngồi chung trong hàng ghế:

— Người ở đâu đến mà nhiều quá vậy cậu? Lúc trước con đâu thấy qúa đông như vậy?

— Cậu nghe nói là sau ngày giải phóng, tụi nó từ Bắc vào Nam, thấy cảnh giàu có và dễ sống ở đây, nên rủ nhau kéo cả bà con họ hàng vào nên mới đông như vậy.

— Cuộc sống ở đây bây giờ như thế nào cậu?

— Đỡ nhiều rồi cháu à! Bây giờ nghèo nhưng có cơm ăn, chớ không còn ăn bo bo trộn gạo sâu khoai mì như những năm trước nữa. Cũng may là cháu và thằng Hiền chạy kịp lúc nếu không là cũng phải đi học tập nhừ xương, đến khi thả ra không biết làm nghề gì để sống.

— Dạ con có nghe nói là mấy ông sĩ quan củ, sau khi đi học tập về bị tụi việt cộng kỳ thị không tìm được việc làm gì cả, chỉ có nước đi đạp xích lô, đẩy các xe ba gác hoặc ngồi vá vỏ xe bên lề đường để kiếm sống qua ngày.

— Đúng vậy đó cháu. Hồi trước cậu cứ tưởng đất nước thống nhất rồi, thái bình sẽ vui vẻ hạnh phúc lắm, chứ có ngờ đâu người dân còn khổ hơn gấp trăm lần lúc còn giặc giả, cháu nghĩ coi miền Nam mình mà thiếu gạo ăn là chuyện lạ khó tin được, vậy mà nó đã xảy ra sau ngày tụi nó vào đây giải phóng. À, cứ lo nói chuyện mà cậu quên hỏi cháu quê ở đâu?

— Dạ, quê cháu ở xóm Cầu Nổi làng Rạch Đào, hồi trước thuộc quận Cần Đước tỉnh Long An. Bây giờ cháu không biết là thuộc quận nào? tỉnh nào?

— Ờ, cậu có nghe nói quận Cần Đước, nhưng chưa có tới đó lần nào cả.

Chiếc xe du lịch vừa qua khỏi cầu Bình Điền, nhà cửa dân chúng ở hai bên lề đã thưa thớt dần. Những đám lúa xanh được chia đều từng ô vuông,

CHƯƠNG 5 - XÓM CẦU NỔI

đọt lá nở thật to, hình như sắp trổ đồng đồng. Với khung cảnh trước mặt, bất chợt đã đưa Châu về với thời tuổi trẻ, cái ngày ấy cứ mỗi độ lúa vừa ngậm hột non là cá rô trong ruộng cũng vừa lớn bằng ba ngón tay chập lại, chỉ cần vạch lúa sang một bên, rồi rải cám rang xuống chờ trong chốc lát là cá rô nghe mùi tìm tới.

Cá rô là loại cá háo ăn, gặp mồi là chụp ngay. Nếu tìm được đúng chỗ, chỉ trong khoảng một giờ là có đủ cá để mang về chiên hoặc nướng trui trong lửa rơm, dầm nước mắm trộn với rau quế là ăn cơm quên thôi. Còn nếu không may gặp nơi không có cá thì ngồi tét đồng đồng ăn chơi. Đồng đồng là loại lúa non mới ngậm sữa, mùi thơm và ngọt, có một điều là phải coi chừng chủ ruộng bắt gặp là họ chửi *tàn gia tru lục* vì tội phá hoại lúa non.

Châu còn đang lang thang trên đường về dĩ vãng, lúc đó chiếc xe cũng vừa trở tới ngã ba Bình Chánh. Vân ngồi phía sau với mợ Út và bé Thu, nàng với tay tới trước lắc nhẹ vai chồng:

– Anh à! tới Bình Chánh quẹo tay trái sẽ đi về làng Rạch Đào như anh nói hôn trước phải không?

Cái lắc vai và câu hỏi của vợ làm anh chợt tỉnh trở về với thực tại:

– Đúng rồi, quẹo ở đây qua bốn chục phút nữa qua làng Rạch Kiến, là tới làng Rạch Đào. Nhưng lâu quá không về, anh không biết đường xá có tốt không? Chứ trước kia mấy ông việt cộng nằm vùng cứ đào lên rồi phu làm đường móc đất ruộng đắp xuống, ổ gà tùm lum, khó chạy lắm.
– Về nhà cậu Út rồi, ngày mai mình cũng nhờ anh tài xế nầy đưa tụi mình đi thăm quê anh?
– Em tính vậy cũng gọn....

###

Tiếng gà cồ gáy đầu canh ở chuồng gà phía sau nhà cậu Út làm bé Thu giật mình tỉnh giấc, vội lăn qua ôm mẹ cứng ngắt khóc thúc thít.

– Má ơi, con sợ quá!

Vì suốt cả ngày qua ngồi trên phi cơ xong di chuyển về đây làm Vân mệt nhừ nên khi đặt mình xuống bộ ván gỗ là ngủ đi như thiếp đến khi bé Thu khóc, nàng mới giật mình thức giấc giỗ con:

– Cái gì con khóc vậy con?
– Cái gì mà nó la lớn quá làm con sợ!
– Ồ! Con gà cồ của ông Út gáy sáng chớ con gì mà sợ.
– Con gà cồ là con gì Má?

– Là con "rooster" đó, để mai sáng má chỉ nó cho con coi. Thôi bây giờ ngủ đi.

Bé Thu vừa đúng năm tuổi, được sinh ra ở thành phố Seattle (Hoa Kỳ) với khung cảnh ở một xã hội giàu có, văn minh, đến khi xuống phi cơ tại phi cảng Tân Sơn Nhất, đối với bé, nhìn thấy cái gì cũng lạ. nắm tay mẹ hỏi cho bằng được, từ chiếc xe xích lô đạp chạy long nhong trên đường phố, đến cảnh trí rộng rải ruộng rẫy đầy nước ở đồng quê bên ngoài.

Với tuổi ngây thơ trong trắng của bé, chỉ có Hoa Kỳ mới chính là quê mẹ vì nơi đó bé có bạn có bè cùng tuổi, có "*Mc Donal*", có "*Burger King*", và có "*Jack In The Box*" v.v... Còn Việt nam đối với bé chẳng qua là một vùng xa lạ nào đó mà ba má dẫn bé đến chơi cho biết như một chuyến đi cắm trại. Cũng chính vì lý do đó, nên Châu đã bàn với vợ để bé thu về thăm quê hương cho nó biết nơi chôn nhao cắt rốn của ông bà cha mẹ nó.

Bên ngoài đã bắt đầu rựng sáng. Tiếng "tục...tục..." của con gà mái gọi đàn con đi ăn mồi ở trên sân nhà đã đánh thức Châu dậy sớm hơn thường lệ. trời mới vừa rạng đông, còn phủ đầy mù sương không khí hơi lành lạnh, Châu với tay lấy chiếc áo đang máng ở thành ghế mặc vào, mở cửa bước ra phía trước hàng hiên nhà. Xung quanh lối xóm vẫn còn yên lặng. Anh rút một điếu thuốc, đưa lên môi châm lửa đốt. Cái vị cat cay của khói thuốc đầu ngày làm anh tỉnh hẳn.

Gần mười lăm năm qua, cũng tại ngôi nhà nầy, anh đã tạm trú chung với gia đình của Hiền. Thuở ấy, Vân, em gái Hiền chỉ vào khoảng mười lăm, mười sáu tuổi, là một cô gái mới lớn ngây thơ như một đóa hoa còn trong nụ. Châu nhìn nàng như người em gái nhỏ dễ thương.

Rồi sau đó, chiến tranh đã vô tình mang Châu và Hiền vào những năm dài nổi trôi ở xứ lạ quê người, cứ tưởng chừng như không bao giờ gặp lại người em gái củ. Nghĩ tới đây, tự dưng Châu chực nhớ lại lời tiên đoán của ông thầy bói ở bến xe đò đi hậu giang tại bến ở Chợlớn, trên hai mươi lăm năm về trước, khi anh còn là một tân binh quân dịch. Ông ta bảo, Châu có quới nhơn phù trợ, sẽ giàu có, cưới được vợ hiền, giúp chồng và sanh con thảo sau nầy v.v....

Qua lời tiên đoán của ông thầy bói làm anh rất thích thú. Tuy nhiên anh cũng thừa hiểu rằng, nếu làm thầy bói, xem chỉ tay hay rủ quẻ xăm mà nói cái gì cũng xấu thì sẽ không có được đồng xu nào mà có khi còn bị ăn đòn nữa là đằng khác.

Anh nghĩ nghề thầy bói là nghề bán hy vọng cho người khác, vì khi khách hàng đến với ông ta thường là những người không có ý chí mạnh mẽ để tin tưởng vào chính mình, nên mới nhờ thầy chỉ mưu, sửa quẻ, đổi vận mạng cho tương lai. Ngày ấy châu đâu có gì để mà tin làm sao giàu có được với chiếc sắc nhà binh, hai ba bộ đồ trận của quân đội phát không.

CHƯƠNG 5 - XÓM CẦU NỔI

Tiền lương không có đủ phải ăn cơm dĩa bình dân, hoặc gặm bánh mì cho đỡ tốn, thì làm sao cưới được vợ hiền?

Giờ đây, Châu đang ngồi trước một cái thực tại mà anh không thể ngờ được. Vân, người vợ đảm đang hiền hậu của anh và đứa con gái đang ngủ ấm áp trong lòng mẹ ở phía bên trong bộ ván làm anh cảm thấy thấm thía nhiều về lời ông thầy bói ngày xưa đã tiên đoán dùm cho anh mà không lấy một đồng xu cắc bạc nào cả.

Tự dưng Châu bật cười lẩm nhẩm: *"mình đã hiểu lầm ông ta...."* Châu ước gì gặp lại ông ấy, anh sẽ khen lời tiên đoán của ông ta là đúng và anh sẽ thưởng cho ông ta một số tiền lớn mà ông ta không thể nào ngờ được để gọi là tạ ơn.

Điếu thuốc trên tay đã gần tàn, Châu cúi xuống dụi tắt liệng ra trước sân. Bầy gà con háo đói tưởng mồi rủ cả bầy chạy nhanh tới tranh nhau mổ, đến khi nhận ra không phải là thức ăn, chúng kéo nhau lại gần Châu hơn, kêu chim chíp như để chờ anh liệng ba hột cơm thừa cho ăn buổi sáng như mợ Út đã thường làm.

Có tiếng động nhẹ đang mở cửa ở phía sau, Châu quay lại nhìn. Vân cũng vừa bước ra, hai tay nàng co ro cuốn tròn phía trước ngực. Vừa thấy Châu đang đứng với đám gà con trước hiên:

- Ủa! Anh không lạnh à? Ra đây chi sớm vậy?
- Lạ nhà nên anh thức sớm ra đây xem gà con cho vui. Con Thu còn ngủ trong đó phải không em?

Vân bước tới cạnh bên, đưa tay níu chặt cánh tay của Châu đang để thỏng, áp sát vào lòng ngực mình như tìm hơi ấm của chồng truyền sang.

- Anh biết hôn, con Thu nó sợ tiếng gà gáy nên giật mình thức dậy sớm lắm. Bây giờ đắp mền kín mít còn ngủ trong đó.
- Em thử nghĩ, hồi lúc sanh ra tới giờ, có đời nào nghe tiếng gà gáy đâu? Bây giờ nó sợ là phải, nhưng chắc rồi cũng quen.
- Em cũng có nói cho nó biết, phải phụ đề nửa Việt, nửa Mỹ nó mới hiểu con gà cồ là cái con gì?

Châu bật cười âu yếm nhìn vợ:

- Đó em thấy không, tụi mình mà không dạy nó nói tiếng Việt, đến khi lớn khôn nó không biết nói được tiếng mẹ đẻ là lỗi tại mình, chứ không đổ thừa cho ai được cả.
- Thì em cũng dạy và theo dõi nó chẳng chẳng chớ bộ bỏ lơ sao? Nhưng khi nó chơi với mấy đứa nhỏ Mỹ cùng xóm nói toàn tiếng Mỹ thì làm sao mà cản được? À, hôm qua anh dặn tài xế, mấy giờ anh ta chạy xe đến đây để đưa về bên đó?

– Anh bảo với họ là khoảng chín giờ sáng đưa mình ra phố ăn điểm tâm rồi thẳng đường vọt về bến luôn.

– Rồi anh định ở bên đó bao lâu?

– Anh cũng chưa biết nữa, vì nhà anh ở sâu trong miệt quê. Để về đó rồi hỏi ý kiến anh chị sẽ bàn tính sau.

– Gần hai mươi bảy năm anh chưa trở về quê lần nào, vậy anh còn nhớ đường không?

– Anh nhớ chớ sao không, nhưng không biết ba má có còn sống không? hay anh chị có dời đi nơi khác thì chưa biết được.

Một vẻ buồn man mác tự nhiên lộ trên nét mặt nàng, Vân đưa hai bàn tay bóp chặt tay chồng như muốn cùng nhau chia sẻ nỗi lo âu đó:

– Em cầu nguyện trời phật cho những người đó được khỏe mạnh an lành.

Châu cúi xuống hôn nhẹ lên trán vợ:

– Anh cám ơn lòng tốt của em đã nghỉ tới họ.

Vân ngước mắt lên nhìn chồng, nàng có vẻ không hài lòng vì câu nói đó của Châu:

– Sao anh lại nói như vậy? Gia đình ba má anh bây giờ cũng là gia đình ba má em có khác gì đâu.

Châu biết câu nói lịch sự của mình đối với vợ hơi thừa, nên yên lặng. Anh thầm cám ơn trời phật đã ban cho anh một người vợ thật tốt, hiểu biết và chia sẻ với chồng trong mọi hoàn cảnh khó khăn.

###

Chú Hai tài xế vừa quẹo mặt ở ngả ba Bình Chánh hướng về Cầu Tràm. Vân đang ngồi phía sau lên tiếng bảo bác tài tìm chỗ trống đậu lại để nàng xuống mua thêm vài chục trái cây mang về bên chồng để cúng ông bà.

Mợ Út dẫn bé Thu đi theo sau để xem chừng Vân trả giá mua hàng khỏi lầm vì mợ Út biết rành về *"lối xem mặt bắt bóng"* của các bà các cô bán trái cây ở đây, nhất là cách ăn mặc sạch sẽ và nước da trắng trẻo của Vân, thế nào cũng bị các người bán hàng bắt giá thật cao gấp mấy lần giá thật của món hàng.

Cậu Út, chú Hai tài xế và Châu rủ nhau chui vào quán cà phê ngồi chờ.

Biết Châu là người ở Mỹ mới về thăm nhà nên chú Hai tài xế muốn tìm hiểu chút ít về thành phần của cựu quân nhân của VNCH ngày xưa được ưu đãi như thế nào trên đất Hoa Kỳ? vì trước kia chú Hai cũng là lính nghĩa

CHƯƠNG 5 - XÓM CẦU NỔI

quân của tỉnh Mỹ Tho. Chú nghe người ta đồn là chánh phủ Mỹ trả lương trong những tháng còn thiếu cho tất cả cựu quân nhân VNCH chạy qua được bên đó nên lên tiếng hỏi:

- Anh Châu ở bên Mỹ chắc biết mấy người quân nhân củ thời VNCH? Nghe nói họ được chánh phủ Mỹ trả lương còn thiếu lúc trước phải không?

Châu đang nâng ly cà phê sửa lên định uống, khi nghe chú Hai tài xế hỏi, anh vội vàng để lại xuống bàn, trố mắt nhìn lộ vẻ hết sức ngạc nhiên:

- Ủa! Tôi cũng là cựu quân nhân mà sao không ai gọi đến hay phát lương gì cả? Ai bảo chú như vậy?
- Tôi có thằng em bạn dì, ngày trước nó đi lính nhảy dù ở Sàigòn, nó có viết thư về bảo là khi mới vừa qua đó, nó được chánh phủ Mỹ gởi tận nhà mỗi tháng mấy trăm đô la để xài sướng lắm khỏi phải đi làm gì cả.

Châu biết là chuyện kể theo kiểu *"đầu voi đuôi chuột"* không đúng sự thật, anh gật đầu cười hiểu ý, chầm rãi gắn điếu thuốc lên môi châm lửa đốt.

- Vâng, chuyện đó có, nhưng không đúng như sự suy luận của anh bạn đó kể lại. Cái ngân phiếu mấy trăm đô la chánh phủ gởi về nhà hàng tháng gọi là tiền xã hội giúp đỡ cho anh trong những tháng đầu tiên khi chưa có công ăn việc làm, như trước kia tôi cũng được lãnh trong một thời gian ngắn, nhưng sau khi có việc làm rồi thì họ chấm dứt phần tiền trợ cấp đó chớ đâu có lãnh dài dài hay ở nhà chơi khỏi làm được!

Cậu Út ngồi kế bên nghe Châu nói cũng ra chiều đồng ý:

- Ờ! Tôi cũng nghĩ như vậy đó chú Hai. Ở xứ nào cũng phải đi làm mới có ăn, chứ có ai đâu làm biếng ở nhà hoài để chờ tiền bố thí của người khác coi sao được.

Chú hai tài xế đưa tay gãy đầu:

- Anh Châu có nói tôi mới rỏ chứ không thì người ta cứ tin như vậy rồi rỉ tai đồn rùm beng cả xóm, ai cũng muốn tìm cách chạy qua đó hết.

Câu chuyện bàn luận giữa ba người vừa tới đây thì Vân và mợ Út đã mua xong trái cây, bánh mì thịt quay mang ra leo lên xe. Vân đưa tay ngoắc mọi người trong quán:

- Thôi mình đi chớ trưa rồi!

Trời hôm nay nhằm ngày nắng ráo, đường lộ có chổ tương đối khô rang. Chiếc xe du lịch chạy quanh qua, ẹo lại như con rắn bò để tránh các *"ổ gà"* sâu to hơn chiếc đệm, còn chứa nước mưa đục ngầu như nước cơm vo trủng dưới mặt đường.

Châu đưa tay lên xem đồng hồ, rồi quay ra phía sau nói với Vân:

– Bây giờ là mười giờ hơn, mình tới Rạch Đào vào khoảng mười một giờ, rồi từ đó chạy vào nhà mình độ mười lăm phút nửa, như vậy hy vọng sẽ tới nhà trước mười hai giờ trưa.

Vân có vẻ nôn nóng, muốn tìm hiểu về quê chồng nhiều hơn, vì chính nàng khi còn bé ở Chợlớn với cha mẹ, thỉnh thoảng có về quê cũng tại tỉnh Mỹ Tho chứ chưa có dịp nào đi sâu vào các làng xã để biết cuộc sống dân quê như thế nào?

– Anh nói nhà mình ở xóm Cầu Nổi, như vậy mình phải chạy qua cây cầu nổi trên sông à?

Sau câu hỏi của vợ, Châu không nín được cười:

– Cầu Nổi là cái danh từ có từ đời xưa, anh cũng không hiểu tại sao nó có cái tên như vậy? Như Cần Được, Rạch Đào, Rạch Kiến v.v.... chắc là hồi trước ở quận đó có nhiều cây được, còn Rạch Kiến chắc là sông rạch có nhiều kiến làm tổ nên người ta mới đặt tên như vậy. - như vậy từ làng Rạch Đào về nhà mình không có cây cầu nào à?

– Anh nhớ, có một cây cầu nhỏ làm bằng gỗ dầu bắc qua con rạch, xe ngựa, xe hơi nhỏ chạy qua được, nhưng bây giờ anh không biết nó còn đó hay đã sập đi rồi?

Chiếc xe chạy lắc lư như chiếc nôi. Gió đồng nội bên ngoài lùa vào man mác làm bé Thu ngủ lại lúc nào trên tay mợ Út.

Chú hai tài xế đưa ngón tay chỉ vào tấm bia chỉ đường làm bằng xi măng sơn trắng dựng trên mô đất cao bên vệ đường, với hàng chữ đen khắc sâu: *"NGẢ BA TÂN LÂN"*. Châu gật đầu:

– Sắp tới Rạch Đào rồi chú! À, hồi trước tới nay chú có đưa khách xuống tới đây không?

– Tôi có chạy tới Cầu Tràm, chớ chưa xuống tới đây bao giờ cả. Con đường từ Rạch Đào vào tới nhà anh có chạy xe được không?

– Hồi trước có xe ngựa, xe lôi ba bánh chạy chớ không có xe đò lớn đưa khách, nhưng lâu quá rồi tôi không biết nó ra sao, mình cứ đến đó rồi sẽ tính sau.

Trên con lộ chính dẫn vào chợ làng, nhà cửa có vẻ đông đúc hơn trước, vài ngôi quán lá bán nước đá cà phê với những nảy chuối sứ chín vàng,

CHƯƠNG 5 - XÓM CẦU NỔI

những chùm bánh ú, những cây mía lau được treo lổng nhổng ở phía trước quầy hàng. vài đứa trẻ mặc quần đùi đen ở trần, đang đứng lóng nhóng gần đó, thấy xe lạ đứng chấp tay sau đít nhìn theo.

Châu bảo chú tài xế:

- Chú thấy mấy ông chạy xe lôi đang đậu chờ khách ở phía trước tiệm nước đó không?
- Thấy rồi anh Châu. Muốn tôi ngừng ở đó phải không?
- Vâng, để tôi xuống hỏi thăm mấy người đó đường đi như thế nào đã, rồi mình sẽ tiếp tục.

Một anh trong bọn xe lôi, vào khoảng bốn mươi tuổi bước tới gần Châu trả lời:

- Đường từ đây vào đó chạy xe du lịch thì được, nhưng bà Hai đã chết gần chục năm nay rồi. bây giờ cái quán đó sang lại cho cô giáo Hai làm chủ.

Châu gật đầu cám ơn lời chỉ dẫn của anh bạn xe lôi, anh trở lại bảo chú Hai tài xế cho xe chạy theo con đường lộ dẫn về làng xóm Cầu Nổi cách đó khoảng hai cây số ngàn.

Bây giờ mặt trời đã gần đứng bóng. Con đường lộ đấp thẳng tắp phía trước mặt. Hai bên lề rải rác những bụi trâm bầu, bình bát và những hàng xua đũa cao nghều nghệu đứng che bóng nắng nghiêng ra tận mặt đường. Thỉnh thoảng một vài người đàn bà đi chợ làng về trưa ngồi nghỉ mệt dưới gốc cây lấy nón lá phe phẩy quạt.

Gần bốn thập niên đã trôi qua, Châu vẫn còn nhớ rõ ràng như vừa mới xảy ra ngày nào đây không xa lắm, cũng trên con lộ đất này ngày xưa có một câu học trò lúc đó vào khoảng mười tuổi, mặc áo trắng cụt tay, quần đùi đen đi chân đất đầu đội cái cặp đan bằng lác bàng, thường ngày nắm cái đuôi phía sau xe ngựa để chạy theo trên đường đi đến trường làng.

Rồi vào mùa hè của năm đó, khi màu bông hoa lựu đã ửng đỏ trước sân nhà, báo hiệu ngày cuối cùng của niên học, lời ông giáo già vẫn còn văng vẳng bên tai: "hôm nay là ngày học chót của trường mình vì trong làng không có bậc trung học, nên rồi đây các con mỗi đứa một nơi, thầy có lời chúc các con cố gắng để trở thành người hữu dụng cho làng cho nước..."

Sau giờ tan học ngày hôm ấy, các học trò con nhà giàu có trong làng, chúng họp nhau từng nhóm nhỏ, đứa bàn chuyện đi Sàigòn, đứa đi ra tỉnh lớn để tiếp tục học, nuôi mộng lớn làm bác sĩ, kỹ sư. Chúng cười giỡn và chuyện trò vui vẻ như ngày hội. Lúc đó chỉ có riêng một cậu học trò nghèo tên Nguyễn Văn Châu, với chiếc cặp bàng rách đội trên đầu dùng để đựng sách vở và cũng để tạm che mưa che nắng đang cô đơn lầm lũi bước trở về con đường làng mà ngày xưa ông cố nội, ông nội rồi tới cha anh đã bước qua nhiều lần.

Con đường tuy vô tri vô giác yên lặng nằm đấy nhưng chính nó là một nhân chứng đã ghi nhận những vết tích thăng trầm qua nhiều thế hệ đã xảy ra của dân chúng trong làng.

Cũng kể từ ngày ấy, cậu học trò nhỏ an phận được lớn lên như một buổi chuối, cây cau qua sự vun xới bón phân theo kiểu cách thôn quê cổ truyền nối nghiệp ông bà để hy vọng một ngày nào đó nó sẽ trổ hoa kết nụ có thêm một vài buổi chuối con có lợi cho gia đình.

Rồi mùa cày cấy đi qua, mùa khô trở lại, cậu học trò nhỏ và đôi trâu cổ là bạn thân cùng nghêu nga suốt buổi trên các bờ ao hay trên đường làng trong xóm. Đến khi lùa trâu trở về chuồng là lúc mặt trời vừa tắt nắng. Thời gian năm tháng cứ đong đưa đi qua rồi trở lại theo bóng mặt trời. Cây xoài trước nhà đã nhiều lần đơm hoa trổ nụ, cậu học trò nhỏ ngày nào đã lớn dần và trở thành một thanh niên lực điền trong xóm. Với trạng thái thay đổi về hình vóc và tâm lý của người con trai mới lớn, nhiều lần cậu cảm thấy có cái gì xao xuyến kỳ lạ làm thay đổi nhịp tim khi cậu trộm nhìn các cô gái làng bên đang lom khom cấy lúa.

Rồi cũng như hàng triệu người con trai khác, trong một dịp tình cờ ngày nọ, cậu được tình yêu từ một cô gái ở xóm trên trao tặng. Mối duyên quê mộc mạc được ấp ủ và giữ kín giữa hai người, chàng hẹn sẽ mang trầu cau nhờ mai mối để đi hỏi nàng sau mùa gặt tới.

Nhưng cổ nhân ta có nói: *"mưu sự tại nhân thành sự tại thiên..."*, chiến tranh càng ngày càng bộc phát, lệnh tổng động viên đã chia cắt mối tình thôn dã giữa hai người, rồi kể từ ngày đó người con trai xóm dưới đã biền biệt vắng tin không còn dịp trở về thăm làng cũ. Bây giờ người con gái xóm trên, người tình của cậu chắc cũng đã trải qua nhiều lần làm bà nội, bà ngoại của một lũ cháu con...

Con đường lộ đất ngày xưa với những bụi trâm bầu già cằn cỗi, chúng đã vô tình đưa Châu lạc vào vùng kỷ niệm của ngày nào. Đến khi tiếng hát *"ầu ơ.... ví dầu...."* phát ra một âm thanh kéo dài trầm buồn mệt mỏi của một bà ngoại, bà nội nào đó đang đưa cháu ngủ trưa từ một căn nhà lá nằm cạnh bên đường đã làm anh tỉnh lại.

Châu quay ra sau báo cho Vân biết:

— Mình sắp tới rồi đó em à! Gọi con Thu dậy để nó thấy quê nội, chớ để về bến rồi nó không nhớ.

Mợ Út gọi bé Thu dậy rồi bồng sang đưa cho Vân:

— Nè cháu, lấy khăn nhúng nước lạnh lau mặt nó đi cho tỉnh ngủ.

CHƯƠNG 5 - XÓM CẦU NỔI

– Dạ để con lo cho nó!

Vân lau mặt con vừa cất tiếng hỏi lại chồng:

– Mình sắp tới rồi hả anh?

Châu đưa tay chỉ về phía trước mặt một căn nhà lá nằm sát bên vệ đường;

– Em thấy cái quán đó không? Hồi trước đó là quán bà Hai, mình sẽ gởi xe ở đó rồi đi bộ hơn qua chục mẫu ruộng là tới nhà.

Bé Thu bây giờ cũng đã tỉnh ngủ hẳn, Vân đỡ con đứng dậy cho nhìn rõ hơn:

– Ở đây là quê nội của con đó. Hồi lúc ba con còn nhỏ như con, ba con đi học ở dưới đây, có bà nội, ông nội, cô bác đều ở dưới nầy cả.

Bé Thu có vẻ thắc mắc:

– Ba con ở bên Mỹ mà! đâu phải ở đây.
– Ờ! ba con ở bên Mỹ, nhưng trước đó ba con ở đây.

Hình như bé Thu không hiểu câu chuyện lạ kỳ đã xảy ra như vậy. Tuy nhiên bé vẫn yên lặng chấp nhận lời mẹ đã giải thích. Chú hai tài xế cho xe ngừng lại trước cửa quán. Vài đứa bé thấy xe hơi chạy ra rờ mó xem có vẻ thích thú lắm.

Châu mở cửa bước xuống trước, đi thẳng vào quán. mấy đứa nhỏ thấy có khách lên tiếng gọi:

– Ngoại ơi! có khách.

Từ phía sau nhà, giọng một người đàn bà đứng tuổi trả lời:

– Thì con bảo người ta lấy đi, rồi ngoại ra tính tiền sau.

Châu đứng trước quầy hàng lên tiếng:

– Tôi chỉ nhờ gởi xe thôi, chứ không có mua gì cả!

Lúc đó người đàn bà chủ quán từ phía sau, vạch tấm sáo bằng trúc chắn ngang cửa, để phân biệt phía trước phía sau, bước ra ngoài:

– Ông chỉ gởi xe…..?
– Vừa nói tới đây, người đàn bà bỗng dưng ngừng lại, đưa mắt nhìn Châu một cách sửng sốt. hai tay bà tự dưng hơi đưa tới trước trong một cử chỉ như đang gặp một sự việc hết sức bất ngờ.
– Ơ! Ơ…! Có phải ông là anh Út đó không???

Châu lúc đó như người bị thôi miên chết đứng vì khi anh nhận thấy người đàn bà búi tóc, mặc bộ đồ bà ba đen, vừa vén màn từ trong cửa bước ra. Anh đã mang máng nhận diện ra dáng dấp của cô Năm Lài, người tình ngày xưa trước khi anh nhập ngũ.

– Vâng, tôi là Út Châu, còn bà là cô Năm Lài?

Người đàn bà không trả lời thành tiếng, chỉ khẽ gật đầu. Một đứa trẻ đang đứng trong đám lên tiếng hỏi:

– Bộ ông nầy có quen với mình hả ngoại? Ổng giàu lắm có xe hơi nhỏ nữa ngoại!

Sau câu nói của đứa cháu đã đưa người đàn bà trở về với thực tế.

– Ờ! ông Út nầy hồi trước ở trong xóm dưới đây, có quen với ngoại. mấy chục năm nay mới gặp lại.

Châu đưa tay xoa đầu đứa bé đứng gần đó.

– Ba đứa nhỏ nầy là cháu ngoại phải không cô Năm?
– Dạ, tụi nó là con của con Hoa đứa con gái lớn của tôi. Mẹ nó đi chợ ngoài làng chưa về.

Châu quay mắt liếc nhìn vào phía trong nhà:

– Ủa! Còn ông ngoại mấy cháu đâu rồi?
– Ông nhà tôi đi dạy học ở ngoài trường làng, chiều mới về.

Sau câu trả lời, người đàn bà bước tới chiếc bàn đặt cạnh đó, mở nắp vỏ dừa khô, kéo bình nước trà ra, rót vào ly bưng lên mời khách.

– Mấy chục năm nay, sau ngày giải phóng, anh Út ở đâu mà không thấy về? Người lối xóm ở đây cứ đồn là anh đã chết!
– Tôi bận đi làm ăn xa nên không về thăm nhà được. Không biết ba má tôi và anh chị có còn khỏe không?

Người đàn bà trố mắt nhìn Châu một cách ngạc nhiên:

– Ủa! Anh không biết gì hết trơn à?
– Biết cái gì? Cô Năm nói tôi không hiểu?
– Hai bác đã mất cách nhau không đầy một năm, ít lâu sau ngày giải phóng. Vậy mà tôi cứ tưởng anh Út đã biết rồi chứ?

Châu không trả lời, cúi mặt bưng ly nước trà để lại trên bàn.

Bé Thu ngồi trên xe với mẹ khá lâu, không thấy Châu trở ra, nên leo xuống chạy vào quán gọi lớn:

– Ba ơi! Má hỏi "finish" chưa? Mình "go" chứ!

CHƯƠNG 5 - XÓM CẦU NỔI

Châu yên lặng cúi xuống ôm con lên.

— Con gái lớn của tôi nè cô Năm! Nó tên là Thu.

Người đàn bà bước tới đưa tay vuốt nhẹ lưng đứa bé.

— Cháu mấy tuổi anh Út? Có em nhỏ nữa không?
— Dạ năm tuổi! có mỗi mình nó thôi.

Châu trả lời tới đây thì Vân cũng vừa bước vào tới cửa quán lên tiếng hỏi:

— Gởi xe xong chưa anh? Mình đi chợ để gần tới chiều rồi!

Châu ẵm bé Thu bước lại gần bên vợ, giới thiệu:

— Bà xã tôi đây nè cô Năm!

Xong anh quay qua Vân:

— Cô Năm là bà chủ quán nầy đó em!

Hai người đàn bà mới quen qua sự giới thiệu của Châu chỉ mỉm cười gật đầu chào xã giao.

Vân lại thúc hối:

— Thôi mình đi, chớ để cậu mợ Út chờ ngoài đó lâu coi kỳ lắm.

Châu đưa tay ngoắc chú hai tài xế. Anh móc túi lấy ra bốn tờ giấy bạc loại năm chục ngàn đồng, căn dặn chú hai:

— Chú lấy hai trăm ngàn đồng nầy, chở mấy đứa nhỏ ra chợ đổ xăng, rồi đưa mấy đứa nhỏ đi ăn hủ tiếu, nhớ mua về cho bà chủ quán nầy với nhá! Xong anh đậu chờ tôi ở đây.

Cánh đồng lúa xanh trước mặt đang nằm phơi mình dưới cái nóng của ánh nắng giữa trưa. Thỉnh thoảng có những tiếng lao xao xào xạc gây ra do những lá lúa cọ vào nhau khi gặp những làn gió nhẹ bất chợt thổi qua.

Con đường đất chia ngăn từng ô ruộng, dẫn về nhà mà ngày xưa Châu thường đi qua lại hàng ngàn lần vẫn còn nằm im đó. Hai bên bờ những bông cỏ may, những mảnh rau đắng đất, những lỗ trũng sâu của dấu chân trâu. tất cả những hình ảnh đó dường như cũng giống như ngày nào lúc anh còn bé.

Bỗng dưng Châu nhớ lại lời của cô Năm Lài chủ quán vừa lúc nảy là trong xóm người ta nghĩ rằng anh đã chết. nếu giả sử cái chết thật sự đã xảy ra cho anh, thì có gì gọi là quan trọng? Con đường rộng anh đi vẫn như ngày nào đây có gì thay đổi. Lúa vẫn xanh, bông cỏ may và rau đắng đất vẫn mọc tươi tốt như thuở nào.

– Hôm nay chỉ có cái khác biệt là Châu không phải là anh nông phu, là tá điền nghèo khổ giống như thời ông cố, ông nội anh phải van xin để đong thiếu lúa cho chủ ruộng khi gặp lúc thất mùa. Nghĩ tới đây, anh chỉ lặng lẽ mỉm cười cho những sự thay đổi đó.

Vân đang dẫn bé Thu đi ở phía sau, gọi giật Châu lại:

– Anh đi chậm lại chờ em với con Thu một chút. Bông cỏ may đâm vô ống quần xót quá để em gỡ ra cái đã!

Châu đang xách vali đi phía trước quay nhanh lại cười ha hả có ý trêu vợ.

– Ở đó mà em lo gỡ cỏ may! Từ nay vô tới nhà còn nhiều lắm, gỡ cái nầy rồi cái khác ghim vô cũng vậy hà.

Cậu Út cũng dừng lại cạnh đó bảo Vân:

– Cháu để mợ Út bồng dùm con Thu cho dễ đi. Ở nay lỗ chân trâu sâu quá, rủi nó bước hụt chân xuống đó thì trật gân luôn.

Đoàn người đi qua gần chục mẫu ruộng thì vừa đến đầu cầu của con rạch, dưới nước mọc đầy cây dừa nước. Châu thả vali xuống để nghỉ tay.

– Mình qua khỏi cái cầu dừa của con rạch nay là tới nhà rồi.

Vân lại có dịp ngồi xuống để nghỉ chân, gỡ cỏ may bám vào ống quần.

Bé Thu trụt nhanh xuống khỏi vòng tay của bà Út la lớn:

– "Dragonfly! Dragonfly!..."

Ông bà Út dớn dác không biết chuyện gì đã xảy ra cho con Thu, lên tiếng hỏi Vân:

– Ủa, cái gì mà nó la vậy cháu?
– Dạ không có gì đâu mợ Út. Nó thấy con chuồn chuồn trâu đang đậu ở đầu ngọn lác đằng kia nên lạ thôi.
– Vậy tao tưởng là có cái gì làm tao hết hồn. Bộ ở bên đó không có chuồn chuồn sao cháu?
– Ở chỗ tụi cháu ở thì không thấy, nhưng ở các tiểu bang miền nam cháu nghĩ chắc cũng có chuồn chuồn như bên mình vậy.

Một vài phút nghỉ lấy sức, Châu lại xách vali đứng lên, vì chiếc cầu bắc qua con rạch làm bằng hai thân cây dừa đặt nằm song song với nhau, nên Châu lên tiếng cho mọi người lưu ý.

– Qua cầu nhớ vịn cây sào từ từ đi cho chắc ăn.

CHƯƠNG 5 - XÓM CẦU NỔI

Mọi người vừa qua bên kia con rạch an toàn, Châu bước lại gần bé Thu đưa tay chỉ vào một căn nhà lá ba gian lụp xụp nằm trước cây rơm ở phía sau bờ tre cách đó hơn hai mẫu ruộng.

- Nhà ông bà nội con đó.

Bé Thu ngơ ngác không hiểu rõ câu nói của cha nên hỏi lại:

- Ba nói nhà ông bà nội nào?
- Ông bà nội của con chớ ông bà nội nào!

Như vẫn còn thắc mắc:

- Còn "grand mother" nào đang ở chung với mình đó?
- Ờ! bà "grand mother" đó là má của mẹ con. Còn ở đây là ba má của ba. Hồi trước lúc còn nhỏ như con, ba ở đây nè.

Hình như đã hiểu ra chút ít:

- Sao nhà gì mà "look funny" quá vậy?

Châu biết con chẳng hiểu tí gì về ở đây cả nên đành trả lời gọn:

- Tía con! chớ "look funny" cái gì.

Châu vừa rẽ từ con đường cái để đi vào nhà. Con chó vện thấy người lạ chạy ra đứng trước cửa ngõ cất tiếng sủa thật lớn.

Phía trong cạnh bờ hào nước, một người đàn bà có vẻ đứng tuổi trong bộ đồ đen, quần xăn lên ống cao ống thấp tay trái đang bưng chiếc rổ bằng tre đan. Bà đưa bàn tay mặt lên che ánh nắng đang chói trước mắt nhìn ra đầu ngõ.

Sau khi nhận thấy đám người đang đi vào nhà có cả đàn bà con nít ăn mặc sang trọng của dân thành phố. Bà nghĩ rằng có lẽ mấy người nầy ghé vào để hỏi thăm nhà người quen nào ở gần đây.

Bà vừa la con chó vừa đi thẳng ra ngoài cửa bờ tre để chỉ đường cho khách.

Lúc ấy Châu cũng vừa xách vali bước thẳng tới. Anh đưa mắt quan sát thật kỹ người đàn bà từ trong đi ra. Anh nhủ thầm: "*hình như là chị Hai...*". Chị Hai là chị dâu của Châu, vợ của người anh cả trong gia đình. Châu đặt vội hai chiếc vali xuống đất lên tiếng trước:

- Phải chị đó không chị Hai?

Người đàn bà đang đi tới khi nghe Châu gọi là chị Hai làm bà hết sức sửng sốt. bà chưa nhận diện được thằng em chồng, nên lên tiếng hỏi:

– Ủa! Cậu là ai sao biết tôi?

– Em la Út Châu đây chị....

Vừa nghe tiếng Út Châu là bà không cần đợi anh dứt lời, bà reo lên trong sự vui mừng ngạc nhiên;

– Trời ơi! Chú Út đây hả? Bây giờ chú lạ quá chị không nhận ra được. Ở nhà cứ tưởng chú đi lính.... Bà tự dưng chấm dứt trong câu nói nửa chừng, Châu hiểu nên tiếp lời:

– Em có nghe người lối xóm đồn là em đã tử trận trước ngày giải phóng.

– Sao lâu quá chú không về lại đây? Ba má đã mất rồi!

Châu cúi mặt xuống đất thở ra:

– Em bận đi làm ăn xa nên không về được.

Như anh chợt nhớ lại mọi người đang đứng chờ phía sau, anh quay lại giới thiệu:

– Chị Hai, đây là cậu mợ Út bên vợ em, còn đây là Vân, vợ em, cháu nhỏ là Thu, con gái của em đó.

Sau khi gật đầu chào mọi người, bà chị dâu khom xuống nhìn bé Thu;

– Chu choa, nó giống chú Út hồi nhỏ quá! Cháu đi học chưa?

Bé Thu thấy người đàn bà lạ ăn mặc hơi khác biệt, miệng nhai trầu đỏ choét nên rón rén đi ra đứng phía sau mẹ.

Vân biết là Thu hơi sợ nên trả lời:

– Dạ nó đi học ở trường mẫu giáo rồi chị Hai.

Châu với tay xách hai chiếc vali lên hối thúc:

– Thôi mình đi vào nhà rồi nói chuyện sau. À! anh Hai đi đâu rồi tự nãy giờ không thấy ảnh?

– Lúa vừa trổ đồng đồng nên hồi sáng nầy ổng đi ra ruộng để rải thêm phân, chút nữa về bây giờ.

– Còn gia đình anh Tư và chị Ba có khỏe không chị Hai?

– Ờ, chú thiếm Tư dọn ra riêng sau khi ba má mất cũng ở gần đây, còn cô Ba thì mới gả con gái Út ở xóm trên độ hơn tháng nay. Mọi người đầu mạnh khỏe cả, chỉ có riêng chú Út là biệt tin bỏ xứ từ ngày đi lính bây giờ mới gặp lại.

– Dạ, cũng do thời cuộc thôi chị Hai.

Sau khi mọi người chất các thứ lên bộ ván gõ kê ở giữa nhà, Châu bảo Vân đi ra sau lấy mấy cái dĩa để sắp trái cây, bánh trái lên bàn thờ cúng

CHƯƠNG 5 - XÓM CẦU NỔI

ông bà. Cậu Út đi xa hơi thắm mệt nên leo nằm trên chiếc võng lác treo giữa hai cây xiêng phía bên trái. Mợ Út ôm bé Thu ngồi nghỉ chân trên bộ ván. bà chị dâu cứ lăn xăn chạy tới lui như ngày giỗ lo đốt đèn đốt nhang đưa cho Châu cúng vái ông bà.

Vân đi tìm mãi ở sau nhà bếp không có được một cái gì để đựng bánh trái cả, nên bước trở lại nói nhỏ với chồng:

– Em không tìm được cái chén, cái dĩa nào cả anh à!

Châu mĩm cười thông cảm:

– Em đi ra phía trước cây cầu ngoài hào sẽ thấy cái sóng chén ở ngoài đó. Ở miệt dưới nầy người ta ăn xong đem dĩa chén đũa ra hào rửa rồi úp trên sóng chén tại đó luôn cho khô.

Vân gật đầu cười:

– Anh còn nhớ dữ à?

Con chó vện nằm yên trước hiên nhà bỗng đứng dậy, la "ẳng ẳng.." một vài tiếng rồi vụt chạy ra trước cửa ngõ.

Bà chị dâu đang rót nước cúng phía trong bàn thờ lên tiếng bảo Châu:

– Anh Hai chú về rồi kìa!

Anh Hai là con trai trưởng trong gia đình. Ngôi nhà anh đang ở là ngôi nhà của giòng họ để lại. Lúc trước cha mẹ của anh Út và các anh em đều ở chung với nhau. Đến khi có vợ chồng mới ra riêng. Chị Hai về làm dâu cho cha mẹ chồng tại ngôi nhà nầy, lúc đó Út Châu mới vào khoảng mười tuổi. bây giờ ông bà đã mất thì anh chị Hai là người đương nhiên được ở lại đây lo thờ phượng hương khói và giỗ quảy ông bà.

Vừa đặt chiếc cuốc xuống gần bụi chuối trước sân, anh hai bước ra cầu để khoát nước rửa lại tay chân dính đầy bùn đen ngoài ruộng. bà vợ bước nhanh ra phía trước hối chồng:

– Ông ơi, có chú Út về thăm nè!

Ông chồng đang lom khom rửa tay, nghe vợ gọi là có chú Út về làm ông ta hơi ngỡ ngẩn đứng thẳng người dậy:

– Bà nói chú Út nào?
– Thì chú Út Châu, em ông chớ ai vào đây!

Lúc đó Châu cũng vừa bước ra khỏi hiên nhà để đón ông anh cả.

– Thưa anh Hai!

Lại một sự ngạc nhiên thể hiện trong đôi mắt gần như đứng tròng của ông anh đang nhìn thẳng vào Châu:

- Ủa! thằng Út đây à? Trời ơi, mấy chục năm nay mầy ở đâu mà không về đây thăm nhà? Đến khi cha mẹ mất mầy cũng không về được vậy?
- Dạ, em ở xa lắm anh Hai...

Út Châu nói được tới đó rồi nghẹn lời. Anh cúi mặt nhìn xuống đất để dấu hai giọt nước mắt đang tự động trào ra hai bên mắt.

Ông anh nhận thấy đứa em Út đang tủi thân nghẹn ngào nên đổi giọng không còn trách móc nữa:

- Tao giận thì nói vậy, chứ mầy còn sống về đây là tao mừng rồi. Lối xóm ai cũng đồn là mầy đã chết hồi trước khi giải phóng. Thôi vào trong nghỉ một chút đi, để tao đi gọi chị ba và anh Tư mầy, chắc tụi nó mừng lắm. À, quên nữa, mầy có vợ con gì chưa?

Châu quay mặt vào phía trong nhà lên tiếng gọi Vân:

- Em ơi! Có anh Hai về ngoài trước nầy.

Vân đang dùng mấy que củi để nhúm lại bếp lửa nấu thêm nước trà, nghe tiếng Châu gọi phía ngoài cầu, nàng tạm đứng dậy đi ra ngoài.

- Anh gọi em có chuyện gì?

Châu đưa tay chỉ người đàn ông, mặc quần đùi ở trần đang đứng rửa tay dưới cầu.

- Anh Hai của anh đó em.

Vân lễ phép cúi đầu:

- Chào anh Hai, chắc anh ở ngoài ruộng mới về?
- Ừ! Thiếm Út đó à? Hai đứa có con cái gì chưa?
- Dạ tụi em có một đứa con gái năm tuổi anh hai.
- Tụi bây có dẫn nó về đây chơi không?
- Dạ, nó đang ở phía trong nhà với mợ Út của em đó anh hai.

Bà vợ anh Hai lại lên tiếng hối chồng:

- Thôi ông rửa chân tay nhanh lên rồi vô nhà nói chuyện sau, có cậu mợ Út bên vợ của chú Út xuống đây thăm mình nữa.

Sau khi chào hỏi khách, anh Hai bảo bà vợ;

- Bà ra sau vườn đi bắt hai con gà trống thiến làm gỏi nấu cháo cúng ba má, để tôi chạy sang nhà con ba với thằng Tư cho tụi nó hay có

CHƯƠNG 5 - XÓM CẦU NỔI

thằng Út về cho tụi nó mừng.

Căn nhà lá ba gian của anh chị Hai hôm nay có vẻ chật chội vui vẻ như ngày đám cưới, vì sự có mặt đầy đủ của tất cả anh em cháu chắt, họ hàng xa gần trong xóm, khi họ nghe tin chú Út Châu còn sống trở về nên rủ nhau đến thăm.

Hơn bốn giờ chiều, ánh sáng mặt trời bên ngoài đã xế bóng, bà con lối xóm lần lượt ra về gần hết.

Những đám ruộng lúa trước nhà thiếu cái nắng ban trưa đã đổi thành màu xanh đậm. Vài con nhái đâu đâu đã lẻ tẻ cất tiếng *"ken két"* gọi bầy.

Châu đang ngồi hút thuốc trước mái hiên, Vân bước lại gần bên chồng bảo nhỏ:

– Con Thu nó đòi về kìa anh. Lúc ban trưa em dẫn nó ra sau bụi chuối đi cầu, nó sợ quá nín luôn cho tới bây giờ, nó nói không thích ở đây cứ năn nỉ đòi về lại bên Mỹ.
– Thì em cố dỗ ngọt chắc rồi thế nào nó cũng quen chớ người ta ở đây thì sao?
– Còn cậu mợ Út nữa, phải đưa người ta về lại Mỹ Tho chứ ở đây coi sao được.
– Để anh nói chuyện lại với anh Hai rồi mình sẽ tính sau.

Vừa lúc ấy, anh Hai và anh Tư, cũng bưng bình nước trà ra phía trước ngồi xuống chiếc ghế đẩu kế bên Châu đang hút thuốc lá. Vân xin phép hai anh trở lại vào phía trong để dẫn bé Thu đi rửa mặt. Út Châu móc gói thuốc lá đưa cho anh Tư:

– Anh hút thuốc nầy nhẹ hơn thuốc vấn nhiều.
– Ở dưới nầy tao với anh Hai hút toàn thuốc vấn mua từ bánh lớn ngoài chợ cho rẻ, chớ có đủ tiền đâu mà mua thuốc nầy. Nè, vợ chồng mầy ở chơi định chừng nào về bển?
– Chắc khoảng bốn tuần lễ, anh Tư!
– Nếu nhà anh Hai thiếu chỗ ngủ chia bớt qua nhà tao.
– Dạ con gái em lạ chỗ không quen, nó sợ quá cứ khóc đòi về, chắc là tụi em sẽ ra quận Cần Đước mướn phòng ngủ qua đêm, rồi ban ngày sẽ trở về đây ở chơi với các anh vài ngày để lo xây cất mồ mả cho ba má xong em mới trở về bển.

Anh Hai ngồi kế bên cũng có vẻ tán thành ý kiến của Châu:

Thằng Út nó nói đúng đó Tư. Hồi lúc nhỏ thì khác, bây giờ nó đã có gia đình con cái, không quen sống ở thôn quê. vả lại ban đêm ở đây, người ta biết nó ở Mỹ về có mang theo tiền bạc, tao sợ không tốt cho nó.

Chị Ba vừa giúp dọn dẹp xong ở phía trong, bước ra ngoài nghe anh

Hai nói cũng xen vào:

- Ờ! tao nghe anh Hai nói đúng đó. Ở dưới nầy ban đêm ban hôm tụi nó biết mình có tiền, có nữ trang cũng sợ lắm. Để chú Út nó ra quận mướn phòng ngủ cho yên tâm.
- Vừa hút xong điếu thuốc, Châu trở lại phía trong hỏi ý kiến cậu mợ Út tính ra sao, Châu được biết cả hai người đều muốn trở về lại Mỹ Tho chiều nay. Mợ Út đưa ý kiến:
- Khi về lại Mỹ Tho, cháu có thể để con Vân và bé Thu ở lại nhà cậu mợ để lo xây cất mồ mả ông bà như vậy tiện hơn.

Châu nghe lời mợ Út rất có lý vì Vân và bé Thu có theo cũng không giúp ích gì được còn gây thêm sự bận rộn cho anh chị Hai, nên gật đầu tán thành ý của mợ Út.

Sáng ngày hôm sau, chú hai tài xế đã cho xe có mặt tại nhà cậu Út rất sớm, Vân ra mở cửa đưa Châu trở lại xóm Cầu Nổi để lo việc mồ mã dưới đó.

- Anh nhớ khi giao người ta xong anh trở về đây liền nghe!
- Rồi, độ hai ngày thôi là anh sẽ về đây, mình có thì giờ rảnh dẫn con đi chơi cho biết Việt Nam.

Xe chạy gần đến Rạch Đào, Châu bảo chú Hai chạy thẳng luôn xuống quận Cần Đước để mướn khách sạn, sau đó mới trở về xóm Cầu Nổi đậu xe ở quán cô giáo Hai như lần trước.

Mọi việc đã tuần tự xảy ra như chương trình dự định. Anh Hai và anh Tư của Châu gọi được người thầu chuyên xây cất mồ ma trong làng. Ông ta đồng ý về cách thức xây cất, lo luôn các vật liệu cần thiết và hứa sẽ hoàn tất trong khoảng hai tuần lễ. Qua ngày thứ hai Châu cảm thấy thoải mái, thảnh thơi hơn. Trong bữa cơm trưa tại nhà anh Hai hôm đó, có đậu bắp hấp cơm, mấm cá lóc chưng trong tộ với tép mỡ và hành lá xanh, canh chua tép nấu với bông xu đủa. Qua những món ăn *"cây nhà lá vườn"* nầy làm Châu chực nhớ lại bữa cơm cuối cùng mà anh chị Hai đã đãi anh ra đơn vị mới.

- Chị Hai à! không biết chị còn nhớ cái nồi cơm nấu bằng gạo nàng thơm cách nay vào khoảng hai mươi bảy năm về trước không?

Châu vừa dứt lời làm bà chị dâu cười thoải mái:

- Trời ơi, chú Út còn nhớ dai dữ à?
- Sao không nhớ chị? Ở dưới nầy mà ăn được gạo đó là phải nhớ lâu lắm!

Ông anh Hai vừa nhắm một ly nhỏ rượu đế khè một cái thật kêu như rắn

CHƯƠNG 5 - XÓM CẦU NỔI

hồ. Xong kê xị rót đầy trở lại đưa cho Châu:

- Nầy! Út, mầy làm một cái cho ấm bụng. Đế nầy tao mua loại ngon nhất ở quán cô giáo Hai đó. Châu đưa tay đỡ chiếc ly đưa lên môi nhấm phân nửa rồi để trở lại bàn.
- Rượu nầy nồng, cay mạnh quá anh Hai.
- Ờ, rượu ngon phải như vậy chớ!

Sau bữa cơm trưa thật ngon miệng, với những món đặc sản quê hương mà Châu vẫn nghĩ mắm cá lóc do anh Hai tát đìa, tát hào trong mùa khô năm rồi, ăn không hết đem muối làm mắm chứa trong khạp. Đậu bắp rất dễ trồng chị Hai chịu khó một chút, cuốc đất lên ươm hột rồi tưới nước, vài tháng sau là lên cây có trái.

Xu đủa gần như loại cây hoang khi trái khô rụng hột tự động mọc lên cao thường thường thì gần mé hào, đến khi lúc có bông ta chỉ cần đem sào tre ra móc xuống. Nếu muốn nấu canh chua với tép, chỉ cần đem cái vó bằng vải mùng ra trước hào đặt xuống, rồi rải chút cám chờ khoảng nhai dập bã trầu dở lên dùng dợt xúc tép vào, cứ làm độ vài vó là có đủ tép nấu nồi canh thật ngọt cho gia đình.

Châu vẫn đinh ninh cuộc sống thường nhật của nông dân ở đây không khác ngày xưa mấy nên lên tiếng khen bà chị dâu:

- Chị Hai ướp mắm cá lóc ngon vừa miệng lâu lắm em không được ăn lại món mắm chưng cá lóc với tép mỡ và củ hành lá như trưa nay.

Bà chị dâu đang bưng nồi cơm ra phía sau bếp khi nghe Châu khen nên quay mặt lại cười.

- Chú Út khen làm tôi cũng mừng, nhưng mắm cá lóc đó không phải là do tôi làm đâu. Biết hồi nhỏ chú thích loại mắm đó nên anh Hai bảo tôi mua loại mắm ngon ở ngoài chợ làng về cho chú.

Châu tỏ vẻ ngạc nhiên nhìn bà chị dâu:

- Ủa, hồi trước anh Hai tát đìa, tát hào mang cá về cho chị làm mắm mà?
- Ờ, lúc trước khi giải phóng là vậy, nhưng mấy năm sau nầy họ rải thuốc khai hoang làm chết sạch trơn, con đỉa mén còn sống không nổi huống hồ gì tôm với cá. Dân ở đây nghèo quá họ đi ra rạch chận bắt tối ngày, ngay cả con tép riêu, con cá lìm kìm, con bải trầu, cá trống mái gì cũng quơ đem về ăn ráo trọi chú à!

Bà chị vừa nói tới đây, Châu sực nhớ lại hai con trâu cổ và con nghé ngày xưa, thường làm bạn với anh qua những buổi trưa ở ngoài đồng ruộng nên lên tiếng hỏi:

– Mấy bữa rày hơi bận nên em không để ý mấy con trâu nhà mình đâu rồi?

Anh Hai đang ngồi đối diện, thè lưỡi liếm lại miếng giấy quyến vấn điếu thuốc rê chậm rãi đưa lên môi quẹt lửa đốt. Sau một cái nhả khói thật dài, với giọng buồn buồn anh cho biết:

– Sau ngày chú Út mầy đi rồi, ở đây mấy ổng về nhiều lắm. Thỉnh thoảng họ gọi nhóm họp bà con lúc ban đêm, họ bảo rằng đánh tụi Mỹ ngụy xong là nước mình sẽ giàu mạnh, mọi nông dân sẽ có ruộng đất và trâu cày đầy đủ, làm bà con ai nấy cũng đều mừng rỡ phấn khởi, đem thức ăn gạo tiếp tế cho họ thường xuyên. Nhưng sau khi giải phóng rồi, họ lại bắt bà con trong xóm họp hành học tập lu bù về đường lối mới của cộng sản. Họ yêu cầu mọi người có trâu bò, nên gia nhập vào họp tác xã hay cái gì đó... tao cũng chả hiểu được. Còn lúa gạo mình làm được phải đem bán cho chánh phủ với giá rẻ mạt.

Kể tới đây anh hai tự nhiên lắc đầu đưa tay bưng chén nước trà lên uống.

– Nếu tao kể hết thì dài dòng càng thêm mệt và bực tức. Để tao nói vụ mấy con trâu ở nhà mình cho chú Út mầy biết. Độ hơn một năm sau ngày giải phóng, ba má bịnh đau lu bù, ở nhà anh chị đâu có tiền để lo thang thuốc nên anh bán bớt một con để có chút ít tiền xoay sở đi bổ thuốc bắc ngoài làng cho ba má. Được vài tháng là ba mất. Lúc đó má cũng vẫn rề rề phần ăn uống thiếu thốn, phần tụi cán bộ làng xã cứ làm áp lực bảo gia nhập vào cái gì đó trong làng trong xóm. Tao tức mình bàn với chị Hai mầy là bán rẻ hai con trâu còn lại cho rồi để khỏi lo lắng gì cả, tới đâu hay tới đó. Xong chuyện đó tao cứ tưởng má sống thêm được vài năm nữa, không ngờ bốn tháng sau má lại mất. Chỉ trong một năm tao và anh chị mầy phải chịu hai cái đại tang thật là khổ.

Ngồi nghe anh Hai kể lại chuyện gia đình làm Châu hết sức xúc động. Anh nghĩ mình rất ích kỷ đã vô tình trốn tránh mọi trách nhiệm để cho anh chị ở lại phải gánh vác lo liệu trong sự nghèo khổ cùng cực của gia đình.

Châu lên tiếng an ủi anh:

– Em không ngờ chuyện đau đớn đã xảy ra cho gia đình mình như vậy. Em rất biết ơn anh chị đã lo đầy đủ cho ba má lúc đó. Bây giờ ba má đã mất, em chỉ biết cố gắng lo xây cất mồ mã cho chắc chắn để làm di tích nơi an nghỉ của cha mẹ vậy thôi. Vợ chồng em cũng sẽ giúp cho các anh chị một ít vốn liếng để làm ruộng dành dụm trong lúc tuổi già. Còn phần em thì ở quá xa chắc lâu lắm mới về

CHƯƠNG 5 - XÓM CẦU NỔI

thăm anh chị được.

– Chú Út mầy có lòng như vậy anh chị không biết nói gì hơn là cám ơn vợ chồng chú Út mầy đã nghĩ đến anh chị ở đây.

Như chực nhớ lại là Út Châu có hẹn đi thăm lối xóm trưa nay, nên sau câu nói anh hối thúc Châu:

– À, tao nghe chị Hai bây nói là bây định đi thăm ai đó phải không?
– Dạ, em định ăn trưa xong là thả bộ đi thăm mấy người quen ở trong xóm.
– Ờ, chú Út mầy có đi thì đi để rồi chiều còn trở về lại Mỹ Tho nữa. Tao phải đi ra xem ruộng một chút chớ để mấy con trâu ở xóm trên xuống phá lúa.

Châu bước ra phía trước, lấy chiếc gáo dừa múc nước từ trong cái khạp ra rửa miệng rửa mặt. Anh định đi ra quán cô Giáo Hai để thăm hỏi cho biết những bạn bè đồng lứa tuổi ngày xưa cùng ở trong xóm bây giờ họ ra sao, luôn tiện nhờ chú Hai tài xế chạy ra chợ làng mua giùm vài thùng bia để biếu anh chị chiều nay trước khi về Mỹ Tho.

Gáo nước mưa hứng từ mái lá mát rượi làm anh tỉnh hẳn cơn buồn ngủ ban trưa. Anh bước vào phía trong bàn thờ lấy cây lược làm bằng sừng trâu lại trước gương nhỏ đang treo bên vách.

Sau khi nhìn lại mái tóc, anh nhủ thầm: *"hồi xưa lúc mình còn ở đây, tóc đen thui cứng ngắt khó chải chớ đâu phải như vầy..."* Rồi anh tự mỉm cười: *"cô Năm Lài còn có cháu ngoại tới ba đứa... chớ bộ còn trẻ lắm sao...?"*

Bên ngoài trời vẫn nắng chói chang, những con cào cào có thân mình xanh như màu cỏ nghe tiếng động của chân người bước trên bờ ruộng, chúng búng giò nhảy tránh nghe "tanh tách".

Vừa qua khỏi chiếc cầu dừa bắt ngang trên con rạch Châu sực nhớ lại cây cầu Vó của năm nào. Với óc tưởng tượng tò mò anh muốn nhìn lại để xem thử bây giờ nó biến đổi ra sao?

Châu quyết định rẽ vào tay trái nhắm hướng cây cầu Vó đi tới, nó nằm cách đó không xa lắm, chừng độ ba mẫu ruộng. Con đường mòn củ bây giờ cỏ ống, và cây bông mắc cỡ đã cao và phủ đầy tới hơn nửa đầu gối. Nhờ chiếc quần "jean" dầy cộm nên Châu không ngại lá cỏ cắt và gai mắc cỡ cào vào da thịt, tuy nhiên anh chỉ sợ bước trật đường đất rơi xuống rạch nước ướt cả áo quần thêm phiền phức.

Sau cùng thì Châu cũng đã tới được cái mô đất gần sát mặt nước còn trống mà anh cho rằng chỗ nầy là cửa chính để leo lên cầu Vó của ngày nào. Châu đưa mắt quan sát thật kỹ chung quanh, anh không còn nhận diện được dấu vết nào còn lại của ngày xưa cả.

Chiếc cầu Vó đã giở đi tự lúc nào, bây giờ chỉ còn cây bần, cây ô rô, cây điên điển đã mọc đầy dưới mé rạch. Tự nhiên Châu lại bật cười cho rằng mình đang lẩm cẩm: *"muốn đập lại chiếc gương soi để tìm hình bóng cũ..."*. Cô Năm Lài đã có ba đứa cháu ngoại rồi chớ còn trẻ trung gì nữa?

Châu quay trở ra để đi lên quán. Mấy đứa cháu ngoại cô Năm, thấy Châu từ bờ ruộng bước lên lộ đắp, chúng biết anh là người quen của gia đình nên lên tiếng gọi lớn:

— Bà ngoại ơi! Có ông Út tới nè!

Hôm nay cô giáo Hai ăn mặc trông có vẻ tươm tất vén khéo hơn mọi ngày, quần lãnh đen, áo bông cổ trái tim, đầu bới cao, xức dầu láng mướt. Cô từ phía sau quầy hàng bước ra trước chào anh Út.

— Anh Út xuống đây hổm rày mà không ghé quán chơi.
— Dạ mấy bữa rày tôi lo đủ thứ chuyện, bận quá cô Năm à!
— Nghe nói anh lo xây mồ mã cho hai bác xong chưa?
— Còn cả hai tuần nửa mới xong.
— Như vậy anh ở lại đây chờ hay trở về Mỹ Tho?
— Dạ, tôi định chiều nay tôi trở về lại Mỹ Tho, khi nào xây xong, tôi sẽ trở lại đây cúng mã rồi trở về Mỹ luôn.

Sau khi nghe Châu bảo anh sẽ trở về Mỹ luôn, gương mặt cô Năm có vẻ hơi buồn. Cô vẫn biết rằng hiện tại mỗi người có một hoàn cảnh đặc biệt, tuy nhiên những kỷ niệm tình cảm ngày xưa làm sao cô dấu được?

Nghe tiếng nói của trẻ con lao xao bên ngoài làm chú Hai tài xế tỉnh giấc ngủ trưa, chú nhận ra giọng nói của Châu nên ngồi dậy mở cửa bước ra ngoài hỏi:

— Anh Châu, chừng nào mình về lại Mỹ Tho?
— Chắc xế chiều nay. Bây giờ chú giúp tôi lấy tiền nầy chạy ra chợ làng mua dùm tôi bốn két bia hộp để tôi biếu các anh chị trong đó.

Chờ cho chú Hai tài xế lái xe đi khỏi, Châu trở lại bàn kéo chiếc ghế đẩu ra ngồi. Cô Năm với giở bình nước rót trà ra ly mời khách.

— Ở bên Mỹ chắc vui lắm phải không anh Út?
— Ở bển thì có vẻ rần rộ, xe cộ hãng xưởng đông đúc, nhưng tôi nghĩ ở đây vui hơn đó cô Năm!
— Có lẽ anh Út nói để an ủi mấy người sống dưới quê như tôi chớ gì?
— Tôi nói thiệt chớ không đẩy đưa cho vừa lòng cô Năm đâu! thật ra bên đó đi làm cực lắm, nhưng cực mà có ăn chứ không phải như bên đây làm suốt đời nhiều khi không đủ sống.
— Anh Út lập gia đình lâu chưa?
— Hơn sáu năm nay thôi cô Năm, đứa con gái lớn tôi mới năm tuổi,

CHƯƠNG 5 - XÓM CẦU NỖI

như cô đã thấy hôm bữa nó xuống đây.
- Như vậy anh chờ tới hơn bốn mươi tuổi mới lấy vợ à?
- Lúc trước còn độc thân vì chưa có công việc làm ăn chắc chắn tôi theo bạn bè trôi dạt như lục bình, hết chỗ nầy đến chỗ kia trên xứ người đâu có dư dả tiền bạc để nghỉ đến chuyện vợ con.

Sau câu nói của anh Út, cô Năm chỉ thở nhẹ mà không nói thêm một lời nào cả. Cô nghĩ chuyện vợ chồng là do duyên số trời định, có muốn cũng không được hay có thể non hẹn biển cũng không xong. Qua một phút im lặng, cô Năm tiếp lời:

- Chị ấy còn trẻ và đẹp lắm, con gái anh cũng xinh và dể thương nửa!
- Cám ơn cô Năm. À! Lúc nảy tôi có đi lại thăm cây cầu Vó, hình như ai đã dở mất nó đi từ lúc nào rồi?

Khi nghe Út Châu chợt nhắc lại nơi hẹn củ của hai người lúc còn trẻ, cô Năm bổng dưng cảm thấy hơi e thẹn. Cô liếc nhìn anh rồi quay đi chỗ khác.

- Cả mấy chục năm nay rồi chớ không phải mới đây đâu. Cây cầu nếu không bị người ta giở đi thì mưa nắng cũng đã làm nó mục nát chứ đâu còn nguyên vẹn như ngày xưa đâu. Mà anh Út ghé lại đó làm chi cho thêm buồn?

Út Châu đưa tay gãi đầu:

- Ờ! tánh tôi càng già càng thêm lẩm cẩm. Có lẻ lâu quá rồi, tôi không có trở về đây nên muốn nhìn lại những kỷ niệm củ để xem nó ra sao vậy thôi!
- Bây giờ anh thấy lạ hơi nhiều phải không anh Út?

Châu chầm rải đưa tay vào túi rút điếu thuốc lá đưa lên môi châm lửa đốt:

- Cảnh vật nhà cửa ruộng đồng xung quanh đây tôi không thấy thay đổi mấy, nhưng con người có vẻ ốm và cằn cổi hơn xưa. Cô Năm có nhớ lúc còn ở đây, tóc tôi đen cứ dựng đứng như cột đèn và nhiều lắm. bây giờ cô thử nhìn lại mà xem, phía trước không còn mấy sợi mà lại trổ màu muối tiêu gần hết.

Với một giọng trầm buồn, cô Năm đưa mắt nhìn Châu:

- Lúc mới xuống đây, tôi nhìn anh không ra, nhưng giọng nói của anh vẫn như ngày nào. Ở bên đó dù sao đi nửa anh cũng còn có đầy đủ hơn, chứ còn ở bên nầy.... anh thấy tôi ốm hơn xưa nhiều. Anh nói tóc anh đã bạc, anh nhìn thử tóc tôi, vẫn còn đen hay sao?

Châu đưa tay bưng ly nước trà lên hớp một ngụm nhỏ rồi chầm rải để lại bàn:

- Chúng mình bây giờ đều già hết phải không cô Năm?
- Chỉ có mình anh là còn con nhỏ chứ còn mấy đứa bạn tôi, như con Hường, con Nhạn hay anh chị Tư Đỡm ở xóm trong, họ đã làm bà nội, ông nội hết trơn rồi.

Sau lời cô Năm Lài nói, làm Châu bật cười thành tiếng lớn:

- Nếu tôi còn ở lại xóm nầy, chắc cũng đã làm ông nội ông ngoại mấy lần rồi?

Cô Năm liếc nửa mắt, mỉm cười nhìn Châu:

- Chắc là như vậy chớ còn gì nữa!

Ngưng lại một lát, cô Năm lại tiếp:

- Anh Út biết không, sau ngày giải phóng, tôi thấy mấy anh đi lính địa phương quân hay nghĩa quân gì đó, ở ngoài làng ngoài quận họ trở về nhà làm ăn nhiều lắm. Tôi có để ý trông anh hoài mà không thấy về. Rồi người ta ở trong xóm mình đồn là anh đã chết rồi.

Cô Năm vừa nói tới đây, anh Út lại chận lời:

- Nếu tôi rủi có chết thì cũng như mấy anh lính độc thân khác, chứ có ai buồn hay thèm để ý gì đâu.

Cô Năm Lài có vẻ hiểu ý anh Út muốn nói để ám chỉ ai nên cô cúi đầu nhìn xuống đất nói nho nhỏ vừa đủ cho anh Châu nghe:

- Sao anh biết người ta không buồn? Dù sao cũng quen biết từ trước chớ bộ.

Vừa lúc đó mấy đứa nhỏ đang chơi trước cửa, chạy vào phía trong quán la lớn:

- Ông Út ơi! xe về rồi kìa!

Chuyện tâm tình ngày xưa giữa hai người kể như đã hiểu và thông cảm nhau. Châu đứng dậy giã từ:

- Thôi xin phép cô Năm, tôi trở lại nhà anh Hai để chiều nay còn phải trở về Mỹ Tho sớm.

Bây giờ cô Năm Lài đã lấy lại trạng thái vui vẻ của một người đàn bà dễ tính, nhắn với theo:

- Nhớ cho tôi gởi lời thăm chị ấy với nghe anh Út!

CHƯƠNG 5 - XÓM CẦU NỔI

Châu không trả lời, chỉ quay mặt lại cười và đưa tay lên vẫy chào.

Hôm nay là ngày cuối cùng, sau khi cúng quẩy ông bà và đãi đằng lối xóm. bây giờ mọi người đều ra về chỉ còn lại gia đình anh Tư và chị Ba ở nán lại để đưa tiễn vợ con chú Út trở lại Mỹ Tho sửa soạn về lại Hoa Kỳ.

Châu xoay qua bảo vợ:

— Em đưa cái xách tay cho anh

Châu kéo ra bốn bó bạc giấy Việt Nam loại năm chục ngàn để lên bàn.

— Mấy hôm trước em có hứa là vợ chồng em sẽ giúp cho các anh chị một ít vốn để làm ăn. bây giờ trước khi về, em muốn gởi biếu anh chị mỗi người một ít. Riêng phần anh Hai, tụi em sẽ gởi một phần trong việc sửa chữa lại nhà cửa để thờ phụng tổ tiên, cha mẹ và một ít làm vốn để mua heo, gà về nuôi bán kiếm lời.

Sau câu nói của Châu và bốn bó bạc to bằng đầu gối đang nằm chình ình trên bàn làm cho mọi người sửng sốt nhìn nhau không ai còn nói lên được một lời nào.

Châu cũng thừa biết về sự ngạc nhiên của anh chị, vì chính anh cũng đã trải qua cuộc sống vất vả hằng ngày của những người làm ruộng dưới quê. Họ chỉ cầu mong cho mưa thuận gió hoà hằng năm để hy vọng được trúng mùa, có dư chút đỉnh mua thêm vài bộ quần áo mới để dành mặc đi đám cưới, đám giỗ trong xóm, hay mua lá về lợp lại căn nhà cho khỏi dột trước dột sau.

Cuộc sống thiếu thốn kham khổ gần như triền miên kéo dài từ thế hệ nầy sang thế hệ khác. Bây giờ trước mặt họ tự nhiên có một số tiền quá to tát, chưa bao giờ thấy, đang nằm đó thì sự ngạc nhiên kia của anh chị đối với Châu cũng là điều dễ hiểu.

Một phút sau, anh Hai đưa tay nâng gói bạc lên rồi để lại trên bàn chậm rãi nói:

— Nhà mình từ lúc trước tới giờ làm ruộng rẫy chỉ đủ ăn chứ đâu có dư giả. Anh ước gì ba má còn sống đến ngày hôm nay để nhìn thấy chú Út mầy làm ăn giàu có, chắc ổng bả mừng lắm. Với số tiền nầy, anh chị sẽ mua ngói cất lại căn nhà cho sạch sẽ để làm nơi gốc gác thờ phượng giỗ quẩy ông bà và cũng có chỗ để cho con cháu có dịp về chơi.

Nén nhang cuối cùng trên bàn thờ đã tắt, bên ngoài bóng mát của mái hiên nhà kéo dài ra tận trước sân. mấy buội tre già ngoài đầu ngõ đang đong đưa từng hồi theo nhịp gió, Vân đưa tay lên xem đồng hồ rồi quay lại bảo chồng:

— Hơn bốn giờ chiều rồi đó anh, sửa soạn để chuẩn bị đi về.

Châu nhìn vợ gật đầu. Anh chậm rãi bước ra ngoài hiên nhà, rút điếu thuốc lá để lên môi châm lửa đốt. Những làn khói trắng nhẹ nhàng bay loáng thoáng một lúc rồi tan biến mất trong một vùng không gian nào đó...

Châu đưa mắt nhìn thật xa. Trong những giờ phút còn lại sau cùng, anh cố hồi tưởng để hình dung lại cái quá khứ của một thuở nào lúc anh còn bé. Mùa nắng chạy trên sông ruộng khô thả diều, bắt dế hoặc đi móc keo ở dọc theo bờ tre quanh xóm. Mùa mưa đến thời bắt cá lên ở con mương trồng rau muống sau nhà. Cuộc sống thật giản dị và hồn nhiên không so đo cũng không oán trách.

Tuy nhiên anh vẫn nghĩ rằng những sự việc đã xảy ra trong thời thơ ấu là một sự áp đặt tự nhiên của số mệnh tùy theo hoàn cảnh của từng gia đình. Nhắc lại để nhớ để thương chứ thật ra anh không hề tiếc rẻ so với cuộc sống hiện tại của anh đang có, hay đứa con gái, bé Thu của anh đang hưởng.

Bóng nắng ban chiều đã dịu dần, chiếc xe du lịch cũng đã bắt đầu lăn bánh. Trên con lộ đắp chỉ còn lại cô giáo Hai và ba đứa cháu ngoại đang đứng dưới đất, trước cửa quán đưa tay vẫy chào làm kẻ tiễn đưa cuối cùng.

Châu nghiêng đầu ra cửa kính. Anh muốn nhìn lại cô giáo Hai lần chót, vì chính cô đã có một thuở nào đó là cô Năm Lài ở xóm trên, thường mặc bộ đồ bà ba đen ôm sát người để lộ đôi mông tròn, chiếc eo thon và gò ngực trông thật lẳng. Nhưng cô giáo Hai bây giờ không còn là cô Năm Lài ngày trước của anh nữa! Với chiếc quần dài đen được kéo lên ống thấp ống cao cùng đàn cháu ngoại quấn quít xung quanh. Hình ảnh đó được biểu tượng cô giáo Hai là một người đàn bà Việt Nam đảm đang gương mẫu.

Thời gian trôi qua được tính theo sự vương lên và sụp xuống của bóng mặt trời từ ngày nầy qua năm nọ, chẳng ai kềm giữ lại được.

Anh Út Châu và cô Năm Lài đã già đi theo nhịp bước của ngày tháng đong đưa xao xuyến của anh, không phải là chuyện bây giờ cô Năm Lài đẹp hay xấu, già hoặc trẻ, mà lại là tại sao cô vẫn luôn luôn là người sau cùng để tiễn đưa anh?

Trong những phút suy tư hoang tưởng đó, Châu đã nhìn thấy bóng dáng cô Năm Lài và hình ảnh quê hương xóm Cầu Nối của thuở nào đang thấp thoáng trong ánh mắt của cô giáo Hai chủ quán đang đứng bên lề vẫy tay chào anh lần cuối trong cái ngày anh lên đường nhập ngũ của gần

CHƯƠNG 5 - XÓM CẦU NỔI

ba mươi năm về trước.

Chiếc xe vẫn chạy.... Thời gian vẫn trôi... Anh Út vẫn còn ngồi đó để mặc cho suy tư trôi chảy.

CHƯƠNG 6

Dĩ Vãng Buồn

Nam được sinh ra vào đầu mùa xuân, trong một ngôi nhà ngói ba giang, rộng thênh thang, nằm trong một ngôi vườn đầy cây ăn trái. Bao bộc chung quanh ngôi vườn, bởi bốn cái hào sâu đầy nước và vuôn tre gay dầy đặc, chỉ chừa một lối cổng nhỏ trước cửa ngõ, đủ để đi ra vào.

Xóm Nam ở có khoảng vài chục ngôi nhà, nhưng được chia ra nhiều khu nhỏ như Khu lò heo" Hai Quốc" khu nhà ông" Quản Năm" khu nhà ông "Năm Năng". Chổ Nam ở là khu nhà ông "Đội Cự". Có tất cả là bốn ngôi nhà nằm chung trên một khu đất, cao rộng khoảng năm mẫu ta. Ông "Đội Cự" là ông ngoại của Nam. Còn ba ngôi nhà kia là của ông Ba, bà Hai và bà Tám. Tất cả những người đó đều là anh chị em bạn dì ruột với ông ngoại Nam.

Sở dĩ có danh từ "Đôi Cự" là vì ngày trước, ông ngoại Nam làm việc ở sở bưu điện SaiGòn cho chính phủ đô hộ Pháp, nên chúng nó chia ra nhiều thứ bậc để dể phân công việc, nên về sau những người quen biết thường gọi như vậy, như một bí danh để dể nhận diện.

Ông ngoại là con trai độc nhất cuả bà cố Nam lúc đó bà đã trên tám mươi tuổi, vì bận đi làm việc trên Sai Gòn, và có gia đình nhà cửa trên đó nên giao hoàn toàn ngôi nhà tiền đường to lớn cho mẹ Nam, là con gái lớn để lo lắng và bảo bộc bà cố.

CHƯƠNG 6 - DĨ VÃNG BUỒN

Quê nội Nam ở làng Long-Thanh, cách làng Long-Hoà nơi Nam ở vào khoảng mười cây số. Lúc ba Nam đi cưới, vì hoàn cảnh gia đình bên vợ, nên chấp nhận tạm thời ở rể để má Nam có cơ hội gần bà cố lo lắng cho bà lúc tuổi già.

Nam vẫn còn nhớ, trong xóm lúc đó tương đôí giàu có trù phú, nhà nào cũng xây cất bằng ngói đỏ ba giang hai cháy, cột bằng gỗ đen mun lớn cả vòng tay ôm, ván gỗ bóng láng dầy hơn tấc tây. Ông ngoại thích sưu tầm những chén bát kiểu xưa, loại đắc tiền, có bịch vàng hoặc bạc xung quanh miệng chén. Những bộ lư đồng chạm trổ rất khéo léo. Củng chính những thứ cổ xưa nầy, mà mỗi lần gần tết, vào khoảng hai mươi ba tháng chạp, đưa ông táo về trời, là Nam phải mang ra lau chùi đánh bóng sáng lên rất tỉ-mỉ khổ công. Nam rất lười biến không thích làm những công việc như vậy, nên bị la rầy liên-mien.

Ba Nam đi làm ở chợ lớn, thỉnh thoảng mới về thăm nhà, nên trong gia đình chỉ có Nam là con trai, mặc dù chị Hai là con gái lớn tám tuổi, và thằng em trai kế ba tuôỉ nhưng vì họ yếu đuối, nên mọi việc sóc vác như trèo cây hái cam, bẻ vú sữa, thọc xoài, là Nam làm ráo hết. Tuy rằng lúc ấy Nam vào khoảng năm tuổi, nhưng thân hình mập mạp lớn con hơn những đưá trẻ đồng lưá trong xóm.

Sau khi Nhật đầu hàng vô điều kiện. Quân đội Pháp trở lại VIỆTNAM đặc Nam-Kỳ dưới sự thống trị của toàn quyền Pháp. Lúc bây giờ có phong trào Thanh niên tiền phong ở miền nam, đang tập hợp những người Việt yêu nước, đứng dậy để chống đế quốc đô hộ. Nam vẫn còn nhớ một cách không rỏ ràng lắm là ba Nam lúc đó củng có gia nhập một thời gian nhưng vì không có đủ khí giới tối tân để trang bị, chỉ dùng tầm vông vạt nhọn, và dao"ba-nha" nội địa, không thể nào chống cự lại với súng đại bác và xe tăng của quân đội Pháp. Nên không bao lâu đội thanh niên tiền phong bị rã ngũ.

Quân đội viễn chinh Pháp, đã lần hồi đưa các tóan quân nô lệ đánh thuê từ các quốc gia Nam-Phi và Maróc sang Việt-Nam. Dân trong làng gọi tụi hun thần nầy là" *Tây đen mặt gạch*". Vì mặt mày chúng có những lằn gạch rất sâu đậm trông thật khủng khiếp. Chúng đi đến đâu là vơ vét của cải, hảm hiếp đàn bà con gái, đốt nhà không nương tay. Nên khi nghe chúng sắp đến, là dân làng lo bồng bế dẩn dắt nhau bỏ chạy, vào sâu hơn trong bưng biền đầm lầy để ẩn trốn, theo chính sách "*Tiêu thổ kháng chiến*." Cứ môĩ lần như vậy là Nam có nhiệm vụ cổng thằng em, vì nó ốm yếu không chạy nhanh được, còn ba má lo ôm quần áo và những thứ cần thiết khác. Có nhiều lúc phải đôi ba ngày, hay cả tháng trời mới dám trở về nhà. Những lần chạy giặc như vậy, trong những ngày đầu ăn uống rất sung sướng vì có bao nhiêu gà vịt heo đều phải làm thịt ráo, cho khỏi bận biệu phiền phức, sau đó từ-từ ăn uống rất kham khổ, vì đã cạn nguồn thực phẩm.

Nam vẫn còn nhớ, tối đến thắp đèn bằng mở heo, vì lúc đó không mua dầu hôi được, cho nên khi ăn cơm chiều là Nam ưa lén rót dầu từ ngọn đèn vào cơm trộn lên ăn thật béo ngon lành, hoặc thỉnh thoảng được mẹ cho một thẻ đường tán" *thốt-nốt*" gói trong lá chầm để ăn cơm. Vì là tuổi đang lớn nên ăn thứ gì cũng ngon cả, hàng vải may áo quần trong thời buổi ấy rất đắc đỏ khó kiếm. Nam thích lội hào tác vũng tối ngày quần áo mau mục nát, có lần phải mặc quần xà lỏn bằng vải bố. Nam không ưa vì nó chăm chít xót-xa nặng nề lâu khô khi thấm nước.

Ba má Nam và toàn bộ gia đình có tất cả sáu người, phải ở trọ trong cái cháy nhà của bà Bảy ở "Long- Đức". Bà là dì ruột của mẹ Nam cho ở tạm trong khi chạy giặc. Ban ngày ba má đi làm ruộng cấy gặt thuê để kiếm cơm cho gia đình, chị hai ở nhà lo sạch sẻ nhà cửa cơm nước, còn Nam thích câu cá, đơm thời cả ngày ở ngoài đồng. Mẹ sợ té hào chết đuối, nên mỗi buổi sáng trước khi đi làm, là Nam bị buộc chân vào cái phên tre làm cửa ngõ trước lối vào nhà, để khỏi chạy đi chơi. Nam giả bộ làm yên ngồi đó, chờ đợi khi ba má khuất dạng ở đám lúa sau nhà, là Nam tháo cánh cửa rinh đi chơi luôn. Thường đi ra con mươn ở đám ruộng trước nhà câu cá rô con, rồi canh chừng ba má gần về, Nam lại rinh cánh cửa về gắn lại như cũ, coi như không có chuyện gì xẩy ra. Làm độ vài lần bị chị hai mét lại, má Nam chỉ lắc đầu thua cuộc.

Trong những ngày rằm. Nam thường chạy vào chùa, của ông cố cũng gần đó là hòa thượng trụ trì để dọng chuông đại hồng chung, xong được thưởng trái cây, hoặc xôi chè của khách thập phương đến cúng phật.

Độ gần khoảng một năm sau tình thế đã bắc đầu lắng dịu, quân Pháp đã cũng cố được thế lực trong làng, chúng xây đắp đồn bót rất kiên cố và cắc cử những viên chức địa phương để quản trị về hành-chánh. Bắt các thanh niên trai tráng trong làng gia nhập vào quân đội địa phương dùng thế" Gậy ông đập lưng ông".

Cũng trong khoảng thời gian nầy phong trào hô hào kháng chiến chống Pháp đang âm-thầm trổi dậy. Những người Việt yêu nước bỏ vào bưng lập chiến khu chống Pháp được gọi là "Việt-Minh". Còn những người tình nguyện ra cộng tác với quân đô hộ được coi là "Việt-Gian".

Ba má Nam cũng đã bắc đầu đưa gia đình trở về nhà để tái tạo cuộc sống bình thường. Thanh niên trong làng nếu không theo quân kháng chiến vào bưng, đều bị bắt cầm tù với đủ lý do tội phạm.

Vì hoàn cảnh khó khăn của thời cuộc, và mưu sinh cho gia đình. Ba Nam phải bỏ làng nhà cửa vợ con ở lại đi lên Chợ-Lớn tìm việc làm. Nam cũng bắc đầu đi học lớp một trường làng, tuy đã lớn gần tám tuổi. Những khoảng đời của Nam từ ngày được sinh ra, là gần như giặc giã loạn lạc

CHƯƠNG 6 - DĨ VÃNG BUỒN

triền-miên Tuổi trẻ là những chuỗi ngày dài, được gắn liền trong những vuông tre che kín, cách biệt với thế-giới bên ngoài. Lớn lên trong những đêm dài trở giấc khi nghe những tiếng súng đại bác bắn canh chừng từ xa vọng lại của quân Pháp, hay những tiếng trống tiếng kèn khua lên trong những đêm khuya khoắt của "Việt Minh" cố tình chọc phá các đồn bót trong làng.

Thời thơ ấu của Nam là những kỷ niệm chua cay, mất mát của một dân tộc bị trị. Mỗi buổi sáng phải đứng nghiêm chỉnh chào lá cờ "Tam-sắc" của mẫu quốc, phải cuối đầu khi nhìn thấy "ông tây, bà đầm" đi qua!

Đã lâu lắm rồi, nhưng Nam vẫn còn ghi nhớ mãi trong trí, hình ảnh một hành động rất là nhục nhã, đê hèn xu-nịnh của một anh cảnh binh Việt-Nam.Khi nhìn thấy anh ta giựt cây roi mây từ tay anh phu xe ngựa, để đập tới tấp trên đầu trên cổ, anh phu già yếu chỉ biết ôm đầu đứng chịu, dưới sự chứng kiến của nhiều khách bộ hành Việt và ngoại quốc. Chỉ vì một lý do anh phu xe không kềm được con ngựa đang chứng, chạy càng vào làm té một bà đầm đang xuyên qua đường. Chính vì những hình ảnh khốn nạn nịnh bợ ngoại bang của một vài cá nhân đê tiện đã làm tuổi trẻ của Nam mang một vết thù mặt cảm tự ti dân tộc!

Qua đến năm 1951 khi bà cố Nam qua đời, ông ngoại đã về hưu. Mẹ Nam một lòng một dạ nhất quyết bỏ ngôi nhà thờ, giao lại cho ông ba ngoại, đi tiềm tương lai cho con cái có cơ hội nhìn thấy ánh sáng văn-minh ở thủ đô hơn là ở vùng quê, suốt năm chỉ biết có mưa nắng hai mùa. Tầm mắt không nhìn xa hơn vuông tre bao bộc xung quanh.

Khi lên Chợ-Lớn, gia đình Nam được trú ngụ trong một căn nhà tương đối khang trang ở Phú-Lâm của ông bà ngoại bán lại. Tuy rằng không có vườn tược rộng rãi, hào vũng như ở dưới quê, nên mỗi chiều đi học về là phải phụ chị Hai đi xách nước, từ vòi nước công cộng về, mới có đủ nước xài trong gia đình. Tuy cực nhọc đôi chút, nhưng đền bù lại là không còn lội bộ, băng qua các đám ruộng khô nứt nẻ đau nhói bàn chân, hoặc những đám sình lầy ngập lên tới đầu gối. Ở đây đường xá đều tráng nhựa rộng thênh thang, nếu đi xa có xe ngựa, xe xích-lô, xe đạp. Chứ không còn lội bộ dài-dài như dưới quê. Phố xá người ra vào tấp-nập, chỗ nào cũng có kẻ mua người bán, xe cộ tới lui ồn-ào náo nhiệt suốt ngày.

Cuộc sống vội vã và nhiều vật chất cám dỗ cuả đô thành, đã làm cho Nam âm-thầm, vô tình mất đi những buổi chiều cô đơn của thôn xóm, thường-thường ngồi trước cửa ngõ bờ tre lặng chờ ngắm hoàng hôn buông xuống ở chân trời xa-xa. Nam rất mê thích và mơ ước được đến đó, khi nhìn thấy những dãy lụa màu vàng ngũ sắc, do sự khúc xạ ánh sáng, mà Nam cứ ngỡ là những đền đài cung điện của thiên đình. Nơi có trăm ngàn tiên nữ đang ca hát và muá khúc nghê- thường. Có những buổi sáng còn mờ sương, hai chị em rủ nhau ra trước sân nhà để xem hoa lan nở sớm. Nam cũng không quên được dư âm của những buổi trưa hè, với tiếng võng kẻo-kẹt đưa, tiếng chày gĩa gạo, ở xóm trên vọng về, tạo thành những âm điệu như tiếng thở nhịp nhàng cuả thôn xóm. Bây giờ những âm thanh quen thuộc đó không còn nữa, được thay thế bằng những buổi chiều vội vã, và hàng rừng xe cộ chen lấn trên đường phố trong giờ tan sở, hay thỉnh-thoảng những tiếng mắn chửi cuả bà hàng xóm vì những chuyện so-đo tranh chấp nhỏ nhen.

      Khi lên đây Nam được thu nhận vào lớp nhì của trường tiểu học Phú-Lâm.Trong những ngày đầu còn nhúc nhác e-ngại khi bước lên các bậc cầu thang để lên tầng lầu thứ ba của lớp học. Rồi vài tuần sau đó Nam cũng quen dần với khung cảnh mơí mẽ nơi đây. Nam học lớp nhì "B" của thầy Ba Tam ông rất khó khăn và kỹ luật với học trò. Cứ mỗi sáng thứ sáu là ông bắt các học sinh trong lớp phải đứng dậy xè tay để khám vệ sinh, đưá nào dơ bẩn móng tay để dài, là bị năm khẻ bằng thước kẻ thật đau. Học trò đưá nào cũng sợ gần chết cứ sáng thứ saú là phải tắm rửa kỳ cọ tay chân thật sạch trước khi đi học.

      Nhất là về mùa khô, những học trò trai thường bị phạt qùi gối nhiều nhất, vì là mùa đá dế, chúng thường mang dế theo đựng trong hộp quẹt, cất trong tủ để đá độ trong giờ ra chơi. Nhiều lúc cao hứng sao đó, chỉ cần một con kêu lên là cả đám hoà theo kêu "Ren-rét" cả lớp học. Thế là thầy giáo bắt mang dế lên trình diện, xong trở về quỳ tại bàn nữả giờ về tội mang dế vào lớp.

      Luôn tiện đây cũng xin kể qua một ít kinh nghiệm, về chơi dếtrong thời tuổi trẻ của các em bé ViệtNam. Dế thường được đựng trong các giỏ bắc cá, đang bằng tre vuốt thật mõng do mấy người ở dưới quê mang lên tỉnh bán cho học trò. Sau khi lưạ một con thật ngon lành, người bán định giá, tùy theo lớn nhỏ, và màu sắc của nó. Xong bỏ vào hộp quẹt để giao hàng.

      Dế có nhiều lọai khác nhau, tuy nhiên thông thường có hai loại chính, được học trò ưa chuộng nhất, là dế lửa và dế thang. Dế mái không đá nhau, nên nhiều khi bắc làm mồi câu cá. Dế lửa màu vàng nghệ, dế thang màu đen mun. Dế trống trông rất oai vệ, nhất là cặp cánh của nó khi dương lên kêu "Ren-rét" khiêu-khích đối phương. Khi vào trận, chúng xoè cặp càng to tướng phía trước, đánh nhau rất dữ dội. Nếu con nào nhát gan chạy độ, là bị chủ nhân dùng cộng tóc buộc ngang đầu, quay vòng tròn một lúc cho chóng mặt, rồi để trở lại đâú trường, là chúng đá nhau ngay chứ không rụt rè như trước.

      Chơi đá dế cũng là một nghệ thuật như đá gà, phải biết những mưu mẹo và chiến thuật để hạ đối thủ. Đi bắt dế cũng là một công phu rất kiên nhẫn. Sau mùa gặt chót độ vài tuần, khi đó ruộng đã khô, đất nứt nẻ là trẻ con ở nhà quê bắt đầu đi rình bắt dế. Trước khi đi là phải chuẩn bị vài ba

CHƯƠNG 6 - DĨ VÃNG BUỒN

khúc tre tròn bằng ngón tay hoặc đầu chân cái. Sau khi nghe tiếng dế kêu phải định hướng, để lần mò đi tới. Thường chúng sắp đá nhau nên mới kêu lớn, nếu có một con bỏ chạy chúng chỉ kêu lên một vài lần rồi yêm luôn nên dễ mất dấu. Dễ nhất là anh dế trống đang dụ khị chị dế mái, vì lúc đó anh không gáy kiểu khiêu khích "Ren-rét". Mà anh ta đang rù-rì gò gẫm người yêu bằng những tiếng "Tặc..tặc..tặc.." kéo dài rất lâu. Nếu biết anh chị đang "Mí" nhau ở dưới đất nẻ là dùng các khúc cây mang theo chận ngách đất nứt, xong từ-từ đào lên. Thường chị dế mái hy-sinh cứu chúa bò lên trước, còn anh dế trống cứng đầu, cứ nằm ì ở dưới, chừng nào đào tới mới kéo anh ta lên được. Có khi đi cả buổi chỉ bắt được vài con là nhiều.

Chương trình giáo dục, trong giai đoạn nầy thật hết sức khó khăn, trẻ con đến tuổi đi học rất nhiều. Trường công lập của chính phủ lập ra rất ít, nên sự thu nhận học trò vào học rất là giới hạn. Có khi cả làng chỉ có được một trường Tiểu học năm ba lớp. Lớp chót thường được gọi là lớp" Đồng-ấu" đến lớp ba. Muốn học cao hơn là phải lên trường Quận mới có đến lớp nhì lớp nhất. Vì chủ tâm áp đặc chính sách "Ngu-dân" do quân đô hộ Pháp đặc ra, nên có rất nhiều người ở làng quê nghèo túng phải chịu dốt nát mù chữ suốt đời.

Sau khi học hết chương trình tiểu học trẻ con còn phải thi ra trường để lấy bằng tiểu học được gọi là bằng "Cao-đẳng tiểu học". Ở trong làng mai mắn lắm mới có được một hai đứa trẻ đậu được bằng nầy. Thường được cha mẹ làm tiệc ăn mừng, hãnh diện với làng xóm.

Sau hai năm ở trường Phú-Lâm, Nam thi đậu được bằng Tiểu học, đang chuẩn bị để thi tuyển vào lớp đệ thất của trường trung học "Petrus Trương-vĩnh-ký". Nam nhớ một cách không rõ lắm, là trong thời gian đó, Sài-Gòn chỉ có độc nhất một trường trung học công lập "Petrus-Ký". Còn trường "Chu-văn-An" mới thành lập sau, ưu tiên dành cho các học trò di cư từ miền bắc vào.

Thi tuyển vào đệ thất công lập là một chuyện hết sức khó khăn, vì không những đa số học trò cư ngụ tại vùng Sài-Gòn, Chợ-Lớn mà còn luôn cả các vùng lân-cận và các tỉnh ở xa. Vì nhiều gia đình giàu có điền chủ, ở quê muốn đưa con lên tỉnh thành để học. Nên chuyện thi tuyển vào là một việc làm quá mức, trên sự cố gắng của một đứa trẻ bình thường. Khả năng thu nhận của trường độ vài trăm cho mỗi năm, còn số thí sinh nạp đơn đi thi có khoảng vài ngàn. Trẻ con nhà nghèo nếu thi hỏng thì kể như sự học vấn đã bị bế tắc, vì gia đình không chu cấp nổi tiền học phí, để tiếp tục học ở các trường tư thục tại Sài-Gòn.

Cũng chính vì sự học vấn theo lối từ chương, và thi cử khó khăn như vậy đã làm cho đất nước nghèo nàn, kiệt quệ nhân tài thiếu thực tế. Học trò phải học thuộc lòng những bài vật lý, hoá học, sử địa.v..v.. Khi thầy giáo gọi lên phải đứng khoanh tay trả bài không được vấp, hay bỏ thiếu một chử nào là được điểm cao. Nếu đứa nào làm biến không thuộc bài, hay trả bài lấp vấp là bị khẻ tay. Nếu xãy ra nhiều lần là bị đuổi ra khỏi trường. Học trò phải học như "Con két", sách dạy sao học vậy, những công thức phản ứng vật-lý hoá học phải nhớ thuộc lòng, chứ không cần phải kiểm chứng, hay tiềm hiểu tại sao như vậy!

Phần lớn nhiệm vụ chính của sự học, là kết quả cuối cùng phải làm sao lấy được cấp bằng, để hãnh diện với đời. Rồi chạy tiềm một chức vị nào đó trong xả hội, kiếm tiền phè phởn, bù trừ lại những năm dài dùi mày kinh sử. Chỉ có một số ít người có nhiệt tâm, mang sự học vấn và hiểu biết của mình, để mưu cầu sự thịnh vượng chung của dân tộc. Có lẻ vì cái bệnh chung, và nhiều tư-tưởng quan liêu mục nát luôn-luôn tôn trọng và đề cao khoa bản một cách mù quáng, hoàn toàn không thực tế, cho nên Việt - Nam ngày nay vẫn còn là một quốc gia nghèo nhất thế- giới?

Sau khi thi hỏng vào trường trung học "Petrus Ký" Nam trở về học lại lớp tiếp liên ở Bình-Tây.Được vài tháng sau đó, trường trung học "Kỹ-Thuật Cao Thắng" mở cuộc thi tuyển vào lớp đệ thất, Nam đi thi và được trúng tuyển vào.

Trường Kỹ-thuật Cao Thắng Sai-Gòn hình như xưa kia, là trường chuyên môn đào tạo chuyên viên cơ -khí về hàng hãi cho Hãi Quân Pháp? Sau được giao lại cho Bộ Quốc-Gia Giáo Dục, để biến thành trường trung học Kỹ-Thuật Quốc-Gia. Trường được chính phủ Cộng Hoà Tây Đức và Hoa- Kỳ tài trợ. Cung cấp dụng cụ máy móc tối tân để huấn luyện những chuyên viên tương lai phát triển cho nền kỹ nghệ Việt -Nam.

Chương trình giáo dục của trường được chia ra làm hai phần, huấn luyện song-song nhau từ đệ thất tới đệ tứ. Sau cuối năm thứ tư, tất cả học sinh phải thi để lấy bằng trung học đệ nhất cấp. Qua được giai đoạn nầy học sinh sẻ tự chọn lựa cho mình một lối đi. Nếu muốn lên cao hơn thì phải tiếp tục ba năm nửa thi tú -tài phần một, và tú -tài phần hai. Xong thi tuyển vào trường Cao-Đẳng Phú Thọ để học tiếp các ngành kỹ sư.

Nếu học sinh nào muốn ra trường sớm. Sau khi thi đậu bằng trung học đệ nhất cấp theo học hai năm nữa ở trường trung đẳng Phú Thọ sẻ tốt nghiệp với bằng chuyên viên. Được gọi là cán sự rất cần thiết cho nền kỹ nghệ mới phát triển như ở xứ ta.

Hiện nay Nam có quen biết vài người bạn ngày xưa đã xuất thân từ trường Kỹ -Thuật Cao Thắng, bây giờ đang làm chủ sản xuất các công cụ kỹ nghệ rất quan trọng.

Trong năm đầu đệ- thất, học tại số "48" đường Phan đình Phùng Sai-Gòn. Mỗi sáng sớm Nam đạp xe đi học từ nhà ra đến trường, gần cả giờ đồng hồ trưa ở lại trường ăn xôi, hoặc bánh mì với đường cát uống nước lạnh. Trong sân trường có hai cây me thật lớn, cứ tới mùa me chính dốt,

CHƯƠNG 6 - DĨ VÃNG BUỒN

là học trò rủ nhau trưa lại, lấy đá ném lên cho me rụn. Nhiều lần làm bể kính cửa sổ, hay văn lên mái ngói cư xá của các giáo sư là co giò chạy trốn gần chết. Thỉnh thoảng rủ nhau cởi xe đạp ra sở thú lội sông Thị Nghe. Nam và các bạn thường thách thức nhau, lội đua băng qua sông, hay nhảy từ trên cầu xuống. Mặc dù nước chảy rất xiết nhưng xem như "Điếc không sợ súng."

Đến năm 1992 khi trở lại Việt Nam thăm nhà. Ngồi uống nước dừa cạnh bờ sông cầu Thị Nghè, Nam nhắt lại chuyện củ cho mẹ nghe, bà lắc đầu đâu có nghĩ rằng con trai bà đã có lần chơi hoang như vậy.

Sau năm học kế tiếp ở lớp đệ lục, Nam và các bạn trở về trường chính, nằm trên đường Huỳnh Thúc Kháng. Ở đây không còn lội sông, chọi me nữa mà rủ nhau đi xem chiếu bóng ở rạp Vĩnh-Lợi chiếu thường trực, năm đồng hai phim, hoặc rủ đi ủng hộ hội banh của trường. Vào thời gian đó hội banh bóng tròn của trường Cao Thắng chơi rất hay, ngoài ra đánh lộn nhau cũng nổi tiếng ở Sài Gòn. Cứ mỗi lần đi đấu tranh giải với các trường trung học khác là có rất nhiều học sinh Cao Thắng đi ủng hộ gà nhà. Lúc đó chỉ có hội banh trường Tân-Thịnh là ngang cựa. Nên mỗi lần vào chung kết là hình như có choảng nhau túi bụi, đôi khi cảnh sát không can thiệp nổi.

###

Thiết nghĩ cũng nên nhắc sơ qua về tiến trình lịch sử, của Việt Nam trong giai đoạn nầy. Sau khi thất trận tại Điện Biên Phủ, quân đội viễn chinh Pháp mới chịu đầu hàng, ngồi lại để ký hiệp định "Geneve". Chia cắt đất nước, từ vĩ tuyến 17 trở ra bắc do quân đội cộng sản dưới sự lãnh đạo của chủ tịch Hồ Chí Minh, còn từ vĩ tuyến 17 trở về nam thuộc quân đội miền nam lúc đó do cựu hoàng Bảo-Đại. Được gọi là đức quốc trưởng Bảo-Đại một vị vua bù nhìn còn lại trong thời quân chủ phong kiến cuối cùng của triều Nguyễn được Pháp che chở.

Trong thời điểm đó ông Ngô-Đình-Diệm được chính phủ Hoa-Kỳ ủng hộ móc nối mời về nước làm thủ tướng để thành lập chính phủ miền nam. Được sự ủng hộ và tín nhiệm của toàn dân miền nam. Không lâu sau đó cựu hoàng Bảo-Đại bị truất phế, toàn dân bầu ông Diệm lên làm Tổng-Thống để thành lập chính thể cho Đệ Nhất Cộng-Hoà miền nam Việt-Nam. Theo thể chế tự do dân chủ như các quốc gia tư bản Tây phương.

Sau một thời gian rất khó khăn dẹp loạn các xứ quân, như Năm lửa, Ba Cụt, Bãy Viễn...v..v Đất nước miền Nam, đã tương đối trở lại thời thái bình tự trị.

Nam còn nhớ vào khoảng năm 1955, nhằm vào lúc nghĩ hè, anh theo một người bạn cùng lớp về quê thăm nhà. Khi xe đò đỗ bến tại quốc lộ ngã ba Cai-Lậy để lên xe ngựa chạy vào làng. Trên đường lộ đất, cập theo bờ rạch dẫn nước từ sông cái vào ruộng, qua chương trình dẫn thuỷ nhập điền của chính phủ. Hai hàng cây trâm bầu, xanh cao tươi tốt chạy thẳng tấp hai bên bờ rạch. Bên trái cánh đồng lúa đã nặng hột. Một màu vàng trải dài bao trùm cả vùng trời, báo hiệu mùa gặt sắp đến. Gió ban trưa của đồng ruộng chỉ đủ làm phe phẩy vài chiếc lá của đọt cây trâm bầu, mang một mùi thơm phản phất của hương đồng cỏ nội rất khó tã. Tiếng lên-kên của chiếc lục-lạc, đeo trên cổ con ngựa khua đều theo nhịp chạy. Chân co chân duỗi ngồi trong xe thổ-mộ, Nam cảm thấy mình là một sinh vật được dựng lên trong một nét chấm phá của bối cảnh miền quê nước Việt.

Đất nước quê hương thực sự đã thanh bình. Nam không còn thấy những tên cướp nước, mặt đen như mực, hay trắng như vôi với tư cách xất -xượt hỗn láo nghênh ngang giữa chợ một cách thiếu giáo dục. Những Robert, Henry, Simone góc dân Giao Chỉ, lại cứ ngỡ mình là dân mẫu quốc, nói tiếng mẹ không trôi, đi làm thông ngôn hay chó săn chỉ điểm cho đoàn quân xâm lược về đào xới mồ mã tổ tiên đất nước, để được thưởng miếng rượu thừa, hộp bơ ăn dở của quan thầy bố thí cho.

Trong những ngày lưu lại tại Cai Lậy Nam thực sự hưởng được những giờ phúc êm ái vui-vẻ hồn nhiên nhất của tuổi mười lăm. Các bạn bè rủ nhau chèo xuồng đi xem hát đình tới khuya về ăn chè hột gà, nghe ca vọng cổ dưới trăng trước sân nhà. Ban trưa dẫn trâu đi quậy đìa bắt tôm càng nướng ăn với muối tiêu. Chiều về leo cây bẻ trái. Trái cây ở đây thật nhiều, có theo mùa đủ loại. Nhờ vào đất phù sa nên cây không cần vun phân tưới nước vẫn tốt tươi xanh mượt.

Một cá tính rất đặc biệt của dân quê miền nam là rất hiếu khách "Nhịn miệng đãi khách" rất thường xãy ra. Đôi khi những món ngon đặc biệt, trong gia đình không dám ăn, chỉ để dành biếu ông bà, cha mẹ khách khứa, hay mang đi cúng đình đám, chùa chiền trong làng trong xã. Ngay cả bây giờ chính mẹ Nam cũng còn giữ tập tục đó. Bạn bè thân hữu của con cháu đến thăm, bà lăng-xăng bận rộn lo đi chợ mua sắm đủ thứ thức ăn về làm cơm đãi khách. Mẹ Nam thường nói "Khi khách ra về được no-nê vui-vẻ là nhà được phước". Bà rất hành diện và tin tưởng vào những việc làm đó, nên các con cháu bà đều no ấm giàu có cả.

Vài năm sau đó, Nam đã đậu xong bằng trung học đệ nhất cấp. Một số bạn bè rủ sang học ngành cán sự điện. Nhưng ba mẹ muốn Nam tiếp tục học tiếp để lên trường cao đẳng Phú Thọ.

Trong thời gian học chương trình đệ nhị cấp, của trường Cao Thắng. Nam đã bắc chước bạn bè đi học bằng xe bus, chứ không thèm đạp xe nửa. Tính tình có phần thay đổi từ một thằng con trai tinh nghịch ưa chọc phá, đã chuyễn dần sang thành một thanh niên mới lớn, điềm đạm nhu mì hơn.

CHƯƠNG 6 - DĨ VÃNG BUỒN

Nam bắt đầu viết nhật ký, tập làm thơ, viết văn, họp bạn..v..v. Tập tành bắc chước ăn mặc, để tóc dài như những triết gia thời trung cổ. Mơ mộng làm những nhân vật theo kiểu Tú Uyên, Kim Trọng, trong những án thơ bất hủ của nền văn học Việt Nam.

Tuổi dậy thì của thằng con trai mới lớn, cái tuổi khi thấy tim mình đổi nhịp, lúc nhìn trộm người khác phái. Tuổi nhiều mơ mộng, ước muốn "Xây nhà bên suối" uống nước lã để ca ngợi tình yêu?

Nam đang chập chững tập từng bước đi, học từng câu nói, chảy chuốt từng lời văn, ngắm nghía từng sợi tóc, đôi khi ngớ ngẩn vụn về rất buồn cười.

Tình yêu bao giờ cũng mới. Nó là một sự tìm tòi, khám phá mới lạ, sai mê thích thú giữa một cá nhân và một cá nhân. Là một sự cộng hưởng của khối óc và quả tim của hai người khác phái. Là một quy luật tự nhiên của tạo hoá. Có từ thời ông "Adam và bà Eva" xuất hiện đầu tiên trên quả đất.

Rồi tình cơ, ngày kia trên một chuyến xe bus, Nam bắt gặp ánh mắt của một người con gái, được che kín dưới vành nón lá che nghiêng, thỉnh thoảng nàng ngước lên nhìn sang, rồi giả vờ quay đi chỗ khác. Cứ mỗi lần như vậy nàng làm cho Nam rất lúng-túng hồi hợp, không biết phải làm gì!!Hay đối xử ra sao? Nam đem chuyện nầy lén-lúc bàn với người bạn lớn tuổi hơn, vì Nam biết anh ta đã có bồ, chắc chắn có kinh nghiệm về tình yêu, để học hỏi như phải làm thế nào và ăn nói ra sao? Sau một lớp vở lòng mẩu giáo, về tình yêu của anh bạn đã truyền dại. Nam cảm thấy mạnh dạn tin tưởng can đảm hơn.

Quả thật từ ngàn xưavà chắc chắn triệu năm sắp tới, sắc đẹp và tình yêu bao giờ cũng là một sức mạnh vô biên, trên mọi sức mạnh do con người sáng tạo. Nó tiềm ẩn trong mọi lứa tuổi, và trong mọi giai tầng xã hội. Sắc đẹp đưa con người đến tột đỉnh vinh quang, cũng chính nó đã làm cho con người điêu đứng, chết lần mòn trong cô đơn hiu quạnh.

Tình yêu đầu đời của Nam.Của thằng con trai mới lớn, nó không mãnh liệt như sóng cuồn gió cuốn, trái lại nó rất nhẹ nhàng như mây trời, và mỏng manh như tơ lụa. Nàng không đẹp như Tây Thi, của Ngô phù Say hay Vương Quý Phi của Đường Minh Hoàng. Nhưng với Nam đôi mắt nàng là cả một bài thơ không đoạn kết.

Nam biết tên, và trường nàng đang học. Thường ngày hai người đi cùng chuyến xe bus, chiều về cùng giờ. Những buổi sáng cha nàng chở ra bến xe. Chiều về phải đi bộ từ trạm xe về nhà, nên Nam có cơ hội đi cạnh bên nàng trong những buổi chiều tang học. Nam vẫn nhớ và thương làm sao, với tà áo trắng nữ sinh nguyên vẹn, mỗi lần gió chiều thổi đến, tà áo dài bay phất sang, vô tình cuốn lấy chân anh làm bước đi hơi lúng túng. Nàng thẹn thùng nghiên vành nón mĩm miệng cười bảo nhỏ" Tại anh đi gần em quá đó".

Nam tự dưng thành thi sĩ. Anh làm rất nhiều bài thơ học trò để tặng nàng. Anh chưa định rỏ mức độ tình thương, của anh đối với nàng như thế nào? Tuy nhiên mỗi lần nàng bệnh nghĩ học, hay đi trể là anh cảm thấy cô đơn chán nản buồn bã một cách hết sức vu-vơ. Nam quen rồi thương nàng với màu áo trắng mực xanh của tuổi trẻ học trò, đơn sơ giản dị chỉ có thế. Chưa một lần nắm tay hay một nụ hôn trao gửi.

Rồi thời gian cứ trôi qua, Nam lớn dần theo thời cuộc. Sau khi tốt nghiệp tú tài phần hai ở trường Cao Thắng. Vì một lý do kỹ thuật Nam không vào được trường cao đẳng kỹ sư Phú Thọ nên phải ghi danh tại trường đại học Khoa Học Sài-Gòn. Sự gặp gỡ giữa Nam và nàng, cũng bắc đầu thưa thớt dần, vì không còn có cơ hội chung đường về, hay rổi rảnh như trước nữa. Trong thời gian nầy anh và một số anh em sinh viên, mở trường dại học cho các trẻ em luyện thi trung học đệ nhất cấp nên thời gian không dư giả nhiều như xưa

Cộng sản Bắc Việt, nhất quyết thi hành tư tưởng của Hồ Chí Minh, là sẽ nhuộm đỏ bán đảo Đông-Dương, nên chiến tranh càng ngày càng căn thẳng. Tổng Thống Ngô Đình Diệm cho lệnh tổng động viên, kêu gọi các sinh viên học sinh phải tình nguyện ghi danh, thụ huấn quân sự trong các khoá sĩ quan trừ bị tại Thủ Đức.Hay các quân trường chuyên nghiệp của Hải, Lục, Không-quân.

Sinh viên học sinh trong thời điểm đó, có rất nhiều tâm trạng khác nhau, bàn vô tán vào mỗi người người một ý. Nam và anh bạn cùng trường cùng xóm là anh Nguyễn văn T (Cựu Trung-Tá Phi Đoàn Trưởng tại Phù Cát đã tử trận vào năm 1970) hai đứa đã nhiều lần bàn luận hướng đi cho tương lai. Rồi sau đó đã đồng ý nộp đơn vào Quân chủng Không Quân, khoá 63A phi hành tại Trung tâm huấn luyện Nha Trang.

Cuộc đời Nam đã thực sự bước vào một giai đoạn mới. Một giai đoạn tối quan trọng trong lịch sử cá nhân của một đời người. Tuy rằng mẹ Nam có vẻ không hài lòng lắm, nhưng bà cũng không chống đối vì sự chọn lựa binh nghiệp nầy.

Ngày 01-01-1963 Nam từ giã gia đình, mang trên vai chiếc "Ba lô" dầy cộm, cùng bạn Nguyễn văn T lên đường nhập ngũ. Chiếc vận tải cơ C47 của không lực V.N.C.H, vừa đáp xuống phi trường Nha Trang taxi vào bãi đậu. Nam và các bạn còn đang chần chừ, quan sát đồi núi cảnh vật chung quanh, như khách du lịch. Bổng một giọng hét thật lớn, trổi lên từ phía sau.

— Các anh kia, làm gì mà lâu thế? Cho ba lô lên vai, đứng vào hàng dọc, ngay tức khắc!

Cả toán hoàn toàn sửng sốt, không hiểu ất giáp gì cả. Tuy nhiên mọi

CHƯƠNG 6 - DĨ VÃNG BUỒN

người đều yêm lặng, chen lấn nhau để đứng vào hàng, đứa trước đứa sau giống như con nít học trò tiểu học, được thầy giáo ra lệnh đứng sắp hàng trước khi vào lớp. Trong lúc đó Nam nhận ra một người bạn học cũ, đang đứng chung hàng với toán người vừa ra lệnh. Nam vừa định gọi anh ta. Thì lại một tiếng hét tiếp theo sát bên tai.

- Vào hàng, ở đây không có anh em bạn bè gì cả, chỉ có niên trưởng mà thôi nghe chưa?

Nam lại riu-ríu như mèo cụp đuôi, ngậm miệng trở lại hàng. Khi mọi người đứng yên đâu vào đó, anh ta tiếp tục ra lệnh.

- Tất cả các anh co tay lên, đằng trước chạy đều...Một hai......Một hai....

Một toán thanh niên mới ra lò còn cáu cạnh. Tánh tình ngang ngược, cao bồi, anh hùng xa lộ, trong thời sinh viên đều đã biến mất. Bây giờ trở thành những con nai tơ ngoan ngoãn, khép nép trước những gương mặt và mái tóc thật nhà binh, của các sinh viên niên trưởng.

Trong những ngày đầu, gọi là thời gian huấn nhục thật vất vã, và bận rộn triền miên, từ sáng đến tối. Hình như bất cứ hành động, hay những câu trả lời nào, đối với niên trưởng đều phạm thượng, và trật lất hết cả. Mười cái hít đất, hai chục cái nhảy xổm, hoặc chạy vài vòng xung quanh trại, là chuyện xảy ra thường xuyên, đôi ba lần mỗi ngày.

Một kỷ niệm buồn cười rất khó quên. Mỗi tối trước khi đi ngủ, phải đứng xếp hàng ngay ngắn điểm danh. Nam ở phòng số sáu, chứa vào khoảng bốn chục khoá sinh. Sau khi đếm từ một đến bốn mươi, người khoá sinh sau cùng phải báo cáo là" Phòng sáu báo cáo điểm danh, bốn mươi đủ". Nếu anh là người nam hay bắc thì chắc chắn không có chuyện gì xảy ra. Nhưng anh khoá sinh đó lại là người ở Quảng-Trị nên giọng hơi nặng thay vì chử "đủ" bỏ dấu hỏi, nhưng giọng anh trịch xuống bỏ thành dấu nặng, làm cả phòng không ngậm miệng được cả đám cười rần lên. Thế là cán bộ "Cà rốt" niên trưởng ra lệnh trong một phút, phải thay áo quần tác chiến, mang ba lô lên vai, lên phòng Khoá Sinh trình diện.

Sau khi bị sĩ vả, tất cả phải làm năm mươi hít đất, xong cho ba lô lên vai Bay đêm" mười vòng dã chiến. Hơn nửa giờ sau đó, đứa nào cũng ngấc ngư mệt gần đứt hơi mới được vào phòng thay đồ đi ngủ. Hôm sau chúng tôi yêu cầu anh đổi vị trí đứng trong lúc điểm danh để khỏi gặp trở ngại nữa.

Sau khoảng ba tháng, tập dượt căn bản quân sự, tân khoá sinh được trung tâm huấn luyện Không Quân làm lễ gắn "Alpha". Các khoá sinh phi hành được đeo nửa cánh chim. Trong khoá 63A chỉ có anh Nguyễn văn Ve-Ch. là đeo đầy đủ hai cánh chim, trông rất hách đứa nào cũng mơ ước có đôi cánh bạc như anh. Anh Ve-Ch trước kia là hoa tiêu trong thời Pháp, bây giờ đi học lại căn bản quân sự để điều chỉnh cấp bậc cho anh. Ngoài sinh viên phi hành, còn có nhiều sinh viên kỹ thuật. Họ sẽ trở thành những chuyên viên, chỉ huy trong tương lai cho Không Quân trong các ngành Kỹ Thuật.

Sau khi gắn "Alpha" Nam được chính thức trở thành sinh viên sĩ quan thực thụ của Không Quân V.N.C.H.... Bây giờ không còn phải lặn lội trườn bò ở ngoài phi đạo nắng cháy, hay cả ngày cứ "Súng lên vai.... Đằng trước thẳng..." nữa. Từ thứ hai tới thứ sáu, mỗi ngày phải đi học Anh Văn, hoặc lo bổ túc hồ sơ an ninh, lý lịch và chờ ngày gọi tên xuất ngoại, đi học bay tại Hoa Kỳ.

Cứ mỗi sáng thứ bảy, là mặt mày đứa nào cũng sáng rỡ, vui vẻ hẳn ra. Giầy đánh thật bóng, áo quần cà vạt không có một vết nhăn. Khi làm lễ chào cờ xong, Các tân sinh viên được các niên trưởng kiểm soát qua lần chót về cách ăn mặc, mới được giấy phép xuất trại. Nếu có tên nào lười biếng, đánh giầy không bóng hoặc áo quần hơi nhăn nheo là bị cấm trại ngay. Cái khổ nhất cho những khoá sinh nào có bạn gái, nếu đã hẹn lỡ với em thứ bảy nầy sẽ đưa nàng đi chơi, mà bị phạt cấm trại, nằm nhà đọc báo. Chắc là nàng sẽ nghĩ rằng mình thộc loại" Phi đạo chạy dài, anh cất cánh bay luôn!!" hoặc đã chuyển sang "Biệt đội người nhái!"

Nha-trang là quê hương của xứ dừa, của thuỳ dương và cát trắng. Xứ của những người con gái có một sự tổng hợp đặc tính, giữa miền nam và miền trung, được gói ghém trong những tình tự ngôn từ hồn nhiên, mở rộng như mây trời gió biển?

Nha- trang đối với Nam thật xa lạ, nhưng cũng rất gần. Nam thương thành phố nầy từ những ngày xuất trại đầu tiên. Ở nơi đây anh không có người yêu, nhưng nước xanh, biển rộng, bóng núi chập chùng với những cảnh vật thiên-nhiên hữu tình đó, đã tác động mạnh vào tâm hồn lãng mạn của thằng con trai, dễ bị run động bởi những sự xấp xếp huyền bí mầu nhiệm của hóa công.

Đã lâu rồi Nam không còn liên lạc được, với người bạn gái cùng chung lối về, sau những buổi tan trường ngày trước. Hình bóng nàng cũng mờ dần trong trí não. Những bài thơ học trò, những trang nhật ký được cuốn xếp dấu kín trong tâm tư. Để thay vào đó những ba lo, áo trận giày sô tóc ngắn của anh lính trẻ.

Sau gần sáu tháng quân trường, với những kỷ niệm buồn vui lẫn lộn, những vấn vương khó tả. Nam sắp từ giã Nha- Thành, trở về Sai- Gòn khám sức khỏe và làm thủ tục để sang Hoa- Ky học bay. Trong lúc chờ đợi ở Sài- Gòn, Nam có tiềm và hỏi thăm về người bạn gái, của thời áo trắng học trò ngày xưa. Được biết nàng đã nghĩ học, để lên xe hoa về với

CHƯƠNG 6 - DĨ VÃNG BUỒN

người chồng mới. Sau một phúc thẫn thờ, nhớ thương về dĩ vảng, Nam tự nhủ thầm" Mình là thằng con trai với đôi bàn tay trắng, tương lai là một cái gì xa vời khó nghĩ, thì đâu có quyền mong muốn người ta phải chờ đợi?" Nam quay mặt bước đi thật nhanh, trở về với đám bạn đang đứng ngoài cổng trại Phi Long.

###

Sáng sớm ngày hôm sau. Vào khoảng thượng tuần tháng bảy năm 1963. Chiếc phản lực cơ Boeing 707, của hảng hàng không "Pan Am". Cất cánh rời Saì-Gòn đưa các khoá sinh sang trường huấn luyện phi-hành trên đất Hoa- Kỳ. Theo dự trù là Nam sẻ theo học các loại Trực Thăng, mà quân đội Hoa-Kỳ sẻ viện trợ cho Việt-Nam, để thay thế những phi cơ thật cổ xưa của quân đội Pháp còn để lại.

Đây là lần xuất ngoại, đầu tiên trong đời binh nghiệp, nên trông đứa nào cũng có vẻ thoải mái, vui vẻ, để bù trừ lại những ngày còn tại quân trường Nha-trang, dưới sức

nóng chói chang của miền nhiệt đới. Những bãi cát trên sân tập, phản chiếu ánh nắng lấp lánh như những hạt bụi kim cương. Mồ hôi ước đẫm áo trận, vẫn phải cố gắng trườn bò tập dược trên đó. Ba tháng quân trường căn bản quân sự, đầy cam go huấn nhục, đã hoàn toàn thay đổi tính tình và bộ mặt "bạch diện thư sinh". Từ cách ăn nói, đi đứng rất có kỷ luật. Hình như quân đội, đã mang người đàn ông ra khỏi lớp vỏ thằng con trai. Theo Nam nghỉ, nếu không muốn nói là tâng bốc, những người lính chiến đấu thật sự trong quân đội, họ chính là những người đàn ông, của những người đàn ông?

Sau khoảng mười bốn giờ, ngồi trên phi cơ xuyên Thái Bình Dương, cuối cùng được thả xuống phi trường Travis Air Force Base, ở gần Sanfrancisco California. Sau khi nhận lấy hành ly, và được hướng dẫn về cư xá vản lai Sĩ Quan để tạm trú qua đêm. Hôm đó Nam đã mệt nhừ người, vì ngồi cứng một chỗ trên phi cơ quá lâu và ngày đêm xáo trộn giờ giấc, vì phi cơ phải băng qua vài múi giờ khác biệt. Tấm rửa xong là anh chui đầu vào ngủ. Mãi đến gần sáu giờ chiều địa phương. Anh bạn Th..từ phòng bên cạnh, chạy sang dộng cửa thúc dục.

- Ê dậy thay đồ đi kiếm chỗ ăn chiều. Bộ mày muốn sang đây để ngủ hay sao chứ?
- OK tụi bây chờ tao một chúc.

Nam lồm cồm ngồi dậy, ngước đầu nhìn qua khung cửa sổ, ánh sáng vẫn còn chiếu dịu dàng trên thảm cỏ xanh trước mặt, Nam chợt tỉnh "Ồ!!mình đang ở trên đất Hoa Kỳ." Cái xứ sơ thật đẹp đẻ tuyệt vời, nó đã có trong trí óc anh, qua những hình ảnh sống động màu sắc thật huy hoàng, trong các đặc san báo chí nói về Hiệp Chủng Quốc Hoa-Kỳ, thuở Nam còn đi học ở trường làng dưới quê, mà thỉnh thoảng được các phái đoàn Hoa-Kỳ gởi tặng, để giới thiệu về đời sống và xã hội của Mỹ Quốc. Anh rất rất thích thú xem, chiêm ngưỡng những sự tiến bộ của họ. Mặc dù lúc đó Nam không biết Hoa-Kỳ ở đâu? Nhưng anh dấu kín những mơ ước, hy vọng một ngày nào đó được nhìn tận mắt, rờ tận tay những cái văn minh thật lớn lao đó.

Rồi lớn lên ở bậc trung học khi đi xem phim chiếu bóng, qua những phim ảnh Cao Bồi miền tây Hoa kỳ, anh lại có một ấn tượng khác biệt. Nam cứ ngỡ là người đàn ông Hoa- kỳ cứ gặp nhau là đánh lộn, bắn giết tới bời coi như không luật pháp, và khi gặp đàn ba, cứ nhào vô hun hít làm tình thoải mái, như dã thú trong rừng. Những phim ảnh bạo động và nhiều dục tình đó, đã mang đến cái tuổi mười ba của anh, một sự suy nghĩ xấu xa thiếu đạo đức về xã hội của Mỹ Quốc.

Sau khi mặc vào bộ quân phục dạo phố, màu xanh da trời của quân chủng Không Quân. đứng trước gương soi, Nam cảm thấy mình chửng chạc hẳn ra. Mặc dù cố gắng làm ra vẻ nghiêm nghị như nhà binh thứ thiệt, nhưng cũng không giấu được cái gương mặt thật non nớt hiền lành, của thằng con trai đang tập tểnh bước vào đời binh nghiệp.

Gió từ cánh đồng cỏ vàng rộng lớn ngoài kia, mang đến một mùi hương là lạ, khác hẳn mùi thơm của mùa lúa chính ở quê nhà. Nam cảm thấy rất thoải mái với khí hậu man mát, và bầu trời xanh lơ cao ngất không một vết mây che. Cả toán khoảng chục đưá rủ nhau đi bộ lên câu lạc bộ Sĩ Quan để dùng cơm chiều. Đây cũng là lần đầu tiên, anh đi vào câu lạc bộ Sĩ Quan Hoa Kỳ. Với những sự sang trọng bàn ghế đắc tiền, và cách trình bài bên trong rất mỹ thuật, bồi bàn tiếp đãi rất trịnh trọng. Làm cho Nam và các bạn hơi ngượng ngập, mặc dẩu tất cả đã được chỉ bảo, về cách xã giao, ăn mặc cho đúng cách trước khi xuất ngoại. Sau khi được hướng dẫn đến một chiếc bàn to đủ chổ cho mọi người. Xem qua thực đơn toàn là món ăn chưa bao giờ nếm tới. Sau cùng chỉ có một món, mà Nam biết được là "Beef-steak". Thực tình giống như anh nhà quê mới lên tỉnh. Bồi bàn kèm thêm một lô câu hỏi khác như loại "salad, dressing" hoặc thịt muốn làm thế naò ..v..v, Nam đều O.K raó cho gọn khỏi thắc mắc, các bạn khác cũng không khá hơn Nam mấy.

Tới đây Nam còn nhớ, một câu chuyện vui -vui của một anh nhà giàu, nhưng mù tịch tiếng Pháp. Cũng để chứng tỏ mình sang như dân tây. Anh ta vào nhà hàng tây để ăn cơm. Sau khi xem qua thực đơn, anh ta cảm thấy choáng- váng toàn là chữ ngoại ngữ. Nhưng cố gắng làm tỉnh, anh chỉ đại cho bồi bàn một món trong thực đơn. Vài phút sau đó, bồi bàn bưng lên cho anh một đĩa bún, trộn thịt bầm thật to anh ta nếm thử không thấy vừa miệng tí nào. Trong lúc đó anh chàng ngồi bàn kế bên, đang

CHƯƠNG 6 - DĨ VÃNG BUỒN

thưởng thức món nghêu hấp bơ, uống rượu chát thật ngon lành. Anh tự giận cho chính mình nên chờ đợi, anh chàng kia ăn xong lại gọi thêm một đĩa nữa. Anh bèn chớp ngay lời gọi y chang như anh chàng nọ. Sau khi ngoắc bồi bàn lại, ra vẻ trịnh trọng bảo "Encore." Anh bồi bàng kính trọng đáp lễ "Qui monsieur." Lại một đĩa bún trộn thịt bằm như trước. Anh ta lắc đầu gọi tính tiền rồi chuồn ra về (Câu chuyện trên đây để trêu chọc cho những người dốt học làm sang).

Còn Nam thì không đến nỗi như vậy, vì mọi người trong toán đều biết anh ngữ để sinh tồn, chứ không bù trớt như anh chàng kia. Thường thì các nhà hàng ở Việt-Nam họ mang rau lên cùng một lược với thịt bò, để khách dùng chung trái lại tại Hoa-Kỳ họ thường mang salade lên ăn trước, hoặc bánh mì với bơ trong khi chờ đợi món ăn chính mang lên sau. Nam ngồi chờ khi bồi bàn mang món thịt bò lên, luôn tiện anh ta mang đĩa salade ra dẹp, vì ngỡ là khách không thích ăn rau. Thấy mình đã lỡ hố rồi, nên cứ yêm lặng luôn cho khỏi quê.

Sau khi trả tiền xong bước ra khỏi cửa, cả toán mới thấy cái bảng gắn trên tường là khu vực nầy chỉ dành riêng cho Sĩ Quan cao cấp Hoa-Kỳ và đồng minh. Hèn gì Nam chỉ thấy toàn là Sĩ Quan cấp tá và tướng, ăn uống trong đó mà thôi! Có lẽ bồi bàn nơi đây, họ cũng ngỡ cả toán đều là những Sĩ Quan cao cấp đồng minh, thuộc loại "Tuổi trẻ tài cao!!" hay giòng giõi hoàng gia quý tộc, chớ không phải là những nhóc con mới vào lính!

Sáng hôm sau, cả toán được hướng dẫn ra ga xe lửa, để đi San Antonio Texas, xong từ đó sẻ chuyển xe bus để đi đến trường học Anh ngữ, ở căn cứ Không Quân Lake Lane. Vì phải xuyên qua một lộ trình qua vài tiểu bang, nên cả toán mua giấy loại có giường ngủ. Nam nằm từng trên Nguyễn van Th Nằm tầng dưới rất ấm áp.

Trong vài giờ đầu, Nam còn say sưa nhìn qua khung cửa sổ ngắm nhìn cảnh vật đồi núi, nông trại chung quanh. Nam cố để ý tìm xem đồng quê ở đây có giống ruộng đất ở quê nhà hay không? Anh đã thất vọng vì không tìm được những cánh đồng lúa vàng, hay những vuông tre xanh ngát của thôn xóm. Chỉ có đồi núi chập chùng và những cánh đồng cỏ uá, lúc ẩn lúc hiện dài hun hút tận chân trời có lúc xuyên qua những nông trại, với những cây bắp được trồng thẳng tắp xanh tươi, hoặc từng chùm cây rậm, rạp mọc thành từng luống kéo dài, đoán chừng hàng trăm hay hàng ngàn mẫu đất.

Hoa-Kỳ là một quốc gia rất rộng lớn, gồm sự tổng hợp của năm mươi tiểu bang. Mỗi tiểu bang, đôi khi to rộng hơn cả một xứ như các quốc gia ở Au-Châu, hay Việt-Nam, Lào, Cao-Miên....v.v. Nó được trải dài gần như từ bắc cực, tới gần vùng nhiệt đới, nên khí hậu của toàn quốc gia có đủ các mùa. Nếu bạn thích được lạnh lẽo, hay được nhìn thấy ngày ngắn đêm dài, hoặc trái lại, xin mời lên miền cực bắc của tiểu bang Alaska, nối tiếp với Tây Bá Lợi Á của Nga Sô. Còn bạn thích nóng nực quanh năm, xin xuống Florida hay sang Hạ Uy Di ở Thái Bình Dương.

Vì sự tác động của khí hậu, và ảnh hưởng thiên nhiên nên nền kinh tế của Hoa Kỳ gần như chia ra làm hai vùng khác biệt. Các khu kỹ nghệ quan trọng, dường như chiếm cứ nhiều ở các tiểu bang miền bắc, còn về nông nghiệp được trãi rộng ở các tiểu bang miền nam.

Tiếng xe lửa chạy cứ nhịp đều nghe "cùm-cụp" vì sự ráp nối của đường sắt. Không lâu sau đó, Nam cảm thấy nhức đầu phải trở lại giường nằm nghỉ. Rồi suốt hai ngày sau đó, anh nằm một chỗ đầu như búa bổ, không ăn uống gì được cả phải nhờ anh bạn Th đi mua nước ngọt về uống cầm hơi.

Sau cùng xe dừng lại trạm chót, tại San Antonio Texas Nam cố bước ra ngồi trên chiếc ghế trong sân ga. Bây giờ anh cảm thấy dể chịu hơn, không còn bị say sóng như lúc ngồi trên xe lửa, thấy đói vì đã hai ngày không có gì trong bụng. Nam lần lại chiếc máy bán thức ăn làm sẵn, ở cạnh đó anh mừng rở, vì nhận thấy bên trong hình như có bánh mì kẹp lạp xưởng, bỏ tiền vào máy kéo ra. Khi đưa lên miệng cắn một miếng lớn, Nam mới choáng váng, không nếm được vị chua của dưa leo ngâm dấm, và miếng lạp xưởng kỳ lạ, Nam nhả ra ngay trong thùng rác sát bên. Nhìn kỹ lại nhận ra không phải là lạp xưởng, như anh đã nghĩ mà người Mỹ gọi là "Hot Dog"! Lại một bài học khác cho sự mới mẽ nầy?!! Anh lại tiếp tục ăn kẹo chocolat cầm hơi tiếp!

Trong khi chờ đợi xe bus đi về căn cứ Lake Lane. Chợt có một anh bạn trong toán, có vẻ bất mãn vụt chưởi thề.

— Đ.M. cái máy uống nước, mà cũng kỳ thị chủng tộc nữa. Tại sao tụi Mỹ nó uống thì nước phun ra, còn tao hả miệng hoài mà nước không phun lên?

Cả toán cười rộ, mới để ý nhìn lại cái máy. Quả đúng thật một anh da đen, bước bên cái máy uống nước, với đôi giày thô kệch đạp trên cái nút nhỏ dấu dưới chân, thì nước trong vòi phun ra. Cả toán cười thích thú cho sự quê mùa nầy. À ra thế!! cái nút bí mật nằm phía dưới, chân phải đạp lên mới có nước phun ra.

Sau trận đệ nhị thế chiến, kỹ nghệ điện tử đã tiến bộ một cách vượt bực, có nhiều phát minh thật mới lạ, không những dành riêng cho quốc phòng, mà còn áp dụng cho các dịch dụ thường dùng hằng ngày. Như có những chiếc máy điện tử, loại bỏ túi, để xác định vị trí của bạn, ở bất cứ nơi nào trên thế giới, chỉ cần bấm một vài nút, là vệ tinh nhân tạo sẻ nhìn thấy, và cho biết gần như chính xác, chổ bạn đang đứng..v..v. Cách đây vài năm Nam, vào phòng rửa mặt của một Hotel anh nhận thấy vòi nước không có nút vặn, hay bấm gì cả, còn đang chần chừ anh nhận thấy người

CHƯƠNG 6 - DĨ VÃNG BUỒN

kế bên chỉ cần đưa tay vào vòi nước là nó tự động chảy. Vì để tiết kiệm nước, người ta sáng chế ra một loại như vậy.

Sau cùng Nam và các bạn, được đưa về trại trong căn cứ Lake Lane. Theo danh sách, cứ hai người được ở một phòng, có bồi phòng lo sạch sẽ quét dọn hằng ngày, ăn uống đều phải đến phạn xa cũng nằm trong khu vực. Cái kẹt nhất là không được nấu nướng trong phòng, nên nhiều khi nhớ món ăn Việt Nam, anh và các bạn cũng làm đại theo kiểu dã chiến, để tưởng nhớ lại những mùi vị của dân tộc.

Những ngày cuối tuần thường rủ nhau ra phố mua dĩa nhạc, hoặc đôi ba đứa đi lang thang vào thành "Alamo", hay thả dọc bờ sông nhìn người ta đi ngoạn cảnh.

Nam được biết những năm trước, các khoá sinh Việt-Nam khi sang đây được quyền mua và lái xe. Nhưng họ đã gây nhiều trở ngại công cộng, nên sau nầy bị cấm đoán luôn. Thỉnh thoảng muốn đi chơi xa, hoặc để giãi quyết tâm sự của "người lính xa nhà" là phải nhờ tụi Turkey chở đi Mexico. Thường vào chiều thứ sáu, khi sang đó rủ nhau chui vào các hộp đêm lai rai với các em gái Mễ. Với thân hình nẩy lửa, vừa nhỏ nhắn duyên dáng thật quyến rũ dễ thương, làm cho các anh chàng Việt-Nam độc thân quên mất lối về. Để rồi sáng hôm sau mắt nhắm mắt mở, chân bước tới chân thục lui cố gắng mò ra xe để trở về căn cứ.

Khoảng sáu tháng học anh ngữ, các khoá sinh được chuyển đến trường bay tại Mineral Well Texas. Tại đây được nhập chung, với các khoá sinh ngoại quốc khác trong khoá "64w".

Mineral Well, là một quận lỵ nhỏ nằm gần tỉnh Fort Worth. Nơi đây là một cánh đồng bằng rông lớn, có rất nhiều nông trại chung quanh. Lục Quân Hoa-Kỳ đã chọn nơi đây để làm căn cứ huấn luyện, cho các hoa tiêu trực-thăng để bổ sung vào chiến trường Việt Nam, và đồng thời huấn luyện cho các hoa tiêu của quân đội đồng minh với Hoa-Kỳ trên toàn thế giới. Trong những ngày đầu khoá sinh đội mũ lưỡi trai phải trở ngược lại ra phía sau, và có những màu sắc đặc biệt dành cho từng khóa, đến khi nào bay solo, thì các khoá sinh mới được phép đội mũ quay về phía trước.

Trong chuyến bay tập đầu tiên, Nam không quen chịu được với chiếc nón bay bó sát vào hai vành tai, và nguyên thân mình phải buộc chặc vào thành ghế trong phòng lái. Nên độ nửa giờ sau đó là Nam chóng mặt buồn nôn, bảo huấn luyện viên đáp gấp xuống bãi đáp gần đó, để nghỉ một chúc. Qua ngày thứ hai, thứ ba Nam thấy đỡ dần, dễ chịu hơn. Sau đó một hai tuần, anh mới cảm thấy thích thú, khi cất cánh khỏi mặt đất.

Qua một thời gian, Nam được huấn luyện viên cho solo trên vòng phi đao, tại phi trường. Loại trực-thăng lúc đo, dùng để huấn luyện cho khoá sinh là OH-23. Hình dạng nó, giống như con chuồng chuồng, chỉ có hai chỗ ngồi phía trước, và cái đuôi dài ở phía sau, khi thầy cho solo, là phải khiên vài bịt cát để bên ghế huấn luyện viên, cho phi cơ căn bằng khỏi chòng chành khi cất cánh.

Trực-thăng khi bay xem rất dễ dàng, nhưng thật ra rất khó điều khiển. Hoa tiêu phải dùng hai chân, hai tay và bộ óc với những cử đông thật nhịp nhàng. Ta hãy tưởng tượng, khi chiếc trực-thăng bay đứng yên một chỗ (hover) trên không. Cũng giống như ta đứng yên trên một quả banh tròn, phải giữ thăng bằng làm sao cho khỏi ngã?

Ngoài ra trực thăng bay tới thục lùi qua lại, lên xuống hay giữ yên một chỗ, là áp dụng theo kết quả của hệ thống động lực học "Vector", bởi sự thay đổi độ nghiêng, và chiều hướng của cánh quạt đang quay.

Sau chuyến bay solo đầu tiên, Nam cảm thấy tin tưởng vào chính cá nhân mình hơn, vì có huấn luyện viên ngồi bên cạnh, các khoá sinh đều có khuynh hướng "Mọi việc đều có thầy", nên không đoán được khả năng quyết định, của chính mình khi gặp trở ngại?

Chiều hôm đó, khi xe bus đưa từ bải tập về căn cứ, xe dừng lại cạnh một hồ nước của nông trại, Nam và vài người bạn nữa được thả bay solo ngày hôm đó, bị cả bọn kéo xuống, ôm liệng vào hồ gọi là làm lễ "rửa tội".

Bây giờ Nam mới chính thức, đội mủ lưởi trai quay về trước như những người solo trước đó. Sáng hôm sau huấn luyện viên, bảo Nam ra bãi đậu lấy phi cơ một mình bay sang bải tập, cách đó khoảng mười dặm, còn ông ta sẽ lái xe ra sau gặp lại ở đó. Nam vừa mừng vừa ngại ngùng, vì đây là lần đầu tiên anh phải làm tất cả những phương thức như một hoa tiêu thưc

CHƯƠNG 6 - DĨ VÃNG BUỒN

thụ. Phải kiểm soát tiền phi, phải gọi đài kiểm báo, xin chỉ thị để taxi phi cơ ra khỏi baĩ đậu, rồi xấp hàng chờ đợi tới phiên cất cánh. Mọi công việc đều phải thứ tự lớp lang hẳn hoi. Cuối cùng mọi việc đều cũng trôi chãy xuông sẻ. Khoảng hơn ba tháng sau, Nam và các bạn được làm lễ mãn khoá gắn cánh bay trên ngực áo. Trong lúc ấy cũng có một số anh em trong toán, vì lý do sức khoẻ, thiếu khả năng hoặc phạm nhiều lỗi phi hành, nên bị loại khỏi khoá, đưa trở về Việt-Nam, để chuyển qua các ngành không phi hành, hay chuyển qua các quân binh chủng khác.

Được đôi ngaỳ nghỉ ngơi để thu xếp hành lý. Nam và các bạn rời trại, để sang căn cứ Fort Rucker ở tiểu bang Alabama, tiếp tục huấn luyện trên phi cơ tương đôí lớn hơn, là H19 và H34. Hai loại nầy thuộc loại động cơ nổ, được chế tạo vào khoảng thời gian của đệ nhị thế chiến. Tuy nhiên nó rất thông dụng trong thời kỳ chiến tranh ViệtNam vừa mới bộc phát. Chính vì sự hữu hiệu và nhanh chóng của nó, nên quân đội Hoa-Kỳ đã chọn CH-34, để trang bị cho đoàn quân tinh nhuệ thiện chiến của họ, là Thuỷ Quân Lục Chiến và lực lượng đặc biệt, trên các chiến trường ViệtNam và thế giới.

Trong những tuần lễ đầu tiên, Nam được bay huấn luyện trên CH-19 từ một loại trực thăng nhỏ OH-23 rất gọn gàng, chỉ mở cưả là bước vào phòng lái, giống như xe hơi du lịch. Bây giờ mỗi lần kiểm soát tiền phi, phải treò lên cánh quạt, kiểm soát từng con óc, kiểm soát động cơ chảy dầu, xong phaỉ treò lên phòng lái ở trên cao, mơí vào được ghế ngồi. Những động tác mở maý cũng rất rối phức tạp, và phaỉ theo đúng thứ tự trong sách vở. Khoá sinh Việt Nam, đưá nào cũng nhỏ con, tay chân ngắn hơn tụi Mỹ, nên môĩ lần lên ngồi là phaỉ đưa ghế lên cao, và đẩy hết về phía trước mơí điều khiển được hai chiếc "Pedal" phía dưới chân.

Loại CH-19 được chế tạo trước loại CH-34, thân hình rất nặng ne, được trang bị bằng loại maý xưa, mã lực rất yêú chuyên chở kém. Có nhiều lúc trong những buổi trưa nắng gắt trên chín mươi độ "F". Nếu đáp vào các khoảnh đất trống nhỏ, trong rừng để thực tập cất cánh, với sức máy tối đa qua những ngọn cây cao, là có nhiều cơ hội phải nằm lại, tắc máy ngồi chờ, cho nhiệt độ bên ngoài giảm bớt, và một yếu tố quan trọng, là hoa tiêu phải biết hướng gió thổi, để cất cánh đúng vào hướng gió. Ở các phi trường, hoa tiêu phải liên lạc với đài kiểm báo (control tower) nếu không, phải nhìn vào cây cờ (wind sock) để biết hướng đáp. Còn ở giữa rừng như trường hợp nầy, hoa tiêu phải tự động tìm lấy. Thường có nhiều cách để định hướng gió, nếu gió mạnh thì nhìn các ngọn cây chung quanh, hoặc liệng cỏ lên trời, nếu gió nhẹ lấy ngón tay ngậm trong miệng, xong đưa cao ra ngoài, nếu bề nào lạnh thì biết đó là hướng gió v..v

Qua vài tuần lễ xuyên huấn trên CH-19. Cả toán được chuyển qua CH-34, loại nầy có vẻ lớn hơn CH-19 đôi chút. Nó được trang bị động cơ với sức mã lực rất mạnh, nên trọng tải nhiều hơn. Hoa-Kỳ đã trang bị cho các phi đoàn của không lực V.N.C.H. với loại trực-thăng CH-34 cho phù hợp với chiến trường hiện tại.

Trong thời gian tạm trú, ở căn cứ Fort Rucker mặc dù là sinh viên sĩ quan, nhưng tất cả được hưởng hoàn toàn quy chế như các sĩ quan đồng minh khác. Mỗi khoá sinh ở một phòng riêng biệt, nhiều phòng có nhà bếp riêng để nấu nướng. Cũng chính nơi đây đã sản xuất ra nhiều tay đầu bếp trứ danh, như Nguyễn văn C Trần tấn Th Huỳnh văn B...v..v Họ thường chia nhau từng toán nho, khoảng ba bôn đưá một tổ. Nam thuộc về tổ của Nguyễn Van C anh là đầu bếp trứ danh của quán "Cây Mù U" ở BiênHoà, Nam làm nghề rưả chén Phạm Van Tr (Cưụ trung tá phi đoàn trưởng phi đoàn CH-47 ở Cần Thơ đã tử nạn, trong một phi vụ hành quân ở mặt trận Đồng Tháp Mười) làm nghề sai vặt. Vì thạo nghề nâú ăn nên anh C là "chủ xị" món ăn ngon hay dở trong tay anh, đưá nào lười biếng không thi hành trách nhiệm một cách đưng đắn, là bị anh ta chưỉ rủa ngay, hay đình công không nấu, là cả đám phải gậm bánh mì.

Như chúng ta đã biết, khi bỏ vốn ra đầu tư vào nhà hàng, nhân vật quan trọng bật nhất là anh đầu bếp. Khách vào nhiều hay ít cũng do tài nấu nướng của anh. Đôi khi thực khách phaỉ chờ đợi hàng giờ hoặc lái xe thật xa, khách vẫn làm và hài lòng để trả tiền khá đắt cho những món ăn của mình đã gọi.

Gần bốn chục năm nay, Nam vẫn còn nhớ món kho gà của anh. Vì lúc ban đầu Nam thường đổ nước kho chung với gà. Khi nấu xong thì thành gà luộc, chứ không phải gà kho, mời đưá nào cũng lắc đầu. Thế là sau đó cả nôì đi vào thùng rát. Đầu bếp C bèn xài xể mấy câu dằn mặt trước khi chỉ giáo.

— Mầy muốn kho gà cho thơm ngon, là phải xắt hành tây bỏ vào, rồi thêm tiêu xì dâù, đường muôí quậy lên rôì đem kho, nhớ đừng bao giờ đổ nước vào đó.

CHƯƠNG 6 - DĨ VÃNG BUỒN

Cho mãi tới bây giờ, khi nào bà xã Nam "xì nẹt" đình công nấu ăn, là Nam chơi món ruột, kho ga đó ngay. Các con thích lắm, khen ngon đáo để. Cũng như nấu cơm, Nam đã học được của bà mợ dâu, khi vào khoảng chín tuổi lúc còn ở dưới quê. Mợ chỉ cách nấu cơm, phải đo bằng lóng tay thọc sâu xuống gạo. Cứ một lóng tay gạo, là một lóng tay nước, rồi cứ thế mà tăng hoặc giảm tuỳ theo gạo nhiều hay ít. Nam vẫn còn áp dụng phương thức đó cho tới bây giờ. Nên mỗi lần nấu cơm là giống y chang như nhau. Tuy nhiên đôi lúc cũng bị tổ trác, thường ngày bà xã làm thức ăn, còn Nam vẫn tiếp tục một lòng một dạ, thủy chung với nghề củ là lau bàn rửa chén. Có một hôm bà xã Nam đi chợ về trễ, nhà lại có khách đến chơi, anh phải nấu cơm trước. Hằng ngày là hai chén gạo, nhưng nhà có hai ông bà Ngọc Anh, nên làm luôn bốn chén gạo đầy sau khi vo gạo xong, Nam cũng áp dụng phương thức đo lường cổ điển là một nữa gạo một nửa nước bắt lên lò điện. Thường thường khi cơm chính là điện tự động tắt. Nhưng hôm nay nút điện, đã bật tắt từ lâu khi dở nắp nồi cơm ra, phía trên vẫn còn nước và gạo chưa chính, Nam hơi thắt mắt không biết phải làm sao. Lúc đó Ngọc Anh cố vấn, là phải bưng nồi qua bếp ga để nấu tiếp vì nấu quá nhiều nên nồi điện không chính xác còn "hia Tỷ" khoái chí cười ha hả. Thế là Nam bị tổ trác ngày hôm đó.

Vào khoảng hơn tháng sau, Nam được tạm gọi là có khả năng vững trên cần lái cho một hoa tiêu CH-34. Có nghĩa là ngoài vấn đề tay chân khéo léo, để điều khiển phi cơ cất cánh hạ cánh với các phương thức khẩn cấp v..v hoa tiêu còn phải biết tiên đoán thời tiếc, và hiểu rõ tính chất tác động của từng loại mây để tránh né. Ngoài ra phải biết đọc rành rẽ các toạ độ, trên bản đồ không trình, các tầng số kiểm soát không lưu, và các quy luật hàng không căn bản, khi bay qua các thành phố lớn, hoặc các vùng cấm địa. Trước khi mãn khoá học, mỗi khoá sinh hoa tiêu phải tự lập lộ trình, để bay xuyên qua nhiều thành phố, do huấn luyện viên chỉ định, để làm quen với các phương thức hàng không thực tế ở các phi trường lạ. Tập xử dụng đọc bản đồ xuyên tỉnh, các dụng cụ truyền tin, và các loại phi cụ hướng dẫn thật chính xác trên phi cơ, để khỏi lạc hướng khi bay trong đêm tối, hoặc thời tiếc xấu. Khoá sinh còn phải biết tính toán, để ước định giờ giấc thật chính xác, từng toạ độ trên lộ trình sẽ bay qua. Những phi vụ bay xa như vậy, thường cất cánh rất sớm, chỉ đáp khi lấy thêm xăng, ăn trưa hoặc ngủ qua đêm, ở những phi trường hoặc tỉnh ly dự định đúng theo phi trình đã vạch sẵn.

Các huấn luyện viên hoa tiêu ở Fort Rucker, toàn là những sĩ quan trong quân đội Hoa-Kỳ có khá nhiều giờ bay, và kinh nghiệm chiến trường, phần lớn họ đã sang Việt Nam bay các phi vụ hành quân trong vài năm cho quân đội Mỹ, và Việt Nam Cộng Hoà, nên họ đã hiểu ít nhiều về phong tục, phong thổ khí hậu và du kích của Cộng Sản trong thời điểm đó, khác với những huấn luyện viên OH-23 ở Mineral Well, họ hầu hết là hoa tiêu dân sư, được chính phủ Hoa-kỳ thuê mướn dài hạn để huấn luyện cho các khoá sinh quốc gia đồng minh.

Sau phần bay liên tỉnh (cross country) Nam và các bạn được đưa qua giai đoạn kế tiếp, tự túc mưu sinh và thoát hiểm trong rừng. Mục đích của khoá học là dại cho các hoa tiêu tìm cách sinh tồn, khi bị bắn rơi giữa rừng núi. Chương trình thực tập vào khoảng hai ngày. Các khoá sinh chia nhau ra thành từng toán nhỏ. Mỗi toán hai hoặc ba người, được thả ở nhiều địa điểm khác nhau trong đêm tối, ở cánh rừng chồi bên sườn núi. Rồi các khoá sinh tự xem bản đồ, để lần mò ra căn cứ chỉ định, cách đó hơn chục dậm. Buổi chiều trước khi lên xe bus, để đi đến địa điểm đổ quân, là tất cả các khoá sinh đều xét hỏi cặn kẻ. Không được qyuền mang theo thức ăn uống gì cả, phải tự tìm toài lấy mà sống, trong khoảng bốn mươi tám tiếng đồng hồ. Trong vài giờ đầu Nam và các bạn trong toán, còn cố gắng băng rừng vạch cây, lội qua các con suối cạn, nhưng sau đó đứa nào cũng mệt lã, Cả toán bèn rủ nhau lần mò ra gần đường đi cho khỏe. Chúng tôi đã được chỉ dẫn, các tính hiệu trước lá chỉ có trực-thăng là bạn, còn tất cả xe cộ, quân đội tuần tiểu trên đường đều là địch. Phải cố tránh đừng để địch bắt trong lúc di chuyển. Nên khi thấy ánh đèn pha rọi tới, là các khoá sinh đều nhảy xuống các hố sâu cạnh lề đường để ẩn nấp.

Cái khó khăn là trên đường đến căn cứ chỉ định, phải lội qua vài con suối, nhiều khi ngập tới bụng. Còn nếu băng qua cầu, sợ bị chạm địch đang canh gát trên đó. Nhưng sau cùng cả toán vẫn bị bắt, lúc băng qua một chiếc cầu nhỏ, vào khoảng một giờ khuya, vì cứ ngỡ là địch đã chui vào xe để ngủ. Khi cả toán lần mò đến giữa cầu làbị địch phát hiện, chiếu đèn pha cả toán bị lộ tẩy. Địch dùng súng bắn đạn giã nhắm vào toán bắn làm ap lực.

Sau đó áp giải về trại, bỏ mỗi đứa vào thùng phi, địch dùng cây đánh vào phía ngoài thùng nghe rầm rầm, để lấy khẩu cung. Độ mười phút sau có một toán khác cũng bị bắt chở tới bằng xe jeep Thế là cả toán Nam được tha, bò ra khỏi thùng phi, để bỏ toán khác vào thay thế. Sau khi được thả họ biểu mỗi đuá hai trái cam để tiếp tục trở về căn cứ chính. Trong toán đuá nào cũng mệt mỏi bơ phờ buồn ngủ dữ dội, nên quyết định tìm chỗ ẩn trốn nghỉ tạm vài giờ, ngủ chờ sáng sẻ tín sau. Toán của Nam gồm có ba đứa, tìm vạch lá cây làm chỗ ngồi dựa lưng cho êm ấm. Một khoá sinh My, móc trong tuí áo trận đưa cho Nam một thỏi Chotcolat bằng ngón chân cái, mà anh ta đã dấu được từ chiều hôm qua, kèm theo lời dặn "An ít thôi để dành khi thật đói mới ăn."

Nhờ đã để phòng trước, khi đi Nam mặc hai lớp quần áo trận thật dầy. Ngoài choàng thêm cái áo jacket của Không Quân, mũ trận của nhà binh kéo xuống bịch kín lỗ tai, găng và giày tác chiến bó sát trong người. Nên mặc dù trời bên ngoài về khuya sương rừng xuống lạnh lẽo, Nam vẫn căm

CHƯƠNG 6 - DĨ VÃNG BUỒN

thấy ấm áp ngồi ngủ thật ngon lành.

Tiếng súng đại liên nổ dòn, và tiếng la cười hò hét của phe địch, hình như chúng đang rượt bắt, một toán nào đó đang di chuyển trên đường mòn. Tiếng động làm cho cả toán chúng tôi tỉnh giấc. Mặt trời chưa lên cao lắm, lá rừng vẫn còn ước đẩm hơi sương. Anh trưởng toán trãi rộng bản đồ xuống đất, để định vị trí hiện tại. Căn cứ vào chiếc cầu mà chúng tôi bị bắt đêm qua làm chuẩn, thì khoảng đường còn lại vào khoảng năm dậm đường chim bay, thì đến căn cứ an toàn. Với khoảng cách nầy nếu di chuyển trên đường mòn thì không lâu lắm, nhưng nếu băng rừng theo hướng địa bàn, thì phải trãi qua hai con suối nửa phải tốn một thời gian khá dài.

Qua vài giờ lần mò lên dóc xuống đồi, cặp theo con suối. Anh trưởng toán cho dừng lại nghỉ chân đôi phút, và xem lại bản đồ cho đúng hướng đi. Nam đã ăn hết thỏi chocolot của anh bạn Mỹ tốt bụng đã chia cho, bây giờ vẫn còn đói cào rào khó chịu. Anh trưởng toán quyết định phải đến địa điểm trước khi trời tối, nên cả toán không được nghỉ lâu hơn thời gian dự trù, mọi người đều uể oải cố gắng bước đi, lần mò xuyên qua từng bụi cây, trèo qua từng gành đá, đứa nào cũng đói và mệt lã. Đến gần xế chiều bóng nắng của tàng cây rừng ngã dài về hướng đông, đoán chừng khoảng ba bốn giờ chiều, một người trong toán nhận ra có đám khói nhỏ không xa lắm, về hướng đông bắc.

Cả toán giữ yên lặng bò lần đến quan sát sau khi nhận ra là không phải phe địch, anh trưởng toán bèn xưng danh bò ra gặp toán quân bạn. Họ đang nướng thịt thỏ rừng, vừa mới bắt được, Nam được chia cho một đùi nhỏ, mặc dẩu ngửi mùi thật nhạc nhẻo khó chịu, nhưng vì sự đòi hỏi cấp bách của bao tử anh cứ nhắm mắt nuốt trọng từng miếng. Sau đó nhờ có chất thịt vào, nên mọi người đều cảm thấy thoải mái hơn. Hai toán bèn nhập chung đi cho vui vẻ. Vào khoảng saú giờ chiều cùng ngày cả toán quân về được trại đã chỉ định. An uống đầy đủ và ngủ qua đêm tại trại, chờ đợi các toán khác về trễ. Sáng hôm sau Nam lên xe bus trở lại căn cứ Fort Rucker. Nhìn đưá nào cũng giống như người rừng cả, mặt mày mệt mỏi trầy trụa, vì khoí bụi gay cào. Khi xe vừa qua cổng chính đậu lại trước cửa cư xá, là Nam vọt xuống ngay chạy thẳng về phòng cởi bỏ quần áo phóng vào nhà tắm, xong thay đồ sạch sẻ, khoá chặc cửa leo lên giường ngủ ngay sau đó.

Hôm nay là ngày cuối cùng, tại căn cứ huấn luyện Fort Rucker. Nam và các bạn đang chờ đợi xe taxi ra bến xe bus Gray House, để đi về căn cứ không quân Travis ở California, lấy vé phi cơ trở về Việt Nam. Đưa mắt nhìn lại một lần chót, những dãi nhà trong cư xá dành cho các khóa sinh hoa tiêu đồng minh, nó nằm cạnh bên cánh rừng chồi. Nơi đó những buổi sáng sớm, Nam thường băng qua một cánh đồng cỏ khá lớn, để lên xe bus đến trường bay. Hôm nay cũng cảnh trí đó nhưng tự dưng anh cảm thấy có cái gì xót xa lưu luyến. Những căn phòng nơi đó đã cho anh sự ấm áp qua những đêm mưa phùn gió tuyết, Nam nhớ những tiếng động quen thuộc, thường xuyên giữa đêm khuya của ông già da đen, khi cho thêm củi vào lò sưởi để nấu nước nóng ở phía dưới hầm nhà. Những con chồn nhỏ có cái đuôi dài thật đẹp, chạy loanh quanh ăn bánh mì vụn, những con quạ đen thường đậu ở sân cỏ trống phía trước nhà tìm mồi. Nam thầm nghĩ có lẽ sẻ không bao giờ có cơ hội để gặp lại những kỷ niệm này.

Hôm nay trời thật đẹp, vói những tia nắng vàng ấm áp trải dài, ôm cả cánh đồng cỏ úa vàng, trên daỹ đồi thoai thoải trước mặt. California nổi tiếng là một tiểu bang có nắng ấm gần như quanh năm. Quê hương của những người con gái hảnh diện vói màu da bánh mật, đôi mắt thật liêu trai, vói sức sống căn tròn trên lòng ngực.

Cali với Nam là những cái gì thật trữ tình và lãn mạn, với những cặp đùi thon dài lẳn lơ thu hút, những chiếc áo bán thân thiếu vải chỉ đủ che hờ trên đôi gò bồng đaỏ, như vô tình mời mọc những tia mắt vô tư?

Chiếc Boeing 707 đang di chuyển ra phi đạo chính để cất cánh. Nam sắp sửa giả biệt Mỹ quốc, giã biệt trường bay, giã biệt nắng ấm Cali và xin trả lại những kỷ niệm buồn vui trong hai năm trời lưu trú.

Qua những giấc ngủ chập chờn của ngaỳ giờ xaó trộn, cuối cùng mọi người được thông baó là sắp sửa bay vào không phận Saì-Gon. Nhiều anh lính mỹ mặt mũi non choẹt khoảng mười chín hai mươi đang chui đầu nhìn qua cửa sổ. Có lẽ đây là lần đầu tiên sang Việt Nam, nhìn qua gương mặt họ Nam không đoán được tâm trạng các anh lính đó như thế nào, họ còn trẻ quá Nam không hiểu khi tình nguyện sang đây, các anh đó đã tự đặc mình trên cương vị nào? Anh tình nguyện sang chiến đấu để giúp dành tự do cho một dân tộc khác? Hay anh chiến đấu để bảo vệ quyền lợi cho những nhà tư bản ở xứ sở anh? Nam tin chắc rằng các anh đó không bao giờ để ý tới một trong hai đều mà Nam đã nghĩ tới, vì tư tưởng các anh được các chính khách và các nhà lãnh đạo của quốc gia anh đã gán cho bằng những danh từ rất thần thánh là "Anh hùng, Chiến sỉ đi bảo vệ tự do."

Mặc dù lúc đó Nam không lớn hơn các anh lính mỹ đó bao nhiêu tuổi tuy nhiên anh chắc chắn còn có lý do tin tưởng để chiến đấu hơn các bạn mỹ đó nhiều. Vì Nam là người Việt- Nam anh có nhiệm vụ chiến đấu cho dân tộc anh để chống lại sự bành trướng của cộng sản Hà Nội.

Nam vẫn còn nhớ Tổng Thống đệ nhất Cộng Hoà Ngô Đình Diệm đâu có mời các anh sang đây vì muốn bảo vệ sự tự chủ của dân tộc.

Tới đây Nam sực nhớ lại một câu chuyện xaỷ ra cách đây khá lâu của

CHƯƠNG 6 - DĨ VÃNG BUỒN

một ông bạn. Không biết nên cười hãnh diện, hay ôm mặt buồn nôn cho một ý kiến tràn trề mùi nô lệ!!?? Cách đây vào khoảng 1976 sau khi cộng sản Bắc Việt đã chiếm trọn miền nam, Nam chạy nạn sang được Hoa Kỳ. Tình cờ trong buổi họp mặt của người đồng hương. Ông bạn mới quen, có vẽ hào hứng và hãnh diện lắm, ông cóvẻ lớn hơn Nam cả chục tuổi nên cứ gọi anh là "Toa" xưng "Moi" theo kiểu dân tây. Ông bảo rằng:

- Ê! Toa có biết không. Moa đang viết một lá thư gởi lên Tổng Thống Mỹ. Là yêu cầu tổng thống cho lập một đạo quân viễn chinh, toàn là quân lính Việt Nam để đi đánh trận, bất cứ nơi nào trên thế giới. Moa tin tổng thống mỹ sẽ nghe lời làm chuyện nầy. Nam cảm thấy hơi khó chịu, vì ý kiến kỳ lạ nầy.
- Thế mình chạy sang đây để đi đánh giặc thuê à?

Ông ta có vẻ không hài lòng về câu hoỉ của Nam

- Không phải thế đâu, mình giúp quân đội mỹ để bảo vệ tự do cho những dân tộc khác, đồng thời trả ơn cho họ đã cứu giúp mình sang đây.

Nam nghĩ có bàn luận thêm gì cũng vô ích, nên tìm cách bỏ đi chỗ khác. Được biết trước kia ông ta là lính "khố xanh khố đỏ" làm nô lệ cho quân đội Pháp, nên có tư tưởng luôn luôn nghĩ mình là thân trâu ngựa cho mẫu quốc, vẫn còn gắn bó trong đầu óc ông ta?

Phi cơ đã giảm dần cao độ xuyên qua nhiều tầng lớp mây trắng, phía dưới là đồng ruộng xanh, cây cối vườn tược của vùng Biên Hoà, Lái Thiêu nằm ven phía bắc của phi trường Tân Sơn Nhất. Những mái nhà ngói qua nhiều năm tháng đã trở màu nâu đậm nằm gói trọn trong những mãnh vườn cây xanh biết. Vài con trâu đen đang thư thả gậm cỏ trên các go mã cạnh lề đường. Đó là một vài hình ảnh đầu tiên của nước Việt-Nam, qua khung cửa sổ phi cơ đi vào trí não của những người ngọai quốc, lần đầu đặc chân đến nơi nầy

Sau khi làm thủ tục nhập cảnh quan thuế Nam mang hành lý ra cổng để đón taxi về nhà. Kể từ ngày nhập ngủ vào quân trường Nha-trang đến nay đã gần ba năm trời cách biệt. SaiGòn cũng vẫn thế, đường phố vẫn ồn ào náo nhiệt, với taxi, xích lô đạp xich lô máy xe đạp, và khách bộ hành chen lấn nhau trong giờ tan sở.

Một cảm giác đầu tiên khi nhìn lại thực trạng của xả hội Việt Nam. Những người dân nghèo lao động ốm yếu, trong những bộ đồ cũ nát đang còng lưng quảy gánh đi dọc theo lề đường đã làm cho Nam xúc động rất nhiều. Có lẽ trong trí óc Nam đã quên đi những cái thực tế của một quốc gia nghèo nàn, nhưng có quá nhiều tranh chấp và tham vọng cá nhân. Trong hai năm qua ở Hoa Kỳ Nam thấy toàn những cái đẹp cái lịch sự văn mình của nước người, nên nhiều lúc Nam cũng quên mất chính mình cũng là người Việt Nam da vàng, đã chui ra từ sự khốn cùng của dân tộc. Tự dưng anh đặc câu hỏi cho chính mình "Tôi phải làm gì cho dân tộc tôi?" Câu hoỉ ấy maĩ đến bây giờ vẫn còn đeo đẳng, vì Nam chưa tìm thấy câu trả lợi nào thực tế nhất cho chính mình cả có lẽ chính anh còn mang quá nhiều tham lam, sân si ích kỹ của kiếp nhân sinh chưa trúc bỏ được?

Sau vài ngày nghỉ phép tại Sai Gòn để thu xếp công việc, Cả toán nhận được sự vụ lệnh của bộ Tư Lệnh Không Quân là phải đi ra Đà Nẵng trình diện phi đoàn 215 tân lập. Năm 1965 Sĩ Quan tham mưu của phi đoàn Chỉ huy Trưởng lúc đó là Đại úy Trần minh Th (Đại Tá Th đã qua đời tại mỹ sau năm 1975) Chỉ huy Phó là trung uý Đặng trần Dj và Trưởng phòng Hành Quân là Thiếu uý Nguyễn van Tr Còn tất cả hoa tiêu đều là Chuẩn Uý, vừa ra trường còn mới toanh.

Vì là phi đoàn mới thành lập, đang trong thời gian huấn luyện cấp số nhân viên phi hành và kỹ thuật chưa đủ. Số phi cơ mới nhận lảnh độ một vài chiếc nên Nam được đưa sang bay huấn luyện hành quân chung với phi đoàn Thuỷ Quân Lục Chiến Hoa Kỳ nằm bên kia phi trường Đà Nẵng.

Hơn tháng sau phi đoàn 215 có được năm saú chiếc CH-34 do quân đội Hoa Kỳ trao lại. Nam và các bạn trở về bay với các huấn luyện viên của phi đòan nhà. Đại úy Th. Trung uý Dj. Thiếu uý Tr đều là những huấn luyện viên kỳ cựu về ngành Trực Thăng của Không Lực V.N.C.H. Ngoài ra có thêm hai trưởng phi cơ là Trung úy Vĩnh Qu của phi đoàn 213 và Thiếu úy Phạm B của phi đoàn 211. Hai vị nầy được đưa sang để tăng cường lực lượng cho phi đoàn 215.

Trong thời gian lưu trú tại đây, từ Đại uý Chỉ Huy Trưởng đến các hoa tiêu trẻ đều sống trong Cư xá Sĩ Quan độc thân của căn cứ Không Quân Đà Nẵng. Môĩ ngày tất cả hoa tiêu mới đều có mặt tại phi đoàn chia nhau bay tập, hoặc bay với huấn luyện viên khoảng hai giờ.

Cũng xin bàn thêm, tại sao chi phí quốc gia phải tốn kém rất nhiều tiền bạc để huấn luyện cho một hoa tiêu. Như chúng ta biết quân chủng Không Quân thành phần tác chiến căn bản là các phi đoàn. Những người chiến đấu trực tiếp thực sự tại các mặt trận chính là các hoa tiêu, họ không những phải thi hành trách nhiệm thuần tuý là một quân nhân tác chiến mà còn phải là một chuyên viên kỹ thuật lành nghề, vì trong tay họ đang điều khiển một cơ giới chiến tranh thật tối tân có khi có trên cả chục triệu mỹ kim và hàng chục mạng quân nhân trên tàu. Họ phải hiểu rỏ khả năng của chiếc phi cơ đang lái, những cử động tay chân phải nhịp nhàng và đúng lúc trên cần lái, phải biết nhận diện và phản ứng nhanh chóng với hàng chục tính hiệu của các đồng hồ và hàng loạt nút điện nằm chi chích trong phòng lái. Ngoài ra ảnh hưởng bên ngoài như thời tiếc gió mưa baõ tố, địa hình địa vật gây anh hưởng rất nhiều trên điểm hẹn, những quyết định của

CHƯƠNG 6 - DĨ VÃNG BUỒN

họ phải thật nhanh và chính xác. Nên khi tuyển chọn hoa tiêu, ngoài trinh độ văn hoá căn bản bắc buộc, còn phải có một thân hình đúng thước tấc, cân nặng, sức khoẻ gần như toàn diện.

Trong những phi vụ huấn luyện thường trên vùng Sơn Trà hay vùng núi Non Nước phía đông nam Đà Nẵng vì các nơi nầy có nhiều khoảng đất trống ít nhà cửa dân chúng cư ngụ, nên các hoa tiêu mới có diệp thực tập các phương thức đáp khẩn cấp như khi bị hỏng máy hay lối đáp 360 độ, phi cơ phải xoay tròn thật gắt để đáp vào những tiền đồn trên mỏm núi hoặc trong rừng rậm để thả toán biệt kích v..v

Những ngày cuối tuần mọi người được nghỉ, chỉ trừ phi hành đoàn cấp cứu phải nằm tại phòng hành quân chờ lệnh. Thỉnh thoảng những lần bị kẹt trực như vậy, Nam thường xách phi cơ đi bay thử về hướng bắc phi trường để bắt vịt trời lội trên những vũng nước ở gần quốc lộ một đường đi ra Huế. Chỉ cần đưa phi cơ xà xuống đám vịt đang ăn, với sức gió của cánh quạt chúng bị đè xát xuống đất không bay được là anh cơ trưởng chỉ việc nhảy xuống nắm cổ kéo lên vài con mang về giao cho các quán ăn trong căn cứ làm thịt là có món nhậu lai rai chiều hôm đó.

Hầu hết các hoa tiêu mới, đều còn độc thân, chỉ trừ các vị sĩ quan tham mưu lớn tuổi đã lập gia đình có con cái hẳn hòi, họ có vẻ đạo mạo tư cách đứng đắn. Ngoài trách nhiệm bay bổng hằng ngày, các cậu chuẩn úy chỉ vui chơi ngoài phố có quán cà phê nào ngon, nhạc hay các em gái hậu phương ngọt ngào duyên dáng dễ thương là mấy anh chàng "Pilot Tồ" rủ nhau mò tới để chiêm ngưỡng.

Sau hơn nửa năm phi đoàn thành lập tại Đà Nẵng Nam theo phi đoàn 215 về Nha Trang trực thuộc Không Đoàn 62 tác chiến do thiếu tá Anh là Không Đoàn Trưởng (Chuẩn Tướng Anh đã tử nạn tại Cần Thơ trước năm 1975). Cũng trong thời gian nầy tất cả hoa tiêu mới đều được Q.L.V.N.C.H vinh thăng cấp bực Thiếu Uy thực thụ. Nam rất hãnh diện với hai bông mai vàng thật sáng còn mới toanh trên hai cầu vai áo bay.

Nha Trang là một thành phố du lịch nổi tiếng ở Đông dương, sạch sẻ và sang trọng, với những hàng dừa cao và thông xanh chạy dọc theo bờ biển, những bãy cát vàng mịn óng ánh dưới tia nắng mặt trời. NhaTrang đón Nam với vòng tay mở rộng. Anh trở lại thành phố nầy với tư cách là một sĩ quan phi công trẻ tuổi, chứ không phải là một anh tân binh S.V.S.Q.K.Q chịu huấn nhục tại quân trường như ba bốn năm về trước. Tiếng sóng biển vỗ ì-ầm vào bờ không còn làm Nam ngạc nhiên như những ngày đầu tiên chạy tập thể dục trong những buổi sáng khi mặt trời chưa nhô lên khỏi mặt bể mà Nam cứ ngỡ là trời gầm như sắp chuyển mưa!

Chiến tranh Việt-Nam cũng bắt đầu bành trướng mạnh, từ những trận đánh du kích lẻ tẻ ở cấp số tiểu đội hoặc trung đội trong các làng quê hẻo lánh. Bây giờ đã lên cấp tiểu đoàn hoặc trung đoàn lính chính quy Bắc Việt qua các trận đánh thật đẫm máu như: Pleime, Đức Cơ, Ben Hét v..v..

Những con voi thần trẻ tuổi của phi đoàn 215 mang danh "THẦN TƯỢNG" đã oanh liệt tung bay trên khắp các mặt trận để hỗ trợ cho các đơn vị bạn hành quân săn địch trên toàn lãnh thổ vùng hai chiến thuật. Hàng tháng chia nhau đi biệt phái hành quân khoảng hai tuần lễ cho các tỉnh Qui Nhơn, Pleiku, Ban-Mê-Thuộc..v..v. Để tiếp tế các tiền đồn, quận lỵ bị cô lập vì gián đoạn lưu thông trên các trục lộ. Những lần đi biệt phái như vậy phi đoàn phát cho mỗi đứa một số gạo xấy thịt hộp mang theo ăn trưa. Thỉnh thoảng gặp các vị tỉnh trưởng hoặc quận trưởng tốt bụng mời tất cả phi hành đoàn ra phố ăn cơm chiều rồi ghi phiếu nợ cho họ. Xong chất lên xe jeep chạy long nhong trong thành phố tiềm các vũ trường là vui vẻ cả làng. Nhưng không phải lúc nào cũng được sung sướng thoải mái như vậy đâu.

Nam nhiều lần đi bay cũng đói khác dài người ra. Như đã có lần trực hành quân tại bộ chỉ huy tiền phương lưu động cho mặt trận An-Lão tỉnh Bình Định để càn quét sư đoàn chính quy Sao Vàng của Bắc Việt đến trưa phi hành đoàn phải ăn gạo xấy khô và thịt hộp mặn lè, không một giọt nước để uống hoặc ngâm gạo cho mềm, thực ra dân làng có chỉ ra lu nước màu trắng đục như nước cơm vo, tất cả lẳng lặng cám ơn đi luôn chờ chiều bay về tỉnh Qui Nhơn mới được uống nước. Thực ra nếu đem so sánh cái khổ trong thời chiến của phi hành đoàn với các anh em lục quân thì chắc không có nghĩa gì cả? Dù sao đi nữa các anh em hoa tiêu cũng có cái may mắn là có phương tiện dù cực khổ gian lao nguy hiểm đến đâu, sau khi xong nhiệm vụ chiều lại được trở về thành phố lớn để nghỉ ngơi và ăn uống đầy đủ.

Là một phi đoàn tân lập mới vài năm phần lớn các hoa tiêu tuổi vào khoảng trên dưới hai mươi lăm, cái tuổi đầy hào khí anh hùng, lần mạn của những thanh niên độc thân, nên đôi khi không đắn đo suy nghĩ cho những hậu quả sẽ xẩy ra cho mạng sống chính bản thân hay trên vấn đề tình cảm.

Nam vẫn nhớ có một lần đi biệt phái cho tỉnh Qui Nhơn vào năm 1966 Thiếu uý Thái văn Â có một cô bạn gái ở Qui Nhơn cô nàng muốn xin về Nha Trang thăm nhà nhưng cô không có giấy đi phi cơ quân sự, nên quân cảnh giữ cổng không cho vào phi trường để lên phi cơ Thiếu uý Â nói lại cho trưởng toán là Trung uý DZ Ong nầy là chỉ huy phó của phi đoàn 215. Pilot DZ bèn biểu diễn một đường thật lã lướt bình đàn em. Ong quay máy xách phi cơ ra ngoài hàng rào phi trường đón người đẹp lên rồi bay thẳng về NhaTrang. Khoảng vài tuần sau đó công điện từ Bộ tổng tham mưu gởi về phi đoàn dáng cho trung uý DZ ba mươi củ về tội xử dụng phi cơ bất hợp pháp!

CHƯƠNG 6 - DĨ VÃNG BUỒN

Nam thường ngồi ghế copilot đi hành quân với Thiếu uý Phan Chi H cứ môĩ lần đáp trên tiền đồn về hướng đông bắc của quân Bồng Sơn là anh ta nhờ anh lính bộ binh dưới đất hai dùm một số hoa sim màu tím, mọc rất nhiều trên đồi gần bãy đáp xong phi vụ chiều bay về tỉnh Qui Nhơn là anh bay xà xuống thật thấp trên nóc trường nữ Đại học sư Phạm để rải hoa. Các cô nữ sinh mặc áo dài trắng nghe tiếng phi cô chạy ra trước sân nhìn lên anh ta bay một vòng tròn mới chịu đáp. Hay những ngày cuối tuần nắng ấm, baĩ biển Nha Trang rất nhộn nhịp, với nhiều thân hình nẩy lửa của các em gái hậu phương, nằm phơi nắng trên cát thật hấp dẫn. Đó là những chướng ngại rất lớn lao cho các chàng hoa tiêu muốn quan sát thật rỏ ràng đối tượng trong các phi vụ thám sát nữ địch vận, đang dùng "âm lực chưởng" để tấn công phe ta dọc theo bờ biển Nha Trang. Những chuyến bay vô cùng nguy hiểm như vậy thường –thường được tưởng thưởng bằng một vài tuần trong cấm, vì lý do bay quá thấp mất an phi!

Rồi trải qua nhiều tháng năm sau đó Phi Đoàn 215 lớn dần theo thời cuộc, như bóng câu len qua cửa sổ Nam và các bạn cũng không còn trẻ trung độc thân vui nhộn như ngày nào. Đại Uy Th chỉ huy trưởng đã thăng cấp Đại Tá về đặc trách thanh tra tại bộ tư lệnh K.Q. Trung Uy Dz chỉ huy phó đã thăng cấp Trung Tá về cục chiến tranh chánh trị. Thiếu Uy Tr trưởng phòng hành quân được thăng cấp Thiếu Tá đương kim là chỉ huy trưởng phi đoàn 215, và các phi cơ CH-34 nặng nề được đổi sang loại mới "UH-1" tối tân lanh lẹ dùng động cơ phản lực thay vì loại máy nổ như CH-34.

Những chiến công lẩy lừng của phi đoàn "Thần Tượng" đã lập nên là những hàng huy chương anh dũng và phi dũng bội tinh trên ngực áo của các hoa tiêu trong phi đoàn.

Chiến tranh Việt- Nam, như một cơn gió lóc đã ác nghiệt mang đến cho quê hương dân tộc rất nhiều đau thương đổ vở cùng cực. Đôi khi Nam cảm thấy rất hoang mang nghi ngờ sự chiến đấu và tin tưởng vào chế độ anh đang phục vụ, khi nhìn thấy quân đội ngoại quốc có mặt rất nhiều trên đất nước, với những danh từ nghe rất hào hiệp là đồng minh đi bảo vệ tự do. Cũng vì cái danh từ hết sức đẹp đẻ nầy mà nhà ái quốc Ngô Đình Diệm bị xử tử vì ông không chịu chấp nhận cái tự do mà người khác ban cho mà muốn chính dân tộc mình tạo lấy. Nam thiếc nghĩ trên đời nầy không có một quốc gia nào lại quá tốt mang cả tài lực vật lực và nhân lực, hy sinh để gíup đở một quốc gia khác mà không có điều kiên gì để đổi chác?

Nam là một Sĩ Quan với áo mảo cân đai của Q.L.V.N.C.H. nhưng nếu vô phước chiếc xe bị hỏng maý đột ngột gần các cư xá, hay đồn trạm của quân đội ngoại quốc chắc chắn rằng anh sẻ bị hối thúc đuổi đi như một người ăn mày, hay cũng có thể bị bắn chết ngay trên đất nước của tổ tiên anh!!?? Nam hoàn toàn không ưa chế độ độc tài không tưởng của cộng sản, anh cũng thù ghét luôn làm thân tôi tớ cho ngoại bang. Đôi khi Nam mơ ước một cách hết sức ngông nghênh là được làm thân chiến sĩ của Lý Thường Kiệt của Hưng Đạo Vương của Quang Trung ngày trước, thì ít ra anh cũng còn có cái hãnh diện là công dân của một quốc gia có đủ quyền tự chủ và quyết định vận mệnh cho đất nước mình. Nam có đủ lý trí và hiểu biết tổng quát để nhận định là quê hương anh vẫn có rất nhiều quân nhân và các nhà lãnh đạo trẻ tuổi vẫn mơ ước và thầm nghĩ như anh. Nhưng nghiệt ngã thay thế giới ngày nay đã được chia quyền làm bá chủ bởi các siêu cường dưới nhiều danh nghĩa chiêu bày thật thần thánh thơm tho nhưng ẩn chứa nhiều điêu ngoa và xảo huyệt?

Cuộc chiến khốc liệt càng ngày càng tăng cường độ. Sau đợt tổng công kích tết Mậu Thân 1968 của quân đội cộng sản Bắc Việt vào các tỉnh lỵ quan trọng ở miền nam. Tình hình chính trị nội bộ của Hoa Kỳ gặp rất nhiều trở ngại. Dân chúng các nơi đã nổi dậy biểu tình chống chiến tranh Việt Nam càng ngày càng dữ dội hơn đó cũng là một trong những yếu tố chính đã đẩy mạnh chính sách Việt Nam hoá chiến tranh của Hoa Kỳ. Cá nhân Nam thiết nghĩ ngay cả cụm từ" Việt Nam hoá chiến tranh" cũng đã nói lên sự mất lý tưởng chính nghĩachiến đấu dành tự do của nhân dân miền nam Việt Nam. Nói như vậy có nghĩa là từ trước đến nay chỉ có quân đội Mỹ và quân đội thuộc hạ của họ đưa sang Việt Nam để độc quyền đánh giặc với cộng sản dành tự do cho nhân dân miền nam mà thôi, còn quân lực V.N.C.H chỉ là phụ thuộc bù nhìn hay sao? Xài một chiêu bài hoàn toàn mâu thuẫn với lý tưởng chiến đấu cho sự tự do và tự chủ của một dân tộc!? Nam nghĩ rằng chính phủ Hoa Kỳ phải nói" Vì quyền lợi của Hoa Kỳ nên không thể tiếp tục giúp các anh được nửa.v..v.".Trên bình diện tâm lý, nghe ra cũng còn có thể chấp nhận được, nó ít ra cũng làm hãnh diện cho Q.L.V.N.C.H đôi chút.

###

Vào khoảng năm 1970 Nam và Đại Uy Trần tấn Th... Đại úy Phan Chí H.... từ giã phi đoàn 215 để trở vào Sài Gòn trình diện bộ tư lệnh K.Q để làm thủ tục sang Hoa Kỳ huấn luyện trên một loại vận tải cơ mới CH-47 do quân đội Hoa Kỳ sắp trao lại cho không lực.V.N.C.H.

Lần nầy Nam rời thành phố Nha -Trang ngoài hành lý đựng gọn trong xách tay bây giờ lại còn có thêm cô vợ trẻ và thằng con trai vừa tròn hai tuổi. Sau những năm dài đồn trú tại đây thành phố nầy đã cho anh rất nhiều kỷ niệm. Vết chân của anh hình như vẫn còn in sâu trên bãy biển trên những phiến đá rêu phong của Hòn Chồng Xóm Bóng bây giờ anh phải xa nó như rời bỏ một người tình.

Tại phòng du học Nam đã gặp lại Thiếu Tá Hồ bảo Đ và khoảng mười vị Đại Uy từ các phi đoàn của bốn vùng chiến thuật đưa về huấn luyện.

CHƯƠNG 6 - DĨ VÃNG BUỒN

Phần lớn các anh em hoa tiêu nầy có rất nhiều kinh nghiệm bay hành quân trong các loại phi cơ CH-34 và UH-1.

Sở dĩ bộ tư lệnh K.Q chọn những hoa tiêu có cấp bậc khá cao nhiều giờ bay và kinh nghiệm chiến trường, vì trong tương lai họ sẽ được đưa đi nắm giữ những chức vụ then chốt của những phi đoàn CH-47 sẽ thành lập trong những năm sắp tới do quân đội Hoa Kỳ trao lại.

Thiếu Tá Đ...là trưởng toán hướng dẫn ông cũng sẽ là phi đoàn trưởng của đệ nhất phi đoàn vận tải CH-47 của không lực V.N.C.H trong tương lai. Sau một thời gian ngắn làm các dịch vụ giấy tờ và xấp xếp gia đình có chỗ nương tựa chắc chắn, chúng tôi lên đường trở lại trường bay ở Fort Rucker.

Phần lớn các hoa tiêu trực thăng của không quân Việt Nam được huấn luyện từ các căn cứ ở Fort Worth Texas cho các loại nhỏ như OH-23, T55 sau khi tốt nghiệp sẽ được chuyển qua căn cứ Fort Rucker để chuyển tiếp qua các loại CH-19, CH-34, UH-1 và vận tải cơ khổng lồ CH-47. Tại đây Nam gặp Đại Uy Nguyễn văn H, Đại úy Nguyễn Văn T nguyên là Sĩ Quan liên lạc K.Q của V.N.C.H tại các căn cứ huấn luyện Hoa Kỳ và một số anh em S.V.S.Q vừa tốt nghiệp tại trường bay Fort Worth đưa sang để tiếp tục xuyên huấn trên CH-47. Khoá huấn luyện đầu tiên có khoảng hai mươi hai người. Phân nửa là các cựu hoa tiêu học tu nghiệp số còn lại là các tân sĩ quan phi công. Mỗi huấn luyện viên Hoa Kỳ có nhiệm vụ bay huấn luyện cho một cũ và một mới.

Trong khoảng thời gian ở đây Nam và các bạn được đối xử rất nồng hậu kính trọng của các sỉ quan huấn luyện viên Hoa Kỳ. Chuyện bay bổng không khó khăn mấy. Mặc dù gọi là thời gian huấn luyện thật ra đối với Nam và các bạn, đó là gian ưu đãi của chính phủ cho đi nghỉ để dưỡng sức thì đúng hơn.

Chuyện học hành bay bổng ở đây chỉ hoàn toàn trên lý thuyết không phù hợp với chiến trường V.N tý náo cả. Theo những dẫn chứng của sự suy luận như vậy, chúng ta đã nhận thấy làcó rất nhiều phi cơ của Mỹ đã bị bắn hạ trên chiến trường Việt Nam. Vì phần lớn các phi công Hoa Kỳ sau khi tốt nghiệp là đưa sang chiến trường Việt. Nam họ chưa có kinh nghiệm tý nào về tâm lý chiến trường ở đây cả. Họ chỉ căn cứ vào sách vở hoặc ở trường dạy sao làm vậy đúng theo nguyên tắc và tiêu chuẩn phi hành đã học. Trái lại các phi công Việt Nam không dám nói là họ tài ba gì hơn các phi công Hoa Kỳ nhưng cái điểm tâm lý quan trọng trong nghệ thuật dành ưu điểm chiến tranh là họ hiểu được tâm lý của đối tượng mình.

Chiến tranh V.N là một loại chiến tranh gần như hoàn toàn căn cứ vào du kích chiến. Nếu cần họ có thể tập họp một quân số lớn hoặc phân tán mỏng tuỳ theo sự đòi hỏi của nhu cầu chiến trường. Cộng sản Bắc Việt cũng thừa hiểu với hoả lực cực kỳ man rợ của không quân Mỹ rất khó mà thành công được với những trận địa chiến lớn lao phải cần tập trung cấp số trên nhiều sư đoàn chính quy. Do đó họ thường tổ chức nhiều toán nhỏ cấp tiểu đoàn, đại đội hoặc trung đội đóng rải rác theo các quốc lộ để chặn đường tiếp tế ngăn cản giao thông làm kiệt quệ nền kinh tế của ta. Thường những buổi sáng quân đội đi mở đường, các toán quân du kích rút vào xa hơn một tý, chiều lại quân ta rút ve, du kích lại mò ra quốc lộ để đào phá đường hoặc chận bắt đóng thuế các xe đò qua lại. Như vậy nếu những buổi sáng sớm bạn bay cách xa đường và hơi thấp một chút hoặc chiều đi hành quân về bạn bay song song trên quốc lộ, là chắc chắn bạn có nhiều cơ hội lãnh đạn của quân du kích gởi tặng. Ngoài ra những trận đánh khá lớn như Dacsang, Benhet, Đức Cơ ở vùng hai. Quân Bác Việt đã tập trung với cấp số Trung Đoàn và Sư Đoàn để bao vây các tiền đồn nầy, thường quân lính họ bám rất sát vào quân bạn để tránh pháo binh và B52. Những nơi nầy nếu bạn bay đúng sách vở làm cận tiến để đáp vào đó thì chắc chắn đó là phi vụ cuối cùng của đời bạn. Chiến trường V.N đã dạy cho các hoa tiêu Việt rất nhiều kinh nghiêm "Maú và Nước mắt". Nếu hôm nay vẫn còn sống (nói theo giọng điệu nhà phật) có lẽ cũng nhờ phước đức ông bà để lại thì đúng hơn?

Thời gian trôi qua một cách nhanh chóng. Váo khoảng bốn tháng sau khoá học bay CH-47 đầu tiên đã hoàn thành mỹ mãn, mọi người đang sửa soạn mua sắm chút ít để làm quà mang về Sài Gòn cho gia đình.

Vài ngày sau đó Nam và các bạn có mặt tại bộ tư lệnh K.Q trình diện để nhận sự vụ lệnh về Sư Đoàn ba Không Quân đồn trú tại Biên Hoà. Vì phi đoàn CH-47 chưa được chính thức thành lập nên sư đoàn đã gởi cả toán lên Phú Lợi Bình Dương bay hành quân chung với phi đoàn không kỵ của tiểu đoàn "205" Hoa kỳ.

Thiết nghĩ cũng cần nên nhắc lại trong khoảng thời gian nầy quân đội mỹ đã bắt đầu ồ ạt rút ra khỏi Việt Nam. Phi trường quân sự Biên Hoà và các khu vực dành riêng cho quân đội mỹ rộng thênh thang các văn phòng cư xá trống trải gần như hoàn toàn bị bỏ ngỏ. Nhiều phi đoàn trực-thăng khu trục và quan sát của V.N.C.H được thành lập thêm ra một cách vội vã. Không Đoàn chiến thuật được tăng cấp số lên là Sư Đoàn. Không Quân V.N.C.H đã thực sự bành trướng và trang bị một cách rất mạnh mẽ nhanh chóng trong giai đoạn nầy.

Song-song với sự rút lui của quân độ Hoa Kỳ quân chánh quy Bắc Việt đã lợi dụng thời cơ xử dụng tối đa đường mòn Hồ chí Minh để đưa vũ khí nặng đại pháo xe tăng và tăng cường các lực lượng quân đội vào nam để chuẩn bị những trận đánh dứt điểm tàn khóc trong những năm kế tiếp.

Vào khoảng vài ba tháng sau Sư Đoàn ba Không Quân đã nhận được một số vận tải cơ CH-47 Chinook. Nam và các bạn được triệu hồi trở về

CHƯƠNG 6 - DĨ VÃNG BUỒN

Biên Hoà để chính thức thành lập phi đoàn 237. Thiếu Tá Hồ bảo Đ.... Là một sĩ quan thâm niên có rất nhiều kinh nghiệm và uy tín trong giới trực - thăng được bộ tư lệnh K.Q chọn làm phi đoàn trưởng đầu tiên của đệ nhất phi đoàn vận taĩ Chinook. Ong là một sĩ quan rất tin tưởng vào kinh sách tử vi tướng số. Chính ông đã chọn ngày giờ hoàn đạo lập bàn hương án rất trang nghiêm giữa trời đứng ra thắp nhang khấn vái làm lễ xuất quân và đặc tên cho phi đoàn là "Lôi Thanh" dưới sự chứng kiến của nhiều vị sĩ quan cao cấp của K.LV.N.C.H và toàn thể nhân viên phi hành củaphi đoàn 237.

Thế là phi đoàn 237 Lôi Thanh đã chính thức gia nhập vào đại gia đình của không lực V.N.C.H kể từ ngày đó. Trong thời gian chuyển tiếp phi đoàn vẫn tiếp tục bay huấn luyện để lấy thêm kinh nghiệm hành quân và chọn người để thành lập ban tham mưu phi đoàn. Phi đoàn phó đầu tiên là Đ/u Nguyễn phú C.... Trưởng phòng hành quân Đ/u Nguyễn văn H... sĩ quan an phi Đ/u Nguyễn văn M... Sĩ quan huấn luyện Đ/u Nguyễn thanh N.... và một số sĩ quan phụ tá cùng các phi đội trưởng.

Trong một thời gian kỷ lục các hoa tiêu đã tốt nghiệp từ các khóa huấn luyện tại Hoa Kỳ đã trở về đầy đủ cho cấp số một phi đoàn tác chiến và cũng theo sự đòi hỏi của nhu cầu chiến trường môi ngày mỗi tăng cường độ vì quân đội Mỹ đã rút đi một cách vội vã nên để lại rất nhiều khoảng trống trong Q.L.V.N.C.H. Nhiều tiền đồn quận ly bị cô lập thiếu phương tiện yểm trợ vì đường bộ bị chặn cắt nhiều nơi.Quân chính quy Bắc Việt đã ồ ạt đưa quân và tiếp liệu vào các căn cứ chiến lược đặt trên đất Cam Bốt Sát biên giới V.N vùng tây bắc của tinh ly Tây Ninh đang chờ cơ hội để tổng tấn công đánh chiếm các tỉnh ven biên. Hiểu được tình thế cực kỳ khẩn trương nầy Bộ tổng tham mưu Q.L.V.NCH ra lệnh cho phi đoàn 237 Lôi Thanh xuất quân sớm hơn thời gian dự định. Vào khỏang đầu năm 1971 phi đoàn đã chính thức tham dự thường xuyên trên các mặt trận nóng bỏng của chiến trường Tây Ninh để yểm trợ quân bạn, bộ binh và thiết giáp tiến vào các cứ địa được gọi là bất khả xâm phạm của cộng sản đặc trên lãnh thổ campuchia để tiêu diệt tiếp liệu hậu cần của địch.

Tiếp theo trận chiến Tây Ninh là các mặt trận của"Mùa hè đỏ luả 1972" như An Lộc, Tống lê Chân Chơn Thành ven biên vùng tây bắc của thủ đô Sài Gòn. Quân đội công sản đã mưu toan lợi dụng trong tình trạng quân đội V.N.C.H còn đang kiện toàn lực luợng chúng đưa ra hằng sư đoàn với vũ khí nặng và chiến xa tối tân của Nga ồ ạt tiến vào đàn áp tỉnh ly Phước Long và Bình Long cùng các quận ly lân cận. Với quyết tâm chiếm lấy thành phố An Lộc để lập chính phủ lâm thời của "Mặt trận giải phóng miền nam" gây tiếng vang quốc tế.

Phi doàn 237 lại tiếp tục chứng tỏ khả năng đa dụng của mình để yểm trợ quân bạn qua những trận đánh thật đẫm náu làm rơi lệ của lương tâm thế giới? Điển hình như một họp đoàn ba chiếc CH-47 đã oanh liệt tiến vào màng lưới phòng không của địch trong giờ phút cuối cùng của ngọn đồi chiến thuật để tiếp tế yểm trợ đạn dược cho tiểu đoàn anh hùng mũ đỏ Dù đang bị địch bao vây trên ngọn "Đồi Gió" ở về phía đông bắc của thành phố An Lộc. Hay những phi vụ cảm tử đáp vào tiền đồn Tống Lê Chân để tăng viện và tải thương cho tiểu đoàn ưu tú thiện chiến Biệt động Quân mũ nâu đang trấn giữ nơi đây. Tất cả những vị trí này là nơi thử lửa của các chiến sĩ anh hùng Không Quân của các phi đoàn trực-thăng UH-1 và CH-47. Những cánh chim đại bàng xuất hiện từ trời cao ngang nhiên lướt qua những tràn đạn phòng không đáp xuống như thiên thần để mang hơi ấm và tình thương chiến hữu đến với các anh hùng bộ binh.

Phi đoàn 237 Lôi Thanh trong giai đoạn nầy tuy non tuổi tác nhưng già đầy kinh nghiệm, các anh em hoa tiêu được rèn luyện kinh nghiệm trong chiến trường, qua lò lửa V.N. Họ đã trưởng thành và chứng tỏ khả năng siêu việt của mình qua những phi vụ thật khó khăn trong cuộc chiến tàn khốc nhất của thế kỷ hai mươi. Để có được những kinh nghiệm đẫm máu nầy phi đoàn 237 đã phải chịu đựng và chấp nhận những sự mất mát đau đớn nghiệt ngã chung của dân tộc V.N đang gánh chịu.

Nhiều cánh chim đại bàng đã bỏ lở đường bay gãy cánh để đi vào lịch sử của cuộc chiến. Các anh thực sự đã bay đi, bay vào một vùng có ánh sáng chói chang ở ngoại giới, nơi đó không có những đau thương gãy đổ không thù hận oán hờn các anh sẻ được yên bình vĩnh cửu. Chỉ còn lại nơi đây những người đang sống vẫn luôn luôn nhắc nhở đến tên tuổi để thương tiếc các anh!!Vợ anh, con anh người tình bé bỏng của các anh ngày xưa vẫn còn đó. Tuy mang nhiều đau thương luyến nhớ, nhưng đôi mắt họ vụt sáng long lanh khi nghe nhắc đến tên các anh và những chiến công hiển hách của các anh đã lập nên. Họ đã vô cùng hảnh diên và sung sướng đã có một thời là con là những người tình gắn bó chia sớt mặn nồng với các anh. Chúng tôi xin đốt nén hương lòng để thầm cầu nguyện và tri ơn các anh đã hy sinh đời mình cho chúng tôi được sống.

Phi đoàn 237 không những yểm trợ hành quân cho vùng ba chiến thuật, ngoài ra thỉnh thoảng còn phải yểm trợ cho vùng hai hoặc vùng bốn chiến thuật, khi đơn vị bạn gặp nhiều khó khăn cần phải giải quyết gấp cấp bách.

Nam còn nhớ vào khoảng năm 1971.Mặt trận Đackto đang bùng nổ dử dội những trận đánh khét tiếng như Charlie tiền đồn năm, plato. J, chu-prong ..... đang cực kỳ sôi động. Tiền đồn năm lúc đó do một tiểu đoàn Dù đang trú đóng trên đỉnh núi, những anh hùng mũ đỏ đang bị cô lập, bao vây bởi cả trung đoàn quân chính quy Bắc Việt đang ẩn núp dưới các giao thông hào phía dưới chân đồi. Chúng pháo kích ngày đêm làm áp lực không cho phi cơ trực-thăng tiếp viện. Tiểu đoàn Dù gọi về bộ chỉ huy

CHƯƠNG 6 - DĨ VÃNG BUỒN

hành quân tiền phương tại Tân Cảnh xin phi cơ tiếp tế khẩn cấp. Tất cả các phi công Chinook CH-47 của Hoa Kỳ còn lại tại Pleiku đều từ chối phi vụ khẩn cấp nầy. Công điện từ bộ tư lệnh vùng hai gởi về Sư Đoàn ba Không Quân yêu cầu phi đoàn 237 thi hành phi vụ. Phi Đoàn trưởng Hồ bảo Đ... ra lệnh cho một phi cơ CH-47 cất cánh từ Biên Hoà đi Dackto thi hành phi vụ. Đ/U Nam trực hành quân hôm đó nhận lấy trách nhiệm. Cất cánh từ Biên Hoà ghé Ban Mê Thuộc lấy thêm xăng rồi trực chỉ bộ chỉ huy tiền phương tại Tân Cảnh nhận lệnh. Sau khi đáp, phi cơ chưa ngưng hẳn cánh quạt Nam đã nhận thấy Đại Tá tư lệnh mặt trận lái xe jeep ra đón đưa Nam vào phòng thuyết trình của bộ chỉ huy hành quân. Với một giọng thật cảm động và nghiêm trang ông bảo.

— Tôi đã yêu cầu Chinook của Mỹ đang đóng tại Pleiku, nhưng tụi nó đã từ chối, sợ bị tổn thất trước khi rút quân về nước, không giúp ích được gì trong lúc cấp bách nầy. Bây giờ tôi chỉ còn trông cậy vào các anh em Không Quân V.N để cứu vãn tình thế cho tiểu đoàn dù đang tử thủ trên đỉnh đồi tiền đồn năm.

Nam rất căm đông và kính phục siết tay ông hứa sẽ cố gắng để thi hành phi vụ. Sau khi nghe qua về tin tức tình báo, Nam chỉ còn tinh cậy vào khả năng kỹ thuật cùng sự bình tỉnh của phi hành đoàn. Nhiệm vụ chính là câu lên vài tấn đạn, thực phẩm, y-dược tiếp tế khẩn cấp cho tiểu đoàn khi trở ra là mang về một khẩu đại bác 105 ly đã bị hư, phi vụ rất giản dị chỉ có thế là xong sẽ bay trở về Biên Hoà trong ngày.

Tiền đồn năm cách bộ chỉ huy Tân Cảnh Dackto không xa lắm chỉ độ hơn năm phút bay là đến. Nếu trong những ngày đẹp trời từ bộ chỉ huy ta có thể nhìn thấy lờ mờ đỉnh đồi của tiền đồn.

Phi hành đoàn sẳn sàng cất cánh Nam ra lệnh "ramp Down" cửa phía sau đuôi tàu cho trống trải, anh không nói các tin tình báo cho mọi người biết sợ tinh thần anh em bị lung lạc. Nếu có rủi ro tàu bị bắn hay pháo kích cháy phi hành đoàn sẽ thoát thân ra phía sau dễ dàng. Chiếc CH-47 to kềnh càng câu phía ngoài, một kiện hàng thật lớn đang giảm dần tốc độ vào cận tiến từ hướng đông bắc đi vào đỉnh đồi. Hai chiếc trực thăng vỏ trang UH-1 bay cập sát hai bên phía dưới đang phóng hỏa tiển va bắn xối xã vào những chỗ nghi ngờ có súng phòng không của địch. Một phút sau chúng tôi thả được kiện hàng an toàn. Nam chuẩn bị đưa phi cơ về phía trái để câu khẩu đại bác 105 ly, vừa đẩy cần lái sang trái thì trước mặt sau lưng bên trái bên phải khói bụi tung toé mịt mù. Tiếng la thất thanh từ trong "inter phone" của anh cơ phi.

— Vọt lẹ vọt lẹ đại uý!!Tụi nó đang pháo kích mình!

Nam đã biết trước nên chuẩn bị, anh bình tỉnh đẩy mạnh cần lái sang phải đạp mạnh" pedal" chiếc phi cơ nhanh nhẹn xoay 180 độ cũng vừa lúc đó một trái đạn đại pháo rớt gần sau đuôi tàu vối sức ép không khí cực mạnh của tiếng nổ hất con tàu về phía trước mũi phi cơ cấm chuối xuống sườn đồi Nam giữ cần lái cho con tàu được thăng bằng lấy tốc độ lướt nhanh ra khỏi tầm hoả lực địch. Vài giây ngắn ngủi Nam được cơ phi báo cáo phi hành đoàn vô sự, kiểm soát lại các đồng hồ phi cụ nằm trong mức an toàn. Qua tần số FM Nam báo cáo về bộ chỉ huy tiền phương sự việc vừa xảy ra. Chính Đại Tá tư lệnh mặt trận đã cám ơn chúng tôi đem được thực phẩm đạn dược cứu nguy cho quân bạn trên đỉnh núi.

Khi về đáp, các sĩ quan tham mưu của bộ chỉ huy ra mừng đón cho phi hành đoàn vô sự. Đại Tá tư lệnh mặt trận gắn huy chương ban thưởng anh dũng bội tinh cho phi hành đoàn tại bộ chỉ huy tiền phương trước các sĩ quan cao cấp Việt và Hoa Kỳ. Sau đó Nam được một sĩ quan trong ban tham mưu nói nhỏ cho biết là phi hành đoàn vô cùng may mắn vì mới ngày hôm qua có một phi hành đoàn UH-1 bị bắn cháy rớt xuống chân đồi. Nam thiếc nghĩ chuyện sống chết là do định mệnh của thượng đế đã an bài, chỉ cần chậm hay sớn hơn một tí tắc là có thể thay đổi tất cả cho một kiếp người.

Sau khi kiểm soát lại phi cơ chỉ thấy tàu bị lủng năm ba chỗ không đến nổi nguy hiểm Nam quyết định bay về Biên Hoa. Về đến phi đoàn, anh làm báo cáo an phi gây ra bởi pháo kích Nam không nghĩ chuyện như vậy phải quan tâm nhiều lắm. Vì trước kia khi bay CH-34, và UH-1 cho phi đoàn 215 vào các mặt trận Đức Cơ, Đức Lập Bồng Sơn, Tam Quan.....Chuyện bị bắn lảnh đạn của Việt cộng xảy ra rất thường xuyên. Nhưng hôm nay Thiếu Tá phi đoàn trưởng đã dành đặc ân quyết tranh đấu cho Nam đại diện Sư Đoàn ba Không Quân theo phái đoàn chiến sĩ xuất xắc của V.N, C.H do Chuẩn Tướng Trần Bá D hướng dẫn sang Đài Loan.

Vào khoảng năm 1972 Trung Tá Đ.... được đưa lên giữ nhiệm vụ không đoàn phó Thiếu Tá C...... được cử lên chức vụ phi đoàn trưởng Thiếu Tá Võ châu P..... lên phi đoàn pho, Nam lên thay thế trưởng phòng hành quân cho Thiếu Tá H....

Đệ nhất phi đoàn vận tải CH-47 Lôi Thanh đã cung cấp rất nhiều sĩ quan ưu tú đưa đi nắm giữ những chức vụ quan trọng cho các phi đoàn Chinook tân lập sau nầy như Tr/Tá Nguyễn van M...phi đoàn trưởng ở Đà Nẵng, Tr/Tá H...phi đoàn trưởng ở Phù Cát anh Th/Tá Phạm văn T.... phi đoàn trưởng Cần Thơ vv.. và rất nhiều sĩ quan tham mưu khác. Các anh em hoa tiêu trẻ đã lần lược trở thành những trưởng phi cơ ưu tú và nắm giữ những chức vụ quan trọng của phi đoàn như phi đội trưởng biệt đội trưởng v..v.

Vào mùa hè năm 1972 với chiến trận An Lộc bùng nổ dữ dội quân lính Bắc Việt được trang bị các vũ khí tối tân cận đại để đàn áp sự yểm trợ của không lực V.N.C.H như các loại súng phòng không hạng nặng, và hoả

CHƯƠNG 6 - DĨ VÃNG BUỒN

tiển tầm nhiệt SA7. Các hoa tiêu của phi đoàn 237 trở thành những hiệp sĩ không gian. Phi hành đoàn được nay nịch bằng áo giáp sắt để chống đạn họ câu những kiện hàng tiếp liệu to tướng bay sát đầu ngọn cây rừng với tốc độ thật nhanh. Hàng loạt ba hoặc bốn chiếc xuyên qua vùng đất địch để vào tiếp tế cho đơn vị bạn đang hành quân giữa rừng phía nam An Lộc. Ngoài những sự yểm trợ hành quân thuần tuý, họ cũng còn là những chiến sĩ cuả tình thương. Các trẻ con, phụ nữ ông già, bà lão đã bỏ lại tất cả tài sản nhà cửa ruông vườn chạy đi lánh nạn. Anh em hoa tiêu đôi lúc quên sự sống còn của đời mình dưới mưa đạn pháo kích tàn nhẫn của địch quân cố ở nán lại đôi ba phút để rước đoàn người di tản lên tàu đưa ra khỏi vùng hoả tuyến.

Ngày xưa lúc còn bé, Nam chỉ nghe nói chứ chưa bao giờ thấy được biệt đôị "Thần Phong" của Nhật Hoàng nhưng Nam rất kính trọng và xem họ như những bật vĩ nhân vì họ đã thực hiện được chí làm trai trong thời loạn. Để đến ngày hôm nay taị phi đoàn Lôi Thanh Nam đã thấy bằng xương bằng thịt những chiến sĩ "Thần Phong" đó. Nhưng bây giờ không có rượu sakê hâm nóng và những lời chúc tụng nồng nàn của thượng cấp trước giờ tiễn biệt như những phi công Nhật. Họ chỉ có tấm lòng chung thủy và một dạ sắt son với hai tiếng "Việt Nam" để tình nguyện bay vào tử lộ "Tống Lê Chân".

Sau cuộc chiến tàn khóc và day dẳn của chiến trường V.N. Các anh em trực thăng đã chứng tỏ được khả năng đa diện và anh hùng của mình trong mọi lảnh vực. Trên cao các anh là những thiên thần giáng xuống đầu giặc những trái hoả tiễn nổ long trời, những tràn đạn liên thanh rú lên như bò rống làm cho địch quân khiếp đảm kinh sợ khi nhìn thấy các trực-thăng võ trang bay lượn trên vùng. Đối với quân bạn các anh là những hiệp sĩ không màn nguy hiểm xong vào khói lửa để tiếp tế đạn dược, thực phẩm tải thương gây được sự tin tưởng vô biên của họ.

Đối với dân chúng chạy loạn di tản các anh chính là chiến sĩ của tình thương được nhiều cảm kích. Các phi đoàn trực thăng đã cùng với các chiến sĩ Dù, Biệt Động, Thuỷ Quân Lục Chiến, Biệt kích v..v...Đã chạm địch và rượt địch ngoài trận tuyến từ vực sâu hố thẳm lên đến những mõm núi hay hang động cheo leo chưa bao giờ có vết chân người bước đến, trong những chiến dịch Diều Hâu, đổ quân, thả Biệt Kích, viễn thám trên bốn vùng chiến thuật.

Nam rất hảnh diện sung sướng nêu danh và ca tụng cac anh đã có một thời viết lên trang sử hùng làm rạng danh cho Q.L.V.N.C.H nói chung và quân chủng Không Quân nói riêng.

Với những quân binh chủng thật kiêu hùng và hàng triệu dân quân cán chính của V.N.C.H đã quyết tâm muốn bảo vệ lấy non sông. Nhưng nghiệt ngã thay định mệnh của dân tộc ta đã không được chính chúng ta quyết định? Vì quyền lực quyết định tối hậu của loài người hôm nay và mãi mãi về sau vẫn là quyền lực của thế giới kẻ mạnh?

Việt Nam nhỏ bé nghèo nàn quê hương của tất cả người Việt đã tự hào có cả ngàn năm văn hoá. Bây giờ thử hỏi chúng ta đã học hỏi được những kinh nghiệm gì, sau những đổ vỡ mất mát mà chúng ta đã và đang gánh chịu?

Phi đoàn Lôi Thanh 237 là một trong những trăm ngàn chứng tích lịch sử cho ngày đau buồn 30-04-1975. Việt Cộng đã bắt đầu pháo kích vào phi trường Biên Hoà và bộ tư lệnh vùng ba chiến thuật Ngày 27-04-1975 phi đoàn được lệnh di chuyển về Tân Sơn Nhất. Trong thời gian nầy Nam nắm chức vụ phi đoàn phó thay thế cho TR/Tá Võ châu P.... đã mất trong phi vụ huấn luyện tại Long Bình.

Nam được chỉ định về điều động phi hành đoàn tại Tân Sơn Nhất TR/Tá C...... phi đoàn trưởng ở lại Biên Hoà cùng Đ/Tá T..và Chuẩn tướng T... tư lệnh Sư Đoàn ba Không Quân để lo di tản căn cứ Không Quân về Sài Gòn.

Qua ngày 28-04-1975 trong lúc các anh em hoa tiêu, đang bận rộn chuyển quân lên xuống rộn rịp trên phi đạo Tân Sơn Nhất. Lúc bấy giờ Nam đang đứng dưới chân đài kiểm báo để theo dõi sắp xếp các chuyến bay. Bổng anh nhận thấy hai chiếc A37 đang bay với cao độ rất thấp tới từ hướng nam, trong tý tắc sau Nam nhận thấy hai trái bôm "Napal" đã rớt nổ cài trên phi đạo khói lửa mịt mù. Rất nhiều quân nhân đang làm việc, và đứng gần đó đã ùa nhau bỏ chạy vào tru ẩn gần các ụ sắt chứa phi cơ. Hai chiếc A37 sau khi thả xong bôm chúng cất lên cao và làm 180 độ quay trở lại oanh tạc tiếp xem như ra chỗ không người. Cũng kể từ giờ phút nầy, Nam nhận thấy hệ thống chỉ huy của Bộ tổng tham mưu Q.L.V.N và Không Quân hầu như không còn hiệu quảnữa. Lính tráng bỏ đơn vị chạy về nhà một cách hỗn loạn.

Trong giờ phút cực kỳ khó khăn nầy, các anh em trong đoàn viên phi hành rất là hoan man. Nam gọi đài kiểm báo "Paris" để báo cáo và hỏi xem tin tức bộ chỉ huy hành quân có lệnh gì cho chúng tôi không? Sĩ quan trực ở đây cũng không hiểu gì hơn, họ trả lời kiểu câu giờ "Các anh haỹ chờ lệnh!" Những giờ phút chờ đợi đi qua dài gần như hằng thế kỷ!

Sau đêm 28 rạng ngày 29-04-1975 Nam và phi hành đoàn nằm ngủ dưới bụng phi cơ. Vào khoảng bốn giờ sáng, anh chợt tỉnh giấc vì những tiếng nổ long trời của hoả tiễn 122 ly và đại bác hạng nặng 130 ly của Việt công pháo vào phi trường, trúng vào bồn nhiên liệu, nhiều ngọn lửa cao đã bốc cháy khói đen mù mịt. Qua tầng số radio của anh em an ninh phi trường báo cáo, là địch đã lọt được vào vòng rào ở phía tay bắc phi trường. Nam nghỉ không thể nào ở lâu hơn nửa anh cho lệnh cất cánh, bốn chiếc CH-47 bay ra Vũng Tàu vì phi trường Tân Sơn Nhất bây giờ gần như

CHƯƠNG 6 - DĨ VÃNG BUỒN

bỏ ngỏ. Nhưng phi cơ vừa lấy nhiên liệu xong ở Vũng Tàu, Việt cộng lại pháo vào Nam cho phi hành đoàn quay máy lại định đi Cần Thơ. Khi tàu bình phi trên 5000 bộ anh lại gọi về "paris" để xem có lệnh gì mới cho phi hành đoàn hay không, nhưng không được trả lời. Cũng cùng lúc đó Nam có nghe người bảo là" Bây giờ không còn giới chức thẩm quyền Lôi Thanh trọn quyền quyết định."

Thế là xong ngày cuối cùng của đất nước, và sự cưỡng bách tan rả của phi đoàn Lôi Thanh 237!

Trên cương vị là một chiến binh, Nam rất hảnh diện là đã có một thời chung sống và gần gủi với tất cả anh em, cùng chia sẻ những khó khăn vui buồn thăng trầm của đời lính. Sự chiến đấu thần thánh cuả tuổi trẻ, và sự hy sinh của anh em không đặc trên nhu cầu danh lợi cá nhân, cũng không đặc trên những căn bản của ý thức hệ ngoại lai. Sự hy sinh của anh em rất chân tình và giản dị, không đắn đo không suy nghĩ, cũng chỉ vì quê mẹ Việt-Nam quá tả tơi rách nát! Chúng ta đã chiến đâú và học hỏi để bước theo những vết chân cội nguồn cuả tiền nhân, từ ngàn năm trước đã dựng nước và cưú nước.

CHƯƠNG 7

Thầy Giáo Bảo

Bảo thẩn thờ mở cửa bước ra phía trước hiên nhà, tìm một chỗ trống trên bậc thang dùng để bước lên cái sân cây trước cửa. Anh ngồi xuống với tay đặc ly cà phê nóng cạnh đó, rồi móc vội gói thuốc lá lấy ra một điếu đặc lên môi chăm lửa đốt. Bảo hít một hơi thật dài như người ghiền thuốc lá thật sự, những làn khói trắng được từ từ nhã ra, bay từng đợt mỏng manh, sau đó tan biến trong một vùng không gian nào đó. Đột nhiên anh co tay liệng mạnh điếu thuốc còn đang cháy dở dang ra trước sân, với một cử chỉ gần như bất mãn, thoát ra từ một hành động rất ít khi xảy ra trong anh.

Thật ra Bảo có chuyện buồn bực mình vì cái chuyện không ra đâu cả, đã xảy ra cách đây vài hôm, trong một buổi họp của hội thân hữu cựu giáo chức địa phương. Vì có người chất vấn anh "Tại sao lại về Việt Nam, trong lúc cộng sản còn tại đó?"

###

Trước năm 1975 Bảo là một giáo viên dạy Việt văn, của một trường trung học tư thục ở Sài Gòn. Vào khoảng năm 1963, anh bị động viên đi khoá Sĩ Quan trừ bị Thủ Đức, khi ra trường anh được đưa ra để bổ sung vào một đơn vị tác chiến ở vùng một chiến thuật. Rồi độ một năm sau đó anh được lệnh của bộ Quốc phòng, biệt phái về lại bộ Quốc Gia giáo dục

CHƯƠNG 7 - THẦY GIÁO BẢO

để tiếp tục làm nghề dạy học.

Chiến tranh Việt Nam, đối với Bảo là một loại chiến tranh có hình thức chính trị rất phức tạp, tuy nhiên chung quy nó vẫn là loại chiến tranh uỷ nhiệm, giữa hai chủ nghĩa "Tư bản "và "Cộng sản."

Bảo không thích nghiên cứu hay để ý nhiều về nó, anh chỉ là một giáo viên yêu nghề dạy học. Yêu bình luận về chuyện Kiều, yêu đọc thơ Xuân Diệu, Lưu trọng Lư, Hàn mặ Tử v...v.. Bảo có dáng dấp là một nghệ sĩ, hơn là một ông giáo gọn gàng gương mẫu. Anh thích hút thuốc lá và tóc luôn luôn để dài chấm ót.

Những lúc giảng thơ văn cho học trò trong lớp, nhất là những bài thơ trữ tình của Hàn Mặc Tử. Giọng anh cứ trầm xuống, đọc dần từng câu thơ, rồi nhắc lại từng chữ như những nốt nhạc lên bổng xuống trầm, cả lớp đều yên lặng chăm chú lắng nghe. Với lối diễn tã độc đáo đó gây nên một sự quyến rũ cực mạnh, như làm sống lại những nhân vật, hay cụ thể hoá những hình ảnh của bài thơ anh đang đọc. Vì những cá tính đặc biệt đó, học trò cả lớp thường gọi anh là "Tú Uyên" một thi nhân trong "Bích Câu Kỳ Ngộ."

Bảo thường nói với học trò, nghệ thuật phải vị nghệ thuật thì mới diễn tã và hiểu thấu được cái đẹp, cái huyền diệu kỳ bí của văn thơ. Anh ví bày thơ hay như một bông hoa hồng tuyệt đẹp mà tạo hoá đã ban cho, hay một loài hoa dạ lý toã hương ngào ngạt. Cái đẹp của hoa hồng và hương thơm của hoa dạ lý thì tự nó đã có sẵn, và cũng không có một chủ đích nào ngoài cái tự nhiên đó?

Bảo nghĩ, muốn lột trần hết tâm tình của một bài thơ, đôi khi phải tự đưa mình vào nhân vật trong cốt chuyện để diễn tã. Như một ca sĩ muốn hát cho thật hay, phải tự đặc mình trong bài ca đó, mới diễn tã hết được cái lời hay ý đẹp của nó.

Rồi ngày 30-04-1975 chụp đến. Trong thời gian đầu, xã hội còn bị xáo trộn, trường học phải tạm thời đóng cửa, Bảo phải nằm nhà chờ đợi, anh cũng đã bắt đầu nhìn thấy những sự thay đổi các giới chức lãnh đạo, trong hạ tầng cơ sở đặc tại phường xóm, anh có linh tính báo trước là không mấy tốt đẹp sắp xẩy đến cho anh.

Quả thật sự suy đoán của anh không sai chút nào. Vì sau đó dân chúng ở phường phải ra khai lý lịch. Tên chủ tịch phường, không ai khác hơn là thằng Tư Thẹo, tên du thủ du thực trốn quân dịch lúc trước năm 1975.

Khi Bảo ra trình diện, tên Tư Thẹo ngồi sau chiếc bàn hất hàm nhìn anh với đôi mắt lạnh lùng, qua giọng nói xấc xược chất vấn.

- Anh làm nghề thầy giáo phải không?
- Dạ! Tôi đi dạy học ở trường trung học tư thục Sài Gòn.

Tư Thẹo với tay kéo học tủ, lấy ra một xấp giấy, trao cho Bảo, rồi đưa tay chỉ về hướng chiếc bàn trống ở cuối phòng

- Anh lại đằng kia, khai tất cả lý lịch của anh vào xấp giấy nầy, rồi sẽ có đồng chí cán bộ giáo dục tiếp xúc với anh sau. Anh nhớ khai cho đúng, không được gian dấu điều gì nghe chưa?

Bảo nhận xấp giấy từ tay Tư Thẹo, rồi yên lặng như chiếc xác không hồn, bước về hướng chiếc bàn. Anh không ngờ một cuộc đổi đời đã xẩy ra quá nhanh như vậy.

Trước đó ở trong xóm, Bảo chưa bao giờ có dịp tiếp xúc với Tư Thẹo, anh chỉ biết anh ta ở đậu với gia đình của ông Hai đạp xe xích lô, không có nghề nghiệp, chỉ đi lểu rểu quanh xóm, nếu có ai mướn gì thì làm nấy. Thỉnh thoảng anh ta lấy xe của ông Hai chạy rước khách ban đêm, Bảo chỉ biết có thế, ngoài ra người trong xóm cũng chẳng ai tò mò tìm hiểu lai lịch gốc gác của anh ta để làm gì cả.

Vì có một vết thẹo dài khoảng ba phân tây phía trái bên trán, nên người ta gọi anh là Tư Thẹo thế thôi. Thật ra anh cũng không phá phách gì ai trong xóm, nên mọi người trong xóm cũng không ai đi tìm hiểu sự tích cái thẹo trên trán của anh.

Khoảng nữa giờ sau, Bảo đã khai xong, anh mang đến bàn trao cho Tư Thẹo.

- Tôi đã khai xong, xin anh xem lại
- Anh khai như vậy, chắc chắn đủ chưa?
- Tôi nghĩ là đủ hết rồi.

Sau một phút đọc qua tờ khai lý lịch, Anh ta nhìn Bảo rồi cười gằn.

- Anh làm thầy giáo dạy Việt văn mà khai như thế nầy à?
- Thì tôi đã khai đầy đủ cả lý lịch nghề nghiệp rồi. Anh muốn tôi phải khai như thế nào tôi không hiểu?

Tư Thẹo vo tròn tờ khai của Bảo, rồi liệng mạnh vào thùng rát. Anh kéo học tủ lấy ra một xấp giấy mới

- Anh phải khai đầy đủ ngày tháng năm, giòng họ gia đình của anh cư tru ở đâu, và họ làm nghề gì trong thời gian đó? Bây giờ anh trở về bàn khai lại đi.

Bảo cảm thấy tự ái cá nhân bị tổn thương vì một tên thất học, nhưng hiện tại nó có đủ thẩm quyền để đại diện ở cái phường khốn nạn nầy. Anh cảm thấy hai gò má tự nhiên nóng ran, anh nuốt thật mạnh cảm hờn trở xuống lòng ngực, đưa tay lấy vội xấp giấy, rồi lặng yên trở về ngồi xuống bàn khai lại từ đầu. Anh cố moi trí nhớ, từ đời ông nội, ông ngoại đến cha

CHƯƠNG 7 - THẦY GIÁO BẢO

mẹ, anh em trong gia đình gần như không thiếu một người nào cả.

Hơn một giờ sau, Bảo đọc lại tờ khai lần chót, anh nghĩ nó gần như hoàn toàn đầy đủ như ý muốn của Tư Thẹo, nên vội cầm lên đưa cho anh ta. Lại một lần nữa, Tư Thẹo nhìn vào mặt Bảo với một giọng cười xõ lá hách dịch.

- Anh làm thầy giáo mà chóng quên quá! Theo tôi nhớ đã có lần anh đi sĩ quan cho quân đội Mỹ nguy cóphải không?

Bảo có vẻ bực dọc thẳn thắn trả lời.

- Có Tôi có đi khoá Sĩ Quan trừ bị Thủ Đức vào khoảng năm 1962-1964
- Vậy tại sao anh không khai rõ, anh đã làm những gì trong khoảng thời gian đó?
- Tôi là một Sĩ Quan trừ bị cấp nhỏ mới ra trường. Vả lại cách nay cũng quá lâu rồi. Tôi đã về dạy học lại nên tôi nghĩ nó không quan trọng lắm

Nét mặt tên Tư Thẹo phường trưởng trở nên lạnh lùng. Hắn vừa nói vừa gằng từng tiếng

- Hứ! Đối với các anh không quan trọng, còn đối với chúng tôi các anh là kẻ thù của dân tộc, hại dân bán nước, anh nghe rõ chưa?

Bảo muốn trả lời thẳng vào mặt hắn là "Đối với người cộng sản các anh thì lại có nhiều kẻ thù quá! Nội ở miền nam nầy cũng có hàng triệu ke thù của các anh rồi …"

Nhưng anh đã dừng lại kịp lúc, rồi tự nhủ "Có cải lý với tên nầy cũng vô ích, vì hắn bây giờ chẳng khác nào như con ngựa bị bịch mắt, nó chỉ chạy theo sự điều khiển bởi sợi dây cương của chủ nó,"

Bảo đưa tay lên nhìn đồng hồ rồi nhìn Tư Thẹo

- Đã hơn năm giờ chiều rồi, nếu không cần gấp, thì anh cho tôi xin đem về nhà khai lại, rồi mai tôi đem nộp sớm cho anh?

Sau một chút do dự Tư Thẹo gật đầu

- Thôi được, tôi biết nhà cửa của anh ở trong phường. Bây giờ tôi giữ mấy tờ khai nầy lại đây. Còn anh ve nhà khai lại cho đúng, rồi mai cầm ra đây trao cho tôi.

Cảm thấy quá chán nản, thay gì chạy thẳng về nhà trọ, Bảo cho xe chạy một vòng ra bờ sông Sai Gòn, anh lựa một chiếc ghế đá bỏ trống, dựng xe rồi ngồi xuống. Anh muốn nhờ cơn gió mát từ mặt sông thổi lên, để làm dịu bớt sự khó chịu của một cuộc đổi đời cai nghiệt.

Bảo còn nhớ, mới cách đây vào khoảng hai tuần, căn nhà hai tầng của bác Năm ở ven đô, nơi Bảo đang mướn một phần trên lầu để trú ngụ trong lúc đi dạy học.

Hôm ấy vào ngày chủ nhật, trời mới vừa lơ mờ sáng, vào độ hơn năm giờ. Con chó vện đang nằm ở phía trước hàng tư hiên nhà, bỗng nó sủa to gầm gừ dữ dội như hâm doạ kẻ gian đang xâm nhập gia cư bất hợp pháp.

Tiếng "gâu gâu" kéo dài của con vện làm Bảo thức giấc. Anh tốc mạnh chiếc mền đang đắp, bước lại cửa sổ, vạch hé chiếc màn nhìn xuống dưới. Khoảng năm tên lính, mặc áo màu xanh kaki với súng ống đầy đủ đang đứng chựng lại phía trước sân, vì đang bị con vện chận đường. Bảo vội chạy nhanh xuống lầu để báo tin. Lúc đó vợ chồng bác Năm cũng vừa trong phòng ngủ bước ra. Bảo nói nho nhỏ vừa đủ nghe.

– Bác Năm ơi! Hình như tụi công an nó đến xét nhà mình. Con thấy có tới năm đứa đang bị con vện chận lại trước cửa.
– Ờ! Cậu Bảo trở lên phòng đi coi như không có gì xãy ra hết, để tôi lo cho

Bác bước lại phía cửa sổ, đưa tay kéo chốt mở ra một cánh nhìn ra ngoài. Mấy tên công an đứng dụm chung lại, vì sợ con vện cắn, khi vừa thấy cửa sổ bật ra, chúng biết là chủ nhà, nên một tên trong toán gọi lớn.

– Chúng tôi là công an phường, có lệnh đến khám nhà, yêu cầu ông cho giữ con chó lại, nếu không chúng tôi sẻ bắn nó chết.
– Các ông chờ tôi một chút để mặc cái áo vào.

Tên công an có vẻ không hài lòng nên quát tháo.

– Nhanh lên

Bác Năm gái đứng phía sau, trong giọng nói run run

– Bây giờ phải làm sao đây ông?
– Bà chạy vào phòng, lấy hết nữ trang tìm chỗ dấu nhanh lên đi.

Con chó vện nghe tiếng chủ nhà, nên ngưng sủa chỉ đứng gầmgừ ngay phía trước. Sau khi mặc chiếc áo choàng ngoài vào. Bác Năm với tay bật đèn sáng trong nhà, rồi mới đi ra mở chiếc cửa cái. Con vện đứng phía ngoài vừa thấy chủ tỏ vẻ mừng rỡ chạy vào phía trong phòng khách. Toán công an cũng uà vào theo sau đó. Một tên trong bọn có vẻ là trưởng toán lên tiếng.

– Chúng tôi được lệnh lại đây để làm kết toán tất cả tài sản của gia đình ông.

Trong lúc đó có một vài tên, chạy nhanh ra phía sau đóng kín các cửa

CHƯƠNG 7 - THẦY GIÁO BẢO

hậu và leo lên lầu hình như để quan sát, xem coi có ngỏ nào ăn thông ra ngoài không.

Sau đó họ tập trung cả gia đình lại tại phòng khách. Tên trưởng toán xoay ra hỏi bác Năm.

- Nhà ông có bao nhiêu người đây thôi à?
- Dạ! Tôi co một đứa con trai, nó đã mất tích, sau ngày các ông vào đây giải phóng. Còn cậu Bảo đây là người ở trọ để đi dạy học.
- Con trai ôngt thất lạc, hay đi theo kháng chiến? Hay chạy theo Mỹ Ngụy?
- Nó đi làm ăn xa thỉnh thoảng mới về thăm nhà, nhưng cả mấy tháng nay nó không về nữa, chúng tôi không biết nó sống hay chết ra sao!
- Thôi chuyện đó sau nầy sẻ biết. Bây giờ chúng tôi có nhiệm vụ kiểm kê, báo cáo tất cả tài sản của ông cho cơ quan nhà nước.

Sau câu nói, tên trưởng toán móc từ trong cặp ra một xấp giấy, trao cho bác Năm.

- Đây ông cầm giấy nầy, tự kê khai tất cả tài sản từ lớn đến nhỏ mà ông hiện đang có. Ong nhớ khai cho đúng sự thật, chúng tôi được nhân dân cho biết, ông là một trong những người giàu có lớn trong phường nầy. Nhớ khai cho rỏ ràng đừng có gian dối nhá!

Bác Năm gái đang đứng kề bên chồng, có vẻ mếu maó.

- Còn cái gì nữa mà khai. Nguyên cái tiệm bán vãi và quần aó của chúng tôi ở Chợ Lớn. Trong ngày các ông giải phóng, họ đã đập cửa phá tường vào lấy hết trơn, không còn một thứ gì nữa cả, mà bây giờ các ông lại bảo chúng tôi phải khai nữa là khai cái gì?

Tên trưởng toán công an có vẻ hun hăn hơn.

- Chúng tôi không cần biết đều đó. Chúng tôi chỉ biết nhân dân báo cáo, ông bà thuộc thành phần thương gia tư bản Mỹ nguỵ, cướp bóc sức lao động của đồng bào.

Bác Năm gái lại lên tiếng phân trần.

- Chúng tôi có cướp giựt sức lao động của ai đâu? Của caỉ làm ra là do sức lao động và tâm trí của vợ chồng tôi, bỏ ra cả mấy chục năm nay, đến ngày các ông vào giải phóng, là ngày chúng tôi trở thành trắng tay.

Bác Nămgái vừa nói tới đây, tên công an vội cướp lời

Bà đừng có vu oan như vậy là có tội. Chúng tôi vào đây để giải phóng cho dân miền nam được tự do hạnh phúc. Thôi chúng tôi không có thì giờ bàn với ông bà về chuyện đó nữa. Chúng tôi ở lại đây để giữ an ninh, chờ ông bà kê khai xong, mang về báo cáo cho cấp trên định liệu.

Sau câu nói, tên công an xoay qua nhìn Bảo.

– Còn anh là người ở trọ phải không?
– Vâng, tôi ở trọ nhà bác Năm để đi dạy học.
– À! Anh là thầy giáo. Vậy anh có tài sản gì để khai báo với nhà nước không?

Hơi một chúc mĩa mai. Bảo nhìn tên công an.

– Vâng, tôi có ba bốn bộ đồ thay mặc để đi dạy học, một cái mền, một cái mùng và một chiếc giường. Các ông có muốn tôi khai vào giấy không?

Lúc ấy một tên công an đứng trong bọn, lên tiếng báo cáo cho tên trưởng toán

– Tôi và đồng chí Thu có lên lầu khám xét phòng anh ta, nhưng chẳng thấy có gì đáng giá cả.

Như tin được lời khai của Bảo là đúng, nên tên trưởng toán nhìn anh gật đầu cười

– Anh là giáo viên thành phần trí thức, thuộc giai cấp vô sản của quần chúng tốt lắm. Anh có thể trở lên phòng làm gì thì làm, nhưng không được ra khỏi nhà, khi chưa có lệnh của chúng tôi.

Thế là cả ngày hôm đó vợ chồng bác Năm phải khai lên khai xuống, thêm bớt nhiều lần. Vì sau khi khai xong là bọn công an chia nhau đi lục xoát tìm tòi, tư kẹt tủ chân giường ra đến xó bếp cầu tiêu. Chỗ nào có vẻ khả nghi là chúng đào xới không chừa một ngõ ngách nào cả. Nếu tìm thêm được một thứ gì hơi đắc giá một tí là chúng sĩ vã vợ chồng bác Năm thậm tệ.

Mãi đến gần giữa trưa, Toán công an cảm thấy không còn moi đâu ra được nữa, mới chấp nhận tờ khai tài sản của bác Năm. Chúng gom lại tất cả tiền bạc nữ trang và các quí kim đã lấy được cho vào chiếc thùng rồi khoá kín lại. Xong chúng trao cho bác Năm tờ giấy biên nhận đáng liệng vào thùng rát.

– Đây ông bà giữ tờ giấy biên nhận nầy, còn tất cả hiện vật chúng tôi phải mang lên cơ quan để lấy quyết định.

Bác Năm trai nhìn tên công an trưởng toán, rồi thẩn thờ ngồi phịch xuống ghế, như đang bị nghẹn ở cổ, không nói được nữa lời. Còn bác Năm gái tiếc của khóc sướt mướt.

CHƯƠNG 7 - THẦY GIÁO BẢO

– Trời ơi! Tất cả công lao khó nhọc trong suốt cuộc đời của chúng tôi, mới tạo ra được chút ít đó để dành dưỡng già. Bây giờ các ông mang đi để lấy quyết định, là quyết định cái gì?

Toán công an xem chừng như không nghe, không thấy, thẳng nhiên ôm thùng đựng của cải của bác Năm đi ra khỏi cửa.

Bảo đang bị giam lỏng trên lầu. anh đọc sách để giết thời gian và lắng nghe tiếng rổn rản của cuộc lục xoát phía dưới.

Sau khi toán công an đi ra khỏi nhà, bên dưới hoàn toàn yên lặng, anh chỉ còn nghe tiếng than khóc của bác Năm gái vì tiếc của do bọn cướp ngày vừa ăn hàng xong. Anh liệng quyển sách sang một bên, rồi leo xuống thang lầu để quan sát. Bác Năm trai đang ngồi kê tay gục đầu xuống chiếc bàn tròn giữa nhà, bác Năm gái còn đang ngồi bẹp dưới sàn gạch tóc tai rũ rượi than khóc. Bảo bước nhanh lại gần kề bác Năm gái.

– Tụi nó đi rồi hả bác?
– Ờ! Cái quân ác ôn đó, cướp hết tiền bạc công lao của chúng tôi rồi!

Nhìn đồ đạc, áo quần tủ kệ còn đang ngổn ngang quăng rớt rãi bừa bãy đầy nhà. Bảo thấy có cái gì nghèn nghẹn không nói được, sự căm hờn của một chế độ vô nhân. Họ lợi dụng danh nghĩa, vì một số người địa chủ, tư bản phong kiến, quan liêu bốc lột công nông, làm giàu bất chánh, để chụp lên đầu lên cổ những người làm ăn lương thiện khác.

Bảo ở trọ tại đây đã mấy năm nay nên biết rõ gia đình của hai bác, là người làm ăn chân chính và đạo đức. Bác Năm thường gởi tiền đóng góp để giúp đỡ những nơi có thiên tai bảo lục, và các trại mồ côi cô nhi quả phụ. Anh là một giáo viên có bằng cử nhân văn chương, anh đã đọc rất nhiều sách vở, nói về tư tưởng của các nhà triết học. Họ tranh luận về thuyết "Duy Tâm" và "Duy Vật" nên anh đã hiểu thế nào là tư bản chủ nghĩa, và thế nào là cộng sản chủ nghĩa một cách tương đối khá rành rẽ.

Trong vài tháng nay, sau khi miền nam mất, Bảo đã thấy và chứng kiến được những hành động của cộng sản miền bắc thật vô lý và phi nhân, mà họ đã đem áp đặt vào miền nam. Đôi lúc anh chực nhớ lại lời của ông Thiệu nói khi xưa là "Đừng nghe những gì cộng sản nói, hãy nhìn những gì cộng sản đã làm …" Bây giờ anh mới cảm thấy, lời nói ấy rất đúng và chính xát?

Mặt trời đã ngã bóng nắng về hướng cuối sông, công viên bến tàu Sai Gòn, ngoài Bảo chỉ có thêm năm ba người, đang cô đơn ngồi riêng rẽ trên từng chiếc ghế. Hình như họ đều mang một tâm sự riêng tư, có người gục đầu xuống đất như cam phận của kẻ nô tỳ. có người chống cầm đưa mắt nhìn theo dòng nước chãy, như đang theo đuổi, hay suy tính một giấc mộng xa xăm nào đó? Họ là những con người đang sống trong hiện tại, nhưng hình như chưa chấp nhận được cái gì đã xãy ra cho cái xã hội hiện hữu mà họ đang sống?

Những hình ảnh tốt đẹp, về người chiến binh Việt Nam, đứng dậy để lật đổ chế độ đô hộ, dành độc lập cho dân tộc, không có trong những cán bộ hiện tại ở xã hội này. Nói đúng hơn họ là những tên lính đánh thuê cho một chủ nghĩa vô sản vô thần, dưới nhản quang và tư tưởng của Mác-Lê. Những người giàu có đều được xáp nhập vào thành phần tư sản mại bản hút máu của dân chúng cần phải tiêu diệt, để thiết lập chủ nghĩa xã hội vô sản làm bước đầu tiên để tiến lên chủ nghĩa cộng sản, theo như tinh thần của đệ tam quốc tế cộng sản.

Bảo nghỉ rằng không chống thì chầy, trước sau rồi anh cũng sẽ bị chúng xếp vào loại trí thức có đầu óc tư hữu mại bản, giống như lúc cải cách ruộng đất ở miền bắc trước kia, cũng như việc làm của Trung Hoa lục địa khi Mao Trạch Đông chiếm được Trung Hoa, họ tố khổ địa chủ phú hào và bỏ tù trí thức.

Nếu là cộng sản thì chỗ nào, nơi nào, nước nào cũng gần giống như nhau cả, vì chúng cùng học theo một chủ thuyết, cùng rập một khuôn giáo điều. Mục đích là vô sản hoá nhân dân để dễ bề thống trị.

Nói một cách khác tổng quát: Max và Anghen đã xếp tư bản, cường hào ác bá và địa chủ vào thành phần bốc lột sức lao động của công nhân và nông nô. Họ dẫn chứng và biện luận bằng những đồ thị, và những phương trình khoa học, họ khuyến khích và lãnh đạo những tầng lớp nầy đứng lên đánh đổ tư bản địa chủ, để dành lấy quyền làm chủ trên miếng ruộng và cơ xưởng của mình đang làm.

Đa số nông dân và công nhân là thành phần có trình độ giáo dục và sự hiểu biết rất giới hạn. Khi nghe những lời tuyên bố thật mát tai như vậy, thử hỏi ai mà không ham? Nhưng sau khi đã đánh đổ được thành phần tư bản và địa chủ, thì lúc đó hãng xưởng đất đai thuộc về nhà nước quản lý, dưới quyền lãnh đạo của đảng, còn công nhân và nông dân được đảng đề cao là làm chủ. Nhưng thực ra là họ lại phải tiếp tục làm thuê làm mướn cho một ông chủ mới, ở các cơ sở quốc doanh, hoặc hợp tác xã, kiếp ngựa trâu lại hoàn về lối củ! Cuộc sống lại còn tệ hại hơn xưa nhiều?

Vì trước kia anh công nhân hay nông dân còn có cơ hội để lựa chọn, chỗ nào đối xử tốt thì làm, còn tệ bạc thì có quyền bỏ đi. Nhưng bây giờ thì hầu như anh không có quyền lựa chọn, vì tất cả các cơ xưởng ruộng đất đều có một ông chủ, nếu từ chối không làm, thì cả gia đình anh phải chết đói. Nhiều khi còn bị đấu tố, gán cho là thành phần phản động có đầu óc cá nhân chủ nghĩa là đảng khác? Xã hội chủ nghĩa theo chế độ bao cấp còn quan liêu tham nhũng hơn thời phong kiến tư bản nhiều. Ruộng lúa sản vật, gà vịt trâu bò do người dân lao động tạo ra, không

CHƯƠNG 7 - THẦY GIÁO BẢO

được tự do mang đi bán cho người khác, phải bán rẻ cho chính phủ ở các hợp tác xã.

Người dân vô sản lao động ở miền nam, đã mở mắt thấy được, một chủ nhân ông kiểu mới vừa xuất hiện, còn bóc lột tệ hại hơn nhiều so với bọn cường hào ác bá ngày xưa, nên họ tranh đấu bằng một hình thức tiêu cực, là bỏ phế công việc đồng án, tránh nặng tìm nhẹ v.. v...Họ quyết định thà chết đói chung, chớ không để cho ai lợi dụng sức lao động của mình. Điều nầy đã chứng tỏ rất rõ ràng sau những năm ở miền nam đã bị miền bắc giải phóng?

Bảo vừa suy tư đến đây, thì một cái vỗ vai từ phía sau

— Ê! Ông giáo sư, làm gì mà ngồi thẫn thờ ở đây một mình vậy?
— À! Anh Tâm. chiều nay hơi nóng nên thả ra đây ngồi hứng gió sông.

Tâm là giáo viên dạy về sử địa cùng chung trường với Bảo. Tâm vừa mới cưới vợ cách đây độ hơn một năm. Loan bà xã anh là nhân viên kế toán cho một hãng xuất nhập cảng khá lớn tại SàiGòn. Nhưng sau khi miền nam bị giải phóng, ông chủ và cả gia đình đều trốn thoát ra ngoại quốc trú ngụ, Loan đành chịu nằm nhà, cùng với ông chồng thất nghiệp.

Bảo tiếp tục:

— Còn chị Loan ở đâu ma anh đi "solo" vậy?
— Bà xã tôi bận buôn bán ở nhà

Có vẻ hơi ngạc nhiên. Bảo đưa mắt nhìn Tâm hỏi gặn lại

Anh nói chị Loan buôn bán. Tâm xoay nhìn xung quanh, không thấy ai đứng gần, hay nghe lén cả

— Ờ! Bà xã bán cà phê thuốc lá chui, cho người quen trong chung cư.

Bảo đưa tay gãy đầu thở ra.

— Ở cái xã hội nầy chán bỏ mẹ! Người hiểu biết, có kiến thức rộng thì không được dùng tới. Chỉ trọng dụng toàn cái thứ dốt nát, như trời ba mươi miễn sao nó có liên quan chút ít tới cái chế độ nầy là được đưa lên làm lớn!

Nghe Bảo dài dòng trách cứ Tâm bèn chận lời.

— Thôi anh ơi! Tụi mình làm được cái gì thì làm để kiếm sống, chớ trách móc làm chi, tụi nó nghe được thì mang hoạ vào thân. Hôm tuần rồi tôi có đưa bà xã về quê vợ ở Bình Tuy, nói là thăm cho có vẻ lễ nghĩa, chớ thực ra về đó để mượn chút ít vốn của bà già vợ về làm ăn. Như anh biết sau khi tụi tôi lấy nhau, dành dụm có bao nhiêu tiền đã bỏ vào hết để mua cái chung cư. Rồi hơn tháng sau đó Loan mất việc, rồi tôi cũng mất việc luôn cùng một lúc với anh. Bao nhiêu đồ đạc sấm sửa trong nhà đem bán lần hồi để sống. Bây giờ không còn thứ gì đáng giá để bán nữa, nên Loan đánh liều, rủ tôi về quê vợ mượn tiền làm vốn mua thuốc lá cà phê để kiếm sống qua ngày.

Bảo đưa mắt nhìn bạn có vẻ thương hại.

– Hồi xưa anh chị, coi như là khá nhất trong đám đi dạy học, bây giờ khổ thật!

– Chuyện đời làm sao biết trước được anh! Nhưng để tôi kể cho anh nghe chuyện buồn cười, mà cũng có thể là chuyện buồn chung của dân tộc. Lúc chúng tôi vừa mới tới nơi, đi khai báo ngay với công an địa phương trong thời gian tạm trú tại đây. Sau khi ghi giấy tờ xong, họ mời chúng tôi chiều lại họp ở ngoài phường để nghe bà con lối xóm báo cáo sinh hoạt trong phường khóm. Loan sinh ra và lớn lên tại đây, nên nàng cũng muốn xem và nghe tình hình chung của bà con lối xóm trong phường như thế nào. Sau khi cơm chiều xong, chúng tôi thay quần áo có vẻ chỉnh tề hơn đi theo ba má vợ ra phường. Cái văn phòng phường xưa kia là phòng hội của ngôi đình trong làng, nay được sửa đổi chút đỉnh để làm phòng họp cho cả xóm. Khi tôi mới bước vào trong sân, thì hai câu liễn đỏ chói, viết bằng chữ quốc ngữ đen đậm nét gắn ở hai bên cột đình, tôi tò mò đứng lại đọc "Đã đảo tinh thần ỉ lại máy móc. Hoan hô tinh thần lao động chân tay."

Tôi có hơi thắc mắc, chỉ cho Loan đọc.

– Em xem kìa, ở Sài Gòn báo chí của họ đang hô hào vận động công nghiệp hoá xứ sở. Còn ở đây họ lại hoàn toàn có vẻ chống đối tinh thần công nghiệp hoá nông thôn? Vậy là phép vua thua lệ làng?

Loan chẳng biết trả lời làm sao, nàng chỉ cười trừ cố gượng gạo.

– Anh không biết à! Cộng sản ở đây đang hô hào là địa phương tự túc tự cường đó sao? Anh có nhớ bữa cơm chiều mình vừa ăn ở nhà má không?

Tâm có vẻ nịnh vợ.

– Ờ! Thì lâu lâu tụi mình mới ra thăm, ba má mua nhiều cá để nấu ngót ăn chơi chớ sao.

Loan cười có vẻ tinh nghịch.

– Anh lầm rồi! Mai mốt anh về thăm dì Năm ở Mỹ Tho bả sẽ dọn cơm cho anh ăn với nước mắm ớt, chớ không có thịt cá gì đâu.

CHƯƠNG 7 - THẦY GIÁO BẢO

Tâm có vẻ chưng hửng, nghỉ là Loan nói giởn để chọc.

- Uả! Em nói sao, anh không hiểu?
- Anh không nghe danh từ địa phương tự túc tự cường, của mấy ổng à? Ở đâu sản xuất được cái gì là xài cái nấy. Ở vùng quê ruộng rẩy là ăn cơm thay cá, còn vùng ven biển đánh cá la ăn cá trừ cơm. Các sản vật làm ra được từ vùng nầy đưa qua vùng khác là bị công an chận bắt phạt làm khó đủ điều.

Câu chuyện đến đây, thì đã đến giờ họp bà con trong xóm, mọi người đều vào tìm chổ ngồi. Người già cả ngồi phía trên, trẻ thanh niên đứng phía sau.

Sau khi họ giới thiệu thành phần giảng viên chánh trị để bà con học tập, theo đường lối chủ trương mới của xã hội chũ nghĩa. Đại khái như những câu phê bình cũ meo củ móc để chửi ruả chế độ Mỹ nguy, đế quốc tư bản hung tàn, bốc lột hút máu dân chúng. v…v.

Sau hơn một giờ học tập chửi rủa. Tới phần bà con lối xóm phát biểu ý kiến. Một tên cán bộ chính trị viên trong phường lên tiếng.

- Chiều nay bà con cô bác, đã nghe qua một số đường lối đổi mới về sự làm việc của chính phủ ta. Bây giờ ai có y kiến gì xin tự do phát biểu.

Bà Tám ngồi ở dãy trên đưa tay muốn phát biểu ý kiến. Bà là người có tuổi tác được cán bộ trong phường kính nể. Ngoài vấn đề bần cố nông nghèo khổ, bà còn co đứa con trai lớn đã trốn theo bộ đội, và đã chết ơ mặt trận Bình Giã. Nên sau khi miền nam được giải phóng, bà được phong là mẹ chiến sĩ có công với cách mạng, vì thế sau cuộc học tập nào, bà cũng thường được cán bộ chính trị mời phát biểu ý kiến. Thường thường thì bà thích khen họ nói đúng, vàđất nước quốc gia đang tiến bộ thấy rỏ v…v

Hôm nay để tỏ lòng biết ơn các chiến sĩ đã giãi phóng làng xã miền nam, nên bà rất mạnh miệng đứng lên tuyên bố.

- Chúng tôi rất cám ơn các anh cách mạng, đã vào đây sớm, để giải phóng phường ấp cho chúng tôi, nếu không có các anh, thì tụi Việt cộng nó pháo kích vào đây chết hết trơn dân làng.

Sau lời phát biểu của bà Tám, toàn thể cử toạ đều vỗ tay hoan hô rần rần.

Bảo đang lắng tai nghe, Tâm kể lại câu chuyện tới đây thì không nín được cười

- Ua! sao kỳ vậy?

– Thì bà ấy là dân quê, thấy sao nói vậy chứ có gì lạ đâu!

Độ hơn tháng sau, sau ngày Bảo trao tờ khai lý lịch cho tên phường trưởng Tư Theọ. Hôm nay anh được giấy mời của phường để đi học tập chính trị do các cán bộ đặc trách giáo dục từ ngoài bắc đưa vào để giảng huấn, theo đường lối mới của xã hộichủ nghĩa.

Vì là lớp dành riêng cho giáo chức và các văn nghệ sĩ, nên được tổ chức ở một nơi tương đối khang trang có bàn ghế ngồi chứ không như ở trên phường, đa số dân chúng phải sắp hàng ngồi trên gạch, hoặc trên nền xi măng để nghe cán bộ giảng thuyết.

Bảo vừa đẩy cửa bước vào phía trong, anh gặp ngay Vân và Tâm, đã co mặt trước tại đây. Họ tỏ vẻ rất mừng rỡ, nhất là cô giáo Vân trẻ đẹp còn độc thân, dạy sinh ngữ Anh văn cùng chung trường với Bảo. Vừa thấy Bảo, Vân đứng nhanh dậy đưa tay ngoắc.

– Anh Bảo, lại ngồi chung với tụi nầy ở đây nè!

Bảo mĩm cười bước ra phía sau bắt tay Tâm, trong lúc Vân ngồi nhích sang một bên để nhường chỗ cho anh.

– Vân với anh Tâm đến lúc nào vậy?

Vân nhanh nhẹn trả lời.

– Em với anh Tâm, vừa tới đây độ năm phút. Thấy anh chưa tới ngồi chờ gần sốt ruột đó!
– Mình có chạy xe ngang nhà Vân, nhưng mấy đứa nhỏ chơi ở trước, nói là đã thấy Vân đi rồi.

Tâm chen vào câu chuyện

– Bà xã tôi cũng bảo lại đây sớm, để xem có bạn bè nào quen không, thì gặp chị Vân ở đây, bây giờ lại có anh như vậy cũng đỡ buồn.

Cả lớp học tu nghiệp, có độ khoảng hơn ba mươi người. Phần lớn là giáo chức văn nghệ sĩ địa phương. Bảo đưa mắt nhìn chung quanh lớp, cố ý tìm xem có bạn bè hay người quen nào khác không. Như hiểu ý bạn Tâm bảo nhỏ.

– Mấy cha ấy vọt hết rồi!

Bảo khẽ gật đầu rồi thở dài. Sau lời mở đầu chào hỏi xã giao. Một trong hai cán bộ giảng huấn lên tiếng

– Chắc có lẽ các anh đã hiểu sơ qua một phần nào, về mục đích của lớp tu nghiệp chánh trị dành riêng cho các anh hôm nay. Đảng và nhà nước đã xếp các anh vào thành phần trí thức của Sài Gòn. Bây

CHƯƠNG 7 - THẦY GIÁO BẢO

giờ Việt Nam ta đã thống nhất, độc lập tự do, đảng muốn toàn thể văn nghệ sĩ giáo chức miền nam, phải học tập theo đúng đường lối và chủ trương của xã hội chủ nghĩa chúng ta. Thời gian học tập ngắn hoặc dài là do sự thông suốt hiểu rỏ theo đường lối mới, của các anh nhanh hoặc chậm. Sau những buổi học tập chúng ta sẻ có phần kiểm thảo và phê bình, cũng như các anh được quyền tự do phát biểu ý kiến cá nhân, hay những thắc mắc sẻ được giải đáp thoả đáng.

Qua buổi học tập đầu tiên, mọi người trong lớp hoàn toàn yên lặng, không thắc mắc cũng không có ai đưa ý kiến gì cả. Cán bộ giảng huấn cứ thao thao đứng giảng bài như cái máy nói, đọc đúng từng câu trong sách vở của đảng đã vạch sẵn. Lời nào cũng do bác "Max" bác "Lê" và bác "Hồ" đã dạy, nên chúng ta phải nghe theo và làm đúng như vậy.

Suốt buổi học ngồi chịu trận trong lớp để nghe họ thuyết giảng, Bảo cảm thấy chán nản vô cùng. Họ cứ lập đi lập lại cũng bao nhiêu thứ danh từ đó như là Văn hoá miền nam có tinh thần đồi truỵ, không đáp ứng đúng nhu cầu phục vụ cho quần chúng. Tư bản mại bản bốc lột sức lao động, không đúng như chủ thuyết của "Max-Anghen," Theo chân đế quốc Mỹ v...v và v.... v

Mãi đến năm giờ chiều, họ mới chịu tạm chấm dứt cho buổi học đầu tiên. Vừa ra khỏi lớp Tâm vội vã từ giã về sớm, với lý do là sợ bà xã ở nhà trông đợi. Bảo nhìn Vân lên tiếng hỏi

– Vân đến đây bằng phương tiện gì?
– Em đi xe xích lô tới
– Vậy lên xe mình đèo về luôn cho tiện

Vân cười gật đầu đồng ý. Bảo đưa tay lên nhìn đồng hồ rồi nhìn sang Vân đề nghị

– Bây giờ vẫn còn sớm, hay là mình chạy một vòng ra bến tàu Sai Gon, ngồi hứng mát một tí rồi về, Vân thấy sao?
– Ờ! Anh có lý đó, giờ nầy nhà em cũng chưa nấu cơm đâu.

###

Bảo và Vân đã có nhiều cảm tình đặc biệt với nhau là do một sự tình cờ xảy ra trước đây.

Anh của Vân là Sơn, bạn học cùng chung trường vào năm 1962 với Bảo. Sau khi tốt nghiệp tú tài phần hai, Sơn gia nhập vào Không Quân, còn Bảo ham thích về văn chương nên tiếp tục ghi danh lên đại học Văn Khoa Sai Gon, sau đó anh tốt nghiệp cử nhân, rồi bắc đầu đi dạy học tư đó.

CHUYẾN BAY SAU CÙNG

Trong một sự tình cờ, đi cứu trợ bảo lục ở các tỉnh miền nam, do hội giáo viên tư thục tổ chức. Toán cứu trợ do Bảo làm trưởng toán, được ban quân vận Q. L. V. N. C. H biệt phái cho hai chiếc trực thăng để đưa phái đoàn đi uỷ lạo nạn nhân ở các vùng bị thiên tai.

Sơn lúc ấy là chỉ huy phó, được phi đoàn chỉ định tiếp xúc với phái đoàn và hướng dẫn phi hành đoàn, thi hành phi vụ cứu trợ.

Từ trong phòng hành quân phi đoàn, Sơn xách chiếc nón bay bước ra cửa. Một thoáng ngạc nhiên anh dừng lại, khi thấy Bảo từ trong toán cứu trợ bước ra. Sơn lên tiếng trước.

– Ua! Có phải là Bảo đó không?
– Đúng rồi Bảo đây, có phải anh Sơn không?
– Vâng!

Hai người bạn học ngày xưa, nay lại gặp nhau một cách hết sức tình cờ. Sơn tiến lên bắt tay Bảo thật chặc.

– Hơn cả chục năm nay tao mới gặp lại mầy!
– Mới ban đầu tao tưởng ông nào chớ, lại ra mầy.
– Hồi trước tao ở Nha Trang, mới đổi về đây thôi.

Còn mầy bây giờ có gia đình chưa?

– Chưa có cô nào chịu hết! Tao còn chạy xe không. Còn mầy ra sao Sơn?
– Mầy là thầy giáo mà chưa có "Remort" còn tao là quân đội, thì có ma nào dám lấy. Mấy cổ chỉ thích tụi tao theo kiểu "Chơi ăn chơi thôi, chớ chơi ăn thiệt mấy cổ ngạy lắm?"

Cả hai cùng cười như đồng ý với câu chuyện dí dỏm. Rồi chiều hôm đó, sau phi vụ cứu trợ, Sơn rủ Bảo về nhà chơi để biết nhà, hiện anh đang ở chung với bà mẹ và đứa em gái.

Hai người bạn đèo nhau trên chiếc Honda vừa ngừng lại trước cửa nhà. Vân cũng từ trường vừa về tới. Nàng nhanh nhẩu lên tiếng.

– Ua! sao hôm nay anh Hai về sớm vậy?

Sơn quay lại nhìn em gái.

– Gần năm giờ chiều rồi còn sớm cái gì nữa cô nương!
– Ai biết đâu, mọi lần tới tám chín giờ tối anh mới về.
– Ờ! Tao bận trực.

Vân có vẻ không đồng ý nguýt mắt nhìn anh

– Xí! Anh mà trực, anh trực ở nhà mấy cô bồ của anh thì có.

CHƯƠNG 7 - THẦY GIÁO BẢO

– Thôi dẹp cái chuyện đó đi, cô ưa lái xe hủ lô vào đời tư của tôi quá!

Vừa dứt lời, Sơn xoay qua Bảo rồi hỏi cô em gái

– Em có biết ai đây không?

Như xực nhớ lại đang có người lạ trước mặt, Vân có hơi bẻn lẻn, nàng trả lời nho nhỏ.

– Thì bạn của anh chớ ai
– Ó! Bảo là bạn học cu của tao mười mấy năm nay mới gặp lại đó.

Bây giờ Bảo mới cảm thấy thoải mái, anh nhìn Vân rồi cuối đầu chào, Vân gật đầu chào lại rồi đi thẳng vào nhà. Chờ cho Vân đi xa vào phía trong, Sơn mới lên tiếng.

– Em gái của tao đó, nó tên Vân, đang học phân khoa ngoại ngữ Anh văn tại đại học sư phạm Sai gon, năm nay nó sẽ ra trường đi dạy học như mầy vậy.

Bảo cười thích thú.

– Như vậy là tao có đồng nghiệp mới rồi.

Bác Hai gái mẹ Sơn đang bưng chiếc bình bông vạn thọ bước ra trước cửa, nhìn thấy Sơn đi vào bác lên tiếng.

– Sơn mới về đó hạ con?
– Dạ con mới về má. Có Bảo bạn học của con hồi trước ghé lại chơi.
– Ờ! Thôi hai đứa vào nhà đi. Hồi trưa nầy má có làm mâm cơm cúng ông nội bây, để má bảo con Vân dọn lên rồi ăn luôn thể.

Bảo cuối đầu chào bác Hai, rồi theo Sơn đi vào phía trong phòng khách. Vân đã thay chiếc áo dài, bây giờ trông nàng rất gọn gàng, trong chiếc quần dài trắng áo ngắn tay màu hường dợt, từ sau bước ra phòng khách.

– Anh hai muốn em dọn cơm bây giờ, hay chờ lác nữa?

Bác Hai gái nghe Vân hỏi vội lên tiếng.

– Đã chiều rồi, con dọn lên ăn cho vui.

Cảm thấy ngày ngạy. Bảo lên tiếng nho nhỏ với Sơn

– Thôi tao ghé lại cho biết nhà, bây giờ để tao về, khi nào rảnh mình gặp lại.

Sơn cười lớn.

– Mầy đòi về bây giờ, thì tao bảo con Vân lấy bịch nylon, gói thức ăn cho mầy mang theo luôn nghe chưa.

Bác Hai gaí, nghe Bảo định từ chối, ở lại dùng cơm chiều, nên bước lại gần.

– Cháu đừng làm vậy không nên, bạn của thằng Sơn đứa nào đến đây, bác xem cũng như con cháu trong nhà, đừng ngại gì cả co tốn hao cực nhọc gì ma lo.

Sơn tiếp lời mẹ:

– Má tao cứ bảo khách tới nhà, khi ra về khách no nê là nhà có phước. Mầy đến đây là lần đầu nên bở ngở, chớ mấy thằng bạn khác, tụi nó tới đây hà rầm. Thôi dẹp cái chuyện đó đi, bây giờ mầy làmvới tao một chay "bia nghé" cái đã, rồi con Vân nó dọn cơm ăn sau.

Sơn bước ra sau tủ lạnh mang lên hai chay bia 33 trao cho Bảo.

– Tụi mình ra trước cửa ngồi một tí cho mát. Bảo lâu quá tao mới gặp lại mầy tao mừng lắm, bạn bè học cùng một lớp hồi xưa, bây giờ còn lại không mấy đứa.

– Ờ! Phần lớn tụi nó vào quân đội nên ít khi gặp lại. Như hồi sáng nầy tao không ngờ tình cờ gặp lại mầy.

Sơn rút gói thuốc "Captan" từ trong túi áo bay ra đưa cho Bảo, xong anhg lấy một điếu gắn lên môi châm lửa đốt.

– Tao nhớ hồi còn đi học, gia đình mầy ở dưới quê thì phải?
– Đúng rồi, trí nhớ của mầy còn tốt lắm. Nhưng bây giờ ở đó, tụi du kích Việt cộng nó thường về nên tao không dám về dưới đó nữa.

Sau một hơi thuốc thật dài, Sơn từ từ phun khói ra phía trước. Anh yên lặng nhìn xuống đất một lúc, như đang suy nghĩ một điều gì. Đoạn anh quay sang Bảo.

– Mầy nghĩ thế nào về chiến tranh hôm nay Bảo?

Bảo không trã lời vội câu hỏi của bạn. Anh đưa tay vuốt lại mái tóc đang loè xoè trước trán.

– Mấy năm trước tao cũng đi lính như mầy, đóng đồn ở ngoài Đà Nẵng, hơn một năm sau mới được trở về đi dạy học lại. Trong thời gian đó tao cũng có đặc câu hỏi như mầy hôm nay. Theo tao nghĩ một cách tổng quát, chiến tranh của mình hiện đang gánh chịu, là một loại chiến tranh uỷ nhiệm giữa hai chủ thuyết "duy vật "và "duy tâm."

CHƯƠNG 7 - THẦY GIÁO BẢO

Ngưng một tí Bảo đưa thuốc lên hút, rồi quăng phần còn lại ra sân. Anh tiếp tục.

— Để tao bàn xa một tí cho dễ hiểu. Hai ý thức hệ đó, xét về mối quan hệ giữa vật chất và ý thức, giữa" Tồn tại" và" Tư duy" trong vấn đề cơ bản của triết học mà Max và Anghen là hai nhân vật quan trọng trong nhóm triết gia đó.

Họ sáng lập ra chủ nghĩa "Duy vật" biện chứng vào khoảng giữa thế kỷ thứ mười chín. Rồi được Lenin phát triển thêm ra vào đầu thế kỷ thứ hai mươi. Hay nói một cách dể hiểu hơn, đại diện cho hai chủ thuyết đó là "Tư bản chủ nghĩa" và "Cộng sản chủ nghĩa." Bây giờ quốc gia lảnh đạo cho hai phe phái đó là hai siêu cường Nga và Mỹ. Chắc mấy cũng đã hiểu, những quốc gia nhỏ, nghèo kém mở mang, thì không thể nào tự đứng tách riêng ra một mình được, mà phải lựa chọn một trong hai thể chế đó.

Theo tao nghĩ cái quan trọng của người lảnh đạo quốc gia, là phải khôn khéo chọn cho đúng đường lối họp với dân tộc thì mới tồn tại lâu dài được. Như mấy biết lịch sử cận đại của Trung Hoa. Thời triều đại Mãn Thanh nước tàu bị chia năm xẻ bảy, mỗi nơi theo các thể chế chính trị khách nhau.

Miền bắc theo chế độ quân chủ của Mãn Thanh. Miền nam theo cuộc cách mạng của Tôn Dật Tiên muốn lật đổ chế độ quân chủ để xây dựng thể chế dân chủ "Tam dân chủ nghĩa" của quốc dân đảng. Cùng trong lúc đó Staline của Nga đang vận động ủng hộ huấn luyện cuộc cách mạng cộng sản Trung Hoa. Các cường quốc như Anh, Pháp, Đức, Nhật. thì đang chia cắt nhau từng địa tô để bành trướng đế quốc chủ nghĩa.

Dân chúng Trung Hoa lúc ấy đã nghèo, lại càng nghèo hơn, họ phải đi cày ruộng thay trâu bò để lấy tiền trả thuế cho lảnh chúa. Các quan chức địa phương thì bất công lộng quyền tham nhũng. Sự nghèo khổ cùng cực và tự ái dân tộc đối với các đế quốc đô hộ, và quan liêu đã dồn người dân Trung Hoa vào một nơi không lối thoát. Đảng cộng sản Trung Hoa đã nắm được yếu điểm đó, nên họ đã thành công, đẩy Quốc Dân Đảng của Tưởng giới Thạch ra đảo Đài Loan.

Tao nghĩ chắc mấy cũng đăng he, vừa mới gần đây một nhân vật lảnh đạo cộng sản Trung Hoa đã tuyên bố như sau "Bất kể mèo trắng hoặc mèo đen, miễn là con mèo nào bắt được chuột là tốt, " Điều đó chứng tỏ cho tao thấy, đường lối cộng sản không phải là đường lối cuối cùng, để cho họ phải lựa chọn. Sở dĩ họ theo cộng sản là vì, không còn đường lối nào tốt hơn, trong giai đoạn đó?

Hình như cảm thấy mình nói hơi nhiều. Bảo dừng lại nơi đây, như muốn thăm dò ý kiến Sơn, phản ứng như thế nào

– Tao nói hơi dài dòng phải không Sơn?

Sơn lắc đầu.

– Không, mầy không dài dòng đâu, mà dẫn chứng rất đúng, tao chịu lắm, mầy làm thầy Việt văn là phải. Như ở Việt Nam ai cũng biết ông Hồ Chí Minh là đảng viên của đệ tam quốc tế cộng sản, sự mong ước của ông ta là nhuộm đỏ bán đảo Đông Dương, chớ chẳng phải chỉ có miền nam Việt Nam mà thôi. Thì dù trong năm 1956 theo tinh thần của hiệp định Geneve có tổng tuyển cử cho hai miền nam bắc để thống nhất xứ sở hay không, ông ta vẫn có chủ trương là phải nhuộm đỏ toàn cõi Việt Nam, bằng sức mạnh quân sự, chứ chắc chắn ông ta không thể theo một thể chế chánh trị nào khác, ngoài chủ nghĩa cộng sản được?

Bảo và Sơn vừa bàn tới đây. Vân cũng vừa bước ra phía trước.

– Anh hai, mời anh Bảo vào dùng cơm chiều với mình luôn.

Thế là câu chuyện bàn về thời sự, giữa hai người bạn được tạm chấm dứt. Sơn cầm chay bia đứng lên hối Bảo

– Thôi tụi mình vào ăn cơm, chớ để bà già tao chờ.

Bửa cơm chiều gia đình thật vui vẻ. Sơn giới thiệu Bảo cho Vân biết, là anh đang dạy học về môn Việt văn ở trường trung học tư thục Sai gon. Sau khi nghe anh trai nói, Vân cảm thấy tương lai của nàng, sẽ làm cùng nghề với Bảo, nên lên tiếng.

– Anh Bảo đi dạy học à? Vậy ma từ chiều đến giờ, em cứ ngỡ anh là quân nhân cùng quân chũng với anh hai em!

Bảo nhìn Vân mĩm cười

– Hồi lúc trước, tôi cũng có đi lính hết một năm ở vùng một chiến thuật. Rồi bộ biệt phái về dạy lại.

Sơn tiếp lời bạn.

– Lúc trước Bảo bị động viên đi Sĩ quan trừ bị Thủ Đức, ăn chưa hết dể cơm cháy nhà binh lại trở về trường rồi. Sơn xoay qua em gái.
– Nè Vân, cuối năm nay ra trường nếu có gì trở ngại, em có thể nhờ Bảo giới thiệu dùm ở các trường tư Sai Gon đi dạy cho gần nhà.

Vân nghe anh nói có vẻ không hài lòng nên lên tiếng cắt ngang.

– Anh hai nói gì nghe kỳ quá hà! Chưa chi lại muốn nhờ cậy rồi.

Bảo nghe Vân từ chối khéo, nên lên tiếng phụ hoạ với Sơn.

CHƯƠNG 7 - THẦY GIÁO BẢO

— Sơn nói đúng đó cô Vân, tôi có vài đứa bạn khi ra trường, tụi nó bị đổi ra vùng hai vùng một, ở các quận lỵ để dạy. Chúng nó viết thư về than buồn muốn bỏ việc trở về Sai Gon. Còn tôi thì không dám hứa trước điều gì cả, tuy nhiên nhờ đi dạy nhiều năm trong nghề, nên tôi có quen biết chút ít. Nếu sau nầy có cơ hội giúp đỡ Vân, tôi sẻ cố gắng.

Bác hai tự nãy giờ ngồi yên lặng, sau khi nghe Bảo nói, bác lên tiếng góp ý.

— Anh hai con với chú Bảo nầy nói đúng, khi ra trường mà không biết ai hết, nhiều khi cũng bị thiệt thòi lắm, nhất là con gái nữa, đổi đi xa bất tiện hơn đàn ông con trai nhiều lắm đo con.

Vân dổi giọng hơi nủn nịu với mẹ.

— Thì con nói vậy chớ bộ ...

Trong hiệp định "Ba Lê" Tiến sĩ Kissinger và Tổng Thống Nixon của Hoa Kỳ đã làm áp lực ép buộc Tổng Thống V. N. C. H. Nguyễn van Thiệu và ngoại trưởng Trần Van Lắm đại diện cho miền nam, phải đồng ý ký tên vào bản thoả hiệp với Lê Đức Thọ và Xuân Thuỷ đại diện công sản miền bắc và Nguyễn Thi Bình đại diện cho mặt trận giải phóng miền nam.

Theo tình hình chính trị nội bộ cuả Hoa ky, là ý định quân độiMỹ muốn trao gánh nặng lại cho quân lực V. N. C. H để họ thong thả ra đi.

Vết mực chưa khô, thì đùng đùng khói lửa lan tràn trên toàn lãnh thổ miền nam. Mùa hè đỏ lửa với những trận đánh tàn khóc tại An Lộc, Phước Long, Ban Mê Thuộc, Pleiku. v...v.

Miền namViệt Nam, được thế giới tự do phong cho là tiền đồn để ngăn cản làng sóng đỏ tiến xuống phương nam, đã bắt đầu xụp đổ.

Trùng họp với thời điểm nầy, là ngày Vân làm lễ mãn khoá ra trường. Nụ cười chưa trọn vẹn trên đôi môi của cô tân giáo sư Anh văn trẻ tuổi, thì nhận được lệnh của Bộ Quốc gia giáo dục, đưa nàng ra dạy ở một trường trung học tại vùng một chiến thuật, Qua tờ công lệnh từ trên Bộ gở về nhà. Vân vô cùng thắc mắc, vì cái địa danh vàtên trường mà nàng sẻ ra nhận việc nghe sao thật lạ. Nàng đọc tới đọc lui nhiều lần lấy bản đồ ra xem cũng không nhận được ở nơi nào trên vùng đất xa lạ đó!

Bác hai gái đang nằm nhay trầu trên võng, nhìn thấy nét mặt lo âu lúng túng của con gái nên lên tiếng hỏi.

— Cái gì mà mày lật qua lật lại hoài vậy Vân?

Với giọng điệu lè nhè Vân trã lời.

- Cái nầy nè ...
- Cái nầy là cái gì? Đưa cho ma coi?

Vân đứng dậy cầm tờ công lệnh đưa cho mẹ.

- Con mới vừa nhận lúc nãy, tờ giấy bổ nhiệm của Bộ để đi dạy, nhưng con không biết nó ở chỗ nào!

Sau khi xem qua, bác hai lắc đầu.

- Tao sống gần tám mươi tuổi rồi, mà chưa nghe ai nói đến cái quận này! Thôi để chờ thằng Sơn về hỏi, có lẻ nó biết.

Vân tỏ vẻ mừng rỡ, như vừa tìm được một câu giãi đáp cho bài toán khó.

- Dạ má nói đúng đó, anh hai hồi trước có ở ngoài phi trường Đà Nẵng, chắc ổng rành mấy chỗ này lắm.
- Thì nó đi bay mà chỗ nào khong tới.

Sơn vừa về tới nhà, chưa kịp bước vào trong, thì Vân đã trở tới, nàng nhanh nhẩu báo tin cho anh.

- Anh hai, em được Bộ gọi đi dạy rồi.

Sơn quay lại nhìn em gái.

- Ua! sao nhanh quávậy? Tao tưởng ít ra tụi bây cũng nghỉ được hai ba tuần chớ! mà đi dạy ở đâu?
- Em cũng không biết cái quận này ở đâu nữa! Đây nè anh xem tờ giấy bổ nhiệm, rồi xem nó ở nơi nào cho em biết!

Vân đưa tờ công lệnh cho anh. Sau một phút Sơn lắc đầu trao lại cho Vân.

- Tao nghĩ ở trên bộ, họ nhầm lẫn hay sao mà đưa mầy ra dạy ở chỗ này! Theo tao biết người ở địa phương nào, thì về làm việc tại địa phương đó cho tiện, chớ như vậy trở ngạy cho người ta lắm!

Vân có vẻ nôn nóng, nàng muốn biết ở nơi nào, nên hối thúc.

- Vậy anh biết chỗ nầy không?
- Sao lại không! Hồi trước tao có đáp xuống đây vài lần. Cái quận nầy tuy khá lớn thuộc tỉnh Quảng Trị, nhưng gần vùng vĩ tuyến, tao nghỉ không họp với mày đâu.

CHƯƠNG 7 - THẦY GIÁO BẢO

Sau khi nghe anh cho biết nơi nàng sẽ tới, là một vùng đất khô cằn buồn tẻ, tự dưng lam cho nàng lo sợ.

- Vậy làm sao bây giờ? Không lẽ lại từ chối bỏ việc à?
- Thì mày cứ làm đơn lên bộ xin đổi về vùng ba vì lý do gia cảnh, là có anh đi quân đội và còn một mẹ già phải lo phụng dưỡng, tao nghỉ họ sẽ thông cảm cho.
- Em có hỏi chú Tư tía con Hồng, chú đang làm ở phòng nhân viên trên bộ, thì chú bảo là, mới ra trường phải chịu đổi đi xa, độ khoảng một năm mới được xin đổi về nguyên quán. Ai cũng vậy chớ có phải mình em đâu!

Sơn lắc đầu.

- Tao nghỉ, chừng một tháng là mầy chịu không nổi rồi, chớ đừng nói tới một năm. Vã lại tao nghe ngoài đó bây giờ lộn xộn lắm, Việt cộng pháo kích vào quận thường xuyên nguy hiểm lắm.
- Anh hai nói như vậy, có nghĩa là em không nên chấp nhận đi ra chỗ đó chứ gì?
- Ờ! Tao không muốn nói thẳng ra như vậy, nhưng mầy nghỉ coi gia đình mình có hai anh em. Tao thì bận đi biệt phái hành quân luôn chỉ có mầy ở nhà với má. Bây giờ mầy đi nữa thì ai ở với má đây?
- Như vậy em học rồi chịu thất nghiệp à?
- Sao lại thất nghiệp! mình không dạy được trường công, thì xin đi dạy trường tư, có chết con ma nào đâu?

Sau câu nói, Sơn như chực nhớ lại, anh nhìn Vân cười.

- À... À! Tao nhớ lại rồi, để tao nói chuyện với thằng Bảo để xem nó có thể giúp gì được không?

Vân có vẻ không hài lòng lắm, nàng liết xéo anh.

- Anh có tật ưa nhờ vã người ta quá!

Sơn vội vã cải lại.

- Nó là bạn thân của tao, chớ có ai xa lạ đâu? mình chỉ nhờ nó giới thiệu, chứ có lợi dụng gì dữ lắm đâu, mà mầy lo.

Vân cuối mặt xuống đất, nói nho nhỏ một mình "Nhờ vã là cha của lợi dụng, chớ có khác gì đâu".

Sơn bật cười ha... hả.

Mầy biết không, đàn ông như tụi tao mà giúp được cái gì cho phái đẹp người ta gọi là "Galant," Nhất là phái đẹp lại còn độc thân học giỏi như cô vậy. Chớ đừng dùng danh từ lợi dụng nghe nó phàm phu tục tử lắm!

Vân cải lại.

— Ở! Kiểu đàn ông nhà binh như anh, cứ "Galant" như vậy, nên bay đến chỗ nào cũng có người yêu, rồi làm khổ cho người ta. Chớ còn anh Bảo là dân đi dạy học, làm thầy giáo phải có đạo đức, chắc khác các ông nhà binh nhiều?

— Tao xin can cái chuyện đó! bảo đảm với mầy, một trăm thằng đàn ông, có hết chín mươi chín thằng, làm như tao rồi, chỉ còn một thằng bị lại cái là đi ngược chiều thôi?

— Anh rành tâm lý theo kiểu "Suy bụng ta ra bụng người". Nếu đoán như vậy, thì cũng có ngày anh đi tàu suốt chứ không chơi đâu.

Sơn cười vã lả.

— Thôi bỏ cái vụ đó đi. Tao thấy thằng Bảo nói chuyện có vẻ hợp với mầy lắm. Nè! không chừng có một ngày nào đó, nó gọi tao bằng anh hai đó nghe.

Như hiểu ý, Sơn muốn nói chọc mình, Vân bước tới co tay đập vào lưng anh nũng nịu đáp.

— Anh hai nói cái gì kỳ quá hà! Em không thèm nói chuyện nữa đâu.

Thế rồi sau đó Vân phải nghe theo lời mẹ và Sơn, làm đơn lên bộ giáo dục, xin chuyển về làm việc gần nguyên quán vì lý do gia cảnh. Phòng nhân viên chấp thuận, với điều kiện là phải chờ đợi vì chưa có chỗ trống, để đưa Vân vào làm.

Trong thời gian ấy, Bảo liên lạc được với ban giám đốc nhà trường, nơi anh đang dạy để giới thiệu Vân vào dạy sinh ngữ cho trường.

Mọi việc đâu rồi cũng vào đấy, cô giáo trẻ Vân đã có việc làm tương đối chắc chắn. Mỗi sáng Bảo thường đi thật sớm, ghé tạc nơi phòng giải lao để uống cà phê, cố ý để gặp Vân, kể vài ba câu chuyện tếu trước khi vào lớp. Hoặc những buổi chiều thỉnh thoảng tan học cùng giờ, Bảo đưa Vân về nhà bằng xe vespa để nàng khỏi đứng chờ taxi.

Vân và Bảo đã quen nhau hơn một năm, hai người rất hợp, nhưng chẳng có ai dám bước ra khỏi lãnh vực tình bạn, để tỏ thật sự lòng mình cho nhau biết. Bảo để ý nhiều lần, đã thấy rõ Vân có những cử chỉ đặc biệt dành cho anh. Nhiều lúc Bảo muốn nói thật là anh đã thương nàng, nhưng lại rồi không dám mở miệng, vì anh ngại Sơn cho anh là người lợi dụng tình bạn, để lần mò vào cô em gái.

Trái lại Sơn, và bác hai gái, chỉ chờ Bảo mở lời là đồng ý ngay, bác nghĩ chẳng lẽ đem con gái đưa mời người ta coi ra không đúng.

Chiến tranh Việt Nam càng ngày càng tăng cường độ. Sơn bị cấm trại

CHƯƠNG 7 - THẦY GIÁO BẢO

luôn, hoặc biệt phái hành quân ở các tỉnh xa nên vắng nhà luôn. Bảo chiều nào, sau khi dạy học về, cũng bỏ ít thời giờ chịu khó chạy đến nhà bác hai để thăm lom. Miền nam Việt Nam càng bi đát, sau khi người bạn đồng minh Hoa kỳ ngoảnh mặt làm ngơ, kéo theo các nước chư hầu trở về mẫu quốc. trong lúc quân lực V. N. C. H không được trợ giúp tiếp tế đầy đủ để tự lực tự cường, trở thành miếng mồi ngon cho đàn chó săn háo đói.

Rồi trưa ngày 30-04-1975 Tổng Thống. cuối cùng Dương Văn Minh đã tuyên bố chánh thức đầu hàng cộng sản miền bắc. Thế là xong, một trang sữ mới được thành hình cho Việt Nam. Một kinh nghiệm hiếm hoi, một bài học đắc gía về sự nhầm lẫn cho những ai luôn luôn tin tưởng vào sức mạnh, và sự ủng hộ của người bạn đồng minh, để tự nguyện đem dân tộc mình làm tiền đồn cho cả thế gíới!?

Ước vọng của ông Hồ Chí Minh đã thành đạt. Toàn cỏi Việt Nam đã hoàn toàn nhuộm đỏ. Hàng triệu người bỏ xứ, ôm gói bồng bế nhau đi tìm tự do, còn lại sau lưng hàng chục triệu người với mơ ước mong manh!

Chiều nay cũng như mọi buổi chiều ngày trước. Khu bờ sông bến tàu Sai Gon, luôn luôn vắng vẻ, chỉ lác đác năm ba người đi thất thểu, hoặc ngồi nhìn mong lung theo dòng nước chãy như những triết gia mất trí! Họ là ai? Họ là những người Sai gon ngày củ. Họ là những hiện thân của một sự đổi đời kỳ hoặc? Bên ngoài họ bị nhuộm đỏ, nhưng bên trong đầu óc vẫn còn trắng bum! Họ là những nhà tư bản bốc lột? Hay họ là những bần cố nông, khố rách áo ôm?

Bây giờ mọi người gần giống như nhau, nào ai biết được quá khứ họ như thế nào? Bảo cũng chẳng có đủ thì giờ để tìm hiểu chuyện đó. Thời buổi bây giờ công an ở khắp các nơi, từ hang cùng ngõ hẹp, ai có thân phận phải cố giữ lấy mồm mép mà sống.

Sau khi dựng xong chiếc xe ở gần gốc cây. Bảo rũ Vân lai ngồi trên chiếc ghế đá trống kê sát bờ sông.

— Vân thấy buổi học tập chánh trị đầu tiên hôm nay thế nào?

Nàng nhướng mắt nhìn Bảo.

— Anh là giáo sư văn chương, mà còn hỏi em!

Thì họ bảo chúng mình từ nay, phải sữa đổi cách dạy cho đúng đường lối của đảng. Có nghĩa là anh không được khen ngợi chuyện Kiều là một kho tàng văn hoá của Việt Nam. Cũng như anh không được ca tụng những vần thơ lãn mạn trữ tình của Hàn Mặc Tử là hết ý.. v.. v. Bây giờ anh phải ca tụng Staline, Max, Lenin và tư tưởng của ông Hồ chủ Tịch la siêu đẳng khoa học thực tế v...v.

Bảo yên lặng, đưa mắt nhìn thật xa, về phía bên kia bờ sông, lắng nghe từng lời nói của Vân, vì chính anh vẫn còn hoang mang suy tưởng, những lời nói mà cán bộ giảng huấn đã phát biểu trong lớp học vừa qua, là tất cả các vấn đề thuộc phạm vi nghệ thuật, phải được phục vụ quần chúng và chánh trị, theo đường lối xã hội chủ nghĩa!?

Vân vừa dứt lời, Bảo đưa tay chỉ một đám lục bình, đang trôi qua trước mặt

- Vân, thấy đám lục bình đang trôi qua, có mấy cái bông trông dễ thương quá phải không?

Vân xoay lại nhìn Bảo.

- Ờ! thì nó đẹp, nhưng có ăn nhập gì câu hỏi của anh đâu?
- Có chứ! no liên quan đến bài học của tụi cán bộ giảng huấn, họ bảo là bất cứ một điều gì, hay suy nghĩ một chuyện gì, đều phải đặc vào sự ích lợi của quần chúng, vào sự sản xuất có lợi cho giai cấp vô sản. Họ muốn nói, tất cả các nghệ thuật do tư duy con người làm ra, đều phải vì nhân sinh chớ không đặc vào nghệ thuật được? Có nghĩa là nghệ thuật phải hoàn toàn phục vụ cho nhân sinh chánh trị, chớ không phải nghệ thuật vì nghệ thuật.

Như Vân thấy cái bông lục bình kia đẹp, nhưng cái đẹp của nó, do thượng đế tạo ra rất tự nhiên không chủ đích cho một mục tiêu phục vụ nhân sinh nào cả. Tuy nhiên cái sắc xão màu mè tự nhiên của nó, ít ra cũng đã làm cho hai đứa mình có một sự thoải mái, sản khoái tâm hồn trong chốc lát. Như vậy nó đã vô tình có một phần ảnh hưởng đến nhân sinh rồi. Vì có thoải mái tinh thần, mình mới hăn sai làm việc để sản xuất được nhiều hơn?

- Như vậy theo anh, tất cả những vấn đề thuộc phạm vi nghệ thuật, do tư duy con người, hay trong thiên nhiên tạo ra đều có cảhai lẫn trong đó?
- Để mình bàn rộng ra một tí ngheVân! Cái bông lục bình hay bất cứ loài hoa nào khác, nguyên thuỷ đều do sự tự nhiên hài hoà của trời đất mà sinh ra. Có cái đẹp có cái xấu, có loại có hương thơm có loại cho ra mui kho ngửi v.. v Con người cũng vậy có người đẹp người xấu, người thông minh người chậm hiểu. Rồi đầu óc con người lần lần thu nhận qua những quá trình nghiên cứu, hiểu biết về các lãnh vực xã hội, khoa học kỹ thuật của những người đi trước truyền lại. Sự thu nhận ấy phải được tự do không bị ràng buộc, vào một quy luật nhất định. Trong mỗi con người chúng ta, dù sang giàu hay nghèo nàn cùng cực, dù trí thức hay đần độn ngu si, đều có ẩn chứa ít nhiều nghệ sĩ tính trong đó.

CHƯƠNG 7 - THẦY GIÁO BẢO

Anh văn sĩ haythisĩ chân chính khi tạo nên một cốt chuyện, hay hoặc những lời thơ thật bay bướm, không phải lúc nào anh ta cũng làm ra được, nó cần phải có nhiều yếu tố tinh thần và môi trường chung quanh, chẳng khác nào một nụ hoa tươi, phải có đủ điều kiện mới nở ra thật đẹp. Như vậy sự sáng tạo phải được tự do và cởi mở, nếu không thì kết quả chỉ toàn là loại hoagiấy rẻ tiền để phục vụ cho những chủ đích nhất định, không thể gọi là nghệ thuật chân chính được.

Bảo nói tới đây Vân xen vào góp ý kiến

- Anh nói em mới nhớ. Hôm nào đây em có đọc một bài thơ của ông Tố Hữu, làm em giật mình ngạc nhiên, không biết là ông ta nói thật, hay chỉ chế diễu chơi. Đại khái em nhớ có câu, ông ta ca tụng Staline như thế nầy "Thương cha thương một, thương ông thương mười...," Cũng như bà Giang Thanh vợ của chủ tịch Mao Trạch Đông khi đến "mốt cu" đã chúc tụng Staline "Sức khoẻ của ngài là hạnh phúc của toàn dân Trung Hoa chúng tôi." Anh thấy họ tân bốc địa vị cá nhân các lãnh tụ cộng sản như những hoàng đế ngày xưa.!?

Ong Tố Hữu là một nhân vật có tiếng tâm trong nước, lại thương cha mình, còn thua ông da trắng mũi lõ Staline những mười lần. Như vậy ông bà ta ngày xưa đãdạy:

Công cha như núi Thái sơn. Nghĩa mẹ như nước trong nguồn chãy ra ....

Kể như không đúng!? Vì tình nghĩa và lòng yêu thương bây giờ phải dành cho đảng và các lãnh tụ!? Gia đình, đạo đức phải vứt bỏ, chỉ có lãnh tụ và đảng là trên hết?

Nói tới đây hình như có vẻ bực tức, nên Vân có hơi lớn tiếng, Bảo đưa tay vỗ nhẹ vào vai nàng

- Thôi nhỏ xuống một tí đi Vân, tụi nó nghe được, thì hai đứa mình chỉ có đi vào tù ngồi gỡ lịch. Vân không biết sao, đối với công sản, thì ở xứ nào nơi nào, cũng gần giống như nhau, vì tất cả chúng nó đều noi theo, những giáo điều tư tưởng của Max-Lê mà họ cho là đúng, là con đường duy nhất để giải thoát nhân loại. Một thứ tư tưởng độc tài và bạo động. Như Max đã nói "Vũ khí của sự phê phán, không thể thay thế được phê phán bằng vũ khí. Lực lượng vật chất chỉ có thể đánh đổ bằng lực lượng vật chất....," Qua tư tưởng đó của Max em thấy rõ chưa?

Sau khi lấy lại bình tỉnh, Vân tiếp tục lên tiếng

– Nhưng không lẽ toàn thế giới, một ngày nào đó sẽ nhuộm đỏ hết sao?

– Mình không nghĩ thế đâu Vân. Lịch sử đã chứng minh rất rõ ràng, là không một hệ thống tư tưởng nào hoàn toàn đúng một cách vĩnh viễn, từ thế hệ này sang thế hệ khác được? Như Vân biết xã hội và con người làm ra lịch sử. còn lịch sử chỉ là một quá trình ghi lại những hiện tượng đã xảy ra trong xã hội ở một thời điểm nào đó mà thôi. Theo mình nghĩ, sở dĩ hai nhà triết học Max và Anghen đã sáng tạo ra một hệ thống tư tưởng mới, vì một lý do theo mình nhận thấy trong khoảng giữa thế kỷ thứ mười chín. Thời kỳ nầy chủ nghĩa tư bản đã trở thành hệ thống kinh tế thống trị ở các nước Tây Au. Sự bất công giữa giới chủ nhân, và thợ thuyền là mầm móng gây ra các cuộc đấu tranh giữa lao động và tư bản, giữa vô sản và tư sản càng ngày càng quyết liệt hơn. Nên Max và Anghen trong khoảng thời gian đó đã chuyển từ chủ nghĩa duy tâm, sang chủ nghĩa duy vật. Từ chủ nghĩa dân chủ cách mạng, sang chủ nghĩa cộng sản, vì bị ảnh hưởng trong cuộc đấu tranh chánh trị giai cấp xã hội ở giai đoạn nầy. Rồi tiếp theo sau đó, vào khoảng giữa đầu thế kỷ thứ hai mươi. Nhà lý luận Lênin đã phát triển toàn diện học thuyết của Max trở thành những giáo điều, kim chỉ nam cho các nước cộng sản sau nầy.

– Như vậy theo anh thì cộng sản chỉ thành công trong một giai đoạn hay thời điểm nào đó mà thôi?

Bảo đưa mắt nhìn Vân, có ý thăm dò phản ứng xem nàng có thật lòng muốn tìm hiểu về cộng sản hay không.

– Vân hỏi thành ra mình nói hơi nhiều, dài dòng chỉ sợ làm Vân chán thôi. Vì bàn về vấn đề này nó có vẻ khô khan lắm.

Vân cười lớn, lấy tay đẩy nhẹ vào vai Bảo.

– Anh là giáo sư Việt văn, nếu có khô khan khó nuốt, thì chế thêm tí nước, chớ có sao đâu!

– Ờ! Để mình cố gắng nhé, chế thêm một chút nước thôi cho dễ nuốt. Bây giờ mình đố Vân nhé!

Nàng trố mắt nhìn Bảo.

– Em có đọc nhiều về thuyết của cộng sản đâu mà anh đố!

Bảo cười dễ dãi.

Không, anh đố dễ thôi. Vân biết tôn giáo và cộng sản khác nhau ở chỗ nào không?

– Ớ.. Ờ..!.. Tôn giáo thuộc về thần học, theo thuyết duy tâm, đại khái

CHƯƠNG 7 - THẦY GIÁO BẢO

khuyên mình ăn ở cho phải đạo tu nhơn tích đức, đến khi chết được lên thiên đàng hoặc là tiên cảnh gì đó.... Còn cộng sản thì theo thuyết duy vật thì......thì em cũng chẳng biết họ muốn cái gì nữa... Thôi nhường cho anh đó.

Bảo vỗ tay nhè nhẹ

— Đúng! Vân nói gần đúng, để mình nói thêm cho đủ ý nghĩa. Tôn giáo và cộng sản co chủ trương gần giống nhau chỉ khác hơn là. Tôn giáo cho rằng sau cái chết, linh hồn của người thánh thiện sẻ lên thiên đàng hoặc về tiên cảnh. Còn cộng sản muốn thiết lập thiên đàng tại quả đất khi ta đang còn sống. Như vậy sự khác nhau là trước và sau cái chết. Vì lẻ đó tôn giáo vẫn tồn tại, và phát triển được từ xa xưa và mãi mãi về sau.

Còn cộng sản thì chắc chắn không thể nào thực hiện được một thiên đàng thực sự trên quả đấy nầy. Cộng sản muốn mọi người đều bình đẳng, công bằng, không còn sự bốc lột giữa con người và con người. Thoạt mới nghe qua thì vô cùng lý tưởng, nhưng suy nghĩ cho tận cùng, thì con người không đơn giãn như vậy. Con người có một trạng thái rất phức tạp nhất so với các sinh vật khác, vì con người có trí thông minh và biết suy luận.

Theo tư tưởng Max, ông ta nói "Lý luận cũng sẻ trở thành lực lượng vật chất, một khi nó đã thâm nhập vào quần chúng." Theo mình hiểu qua một khía cạnh củatư tưởng đó, thì có nghĩa là ta chỉ cần lập đi lập lại nhiều lần một điều gì đó, chẳng chóng thì chầy người nghe sẻ bị nhập tâm trở thành thói quen.

Theo thuyết Max-Lê, trước hết phải tước đi quyền tư sản để mọi người trở thành vô sản nhu nhau. Giai đoạn nầy gọi là giai đoạn xã hội chủ nghĩa để tiến lên cộng sản, xem như là giai đoạn cuối cùng của họ. Như Vân đã nhìn thấy, một trong những hình thức cướp đoạt ấy, là chế độ đổi tiền và đánh tư bản của họ đã xãy ra cách đây không lâu.

Bảo vừa nhắc tới đây, Vân cảm thấy hình như có một sự bực tức không giằng được nên lên tiếng.

— Họ đánh tư bản bốc lột, hay họ ăn cướp của nhân dân? Nếu họ tước đoạt tài sản của mấy tên nhũng lạm quyền thế mánh mung, làm ăn bất chánh, bè phái sâu dân mọt nước, thì em hoan hô! chứ đằng nầy em đã nhìn thấy nhiều người khá giã, do sự làm ăn cần kiệm lương thiện cũng bị chúng ghép vào thành phần tư bản, để có lý do cướp giựt của người ta thật bất công. Em nghĩ những hành động chụp mũ, cướp bóc ban ngày đó, chỉ có thể xãy ra trong thời kỳ tiền sử, khi con người chưa được văn minh?

Bảo lên tiếng phụ hoạ.

– Như cộng sản Trung Hoa khi Mao Trạch Đông lên nắm chính quyền, đặc ra chế độ" Cải cách ruộng đất" thì có biết bao nhiêu người bị đấu tố dã man chết thê thảm oan ức. rồi sau đó là chính sách "Trăm hoa đua nở" của Mao Trạch Đông để tìm kiếm những mầm móng chống đối lại Mao.

Sau cùng là cuộc "Cách mạng văn hoá" của Giang Thanh với đoàn Hồng Vệ Binh, gây ra một sự chấn động cho giới văn nghệ sĩ trí thức Trun Hoa. Trong bộ chính trị thường xảy ra những mâu thuẫn để tranh ngôi vị. Như vậy người cộng sản đâu có tốt lành gì, nếu không muốn nói là gian manh đầy thủ đoạn.

Bàn tới đây Bảo cảm thấy nói hơi nhiều về chế độ mới. Anh đưa tay lên xem đồng hồ, rồi xoay qua bảoVân.

– Hai đứa mình mải lo bàn chuyện xã hội mà quên phức giờ giấc! Chớ để bác Hai ở nhà chờ cơm rồi làm cho bác lo nữa.

Vân mỉm cười.

– Hay là anh ghé nhà em, ăn cơm chiều luôn?
– Thôi cám ơn Vân để khi khác, tại mình không nói trước cho bác Năm, sợ ở nhà bác chờ cơm

Thời gian cứ đông đưa mang theo những ngày tháng buồn tênh sợ sệt của một Sai gon đổi chủ. Đường xá nhộn nhịp với những cửa hàng rộng rãi khang trang người mua kẻ bán vào ra tấp nập của ngày xưa, bây giờ không còn thấy nữa. Về đêm với những ngọn đèn vàng leo lét chiếu xuống từng khuôn mặt thất thểu thiếu ăn, đang moi khều từng đống rát để lụm bịch nylon, hay lang thang đi tìm chỗ ngã lưng qua đêm chờ sáng. Chính họ đích thực là hiện thân của giai cấp vô sản, theo như con đường của bác đã vạch ra. Con đường quang vinh vĩ đại để tiến lên cộng sản chủ nghĩa?

Bác Năm từ một ông chủ tiệm bán quần áo ở chợ lớn, bây giờ tiến lên được anh thợ vá vỏ xe đạp dưới góc me trước cửa nhà. Bác Năm gái còn khá hơn là trồng được mấy giồng khoai lang sau vườn. Bác có ý định là lén mấy tên công an trong xóm đào lên nấu, đem ra xóm bán kiếm thêm chút ít tiền mua gạo.

Bảo vẫn còn ở trọ đi dạy học ở nhà bác, nhưng với số lương quá ít ỏi, nên anh giao hết cho bác để lo cơm nước và nhào, anh chỉ giữ lại chút ít để mua sắm đồ cá nhân lặc vặt thường xài.

Kể từ ngày người con trai lớn của bác mất tích, hai bác xem Bảo như con trai trong nhà, nên không bao giờ bác đắn đo về chuyện tiền bạc của

CHƯƠNG 7 - THẦY GIÁO BẢO

Bảo trao hàng tháng.

Chế độ quan liêu bao cấp, và hộ khẩu gia đình là một chiếc cùm trói buộc người dân thật chặt, vào guồng máy cai trị độc tài của cộng sản. Ngay cả nước Nga là quốc gia cha đẻ mở đầu cho thế giới cộng sản từ năm 1917 đến nay là năm 1977 hơn sáu mươi năm trôi qua, người dân Nga vẫn phải xấp hàng đi mua bánh mì và vẫn bị công an theo dõi dưới nhiều hình thức khác nhau. Đều đó ta thử hỏi, như vậy có phải là thiên đường của cộng sản, hay là địa ngục của trần gian?

Qua hai năm chung sống với cộng sản, Bảo chỉ thấy toàn là những mánh mung láo khoét. Những giờ giảng bài trong lớp, đôi khi anh cảm thấy chính mình như người mất trí. thân xác anh chỉ còn là cái máy nói, phát ra những âm thanh nhạc nhẽo nhày nhụa, lợm giọng để ca tụng một chế độ vô thần. Anh không còn là một "Tú Uyên" của ngày nào với những bài bình luận văn chương thật sống động làm cho cả lớp phải vỗ tay tán thưởng.

Hôm nay sau buổi dạy trong lớp thật chán chường, lúc đạp xe về nhà, anh ghé tạt qua gốc me, để thăm và trò chuyện với bác Năm đang hành nghề vá vỏ xe. Vừa thấy Bảo đang dủi chân xuống đường để thắng chiếc xe đạp đang chạy, bác gọi lớn.

- Chiếc xe của cháu cần phải điều chỉnh lại sợi dây thắng. Đem xe vào đây bác làm cho.
- Dạ con mới xiết ốc hôm qua, chắc nó lại lỏng ra nữa chứ gì.
- Ố, cái đó phải xiết thật chặt, chớ khi bóp thắng dể xút ra lắm. À, nầy Bảo lúc nãy có con Vân ghé qua đây hỏi thăm bây. Nó nói mấy ngày nay không thấy bây tới no lo, vậy lát nữa có rảnh chạy đến đó cho nó mừng
- Dạ mấy bửa rày, con bận soạn bài nhiều, nên không đến đó được.

Bảo vừa dứt lời, bác Năm cũng vừa bước tới kề bên hỏi nhỏ.

- À, còn thắng anh hai của nó. Thiếu Tá Không Quân lái máy bay gì đó, cháu có nghe tin tức gì không?
- Dạ không bác, cũng chính gì chuyện đó mà Vân đã bị trường cho nghỉ dạy học, vì tụi nó cho Vân có liên quan đến gia đình Mỹ nguy.

Bác Năm chỉ lắc đầu thở ra.

- Chế độ gì mà kỳ cụt, người giỏi thì không xài chỉ dùng những thứ dốt đặc cán mai, như vậy xã hội làm sao tiến được? Thôi, cái thắng của cháu bác đã xiết lại roi đó, đạp lại đó một chút rồi về ăn cơm.

Bác Hai gái đang hái lá rau rền, và đọt mồng tơi leo ở phía trước hàng rào, khi nhìn thấy Bảo trở tới, bác vội đặc chiếc rổ đựng rau xuống đất, bước ra mở cửa rào.

– Ua! mấy bữa rày cháu ơ đâu, có bệnh hoạn gì không?

– Dạ không bác, vì ban giám đốc nhà trường mới giao cho cháu một mớ tài liệu, bảo con nghiên cứu để giảng huấn cho học trò, nên không có thì giờ đến đây thăm bác được.

– Thôi dẫn xe vào trong đi cháu. Con Vân đang nấu cơm ở sau, mấy bữa rày nó cũng nhắc cháu luôn.

Vân đang nhóm lại bếp lửa trong lò để sửa soạn nấu cơm chiều. Nàng đã nghe tiếng nói của Bảo với mẹ ở phía trước sân, vừa định bước ra phòng khách, thì Bảo cũng vừa tới. Với giáng điệu nữa mừng rỡ nữa trách móc

– Anh Bảo, mấy bữa rày ở đâu mà không thấy đến? Cứ tưởng anh bị cảm bệnh, nên lúc trưa em có ghé lại hỏi thăm bác Năm, mới biết anh vẫn khoẻ đi dạy học như mọi ngày.

– Ở! mình mạnh chứ có bệnh gì đâu chỉ tại ba cái nợ, phải mất nhiều thì giờ đọc, nếu không thì tụi nó phê bình, kiểm thảo nói nghe nhức đầu lắm.

Vân cười thông cảm.

– Lại mấy cái thứ tài liệu của Max –Lê hay bác Hồ chứ gì?

– Thì Vân còn lạ gì mấy thư đo cứ nhay tới nhay lui hoài. Dân chúng cơm còn thiếu ăn, áo không đủ mặc, thân xác gầy như con ma. còn đảng chỉ lo ca tụng con đường bác đi là vinh quang. Dân tộc thì có quá nhiều anh hùng, cứ ngỡ mở cửa ra là gặp ngay?

Nghe Bảo than, Vân cười tinh nghịch

– Anh không nghe tụi nhỏ nó noí à. Con đường" Bác đi "là con đường" Bi đác. Rồi ra tới ngỏ là gặp anh khùng?

Bảo khoát tay ra dấu.

– Thôi bỏ qua cái chuyện đó đi. Mấy bữa rày Vân có chuyện gì lạ không? Bán buôn ra làm sao?

Vân chực nhớ lại một điều gì rất quan trọng. Nàng bước lại gần Bảo nói nhỏ.

– Em mới vừa nhận được thư của anh hai, chuyển từ bên Pháp về, làm má và em mừng quá.

Nét mặt của Bảo trở nên rạng rỡ, không chờ cho Vân dứt lời Bảo hỏi nhanh.

– Bây giờ anh Sơn ở bên Pháp à?
– Không, trong thơ ảnh nói là đang ở tại Hoa Kỳ. Anh nhờ người quen

CHƯƠNG 7 - THẦY GIÁO BẢO

bên Pháp chuyển thơ về Việt Nam, chớ không gởi trực tiếp từ Hoa Kỳ được.
- À, đúng rồi, như vậy anh Sơn vẫn khoẻ mạnh chứ, và có công ăn việc làm gì chưa?
- Trong thơ ảnh bảo vẫn khoẻ mạnh. Anh nói đã đi làm "part time", tối về học thêm về ngành điện tử gì đó. Đả gần hai năm nay nhà mới nhận được thư, bây giờ mới chắc còn sống, chứ mấy lúc trước má cứ than khóc van vái hoài cho ảnh được tay qua nạn khỏi.

Bảo đưa tay vuốt trán.

- Sau khi Vân bị mất việc vì liên hệ gia đình. rồi một số bạn bè sống không nổi, với chế độ nầy họ đã vượt biên gần hết một nữa. Trong trường chỉ còn lại lưa thưa vài người quen biết củ. Chán lắm Vân ơi! Anh Sơn chạy được là may mắn lắm, nếu còn kẹt lại chỉ khổ thôi.

Như xực nhớ lại câu hỏi lúc nãy, Vân chưa kịp trả lời

- Vân chưa trả lời câu hỏi về cái vụ làm ăn buôn bán bây giờ thế nào?

Vân nghẻo đầu nhìn Bảo cười.

- Anh muốn hỏi về cái nghề mới của em phải không?
- Chớ còn ai vào đây nữa!
- Thì bữa nào may mắn không gặp công an còn húp được chút cháo, còn nếu xui xẻo gặp tụi nó bố ráp thì nhiều khi mất cả chì lẫn chày. Anh biết cái nghề mua đồ củ, người ta gọi là đồ "Xi đa" đem về giặt lại, rồi ủi cho thằng bán kiếm lời. Giống như mấy chú chệt ngày xưa mua ve chay lông vịt ve bán lại vậy thôi.

Bảo nhìn Vân lắc đầu.

– Thời buổi nầy kiếm được chút cháo cầm hơi để sống là tốt rồi.

###

Hôm nay nhằm ngày lễ lớn của đảng cộng sản, kỷ niệm ngày chiến thắng nhuộm đỏ được toàn lãnh thổ Việt Nam. Các trường lớp đều đóng cửa nghỉ học. Ngoài đường phố chính va công sở treo đầy cờ xí. Hàng loạt biểu ngữ to lớn hoan hô chào mừng thành tích cách mạng của đảng.

Bảo đạp xe lần lại một cửa hàng quốc doanh gần đó để mua một tờ báo về đọc cho hết ngày. Bây giờ mặt trời lên cao gần đỉnh đầu, những bóng nắng nho nhỏ, chui xuyên qua các tàn me haibên lề rọi xuống mặt đường nhựa đen, từng vệt như chiếc áo rách được vá nhiều lỗ bằng vải trắng. Đang trên đường trở về nhà trọ, Bảo chực nhớ lại Tâm, anh lẩm nhẩm "Hay là chạy lại thăm hai ông bà ấy một chút rồi về cũng được."

Chung cư của Tâm và Loan ở cách đó không xa, chỉ vào khoảng mười lăm phút bằng xe đạp. Không vội vã, Bảo cho xe đạp từ từ quanh ngược lại. Đường phố vẫn vắng bóng bộ hành, thỉnh thoảng có một vài người dáng điệu uể oải đạp xe xích lô chạy ngược chiều. Với hình ảnh gầy còm của anh phu xe làm Bảo chực nhớ lại. Cách đây vài hôm có một người bạn nói với anh là "Thời buổi nầy mấy anh lái xe xích lô đạp, ba bánh kiếm sống còn dễ và khá hơn là đi dạy học như tụi mình."

Như cảm thấy thắm thía về câu nói của người bạn, Anh tự nhiên mỉm cười nghĩ rằng, có lẽ đây là bước đầu thời vàng son cuả giới lao động thợ thuyền vô sản theo chủ trương Đảng lảnh đạo. Nhà nước quản lý. Nhân dân làm chủ. Như vậy chắc không còn bao lâu nữa toàn dân anh hùng Việt Nam, sẽ làm tài xế xe xích lô đạp, ba bánh và cu li hết trơn!?

Tâm đang ngồi quay lưng ra phía trước cửa, chăm chu lau chùi chiếc xe đạp. Lúc ấy Bảo vừa trờ đến anh gọi lớn.

– Ê! ông giáo lau chùi kỹ quá mòn hết sơn còn gì?

Tâm không để ý nên giật mình quay lại.

– Ồ! anh Bảo. Cả tháng nay lặng đâu mất, không thấy đến đây chơi

– Độ rày ban giám đốc nhà trường, xếp giờ giấc so le trẹo cựa hết, nên không gặp anh thường như trước. Hôm nay lễ mới rảnh rang, nên chạy tạt ngang đây thăm hai ông bà một chút.

Tâm đẩy chiếc xe đạp dựng sang một bên.

– Vào đây làm một ly "Xây chừng "cái đã.

Loan nghe tiếng động biết có khách tới, nàng bước ra thấy Bảo đang đứng đó với Tâm, nàng tỏ vẻ vui mừng.

– Tụi tôi mới vừa nhắc anh và cô Vân hồi hôm qua. Sao độ rày có gì lạ không anh Bảo?

Vừa đặc tờ báo xuống bàn, Bảo nhanh nhẩu trả lời.

– Chuyện lạ thì chưa xãy ra. còn chuyện củ thì chị đã biết hết rồi.

– Nè, anh đừng giữ bí mật nhé! chừng nào làm đám cưới đám hỏi nhớ cho tụi nầy đến ăn chực nhá! Bây giờ ngồi nói chuyện với anh Tâm, để tôi ra sau nấu nước nóng pha cà phê.

Tâm dùng chổi lông gà quét bụi chiếc ghế cho Bảo ngồi.

Tụi nầy cứ tưởng hôm nay anh đi ra Sai gon xem họ diễn hành chứ!

Bảo lắc đầu.

– Thôi ra đó để nghe họ khoe khoang láo khoét mệt lỗ tai lắm. Tôi có

CHƯƠNG 7 - THẦY GIÁO BẢO

mua tờ báo để chút nữa về xem tin tức cũng được rồi.

Tâm cười đưa tay chỉ vào tờ báo, đang nằm trên bàn

- Anh tin vào mấy ông phóng viên nầy à? Mấy ông ấy là vua của mấy tên chửi bới khoe khoang đó nữa. Cái gì của bác và đảng là nhất.
- Chớ anh nghĩ, trong thời buổi nầy nếu không ca tụng mấy thứ đó thì chỉ có vào tù gở lịch đếm thời gian. Hôm tuần rồi tôi co mua một quyển sách tục ngữ, ca dao. dân ca Việt Nam. mang về đọc được một lát, tôi thấy chán nản làm sao. Tôi có cái ấn tượng, ông tác giã nầy là một đãng viên tuyên truyền của cộng sản, chứ không phải là một nhà văn chân chính, chuyên nghiên cứu về các lối văn học phát xuất từ trong dân gian truyền khẩu của ba miền đất nước. Vì trong câu ca dao hoặc tục ngữ ông ta cũng cố gắng lấy thí dụ dẫn chứng, để gán vào sự tranh đấu của giới vô sản nông nô vơí tư bản địa chủ. Nhiều lúc vô duyên, tới mức độ ông ta còn dẫn chứng nhờ những câu thơ như vậy, mà dân du kích công sản mới thắng được chiến tranh tư bản Mỹ ngụy v...v
- Thì hôm trước đây, đã có lần anh phàn nàn là các văn nhân, thi nhạc sĩ bây giờ chỉ có một bộ óc giống in nhau là Duy vật biện chứng, và nghệ thuật vị nhân sinh không hay sao!?

Đối với cộng sản cái gì của Max –Lê của Staline, Mao Trạch Đông và Hồ chủ tịch là hoàn toàn đúng, đi ngược lại là sai là phản cách mạng, phản động, họ sẻ bị ghép tội là mật vụ nước ngoài. Nhẹ thì đi ở tù, nặng đi "Mò tôm" Ngay người cộng sản chính tông có chức vụ tuổi đãng cao trong bộ chánh trị, họ còn ốn lẫn nhau, chớ đừng nói chi mấy tên đo. Như anh biết đãng cộng sản Trung Hoa thời chủ tịch MaoTrạch Đông, có Lưu thiếu Kỳ, Lâm Bưu, Chu ân Lai, Đặng tiểu Bình là những nhân vật quan trọng quyền thế trong bộ chánh trị trung ương, đứng vào hàng số hai sốba... sau Mao Trạch Đông, rốt cuộc rồi cũng bị gán ghép la thành phần xét lại, phản cách mạng trong thời kỳ cách mạng văn hoá tại Trung Hoa do Giang Thanh điều khiển.

Hai người bạn bàn chuyện tới dây, thì Loan đãpha xong càphê mang ra mờikhách.

- Anh bảo dùng thử cà phê này đi thơm ngon lắm. Tôi mua được của một người ở Ban Me Thuộc, họ dấu mang xuống đây, bán lại để lấy tiền đi xe vào thăm con đi lính ở Tây Ninh.

Bảo đưa tay đở ly cà phê từ trong tay Loan cười lớn.

- Chị khỏi quản cáo, tôi đã ngữi mùi cà phê ngọt ngào thơm phức từ dưới bếp bay lên tự nãy giờ, không khéo tụi nó đi ngang qua đây ngửi được mùi cà phê lại bảo là cà phê tư bản thì mệt.

– Anh đừng lo, ở đây tuị nầy quen hết rồi. À! độ này Vân ra làm sao anh Bảo?

– Dạ! Tư ngày Vân bị ban giám đốc nhàtrường cho thôi việc ở nhà đi mua bán hàng chạy cũng tạm sống được đo chị.

– Còn anh có nghe được tin tức gì của anh hai cô Vân không?

– Hôm tuần rồi Vân có cho tôi hay là được thơ của Sơn, hiện đang sống ở Hoa Kỳ.

Tâm ngồi kể bên lên tiếng có vẻ đồng ý.

– Vậy là khoẻ rồi. Người nào có cơ hội chạy được thì chạy. Đôi khi tôi nghĩ mình sống phảithực tế, ai lại không yêu gia đình, tổ quốc cội nguồn của dân tộc mình.

Nhưng chính vì những người lảnh đạo độc tài, đã lợi dụng những danh từ hoa mỹnhư: Ai quốc, yêu nòi giống để nguyền rủa những kẻ bỏ nước ra đi. Họ cố che lấp và phủ nhận cái lý do và việc làm không tốt của họ trên đất nước nầy.

Sau câu nói của chồng, Loan nhìn Bảo cười.

– Ong xã nhàtôi "Cay "với tuị nầy lắm anh ơi!

Bảo đồng ý với Tâm nên gật đầu lia liạ.

– Sao không cay được chị, cái khổ là ghét nhưng vẫn phải đi làm việc với họ để kiếm cơm. Mới lúc đầu họ mới vào thì mình có ý tưởng rất tốt, là nhờ họ nên mới có cơ hội thống nhất được đất nước khỏi lâm vào cảnh chia hai xẻ ba, làmyếu đi tìm lực của quốc gia dân tộc. Dân ở miền nam ai cũng biết miền bắc là cộng sản nhưng với tinh thần dân tộc, và sự gắn liền với ruộng lúa và bản tính hiền lành, họ vẫn nghỉ là cùng giống nòi thì không có lý do gì họsẻ đốisử tệ bạc với nhân dân.

Loan cười đở lời Bảo.

– Như vậy cónằm trong chăng, mới biết chăng có rận, phải không anh Bảo?

– Bây giờ bị nó cắn quárồi, làm sao không biết được chị! Nhiều khi tôi nghĩ chính cài thân xác của mình nó làmkhổ mình. Suốt ngày phải cấm đầu chạy tìm miếng ăn miếng uống, manh áo để mặc, những thứ đó cứ quanh đi quẩn lại tối ngày như kiến bò miệng tô.

Tâm hớp một ngụm cà phê, rồi để lại trên bàn, anh đưa tay xoa cằm

– Chớ tuị tôi có khác gì anh đâu. Có đói có khổ cái bao tử mới cần tuị nó chứ, nếu để cho mọi người có cơm no áo mặc, có dư gĩa thời giờ rồi người ta suy nghĩ thiệt hơn, thì tuị nó làm sao cai trị được.

CHƯƠNG 7 - THẦY GIÁO BẢO

Cộng sản là xã hội của những người vô sản nghèo, khố rách áo ôm, chỉ có tụi lãnh đạo đầu não là ăn sung mặc sướng thôi.

Bảo gật đầu thở ra.

– Bực mình thân than phận vậy thôi, chứ bây giờ để mất cái hộ khẩu, hay mất việc là cuộc đời kể như đi đong!

###

Sau nhiều lần tên uỷ viên cộng sản phó giám đốc nhà trường, mời Bảo ghi tên gia nhập vào đảng. Mỗi lần như vậy anh tìm cách từ chối khéo, có lẽ cũng vì lý do đó, nên mãi tới bây giờ, hơn cả chục năm trong nghề dạy học, Bảo vẫn là anh giáo viên loại thường, trong lúc ấy những người ra dạy sau anh rất lâu. Họ sớm gia nhập vào đảng viên, nên đã được để bạc lên những chức vụ cao hơn trong ngành giáo dục.

Chiều hôm nay nhằm ngày cuối tháng. Bảo vừa mới được lãnh lương xong. Sau khi gởi tiền nhà tiền ăn cho bác Năm xong, còn dư lại chút đỉnh, Bảo định sang nhà bác Hai gái, để rủ Vân đi dạo mát và ăn bánh xèo tối ở ngoài đầu hẻm.

Đã năm giờ rưỡi chiều trời vẫn còn hanh hanh nắng. Bảo mang xe ra trước đường để bác Năm cho ít dầu mỡ vào sợi dây sên, và bôm thêm hơi cho chiếc vỏ xe. Giờ nầy ngoài những người phu lao động đi làm về, họ họp thành từng toán nhỏ năm ba người đi bộ trên lề đường, đang nói cười bàn tán về công việc họ làm trong ngày. Còn phần lớn các cửa hàng tư doanh ngày xưa, vẫn đóng cửa im thinh thích. Tự dưng Bảo cảm thấy lẻ loi trên con đường quen thuộc nầy. Lá me từng cánh nhỏ màu vàng lất phất rơi trên mặt lộ, làm anh chực nhớ lại lời của mẹ anh đã nói trong ngày chủ nhật tuần rồi khi về thăm nhà.

– Bảo à! Bây giờ thời cuộc cũng đã yên, con ba mươi sáu tuổi rồi, chớ còn nhỏ nhắn gì nữa. con nên kiếm bạn để má còn có dâu nữa chứ!

Bảo hơi ấp úng trả lời mẹ.

– Thì.... thì ...Từ. từ chớ má.

Sau lời nhắc nhở đó của mẹ, Bảo cảm thấy như tiếng chuông báo động của chiếc đồng hồ báo thức. Anh tự nhủ thầm "Thời gian sao mà qua nhanh quá, mới đây mà đã ba mươi sáu tuổi rồi." Những người bạn ngày xưa của anh như Tâm, Tiến, Mỹ .... Tất cả chúng nó đều lập gia đình có đôi có bạn, chỉ còn lại mình anh cô đơn sau những giờ tan học. Có lúc ngồi một mình trong gian phòng trống vắng anh cũng cảm thấy buồn buồn, nhưng rồi lại chóng quên đi, vì những công việc bề bộn xảy ra hằng ngày.

Đối với Vân Bảo đã thầm để ý thương yêu từ lâu, nhưng anh vẫn cố gắng giữ ý tứ, qua cung cách đối xử như người anh trai với người em gái nhỏ. Chính điều nầy có đôi lúc làm cho Vân bực bội khó chịu. Nhiều lần Vân đã phê bình thẳng với Bảo.

– Anh là giáo sư việt văn, mà nhiều khi em thấy anh như là ông cụ non không bằng!

Bị Vân tấn công mạnh như vậy, Bảo không giận chỉ cười dễ dãi đáp lại.

– Thời gian còn dài, chưa biết người ta đoán có đúng hay không đó.

Rồi nàng lại xuống giọng có vẻ hối hận vì lỡ lời

– Em muốn nói anh giống như "Tú Uyên" ngồi nhìn tranh để mong đợi" Giáng Kiều!

Bảo nhìn Vân cười

– Mình đã có Giáng Kiều thật rồi, đâu cần phải ngồi nhìn tranh mà mơ mộng Giáng Kiều nào nữa!

Vân có vẻ bẽn lẽn hỏi.

– Vậy mai mốt anh giới thiệu cho em đi?
– Khỏi giới thiệu Vân đã biết rồi.

Sau lời nói của Bảo Vân cảm thấy tim mình đập mạnh hơn. Nàng vội đưa tay đẩy nhẹ vào vai anh.

– Anh nói nghe kỳ quá hà!

Bảo vừa ngừng xe lại phía trước hàng rào. Lúc đó Vân cũng đã tưới xong mấy líp đậu bắp trồng ở bên hông nhà. Nhìn thấy Bảo Vân lên tiếng mừng rỡ.

– Em đoán biết, thế nào anh cũng đến chơi chiều nay, má đi về Rạch Kiến để thăm cậu Tư hồi sáng nầy, có lẽ ngày mai má mới trở về.
– Như vậy Vân ở nhà một mình không sợ à!?
– Tối đóng chặc cửa, rồi đi ngủ có gì đâu mà sợ. Anh Bảo dẫn xe vào đi, để em xuống nấu nước xôi, châm thêm bình trà cho ấm.

Bảo đưa tay khoát.

– Khỏi cần nấu nước mất công. Mình định đến đây rủ Vân đi ra bến Bạch Đằng hứng mát một tí rồi về.

Vân lại đưa mắt nhìn Bảo.

– Có một chiếc xe làm sao đi được?

CHƯƠNG 7 - THẦY GIÁO BẢO

Bảo cười lớn, đưa tay chỉ vào phía sau xe

- Thì ra đây người ta chở cho.
- Thiệt há! vậy để em vào thay đồ ngắn cho gọn rồi mình đi.

Bóng nắng đã mờ dần về phía bên kia bờ sông. Những đám mây trắng như bông gòn nhấp nhô ở chân trời đã biến thành những lâu đài cung điện, với những màu sắc kỳ ảo do sự khúc xạ ánh sáng mặt trời. Thỉnh thoảng có những làn gió nhẹ, lướt trên mặt sông thổi vào nghe man mát thật dễ chịu.

Vân đang yên lặng đăm chiêu nhìn theo vài đám lục bình, đang lờ đờ trôi dài trên mặt nước. Bảo đưa tay vào túi, móc ra một điếu thuốc để lên môi châm lửa đốt. Những làn khói xanh thơm thơm của mùi thuốc lá toả rộng trong không gian, làm Vân như chợt tỉnh lại, nàng xoay lại nhìn Bảo, đưa tay chỉ đám lục bình.

- Em đố anh mấy đám lục bình kia sẽ trôi về đâu?

Bảo không trả lời. Anh đưa mắt âu yếm nhìn Vân, như muốn tìm hiểu hậu ý câu hỏi của nàng

- Vân muốn hỏi thực hay đùa đó?

Nàng nguýt nhẹ đôi mắt thật dễ thương

- Anh thì lúc nào cũng nghĩ em đùa! Không nhớ mình đã quá tuổi trưởng thành rồi sao!?

Một thoáng buồn nhè nhẹ hiện lên gương mặt Bảo

- À...À...! ở xã hội này nhiều khi chúng mình quên hết ngày tháng, cả ngày cứ lo chạy cơm cũng đủ phờ người rồi! có thì giờ đâu mà nghĩ đến cái riêng tư của cá nhân mình!

Vân biết đã nói hớ lời làm Bảo có mặc cảm tuổi tác. nên nàng xoay qua chuyện khác

- Nè, anh chưa trả lời câu hỏi khi nãy của em đó.
- Em hỏi đám lục bình sẽ trôi về đâu phải không? Thì nước lớn nó trôi vô, đến khi nước ròng nó sẽ trôi ra biển chứ còn đi đâu nữa!?

Loan cười lớn.

- Nói như anh, nếu nó cứ theo một chu kỳ nhất định như vầy mãi, thì rốt cuộc nó sẽ cứ lẩn quẩn tới lui ở khúc sông này?

Ngưng một chốc, Vân cuối đầu nhìn xuống đất, với giọng nho nhỏ vừa đủ Bảo nghe

– Giống như cuộc đời của hai đứa mình phải không anh?

Bảo yên lặng đưa tay vuốt nhẹ vào mấy tóc chấm vai của nàng, khẽ gật đầu.

– Anh biết, em đã nghĩ gì? Chúng mình là những kẻ đang đào mồ, để chôn thời gian, chôn cuộc đời của tuổi trẻ. Nhiều khi anh cảm thấy mình quá yếu đuối, không dám trực diện với những gì mình mơ ước, nên cứ cố dấu nó đi để tự dối lòng mình.

Bảo vừa dứt lời, Vân đã xoay qua hỏi nhỏ.

– Như vậy anh muốn nói ……
– Phải, anh muốn nói anh yêu em, anh nhớ em rất nhiều, khi em không còn đi dạy học chung trường với anh như ngày xưa. Rồi mỗi lần đến thăm em, anh rất ngại, làm nghề thầy giáo như chúng mình dễ bị người ta dòm ngó dèm pha lắm. Nên có nhiều lúc em bảo anh ăn nói giống như ông cụ non đó nhớ không?

Vân sung sướng ngả đầu vào cánh tay Bảo.

– Em cũng như anh vậy. Mỗi chiều không có anh ghé thăm, là em buồn lắm. Đôi khi má nhìn thấy em có cử chỉ hơi lạ, mà hỏi, em không biết phải trả lời làm sao, nên em cứ chối quanh là nhức đầu cho qua chuyện

Bảo dang rộng cánh tay, ôm Vân xiết chặc vào lòng

– Bây giờ chúng mình không còn phải đắn đo xa cách như xưa nữa nghe em?

Vân sung sướng ngước mặt lên nhìn Bảo. Nhìn một tình yêu mới mà nàng vừa chiếm hữu được. Bảo cuối nhẹ xuống, đặc lên môi người yêu một nụ hôn đầu đời.

Ngoài kia trời đã bắc đầu lờ mờ tối. Có một đôi cò trắng đang thư thả bay song song bên nhau về một chân trời nào đó.

###

Sau ngày cưới đơn sơ của Bảo và Vân được ba tháng. Hai vợ chồng càng ngày càng cảm thấy khó khăn, để hoà đồng trong cài xã hội chủ nghĩa mới mẻ nầy. Bảo đi dạy học với số lương chỉ đủ sống cho chính bản thân anh, Vân hàng ngày đi bán "hàng chạy" ở các chợ trời để phụ với chồng.

Đối với chế độ vô sản chủ nghĩa, thì hạng người trí thức cũng thường được xếp vào thành phần có tư tưởng tư bản. Ngoài vấn đề đó, Bảo còn cưới vợ thuộc thành phần có gia đình liên quang đến chế độ cũ, thì chắc

CHƯƠNG 7 - THẦY GIÁO BẢO

chắn tương lai của hai vợ chồng chỉ là một bóng mờ trong đêm. Bác Hai gái nhận thấy điều đó, từ ngày cộng sản vào chiếm miền nam, vì kinh nghiệm của bác biết được, trong thời gian còn ở dưới làng. Thuở ấy, nhà ba má của chú Năm Can, cùng trong xóm với bà, bị việt cộng đốt cháy rụi với lý do là có con trai bị Tây bắt đi lính ngoài làng. Của cải tài sản dành dụm từ lâu của vợ chồng già đã tiêu tán ra tro bụi. Ba má chú khóc lóc, phải nhờ bà con lối xóm tới giúp đỡ, dựng lại căn chòi lá để sống hết tuổi già.

Hôm nay Vân về sớm hơn mọi ngày, bác Hai gái thấy lạ lên tiếng hỏi

— Ua, hôm nay gặp mối tốt, bán hết hàng hay sao mà con về sớm vậy?

Vân nhìn mẹ lắc đầu.

— Tụi công an bữa nay ruồng bố dữ quá, bán không được gì cả con về sớm cho rồi!
— Thôi mang bịch đồ vào cất đi con, để mai rồi tín.

Ngưng một phút, chờ Vân mang bịch đồ để vào tủ, bác đi lại gần con, nói nho nhỏ cho Vân.

— Nầy con, má nghỉ thế này. Con và thằng Bảo ở lại đây thì suốt đời cũng phải vất vã không khá hơn đâu, má định bán căn nhà nầy để cho hai con có chút ít tiền mua vàng vượt biên.

Nghe mẹ nói tới đây, Vân quay nhanh lại có vẻ ngạc nhiên.

— Má nói bán nhà để tụi con vượt biên?
— Ồ! má đã nghỉ từ lâu, nhưng lúc trước con chưa lập gia đình, nên má sợ không tiện nói ra, bây giờ con đã có đôi có bạn, để lo cho nhau nên má mới nói.
— Bán nhà rồi má ở đâu? ai lo cho má?
— Má sẻ về ở chung với cậu mợ Tư con ở dưới quê. Hôm trước cậu Tư con, có khuyên má nên về đó ở chung cho vui, có chị có em. Vì căn nhà của ông bà ngoại để lại cho cậu ở quá rộng rải, phần tụi nhỏ đã có vợ có chồng ra riêng hết, chỉ còn cậu mợ Tư ở một mình buồn. Vậy con bàn lại với chồng con xem nó nghĩ sao?

Trong cả ngày hôm đó, Vân cứ nghỉ ngợi liên miên về ý kiến của mẹ, khuyên vợ chồng nàng tìm cách vượt biên. Điều mà từ trước tới giờ nàng không bao giờ nghĩ đến.

Vân không biết Bảo có đồng ý để ra đi hay không? Vì trước kia Bảo đã có lần cho Vân biết, là anh chê trách những người bỏ nước ra đi, theo quân đội Pháp khi chúng rút về mẫu quốc, anh gọi những người đó là bọn chính trị xối thịt và hèn nhát chạy theo đế quốc. Cũng như những ngày cuối cùng của tháng tư 1975, có nhiều bạn bè rủ anh đi, nhưng anh đã lắc đầu từ chối.

Mải lo suy nghĩ vẩn vơ, đến khi Bảo về đến nhà, nàng mới giật mình.

- Anh về lúc nào mà em không hay?
- Anh mới về đây thôi. Sao bà xã tôi hôm nay buôn bán có gì vui không?

Vân nhìn chồng trề môi. Ở đó mà vui, tụi công an nó dí quá trời không bán gì được cả. Bảo cười dễ dãi.

- Thì buôn bán chợ trời, phải chịu vậy thôi. Bây giờ để anh đền cho nhá!

Bảo bước tới ôm vợ vào lòng, đặc nhẹ một chiếc hôn vào má nàng. Vân có vẻ thẹn đẩy Bảo ra.

- Coi chừng má cười cho nè. Thôi anh đi rửa mặt rồi ăn cơm, lát nữa em có chuyện nầy muốn bàn với anh.

Bữa cơm tối vừa xong, Vân còn lo dọn dẹp phía sau, Bảo ra trước leo lên võng nằm nhìn mấy con chim se sẻ đang nhảy nhót quanh giàng mồng tơi.

Sau ngày cưới Vân, Bảo trả căn phòng lại cho bác Năm dọn về đây ở chung bên vợ cho đỡ tốn kém. Điều mà anh thích nhất, là mỗi buổi chiều được ngồi trên chiếc võng nầy với vợ, để nhìn lũ chim nhỏ, đưa những chiếc mỏ xinh xắn mổ vào những trái mồng tơi chính màu mượt tím. Trông chúng vui tươi ca hát nhảy múa bên nhau một cách vô tư thích thú. Nhiều lúc trong cơn hoang tưởng anh ước mơ chính mình được trở thành những cánh chim như vậy, sẻ mặc tình tự do bay đi khắp bốn phương trời.

Bảo còn đang chìm mình trong suy tư, Vân cũng vừa bước tới, nàng lên tiếng hỏi chồng.

- Chiều nay anh có thấy con nào lạ tới ăn trái không?

Không, hôm nay anh không thấy con nào lạ hết, chỉ thấy mấy con chim sẻ hổm rày thôi. Vừa dứt lời anh đổi giọng.

- Nhưng mà có, có một con chim lạ sắp đến bên anh nè!

Vân có vẻ vô tình, đưa mắt nhìn ra hàng rào.

- Đâu.... sao em không thấy?

Bảo đưa tay chỉ vào Vân.

CHƯƠNG 7 - THẦY GIÁO BẢO

– Đây nè.

Vân hiểu ý, làm nàng cười ngượng ngùn.

- Anh nầy kỳ quá hà! em không hỏi nữa đâu

Bảo đứng dậy, kéo vợ cùng ngồi chung vào chiếc võng.

– Thì loài chim nầy chỉ dành riêng cho anh thôi chứ có gì đâu mà kỳ!

Vân đưa tay bịt miệng chồng.

– Anh có tài chọc quê không hà! ma nghe được cười chết. Thôi để em kể lại chuyện của má vừa hỏi em hồi trưa nầy.
– Rồi chuyện gì em kể đi.
– Má định bán nhà nầy.

Vân chưa dứt lời, Bảo đa ngạc nhiên ngồi thẳng dậy nhìn vợ

– Em nói sao, má định bán nhà nầy à?

Vân vói nắm cánh tay chồng ôm chặc vào lòng.

– Dạ, má định bán nhà nầy, để có tiền mua thêm ít vàng, cho hai đứa mình có đủ số tiền vượt biên. Nhưng má bảo em hỏi trước, anh nghĩ thế nào?

Bảo vẫn yên lặng, nhìn xung quanh, đưa tay vuốt trán. Anh đứng dậy móc thuốc lá châm lửa đốt. Sau một hơi khói thật dài, anh quay sang nhìn vợ.

– Em nghĩ thế nào?

Vân lắc đầu.

– Em cũng không biết nữa
– Nếu đi, má theo tụi mình phải không?
– Không, má nói là sẽ về quê, ở chung với cậu Tư. Hôm trước nhà có nhận được thư của anh Sơn, thì ảnh cũng nhắn nhủ tụi mình nên tìm cách vượt đi, sau đó rồi ảnh cố gắng giúp đỡ cho.

Bảo đưa tay liệng điếu thuốc còn đang cháy dở dang xuống đất

– Anh nghĩ mình nên bàn lại cho kỹ trước khi cho má hay.
– Thì để chiều ngày mai cho má hay cũng được.

###

Hơn một năm sau ngày vượt biên, Sơn đã bảo lãnh cho Bảo và Vân đang từ trong trại tị nạn ở đảo Mã Lai sang được Hoa Kỳ.

Vân nhờ có khả năng vốn liếng Anh ngữ từ trước, nên nàng được nhận vào làm phụ giáo ở một trường tiểu học tại thành phố gần hai tháng nay. Bảo có việc làm bán giờ ban ngày, tối ghi tên học thêm sinh ngữ. Anh dự trù sẽ ghi tên vào đại học trong mùa thu tới để chuyển nghề.

Hôm nay nhằm chiều thứ bãy, trời mùa hè vùng tây bắc rất đẹp, đã gần năm giờ ánh nắng vẫn còn rực rỡ chiếu xuyên qua cành thông trước nhà. Những con chồn nhỏ, có cái đuôi dài dụng lên như chiếc bông mồng gà trông rất dễ thương, chúng đang rượt nhau dành những hạt đậu phộng do Vân liệng ra trước cư xá.

Bảo từ trong mở cửa bước ra, định rủ vợ thả bộ một vòng quanh cánh rừng của công viên gần đó. Lúc ấy Sơn và Hằng cũng vừa lái xe trở tới. Vân tỏ vẻ mừng rỡ đứng dậy gọi lớn.

— Anh Hai và chị Hằng tới kìa!

Sơn bước ra đóng cửa xe, đưa tay chào mọi người.

— Hai vợ chồng chiều nay trông có vẻ phẻ re phải không?

Bảo cười bước ra trước bắt tay Sơn.

— Ở cái xứ nầy, thứ bảy chủ nhật nhàn thật! Tôi định rủ Vân đi ra ngoài bìa rừng hái trái dâu đen về làm mứt thì anh chị tới.
— Hôm nay tôi đi làm thêm, vừa về tới nhà thì Hằng bảo muốn đến đây rủ Vân đi chợ cho vui.

Hằng mặc bộ đồ mùa hè xanh lợt rất hợp thời trang, vừa bước ra nhìn Vân nàng lên tiếng.

— Tụi nầy muốn lại rủ Vân đi chợ nè!

Vân tỏ ý thích thú.

— Đi với ai còn ngại, chớ với chị Hằng là hết xẩy rồi! chị mặc đẹp và duyên dáng nữa, bảo làm sao anh hai em không mê sao được!

Hằng đưa mắt nhìn Sơn nguýt xéo

— Vậy mà anh Sơn, còn chê chị khờ và quê nữa đó!

Vân lên tiếng cải lại.

— Có ảnh quê và khờ, chớ chị mà khờ. Em là đàn bà còn thích cách trang phục của chị huống chi mấy ổng?

Hằng quay sang phía Sơn và Bảo đang nói chuyện hỏi lớn.

— Hai anh có đi chợ với tụi nầy không?

CHƯƠNG 7 - THẦY GIÁO BẢO

Sơn đưa tay khoát lia lịa.

- Không, theo mấy bà ngồi chầu rìa mệt lắm. Nếu có đi, em nhớ mua thịt bò về xào lăn, chiều nay mình nhậu chơi.

Chiếc xe vừa chạy ra, khuất sau cánh cửa cư xá. Bảo quay người bước trở vô nhà.

- Bây giờ tôi pha cà phê, uống chờ mấy bả đi chợ về nghe anh Sơn? Cà phê nầy tôi mua chiều hôm qua ở chợ safeway. Nghe mấy đứa bạn làm chung khen ngon, vậy anh uống thử xem.
- Cà phê ở đây có ngon nhưng hình như không thơm như cà phê bên mình.
- Anh nói đúng đó. Siêu thị ở đây nó bán đủ loại, đủ hiệu không biết thứ nào mà chọn. Để bù lại bên mình, lúc trước đi mua phải đứng xếp hàng chờ ở các cửa hiệu quốc doanh, đến phiên gặp thứ hàng xấu cũng phải lấy, nếu không chịu thì không có mà xài, thật bất công.
- Bảo đã có kinh nghiệm trong vài năm đi dạy học, và sống chung với cộng sản. Bảo có thấy nó gần đúng như sự tuyên truyền của họ không.

Sau cái thở dài chán nản anh lắc đầu.

- Có ở chung với họ rồi mới biết anh ơi! Làm nghề dạy học như tôi, họ bắt mình phải trở thành chuyên viên tuyên truyền cho đảng, để huấn luyện trẻ nít, sau nầy tụi nhỏ chỉ biết có loại văn chương đấu tranh theo kiểu Max-Lê, và lịch sử đảng cộng sản mà thôi. còn những thứ khác họ gọi là văn chương đồi truỵ, lãng mạn sản phẩm tàn dư của đế quốc tư bản v...v Chính sách của họ là muốn thay đổi hẳn nền văn hoá của xã hội tự do miền nam, thành văn hoá xã hội chủ nghĩa miền bắc.
- Nói về vấn đe nầy, mình còn nhớ vào khoảng năm 1960-1970 phong trào văn hoá của Mao Trach Đông và Giang Thanh, do đoàn hồng vệ binh gây ra thật là rợn người. giống như Tần Thuỷ Hoàng ngày xưa đốt hết sách vở học trò.
- Đúng như vậy đó anh Sơn, lịch sử đã qua rồi bây giờ mình nhắc lại cho biết, để rút kinh nghiệm học hỏi về các mưu mô thủ đoạn chính trị của cộng sản.

Sơn tới bàn rót thêm càphê vào tách, anh hớp một miếng.

- Cũng mai là mình chạy được, nếu còn kẹt lại chắc là bị đày ra bắc rồi.
- Còn nghi ngờ gì nữa, nhất là Sĩ quan phi công như các anh, có thể bị gán tội nặng hơn. Lúc trước kia tụi nó mới vào, mình thấy dân

ghúng Sai gon có vẻ hồ hởi đón rước như những anh hùng. Ban đầu thấy hơi hay hay phấn khởi, vì biết được quốc gia toàn vẹn lãnh thổ là điều đáng mừng, nên vài ngày sau đó có người bạn rủ mình vượt biên, tôi từ chối, nhất quyết ở lại để góp một bàn tay vào việc gây dựng quốc gia cho thế hệ mới. Nào ngờ đâu chỉ một thời gian sau đó họ đã để lời bộ mặt thật thì đã quá trễ. Dân Sai gon chỉ còn biết nhìn nhau rồi lắc đầu. Cộng sản tuyên bố cái gì cũng hay cũng thật kêu, làm mọi người cảm thấy như mình sắp sửa làm giàu đến nơi. Hứa hẹn vàcho ăn bánh vẽ nhiều lần dân chúng miền nam cảm thấy chán nản, họ chỉ mong sao mỗi ngày được một chén cơm đầy la mừng rồi.

Sơn với vẻ mặt buồn lắc đầu.

- Ước vọng của Max-Le về một thế giới không tưởng trong tương lai. Họ cho rằng theo đúng chủ nghĩa cộng sản, thì một ngày nào đó thế giới sẽ tiến tới giai đoạn, là tất cả mọi người trong xã hôi đều bình đẳng không còn bất công, lúc ấy cơ quan nhà nước và quân đội không còn có lý do để tồn tại nữa? Như thế thì trái đất nầy trở thành thiên đàng rồi phảikhông Bảo?

Bảo đặc ly cà phê xuống bàn cười lớn.

- Đó là thứ thế giới chủ quan tương lai của người công sản. Họ tin tưởng lời của Max _Lê là hoàn toàn đúng tuyệt đối, cứ nhắm mắt làm theo như thế thì thế giới nầy sẽ đại đoàn kết không còn đánh đấm để tranh giành với nhau nữa!? Nếu quả thật đúng như vậy, thì lúc đó loài người sẽ là những sinh vật ngông nghênh, mất trí!?? Như ta biết tôn giáo có trước cộng sản cả ngàn năm, nếu như răng dạy được con người, thì tất cả đã trở thành phật hay thánh thần hết rồi? Thực tế mà nói, cái đặc tính chung tự nhiên của con người, là tham lam thích tư hữu. Như anh thấy đứa trẻ mới sinh ra, khi mẹ nó cho bú, nó bú một bên vú, còn lấy tay kia cố thủ cái vú còn lại. Nó sẵn sàng tranh chấp bằng cách lakhóc nếu có ai muốn chiếm giữ của nó? Ngay cảloài vật cũng thế. Khi chúng di chuyển đến một khu rừng mới nào đó là nó đánh dấu ngay để làm lảnh thổ riêng, Nếu chẳng mai có con thú nào muốn tranh dành lảnh thổ, nó sẵn sàng chiến đấu, để bảo vệ quyền lợi tư hữu của nó? Anh nhìn kỹ thì thấy. Ngay trong các nước cộng sản họ thường gọi là anh em là đồng chí với nhau còn tranh giành kình chống thường xuyên, thì cái thế giới đại đồng của người cộng sản, chỉ là một thứ sản phẩm hoang tưởng củanhững người cuồng tín?

Bảo vừa dứt lời, thì Vân và Hằng đi chợ cũng vừa về tới. Vân lên tiếng gọi chồng.

CHƯƠNG 7 - THẦY GIÁO BẢO

– Anh Bảo, phụ em ra khiên bịch gạo vào nhà.
– Rồi để anh lo cho, em có mua thứ gì về để làm đồ nhậu không?
– Sao lại không, chị Hằng lựa thịt bò thật ngon, để làm bò lúc lắc cho hai anh nhậu đó. Rồi chiều nay mình ăn cơm với canh chua với cá rô phi chiên dòn dầm nước mắm ớt.

Sau khi nghe cô em gái, kê khai thực đơn Sơn vỗ tay tán thưởng

– Hết xẩy! nhưng phần canh chua thì để Hằng nấu theo kiểu Rạch Giá ngon lắm!

Vân liết qua nhìn Hằng.

– Chị thấy anh hai tôi chưa, ảnh một cây "galant" đó. Anh vẫn khen với tụi nầy là chị nấu ăn giỏi lắm
– Thôi đi Vân ơi! ảnh làm bộ khen ngoài mặt, chớ trong bụng chê rậm rề đó.
– Anh khen thiệt mà chị, ảnh nói mấy cô gái ở tỉnh Rạch Giá đẹp mà nấu ăn ngon nữa.

Hằng nhìn Vân cười.

– Vân biết sao ảnh khen không? Vì lúc trước kia còn ở Việt Nam, đi bay hành quân miệt dưới, ảnh nói là có ghé lại tỉnh Rạch Giá ăn cơm trưa vài lần. Rồi từ đó cứ khen canh chua Rạch Giá hoài, đâm ra mình phải học cách nấu để chiều ý ảnh, chứ mình có tài cán nấu nướng gì đâu.

Sau bữa cơm chiều với hương vị quê hương thật đậm đà ngon miệng. Canh chua tôm với cá phi chiên dòn sốt cà, do sự trổ tài của Hằng và Vân làm Bảo và Sơn cứ khen ngon đáo để.

###

Thời gian trôi qua một cách êm đềm. Mới đó mà đã gần hai mươi năm, kể từ sau ngày miền nam bị cộng sản chiếm cứ. Bảo không còn là ông giáo dạy việt văn hay một "Tú Uyên "trữ tình của ngày xưa mà đám học trò thường gọi trong lớp. Bây giờ anh là một chuyên viên kỹ sư cơ khí, đang làm cho một hãng lớn trong thành phố. Vân đã vào chính thức, làm việc cho bộ quốc gia giáo dục của tiểu bang. Hai vợ chồng khi sang Hoa Kỳ sinh được một đứa con trai đặc tên là Lam Sơn. Cháu Lam Sơn được mười sáu tuổi, đang học ở trường trung học tại quận nhà. Cuộc sống của gia đình Bảo rất đầy đủ hạnh phúc.

Sáng nay bảo đang lom khom quét bụi, chiếc tủ rượu kê sát tường gần bàn ăn. Vân vừa thay đồ xong lên tiếng gọi chồng

– Nhanh lên rồi đi anh, trễ rồi đó!

– Thì em bảo thằng Lam sơn thay đồ đi, anh quét xong cái nầy la đi liền.

– Con nó đã thay xong đâu đó hết rồi, chỉ còn chờ anh thôi.

Bảo cất vội chiếc chổi lông gà vào ngăn kéo.

– OK...OK...anh đi lấy áo lạnh mặc vào đây.

Sở dĩ Vân có vẻ hối thúc, vì nàng đã hẹn với Hằng, là gia đình nàng sẻ đến trước chín giờ, để cùng nhau lên chùa lễ phật, trong ngày mùng một tết nguyên đán.

Bảo bước nhanh ra trước đưa tay khoá cửa, Vân và thằng con trai cũng đã ngồi chờ sẵn trên xe. Bảo đưa tay lên xem giờ rồi quay sang Vân

– Còn những mười phút nữa mà?
– Em sợ bị kẹt xe. Bây giờ mình chạy tới nhà anh hai là vừa.

Bảo định nhắc lại cho Vân là mình đang chạy xe hơi, chớ có đi xe đạp hay chạy bộ như lúc còn ở Việt Nam đâu mà lâu lắc, nhưng anh dừng lại kịp thời, rồi tự mĩm cười một mình.

Đã nhiều lần Bảo thầm suy nghỉ so sánh hai cuộc sống thực sự của xã hội Việt và Mỹ thật là khác nhau một trời một vực. Trên quan niệm cá nhân Bảo không bao giờ để cho vật chất hay xã hội lôi cuốn, dù trong bất cứ hoàn cảnh nào, anh cũng vẫn là người Việt Nam. Ngay với cái tên cúng cơm do cha mẹ đặc là Nguyễn trọng Bảo, anh cũng chẳng bao giờ có ý nghỉ sẻ thay đổi nó.

Bảo quan niệm dân tộc xã hội Việt Nam nghèo nàn lạc hậu, không phải là do dân biến nhác hay ngu dốt, mà phần lớn là do sự cai trị độc tài vì thiếu khả năng lảnh đạo. Với chế độ hủ nho phong kiến quan liêu ích kỷ, còn lưu lại từ thời quân chủ chuyên chế cả ngàn năm về trước, rồi tới chế độ nô lệ thuộc địa của ngoại bang. Bây giờ là chế độ độc tài đảng trị của cộng sản. Khi cần một hậu thuẩn lớn mạnh cộng sản không từ bỏ những thủ đoạn chánh trị, họ tâng bốc những người dân nghèo thấp cổ bé miệng, nhồi sọ bằng những danh từ thật hoa mỹ, thật vĩ đại để đưa họ vào một tập thể làm công cụ có lợi cho đảng. Sau khi thành công họ chia chác quyền hành cho nhau để thống trị lại những người đã giúp họ hoàn thành nhiệm vụ. Nên dù bất cứ dưới hình thức nào, người dân đen vẫn luôn luôn là giai cấp bị thống trị.

Có lần trong sở làm, một người bạn ngoại quốc đã hỏi anh "Tôi nghe nói người Việt Nam các anh có một nền văn minh rất lâu đời, chắc hẳn là hay lắm phải không anh?" Lúc ấy Bảo chỉ cười gật đầu rồi tìm cách bỏ đi. Đến chiều về anh kể lại cho Vân nghe. Với ý nghĩ thực tình Vân cười có vẻ thoải mái.

CHƯƠNG 7 - THẦY GIÁO BẢO

- Câu hỏi như vậy là trúng tủ ông cử nhân văn chương rồi chứ gì, chắc là anh kể dài dòng làm họ phục lắm phải không?

Bảo nghiêm nghị nhìn vợ.

- Không, anh chỉ gật đầu tìm lý do là bận công việc đang làm rồi bỏ đi.
- Ua! sao lạ vậy, phải nói cho người ta biết chứ!

Bảo cười vã lã.

- Đối với người âu mỹ, họ rất thực tế, chỉ nhìn thấy và chấp nhận cái hiện tại, còn cái quá khứ chỉ là những kinh nghiệm, chứ thực ra không có giá trị gì cho hiện tại cả. Anh không láo khoét như tụi cán bộ được. Như em đã biết hồi trước sau khi chiếm được miền nam cộng sản rêu rao tự ca ngợi vỗ ngực, nào là đã đánh thắng giặc Pháp giặc Mỹ, rồi họ tự xưng là đỉnh cao trí tuệ của loài người v.. v.. Rồi chỉ một thờigian ngắn ngừơi hùng cán bộ thiếu ăn thiếu mặc phải chìa tay ra, ca bài ca con cá sống vì nước!
- À! anh nói em mới nhớ, hồi trước khi mới vào, tụi nó tuyên truyền nói láo quá cỡ, làm mình cũng tin luôn. Lúc anh Sơn chạy đi thì má và em rất buồn, vì nghĩ rằng anh có ở lại chắc cũng không sao, đến chừng một thờigian sau mới thấy chưng hững, vì tất cả bạn bè của anh còn kẹt lại đều bị đưa ra bắc ở tù lao động. Các cửa hàng lớn nhỏ đều bị bắt tập trung vào cửa hàng quốc doanh, chợ búa coi như đóng cửa. Họ kiểm soát thực phẩm của dân chúng bằng chế độ hộ khẩu, lúc đó mình mới thấy rỏ bộ mặt thật của chúng nó.
- Thì anh cũng có gì hơn em đâu. Mình cứ tin tưởng đất nước hết chiến tranh là một dịp mai, để toàn dân bắc tay cố gắng kiến thiếc xứ sở, có ngờ đâu họ lại đối xử với mình như thế!

Bảo vừa suy tưởng tơi đây, thì đúng lúc thằng con trai đang ngồi ở ghế trước đưa tay chỉ.

- Cậu mợ hai đang đứng chơ mình kià ba.
- Ờ, ba thấy rồi con.

Vân dưa tay nhìn lại đồng hồ.

- Mình tới trẻ có mấy phút mà ông bà ấy đã ra trước cửangóng rồi.

Ngôi chùa Việt Nam Quốc Tự ở phía namthành phố, hôm nay được sửa soạn chưng bài rất đẹp mắt. Những chậu mai vàng, chậu cúc, bông vạn thọ từ miền nắng ấm cali, florida được mang ra để đón xuân trong ba ngày tết. Tiếng chuông tiếng mỏ và lời cầu kinh ngân nga kéo dài từ trong chánh điện vọng ra, như ru hồn người vào cỏi phật. Những chiếc áo dài tha thước cổ truyền thật đài cát của các cô gái Việt Nam đidu xuân nhè nhẹ phất phơ trong nắng sớm. Trên gương mặt mọi người đều vui vẻ hớn hở như đang tiếp nhận ân huệ của đấng chítôn. Sau một vòng đi viếng cảnh chùa, Hằng và Vân muốn vào chánh điện để đốt nhang lễ phật. Hằng xoay qua hỏi ý kiến chồng.

– Anh với Bảo có muốn vào lại phật không?

Sơn đưa mắt nhìn vào, thấy rất đông người đang đứng chờ ở ngoài lối vào chánh điện, anh lắc đầu

– Thôi, em với Vân vào lại đủ rồi, để nhường chỗ cho khách thập phương khác. Anh với Bảo đưa cháu ra trước ngồi chơi chờ cũng được.

Sơn vừa xoay mặt định ra phía trước sân, Lam Sơn từ phía sau vói nắm tay cậu.

– Cậu hai, tết ở đây vui như ở Việt Nam không?
– Ờ! Hồi lúc cậu còn nhỏ tết ở nhà vui lắm. Ngày mùng một như ngày hôm nay, má con và cậu được bà ngoại và các người lớn lì xì tiền, được mặc đồ mới về quê thăm bà con nữa, được đốt pháo và đánh "Bầu cua cá cọp" ở trong xóm. Rồi sau nầy lớn lên cậu đi lính, rồi chạy giặc bỏ xứ cậu không biết có vui như vậy nữa không? Ba con chắc biết nhiều hơn cậu sau ngày cộng sản vào.

Vừa trả lời xong cho Lam Sơn. Sơn cũng muốn tìm hiểu những cái tết sau nầy như thế nào, nên lên tiếng hỏi Bảo.

– Bảo thấy mấy cái tết sau nầy bên mình thế nào có khác gì hơn ngày xưa không?

Bảo gật đầu.

Có chơ anh, có nhiều ăn mày hơn lúc xưa. Còn khách thập phương đi lễ chùa viếng cảnh thì rãi rác lưa thưa co thể đếm được, vì họ kiếm sống cho cá nhân còn khó khăn thì dư giã đâu để đi đến chùa cúng phật. Vã lại Max vẫn xem "Tôn giáo là trái tim của một thế giới không có trái tim." Nên có rất nhiều ngôi chùa lạnh lẽo buồn tênh, vì tất cả tăng ni phải lo đi làm lụng để kiếm sống. Đó là đều tôi và Vân đã chứng kiến được trước ngày vượt biên. Còn bây giờ mình chỉ biết qua báo chí chứ thực sự không rỏ họ có thay đổi gì không?

– Đối với tín ngưỡng tôn giáo là niềm tin của dân chúng họ còn đối xử tàn tệ như vậy. Họ là những người chỉ tin vào chủ nghĩa duy vật biện chứng. Như Bảo biết sau cuộc cách mạng tháng mười năm 1917 của Lenin thành công ở Nga, các đảng viên của đệ tam quốc tế cộng sản, vẫn luôn luôn lấy đó làm mẩu mựt tiêu chuẩn cho các cuộc

CHƯƠNG 7 - THẦY GIÁO BẢO

cách mạng giải phóng dân tộc, ở các quốc gia nghèo nàn thuộc địa. Nếu lý thuyết của Max - lê, đúng như sự mong ước của họ thì sau hơn bảy mươi năm dài đăng đẳng đã qua. Các quốc gia theo chủ nghĩa xã hội chắc chắn có đủ thời giờ để chứng tỏ cho thế giới thấy rằng họ là những người đã đáp ứng được nguyện vọng của nhân loại. Nhưng trái lại chính nơi phát xuất ra nguồn gốc của chế độ cộng sản đã là một trong những quốc gia đầu tiên bị phá sản sụp đổ hoàn toàn. Như vậy có nghĩa là thế nào?!

Sau lời nói của Sơn, Bảo đưa mắt nhìn thẳng con trai đang đứng kề bên tỏ vẻ chán nản đưa tay gãy đầu. Nó không hiểu hai người đang bàn về chuyện gì. Nên anh lên tiếng bảo con

— Lam Sơn, con đi vào phía trong xem mẹ và mợ hai xong chưa, để mình còn ra phố ăn sáng nữa chứ!

Như vừa trốn được một hình phạt, nó bỏ chạy nhanh vào chánh điện. Bảo đưa tay chỉ vào một chiếc ghế đá trống gần đó

— Mình ngồi xuống đây chờ mấy bả, chớ hơi sức nào mà đứng!

Anh móc gói thuốc trao cho Sơn, rồi lấy một điếu châm lửa đốt

— Sự nhận định của anh lúc nảy rất đúng, đã hơn bảy mươi năm rồi. Nếu đúng và chính xát như điều họ mơ tưởng, thì làm sao nước Nga thất bại được? Theo tôi nghĩ bản tín của người tây phương họ thích tìm tòi sáng tạo, căn cứ vào những triết lý khoa học, rồi nhìn vào những kết quả thực tế thu lượm được, để đánh giá thành quả đúng hay say, nên tiếp tục hay huỷ bỏ, hoặc sửa đổi con đường lầm lẫn đã đi, chớ ít khi họ tìm cách ngụy biện che đậy, như những quốc gia ở phương đông?

Nói như vậy không có nghĩa là họ khôn ngoan, lanh lẹ hơn các sắc dân khác. Nhiều khi vì sự thay đổi quá nhanh, từ một chính thể nầy sang một chính thể khác mà không có thời gian dự trù, có thể làm sụp đổ cả một kế hoạch chuyển hướng, vì sự xáo trộn kinh tế và chính trị.

Như những năm Trung Hoa dưới thời ông Đặng tiểu Bình, nền kinh tế Trung Hoa đổi dần dần từ chế độ quốc doanh bao cấp sang chế độ thị trường. Cho đến nay ông Giang Trạch Dân đã theo đó để cố gắng thu hút đầu tư ngoại tệ, của các thương gia ngoại quốc, cũng như họ đã vận động Hoa Kỳ để được gia nhập vào khối thị trường chung thế giới.

Thực tình mà nói, sau ngày bức tường Bá Linh sụp đổ kéo theo Nga sô và các nước chư hầu của họ phải xét lại đường lối lãnh đạo của thể chế mình. Điều đó cũng đã làm cho cộng sản Việt Nam run sợ, suy nghĩ lại sự lãnh đạo của đảng. Họ đã thấy cái viễn ảnh đen tối của một nền kinh tế chỉ huy tập trung theo chế độ quốc doanh bao cấp. Nơi đó đa số là những ổ phỉnh gạt gian tham, ăn chặn tài sản của quốc gia, của một số đảng viên có thế lực được lảnh đạo bởi những thành phần thiếu khả năng quản trị. Trong lúc đó xã hội càng ngày càng bi đát, người dân đen vẫn nghèo khổ triền miên. Trước tình thế khẩn trương về kinh tế và chính trị, vì áp lực của dân chúng khắp nơi trong cũng như ngoài nước. Cộng sản Việt Nam cảm thấy ngôi vị thống trị độc tôn bị lung lai, nên họ bắc buộc phải nới lỏng chế độ bao cấp kinh tế chỉ huy, để dân chúng được tự do, mà họ gọi là kinh tế thị trường nhiều thành phần theo định hướng xã hội chủ nghĩa như hiện nay.

Sau một cài thở khói thật dài Sơn lắc đầu.

– Mình cũng được cái mai mắn, là các nước cộng sản ơ Đông Au và Nga Sô đã sụp đổ như con bài Domino. Nếu không thì chưa chắc gì họ đã sửa đổi để cho dân chúng de thở.

Chờ Sơn nói xong, Bảo cười đưa tay vỗ nhẹ vào vai anh.

– Nè, anh đừng tưởng đảng viên cộng sản bây giờ là thành phần kiểu mẫu vô sản đâu nhé! Miệng họ luôn luôn hô hào đánh gụt tư bản bốc lột, nhưng trong túi mấy cha đó đầy ắp "ĐôLa". Con cái họ gởi qua Mỹ qua Tây qua Đức học. Những đảng viên giàu sụ đó, bây giờ dân mình gọi họ là "Tư ban đỏ". Còn các đảng viên không có vai vế, thì họ đúng là vô sản thật vì không có môi trường và cơ hội vơ vét làm ăn. Nhưng nói cho cùng xã hội nào cũng vậy, luôn luôn có người tốt kẻ xấu, ta không thể hàm hồ, phủ nhận những người có lương tâm thánh thiện đáng quý họ chỉ vì quê hương và dân tộc, nhưng rất tiếc số người đó rất hiếm hoi trong xả hội này.

– Để trở lại vấn đề thực tế hiện tại. Mình muốn hỏi Bảo co nhận định thế nào về chế độ tư bản ở Hoa Kỳ nầy. Họ có bốc lột nhân công như điều mà cộng sản đã rêu rao không?

Bảo không trã lời vội, anh đưa tay lên nhìn đồng hồ

– Chắc giờ nầy mấy bả lại phật trong đó. mình còn đủ thới gian ngồi đây tán gẩu một chút nữa. Bây giờ để trở lại câu hỏi của anh, tôi có hai câu trả lời rất mâu thuẩn nhau. Một của cộng sản, và một của cá nhân tôi. Nếu theo Max và Anghen thì "Có" vì họ cho rằng các tư liệu dùng để sản xuất như máy móc, dụng cụ thiếc bị tất cả đều tập trung vào tay tư bản làm chủ. Còn nhân công bị tư bản lợi dụng về giá trị thặng dư do sự nâng cao năng xuất lao động theo cơ khí hiện đại. Họ cho rằng tất cả những tư liệu trang bị, dùng để sản xuất là do công sức của người lao động tạo ra, như vậy lao động mới là giới chủ nhân đích thực, còn tư bản chỉ là những người đã cướp công của họ qua giá trị thặng dư của công nhân lao động.

CHƯƠNG 7 - THẦY GIÁO BẢO

Riêng đối với cá nhân tôi, thấy là "Không." Trên cương vị là một nhân công lao động, tôi cũng đi làm thuê như những người lao động khác. Tuy nhiên tôi có quan niệm rất giản dị, là sự cạnh tranh hợp ly, trong thị trường kinh tế tự do là nguyên do chính để đưa xã hội lên cao hơn. Tôi không biết các xã hội tư bản ngày xưa đối xử với nhân công như thế nào? Chứ bây giờ các hảng lớn đều có nghiệp đoàn, để bênh vực quyền lợi chính đáng của giới lao động. Ngoài ra nhân công có quyền mua cổ phần ngay chính trong hảng của mình đang làm để chia lời.

Và nếu có cơ hội đủ khả năng một ngày nào đó anh nhân công có thể trèo lên chức vụ cao nhất, để quản lý sự sinh tồn của hảng. Hay nói một cách khác, thực tế đã diễn ra trước mắt hằng ngày, là nếu có một lý do nào đó anh không thích hảng nầy, thì chạy đi tìm một hảng khác tốt hơn để làm. Còn nếu rủi ro bệnh hoạn ở nhà, thì được bộ xã hội giúp đỡ một thời gian, như phiếu thực phẩm và phiếu đi bác sĩ v.. v.. Anh thử nghĩ coi cuộc sống nhân bản được tôn trọng, người dân có đầy đủ các quyền tự do cá nhân để mưu cầu hạnh phúc, và định đoạt đời sống riêng tư của mình, mà khỏi sợ bị chánh quyền áp chế. Như vậy những người dân bình thường như chúng ta còn mong muốn gì hơn nữa?

– Sự nhận định của Bảo rất chính xát, cộng sản họ có cả một chiến lược, một triết lý rất khoa học để làm hậu thuẫn lý luận. Trước hết họ đưa ra sự mâu thuẫn để kết tội giới tư bản là bốc lột giới vô sản, xong họ đưa ra một cuộc sống lý tưởng thiên đường của thế giới cộng sản để chiu dụ, thì thử hỏi những người dân nghèo khổ vô sản ai mà không ham? Nhưng nếu ta cố gắng nhìn kỷ, và suy luận cho chính xát thì không hẳn hoàn toàn đúng như vậy.

Sự mâu thuẫn trong con người và trong xã hội lúc nào cũng có, mâu thuẫn nầy vừa giải quyết xong, thì mâu thuẫn khác xãy ra liền sau đó, chỉ khi nào chết đi mới có thể hết được? Còn thiên đường của cộng sản, là một thế giới không tưởng, giống như chiếc bánh vẽ, đẹp tuyệt vời chỉ để nhìn chứ không ăn được. Đó cũng là lý do tại sao Nga sô và các nước Đông Au đã phải từ bỏ, sau hơn bãy mươi năm ngồi chờ đợi chiếc bánh vẽ trở thành sự thật?

Sơn vừa kết thúc nơi đây, đúng lúc Lam Sơn từ trong chánh điện chạy ra gọi lớn.

– Má với mợ hai ra rồi ba ơi! Mình đi ăn phở nghe?

Sơn đưa tay xoa đầu cháu.

– Bửa nay cậu hai đãi con muốn ăn thứ gì cũng được hết.
– Con thích ăn phở.
– Xong ngay, cậu sẻ đưa con đi ăn phở.

Hằng và Vân trong chiếc áo dài Việt Nam cổ kín màu xanh da trời thật dễ thương cũng vừa trở tới. Hằng lên tiếng hỏi chồng.

- Hai ông ngồi chờ tụi nầy có lâu không?

Sơn nhíu mắt nhìn vợ.

- Lâu chớ sao không lâu, cháu nó than đói bụng rồi kià.

Vân cười lớn cải lại.

- Chị đừng nghe lời ảnh mà bán lúa giống. Anh đói rồi đổ thừa cho cháu đó.

Sơn nhìn em gái ra vẻ trách móc.

- Có cô ở đây, là không dấu cái gì được hết!

Hằng lên tiếng bênh vực

- Ai biểu anh đói mà còn đổ thừa cho cháu
- Chớ không lẽ mình lớn mà nói đói bụng nghe sao được.

Hằng gỉa giọng bắc trêu chọc.

- À, ra thế đấy hả cụ!

Cả đám cười rộ sau lời nói diễu chọc quê của Hằng.

Hôm nay sắp bước vào đầu xuân của thế kỷ thứ hai mươi mốt (Y2K). Người ta bàn tán và bận tâm rất nhiều về những vấn đề có thể xẩy ra, do sự trục trặc cho các hệ thống máy điện toán.

Các giới trẻ trong lứa tuổi lao động, thì sợ nền kinh tế của Hoa Kỳ bị đình trệ có ảnh hưởng đến công ăn việc làm của họ. Còn giới về hưu thì lo lắng ngân hàng và các nơi đầu tư sẻ làm đảo lộn các trương mục tiết kiệm của họ.

Đời sống ở một nước tư bản có khác, luôn luôn bận rộn và cạnh tranh hằng ngày. Có lẽ vì thế nó làm cho con người có cảm tưởng là thời gian ở xứ nầy trôi qua nhanh hơn.

Mới đây mà tuổi đời của Bảo đã tròm trèm sáu mươi, Cái tuổi sắp về hưu màngười ta đã để dành lại thời gian đặc biệt nầy, để đi nốt cái đoạn đường sau cùng của một kiếp người trước khi trở về các bụi.

Tình hình Việt Nam tương đối cởi mở dễ dàng hơn xưa, nên Vân và Bảo quyết định trở về thăm lại gia đình sau gần hai mươi năm dài xa cách.

CHƯƠNG 7 - THẦY GIÁO BẢO

Sài Gòn trước mắt anh, bây giờ đã đổi khác khá nhiều, so với những năm sau ngày cộng sản vào chiếm thành phố. Anh vẫn nhớ thuở ấy phố xá Sai Gon bi thương quá, đường phố trống rỗng buồn tênh, cửa hàng hai bên đường đóng kín mít. Về đêm những ngọn đèn vàng hiu hắt, rọi xuống mặt đường xuyên qua những tàn me run rinh tới lui như những bóng ma, đang sắp hàng dìu nhau vào địa ngục.

Sai gon ngày nay đã đổi tên nhưng cũng chẳng ai thèm gọi. Gần hai mươi lăm năm qua, một phần tư thế kỷ. Nước Nhật sau thế chiến thứ hai đã gần như phá sản nhưng họ chỉ cần khoảng hai mươi năm sau, là đứng thẳng trở lại thành một cường quốc kinh tế của thế giới tự do. Dân chúng Sai gon vẫn nghèo, không đúng như lời của bác Hồ đã hứa từ mấy mươi năm trước. Nhưng đảng cộng sản đã ngậm lở "Bù hòn "nuốt vô không được mà nhả ra thì bị rã đám, đành phải ú ớ tìm cách đổ lỗi cho nhau, nào là thành phần xét lại, phá hoại cách mạng vô sản, tàn dư của chế độ tư bản Mỹ nguỵ v.. v..

Rồi họp đăng để sửa đổi, nếu sửa lần nầy không đúng thì lần tới họp lại sửa nữa, cứ thế mà sửa, con bệnh kinh tế không què thì cũng lọi tay đui mắt ...Điều đó đã chứng tỏ sau nhiều năm thất bại liên tiếp, cộng sản Việt Nam mới nói ra một số nghề nghiệp và công việc, theo chế độ kinh tế nhiều thành phần theo cơ chế thị trường tự do mà họ đặc tên cho có vẻ cộng sản, là kinh tế thị trường nhiều thành phần theo định hướng xã hội chủ nghĩa. Họ giữ lại phần lớn các cơ sở kinh tế béo bổ để nuốt, dành cho quốc doanh. Đó là những cơ quan kinh tài dùng để khếch trương và bảo vệ đảng.

Hôm nay nhờ có chút ít kinh tế thị trường tự do, nên bộ mặt của Sai gon Chợ lớn mới có được đôi chút sáng sủa náo nhiệt hơn những năm trước đó.

Dân chúng Sai gon bây giờ đã có gạo ăn áo mặc, tình trạng đã sống lại như trong thời 1975. Trên đường trở về xóm củ, Bảo và Vân tạc ngang qua nhà bác Năm, nơi anh trú ngụ ngày xưa để đi dạy học, người lối xóm cho hay là bác đã dọn về vùng kinh tế mới cách nay hơn cả chục năm rồi, họ không còn gặp nữa. Bảo thẩn thờ nhìn lên căn gác củ, bây giờ đã có người chiếm ngụ anh khẽ lắc đầu đưa tay níu Vân đi ra phía ngoài đường đón xe.

- Trời vẫn còn sớm, mình ghé lại chung cư thăm anh Tâm và chị Loan luôn nghe em?
- À, mình lại bất ngờ chắc là hai ông bà ấy mừng lắm, nhưng không biết họ có dọn đi đâu không?
- Thì lại đó mình mới biết được chứ!

Vừa lúc ấy Bảo nhìn thấy chiếc xe Taxi đang chạy rề rề như đang tìm khách. Anh nhanh chân bước ra trước, đưa tay ngoắc, chú tài xế chìa tay ra làm dấu quẹo sang, rồi đậu sát lề đường, bước xuống mở cửa để khách leo lên. Một thoáng thật bất ngờ, bảo đưa mắt nhìn anh tài xế trông thật quen, anh cố moi trí nhớ để xem gặp người nầy ở đâu. Một phút ngắn ngủi sau đó anh lẩm nhẩm "À, hình như thằng Tư thẹo Phường Trưởng lúc giải phóng, " nên anh lên tiếng hỏi.

- Tôi thấy anh quen quen, hình như anh đã làm phường trưởng ở đây ngày xưa phải không?

Tư Thẹo tự nãy giờ không để ý đến người khách lạ, sau khi nghe Bảo hỏi thăm anh mới quay đầu nhìn lại gật đầu.

- Vâng, hồi trước mới giải phóng tôi làm phường trưởng ở xóm nầy. Còn anh ở xa mới về phải không?
- Tôi là thầy giáo Bảo, hồi trước ở trọ nhà bác Năm trong xóm nầy.
- À, tôi nhớ ra rồi anh là thầy giáo Bảo, lâu quá không gặp nên tôi quên.

Bảo bèn chuyển sang đề tài khác.

- Độ rày anh chạy xe có khá không?
- Từ ngày chính phủ cho buôn bán làm ăn tự do, tôi chạy xe kiếm cũng đủ sống qua ngày. Còn anh chị ở đâu về đó?
- Chúng tôi ở Hoa Kỳ về thăm gia đình bạn bè vài tuần

Tư thẹo không hỏi thêm gì nữa, yên lặng chăm chú lái xe. Qua hết ngã tư đèn xanh bảo chỉ đường quẹo vào chung cư của Tâm và Loan.

Sau gần hai mươi lăm năm, khu vực chung quanh đây không thay đổi mấy chỉ trông cũ hơn trước vì thiếu nước sơn, nên màu trắng nước vôi đã trở thành màu vàng xanh ngà ngà vì mưa phủ.

Xe chạy đến trước một căn nhà đang còn mở cửa sổ phía trước. Biết chắc là nhà của Tâm, nên Bảo cho xe ngừng lại, sau khi trả tiền xe, Bảo cho riêng Tư Thẹo một trăm ngàn đồng Việt Nam anh gọi là tiền gởi về biếu cho các cháu con anh. Tư thẹo đưa hai tay nhận tiền cảm ơn rối rít.

Loan đang may đồ phía trong nhìn ra, thấy khách lạ vừa xuống Taxi trước nhà, nên bước lại cửa sổ nhìn ra. Sau một phút nghi ngờ Loan đã nhận diện được Bảo và Vân đang đi vào hướng cửa chính. Không cầm được sự mừng rỡ ra mặt, nàng gọi lớn

- Mèn ơi! phải anh Bảo chị Vân đó không?

Vân liếc nhanh qua cửa sổ cũng reo to.

- Đúng rồi. Đúng rồi có phải chị Loan đó không?

CHƯƠNG 7 - THẦY GIÁO BẢO

Chiếc cửa cái được mở to Loan từ trong nhà chạy ra nắm tay Vân.

— Hai ông bà đi đâu mà cả gần mấy chục năm nay mới gặp lại?

Chưa đợi Vân trả lời Loan lên tiếng gọi chồng

— Anh Tâm ơi, có anh Bảo và chị Vân về thăm nè.

Tâm đang trộn xi măng định xây lại cái bếp, nghe tiếng vợ gọi vội rửa tay chạy lên trước

— Em nói anh Bảo chị Vân nào ....

Chưa nói dứt câu, Tâm vụt đứng lại ngạt nhiên nhìn Bảo trân trối

— Ua! Bảo đây mà ....

Bảo tươi cười, bước tới đưa tay cho Tâm bắc

— Đúng rồi, Bảo thầy giáo Việt văn đây, chớ còn ai nữa.

Sau một phút ngạc nhiên gặp lại bạn xưa hết sức đột ngột, Tâm lấy lại bình tỉnh bắc tay Bảo xiết thật chặc

— Trời ơi, lâu quá rồi mới gặp lại anh, sau ngày đám cưới của hai ông bà, chúng tôi cứ ngỡ là ở đây đi dạy khó sống nên rủ nhau về quê làm ăn. Vì kể từ đó bặt tâm luôn không thấy hai người đến chơi. Mà bây giờ hai ông bà ở đâu không thư từ cho tụi nầy hay?

Bảo chậm rãi ngồi xuống ghế, Moc gói đưa cho Tâm

— Chuyện còn dài làm một điếu cài đã.

Loan đang nói chuyện với Vân quay sang Tâm

— Thôi hai ông ở nhà chơi, để tôi và chị Vân đi ra chợ một chút mua đồ về nấu ăn chiều nay
— Rồi em với Vân đi chợ, để anh rủ Bảo ra quán thiếm Tư uống cà phê một chút rồi về.

Chờ cho Loan và Vân ra khỏi cửa, Bảo hỏi Tâm.

— Bộ chị Loan không còn bán cà phê nữa à?

Tâm nhìn Bảo cười.

— Anh còn nhớ dai dữ à! Bà xã tôi đã nghỉ bán cả chục năm nay rồi. Vì sau khi dân chúng đói quá kêu rêu, tụi nó mới cho buôn bán tự do chút ít để kiếm sống, thành thử mình không có tiệm quán để khách ngồi uống hay ăn sáng, nên bả nghỉ bán từ đó. Thôi bây giờ mình ra quán thiếm Tư ở ngoài đầu hẻm một chút rồi về. Bên trong quán bây giờ đã vắng khách Tâm lựa một chiếc bàn kê sát cửa sổ phía trước để nhìn ra ngoài đường. Bảo rút một điếu thuốc rồi để cả gói lên bàn đẩy về phía Tâm

- Lúc nãy anh hỏi mà tôi chưa kịp trả lời. Tôi và Vân làm đám cưới xong vài tháng sau thấy ở đây khó sống quá, nên rủ nhau tìm cách vượt biên sang Hoa Kỳ, nên từ đó đến nay mới gặp lại anh chị.

Tâm châm lửa đốt điếu thuốc thở ra rất nhẹ, khói trắng xoay tròn cuộn vào nhau bay bổng lên trần nhà. Anh đưa tay lên vuốt trán như đang hồi tưởng lại một điều gì thật xa xưa.

- Trong thời gian đó, tôi cũng có ý nghĩ là anh chị đã vượt biên rồi, vợ chồng tôi cũng có ý định nhưng không đủ điều kiện để đi, vì vốn liếng không có đành ngồi chịu trận. Nhìn bạn bè mỗi ngày mỗi vắng bóng, ngay cả học trò cũng thưa thớt dần. Qua những năm đó cũng như ở trong tù, ăn không đủ no mặc không đủ ấm, lại còn bị tụi công an kêu lên gọi xuống tra gạn đủ điều.

Tới đây Tâm có vẻ bực tức nói hơi lớn giọng một chút. Bảo đưa tay khều nhẹ

- Nói vừa thôi, tụi nó nghe được phiền lắm.

Tâm hơi nhẹ giọng, nhưng vẫn tiếp tục nói

- Thấy sao mình nói vậy, chớ có thêm bớt hay là làm cái gì đâu bậy bạ màsợ. Như hồi trước tụi nó chửi mấy người vượt biển, nào là bọn phản quốc, chạy theo đế quốc Mỹ, ham miếng thịt bò to v…v Để rồi sau nầy cũng chính những người vượt biên đó làm ăn ở xứ người giàu có mang tiền đô la trở về nước thăm nhà, họ lại đổi cái giọng nịn bợ chiu dụ tâng bốc nào là Việt kiều yêu nước, khúc ruột nối dài củadân tộc v…v Ngày trước lúc Hoa kỳ chưa mở cấm vận, nếu không có Việt kiều mang tiền về thì họ làm sao kiếm được hàng trăm triệu ngoại tệ hành năm, để chi dùng trong việc nhập cảng. Cái lưỡi không xương nên họ nói sao cũng được miễn có lợi là xong.
- Còn độ rày thì sao, cuộc sống chắc đỡ hơn trước nhiều?
- Bây giờ thì tương đối đỡ nhiều lắm rồi. Có lẽ dân chúng và cán bộ đã mở mắt nhìn thấy sự vô lý và láo khoét của họ. Hồi lúc trước khi đưa quân vào đánh miền nam, thì họ tìm cách bịt tay che mắt dân chúng. Họ bảo đánh Mỹ cứu nước xong quốc gia sẻ được hùng mạnh giàu cóhơn, dân chúng sẻ được tự do thoải mái có ăn có mặc đầy đủ. Nhưng khi quân Mỹ và chư hầu đã kéo về nước, rồi nhiều năm sau dân chúng cả nước vẫn nghèo đói mạt rệp còn tệ hơn trước rất nhiều, bây giờ họ lại đổ thừa, nào là bên ngoài tư bản đánh phá, bên trong thì bị ung nhọt của chế độ củ đểlại v.. v. Họ cố che đậy ngụy biện nên kinh tế bao cấp chỉ huy, Những cơ sở quốc

CHƯƠNG 7 - THẦY GIÁO BẢO

doanh tham nhũng không giải quyết được của xã hội chủ nghĩa cộng sản. Nhưng bây giờ anh thấy thì đã đỡ lắm rồi, cũng nhờ là tụi Nga sô và các nước cộng sản Đông Âu đã thay đổi chế độ, nên họ mới mở mắt nới rộng thị trường tự do, khuyến khích đầu tư để kiếm thêm ngoại tệ và công ăn việc làm cho dân chúng trong nước.

Ngưng một chút, Tâm nâng ly cà phê lên hớp một ngụm nhỏ, đưa mắt nhìn sang Bảo đang yên lặng ngồi hút thuốc lắng nghe anh nói.

– Tôi nghe người ta đồn là bên Mỹ dể làm ăn lắm phải không anh?

Bảo dụi tắt tàn thuốc còn lại trong cái gạt nhôm để trên bàn. Anh thong thả trả lời

– Nếu so với Việt Nam thì dể dàng hơn nhiều, nhưng nếu mình muốn có mực sống đầy đủ tiện nghi, thì tương đối cũng nhiêu khê chứ không dễ như người ta tưởng đâu. Mình phải đi học có nghề chuyên môn, còn không thì lương lao động chỉ đủ sống thôi chứ không dư thừa đâu.

– Về vấn đề xã hội, tôi cũng nghe nói là hội hè của người Việt ở bên đó nhiều lắm phải không?

Nghe Tâm nhắc tới đây Bảo chỉ cười rồi lắc đầu

– Anh biết Hoa Kỳ là xứ tự do, ai muốn lập hội lập đảng gì cũng được, miễn là đúng luật pháp quốc gia thôi, vì thế hai ba người cũng lập được một hội, nên hội hè đâm ra "lạm Phát," Tranh giành ảnh hưởng chụp mũ tung hoả mù lẫn nhau, rốt cuộc rồi mình không biết phải tin ai hết!

Sau câu trả lời của Bảo, Tâm có vẻ thắc mắc.

– Tôi nghĩ ở xứ tự do như vậy, là họ phải có chiến lược, và lý thuyết chính trị để hướng dẫn quần chúng đi cho đúng đường chớ?

Tâm vừa nói xong Bảo đưa tay gãy đầu, anh đưa mắt quan sát chung quanh tìm xem có ai nghe sự đàm thoại của hai người không.

– Theo tôi thấy, và biết được các hội chung quanh là muốn lập hội, các tay chuyên viên phải có hai điều kiện cần thiết là nhản hiệu "Chống Cộng "và một số "Nón cối."

Tâm trừng mắt nhìn Bảo

– Ua, sao kỳ vậy?!
– Thì nếu có hội nào hay nhân vật nào chống cộng không giống như họ, thì bị chụp mũ là "Thân cộng" và liệng cho vài cái" Nón cối" chứ có gì lạ đâu!

Tâm như hiểu ý. Anh lắc đầu lia lịa.

— Chống kiểu đó thì còn lâu mới thắng được tụi nó.
— Chống kiểu tư bản phải khác chứ! cần gì phải nhọc công như tụi cộng sản, là phân chia thành phần đối kháng hay không đối kháng. Cứ việc chụp cho nó cái mủ rồi tín sau!

Sau câu nói, Bảo muốn chấm dứt câu chuyện nơi đây, anh đưa tay lên nhìn đồng hồ, rồi đứng dậy đi vào quầy hàng phía trong trả tiền cà phê

— Thôi mình vào nhà đi chắc mấy bà đó cũng đã về rồi.

Trên hơn hai mươi năm xa cách, Bảo và Tâm mới có dịp gặp lại nhau trên phần đất quê hương của một thuở nào mà người ta đã quá chán ghét vì sự kềm kẹp dưới chế độ độc tài cộng sản Hà Nội. Lúc ấy họ thường rỉ tai nhau để bàn chuyện vượt biên, đến độ có người cho rằng "Nếu cột đèn ở Sài Gòn có chân nó cũng đã bỏ xứ đi rồi."

Hôm nay sau bữa cơm chiều thật vui vẻ, những mẩu chuyện thời sự nhân sinh xã hội được trao đổi thật sống động. Mãi đến tám giờ tối Bảo và Vân mới kiếu từ trở về khách sạn.

Giờ nầy xe cộ ở Sài gòn vẫn còn tương đối nhộn nhịp, nên Bảo cho tài xế Taxi chạy thẳng ra bến tàu Bạch Đằng. Công viên bến tàu chiều nay có vẻ nhiều người ra dạo mát hơn, so với những năm xưa. Trai gái từng cặp chia nhau choán những ghế đá và lan can hàng rào nhìn ra bờ sông. Gió từ mặt nước thổi lên hơi lành lạnh Vân lấy chiếc áo choàng mặc lên người đi sát bên chồng.

— Em thấy Sài gòn hình như đang sống lại của thời 1975.
— Ờ, anh cũng nhận thấy như thế.

Con sông Sài gòn ngày xưa và hôm nay cũng vẫn thế, mực nước phù sa cứ xuống cạn lên đầy như tình yêu của tuổi trẻ.

Hai vợ chồng vừa dìu nhau đi qua một chiếc ghế đá kê sát bờ sông, bỗng Vân nắm tay Bảo ghì đứng lại đưa tay chỉ.

— Anh nhớ chiếc ghế này ngày xưa không?

Bảo đưa mắt nhìn vào một cặp tình nhân trẻ tuổi vào khoảng hai mươi, đang yên lặng ngã đầu vào nhau trên chiếc ghế hướng mặt ra phía trước.

Bảo cười vuốt tóc vợ.

— Họ là hình ảnh của chúng mình hơn hai mươi năm về trước đó em!

Đèn cầu tàu Sài Gòn vẫn lung linh chiếu sáng trên mặt nước. Bảo và Vân đã gặp lại cái hạnh phúc đó. Cái hạnh phúc nho nhỏ rất chân thành

CHƯƠNG 7 - THẦY GIÁO BẢO

mà hai người đã đánh mất từ lâu trên cái quê hương nghèo nàn nhưng đã có quá nhiều thù hận.

Phần 3: Suy Ngẫm và Đoàn Tụ

Ký Ức, Di Sản, và Sự Chữa Lành - Phần cuối cùng mang đến một tông màu suy ngẫm hơn, tập trung vào những tác động lâu dài của chiến tranh, quá trình lão hóa, và tầm quan trọng của ký ức và sự đoàn tụ. Nó khám phá cách các nhân vật đối diện với quá khứ của họ trong hiện tại và tác động bền vững của những trải nghiệm đó.

PHẦN 3: SUY NGẪM VÀ ĐOÀN TỤ

Tổng Quan: Ch. 8 - "Mưa Đầu Mùa"

"Mưa Đầu Mùa" là một câu chuyện đầy suy tư, nắm bắt được tinh hoa của cuộc sống ở miền quê Nam Việt Nam trong những ngày đầu mùa mưa. Câu chuyện được kể qua con mắt của Nam, một người đàn ông trở về quê hương sau gần năm mươi năm, gợi lên một cảm giác sâu sắc về hoài niệm và sự kết nối với quá khứ của mình.

Khung cảnh yên bình của miền quê: Câu chuyện mở đầu với những miêu tả sống động về khung cảnh làng quê Nam Việt Nam khi mùa mưa bắt đầu. Nam, nhân vật chính, ngồi yên lặng trên một chiếc ghế dưới mái hiên, chìm trong suy tư khi quan sát cơn bão đang kéo đến. Những đám mây đen nặng trĩu, cơn gió nhẹ nhàng, và những giọt mưa đầu tiên đưa Nam trở về với những ký ức thời niên thiếu, khi cuộc sống còn giản dị và thiên nhiên đóng vai trò trung tâm trong cuộc sống hàng ngày.

Ký ức và sự thay đổi: Khi mưa bắt đầu rơi, Nam hồi tưởng về những thay đổi đã diễn ra suốt hàng thập kỷ. Anh nhớ về khu vườn đầy cây ăn trái nơi mình lớn lên, ngôi nhà tổ tiên rộng lớn với mái ngói đỏ, và những niềm vui giản dị thời thơ ấu như nhặt nấm hay bắt cá dưới mưa. Tuy nhiên, thời gian và chiến tranh đã làm thay đổi cảnh quan và cuộc sống của những người còn ở lại. Ngôi nhà lớn ngày xưa giờ chỉ còn là một căn nhà nhỏ khiêm tốn, và khu vườn tươi tốt giờ đây cũng chỉ còn là cái bóng của chính nó.

Tác động của chiến tranh: Câu chuyện cũng đề cập đến tác động của chiến tranh Việt Nam đối với gia đình và cộng đồng của Nam. Người em họ Hiền, một cựu sĩ quan quân đội Việt Nam Cộng Hòa, kể lại những trải nghiệm trong và sau chiến tranh, bao gồm cả những thương tích anh phải chịu đựng và những khó khăn khi trở lại cuộc sống dân sự. Chiến tranh đã để lại những vết sẹo sâu đậm, không chỉ trên đất đai mà còn trong lòng người, khi cuộc sống của Hiền bị thay đổi vĩnh viễn, và cộng đồng phải thích nghi với những thực tế mới dưới chế độ cộng sản.

Sự trôi qua của thời gian và hoài niệm: Suốt câu chuyện, Nam đấu tranh với sự trôi qua của thời gian. Anh nhận thức rõ về những thay đổi đã diễn ra, nhưng lại tìm thấy sự an ủi trong những cảnh tượng, âm thanh, và mùi hương quen thuộc của thời thơ ấu. Câu chuyện nhấn mạnh tính chất thoáng qua của cuộc sống, với cơn mưa đầu mùa như một phép ẩn dụ cho vẻ đẹp thoáng qua của tuổi trẻ và sự không thể tránh khỏi của sự thay đổi. Dù khoảng cách về thời gian và cảm xúc đã tạo ra những rào cản, việc trở về quê hương giúp Nam kết nối lại với quá khứ và tìm thấy sự an ủi trong những kỷ niệm đã định hình cuộc đời anh.

"Mưa Đầu Mùa" là một cuộc khám phá đầy cảm động về ký ức, sự thay đổi, và mối liên kết bền chặt giữa con người và quê hương. Câu chuyện khắc họa tinh tế mối quan hệ giữa quá khứ và hiện tại, mang đến một góc nhìn hoài niệm và sâu lắng về một thế giới đã thay đổi nhưng vẫn giữ lại những âm vang của một thời kỳ đơn giản và yên bình hơn.

PHẦN 3: SUY NGẪM VÀ ĐOÀN TỤ

Tổng Quan: Ch. 9 - "Bong Bóng Nước Mưa"

"Bong Bóng Nước Mưa" là một câu chuyện tình yêu đầy cảm xúc và chân thực, diễn ra trong bối cảnh Chiến tranh Việt Nam, khám phá những chủ đề về tình yêu, sự mất mát, và những thực tế khắc nghiệt của một đất nước bị chiến tranh tàn phá. Cốt truyện xoay quanh Tâm, một cựu sĩ quan Không quân Việt Nam Cộng Hòa, người có cuộc đời được đánh dấu bởi những khó khăn và đau khổ do chiến tranh mang lại.

Bi kịch của chiến tranh: Câu chuyện mở đầu với những suy tư về Chiến tranh Việt Nam, miêu tả nó như một cuộc xung đột tàn phá đã chia rẽ các gia đình và cộng đồng. Chiến tranh được mô tả là một cuộc xung đột bị chi phối bởi các ý thức hệ ngoại bang và lòng tham chính trị, dẫn đến sự đau khổ lan rộng và sự tan vỡ của cuộc sống bình thường ở miền Nam Việt Nam sau ngày 30 tháng 4 năm 1975.

Tuổi thơ đầy khó khăn: Tuổi thơ của Tâm được mô tả là đầy gian khó, lớn lên như một đứa trẻ mồ côi trong một môi trường khắc nghiệt. Anh sống với người chú trong một khu phố nghèo, nơi anh phải làm việc vất vả từ khi còn nhỏ để tồn tại. Những năm tháng đầu đời của Tâm tràn đầy những khó khăn, nhưng anh đã thể hiện sự kiên cường và quyết tâm, làm nhiều công việc khác nhau như giao báo và bán hàng để tự nuôi sống mình trong khi vẫn theo đuổi việc học.

Tình yêu và ước mơ lãng mạn: Khi Tâm lớn lên, cuộc đời anh có một bước ngoặt quan trọng khi anh gia nhập Không quân Việt Nam Cộng Hòa. Trong thời gian này, anh gặp Loan, một cô gái xinh đẹp và thông minh, người đã chiếm được trái tim anh. Câu chuyện tình yêu của họ tràn đầy sự ngây thơ và hy vọng, nhưng cũng đầy bất trắc và nguy hiểm của cuộc chiến đang diễn ra. Câu chuyện miêu tả sự lãng mạn đang nở rộ giữa Tâm và Loan, bất chấp mối đe dọa chia cắt do nghĩa vụ quân sự của Tâm.

Sự tàn ác của chiến tranh và ảnh hưởng của nó đối với tình yêu: Cuộc đời của Tâm càng thêm phức tạp bởi chiến tranh, điều này cuối cùng dẫn đến sự chia ly với Loan. Sau khi bị thương trong một cuộc hành quân quân sự, Tâm mất liên lạc với Loan. Câu chuyện miêu tả cảm động cách mà tình yêu của họ bị thử thách bởi khoảng cách và những thực tế khắc nghiệt của chiến tranh. Loan, trong tình trạng tuyệt vọng, phải vật lộn với sự bất định về số phận của Tâm, trong khi Tâm, bị cô lập và bị thương, luôn khao khát được đoàn tụ với cô.

Nỗi đau của sự chia ly và mất mát: Câu chuyện đạt đến đỉnh cao cảm xúc khi Tâm biết rằng Loan đã chuyển đi nơi khác, và mọi nỗ lực để kết nối lại với cô đều thất bại. Sự chia ly bi thảm và tình yêu không trọn vẹn giữa Tâm và Loan nhấn mạnh những mất mát sâu sắc mà chiến tranh gây ra cho nhiều người. Nỗi buồn của Tâm và cái chết của vợ anh, người mà anh kết hôn sau này, càng làm nổi bật chủ đề về sự mất mát.

"Bong Bóng Nước Mưa" là một câu chuyện mạnh mẽ kết nối tình yêu cá nhân với bối cảnh lịch sử rộng lớn hơn của Chiến tranh Việt Nam, mang đến một cái nhìn sâu sắc về ảnh hưởng kéo dài của chiến tranh đối với cuộc sống và các mối quan hệ cá nhân. Câu chuyện là một lời nhắc nhở đầy cảm xúc về những tác động tàn phá mà chiến tranh mang lại cho những người sống sót, để lại những ký ức về tình yêu, nỗi đau, và những cơ hội bị bỏ lỡ.

PHẦN 3: SUY NGẪM VÀ ĐOÀN TỤ

Tổng Quan: Ch. 10 - "Những Cánh Chim Việt"

"Những Cánh Chim Việt", mở đầu với khung cảnh mùa thu tại Portland, nơi nhân vật chính, Tuấn, ngồi nhâm nhi cà phê và suy ngẫm về cuộc sống sau khi di cư từ Việt Nam. Tại đây, Tuấn tình cờ gặp lại người bạn cũ Trung, người mà anh đã mất liên lạc từ lâu. Sự hội ngộ này bất ngờ trở nên xúc động hơn khi Tâm, người bạn thân thiết từng phục vụ cùng Tuấn trong Không Quân Việt Nam Cộng Hòa, cũng xuất hiện. Sự đoàn tụ sau hơn hai mươi năm xa cách gợi lên những kỷ niệm và cảm xúc mạnh mẽ từ quá khứ, đưa họ trở lại những năm tháng đã qua, đầy gian khó và hy sinh.

Tình yêu và mất mát: Trong quá khứ, Tuấn và Tâm từng làm việc chung tại Pleiku, nơi Tâm đã gặp và yêu Lệ, người em gái bạn dì của Tuấn. Mối tình đẹp đẽ này nhanh chóng dẫn đến hôn nhân, mang lại niềm hạnh phúc cho cả hai. Tuy nhiên, bi kịch ập đến khi Lệ bị thiệt mạng trong một cuộc tấn công tàn khốc trong chiến tranh. Sự mất mát này đã để lại dấu ấn sâu đậm trong cuộc đời Tâm, một vết thương lòng mà anh mang theo suốt nhiều năm sau đó. Ký ức về Lệ, về tình yêu và sự mất mát, không chỉ ám ảnh Tâm mà còn in sâu trong lòng Tuấn, khiến họ không bao giờ quên được quá khứ đau thương.

Sự hy sinh và lòng can đảm: Câu chuyện cũng nhắc lại những khó khăn và thử thách mà các nhân vật phải đối mặt sau khi chiến tranh kết thúc. Tâm bị bắt giam trong trại tù cộng sản, nơi anh phải trải qua những năm tháng đầy khổ cực và tủi nhục. Trong khi đó, Tuấn may mắn hơn khi được di cư sang Hoa Kỳ cùng gia đình, nhưng điều này cũng không xóa nhòa được những ký ức về chiến tranh và những người bạn cũ. Dù đã mất liên lạc trong nhiều năm, họ vẫn giữ được tình bạn bền chặt và cuối cùng cũng tìm thấy nhau trên đất khách. Sự kiên cường của Tâm và lòng trung thành của Tuấn đối với bạn bè là minh chứng cho sự hy sinh và lòng can đảm trong thời khắc khó khăn.

Hy vọng và bắt đầu mới: Cuộc gặp gỡ giữa Tuấn, Trung, và Tâm không chỉ là sự nối lại của tình bạn cũ mà còn là cơ hội để họ nhìn lại quá khứ và hướng tới tương lai. Sự đoàn tụ này đánh dấu một chương mới trong cuộc đời họ, nơi họ có thể cùng nhau vượt qua những khó khăn và tận hưởng cuộc sống mới tại Hoa Kỳ. Những câu chuyện được chia sẻ trong buổi gặp gỡ không chỉ là về những khó khăn đã qua mà còn là niềm tin vào tương lai, về hy vọng về một cuộc sống bình yên hơn sau những năm tháng bão tố.

Tình gia đình và sự gắn bó: Trong cuộc hội ngộ, Phượng, vợ của Tuấn, cũng góp phần làm tăng thêm sự ấm áp và tình cảm gia đình. Sự chào đón của cô đối với Trung và Tâm cho thấy sự gắn bó và hỗ trợ lẫn nhau, tạo nên một gia đình mới trên đất khách. Tâm, sau bao nhiêu năm xa cách, cũng đã tìm thấy sự an ủi trong vòng tay của những người bạn cũ và gia đình mới, mang lại cho anh niềm tin vào tương lai.

Tóm lại, "Những Cánh Chim Việt" là một câu chuyện về tình bạn, tình yêu, và sự hy sinh trong bối cảnh hậu chiến. Nó nhắc nhở chúng ta về sức mạnh của tình người và khả năng hồi phục sau những mất mát lớn lao trong cuộc đời, đồng thời khẳng định rằng, dù ở đâu, tinh thần Việt vẫn mãi là sợi dây gắn kết những con người đã từng cùng chia sẻ những kỷ niệm sâu sắc.

PHẦN 3: SUY NGẪM VÀ ĐOÀN TỤ

Tổng Quan: Ch. 11 - "Những Chiếc Lá Cuối Mùa"

"Những Chiếc Lá Cuối Mùa" là một câu chuyện đầy hoài niệm và suy tư của Nam (Nguyễn Văn Ba), mô tả lại những trải nghiệm và cảm xúc của những cựu chiến binh Việt Nam và người nhập cư khi họ đối mặt với cuộc sống tại Hoa Kỳ, nhiều thập kỷ sau khi chiến tranh Việt Nam kết thúc. Câu chuyện xoay quanh chủ đề sự lão hóa, sự trôi qua của thời gian, và những kỷ niệm ngọt ngào xen lẫn cay đắng của một thời kỳ đã qua.

Sự trôi qua của thời gian và hoài niệm: Tác giả mở đầu bằng những suy ngẫm triết lý về sự tất yếu của sự thay đổi và chu kỳ tự nhiên của cuộc sống, so sánh nó với hình ảnh những chiếc lá rơi vào cuối mùa. Ông trầm tư về sự vô ích của việc chống lại những thay đổi này và sự chấp nhận đi kèm với tuổi già. Điều này đặt nền tảng cho câu chuyện, đậm chất hoài niệm và gắn bó với những kỷ niệm qua năm tháng.

Những cuộc hội ngộ và tình huynh đệ: Nam kể lại những trải nghiệm của mình khi tham dự các buổi hội ngộ với các thành viên trong lớp quân sự 63A và các cựu chiến binh khác từ phi đội Không Quân cũ của mình. Những cuộc hội ngộ này tràn ngập tình huynh đệ, khi những người bạn cũ tái ngộ, chia sẻ những câu chuyện và hồi tưởng về quá khứ chung. Những buổi gặp gỡ không chỉ là sự kiện xã hội mà còn là cách để duy trì những mối quan hệ đã được hình thành trong chiến tranh và trong những năm tháng tái định cư tại Hoa Kỳ.

Trải nghiệm của người nhập cư: Câu chuyện cũng đề cập đến trải nghiệm của người nhập cư, đặc biệt là những thách thức và thành công trong việc bắt đầu lại cuộc sống ở một quốc gia mới. Nam suy ngẫm về hành trình của mình đến Hoa Kỳ, nỗ lực xây dựng cuộc sống mới và niềm tự hào khi đã nuôi dạy một gia đình và đóng góp cho cộng đồng. Ông nhấn mạnh tầm quan trọng của sự kiên trì và khả năng thích ứng, những phẩm chất đã giúp ông và những người cùng thế hệ vươn lên trong quê hương mới.

Lão hóa và sự suy ngẫm: Trong suốt câu chuyện, tác giả ngày càng suy ngẫm sâu sắc hơn về sự lão hóa. Ông mô tả những thay đổi về thể chất và cảm xúc đi kèm với nó, như nhịp sống chậm lại, xu hướng hồi tưởng nhiều hơn và cảm giác mất mát khi bạn bè và đồng đội dần rời xa. Hình ảnh "những chiếc lá cuối mùa" thể hiện sâu sắc cảm giác một thời đại đang dần kết thúc, khi các cựu chiến binh đối diện với thực tế của tuổi già.

"Những Chiếc Lá Cuối Mùa" là một sự khám phá cảm động về ký ức, sự lão hóa, và tình bạn bền chặt giữa những người đã trải qua những trải nghiệm sâu sắc cùng nhau. Câu chuyện nêu bật những cảm xúc phức tạp của hoài niệm, mất mát, và sự chấp nhận, mang đến một góc nhìn nhân văn sâu sắc về sự trôi qua của thời gian.

CHƯƠNG 8

Mưa Đầu Mùa

Ở quê miền nam, cứ vào đầu mùa mưa là hình như vạn vật chung quanh bắt đầu thay đổi. Những đám mây đen nặng trĩu ở chân trời từ phía bên kia rặng trâm bầu mọc trên bờ ao làng nằm giữa những thửa ruộng mênh mông trống trải với những gốc rạ khô nhô lên màu trắng đục sắp hàng từng dãy dài kéo mãi tận chân trời, những bờ ruộng chia ô ngang dọc tạo thành những đường kẻ như trang giấy học trò. Mặt trời đã trốn mất tự lúc nào mang theo cái nắng chói chang của những ngày hè oi bức. Từng đợt gió nhẹ từ phương Nam mát rười rượi đủ làm phe phẩy những đợt lá tre trước cửa nhà.

Nam yên lặng ngồi trên chiếc ghế đẩu bắc trước mái hiên đưa mắt nhìn ra đầu ngõ, chàng tựa lưng vào song cửa như đang dìm mình vào một cõi hư không nào đó. Gần năm mươi năm trôi qua, hôm nay Nam mới có được cái cảm giác thoải mái ngắn ngủi nầy. Con người thay đổi và những gì thuộc về hiện hữu đều thay đổi ngay cả lòng dạ con người cũng biến chuyển theo thời gian chỉ có một điều hình như không biến dạng đó là sự huyền diệu của tạo hoá.

Mưa đầu mùa hôm nay, cũng giống y hệt như những cơn mưa đầu mùa của năm mươi năm về trước, cũng mây đen ùn ùn kéo tới, cũng sấm chớp kèm theo sau những tiếng nổ long trời như thiên đình đang trong cơn thịnh nộ. Rồi những cơn gió mát nhè nhẹ góp nhặt lại thành những cơn giông lớn, từng đợt làm uốn cong những thân tre, cúi xuống ngẩn lên như những đợt sóng thần trên biển cả. Tiếng *"cút-kít"* của thân tre cọ vào nhau, tiếng *"rào-rào"* của lá tre rít lên theo từng nhịp, rồi những hạt mưa nặng nề bắt đầu rơi xuống.

Miếng đất vuông sậm để phơi lúa trong mùa gặt trước nhà đã nứt nẻ trong mùa nắng hạ từ mấy tháng qua đã tạo thành những lớp bụi cát mịn mỏng trên mặt, vội vả cuốn trùm những hạt nước mưa đầu tiên mới vừa rớt xuống lăn tròn trên đất như những con cuốn chiếu.

Gió tạt mạnh vào phía trong hiên nhà, Nam đứng dậy mang theo chiếc ghế đẩu bước vào phía trong, chàng với tay đóng lại hai cánh cửa cái phía trước. Gió và bụi nước mưa đã chui qua ngạch cửa, Nam cảm thấy lạnh ở hai bàn chân, chàng bước nhanh về phía sau và ngồi vào chiếc võng làm bằng bao bố treo ở hai góc cột gần mái hiên cửa sổ. Mưa đã nặng hột và dày đặc hơn, Nam không còn nghe những tiếng *"lộp-bộp"* rơi trên mái ngói như vài phút trước đó, mà là những âm thanh *"ào-ào"* như tiếng thác đổ từ trên cao.

Nam cong người trên chiếc võng bố dầy ấm áp, thỉnh thoảng những cơn gió giật tạt mạnh hơi nước mưa len vào song cửa sổ, phơn phớt thấm vào da thịt nghe lành lạnh. Những cảm giác thật hiếm hoi nầy đã mang anh về với những kỷ niệm xa xưa của gần nữa thế kỷ...

Nam đã chào đời và lớn lên trong khu vườn với nhiều loại cây ăn trái gần như bốn mùa như : cam, quít, xoài, vú sửa v.v...

Ngôi nhà tiền đường ngày trước, lợp bằng ngói đỏ, ba gian rất rộng lớn, có nhà trước, nhà sau và cây rơm ở góc vườn. Nam vẫn nhớ, cứ mỗi buổi sáng anh thường xách rổ ra góc rơm, vạch từng nắm rạ mục để cắt nấm, mang vào cho Mẹ nấu canh hoặc chiên với trứng vịt. Rồi thời gian và chiến cuộc lan tràn, ngôi nhà mái đỏ ngày xưa cứ thu hẹp lại dần, từ ba căn còn lại một gian, những tấm vách ván bổ kho chắc chắn được thay thế bằng những loại thiếc rẻ tiền.

Vào mùa nắng, không khí trong nhà thật nóng bức như ngồi trong lò sưởi. Bờ tre xanh dầy đặc trồng làm hàng rào bên ngoài bờ hào xung quanh vườn, vào năm 1951 đã bị quân đội Pháp ra lệnh phải chặt tỉa trống trải vì chúng sợ sự ẩn nấp của du kích Việt Minh. Các cây xoài, cây ổi cho bóng mát trong những trưa hè nắng cháy, hai chị em thường rủ nhau hái ớt hiểm đâm với muối bọt, mang ra ngồi dưới gốc cây ăn ổi chát, xoài xanh chấm muối ớt, nó cũng đã theo thời gian biến đi đâu mất cả rồi!

Bên ngoài đã tạnh mưa hẳn, đám mây đen to lớn lơ lửng trên nền trời đã bị gió thổi đi về một nơi khác, những tia sáng lung linh bị khúc xạ trong hơi nước bốc lên tạo thành những cầu vòng ngũ sắc trông thật đẹp. Cũng

CHƯƠNG 8 - MÙA ĐẦU MÙA

vừa lúc đó hai vợ chồng đứa em trai cô cậu của Nam vừa về tới, đẩy cửa bước vào nhà.

- Anh Nam cả ngày ngồi ở nhà chờ tụi em, có buồn không? Nam ngồi nhổm dậy trên võng.
- Anh nằm ở nhà đây chớ có đi đâu mà chờ!

Lê-văn-Hiền, thằng em trai con ông cậu thứ ba của Nam, nguyên là cựu sĩ quan trong QLVNCH. Vào năm 1966, Hiền là Trung đội trưởng của Trung Đoàn Bộ Binh đóng tại Bồng Sơn thuộc tỉnh Qui-Nhơn. Anh đã bị Việt cộng phục kích trên đường hướng dẫn trung đội hành quân mở đường ra quân Tam Quan. Một viên đạn ác nghiệt của cộng sản đã bắn xuyên từ trán bên trái đi qua cổ họng, Hiền được tải thương về Qui-Nhơn giải phẫu, và sau đó nằm điều trị cả năm trời ở bịnh viện Cộng Hoà, Sàigòn. Hiền may mắn đã thoát chết và được giải ngũ sau đó với một con mắt bên trái bị mù.

Trở về với đời sống dân sự, Hiền được Bộ Cựu Chiến Binh giúp tìm cho công việc làm với đồng lương tương đối cũng dể sống trong một hãng dệt ở vùng Gò-Vấp.

Rồi ngày 30 tháng 4 năm 1975, như một tai hoạ đưa tới, Hiền bị đuổi ra khỏi hãng dệt sau đó với lý do là cựu sĩ quan của quân đội miền Nam và bị đưa đi học tập, mặc dù Hiền đã giã từ vũ khí từ lâu và bị tàn tật gây ra bởi chiến cuộc, anh vẫn bị cộng sản gán vào cái tội *"có nợ máu với nhân dân?"* Có phải chăng người cộng sản du kích nào đó, đã tự đại diện cho nhân dân miền Nam nâng súng lên quyết tâm kết thúc đời anh, nhưng viên đạn vô tình đã không nỡ nhẫn tâm nên đã lệch đi trong đường tơ kẽ tóc, bây giờ anh vẫn còn sống nên phải tiếp tục trả cái *"nợ máu"* cho nhân dân, cho những người đồng loại với anh chăng?

Sau thời gian tẩy não trở về, anh được các cán bộ cộng sản địa phương bắt buộc phải đi vùng kinh tế mới, bỏ lại ngôi nhà mà anh đã cố gắng dành dụm mua được vài năm qua ở Chợ Lớn để về quê làm ruộng.

May mắn cho Hiền là quê nội anh ở làng Long-Hoà, cách Sàigòn vào khoảng ba mươi cây số, còn có vài mẫu ruộng hương quả do ông bà để lại lấy huê lợi phụng thờ tổ tiên. Cũng chính nơi nầy, quê nội của Hiền là quê ngoại của Nam. Mẹ Nam là chị gái thứ hai lớn nhất trong gia đình, ba Hiền là em trai thứ ba. Trong những năm 1946, ông đã đi theo phong trào kháng chiến Việt Minh chống chế độ thực dân Pháp, và đã bị quân đội đô hộ viễn chinh bắn chết trong lúc tiến quân qua sông ở làng Long-Định. Ông bà ngoại của Nam, lúc đó đang làm việc ở sở Bưu Điện Chợ Lớn, vì thế mẹ Nam là con gái lớn phải ở lại trụ trì ngôi nhà tiền đường và sau đó đã sinh ra Nam tại đây. Mãi đến năm 1951, Nam được mười một tuổi, ông ngoại chàng mới về hưu trở lại ngôi nhà nầy nên gia đình Nam mới có cơ hội theo cha dọn lên Chợ Lớn để lập nghiệp.

Sau khi bị tước đoạt hộ khẩu, Hiền bị đẩy về quê làm ruộng và lập gia đình tại đây.

Bây giờ Nam nhận thấy Hiền đã thật sự thay đổi từ hình dáng cử chỉ và cách ăn mặc của một sĩ quan trung đội trưởng, trở thành một anh nông dân đúng nghĩa: quần xà lỏn đen, nón lá buôn và khăn rằn quấn cổ. Tú, vợ hiền đúng mẫu mực của người đàn bà Việt nam đăm đang, nàng mặc bộ đồ bà ba đen, quần xăn gọn lên tận đầu gối, đưa tay gỡ chiếc nón lá đang đội trên đầu, đi thẳng ra phía sau nhà bếp, máng lên cây đinh đóng trên cột.

Hiền vói tay kéo bình nước trà để trong chiếc vỏ làm bằng vỏ dừa khô rót vào ly đưa cho Nam:

- Tụi em đang kéo rơm chất đống lại dưới ruộng để mang về làm củi nấu ăn trong mùa tới, thì trời đổ mưa lớn nên phải ghé vào nhà ông Năm, cũng sợ anh trông nên vừa dứt hột là tụi nầy chạy về ngay.
- Ờ! nằm ở nhà nhìn mưa, anh lại nhớ lúc nhỏ hồi còn ở đây, cứ mỗi lần trời mưa là cởi trần truồng chạy đi tắm, hoặc chạy ra mấy cái mương ngoài trước bắt cá từ trong hào lóc ngược lên bờ ruộng, cuộc sống lúc đó sao thấy dễ dàng quá, nhiều khi làm chơi mà ăn thiệt.
- Anh nói vậy chớ ở lâu rồi cũng nản lắm anh ơi! Làm quần quật suốt ngày đôi khi không đủ ăn chớ không phải dễ dàng như lúc trước thời của anh còn ở đây đâu. Anh nhớ ngày xưa, nhà mình muốn ăn bánh xèo, bánh đúc gì đó, chỉ cần ngâm gạo, xay bột xong, mình mới xách mấy cái giỏ bằng vải mùng, đi ra ruộng trước nhà giỏ tép. Chừng khoảng một tiếng đồng hồ sau là có cả nửa giỏ tép đủ ăn cả nhà rồi, đâu cần cố gắng làm nhiều hơn nữa chi cho mất công, xong đi ra phía sau hái một mớ bạch tượng non, tía tô, rau hún, cải bẹ xanh là xong ngay. Còn bây giờ hà! họ lợi dụng thuốc xịt trừ sâu bọ quá đáng, ngay cả con đỉa mén còn không sống nổi chứ đừng nói tới tôm tép cá mú gì nữa!

Nam gật đầu ra vẻ đồng ý:

- Hồi lúc sớm, khi vợ chồng em ra ruộng, anh có lấy cây cần câu, dở mấy cái chậu kiểng trước nhà bắt trùn làm mồi, câu thử trước hào, ngồi cả tiếng đồng hồ cũng chẳng thấy con cá rô cá trê nào cắn mồi cả, anh nhớ hồi trước cá rô mề và cá trê vàng nhiều lắm mà!
- Người ta ở đây bắt hết rồi anh ơi! Cá con cá mẹ gì cũng quơ đem về ăn hết, hồi xưa mình có bao giờ ăn cá bải trầu đâu, bây giờ kiếm không ra ngay cả cá lìm-kìm tí ti cũng hình như tiêu luôn, bây giờ chỉ có đi mua cá của người ta nuôi về ăn thôi, chứ hào vũng để chứa

CHƯƠNG 8 - MÙA ĐẦU MÙA

nước xài tưới đồ trong mùa khô cũng ít tát để bắt cá lắm. À! cứ lo nói chuyện mà quên hỏi anh chừng nào trở về bển?
- Anh về ở lại Sàigòn khoảng bốn tuần lễ.
- À! Như vậy chờ mưa vài cây nữa là mình đi soi ếch được, tháng nầy trời sang mùa sắp bắt đầu nổi nước rồi.

Khi Hiền vừa nói tới đây, nét mặt Nam trở nên rạng rỡ vội chụp ngay câu chuyện:

- Phải rồi, đi soi ếch ban đêm vui lắm, anh nhớ lúc vào khoảng tám, chín tuổi gì đó, trốn nhà chạy sang ông Bảy Hoành, con bà Tám, đi soi ếch bắt cá lên ruộng. Bảy Hoành rọi đèn lồng đốt bằng hơi khí đá, xách đi trước. Nước ruộng lúc ấy lấp xấp phủ cổ chân, nhờ có ánh đèn sang, người ta thấy rõ cá rô, cá trạch lội dưới đó, còn anh đi phía đàng sau, ánh sang lờ mờ chớp sáng chớp tối, cùng lúc anh thấy con gì đen đen, to khoảng chừng ngón chân cái đang lội loanh quanh dưới nước, cứ ngỡ là con cá trạch bèn đưa hai bàn tay chụp nhanh, tới chừng ngón tay chạm vào mình nó, mềm xèo và nhớt nhợt, kéo lên thì ra là con đĩa trâu, anh rũ bàn tay gần xứt ra khỏi cườm, bỏ chạy thẳng về nhà, kể từ đó anh bỏ nghề trốn nhà đi soi cá ban đêm.

Tú đang đứng phía sau cháy bếp, chuẩn bị nấu ăn chiều, nghe Nam kể câu chuyện đi soi gặp nạn, nàng không thể nín cười được, bỏ chạy lên hùn vào câu chuyện:

- Trời ơi! người ta đi soi cá bắt ếch, còn anh đi bắt đĩa trâu, không sợ sao được? Anh Nam nè! Hôm qua tụi em nghe có anh xuống chơi nên có mua được hai con cá trê vàng ngoài chợ, chiều nay em sẽ chiên cho vàng lên, dầm nước mắm gừng và một mớ rau đắng, rau nhút luộc chấm mắm nêm nên không biết anh ăn thứ đó có lạ miệng không?

Tú chưa dứt câu, Nam vội ngắt lời:

- Ăn như vậy là nhứt rồi, đã hơn ba mươi năm nay anh có ăn được món đó đâu!

Hiền nhìn vợ và nói rõ hơn:

- Chị Nam vợ ảnh là công chức và sinh đẻ ở Nha-Trang nên có lẽ cách nấu nướng của chị ấy có hơi khác hơn ở trong Nam mình. Và lại bên Hoa-Kỳ đâu có rau đắng, rau nhút và cá trê vàng còn sống như ở đây, nếu có đi nữa thì cũng ở chỗ khác chở tới, để đông lạnh lâu ngày thì còn ngon lành gì nữa!

Nam nhìn Tú gật đầu ra chiều đồng ý.

– Hiền nói đúng đó em! Ở bên đó phần lớn các thức ăn đều để đông lạnh khá lâu nên mất hết hương vị tươi tốt lúc ban đầu.

Như chợt nhớ lại một điều gì thú vị, Nam đưa tay vỗ vào vai Hiền:

– Ê Hiền! độ nầy có lá me non và bông xu đũa không?

Hiền nhe răng cười:

– Tưởng anh hỏi thứ gì khó kiếm chứ đồ quỉ đó thiếu gì! Trời mưa như vầy là chắc chắn tuần tới có trổ lá me non, còn bông xu đũa ở bên vườn nhà bà Hai có mấy cây cũng đang trổ bông, muốn hái thì cứ lấy cây sào tre ra thọc. Ở dưới nầy có ai thích ăn thứ đó đâu.

Nam vẫn nhớ ngày xưa, cứ vào những ngày mưa đầu trong mùa nước nổi là những đám ruộng trước nhà hình như thay đổi hẳn, từ màu xám của đất khô trở thành màu xanh nhạt yếu ớt của những cây mạ vừa nẩy mầm nhô lên từ những hạt lúa bị rơi rớt lại trong mùa gặt năm rồi. Những bờ ruộng bong cỏ may được tô điểm lại bằng một màu xanh tươi mát.

Những luống dưa leo, giàn bầu, giàn mướp sau vườn đều rủ nhau mặc áo mới. Những buổi trưa nắng không còn chói chang nóng bức như những tháng hè vừa trôi qua, Nam thường rủ thằng em trai đi sang vườn của ông hai Quốc để suốt lá me non mang về cho Mẹ nấu canh chua. Nam ưa thích nhất là món canh lá me non nấu với cá khô sặc loại to bằng bàn tay. Sau khi nấu xong, vớt cá khô ra để vào dĩa nước mắm dầm ớt, Nam thích nhất là cái bụng đầy mỡ trong vắt béo vô cùng.

Nếu không có khô sặc thì nấu với cá rô mề có trứng hoặc cá lóc thịt trắng bong, chấm nước mắm ớt ăn với cơm nấu bằng lửa rơm ngon hết chỗ chê! Hoặc thỉnh thoảng hai anh em xách sào tre sang vườn nhà bà Hai thọc bông xu đũa mang về luộc hoặc nấu canh với tép càng hay tôm thẻ. Bông xu đũa màu trắng ngà, da hột gà chỉ cần ngắt liệng cái nhụy dài phía trong hơi đắng, đem rửa xong cho vào nồi luộc hoặc nấu canh chua. Bữa cơm chiều được dọn trên chiếc đệm trải trước sân, cả nhà ngồi chung quanh, xúc cơm gắp bông xu đũa luộc chấm vào nước mắm nêm là ăn quên no.

Thời thiếu niên Nam đã sống ở thôn quê nên anh vẫn không quên những món ăn thật bình dị mà mẹ anh thường nấu nướng hàng ngày cho gia đình.

Với thời tiết hai mùa nắng mưa rõ rệt vì thế các món ăn cũng có phần thay đổi hơi khác nhau. Mùa mưa nước ngập tràn đồng, mùa lúa xanh trên ruộng chạy dài gần như vô tận. Mùa gió tép, bắt cua, bắt ốc của các trẻ con trong xóm, cua đồng to hơn đầu ngón chân cái, trẻ con thường bắt về chơi hoặc nướng ăn mấy cái que càng chớ người lớn trong Nam không ai dùng cua để nấu thức ăn cho gia đình cả.

CHƯƠNG 8 - MÙA ĐẦU MÙA

Nam vẫn còn nhớ trong xóm có bà dì Năm, đi bán hàng bông ở Chợ Lớn, một hôm như bắt được một mối ngon nào ở đó nên khi chiều trở về làng, bà đi vận động mấy đứa trẻ đi bắt cua về bán lại cho bà, bao nhiêu cũng mua hết, năm cắc một chục. Tiền tệ lúc đó còn có giá, hình như năm cắc mua được năm cây cà rem hoặc vài cái bánh cam, bánh còng gì đó.

Trẻ con đứa nào cũng khoái chạy đi tìm cua để bắt về bán lấy tiền ăn bánh. Cua thường làm hang dọc theo hai bên bờ ruộng, ưa cắn phá những cây mạ non nên trẻ con mặc tình lội cặp theo bờ ruộng để bắt cua mà khỏi sợ chủ ruộng la rầy. Sau nầy Nam mới biết là dì Năm mang lên Chợ Lớn bán lại cho người Bắc, họ mua về đập ra nấu bún riêu.

Cũng nên nhắc lại, vào khoảng năm 1950, người dân miền Bắc và miền Trung chưa di cư vào miền Nam nhiều nên có một sự cách biệt rất quá đáng về tập quán và giọng nói giữa ba miền. Đó cũng là chủ đích của thực dân Pháp chia Việt Nam ra làm ba phần: Bắc Kỳ, Trung Kỳ và Nam Kỳ gần như ba quốc gia nho nhỏ khác nhau. Pháp cố tình tạo sự chia rẽ trong dân chúng để dễ trị.

Ở xóm ao làng phía dưới, nhà ông hai có đứa con gái cũng đi bán hàng bông ở Chợ Lớn như dì năm Gấm. Cô ta lấy chồng người miền Bắc, rồi hai vợ chồng đưa nhau về quê cất nhà cạnh cha vợ là ông hai Nhiều. Thế là cả xóm đồn ùn lên là *"con Hai có chồng Bắc kỳ"*. Nhiều người hiếu kỳ giả bộ đi ngang dòm cho biết *"người bắc kỳ"* như thế nào?

Rồi trầm trồ nhỏ to, nào là giọng nói không nghe được, cất nhà thì mái lá xuôi xuống quá, không giống ở đây v.v. và v.v... Đa số người trong làng xem anh ta như là người ngoại quốc chứ không phải là người Việt Nam da vàng có cùng chung tổ tiên và quá trình lịch sử như mình.

Sau mùa cấy, cây mạ bắt đầu nở thêm bẹ, sắp sửa trở thành cây lúa, trẻ con lòn những cái giỏ nhỏ làm bằng vải mùng, vào các khoảng trống giữa những cây lúa, xong liệng vào đó một cục cám vo tròn lại bằng ngón chân cái. Khoảng mười phút sau dùng cây gậy có móc sắt ở đầu, dở giỏ lên thật nhanh để tép tôm dưới đó khỏi thoát ra ngoài kịp.

Mỗi lần như vậy, trong giỏ có khi hơn chục con tép trứng lớn bằng nửa ngón tay út, thỉnh thoảng có lúc vớt được tôm thẻ đất lớn bằng ngón tay cái. Điều thích thú nhất là, khi kéo giỏ lên vừa khỏi mặt nước là chúng búng nhảy lung tung rất là hồi hộp. Nhiều năm trúng mùa, tép ăn không hết, người ta trải ra nia, đem phơi khô hoặc làm mắm tép hay trộn với đu đủ xắc nhuyển làm mắm tôm chua để dành ăn trong mùa khô, hoặc biếu bà con trên tỉnh.

Dân chúng làm nghề nông ở đây, lúc ấy chỉ làm ruộng có một mùa. Sau vụ gặt cuối cùng là sắp sửa vào dịp Tết, đất ruộng cũng bắt đầu ráo nước, cá từ trong đồng ruộng, chúng theo nước rút về các đìa, ao, hào chứa nước xung quanh đó. Lúc bấy giờ là mùa tát đìa, tát hào, quậy ao để bắt cá ăn Tết. Công việc nầy là của các anh trai lực điền cần sức lực mạnh mẽ, vì trong thời buổi ấy không có máy bôm nước như bây giờ.

Sáng sớm, khoảng bốn năm giờ, gà vừa gáy sáng là những anh đàn ông nầy, mang gào sòng đi ra ruộng tát đìa, nhiều khúc đìa lớn phải cần hai hay ba gào sòng để tát, đến xế trưa mới cạn. Khi nước còn lấp xấp khoả trên mặt, cá đủ loại đã bắt đầu lúc nhúc, lội ngược lội xuôi trông thật dễ ham. Những con cá thát lát màu trắng xóa, mình dẹp như bàn tay, vẫy đuôi lội ngược dòng nước, cá lóc, cá rô, cá trê cố lốc ngược lên hai bên thềm đìa, người nhà cứ xách thùng thiếc bắt từng con bỏ vào, xong mang về nhà phân ra từng loại, con nào còn sống cho vào lu nước, rộng để dành ăn.

Những con chết, xẻ thịt phơi khô, hoặc làm mắm. Mắm cá lóc và mắm ruột là một sản phẩm nổi tiếng của dân quê miền Nam, những loại mắm quí người ta ít khi đem bán, chỉ dùng để biếu những nhân vật quan trọng, ân nghĩa hoặc bạn bè thân thiết. Đôi khi, những cái đìa lớn có cả trăm ký cá, ăn không hết, họ đem ra chợ bán để mua những thứ cần thiết khác.

Nghĩ tới đây, như chợt nhớ có một điều gì thích thú hơn, Nam xoay qua bảo:

– Hiền à! Có lẽ lần tới về, anh sẽ đưa bà xã và các con về đây ở vài ngày, để cho biết cảnh nhà quê của mình, và thưởng thức những món ăn đặc sản tại đây, vì có nhiều lần anh nói về bông xu đũa và lá me non nấu canh chua với khô xặc, bà xã anh ngẩn tò te không biết, vì ngoài Nha Trang hình như không có thứ đó, đa số họ ăn cá biển tươi nhiều hơn cá đồng ở nước ngọt như trong mình.

Tú ra chiều đồng ý và thích thú với lời đề nghị của Nam:

– Đúng đó anh Nam, hôm trước chị ấy có về đây chơi, nhưng ở không được lâu, nên tụi em chưa có dịp mời chị ở lại dùng cơm chiều. Còn mấy đứa con của anh, chắc là tụi nó không biết gì đâu, anh cố gắng đưa tụi nhỏ về đây để biết quê hương, gốc gác xứ sở của mình, nhất là tại nơi sinh quán của anh nữa.

Hiền vọt miệng tiếp theo lời vợ:

– Nhưng anh muốn cho chị Nam và tụi nhỏ ăn những thứ đặc sản đó, anh phải lựa cho đúng mùa, nếu trật thì không có bông xu đũa hay lá me non gì hết cả, vì các loại cây nầy chỉ trổ theo mùa thôi.

Nam cúi mặt có vẻ suy tư:

– Nói vậy chứ về cả gia đình cũng là một chuyện khó khăn, vì lúc chúng còn nhỏ thì tương đối dễ dàng đưa đi đâu cũng được, chứ

CHƯƠNG 8 - MÙA ĐẦU MÙA

bây giờ lớn hết cả rồi, có công ăn việc làm, mỗi đứa đều có giờ giấc riêng biệt, muốn đi cũng phải chuẩn bị trước cả năm. Ngoài ra còn vấn đề là tụi nhỏ có thích hay không nữa? vì lúc trước kia chạy giặc cộng sản, chúng chỉ mới có hai ba tuổi, ngoài vấn đề ràng buộc của cha mẹ, chúng đâu có những kỷ niệm gì để nhớ, để thương, hay những chất liệu đặc biệt thu hút chúng trở về thăm lại những kỷ niệm như con đường làng cũ, mái trường xưa, hay bạn bè thân thương thuở nhỏ, như của cha mẹ chúng. Việt Nam đối với tụi nhỏ, chỉ là chuyện huyền thoại, những ngôn từ do cha mẹ và người quen kể lại. Nói như vậy không có nghĩa là bậc làm cha mẹ, chú bác, lại vội vàng đi kết tội quá sớm chúng là những người Việt Nam mất gốc thì có lẽ hơi quá đáng, vì lý do hoàn cảnh và điều kiện lịch sử trong thế hệ cha chú của chúng nó đã tạo nên như vậy!

Hiền cúi đầu xuống đất, một nét buồn như chợt khơi lên trên mặt với lời lẽ nuối tiếc cho những gì đã xảy ra:

— Tại mình, tại thế hệ mình chớ đâu phải tại chúng nó, bây giờ làm sao trách móc được, sống ở đâu quen đó. Vả lại, nếu gia đình anh còn ở lại, không biết rồi sẽ ra sao?! Tụi nhỏ có học hành được, hay chịu dốt nát khổ cả đời, vì sự ích kỷ, kỳ thị của một chế độ vô nhân.

Một giọng cười mỉa mai, Nam tiếp lời:

— Cũng nhờ công ơn của bác và đảng vào Nam, họ chán ghét và nguyền rủa tụi anh, nên gia đình con cái phải bôn ba vượt biển, bây giờ mới có cơ hội cho tụi nhỏ tiến thân, học rộng, nhìn thấy ánh sáng văn minh và tự do ở xứ người. Còn nếu được bác và đảng thương yêu, xem dân như con cái, thì chắc chắn sẽ được cấp hộ khẩu mua với giá chính thức phần bo-bo đá và gạo ẩm của Nga-Tàu mang sang?

— Đất nước quê hương mình, kể từ ngày lập quốc đời vua Hùng vương mãi đến nay, trong lịch sử có bao giờ người dân Giao Chỉ bỏ nước vượt biển ra đi một cách ồ ạt như thế không?! Dân Việt có tính kiên trì và nhẫn nại, luôn luôn chịu đựng và chấp nhận những khắc nghiệt chua cay của thiên tai bảo lụt, của ngoại xâm đàn áp, nhưng họ vẫn quyết lòng bám lấy ngọn rau, tấc đất trên cái xứ sở được gi là quê hương của tổ tiên, ông bà để lại.

— Hôm nay, họ đành bỏ nước ra đi, không phải tất cả những điều đó đều ham miếng ăn ngon, mặc đẹp hay chạy theo bợ đít quan thầy tư bản Mỹ. Nhưng chắc chắn có một lý do rất giản dị và độc nhất là, được sống tương đối đúng nghĩa cho một con người.

— Bây giờ thì đỡ nhiều rồi anh à! Hồi trước một lít gạo của mình làm ra, mang đi cho cha mẹ ở nơi khác cũng bị công an hạch hỏi đủ thứ, giống như mang hàng lậu thuộc loại quốc cấm. Đôi khi vì miếng ăn và các luật lệ khắc nghiệt vô lý của đảng, đã tạo cho con người Việt Nam trở nên hèn hạ, nhục nhã, thấp kém, mánh mung. Ngay cả con gà, con vịt chính mình nuôi ra cũng không dám làm thịt ăn một cách công khai, muốn đem tiếp tế cho thân nhân ở thành phố, phải dấu diếm trong bụng, trong quần, trong ngực, tụi công an ở các trạm xét dọc đường, nó lục lạo khám xét còn hơn tụi thực dân Tây ngày xưa nữa. Nhớ lại cuộc sống của dân chúng lúc đó thật tả tơi đáng sợ, ai cũng than trời trách đất, nhưng có ai làm gì được tụi nó đâu?!

Câu chuyện đã bắt đầu gây sự chán nản. Nam nhổm dậy bước ra khỏi chiếc võng bố, anh thúc dục Hiền:

— Thôi đổi sang chuyện khác đi, anh chán nghe chuyện dài của tụi nó lắm! Bây giờ mình ra mé hào, hái một mớ mồng tơi với rau dền về nấu canh với đậu bắp ăn cho mát cổ.

Hiền trố mắt nhìn Nam:

— Ủa, trên bốn chục năm nay, anh vẫn còn nhớ loại canh đặc biệt đó nữa à?
— Ăn mòn răng hồi nhỏ mà không nhớ sao được. Thứ canh đó chan cơm, ăn với cá trê chiên dầm với nước mắm gừng thì hết chê.

Sau bữa ăn chiều đơn giản nhưng thật ngon miệng, Hiền còn đang loay quay phụ vợ dọn dẹp chén bát bưng ra phía sau cầu hào để rửa.

Mặt trời cũng đã bắt đầu lẩn mình sau lũy tre ở cuối xóm, Nam thong thả lần hồi ra phía trước cửa ngõ bờ tre, anh cố ý muốn tìm lại cái dĩ vãng của gần nữa thế kỷ về trước. Trong những ngày còn thơ ấu, lên năm lên sáu, cũng tại bờ ngõ nầy, Nam đã ngồi hằng giờ chờ Mẹ đi chợ về, để giúp bà bưng rổ vô nhà và được Mẹ cho bánh cam, bánh còng hoặc bánh neo, bánh bò thế là thoải mái vui vẻ rồi.

Lên chín lên mười, Nam đã bắt đầu biết mơ mộng, rung động với những cái ảo giác thật nhẹ nhàng của tuổi thiếu niên khi nhìn hoàng hôn buông xuống ở chân trời xa xa, những đám mây ngũ sắc tuyệt đẹp, ửng sáng trên nền trời đủ hình đủ cảnh. Lúc ấy Nam ước gì có được đôi cánh để bay đến đó, nhìn tận mắt những cung điện đền đài rực rỡ của Thiên Đình, vì Nam vẫn tin và nghĩ rằng trên ấy chắc sẽ có nhiều tiên nữ xinh đẹp, với xiêm y lộng lẫy, đang múa hát giúp vui cho Ngọc Hoàng Thượng Đế?

Một cảm giác lâng lâng thật nhẹ nhàng vừa thoáng trong anh, hình như thời gian đang chạy ngược chiều mang Nam trở về với thời quá khứ, sống lại với thuở anh thường dùng lon hộp cá mòi, gắn bánh xe bằng đất sét rồi

CHƯƠNG 8 - MÙA ĐẦU MÙA

kéo trên con đường bờ tre nầy, dẫn qua nhà ông Ba, bà Hai để kéo chạy đua với xe của bảy Hoành, mười Xù.

Tiếng xe lẻng kẻng trên nền đất như còn văng vẳng đâu đây. Cây bình bát mọc sát bờ hào, phía trước cửa ngõ, Nam thường trèo lên hái những quả chín vàng lớn bằng nắm tay, nay đã chết tự bao giờ chỉ còn trơ lại cái gốc đen sì mục rữa. Cô gái nhỏ ở đầu xóm tên "*Quyên*" trông rất dễ thương, con gái út ông Quản Năm mà Nam thường chọc phá gọi "*Quyên má lúm đồng tiền trông thật vô duyên?*" bây giờ cũng đã vắng bóng.

Một vài con cò trắng đang nhấp nhô đôi cánh trên nền trời xa xa, hình như chúng đang hối hả bay về tổ, trời nhá nhem sụp tối, tiếng cóc nghiến răng nghe "*ken-két*" phát ra từ phía sau góc vườn như báo hiệu mùa mưa sắp đến. Nam định quay lưng bước trở vô nhà, lúc đó Hiền cũng trở tới:

- Anh Nam về đây có thấy gì lạ không? Ở đây chiều tối buồn quá hả?
- Ờ! Nhưng ở lâu chắc cũng quen dần.
- Tụi em nghe chị Nam nói là anh sắp sửa về hưu, nhưng anh định ở bên đó hay về đây?
- Lúc đầu thì anh có ý định về, vì còn bà mẹ già ở đây, nhưng nghĩ đi tính lại, thấy khó khăn quá. Vả lại con cháu đều ở bển hết, không lẽ về đây một mình? nên anh dự trù, nếu mọi chuyện êm đẹp, mỗi năm anh sẽ cố gắng về đây vài tháng, vào mùa đông, trước để trông nom giúp đỡ má anh lúc tuổi về chiều cho bà vui lòng, sau để tránh cái lạnh trong mùa tuyết rơi ở bên ấy.
- Cô hai đã trên tám mươi tuổi, nhưng tương đối còn khoẻ, không biết vài năm nữa như thế nào, nếu có anh bên cạnh, chắc cô ấy mừng lắm...

Phía sau nhà bếp, Tú đã bắt đầu thắp đèn, ánh sáng leo lét của ngọn đèn dầu phát ra từ chiếc tim bằng dầu múc đũa, chỉ đủ để nhìn rõ gương mặt của nàng, đang cầm trên tay đi lên phía trước, khi nhận thấy Hiền và Nam từ ngoài cửa bước vào, Tú cất tiếng hỏi chồng:

- Hồi nảy anh và anh Nam ở trước cửa ngõ à?
- Hiền nhìn vợ gật đầu, trả lời nữa đùa nữa thiệt:
- Anh Nam định cất nhà ở dưới nầy để về hưu đó!

Tú trố mắt nhìn Nam với sự ngờ vực và thích thú đặc biệt:

- Thật vậy hả anh Nam?
- Hiền nói giỡn đó, anh có định về đây ở luôn đâu!

Tú day qua liếc xéo chồng:

- Ông nầy có tật ưa chọc quê không tin nổi. À! khi nảy em có nấu sẵn bình nước trà để trên bàn đó, anh mời anh Nam uống nước trà ăn kẹo đậu phộng để em ra sau lấy thêm mấy cái tách.

Xung quanh bên ngoài thật yên lặng nhờ cây mưa hồi ban chiều tưới xuống làm mát đất, nên những con nhái, con cóc, con ếch từ trong hang sâu dưới đất lần mò chui ra, đua nhau gọi đàn, lúc thì *"en ét"*, lúc thì *"quền quệt"*, kéo dài gần như bất tận.

Một vài đợt gió từ phương Nam thổi về xuyên qua khe cửa chui vào nhà, nghe hơi lành lạnh. Chiếc đồng hồ loại quả lắc xưa, treo trên cột gỗ gần vách buồng đang thong thả gõ đúng chín giờ. Bên ngoài bây giờ đã phủ một màu đen như mực.

Nam đứng dậy khỏi chiếc ghế đẩu, xoay qua bảo Hiền:

— Thôi mình vào ngủ đi, ngày mai anh phải trở về Sàigòn sớm để mua vé phi cơ đi Nha Trang thăm quê vợ vài ngày, rồi sẽ trở về đây, đi soi ếch với tụi em một đêm.

Hiền gật đầu đứng nhổm dậy, với tay bưng chiếc đèn dầu, đi xem xét lại cửa nẻo trong nhà lần chót trước khi vào ngủ.

Hình như trời đã bắt đầu mưa trở lại, những tiếng *"lắc rắc"* nho nhỏ, dội vào bên ngoài vách thiếc theo từng đợt gió. Tiếng côn trùng ngoài vườn vẫn đua nhau gào lên không dứt, Nam kéo chiếc mền nỉ lên tận cổ, co hai chân trên chiếc ván gỗ mát lạnh, làm Nam chợt nhớ lại, cũng chính trên bộ ván nầy, Nam đã nằm ngủ chung với bà cố và chị Hai.

Bà Cố lúc đó đã trên tám mươi tuổi, nằm giữa, hai chị em nằm hai bên tranh nhau ôm bà cho ấm. Thuở ấy, Nam vẫn nghĩ, nếu mình đếm số từ một trở lên, thì sẽ có một ngày nào đó, sẽ hết số để đếm? Nên Nam thách thức đếm đua với chị, xem ai đếm nhiều nhất sẽ thắng cuộc, vì thế cứ hàng đêm, sau khi chun lên ván, nằm cạnh bà cố là hai chị em cùng dành nhau đếm, rồi cải vã ai nhiều ai ít, bị bà cố la mới chịu êm nhắm mắt ngủ.

Bây giờ chị Hai vẫn còn ở Việt Nam, tóc đã điểm trắng mái đầu, đôi khi Nam nhắc lại chuyện đếm số của thời thơ ấu, làm nét mặt chị có hơi buồn, như nuối tiếc cho một cái gì đẹp đẽ hồn nhiên của tuổi thơ đã trôi qua. Chị đưa mắt nhìn Nam như nhìn một đứa em trai vừa lên ba, lên bốn! *"Ủa, cậu nó còn nhớ à ?! chị đã ngưng đếm từ khi bà cố qua đời"*

Sau nầy Nam không còn muốn nhắc lại những kỷ niệm đó với chị nữa.

Năm mươi năm trôi qua thoáng như một giấc mộng. Hôm nay Nam trở về ngôi nhà nầy để anh được đếm ngược lại những con số ngày xưa mà hai chị em tranh nhau đếm, được nghe tiếng dế kêu, tiếng cóc nghiến răng báo hiệu trời sắp mưa lớn, và nhìn lại những đám mây chiều với màu sắc lung linh ngoài đầu ngõ.

CHƯƠNG 8 - MÙA ĐẦU MÙA

Mưa đã rơi nặng hột và Nam đã thiếp đi trong giấc ngủ của tuổi thơ thuở nọ.

Kỷ niệm ngày sang Thu 1997, Seattle (USA).

CHƯƠNG 9

Bong Bóng Nước Mưa

Bong bóng nước mưa, là một chuyện tình có thật đã xảy ra trong thời kỳ chiến tranh Việt Nam. Những suy tư trách móc của những nhân vật trong câu truyện có thể cũng là suy tư của những người Việt Nam yêu nước chân thành.

Tên tuổi của người trong truyện không đúng với tên tuổi thực sự ngoài đời.

Cuộc chiến Việt Nam là một sự tàn phá cốt nhục, nó đã làm sống lại cảnh nồi-da-xáo-thịt của thời TRỊNH-NGUYỄN phân tranh, tuy trên hình thức có khác nhau về những quan điểm chính trị và ý thức hệ không tương đồng giữa chế độ cộng sản và tư bản. Nhưng chung quy, vẫn do từ lòng tham lam, sân si, ích kỷ, thủ lợi của một nhóm người lãnh đạo chánh trị, họ bị quyến rũ, xúi giục bởi những tư tưởng ngoại lai do những quyền lực và quyền lợi của ngoại bang. Rồi đến ngày tàn của cuộc chiến (30-4-1975) là ngày đánh dấu một sự khởi đầu của giai đoạn làm đổ vỡ và tàn phá những nếp sống bình thường của các gia đình trong xã hội miền Nam, kẻ khóc con vào tù, người ngậm ngùi chia tay vượt biển.

Đó là những lời tâm sự trách móc của một người bạn H.O, anh Tâm,

CHƯƠNG 9 - BONG BÓNG NƯỚC MƯA

cựu Đại Úy hoa tiêu của Không Lực Việt Nam Cộng Hoà. Sau nhiều năm bị đày đi tẩy não, lao động nhục hình trong các trại tù cộng sản, anh và người vợ chấp nối đã sang đây được gần hai năm nay.

Một buổi trưa tình cờ tôi gặp anh trong một quán cà phê để ngồi nghe anh kể lại những tâm tư về đời mình.....

Cha mẹ mất sớm từ thuở nhỏ, Tâm lớn lên trong những nghịch cảnh chua cay của một cậu bé mồ côi trong một thành phố nhiều vật chất hư hèn cám dỗ. Được nương náu trong gia đình người chú họ trong ngõ hẻm của xóm Bàn Cờ. Thời thơ ấu của Tâm là những chuỗi ngày dài cơ cực, thiếu thốn vật chất và luôn cả tình cảm của con người. Anh đã phải tranh đấu bằng khối óc, bằng quả tim non nớt và đôi bàn tay bé nhỏ để tìm cách mưu sinh thường nhật.

Dưới đôi mắt của mọi người, anh là một thằng con nít mồ côi nghèo khổ, mặc dù với sự suy luận còn rất mong manh, trẻ trung, vụng dại, Tâm vẫn thừa hiểu, trong xã hội nầy, có mấy ai lại khù khờ đi phí thì giờ để tìm hiểu tâm sự của một đứa trẻ cô đơn, côi cút như anh? Anh chấp nhận và sẵn sàng chịu đựng với cuộc sống hiện tại hằng ngày, dù trời mưa, gió bảo thế nào chăng nữa, anh cũng phải chổi dậy thật sớm, đạp xe đi bỏ báo cho khoảng hơn năm mươi căn nhà trong xóm, xong trên đường trở về ghé xập bán bánh mì mua vội một ổ bánh mì *"bagett,"* về nhà nhét vội vào đó một nhúm đường cát vàng là tới giờ đi học.

Đến chiều về, sau khi vất chiếc cặp xuống bàn, là phải chạy ra hãng kem, để lãnh *"cà-rem"* đi bán dạo trong xóm, hoặc đôi khi đi lãnh vé số, bong bóng và các loại đồ chơi rẽ tiền cho trẻ em nhà nghèo trong các xóm lao động. Đó là những việc làm để mưu sinh thường nhật khi tuổi đời anh vào khoảng mười bốn, mười lăm.

Rồi ngày tháng cứ trôi qua, khi mưa nắng hai mùa thay nhau chuyển tiếp, các bạn bè đồng lứa đã lần lượt gia nhập vào quân đội để thi hành nghĩa vụ quân dịch, còn Tâm, may mắn hơn các bạn bè khác là miễn dịch để tiếp tục học cuối chương trình đệ nhất, năm sau cùng của bậc trung học đệ nhị cấp. Công việc của Tâm bấy giờ cũng tương đối dễ chịu hơn, anh đã tìm được một công việc kèm dạy học cho vài trẻ em tại tư gia, nên không còn phải vất vả như xưa, tuy nhiên anh vẫn còn giữ nghề bỏ báo cho các khách hàng quen thuộc nhiều năm qua.

Trời cao không phụ lòng người, sự cố gắng chịu đựng, những nhọc nhằn khổ sở và bền chí của anh đã được đền bù một cách thật xứng đáng là sau cuối năm đó, anh đã thi đậu bằng tú tài phần hai của chương trình trung học phổ thông.

Chiến tranh Việt Nam đã bắt đầu lan rộng, tin tức chiến sự nóng bỏng được lập đi lập lại trên các đài phát thanh Sàigòn và Quân Đội cũng như trên báo chí tới tấp hàng ngày. Tâm biết mình không thể nào cố gắng hơn được nữa để tiếp tục lên đại học, nên anh phải quyết định một hướng đi cho tương lai.

Sau nhiều đêm dài trằn trọc suy tư giữa hai sự chọn lựa là nên đi tìm một công việc để đi làm ngay, cho cuộc đời bớt vất vả, rồi nấn ná chờ ngày có lệnh gọi đi sĩ quan trừ bị Thủ Đức, hoặc là nên tình nguyện bây giờ vào các quân chủng Hải, Lục, Không quân?

Không lâu sau đó, vào một buổi sáng thứ bảy, như thường lệ, anh vẫn đạp xe đi bỏ báo, còn đang lui cui khoanh tròn những lọn báo, để ném vào trước cửa nhà cho thân chủ, bỗng anh hơi sửng sốt khi nghe có tiếng người gọi lớn tên mình:

– Ê Tâm! anh vẫn còn làm nghề bỏ báo à? Ông Tú rồi mà chưa đổi nghề sao?

Giật mình quay lại, sau cái nhướng mắt thật to, anh nhận ngay ra người thanh niên đang đứng trước mặt anh, với áo mão cân đai quân đội trông thật hùng dũng chính là TRUNG, đúng rồi Nguyễn-Văn-Trung học lớp đệ nhất "B," cách đây hai năm về trước. Trung ở xóm trên, trong khu nhà anh thường bỏ báo, còn Tâm ở xóm dưới, hai người chỉ quen biết nhau ở trường học, chứ chưa có cơ hội thân thiết hơn.

– À anh Trung, anh đi lính rồi à? Hèn gì tôi qua đây hàng ngày mà không thấy anh, trông anh oai vệ quá! Hình như anh là Sinh Viên Sĩ Quan Không Quân thì phải?
– Vâng, tôi gia nhập vào Không quân cách nay gần năm tháng, hôm nay là ngày phép đầu tiên tôi được về thăm nhà, còn anh chưa tìm được việc làm à?
– Tôi còn đang phân vân chưa có quyết định dứt khoát là nên tìm việc làm hay gia nhập vào quân đội, mà chẳng biết phải chọn quân binh chủng nào cho hợp với mình nữa? Còn anh chọn ngành gì trong không quân?
– Tôi chọn ngành phi hành anh à.

Nghe nói tới hai chữ phi hành, Tâm dường như sực nhớ đến một điều gì đó trong tiềm thức làm đôi mắt anh như rực sang lên.

– Ồ, tôi có nghe nhiều bạn bè đã đọc qua cuốn sách *"Đời Phi Công"* của Toàn Phong, thứ nhất là các bạn trẻ ai cũng thích một cuộc sống hào hùng như vậy cả!

Sau vài phút tìm hiểu qua loa về các giai đoạn huấn luyện do trung kể lại, hai người bạn học tạm chia tay.

###

CHƯƠNG 9 - BONG BÓNG NƯỚC MƯA

Hai tháng sau đó, Tâm có mặt tại Trung Tâm Huấn Luyện Nha Trang. Trung bây giờ là niên trưởng của anh, cũng vừa nhận được giấy xuất ngoại của chánh phủ để sang Hoa Kỳ học bay. Sau ba tháng quân sự căn bản, Tâm được làm lễ gắn *"ALPHA"* và được phép đặc biệt ba ngày để trở về Sàigòn thăm người chú họ đang bị bệnh nặng.

Bây giờ Tâm không còn là một cậu bé mười ba, mười bốn tuổi, bỏ báo hay bán *"cà rem"* dạo trong các xóm lao động như ngày xưa, với những chiều mưa ế ẩm hay những cái nhìn thương hại của khách bàng quan, khi thấy anh cố gắng thổi những chiếc bong bóng đôi khi nó có vẻ to lớn hơn anh để bán cho trẻ con trong xóm. Hôm nay, Tâm là một thanh niên cao lớn đẹp trai và chững chạc, tương lai anh sẽ là một trong những cấp chỉ huy trong quân lực VNCH. Nhìn lại quãng đời sau lưng anh là một đoạn đường hầm tăm tối, nhưng trước mặt anh là cả một thái dương đầy ánh sáng chói chang và hy vọng.

Trên đường vào xóm cũ nơi ngôi nhà anh trú ngụ trước kia, trẻ con thấy anh ăn mặc võ phục quân đội khác lạ hơn ngày xưa, chạy tới bu quanh hỏi han vui cười tíu tít, các cô bác quen biết lân cận từ lâu đều trầm trồ khen ngợi anh là người có chí lớn, anh cảm thấy rất hãnh diện, được mọi người để ý và thân mật đón mừng sự trở về của anh một cách rất ấm cúng và đầy tình người.

- Anh Tâm ăn mặc trông oai quá!

Một giọng nói thật trong trẻo, nhỏ nhẹ và dễ thương, vừa đủ nghe của một người con gái đang đứng gần trước cửa nhà. Còn đang lăng xăng bận rộn trả lời những câu hỏi của các trẻ con hiếu kỳ trong xóm, Tâm quay nhanh lại, anh bắt gặp ngay một nụ cười thật hiền lành của người con gái đang đứng bên lề nép nửa người trong cánh cửa trước nhà cạnh đó.

- À cô Loan khỏe chứ? Vẫn đi học đều ở trường Gia Long?
- Dạ, hôm nay cuối tuần em ở nhà, còn anh Tâm về phép được mấy ngày?
- Độ vài ngày thôi cô Loan à!

Loan là nữ sinh đệ nhị cấp của trường trung học Gia Long. Gia đình cha mẹ nàng mới dọn về căn nhà gạch ở đầu ngõ được khoảng hơn hai năm nay, nghe nói ba nàng là thầu khoán xây cất nhà cửa làm ăn khá giả lắm. Lúc trước mỗi buổi sáng Tâm thường đạp xe đi ngang qua đây để bỏ báo hoặc đi học, anh thường liếc trộm, nhìn vào cửa sổ, đôi khi bắt gặp Loan đang đứng trước gương chải tóc, sửa soạn đi học, hai người chỉ mỉm cười xã giao rồi thôi. Vì nghĩ phận mình nghèo cơ cực mồ côi, nên anh không dám làm quen với Loan.

Cuộc đời tình ái của Tâm, kể như còn trống rỗng, anh cũng có rất nhiều mơ mộng như bất cứ người con trai nào khi đứng trước một đối tượng khác phái, đều cảm thấy trái tim mình bị đổi nhịp, nhưng tình yêu đối với anh là một thứ hàng đắt giá, chỉ có những kẻ giàu có mới có thể có được?! Có lẽ cũng vì sự lập luận một cách khắt khe đó mà anh đã dành hết nhiệt tâm và sức lực mình để tranh đấu vươn lên từ sự nghèo nàn vật chất và thiếu thốn cả tình thương để được tương đối vững chắc cho hướng đi tương lai như ngày hôm nay. Nghe tiếng con gái nói chuyện và lũ trẻ hang xóm vui cười phía trước nhà, mẹ Loan lần bước ra cửa nhìn ra ngoài:

– Cái gì đó con?
– Dạ có anh Tâm ở xóm trong, hồi trước thường đi bỏ báo ngang qua nhà mình hoài đó, má nhớ hôn? Hôm nay được về phép nên tụi nhỏ mừng.
– Ừ! Má có nghe người lối xóm nói nhưng má chưa biết mặt.

Tâm lễ phép bước tới chào mẹ Loan.

– Thưa bác, cháu là Tâm ở xóm trong hẻm nầy.

Sau cái nhìn gần như thật bất ngờ và ngạc nhiên, bà bước hẳn ra ngoài cửa, đến gần Tâm.

– À! bác có nghe nhiều người trong xóm khen cháu giỏi lắm, hôm nay mới được biết. Mà cháu đã nghỉ học đi lính rồi sao?
– Thưa bác, con đã nghỉ học và đã tình nguyện vào lính không quân cách đây vài tháng rồi bác.

Tâm vừa dứt lời, Loan lại xen vào có vẻ tâng bốc hơn:

– Ảnh không phải đi làm lính quân dịch đâu má ơi, ảnh là lính lái máy bay, là phi công sau nầy đó!

Sau vài phút thăm hỏi xã giao, Tâm xin phép tạm giã từ Loan và mẹ nàng để về thăm người chú ở phía trong.

Nhờ vào số tiền dành dụm trước kia, vì bây giờ ở trong quân đội, nên Tâm không phải tốn kém chi cả, nên anh dùng số tiền nầy lo thuốc men và bác sĩ cho người chú. Hai ngày sau đó, người chú đã thuyên giảm rất nhiều và cũng là ngày anh hết phép phải trở về căn cứ huấn luyện Nha Trang để thụ huấn phần sinh ngữ anh văn và chuẩn bị hồ sơ an ninh xuất ngoại.

Sáng hôm nay trời Sàigòn thật đẹp, trong xanh và cao vời vợi, thỉnh thoảng có vài luồng gió nhẹ hoà lẫn trong những giọt sương sớm vừa tan mang đến một cái mát rượi rượi như da thịt trinh nguyên của người con gái đang tuổi dậy thì.

Trong bộ quân phục *"kaki"* nhà binh màu vàng, với nếp ủi thẳng tấp, giầy đen, *kếp-bi*, cà vạt vẫn còn mới toanh và bong loáng của một sinh

CHƯƠNG 9 - BONG BÓNG NƯỚC MƯA

viên sĩ quan gương mẫu, những bước đi của Tâm thật vững vàng và chắc nịch, đang hướng ra đầu ngõ để đón xe ra phi trường. Đời anh tựa hồ là một viên ngọc quí, vừa được bới lượm ra từ những vũng sình lầy trong xã hội mồ côi nghèo khổ của thủ đô được mệnh danh là Sàigòn hoa lệ.

Vừa tiến tới đầu ngõ hẻm, Tâm chợt thấy Loan từ trong nhà mở cửa bước ra, vì biết chắc sáng hôm nay anh sẽ trở về đơn vị nên nàng đã chờ đợi giây phút nầy từ mấy ngày qua, nên cất tiếng hỏi trước:

— Hôm nay anh Tâm trở về Nha Trang phải không?
— Chào cô Loan, hôm nay hết phép tôi phải trở về đơn vị, cô ở lại mạnh giỏi nhá!

Nàng cúi mặt xuống đất, trề môi nũng nịu đáp:

— Anh lễ phép trong cách xưng hô làm Loan sợ! Sao anh không gọi là Loan nghe hay hơn không?!

Tâm hơi ngượng ngùng trong giọng nói chàng đáp lại vừa đủ để nghe:

— Vâng, tôi sẽ gọi là Loan. À, nếu có dịp Loan xin phép hai bác ra Nha Trang chơi, ở ngoài đó phong cảnh đẹp lắm, nước biển trong xanh và sạch sẽ hơn ở Vũng Tàu nhiều.

Loan không trả lời vội, đôi má nàng tự dưng ửng hồng trông thật dễ thương, hai bàn tay đan chặt vào nhau, loay quay trước ngực, nàng cúi đầu và cố ý liếc nhanh xung quanh, xem có ai lắng nghe hay để ý gì không, nhỏ nhẹ vừa đủ cho Tâm nghe:

— Anh biên thư cho Loan đi!?
— Vâng, ở ngoài đó cũng buồn lắm, vì không quen biết với ai hết, tôi sẽ viết thư và kể chuyện Nha Trang cho Loan nghe nhá!

Một chiếc cầu tình cảm sắp bắc qua sông. Một nụ hoa yêu sắp nở, Tâm cảm thấy cuộc đời đáng yêu và hạnh phúc quá, anh muốn gào lên một tiếng thật to để cám ơn thượng đế. Lần đầu tiên anh đã ngửi được và cảm xúc được hương vị ngọt ngào của tình yêu, tuy rằng nó chỉ mới nhen nhúm trong những giây phút ban đầu.

Trở lại quân trường Nha Trang, anh cảm thấy rất hứng khởi và không ngờ được cuộc đời tình cảm của chính mình lại thay đổi một cách nhanh chóng như vậy: những thương nhớ mơ mộng vụng dại vu vơ dành cho cô gái đầu xóm đã trở thành sự thật.

Tâm để ý đến Loan kể từ ngày gia đình nàng dọn về căn nhà mới đầu ngõ, nhưng anh vẫn e ngại che dấu tình cảm của mình vì nghĩ cho thân phận long đong nên không dám đèo bồng, còn Loan, chỉ biết Tâm qua lời các con trẻ trong xóm, cũng như những buổi sáng, nàng thấy Tâm đạp xe đạp qua trước cửa nhà đi học hoặc đi dạy kèm tại tư gia cho vài đứa học trò ở xóm trên. Nàng đã để ý và rất kính phục sự nhẫn nại và kiên trì của người con trai ấy, nhưng nàng chỉ cười xã giao khi đụng mặt chứ chưa có dịp để làm quen.

Trong một vài tuần đầu còn e ngại, Tâm biên thư về cho Loan chỉ kể những cảnh trí đẹp đẽ thiên nhiên của *Hòn Chồng, Tháp Bà, Xóm Bóng* v.v... chứ chưa dám thổ lộ tâm tư thật sự của mình cho Loan biết. Thư đi thư lại giữa hai người được vài tháng sau thì Tâm có công điện đi Hoa Kỳ để học bay, chàng lo thu xếp đồ đạc để về trình diện Bộ Tư Lệnh Không Quân và lo các thủ tục xuất ngoại. Tâm cũng không quên gởi một lá thư khẩn cấp cho Loan để biết ngày chàng rời căn cứ huấn luyện về Sàigòn để Loan ngưng gởi thư ra Nha Trang cho chàng nữa.

Chiếc vận tải *Dakota C-47* của không lực VNCH vừa đáp xuống phi trường Tân-sơn-Nhất, sau khi "*taxi*" vào bãi đậu, Tâm đã mang "*ba lô*" chuẩn bị trước khung cửa chính để bước ra ngoài.

Hôm nay trời Sàigòn đầy nắng đã làm Tâm liên tưởng lại những ngày còn ở quân trường với những trưa hè gay gắt, anh phải ôm súng trường, bò dưới cát hay tập đi đứng cho đúng nhịp trên bãi tập ở cuối đầu phi đạo của phi trường Nha Trang trong thời gian huấn luyện căn bản quân sự tại đây.

Chiếc xe *pick-up* không quân, đã đưa hành khách ra trạm hàng không quân sự ở ngoài cổng Phi Long vừa ngừng hẳn, Tâm lơ đểnh xách ba lô bước theo đoàn người phía trước ra ngoài lộ chính tìm phương tiện về nhà, bỗng có tiếng gọi giật phía sau:

— Anh Tâm & Anh Tâm!!

Vì bất ngờ, Tâm quay nhanh người lại, trong một phút gần như ngẩn ngơ, anh chợt nhận ra Loan và một người bạn gái của nàng đang đứng cạnh bên ở trước cửa trại tiếp liên hàng không, nàng đang nhoẻn miệng cười nhìn Tâm, tà áo dài trắng nữ sinh nàng đang mặc lất phất theo chiều gió trông nàng đẹp và ngây thơ như một thiên thần!

— Ồ Loan ra đây hồi nào, sao biết Tâm ở đây mà đón?
— Sao không biết, anh đã biên thư về báo tin cho Loan đó nhớ không?

Xoay qua nhìn người bạn gái, Loan giới thiệu:

— Anh Tâm, đây Hương, bạn học với em đó.

Tâm lễ phép cúi đầu chào Hương, xong chàng xoay qua Loan đề nghị:

— À! hay là mời Loan với Hương, chúng mình ra quán ngoài kia ăn sáng đi nhé!

CHƯƠNG 9 - BONG BÓNG NƯỚC MƯA

Hương nhìn sang Loan từ chối khéo:

- Thôi, anh Tâm và Loan đi đi, còn Hương có lẽ xin về nhà, Hương đã ăn xong rồi hồi sáng sớm.

Đoạn nàng nhíu mắt ra dấu với Loan, nói vừa đủ nghe:

- "Mission" của tôi tới đây chấm dứt nghe bồ!

Tâm giả vờ như không nghe lời của Hương vừa thốt:

- Tôi đang đói, từ sáng tới giờ, mời cô Hương không đi tôi buồn lắm!

Biết là từ chối không được, ba người đưa nhau ra quán ăn phía ngoài lộ chính gần *"Lăng Cha Cả"*.

Sau đó Hương xin phép gọi xe xích lô đi về nhà trước, còn Loan và Tâm, sau khi hẹn hò là sẽ bí mật gặp lại nhau đi chơi trong những ngày kế tiếp.

Tâm lưu lại tại Sàigòn gần hơn một tuần lễ để may sắm và lo các thủ tục giấy tờ, khám sức khỏe, chích ngừa v.v... Mặc dù bận rộn suốt ngày, Tâm vẫn cố gắng sắp xếp để có dư những giờ rãnh rỗi dành riêng cho Loan. Những sáng sớm anh đưa nàng đi học, chiều về nàng phải tìm cách đối mẹ để đi chơi, tình yêu đầu đời giữa hai người thật nhẹ nhàng, óng ánh đẹp như tơ lụa và tinh khiết tựa trăng sao. Tuy chưa một lần hẹn hò trao gởi, nhưng với đôi mắt và quả tim, sự tin yêu của họ lại vững chắc hơn là những ngôn từ hoa mỹ.

Những ngày tại Sàigòn với Loan là những giây phút thật ngọt ngào, thơm tho như trái chín, đôi khi làm cho Tâm ngỡ ngàng giữa mộng và thực. Có lẽ do sự bù trừ của tạo hoá và định luật cân bằng của thiên nhiên, chiến tranh mang đến những sự tàn phá, ly tan đổ vỡ, nhưng chính nó cũng đã mang đến và làm nảy nở những mối tình đẹp cho những lứa tuổi đang yêu.

Nếu không có trận chiến giằng co nầy, không có lệnh tổng động viên của tổng thống Ngô-Đình-Diệm, có lẽ cuộc đời Tâm sẽ là một công hoặc tư chức, ở một nơi nào đó, rồi mỗi sáng cứ vác ô đi, chiều vác ô về, lo dành dụm tiền để cưới một cô vợ, rồi sanh con đẻ cháu như hàng triệu triệu người khác trên quả đất nầy. Vì cuộc chiến, vì lệnh tổng động viên của chính phủ: *"đất nước lâm nguy, thất phu hữu trách"* nên Tâm mới nhất quyết làm một cuộc đổi đời để tìm một nếp sống có ý nghĩa và hào hùng hơn.

Loan, một cô gái thông minh hiền lành, một nữ sinh đẹp nhất xóm, một đoá hoa tươi mát và lộng lẫy, nàng là một giấc mơ cho những chàng trai mới lớn. Nhưng sự mơ ước của Loan không giống như những sự mơ mộng của nhiều cô gái khác khi biết rằng mình đẹp. Nàng có một giấc mơ thật bình thường và giản dị là, người nàng yêu phải là người con trai can đảm anh hùng và có nhiều ý chí phấn đấu trong mọi nghịch cảnh. Tâm đến với nàng như một sự ngẫu nhiên trong duyên số tiền định đó.

Sau hai năm du học tốt nghiệp trở về nước, Tâm đổi ra Sư Đoàn I Không Quân, Đà Nẵng để nhận nhiệm vụ trong đơn vị mới.

Loan đã tốt nghiệp trung học và đã đi làm kế toán cho một ngân hàng ở Sàigòn. Trong thời gian qua hai người vẫn thư từ qua lại rất gắn bó và hứa hẹn sẽ dành dụm ít tiền để làm lễ hỏi trong năm tới.

Chiến tranh Việt nam càng ngày càng bộc phát dữ dội hơn với những trận đánh thật ác liệt đã xảy ra ở tỉnh Quảng Ngãi, Tam Kỳ và các vùng biên giới Hạ Lào.

Thiếu úy Tâm, một sĩ quan mới ra trường rất hăng say trong mọi phi vụ hành quân trên các mặt trận của vùng I chiến thuật. Là một hoa tiêu trực thăng, anh đã nhìn thấy và cảm giác được những cái cùng cực và đau khổ nhất của chiến tranh Việt Nam trong các phi vụ tản thương và di tản dân chúng ra khỏi các vùng tranh chấp. Ngày xưa, lúc còn bé, anh cứ ngỡ mình là đứa trẻ mồ côi khốn nạn nhất trong xã hội Việt nam, nhưng anh không ngờ ngày nay, chính anh đã nhìn thấy còn hàng trăm ngàn đứa trẻ khác đang sống cuộc đời tệ bạc hơn anh rất nhiều ở trong các thôn xóm nghèo nàn ven núi, cơm không đủ ăn, áo không đủ mặc, nhà cửa chỉ là một mái lá che đơn sơ không tường vách, thường ngày sống trong phập phòng lo sợ, cả hai phía thù nghịch giữa quốc gia và cộng sản, Tâm đã rất nhiều lần nghẹn ngào để rơi nước mắt trên cần lái khi nhìn thấy những đứa bé con, tay đang ôm chặt bình sữa, ngồi bên xác cha mẹ nó, vừa bị pháo kích chết sáng hôm nay, với đôi mắt ngây thơ khờ khạo không nhận định được cha mẹ nó đã vĩnh viễn ra đi, mà cứ vẫn ngỡ là người thân yêu vẫn mãi mãi nằm đó.

Chiến tranh đã làm cho con người trở nên tàn nhẫn và ích kỷ, có ai chịu khó giải thích và nói với bé kia là cha mẹ nó đã chết rồi?! Người ta sẽ đem xác cha mẹ nó chôn vào một lỗ đạn pháo kích nào đó, rồi lấp đất, nó sẽ không còn thấy lại những người thân yêu ấy nữa. Lúc còn ở quân trường Nha Trang, các sĩ quan cán bộ tâm lý chiến, thỉnh thoảng có thuyết trình về những đề tài về cộng sản, lúc đó tâm cứ ngỡ cộng sản là những con người có mặt mày thật sắt đá, già dặn chiến trường và ác độc nham hiểm, trang bị toàn những vũ khí độc hại của Nga Sô Tàu Cộng.

Nhưng trực diện tại chiến trường hôm nay, anh chỉ thấy toàn là trẻ con, khoảng mười lăm mười sáu, mặt mày non choẹt, hoặc những người gầy ốm tong teo, mặc quần xà lỏn đen ở trần đưa chiếc ngực lép xẹp, tóc tai rối bù dơ dáy như người hành khất ở Sàigòn. Người ta bảo với anh, họ là cộng sản, nhưng đối với Tâm họ là những nông dân dốt nát, những trẻ con nhà quê nghèo nàn thiếu học sống trong vùng xôi đậu, thiếu sự bảo vệ an

CHƯƠNG 9 - BONG BÓNG NƯỚC MƯA

ninh của chính phủ Việt Nam Cộng Hoà nên bị những cán bộ chính trị cộng sản, tuyên truyền xúi giục hoặc ép buộc, hăm doạ nên họ phải chấp nhận làm những công việc của một dân quân cộng sản địa phương. Họ là nạn nhân của cả hai phía quốc gia và cộng sản, Tâm nhìn họ mang nhiều thương hại hơn là hờn ghét.

Khoảng hơn hai năm sau, kể từ ngày anh đổi ra Đà Nẵng, một tai nạn đột ngột đưa đến. Trong một phi vụ đổ quân để càn quét mật khu trong vùng rừng núi Quảng Ngãi, chiếc phi cơ anh bị bắn rơi, trong lúc hợp đoàn sắp đáp xuống điểm hẹn, Tâm bị thương nặng nơi đầu gối chân trái phải đưa về cấp cứu tại quân y viện Đà Nẵng.

Tại Sàigòn, Loan vẫn gởi thư đi và nhận được thư trả lời của Tâm đều đặn hàng tháng, nhưng hôm nay khi nhận được thư trả về đã làm cho nàng sững sờ không ít vì thư nàng không tới được tay Tâm phải hoàn trả về với hàng chữ ghi phía ngoài phong bì: *"Trung uý Tâm không còn ở K.B.C nầy nữa."* Cả một bầu trời gần như sụp đổ, nàng không thể hiểu được những gì đã xảy ra. Bao nhiêu thắc mắc, bao nhiêu câu hỏi dồn dập trong đầu óc, nàng tự nhủ thầm: *"không lẽ anh Tâm muốn tìm cách trốn tránh? Không thể được, chàng vẫn yêu mình rất tha thiết kia mà!"*

Nàng vội vàng chạy đi tìm nhà của người chú họ của Tâm để hỏi thăm tin tức về chàng, nhưng ông chú đã bán ngôi nhà cũ để trả tiền thuốc thang trong năm rồi, người lối xóm cũng chẳng ai biết gia đình đó bây giờ ở đâu cả! Loan đang bị đưa vào một trường hợp gần như hốt hoảng vì chính gia đình nàng cũng đang sắp sửa dời quê về Cà Mau vì ông cụ cha nàng đã về hưu hơn năm nay, ngôi nhà gia đình nàng đang ở đã có người mua xong và sẽ dọn ra trong đầu tháng tới. Vì là con một và gái còn độc thân nên nàng phải xin nghỉ việc ở Sàigòn để theo cha mẹ về Cà Mau, và ngân hàng ở đây cũng đã hứa cho nàng một công việc giống như ở Sàigòn.

Mọi việc đã hoàn tất chỉ còn chờ ngày giờ để dọn đi. Lá thư của Loan bị trả lại là một thông tin hết sức quan trọng vì trong thư nàng báo cho Tâm biết là sẽ theo gia đình về tỉnh mới, và những linh tinh dặn dò khác. Nàng muốn xin phép cha mẹ đi ra Đà Nẵng để biết rõ sự việc như thế nào, nhưng ngoài Tâm ra, nàng đâu có quen biết ai ngoài đó, thân gái như nàng, chưa bao giờ rời khỏi gia đình một bước, rồi phải ăn ở làm sao?! Biết ai đâu để hỏi thăm, tìm kiếm?

Nghĩ tới đây nàng chỉ gục đầu, thở dài chán nản. Tự nhiên hai giọt nước mắt chảy dài trên má, Loan đã khóc. Đây là lần đầu tiên nàng đã biết yêu và cũng là lần đầu tiên những giọt nước mắt đã nhỏ xuống cho một cuộc tình chưa trọn vẹn. Nàng đã yêu Tâm với mối tình đầu trinh bạch của một nữ sinh, nguyên vẹn như màu trắng học trò còn thơm tho mùi giấy mực.

CHUYẾN BAY SAU CÙNG

###

Hơn tháng sau, từ ngày về điều trị tại quân y viện Đà Nẵng, Tâm không viết được lá thư nào cho Loan cả vì vết thương đau nhức, đi đứng rất khó khăn nên chỉ nằm lì trên giường, vả lại chàng cũng không muốn báo hung tin cho nàng biết sớm, cố ý chờ vài tháng lành bệnh sẽ cho Loan hay sau. Hôm nay, Tâm cảm thấy khoẻ khoắn trong người, chàng gọi điện thoại về phi đoàn để xem có thư của Loan gởi ra hay không? thì được ban nhân viên phi đoàn trả lời rằng cấp số của chàng đã chuyển qua K.B.C khác, nên thư từ không còn gởi về phi đoàn nữa.

Hết sức ngạc nhiên, Tâm vội biên thư gấp về cho Loan để báo nàng biết địa chỉ mới. Chờ đợi hai tuần sau cũng không thấy Loan hồi âm, quá sốt ruột, chàng bèn nhờ người bạn ra bưu điện gởi điện tín khẩn cấp về sàigòn. Vài ngày sau đó, Tâm nhận được điện tín gởi trả lại báo tin là không tìm được người nhận. Chàng đọc qua bức điện tín hồi âm từng chữ một: "*không tìm được người nhận*". Tâm hồn chàng đã hoàn toàn tê dại, hàng trăm ngàn câu hỏi trong đầu: "*chuyện gì đã xảy đến cho Loan?*".

Tâm muốn về Sàigòn gặp Loan để cho nàng biết rằng chàng đã bị thương, nằm bịnh viện, vì vết thương hành đau đớn nên không biên thư về cho nàng được. Tâm nghĩ rằng, có lẽ Loan đã giận chàng, vì hơn cả tháng nay không có một lá thư nào gởi về cho Loan cả nên sợ nàng nghĩ quấy là Tâm đã cố ý quên nàng rồi.

Chiều hôm đó khi thiếu tá bác sĩ trưởng phòng bệnh đến thăm, Tâm ngỏ lời xin phép xuất trại để lấy giấy phép về Sàigòn, nhưng anh lại bị từ chối vì lý do vết thương chưa được lành, nếu cử động mạnh sớm, sẽ bị vỡ ra và có thể làm độc nguy hại hơn.

Biết là thế nào cũng không xuất viện được như sự mong muốn của mình, Tâm bèn gọi về phi đoàn để xem có người bạn nào bay về Sàigòn trong những ngày tới hay không? Sĩ quan trực hành quân báo là có trung úy Mỹ thứ sáu nầy sẽ về Sàigòn khám sức khoẻ định kỳ. Thật mừng rỡ, Tâm viết một lá thư thật dài cho Loan và chàng ghi rất rõ ràng địa chỉ nhà của Loan để trung úy Mỹ tìm lại nhà, đưa giùm lá thư tận tay cho nàng.

Sau gần một tuần lễ ở Sàigòn, trung úy Mỹ trở về đơn vị và ghé ra bịnh viện thăm chàng, đồng thời báo cho Tâm biết là ngôi nhà của Loan đã bán cho người khác tháng rồi, người chủ mới cũng không biết là gia đình của Loan đã dọn về đâu? chỉ nghe người lối xóm nói là về tỉnh thế thôi. Tâm thẩn thờ như tê dại, nhận lại bức thư từ tay Mỹ trao lại cho anh rồi ngã người xuống gối trên giường bịnh thở dài chán nản.

Chiến tranh thật tàn ác và cay nghiệt, Tâm đã thoát chết trong đường tơ kẻ tóc, một viên đạn được bắn ra từ một người Việt Nam da vàng, cùng nòi giống, chủng tộc, có chung một quá trình lịch sử của tiền nhân xây

CHƯƠNG 9 - BONG BÓNG NƯỚC MƯA

nước và dựng nước trong bốn ngàn năm lập quốc như anh. Thật vô lý cho một sự chém giết huynh đệ tương tàn, gây ra do một số người bán rẻ lương tâm, luôn luôn ngụy biện và che đậy cho mình là người có chính nghĩa hơn kẻ khác để mượn súng đạn của ngoại bang về cày mả tổ, cấu xé lẫn nhau!!?

Ai là nạn nhân của chiến tranh của sự tàn phá ngày hôm nay? Nghỉ tới đây, Tâm đã cảm thấy có gì cay cay ở đôi mắt, trong một phút mềm lòng anh đã khóc, với giọt nước mắt nầy, anh không nhận định được, là anh đã khóc cho quê hương hay cho chính anh? khóc cho một mối tình vừa chớm nở lại bị tàn phá ngay vì nghịch cảnh của loạn binh đao?! Phút chốc sau đó, anh đã thiếp đi trong một giấc ngủ chập chờn với nhiều ưu tư và thắc mắc chưa được giải đáp.

Sáu tháng sau đó, vết thương tương đối đã lành, Tâm được bác sĩ cho xuất viện, đưa anh về BTLKQ Sàigòn. Sau một thời gian ngắn nghỉ để dưỡng sức, anh được bổ nhiệm ra Sư Đoàn II Không Quân Nha Trang. Vì bị thương ở chân trái nên bác sĩ phi hành cho lệnh ngưng bay.

Khi trình diện phòng nhân viên, vì với chỉ số là cựu sĩ quan phi hành, anh được chỉ định đưa đi làm sĩ quan liên lạc hành quân không trợ cho một sư đoàn bộ binh đang đồn trú tại vùng II cao nguyên.

Pleiku, thành phố được mệnh danh là xứ-buồn-muôn-thuở, với bụi đỏ giăng giăng và mưa rừng chắn lối. Một thành phố nghèo, nhà cửa phố xá rất đơn sơ gần như bị bỏ quên, nằm gần biên giới Việt Miên. Người dân Sàigòn nghe nhắc nhở đến Pleiku như một thành phố biên trấn, xuyên qua những trận đánh như *Đức Cơ*, *Play Me* và nơi đặt Bộ Tư Lệnh vùng II Chiến Thuật.

Tâm đổi lên đây được hơn hai tháng nay, ngoài những công việc thường xuyên hàng ngày, anh chỉ lẩn quẩn quanh phòng đọc báo hoặc đi ra phố mướn truyện về xem. Chiếc ảnh bán thân của Loan tặng ngày trước, được hoạ ra lớn hơn, treo trên vách cạnh chiếc giường sắt của anh đang nằm. Có những ngày cuối tuần, một mình trong căn phòng trống rỗng, anh thường mang ra đọc lại những bức thư mà Loan đã gởi cho anh ngày xưa, rồi xếp lại thật kỹ để vào phong bì xong, cẩn thận cho vào ngăn kéo. Ngả người trở lại xuống giường, nằm gác tay lên trán, lần hồi thiếp đi như anh đang tìm về với những kỷ niệm yêu thương ngày cũ.

Tâm trạng của Loan cũng không khác chút nào cả. Hơn tám tháng nay, kể từ ngày dọn về Cà Mau, gia đình nàng ở chung với bà nội trong ngôi nhà tiền đường làm bằng gạch đúc rất đồ sộ ven tỉnh vì ba nàng là con trai trưởng trong gia đình nên có nhiệm vụ phụng dưỡng mẹ già, lo cúng quẩy nhan khói ông bà trong gia tộc.

Loan đã đi làm trở lại cho ngân hàng ngoài phố chính, trong gia đình mọi việc đều êm xuôi tốt đẹp, ba má nàng rất thoải mái vui vẻ trong khung cảnh thầm lặng của quê nhà. Trái lại, Loan cảm thấy như thiếu thốn một điều gì, nàng nhớ những khung cảnh rộn rịp của Sàigòn, nhớ những tiếng trẻ con vui cười, trửng giỡn ở đầu xóm, nhưng thật ra, nàng đã nhớ Tâm rất nhiều, còn những ngoại cảnh kia chỉ là những hình ảnh kỷ niệm của khu xóm Bàn Cờ ngày trước. Hay nói đúng hơn là nàng đã yêu Tâm, nàng đã đặt hết tất cả những hy vọng và tin tưởng vào người yêu đầu đời.

Đôi khi trong giờ làm việc, bỗng nàng trở nên ngẩn ngơ như kẻ mất hồn, vì linh tính cho nàng biết là Tâm vẫn còn sống và vẫn yêu nàng tha thiết. Rồi hàng trăm câu hỏi, hàng ngàn nghi vấn lại tới tấp hiện ra trong đầu óc, cuối cùng lại đưa nàng vào một thế giới không lối thoát.

Hôm nay là ngày hai mươi ba tháng chạp, ngày đưa ông Táo về trời, chợ búa và sự hoạt động của lối xóm có vẻ tấp nập, rộn rịp như thường lệ. Tâm đang loanh quanh lau lại chiếc bàn và sắp xếp đồ đạc trong phòng cho gọn ghẽ. Vừa lúc đó Tuấn cũng vừa hết phiên trực tại phòng hành quân sư đoàn, đang mở cửa bước vào phòng:

- Ê Tâm! chừng nào mầy về phép Sàigòn?
- Ai nói với mầy tao về Sàigòn ăn Tết?
- Tao nghe nói, tụi nó chia nhau đi phép hết rồi!
- Nhưng tao không đi đâu cả. Tao nhường lại cho thằng Vũ rồi.

Tuấn đưa tay gãi đầu có vẻ hơi thắc mắc, anh thầm nghĩ:

- À! chắc thằng nầy điên hay sao mà không đi phép về thăm nhà, thăm bồ bịch, đi chơi cho sướng?

Tuấn và Tâm là hai người bạn cùng quân chủng không quân được biệt phái sang làm việc với đơn vị bạn, vì hai anh còn độc thân nên được ở chung trong cư xá sĩ quan độc thân của căn cứ quân sự Pleiku.

- À! nếu mầy không về Sàigòn thì Tết nầy ra nhà bà dì của tao chơi, ba má tao cũng nói là kỳ Tết nầy sẽ lên thăm đồn điền cà phê của bà dì và ở chơi ăn Tết luôn ở đây.

Bước tới sát cạnh Tâm, vỗ vào vai anh nhè nhẹ, Tuấn nhướng mắt bảo nhỏ:

- Ê! tao có một cô em gái bạn dì đẹp lắm, hoa khôi ở đây đó, tao sẽ giới thiệu cho.

Thời tiết hôm nay vào mùa tháng chạp, vùng cao nguyên với gió núi từ Hạ Lào thổi về, mang theo cái lạnh thật đặc biệt, làm khô môi và gần như nứt da thịt trong những giờ sáng sớm, khi ánh thái dương còn nằm bên kia triền núi, hay những buổi hoàng hôn sau khi đã vắng bóng mặt trời, mây

CHƯƠNG 9 - BONG BÓNG NƯỚC MƯA

trắng dầy đặc và thấp đang nằm lơ lửng lưng chừng đỉnh núi.

Trong bộ quân phục tác chiến màu xanh đậm, Tâm đang ngồi khoanh tay trước ngực, bên cạnh ly cà phê đen còn đang bốc khói, yên lặng đưa mắt nhìn ra ngoài thật xa, hình như đang lắng nghe, thời gian đang chầm chậm trôi qua ngoài song cửa. Những ngày cận Tết cuối năm đối với Tâm buồn thật.

Các bạn bè anh đang sắm sửa chuẩn bị về phép đặc biệt Tết để đoàn tụ với gia đình, anh em trong ba ngày Xuân, còn anh lại từ chối, tình nguyện ở lại đơn vị nơi đèo heo hút gió nầy. Nói đúng hơn, Tâm đâu còn quen ai nữa để mà về! chỉ có ông chú họ, ngày xưa anh nương náu bây giờ cũng đã qua đời, bạn bè đều gia nhập vào quân đội, hoặc đã lập gia đình mỗi người mỗi nẻo, đến cả một người yêu duy nhất là Loan cũng đã vô tình rời bỏ anh đi nơi khác! Anh lại phai trở về với cuộc sống cô đơn và tâm trạng của đứa bé mồ côi thuở nào. Nhiều lúc anh tự trách mình, có lẽ Trời Phật Thượng Đế bất công đối với anh chăng?

Vừa lúc đó một chiếc xe Jeep nhà binh vừa thắng gấp trước cửa. Tuấn nhảy xuống xe, chạy nhanh vào phòng:

- Ê! xong chưa Tâm? ra phi trường Cù Hanh rước ba má tao. AIR VIỆT NAM sắp đáp trong khoảng mười phút nữa.
- Ngồi uống cà phê chờ mầy gần thối ruột đây.
- Xin lỗi, xin lỗi, tao bị kẹt trong đó một tí, ca bài ca con cá dữ lắm mới được dọt ra sớm đây.

Hai người bạn phóng nhanh lên xe và chạy về hướng phi trường dân sự Pleiku.

Tuấn đang loanh quanh tìm chỗ đậu xe, chợt thấy một người con gái có nước da thật trắng mịn, tóc để dài vừa đủ ôm cả bờ vai đang đưa tay ngoắc và tiến về phía chiếc xe đang tìm chỗ đậu.

- Anh Tuấn, má em đang chờ trong nầy nè!

Xoay qua nhìn Tâm đang ngồi ở ghế trước:

- Lệ, em gái bạn dì tao đó!

Khi chiếc xe ngừng hẳn, Lệ cũng vừa bước tới. Nàng nhanh nhẹn bảo với Tuấn có vẻ hơi mủm mĩm hờn trách:

- Má em từ nãy giờ chờ anh trong đó, cứ tưởng là anh đã quên rồi!?
- Làm sao quên được, ba má anh đã báo trước một tuần rồi.

Xoay qua tâm, Tuấn giới thiệu:

- Đây là anh Tâm bạn anh, còn đây là Lệ, em gái tao đó.

Tâm bước tới cười xã giao và gật đầu chào Lệ:

– Chào cô Lệ, trông cô mặc chiếc áo dài màu tím đẹp quá!

Một nụ cười thật duyên dáng, hơi chút e lệ, nàng nhìn Tâm khẽ cúi đầu:

– Xin chào anh Tâm, cám ơn anh đã khen.

Ba người cùng bước nhanh vào trạm hàng không nơi dì ba mẹ của Lệ đang đứng chờ.

Hôm nay vào ngày ba mươi Tết, theo phong tục cổ truyền của dân tộc ta, dì ba và ba má của Tuấn dậy thật sớm để lo cúng cơm đón rước ông bà về hưởng Xuân với con cháu trong ba ngày Tết. Cha Tuấn là một công chức kỳ cựu của sở Bưu Điện Sàigòn, tính tình ông rất đôn hậu và nhân đức. Sau khi ông nghe Tuấn kể lại tâm sự côi cúc của Tâm làm ông rất cảm động. Ông bèn gợi ý với cô em vợ:

– Dì Ba à! tôi thấy thằng Tâm bạn thằng Tuấn một mình ở trong trại Tết nhất cũng buồn lắm, nếu có thể dì cho phép Tuấn, nó rủ thằng Tâm về đây ăn Tết với mình cho vui.

Ông chưa dứt lời, dì ba của Tuấn rất mừng rỡ, cướp lời ngay:

– Ồ! Tôi cũng muốn bảo Tuấn nó rủ Tâm ra đây chơi, nhưng tôi ngại anh chị Hai không thoải mái vì có mặt người lạ trong nhà thế thôi.

Ngừng một chút, dì ba bước tới gần người anh rể, nói vừa đủ nghe:

– Anh Hai à! Tôi thấy tánh tình cậu Tâm rất dễ thương mà hình như tôi thấy con Lệ nó cũng có vẻ thích cậu ấy nữa!

– Thì con Lệ, nó cũng lớn rồi, năm nay gần hai mươi mốt tuổi, nếu có chỗ nào đàng hoàng đứng đắn thì để cho nó làm bạn chứ.

Hai người bàn chuyện tới đây thì mẹ Tuấn cũng vừa trở tới, bà cũng đã nghe được câu chuyện chút ít nên xen vào:

– Tôi thấy được đó dì Ba, để cho tụi nó làm quen đi, vả lại từ ngày dượng Ba mất sớm, nhà em chỉ còn có con Lệ nên quá hiu quạnh đơn chiếc, nếu có được thằng rể tốt ở gần thì chẳng khác nào có con trai đó em!

Tết năm đó, Tâm đã hưởng một mùa Xuân gần như trọn vẹn, mặc dù hình ảnh Loan, người yêu đầu đời của chàng vẫn còn bất chợt lãng vãng trong những khoảng hư không của tiềm thức.

Rồi những ngày cuối tuần kế tiếp, Tâm, Tuấn và Lệ thường đi chơi chung với nhau thật vui vẻ. Vài lần sau đó, Tuấn thường hay cáo lỗi là có hẹn hò nơi khác, cố ý để Lệ và Tâm có cơ hội tìm hiểu nhau nhiều hơn.

CHƯƠNG 9 - BONG BÓNG NƯỚC MƯA

Lệ là con một trong gia đình, trước kia nàng ở Sàigòn chung với ba má Tuấn để đi học. Sau khi tốt nghiệp trung học đệ nhất cấp, chuẩn bị vào học lớp đệ tam của chương trình đệ nhị cấp thì ba của nàng đã lâm bịnh và mất trong năm đó. Vì quá đơn chiếc trong gia đình, nàng phải trở về Pleiku sống với mẹ mà tiếp tục theo học ở tỉnh nhà. Nhờ vào đồn điền cà phê và tài sản của cha để lại nên mặc dù mẹ goá con côi, nhưng cuộc sống của gia đình rất là thoải mái, dư giả.

Bây giờ là mùa hái cà phê, Lệ muốn đưa Tâm lên rẫy chơi, ăn trái cây và xem người ta hái cà phê, nên sáng thứ bảy hôm nay, nàng dậy thật sớm, sửa soạn mang theo những món ăn trưa và nước uống vừa đủ cho hai người. Lệ lại tự chọn cho mình một lối ăn mặc giống như những cô gái Thượng ở đây, với chiếc áo sơ mi dài tay màu xanh da trời và chiếc *"xà rong"* quấn quanh người của miền sơn cước, trông nàng thật duyên dáng có phần man dại như một đóa hoa đồng nội.

Kể từ ngày quen Tâm, nàng cảm thấy yêu đời và nhiều mơ mộng hơn. Tâm thường rủ nàng đi ăn kem, nghe nhạc trong những ngôi quán thật vắng khách ở cuối phố. Thỉnh thoảng có những chiều mưa, hai người đi cạnh nhau dưới những mái hiên trong khu phố buồn tênh, Tâm chỉ vào những cái bong bóng nước mưa đang bập bềnh sắp vỡ, chàng thì thầm với Lệ:

– Anh không muốn sự quen biết của chúng mình như những bong bóng nước kia.

Nàng chúi đầu vào ngực Tâm, choàng tay qua sau lưng anh:

– Em biết anh đang nghĩ gì rồi, em cũng cầu nguyện ơn trên đừng phải bắt chúng mình như thế!

Lệ đang mơ màng dìm mình trong những chuyện đã xảy ra giữa nàng và Tâm, bỗng giật mình như thoát mộng, vì tiếng xe Honda thắng gấp trước cửa nhà, biết là Tâm đã đến, nàng xách giỏ thức ăn bước ra phía trước để xin phép mẹ đi chơi. Tâm cũng vừa dụng xong chiếc xe phía trước cửa, bước vào nhà. Sau khi chào hỏi và xin phép mẹ Lệ để được đưa nàng lên thăm rẫy, bà rất hài lòng và không quên nhắc nhở:

– Cháu với con Lệ đi chơi phải cẩn thận nhé! Ở trên đó đường dốc và trơn trợt lắm, chiều về sớm ghé nhà bác ăn cơm rồi sẽ vào trại.

Tâm cúi đầu tỏ vẻ biết ơn:

Thưa Bác, tụi con sẽ về sớm.

Sau khi buộc chiếc giỏ thức ăn ở phía sau xe, Lệ bước lên ngồi phía sau chàng.

Chiếc xe Honda nhanh nhẹn mang hai người vừa rời xa khỏi cổng nhà đôi phút, Lệ không còn vịn vai hờ như khi có mặt mẹ ở đó, nàng choàng tay ôm Tâm sát vào người, như một cặp vợ chồng mới cưới. Một sự ấm áp và hơi thở nhịp nhàng của nàng, được chuyển từ lòng ngực căn tròn mềm mại của nàng, xuyên qua vạt áo mỏng của Tâm, anh nhận thấy một cảm giác thật tuyệt vời, lâng lâng khó tả...

Lệ cố chồm người tới trước, kề sát vào tai Tâm:

– Ra khỏi phố rồi anh chạy từ từ ngắm cảnh, em có mang theo máy ảnh, thấy chỗ nào đẹp mình ngừng lại chụp hình nghe anh!

Tâm xoay nhanh đầu lại phía sau cười với Lệ ra chiều đồng ý, chàng đưa bàn tay trái xoa nhè nhẹ lên chiếc cổ tay tròn lẳn, mát rượi của nàng, đang choàng qua lưng chàng:

– Anh sẽ làm vừa ý em tất cả.

Lệ ra chìu nũng nịu, nhéo nhẹ vào bắp vế Tâm:

– Anh làm bộ nịnh đầm phải không?
– Anh nói thật đấy chớ! mà nếu có nịnh với em chút chút cũng không sao!

Vài phút sau đó, Tâm cho xe dừng lại, kề bên một phiến đá to bên vệ đường, chàng bảo Lệ leo lên đó để chụp ảnh.

Từ khi sáng rước nàng ở nhà, vì có mẹ nàng ở đó, nên Tâm không để ý quan sát thật kỹ cách ăn mặc của Lệ, đến bây giờ chàng mới nhận ra, nàng thật đẹp, thật quyến rũ trong bộ xiêm y người sắc tộc, chàng nghĩ nàng là hiện thân của hoa đồng nội, là thanh sắc vẹn toàn của rừng núi cao nguyên, bây giờ Tâm không còn tìm được một danh từ hoa mỹ nào khác để tượng trưng cho sự ngây thơ, duyên dáng có phần hoang dã của người con gái ấy nữa vì chàng đã đưa nàng lên ngôi tột đỉnh là nữ hoàng của vũ trụ hôm nay!

– Anh Tâm làm gì mà ngẩn ngơ nhìn em dữ vậy? chụp cho em đi!

Giật mình tỉnh giấc như vừa qua một cơn mê ngắn ngủi, Tâm luống cuống trả lời:

– À!... À ... để anh chụp đây!

Sau khi chụp được vài kiểu hình cho Lệ, Tâm mang chiếc máy ảnh lên vai, bước tới dìu nàng leo xuống khỏi phiến đá.

– Lệ, em biết không? anh không biết "sơn nữ Phà Ca" -tên người con gái miền sơn cước trong các vở hát được trình diễn tại Sàigòn- thật sự đẹp như thế nào? Nhưng anh biết chắc một điều là "phà ca"

CHƯƠNG 9 - BONG BÓNG NƯỚC MƯA

của anh có một sắc đẹp tuyệt vời, nàng đã làm anh ngẩn ngơ không ít nên quên cả chụp ảnh cho em đó.

Lệ nghe chàng khen, nàng bẽn lẽn cúi đầu đẩy Tâm ra xa:

— Nữa! anh lại nịnh em kìa!

Hơn một năm sau đó, Lệ và Tâm đã chính thức cưới nhau. Hai vợ chồng ở chung với mẹ ngoài phố. Cuộc sống thường nhật của cặp vợ chồng trẻ thật êm đềm và hạnh phúc. Lệ không cần phải đi làm vì gia đình của mẹ nàng giàu có dư dã nên nàng chỉ muốn dành trọn thời giờ để săn sóc cho chồng. Đáp lại, Tâm rất quí mến và chìu chuộng vợ cũng như rất kính trọng mẹ nàng.

Thời gian cứ vô tình vun vút trôi qua, kể từ ngày Loan theo gia đình về đây, tâm hồn nàng vẫn trói chặt vào những cái dĩ vãng chưa dứt khoát. Loan không tin rằng Tâm đã phụ nàng một cách đột ngột như vậy. Đôi khi qua những tin tức báo chí từ các chiến trận nóng bỏng ở vùng một đưa về làm cho Loan rất hoang mang lo sợ. Thỉnh thoảng nàng lại có những ý nghĩ thật ngu ngơ xảy đến trong chốc lát: *"hay là anh Tâm đã chết?"*.

Nghĩ tới đây, nàng đâm ra hốt hoảng và chận đứng những ý tưởng không may mắn đó: *"không! không! Tâm không bao giờ giờ chết!"*. Rồi hai hàng nước mắt lại trào ra, không phải một lần nầy mà đã nhiều lần mỗi khi nàng chợt nghĩ đến Tâm, nàng khóc cho định mệnh trớ trêu của mối tình đầu và sự yếu đuối đầu hàng trước nghịch cảnh của người con gái.

Hôm nay nhằm ngày Quân Lực của Quân Đội Việt Nam Cộng Hoà. Tỉnh Cà Mau có tổ chức một buổi diễn hành của dân quân cán chính tại địa phương. Loan bèn rủ người bạn gái cùng làm chung sở đi xem chơi. Hai người đèo nhau trên chiếc xe Honda *"dame,"* chạy về hướng đường phố chính, Loan đề nghị với bạn:

— Tụi mình ghé lại tiệm đằng kia ăn phở trước, rồi đi chơi nghe!
— OK! Bồ muốn sao cũng được.

Sau khi bước vào phía trong quán, Tuyết, bạn Loan vỗ nhẹ vào lưng và nói nhỏ vào tai nàng:

— Ê Loan! Bồ nhìn góc bàn đằng kia, có mấy ông "pilot" không quân đang ăn kìa, xem ai có quen với anh Tâm của bồ không?

Loan quay nhanh người lại để ý quan sát thật kỹ từng người, nhưng nàng cũng không nhận diện được ai cả, nàng bảo nhỏ với Tuyết:

— Ngoài anh Tâm ra, mình không quen biết nhiều với mấy ông không quân khác.

Tới đây, Tuyết bèn ngắt lời:

– Nếu không biết thì mình hỏi thăm, bồ cứ hỏi thử mấy ông đó, xem có ai biết gì về anh Tâm của bồ không?

Mình thấy ngại quá!

– Ngại cái gì? Mình hỏi thăm chớ có nhờ cậy ai cái gì mà ngại?

Loan nghe Tuyết nói có lý, nàng sửa lại điệu bộ và mạnh dạn bước tới bàn, nơi các anh em không quân đang ngồi. Sau khi lễ phép gật đầu chào xã giao:

– Thưa các anh, tôi tên là Loan, tôi có chút việc muốn hỏi thăm các anh, không biết có được không?

Một anh thiếu úy trẻ nhất trong đám, đứng dậy kéo ghế mời nàng ngồi:

– Xin mời cô ngồi, nếu chúng tôi có thể giúp cô Loan được.

Sau khi lấy lại bình tỉnh, nàng ngồi xuống cho đỡ ngượng ngập trước đám đông còn xa lạ:

– Thưa các anh, tôi có người anh là trung úy Tâm, hoa tiêu trực thăng ở Sư Đoàn I Không Quân Đà Nẵng, đã mấy năm nay, tôi không liên lạc được không biết anh ấy ra sao?

Loan vừa nói đến đây thì góc bàn phía bên tay trái của nàng, Đại Úy Mỹ đứng vụt dậy:

– Tôi biết anh Tâm...

Tới đây Mỹ bỏ chỗ ngồi, bước ra lại gần chỗ Loan:

– Xin lỗi, chị có phải là chị Loan, trước ở Bàn Cờ, sau theo gia đình về tỉnh?

Một tia sáng rực trên gương mặt nàng, Loan vội đứng dậy trả lời:

– Phải rồi, phải rồi... mấy năm trước tôi ở Sàigòn, khu Bàn Cờ...

Như cảm thấy đã quen biết từ lâu, Mỹ níu tay Loan đưa lại một chiếc bàn trống gần đó và cho nàng biết tất cả những gì đã xảy ra với tâm lúc đó và Mỹ cũng không quên nhắc lại là lá thư cuối cùng mà Tâm đã nhờ Mỹ tìm đến tận nhà nhưng không gặp Loan ở đó. Mỹ cũng cho Loan biết là sau khi bị thương, Tâm không còn trong ngành phi hành nữa và trùng hợp trong thời gian đó, Mỹ cũng đã thuyên chuyển về đơn vị mới tại Cần Thơ nên không còn liên lạc với Tâm, vì lẽ đó không biết chàng bây giờ ở đâu

CHƯƠNG 9 - BONG BÓNG NƯỚC MƯA

hay đơn vị nào?

Mối tình ngày xưa lại bừng bừng như sống lại trong tim nàng, Loan tự trách mình đã vô tình làm cho Tâm đau khổ quá nhiều trong lúc chàng đang oằn oại đau đớn vì vết thương ác nghiệt. Không cầm được nước mắt, nàng cám ơn và kiếu từ Mỹ, trở lại bàn và bảo Tuyết đưa nàng về nhà gấp chớ không còn vui vẻ để ăn uống hay đi chơi nữa.

Loan rất mừng là Tâm còn sống và vẫn luôn luôn yêu thương nghỉ tới nàng chứ không như những điều mà nàng đã hoài nghi từ trước. Có rất nhiều thanh niên rất bảnh trai, học giỏi, con nhà giàu trong tỉnh, cũng như ông chủ sự trẻ tuổi độc thân trong ngân hàng, họ đều muốn làm quen xin đến nhà chơi, trong phép lịch sự, nàng vẫn ân cần tiếp đón, nhưng không có một cử chỉ hay tình cảm nào đi sâu hơn trong phép xã giao, Loan vẫn hy vọng tin tưởng vào linh tính trực giác của mình là sẽ gặp lại Tâm trong một ngày nào đó!

Chiến tranh giữa hai ý thức hệ, cộng sản và tư bản chủ nghĩa đã đến hồi sôi động cực mạnh. Người bạn đồng minh Hoa Kỳ đã bị đánh rơi trên bình diện chính trị ngay tại đất nước nhà. Sau khi tốn kém nhiều tỷ bạc và hàng chục ngàn sinh mạng thanh niên Hoa Kỳ đã bị đưa vào chiến trường Việt Nam.

Nhận thấy không còn có lợi lộc gì nữa, với cục xương khó nuốt người bạn đồng minh Hoa Kỳ vĩ đại đã phải nhượng bộ để thương thuyết với đối phương, chuẩn bị rũ áo phủi tay, vác ô về xứ mặc cho người bạn bất đắc dĩ Việt Nam như con bệnh trong cơn hấp hối.

Cộng sản Bắc việt, lợi dụng tình trạng rút quân của Hoa Kỳ và các đồng minh khác, họ ồ ạt đưa người và vũ khí chiến tranh hiện đại, chiến xa tối tân hạng nặng của Nga sô và Tàu cộng tràn vào Nam Việt Nam với mục đích mở những trận đánh dứt điểm nền đệ nhị cộng hoà miền Nam.

Việt cộng đã bắt đầu pháo kích dữ dội vào Bộ Tư Lệnh Quân Đoàn II và phi trường quân sự Pleiku. Tâm đã bị cấm trại trong nhiều ngày qua, thỉnh thoảng chỉ được phép đặc biệt ra phố trong vài giờ để thăm nhà và lấy thêm quần áo và những vật dụng cần thiết. Chàng cũng không quên căn dặn và an ủi vợ phải gìn giữ sức khỏe và trông coi nhà cửa đóng khoá cẩn thận v.v...

Lệ lo hối hả sắp xếp lại những quần áo đã giặt sạch cho vào túi xách, nàng đã chu đáo nhét vào đó nữa chục cam và kèm theo những món ăn mà chồng nàng ưa thích để mang vào trại.

Tâm rất xót xa nhìn vợ, vì đây là lần đầu tiên từ ngày cưới nhau, hai người mới xa nhau lâu thế, chàng bước tới đưa tay xoa nhẹ sau lưng nàng:

– Anh thấy một mình em với má ở nhà anh buồn quá em à! Nếu tình thế găng hơn có lẽ anh sẽ đưa em và má về Sài gòn ở tạm trong một thời gian ngắn.

Lệ vụt quay mặt lại, nàng mở to đôi mắt nhìn Tâm:

– Anh còn ở đây thì em không đi đâu hết. Nếu rủi có chết, mình chết chung cho vui?!

Tâm chận đứng câu chuyện bằng ngón tay bịt cứng lên miệng vợ, không cho nàng nói nữa:

– Em đừng nói thế, má nghe được mà buồn. Thôi đã hết giờ phép rồi, anh phải trở vào trại.

Tâm đưa tay ôm chặt vợ vào lòng, chàng muốn thân xác của hai người được tan biến vào nhau thành một để khỏi thấy sự chia ly cách biệt.

Tiếng súng đại bác của cộng sản bắc việt pháo đi từ một vị trí nào đó vào phi trường Pleiku trong đêm khuya đã nghe rất rõ, rồi vài giây sau là những tiếng nổ long trời rất gần. Cứ mỗi lần pháo kích như vậy, cả hai mẹ con Lệ đều lăn nằm xuống đất để tránh tai họa có thể xảy ra vì ngôi nhà nàng đang ở rất gần phi trường. Những giờ phút khủng hoảng như vậy, Lệ quên hẳn chính bản thân mình mà luôn luôn lâm râm cầu nguyện, xin ơn trên ban phước lành cho Tâm được tai qua nạn khỏi.

Chiến tranh đối với nàng là sự hung hăng dã thú của con người, nàng không thích nghe những bài bình luận về chính trị qua báo chí hay đài phát thanh, nàng chỉ ước muốn được làm một con người bình thường, được yêu, được chiều chuộng, được ngắm những đóa hoa đẹp và hít thở không khí trong lành của những buổi sớm mai. Từ ngày Lệ và Tâm gặp nhau, yêu nhau rồi lấy nhau, Lệ cảm thấy lo ngại nhiều cho Tâm, vì theo sự suy nghĩ bình dị của nàng, Tâm là hiện thân nạn nhân chiến tranh hôm nay, với vết tích viên đạn của sự oán thù còn ghi đậm trên đầu gối của thân xác chàng.

Nhiều lần Lệ rùng mình ghê tởm khi nghe tới những thành quả, người ta gọi là chiến công hiển hách tiêu diệt được hàng trăm quân thù, khi báo cáo kết quả của một trận đánh nào đó trên đài phát thanh cũng chẳng khác nào người lính cộng sản Việt nam kia, sau khi bắn hạ được chiếc trực thăng của Tâm đang bay, chắc chắn anh ta sẽ được tưởng thưởng xứng đáng vì đã có công giết người (?!), giết một người Việt nam anh em bên kia chiến tuyến!!

Sáng hôm nay theo tin tức tình báo, Tâm đã nghe được từ quân đoàn II và các phi cơ quan sát báo cáo, đã có nhiều dấu hiệu chứng tỏ là quân đội chánh qui cộng sản bắc việt đã đưa nhiều sư đoàn từ Hạ Lào và

CHƯƠNG 9 - BONG BÓNG NƯỚC MƯA

Campuchia sang lãnh thổ Việt nam, dự trù đánh chiếm các tỉnh sát biên giới như Kontum, Pleiku và Ban Mê Thuột trong những ngày sắp tới.

Nhiều gia đình công chức cao cấp và những người giàu có ở Pleiku đều chộn rộn lo chuẩn bị rời thành phố để di tản đến các nơi khác. Không thể chần chờ được nữa, Tâm xin phép đặc biệt về thu xếp gia đình để đưa về Sàigòn lánh nạn để chàng được rảnh rang ở lại với đơn vị chiến đấu.

Vé phi cơ dân sự đã bán hết sạch từ lâu, các phi cơ của không lực VNCH chỉ dành ưu tiên cho các quân nhân chiến đấu và tiếp liệu chiến trường, không còn một phương tiện hàng không nào khác ngoài đường bộ bằng xe đò theo quốc lộ Pleiku-Ban Mê Thuột-Sàigòn.

Biết không thể nào cưỡng lại được quyết định tối hậu của chồng, Lệ và mẹ nàng phải bằng lòng đóng chặt cửa nẻo trong nhà, mang theo chút ít tiền bạc nữ trang và quần áo cần thiết để theo Tâm ra bến xe đò về Sàigòn. Khu phố Pleiku sáng hôm nay trông thật hiu quạnh và buồn tẻ. Những hạt mưa bụi mỏng manh như sương sớm, chỉ đủ làm lạnh hai mang tai cho khách bộ hành. Lệ nép sát người vào vai chồng, bước qua những vỉa hè mà hai người thường dìu nhau trong những ngày cuối tuần khi mới làm quen.

- Anh Tâm, em sợ quá à!
- Em sợ cái gì?
- Anh còn nhớ khi tụi mình mới quen nhau, trong một chiều mưa đi qua đây, anh chỉ cho em những bong bóng nước nở lean thật đẹp trôi đi và phút chốc vỡ tan ra đó, nó đã làm cho em buồn muốn khóc anh biết không?

Tâm yên lặng không nói một lời, cúi gầm mặt xuống đường, hình như chàng đang cố dằn những xúc cảm mãnh liệt của những linh cảm ngày xưa giữa chàng và Lệ. Thấy tâm cứ yên lặng bước đi, Lệ vỗ nhè nhẹ vào lưng chồng:

- Em nhắc lại những kỷ niệm đó làm anh buồn phải không?
- Vâng, anh nhớ lắm, nhưng tụi mình bây giờ rất hạnh phúc, em đừng suy nghĩ bậy bạ không nên.

Lệ gục đầu vào vai chồng, bước theo như một cái xác không hồn. Nàng đã khóc, những giọt nước mắt thật ấm áp đã thấm vào da thịt bờ vai của Tâm.

- Chừng nào anh mới được phép về thăm em?
- Anh không biết được em à! Vì đang trong tình trạng cấm quân 100%. Nếu có cơ hội, anh sẽ về ngay, vì trong đời anh không còn ai quan trọng hơn em nữa.

Tiếng mời gọi hối thúc, yêu cầu hành khách lên xe của anh lơ xe đò làm Tâm hối hả dìu vợ bước nhanh hơn.

— Nhanh lên em, kẻo không có chỗ ngồi cho má và em.

Sau khi Lệ và mẹ nàng đã vào ngồi được phía trong ghế thì chiếc xe đò chở đầy ắp người cũng vừa bắt đầu nặng nề lăn bánh. Tâm đứng sát trên lề, lưu luyến nhìn theo đúng lúc Lệ cũng chòm đầu ra phía ngoài nhìn chồng lần cuối.

Thật không còn cảnh chia ly nào đau lòng hơn khi tiễn biệt người yêu mà không hẹn được ngày tái ngộ! Chiếc xe đò đã chạy thật xa, thật xa rồi mờ dần trong làn mưa bụi. Tâm vẫn còn đứng đây gần như pho tượng, chỉ biết nhìn theo với đầu óc mênh mang trống rỗng gần như tê dại.

Bến xe đò bây giờ trở nên vắng lạnh chỉ còn vài người đàn bà Thượng đang gùi con phía sau lưng, đội trên đầu những bó củi nối đuôi nhau yên lặng đi bộ băng qua đường. Tâm kéo sát chiếc áo ấm không quân phi hành vào cổ, lầm lủi đi về phía quán ăn ở góc đường quen thuộc mà hai vợ chồng thường ra đây ăn sáng. Chàng cảm thấy đang cần một ly cà phê thật đậm để nhờ chất ma túy giúp quên đi những sự đau thương đang cắn xé trong cân não.

Một bản thông báo, viết bằng giấy đỏ dán trước cửa tiệm: *"CHÚNG TÔI XIN TẠM ĐÓNG CỬA MỘT THỜI GIAN"*. Tâm đưa mắt đọc một lần nửa, tấm bảng cáo lỗi của nhà hàng dán trước cửa sắt đã được kéo lại kín mít, chán nản Tâm đưa tay vuốt lại mái đầu ướt lạnh vì mưa bụi, chàng lẩm bẩm: *"chắc là họ đã di tản ra khỏi thành phố rồi"*. Liếc nhìn qua khe hở của song sắt, chiếc bàn cây kê sát cửa sổ ở góc phòng nơi mà chàng và Lệ thường chọn để ngồi trong những bửa ăn điểm tâm tại đây. Lệ vẫn thường bảo với Tâm: *"mình ngồi bàn nầy có thể nhìn thấy hết những sinh hoạt rộn rịp, vui vẻ bên ngoài của đường phố Pleiku..."*

Bây giờ chiếc bàn với bốn cái ghế đẩu vẫn im lìm cô đơn nằm đó, Lệ đã đi xa và bên ngoài đường phố đã thưa thớt bóng người qua lại chỉ còn lại Tâm một mình đang đứng đây, như thương về dỉ vãng.

Đang định bước trở ra lộ chính để tìm phương tiện trở về căn cứ, bất chợt gặp Tuấn trên chiếc xe Honda cũng vừa trờ tới thắng gấp trước mặt chàng:

— Dì Ba với bà xã mầy đi đâu rồi Tâm? Tao ghé nhà thăm mà không thấy!

— Ồ, anh Tuấn! má và bà xã tôi đã về Sàigòn rồi!

Họ đi bằng cái gì?

— Xe đò!

CHƯƠNG 9 - BONG BÓNG NƯỚC MƯA

Tuấn nhăn mặt, có vẻ không hài lòng cho lắm.

- Bộ hết phương tiện sao mà phải đi bằng xe đò?
- Phi cơ dân sự và quân sự đều không còn nữa. Mà sao anh biết tôi ở đây mà tìm?
- Tao gọi điện thoại qua phòng hành quân, họ nói là mầy lấy giấy phép đặc biệt về lo di tản gia đình nên mới chạy ra thăm, thấy nhà khóa cửa, tao mới chạy loanh quanh ra đây tìm. Như vậy dì Ba và bà xã mầy đã đi rồi?
- Vâng, cách đây khoảng nữa giờ.
- Phố xá đã đóng cửa hết, thôi leo lên đây tao đưa về trại.

Về đến phòng, Tâm không buồn tháo đôi giày trận đang mang trong chân, chàng uể oải thả người trên chiếc giường sắt quân đội, gác hai tay lên trán với đôi mắt nhắm nghiền. Bên ngoài tiếng súng đại bác 105 ly của tiểu đoàn pháo binh gần đó bắn canh chừng từng vài phút một, như để nhắc nhở cho mọi người là đang trong tình trạng chiến tranh.

Nghe tiếng chân người chạy hối hả về phía phòng, Tâm mở choàng mắt nhìn ra phía ngoài cửa. Một giọng nói hấp tấp và sợ hãi:

- Tâm ơi! mầy có nghe gì không?

Bỗng như điện giật, Tâm bật người ngồi dậy:

- Anh Tuấn nói nghe cái gì?
- Xe đò bị Việt cộng giật "mìn"....!

Tâm bây giờ gần như chết đứng người với đôi mắt vẫn mở nhìn Tuấn trân tráo, không nói được nữa lời. Tuấn tiếp tục giải thích thêm:

- Tao nghe trên phòng hành quân là tụi bay quan sát cơ L-19 gọi radio về báo cáo là có một xe đò chạy từ Pleiku về hướng Ban Mê Thuột bị du kích Việt cộng giật "mìn" trên quốc lộ cách Pleiku khoảng 70 cây số, có nhiều người bị thương và chết làm tao sợ quá!
- Đến bây giờ Tâm mới ú ớ được nên lời:
- Trời ơi! chết tôi rồi anh Tuấn!

Nói tới đây Tâm không còn dằn được cơn xúc động cùng cực trong lòng, chàng cúi xuống ôm mặt khóc nứ nở. Tuấn bước tới kéo Tâm đứng dậy, cố trấn an:

- Bây giờ phải tìm cách giải quyết gấp, không thể chần chờ được vì mình chưa biết tình trạng ra sao cả. Tao sẽ gọi trực tiếp qua phòng hành quân chiến cuộc của không quân, để xin hai chiếc trực thăng tản thương khẩn cấp, rồi tao với mầy sẽ tháp tùng theo họ để xem sự thể như thế nào?

Hơn nữa giờ sau, hai chiếc trực thăng tải thương đã đáp an toàn gần cạnh chiếc xe đò nằm lật ngửa dưới lề đường còn đang bốc khói. Khoảng một tiểu đội lính địa phương quân đang cố gắng khiêng những người dân bị thương ra khỏi xe, và sắp xếp những xác chết ngay ngắn trên lề đường. Tâm và Tuấn chạy nhanh ra khỏi phi cơ, hướng về phía xe đò lâm nạn. Liếc nhìn nhanh qua những hành khách bị thương tương đối nhẹ đang ngồi trên lề đường, Tâm không thấy được Lệ và mẹ nàng nên anh đang chạy loanh quanh tìm kiếm, thì một tiếng gọi gần như nghẹn ngào cùng cực, ngắn cụt và yên lặng gần như ngất đi sau đó của Tuấn:

— Tâm, ở đây nè! ...

Gần như linh tính không may đã báo trước, mặt chàng đã tái xanh gần như không còn một giọt máu, Tâm chạy nhanh lại chỗ Tuấn đang ngồi bên cạnh cái xác người con gái máu me đang còn đẫm ướt trên áo nằm ngửa trên lề đường. Một tiếng nấc thật ngắn ngủi:

— Trời ơi! Lệ!

Gần như không còn khóc được nữa, Tâm ngồi phịch xuống đất, choàng tay qua bờ vai, ôm nàng lên và siết chặt vào ngực chàng. Đưa tay vuốt lại mái tóc và lau bụi bậm bám trên gương mặt của vợ, những giọt nước mắt nóng hổi của Tâm đã bắt đầu nhỏ giọt xuống mặt người yêu đang nằm bất động trong vòng tay chàng. Tâm gục đầu sát vào mặt vợ, hình như đang tâm sự hay nhắn nhủ một điều gì với người yêu mà anh nghĩ rằng nàng vẫn còn sống và đang nằm trong vòng tay âu yếm của anh.

Tuấn bước tới ngồi sát bên Tâm, anh nói trong tiếng khóc tức tưởi:

— Tao, tao chia buồn với mầy. Lệ và dì Ba đã mất rồi, tao cũng buồn khổ như mầy vậy!
— Anh Tuấn! Nếu tôi được chết bây giờ với vợ tôi, có lẽ là cái hạnh phúc nhất của đời tôi....
— Vâng! Tao hiểu, nhưng mỗi người đều có định mệnh, tao cũng không biết nói gì hơn nữa là bây giờ anh em mình lo mang xác Lệ và dì Ba về mai táng cho ấm lòng người quá cố.

Sau đó Tuấn và Tâm cùng bà con lối xóm lo chôn cất cẩn thận cho Lệ và mẹ nàng rất chu đáo. Hôm nay là ngày mở cửa mã, hai anh em dậy thật sớm, chạy mua trái cây và bông hoa mang ra mã để cúng theo phong tục ông bà ngày xưa. Tâm để mặc tình cho Tuấn đốt nhang khấn vái, anh lại ngồi sát bên cạnh mộ vợ, cúi đầu, hai tay bám chặt lấy gò đất vẫn còn mới. Những tiếng nấc tức tưởi và đôi mắt đỏ hoe của Tâm làm cho Tuấn mũi lòng rất nhiều, anh biết giờ phút nầy, có nói lời gì để an ủi Tâm đều cũng thành vô ích, nên đành yên lặng ngồi đó chờ đợi.

CHƯƠNG 9 - BONG BÓNG NƯỚC MƯA

— Anh Tuấn hãy về trại trước đi! Tôi muốn ở nán lại với vợ tôi đôi phút!
— Vâng!

Tuấn lặng lẽ bước ra xe đi về trại. Bây giờ chỉ còn lại Tâm với người vợ yêu quí đang nằm sâu trong lòng đất. Anh đưa tay vuốt nhè nhẹ lên ngôi mộ, như thân xác người thương. Một con chim se sẻ nhỏ, như bị lạc đàn đáp xuống đậu trên cây mía lau cạnh đó, cất tiếng gọi bầy nghe thật cô đơn lạc lỏng trong một phút ngắn ngủi nó lại cất cánh bay đi.

Thật sự Tâm cũng không biết trách cứ vào ai đã gây nên cảnh tượng tang thương chia cách nầy? Anh không tin tưởng vào định mệnh vì anh nghĩ rằng khi có một điều gì không giải quyết được, con người thường cho đó là định mệnh. Thượng đế, trời phật không bao giờ giết người, chỉ có con người giết con người mà thôi.

Nhưng nghiệt ngã và bất hạnh thay cho những người Việt Nam da vàng máu đỏ, chỉ vì những lời xúi giục phi dân tộc của ngoại bang, lại hăng say hơn hổ đói, banh xé lẫn nhau trên mảnh đất mà tổ tiên đã dày công xương máu chống ngoại xâm để bảo toàn nòi giống!

Lệnh di tản chiến thuật của tổng thống Nguyễn văn Thiệu rời bỏ Kontum, Pleiku và những tỉnh khác là một trong những yếu tố rất quan trọng đã làm sụp đổ hoàn toàn miền Nam Việt Nam. Nhận thấy không thể cứu vãn được tình thế và áp lực nặng nề ép buộc của người bạn đồng minh, tổng thống Thiệu phải từ chức và âm thầm xuất ngoại.

Để rồi đến ngày 30-4-75, vị tổng thống cuối cùng của miền Nam là cựu đại tướng Dương Văn Minh, đã tuyên bố chính thức đầu hàng cộng sản Bắc Việt, cũng là ngày đánh dấu hàng triệu người miền Nam bỏ nước ra đi, rồi tiếp theo đó là hàng trăm ngàn dân quân cán chính bị cộng sản đưa đi tẩy não, chịu cực hình ở các trại cải tạo để học tập tư tưởng Max-Lê. Đại Úy Lê Văn Tâm là một trong những người kém may mắn đó.

Sau khi rời Pleiku, Tâm theo đơn vị chuyển về Nha Trang, rồi Sàigòn và cuối cùng là chuyển đến căn cứ Sư Đoàn IV Không Quân, đồn trú tại Cần Thơ. Nơi đây Tâm đã gặp lại Đại Úy Mỹ, người bạn cùng đơn vị phi hành với anh ngày xưa tại Đà Nẵng. Mỹ đã nhắc lại sự việc đã gặp Loan, người bạn gái đầu đời của anh ngày trước, hiện đang làm việc cho ngân hàng tại Cà Mau.

Câu chuyện của Mỹ đã làm cho Tâm rất bàng hoàng khi nghe nhắc lại tên của người yêu cũ. Anh cảm thấy trong thâm tâm anh đã có một điều gì không vững gần như dối trá với chính mình, người vợ yêu dấu của anh: Lệ, đã mất đi không bao lâu. Nàng đã ôm theo sự thủy chung trong tình nghĩa vợ chồng và đang nằm cô đơn dưới ba thước đất tại một nơi mà anh nghĩ rằng sẽ không còn ngày gặp lại. Bây giờ tình cờ Loan lại xuất hiện trong một hoàn cảnh thật bất ngờ khó nghĩ. Anh cúi mặt xuống đất, khẽ lắc đầu:

– Cám ơn Mỹ đã cho tôi biết về Loan, nhưng vợ tôi: Lệ, vừa mới qua đời, tôi vẫn nghĩ rằng linh hồn nàng sẽ theo tôi mãi mãi. Tôi yêu nàng và không muốn làm vong linh nàng buồn, vì tôi sắp có người yêu khác, mặc dù người đó đã có một thời đến trước Lệ.

Mỹ bước tới vỗ nhẹ vào vai bạn an ủi:

– Tâm nói nghe rất đúng! Nhưng tôi nghĩ rằng Tâm chỉ cần cho chị Loan biết là Tâm vẫn còn sống để chị ấy yên lòng thế thôi.

Tôi cũng muốn như vậy, nhưng tôi nghĩ rằng tôi không có can đảm Mỹ à! Thà tôi giữ yên lặng như những năm vừa qua thì hơn! Tôi không muốn làm cho Loan phải buồn vì tôi.

Biết không thể thuyết phục được Tâm, trong chuyện tình cảm của chàng, Mỹ bèn sang chuyện thời sự chiến cuộc đang sôi động trong các đơn vị.

– À! Nầy Tâm, tôi có nghe người ta đồn là có một số vợ con mấy ông quan đặc biệt ưu đãi đã làm giấy tờ xuất ngoại, còn gia đình của mấy anh em mình không nghe ai nói gì cả?
– Tôi cũng có nghe chuyện đó, nhưng tôi không chủ trương chạy trốn một cách hèn nhát như vậy. Đôi khi tôi nghĩ, các ông quan đó còn hèn hơn các anh lính người Thượng ở cao nguyên, đóng quân trong các đồn bót ven biên, vì họ ở đâu là vợ con ở đó, họ ít khi nghĩ ngợi một cách cao xa mơ hồ là chiến đấu cho lý tưởng tự do dân tộc, hay là cái gì cả mà họ chỉ nghĩ rất thực tế là họ chiến đấu cho sự sống còn của chính vợ con họ ngay tại mặt trận, nếu không có vợ con gia đình họ ở đó thì chắc chắn là các đồn bót biên giới đã bỏ ngõ từ lâu vì không sớm thì muộn kẻ trước người sau họ sẽ đào ngũ, tìm cách chạy theo vợ con đến nơi an toàn.
– Tôi cũng có quan niệm gần giống như Tâm, nên đôi khi nghe các quan đó ngồi kể chuyện với nhau về các thành tích siêu đẳng chạy chọt nịnh bợ để đưa vợ con ra ngoại quốc trước, để rồi, nếu có tai biến gì xãy đến cho quốc gia, là họ sẽ vọt qua Thái Lan cho nhanh và gọn, đã làm cho tôi nản chí rất nhiều!
– Thôi quên đi, cái gì tới nó sẽ tới! Tụi mình đi xuống câu lạc bộ phi đoàn uống cà phê, đánh bi da có lẽ vui hơn là ngồi đây nói chuyện đời.

Khoảng sáu năm sau, kể từ cái ngày Tâm nghe theo lời cán bộ tuyên truyền của cộng sản qua các xe phóng thanh trong tỉnh, anh và một số anh em khác ra trình diện tại tỉnh Cần Thơ, hy vọng theo lời công bố của

CHƯƠNG 9 - BONG BÓNG NƯỚC MƯA

nhà nước cộng sản, là sau một thời gian ngắn học tập, mọi người sẽ trở lại cuộc sống bình thường.

Nhưng rồi, ngày qua tháng lại, hết mưa đến nắng, thời tiết thay đổi hai mùa trong năm, lần hồi rồi anh không còn nhận ra ngày tháng nữa, vì thời gian chờ đợi quá dài, làm cho sự hy vọng con người trở thành chai đá.

Sau nhiều lần dời đổi, cuối cùng Tâm được đưa lên trại *"Kà Tum"* gần hơn một năm qua, trại nằm giữa rừng hoang dày đặc, sát biên giới Việt Miên về hướng Tây Bắc tỉnh lỵ Tây Ninh. Sáng hôm nay, như thường lệ, anh đang cuốc đất đào xới những rễ cây rừng để lấy đất trồng khoai mì, khoai lang cho trại, anh rất ngạc nhiên khi nghe người lính gác trại gọi đúng tên mình.

– Anh Tâm, có người nhà đến thăm, về trại sửa soạn thay quần áo cẩn thận, sẽ có người hướng dẫn ra gặp thân nhân.

Trong vài giây đồng hồ ngờ vực, vì không biết có đúng tên mình hay nhầm người khác trùng họ với anh, vì gần sáu năm nay, có ai là thân nhân của anh đâu, vì gia đình bên vợ đã vượt biên hết sau ngày biến cố 30-4-75, còn gia đình anh, đâu còn ai nữa để gọi là thân nhân. Anh bước tới hỏi lại người cán bộ cho chắc chắn:

– Tôi là Tâm?
– Đúng! Anh có người nhà lên thăm!

Sau khi để chiếc cuốc sang một bên buội chuối gần đó, anh hối hả trở về trại, với nhiều hoang mang suy nghĩ không thể nào đoán được ai đã chấp nhận người tù cô đơn khốn khổ như anh là thân nhân của mình?

Rửa lại gương mặt và tay chân cho sạch sẽ, anh lựa một bộ đồ tương đối đẹp nhất trong gia tài sản nghiệp của anh để thay. Anh chọn chiếc áo sơ mi màu xanh, xem còn mới và chiếc quần tây dài mới giặt ngày hôm qua. Đối với Tâm bây giờ như vậy là trịnh trọng thơm tho lắm rồi!

Tên hướng dẫn cộng sản trong ban tiếp tân bước tới căn dặn anh vài điều trước khi hướng dẫn ra cổng trại. Tâm bây giờ giống như cái máy, chỉ chấp nhận chứ không còn phát biểu ý kiến nữa vì anh nghĩ rằng, khi giá trị con người bị đưa xuống thấp tận cùng là con số không thì không còn gì để nói nữa, anh gật đầu với tên cán bộ cho xong, rồi theo anh ta ra cổng thăm nuôi.

Tâm đưa mắt thật xa nhìn về phía trước, anh nhận thấy có năm ba người đàn bà với vài đứa trẻ con đang đứng lóng ngóng phía bên ngoài rào nhìn vào, anh biết chắc chắn đó là cha mẹ hoặc vợ con của những người bạn tù cùng với anh lên đây thăm chồng thăm con của họ. Anh không nhận được ai trong những người đó là thân nhân của anh cả!

Khi bước đến gần cổng trại, anh đứng khựng lại một cách hết sức đột ngột, khi nhìn thấy một người đàn bà, nói đúng hơn là một người con gái vào khoảng trên dưới ba mươi tuổi, đang đứng vịn vào cây cột tre trước cửa trại thăm nuôi bên tay trái anh, nàng mặc chiếc áo bà ba trắng và quần dài đen, đầu đội chiếc nón lá buôn. Anh lẩm nhẩm trong bụng như người mất trí:

— Trời ơi! có phải Loan đó không?

Như một sự cộng hưởng truyền thông bằng thần giao cách cảm, Loan đã đọc được trong ánh mắt, bờ môi câu hỏi của Tâm, nàng nhướng đôi mắt thật to, bước nhanh tới đứng trước mặt chàng, trong nghẹn ngào và tràn đầy nước mắt:

— Vâng! Loan đây! còn anh là Tâm? anh Tâm có phải không?

Tên hướng dẫn cộng sản nhanh nhẹn bước tới, đẩy hai người ra xa, kèm theo vài câu khuyến cáo dạy đời:

— Các anh chị không được làm như vậy, trông nó hèn yếu lắm nghe chưa? Đưa vào phía trong ghế ngồi nói chuyện cho đàng hoàng.

Loan giật mình, bước lùi ra phía sau, kéo vạt áo lên chậm vào khoé mắt. Có lẽ bây giờ nàng mới thật sự khóc cho một sự chờ đợi quá lâu và nhận diện được một thực tế chua cay chồng chất trên đời chàng.

Tâm đã già và ốm xanh xao vì thiếu dinh dưỡng. Đa số các bạn tù khác được gia đình tiếp tế đều đặn nên thân xác cũng không đến nỗi gì, chỉ riêng Tâm, may mắn lắm mới được chút ít của dư thừa thảo ăn của các bạn thương tình chia cho chút đỉnh, nên đôi mắt lõm sâu và hai gò má gần như kéo khít lại, chính anh đôi khi nhìn vào gương cũng không còn nhận diện được ra mình nữa! Anh không còn là Đại Úy Tâm, tuổi trẻ đẹp trai, có đôi mắt rất thu hút, được mệnh danh là *"women killer"* của không lực VNCH ngày xưa.

Bây giờ anh là một tên tù đói rách của cộng sản, chỉ vì cái tội anh đã sinh trưởng tại miền Nam và đã phục vụ cho chánh phủ miền Nam.

Sau khi bước vào phía trong, hai người phải ngồi cách nhau đối diện bởi một cái bàn cây, được đóng sơ sài bằng gỗ vụn. tên hướng dẫn cộng sản cũng ngồi gần đó, như để lắng nghe sự trò chuyện riêng tư của hai người.

Tâm ngồi trên chiếc ghế tre, chống cùi chỏ trên bàn, hai tay đỡ trán, anh đang nhăn mặt nhìn xuống không nói được nửa lời. Loan, ngồi đối diện, nước mắt vẫn trào ra, nàng khẽ cất tiếng hỏi trong tức tưởi:

— Anh Tâm! Sao anh lại muốn trốn tránh em?

CHƯƠNG 9 - BONG BÓNG NƯỚC MƯA

Trong một vài giây cố gắng lấy lại bình tĩnh, Tâm ngước đầu lên nhìn thẳng vào mặt Loan, anh không muốn trả lời trực tiếp vào câu hỏi của nàng:

- Làm sao Loan biết tôi ở đây?
- Anh Mỹ, bạn của anh, ảnh vừa mới được thả về có ghé nhà thăm và cho em biết hết rồi, nên em mới biết anh ở đây. Em không ngờ cuộc đời của anh gặp nhiều chuyện không may như vậy!

Một tiếng thở dài như an phận và chấp nhận tất cả những dĩ vãng đau buồn đã xảy ra trong đời mình.

- Vâng, tôi đã lập gia đình và người vợ tôi đã mất vì chiến tranh ở Pleiku gần bảy năm về trước và tôi cũng cho Mỹ biết tất cả chuyện riêng tư của đời tôi, thì lúc đó Mỹ cũng cho tôi biết về Loan đang làm việc ở tỉnh Cà Mau.

Tâm vừa nói tới đây, Loan đã chận lời chàng:

- Anh biết em đang làm việc ở ngân hàng Cà Mau, sao anh không ghé xuống thăm em?

Yên lặng một ít lâu, sau đó Tâm nói gần như trong hơi thở:

- Vì Lệ, vợ tôi vừa mới mất, nên tôi không muốn làm tủi vong linh nàng, vã lại tôi cũng không muốn làm cho Loan buồn phiền!
- Em rất kính trọng anh trong sự thủy chung với chị Lệ! Còn em, em đã chờ đợi trông chờ anh quá lâu, chỉ mong gặp lại anh là em mừng lắm rồi!
- Tôi biết, nhưng tôi sợ làm cho Loan buồn, vì tôi đã có gia đình.

Tên hướng dẫn cộng sản ngồi bàn kế bên, đưa tay xem đồng hồ xong, xoay qua bảo:

- Anh chị còn khoảng năm phút nữa là hết giờ thăm nuôi, nhanh lên rồi trở về trại!

Tâm quay đầu nhìn anh ta gật đầu đồng ý, xong tiếp tục câu chuyện còn đang dang dở với Loan:

- Bây giờ chúng mình mỗi người một hoàn cảnh, tôi mang thân tù tội, không biết lúc nào mới được thả ra, Loan từ Cà Mau lên đây thăm, đường xá xa xôi khó khăn nhiều tốn kém, tôi ngại lắm. Vã lại đời tôi đơn chiếc đã quen rồi, có thêm chút nữa cũng không sao.

Loan vói tay qua đặt nhẹ trên bàn tay của Tâm, đang để xếp trên bàn;

- Anh Tâm! hãy gọi Loan là em, đừng xưng tôi với em nữa! Nếu em không thương và quí mến anh, thì em đã lập gia đình từ lâu, hoàn cảnh của anh bây giờ lại cần sự có mặt của em hơn lúc nào hết, anh đừng từ chối nghe anh!

Tâm cúi mặt nhìn xuống bàn:

– Vâng! anh rất cám ơn lòng tốt của em.

Tới đây, vì quá xúc động, tâm xoay mặt sang hướng khác để dấu hai hàng nước mắt chạy dài trên má;

– Thôi em về đi kẻo tối! cho anh gởi lời thăm hai bác!

Loan sực nhớ tới chiếc giỏ đựng thức ăn và các vật dụng thường nhật nàng mang lên để biếu tâm nên bước sang gốc cột tre kề bên với tay xách chiếc giỏ đang để dưới đất, mang lại trao cho chàng:

– Em có mang một ít trái cây vườn, bánh kẹo và thức ăn khô để biếu anh.

Tâm đưa tay nhận lấy chiếc giỏ đựng đầy ắp các thức ăn được trao từ tay Loan.

– Anh cám ơn em nhiều lắm!

Tên cán bộ hướng dẫn đã đứng lên, rời chiếc ghế tre lấy chiếc nón cối úp lên đầu, chuẩn bị trở về trại.

– Giờ thăm nuôi đã hết, anh Tâm phải trở vô trại.

Tâm và Loan, hai người cùng lúc đứng dậy khỏi chiếc bàn, anh quay mặt qua nhìn Loan hối thúc:

– Thôi em về cho sớm! đi đường rừng trời tối không tốt!

Loan thẫn thờ đứng tại chỗ nhìn Tâm đang bước theo tên hướng dẫn đi về phía cổng trại, nàng cố nói với theo:

– Anh ráng giữ gìn sức khỏe, vài tuần nữa em sẽ lên đây thăm anh!

Tâm đã khuất hẳn về phía trong trại Loan mới chịu trở về bàn, buông mình xuống ghế tre với nhiều nỗi xót xa đau đớn. nàng đã thật lòng yêu Tâm từ những năm đầu gặp gỡ, rồi hy sinh chờ đợi với tháng năm dài, đông qua hè lại nối tiếp nhau đi, nàng quen chàng trong lứa tuổi học trò, tuổi ngây thơ đầu đời của người con gái, như đóa hoa vừa mới nở, nghe gió xuân về lòng đã cảm thấy mênh mang rộn ràng. Mười tám... mười chín... hai mươi... hai mươi mốt... cuối cùng, nàng không còn đủ can đảm để đếm những ngày Tết đi qua, những mùa xoài trong vườn trổ nụ. thực sự hôm nay Loan vừa tròn ba mươi tuổi, đã trên một thập niên chờ đợi, một

CHƯƠNG 9 - BONG BÓNG NƯỚC MƯA

thập niên đối với đời người quá dài, để thử thách và đánh giá trị cho một tình yêu.

Đang trầm mình trong những mênh mang suy tưởng, thương cho người yêu phải chịu đựng trong lao tù hành xác, nàng giật mình vì có một bàn tay vỗ nhẹ sau lưng:

- Cô Loan! thôi mình về chứ, mấy anh tài xế xe Honda đang chờ ngoài kia!
- À! chị Hai, em cũng đang sửa soạn đây!

Rồi thời gian tiếp sau đó, cứ khoảng hơn tháng hoặc năm sáu tuần là Loan lại cụ bị mang đủ thứ thức ăn, áo quần, khăn gói lên thăm chàng.

Danh từ *"Kà Tum"* đối với nàng không còn ngỡ ngàng xa lạ khó nghe nữa, mà hình như nó đã trở thành một danh từ quen thuộc và đáng yêu, đáng nhớ. Vài người bán hàng ở chợ Tây Ninh và anh tài xế xe *"Honda ôm"* gặp nàng nhiều lần rồi cũng quen mặt, nên mỗi lần thấy Loan đến, họ đều niềm nỡ đón chào như người thân thiết, đôi lúc họ biếu nàng cả chục xoài, hoặc vú sữa chín để mang vào đó chia cho anh em trong trại, hay nhiều lần anh tài xế Honda bảo nàng trả bao nhiêu cũng được, họ rất thông cảm hoàn cảnh gia đình của các anh em cựu sĩ quan đang bị tù tội trong đó, những cử chỉ và cách đối xử rất tình người đã làm cho Loan xúc động rất nhiều.

Tình yêu giữa Loan và Tâm đã được lần lần hâm nóng trở lại, những kỷ niệm đưa đón ngày xưa khi nàng còn đi học, những chiều hẹn hò trong vườn bách thú hay Tao Đàn ở Sài gòn được lần hồi khơi lại trong ký ức. Những giờ phút ngắn ngủi tại trại thăm nuôi là những giờ phút đã làm cho tâm và Loan sống lại trong những ngày mơ mộng của một thuở: *"nhà em ở đầu ngõ, nhà anh ở cuối xóm, tình yêu của hai chúng ta được nối lại bằng một lối mòn quanh co trong xóm..."*

Hình bóng Lệ, người vợ thân yêu của chàng ngày xưa, bây giờ cũng gần như lùi dần theo dĩ vãng của thời gian. Trước mặt Loan, anh không bao giờ nhắc lại chuyện cũ giữa Lệ và anh cả. Tâm trạng của Tâm có đôi lúc giống như người đọc sách, muốn lật qua chương mới, nhưng ngón tay cứ ngại ngùng tiếc nuối, sợ phải đánh mất đi những cảm xúc mình đã có.

Hơn nữa năm sau kể từ ngày được Loan lên thăm viếng và tiếp tế đều đặn, sức khỏe và tinh thần của Tâm đã lần lần tốt đẹp hơn. Hôm nay, anh cùng một số anh em tù nhân khác được cán bộ cộng sản gọi lên xe để dời đến một trại khác. Chuyện thay đổi bây giờ đối với anh không còn là một điều thắc mắc. Anh chuẩn bị viết thư cho Loan biết địa chỉ mới để nàng khỏi đi lên *"Kà Tum"* thăm nuôi nữa.

Vào khoảng hơn một tuần nhật sau đó, Loan đã nhận được thơ báo tin dời trại của Tâm, nàng biết anh đã được đưa về trại ở Hóc Môn gần Sàigòn. Nơi đây, anh không còn phải bị đày đi lao động hành xác như những năm trước kia, có lẽ vì ngay trong thời điểm nầy, các quốc gia cộng sản Đông Âu và cả quan thầy Nga Sô vĩ đại, cũng đã bắt đầu rụt rịt xét lại chế độ độc tài và nền kinh tế nghèo đói triền miên của họ, cũng như ảnh hưởng sự tranh đấu cho nhân quyền của thế giới tự do bộc phát dữ dội hơn đã làm cho bộ chính trị đảng cộng sản Hà Nội phải ngại ngùng ngờ vực, bắt buộc họ phải nới lỏng bớt vòng tay oan nghiệt đã đặt lên đầu lên cổ các anh em cựu sĩ quan Quân Lực VNCH, nhờ vậy các anh em trong trại được thân nhân tiếp tế và thăm viếng thường xuyên, tương đối dễ dàng hơn trước.

Sau khi chính phủ miền Nam bị lọt vào tay cộng sản, nền kinh tế ở đây hoàn toàn thay đổi, theo chính sách tập trung vào quốc doanh được điều khiển bởi những chuyên viên bất tài, thiếu khả năng hiểu biết về quản trị xí nghiệp và kỹ thật chuyên môn, họ đã đưa nền kinh tế miền nam vào năm 1975, lúc đó được so sánh tương đương ngang hàng với Đài Loan, Thái Lan và Nam Hàn bị thụt lùi xuống tận cùng bằng những quốc gia nghèo đói nhất thế giới.

Dân chúng miền Nam lần đầu tiên trong lịch sử, được ăn *"bo bo"* trộn với gạo sâu ẩm mốc hoặc khoai mì. Đa số thành phần ưu tú của quốc gia, những nhà học giả trí thức, chuyên viên kỹ thuật và kinh tế quốc gia đều bị cộng sản đối xử ngờ vực và bạc đãi tồi tệ, nếu những người đó may mắn không bị nhốt vào tù về cái tội có đầu óc tư bản. Vì sống không nổi dưới sự kìm kẹp độc tài và quan liêu dốt nát của chính quyền cộng sản địa phương đã làm hàng trăm ngàn người đành phải lìa bỏ cả mồ mã tổ tiên và sản nghiệp cả đời dành dụm để vượt biển tìm tự do nơi đất khách quê người.

Cũng kể từ ngày ấy, ngân hàng ở Cà Mau đã bị chính quyền cộng sản đóng cửa, Loan đã phải nghỉ việc về nhà phụ với cha mẹ nàng, tìm lối sinh sống khác bằng cách mua bán trái cây dạo và mở lớp học dạy kèm trẻ em trong xóm, nhờ vậy nàng mới tiện tặng dư chút ít để đi thăm Tâm trong tù thường xuyên.

Hôm nay, như thường lệ, sau khi tan lớp học trong xóm vào khoảng bốn giờ chiều, Loan thong thả đạp xe về. Khi đến đầu ngõ, vào cổng vườn nhà, nàng xuống xe dẫn bộ vào phía trong. Bỗng nàng hơi ngạc nhiên khi nhìn thấy mẹ từ trong nhà bước ra có vẻ lăng xăng:

— Ông ơi! Loan nó về rồi kia kià!

Nghe tiếng mẹ báo cho ba nàng hơi khác lạ hơn mọi ngày, làm cho nàng đứng khựng lại:

CHƯƠNG 9 - BONG BÓNG NƯỚC MƯA

– Bộ nhà mình có khách lạ hả má?
– Ờ! Ba con đang nói chuyện với chú Tâm, ở xóm Bàn Cờ củ hồi xưa. Chú mới vừa được thả ra khỏi trại cải tạo, nên xuống thăm ba má!

Chuyện xảy ra thật bất ngờ làm cho nàng hoàn toàn gần như sững sốt nên hỏi gặn lại mẹ cho chắc ăn:

– Má nói anh Tâm nào? Có phải anh Tâm bạn của con không?
– Đúng rồi! tội nghiệp bây giờ trông nó tiều tụy hơn xưa nhiều lắm, hồi sớm giờ nó cứ nhắc con luôn!

Mẹ nàng chưa nói dứt lời, Loan đã hối hả cắt ngang, dẫn xe vào:

– Thôi để con đi vào!

Khoảng hơn nửa năm sau đó, một lễ cưới rất đơn sơ được cử hành với sự hiện diện của thân tộc và vài người bà con lối xóm, để cha mẹ Loan chính thức nhận Tâm làm rể trong gia đình. Sự chờ đợi hơn một thập niên qua của Loan đã được đền bù tốt đẹp, mặc dù nàng đã biết và chấp nhận người chồng của nàng đã qua một lần dang dở.

Sau lễ cưới, hai vợ chồng ra riêng, mua một căn nhà lá ở cạnh bờ kinh ngoài rìa thành phố. Thường ngày Loan vẫn đạp xe đi dạy học, Tâm làm nghề vá vỏ xe đạp ở góc ngã tư đầu đường ra phố chính gần nhà. Mặc dù cực khổ, thiếu thốn triền miên, Loan và Tâm vẫn cảm thấy vui vẻ, hạnh phúc với cuộc sống mới.

Sáng hôm nay, nhằm ngày thứ hai, Tâm đang sửa soạn bày hàng ra dưới góc me ven lộ, một thau nước lạnh, một ống bơm để bơm vỏ xe và ít đồ nghề củ kỹ trong thùng. Vừa xong đâu đấy, trời cũng bắt đầu đổ mưa nặng hột, anh kéo vội chiếc áo tơi được kết lại bằng lá dừa nước, mặc vào người cho đỡ lạnh.

Dựa người sát vào thân cây me để tránh mưa, tự dưng anh chợt nhớ lại những dĩ vãng trôi qua trong trí nhớ một cách thật rõ ràng như mới vừa xảy ra ngày hôm nào đây, anh đã thấy lại cảnh viếng thăm tòa nhà Bạch Ốc ở Hoa Thịnh Đốn, cảnh đi tắm biển ở Florida, rồi ngày đó anh hiên ngang bay trên đầu giặc, bị thương nằm ở quân y viện Đà Nẵng, và cùng người yêu đi dạo phố Pleiku... Rồi tiếp theo đó là cả một khung trời sụp đổ, người vợ mà anh đã đặt hết tin tưởng sẽ sống trọn đời với nhau, đã vĩnh viễn ra đi trên đường di tản. Trước mắt anh, chỉ có nước mắt và tù đày, Tâm đưa tay vuốt vội nước mưa trên mặt, anh theo dõi những giọt nước mưa, những bong bóng nước tròn xoe, rất mỹ miều rồi vỡ đi sau đó:

– Anh Tâm, làm gì mà nhìn những bong bóng nước mưa như trẻ con vậy?

Giật mình như thoát mộng, Tâm ngước đầu nhìn lên thấy Loan, vừa mới thắng chiếc xe đạp trước gốc me, gian hàng sửa xe của anh.

– Ủa! Sao hôm nay, em về sớm thế?
– Nhà bác Hai có giỗ, nên bác bảo em cho tụi nhỏ nghỉ học về sớm hôm nay. À! hay là anh dọn về nghỉ luôn đi, trời mưa không có khách đâu. Sẵn dịp hai đứa mình đến nhà chú Tư ngoài phố để hỏi thăm anh Mỹ có gì lạ không?

Tâm bước tới sát gần vợ hơn, nói vừa đủ cho nàng nghe:

– Em không biết gì à?
– Anh nói biết cái gì?
– Mỹ, nó đã vượt biên được rồi!

Hết sức ngạc nhiên, Loan trố mắt nhìn chồng:

– Ồ ... Ồ ....! Em cũng có nghe nhiều người xì xầm về chuyện vượt biển nhiều lắm, nhưng phải tốn kém cho chủ tàu và hối lộ cho tụi công an địa phương rất nhiều mới đi được, mà đôi khi cũng không chắc chắn cho lắm, nhiều khi mất tiền mà còn bị chúng nhốt tù nữa!
– Ờ! Anh cũng nghe như thế, người ta có dư dã mới tính được, còn tụi mình cứ tới đâu hay tới đó, bị cùi rồi không sợ lở nữa! Tụi công an muốn làm gì thì làm, anh không còn ngán tụi nó nữa.
– Thôi, anh đừng nói, tụi nó nghe mà mang họa. Bữa nay mình về sớm đi câu cá rô con đi, trời mưa rỉ rả như vầy, cá rô ăn mồi dữ lắm!

Nghe nói đi câu, tâm bỗng trở nên vui vẻ hơn, anh nhanh nhẹn thu xếp đồ đạc lại:

– A! bà xã anh nói có lý quá! Mình câu cá rô chiều nay mang về nướng trộn với lá quế và rau răm, nước mắm chấm với rau nhút luộc, ăn cơm hết chê!

Thời gian cứ chầm chậm trôi qua, nước con kinh phía sau nhà cứ lên đầy rồi lại cạn xuống theo chiều dài của ngày tháng đong đưa. Những con cua, con ốc, bám theo bờ kinh cũng lần hồi khó kiếm vì sự nghèo đói, thiếu thốn triền miên của mọi người, nên con vật gì ăn được là gần như bị tuyệt chủng. Chế độ cộng sản đã biến những cánh đồng lúa to lớn phì nhiêu miền nam thành những cánh đồng hoang vô chủ, vì không còn ai tha thiết với sự làm việc vô công của mình nữa! Một tờ giấy ban khen: *"anh hùng lao động"* không còn giá trị bằng một chén cơm đầy!

Sự chiến thắng miền nam của Bắc Việt, lẽ ra sẽ làm cho toàn dân hoan nghênh vì sự thống nhất được lãnh thổ để hòa giải dân tộc và cùng chung lưng đưa đất nước đến phú cường, nhưng nghiệt ngã thay, chế độ cộng sản Bắc Việt chỉ muốn cai trị đất nước theo những giáo điều cố định, thất

CHƯƠNG 9 - BONG BÓNG NƯỚC MƯA

nhân tâm của chủ thuyết *Mắc-Lê*! Hàng trăm ngàn dân quân cán chính miền Nam đã lần lượt bị đưa vào tù, hàng triệu người bỏ cả sản nghiệp, mồ hôi, nước mắt, tiện tặng cả đời để liều chết, vượt đại dương tìm tự do ở bất cứ một phương trời nào, nếu ở đó không phải là cộng sản.

Chủ tịch Đảng Cộng sản Trung Hoa Mao Trạch Đông, đã có lần nói và khinh dễ giới trí thức không có ích lợi như phân, rác. Tư tưởng cùng đinh đó đã làm cho những thành phần được gọi là ưu tú, là chất xám của quốc gia sợ hãi. Nếu cần lắm, bọn cộng sản xử dụng họ theo kiểu *"vắt chanh bỏ vỏ,"* vì lẽ đó, họ đã tìm cách bỏ xứ trốn đi gần hết, lịch sử Việt Nam cận đại, đã chứng minh điều đó không ai chối cải được.

Cùng nhịp điệu nghèo đói của xã hội, gian hàng sửa và vá xe đạp dưới gốc me của Tâm cũng ế ẩm, vì hình như không còn bao nhiêu người đủ tiền mua xe đạp, nên họ thường đi bộ cho khỏi hư hao tốn kém!

Trưa hôm nay, Tâm đang loay quay sửa lại chiếc ghế ngồi, thì ở phía bên kia đường, chú Tư cũng vừa đi tới, thấy Tâm đang ngồi day lưng ra phía ngoài, chú bèn lên tiếng hỏi:

— Chú Tâm, mầy đang làm gì đó?

Tâm quay lại, nhìn chú Tư cười xã giao:

— Chú Tư khỏe hả chú? Con đang sửa lại cái ghế gảy hết một chân. À! Chú có nghe tin tức gì của Mỹ không?

Sau khi kéo quần lên cho gọn gàng, chú ngồi xuống chiếc thùng cây để gần đó:

— Có tao mới đến! Còn vợ chồng bây độ rày làm ăn ra sao?
— Ế ẩm quá chú à! Mà có tin tức gì của Mỹ chú nói đi!
— Cả mấy năm nay, nó mới liên lạc được với tao, nó cho biết là đã định cư tại Hoa Kỳ, ở tỉnh nào, tao cũng quên mất rồi, nó bảo đi làm bên đó cũng khổ cực lắm, nó có nhắn hỏi thăm vợ chồng tụi bây nữa.

Nói tới đây, chú Tư cho tay vào túi áo bà ba, móc ra một cọc tiền giấy dẩy cộm:

— À! Nó có gởi về biếu vợ chồng tụi bây cái nầy, nó nói là do sự giúp đỡ của các anh em Không Quân bên đó, gởi về giúp bây có chút vốn làm ăn, đếm lại đủ số tiền rồi ký tên nhận lãnh, đưa cho tao gởi lại nó để anh em bên đó họ mừng.

Trong một giây phút ngỡ ngàng gần như bất động, anh nhìn cọc tiền giấy, rồi nhìn chú Tư mà không nói được lời nào cả. Anh không bao giờ nghĩ đến là có một chuyện bất ngờ như vậy. Trên đời nầy sao lại có những người bạn đã cách xa hơn cả chục năm nay lại còn nhớ đến mình mà gởi tiền giúp đỡ như vậy?

Anh nhớ lại những năm bị tù đày trong trại cải tạo của cộng sản, anh đã gặp những người mệnh danh là cùng chung chiến tuyến với anh ngày xưa, nhưng vì sự đói khát miếng ăn và chịu cực nhọc lao động không nổi phải hèn hạ nịnh bợ những tên trưởng trại, có nhiều đứa tuổi khoảng con cháu mình, hoặc làm *"ăn ten"* chỉ điểm để được miếng ăn thừa và công việc nhẹ nhàng hơn những người đồng cảnh ngộ. Nghĩ tới nay, anh cảm thấy rất xấu hổ vì cộng sản đã sắp họ đứng chung với anh, và coi thường tư cách của sĩ quan quân lực Việt Nam Cộng Hòa.

Không thấy Tâm nhận lấy số tiền của chú đưa:

– Ủa! Làm gì mà chú mầy đứng chết trân ra đó, cầm tiền đi rồi ký nhận để tao còn về coi chừng tụi cháu nhỏ ở nhà một mình không tiện.

Gần như sực tỉnh qua một cơn mê, anh đưa tay cầm lấy cuộn giấy bạc:

– Dạ, con cám ơn chú Tư.
– Ờ! Muốn đếm lại bây giờ hay lát nữa cũng được.
– Để cháu ký giấy nhận tiền đưa cho chú và nhờ chú gởi lời cám ơn của vợ chồng cháu đến các anh em bên ấy đã có lòng nghĩ đến.

Chú Tư kéo quần đứng dậy, bước tới nhận giấy ký nhận của Tâm trao cho:

– À! Quên nữa, tao có nghe thằng Mỹ nhắn là, bên Hoa Kỳ họ đang có chương trình nhận những cựu sĩ quan của VNCH đi tù về, được sang Hoa Kỳ định cư. Nghe nói ở Sàigòn hay Hà Nội gì đó, họ đang làm đơn để xin đi, đâu chú mầy tìm hiểu tin tức đó ra sao?
– Dạ để con xem có đúng như vậy không!
– Thôi tao về nghe Tâm!
– Cám ơn chú Tư nhiều lắm!

Sau khi chú Tư đã khuất dạng bên kia quán lá, Tâm kiểm soát lại số tiền, có tất cả tương đương khoảng hai trăm năm chục mỹ kim, một số tiền quá to lớn mà khoảng mười năm qua anh chưa từng thấy. Anh dấu gói bạc vào chiếc bao bố dùng đựng ruột xe đạp.

Một cảm giác lâng lâng, thật nhẹ nhàng đến với anh. Cuộc đời đôi khi rất khó suy đoán, nhiều khi những người đồng hội đồng thuyền, cứ nghĩ rằng sẽ giúp đỡ và che chở lẫn nhau trong khi hoạn nạn? Còn có những người có cơ hội may mắn vươn lên, thường quên bạn quên tình! Những điều đó hoàn toàn không đúng với anh trong thời gian tù tội đã qua.

Nhờ vào số tiền giúp đỡ của bạn bè đã gởi về, vợ chồng anh mới có cơ

CHƯƠNG 9 - BONG BÓNG NƯỚC MƯA

hội trở về Sàigòn thăm lại vài người bạn, để tìm hiểu thêm tin tức cho chính xác. Đã lâu lắm rồi, kể từ ngày được rời khỏi trại tù cộng sản, hôm nay anh và Loan mới có dịp trở về thăm thành phố cũ. những con đường ngày xưa vẫn còn đó, những vết chân kỷ niệm của tuổi học trò như còn khua động đâu đây. Hàng me cao vẫn trơ trơ che bóng nắng mặt trời, nhưng trong lòng người sao nghe như hoang vắng, như cô đơn lạc lỏng ở đất khách quê người! Ai đã đổi tên những con đường đã từng mang danh những anh hùng hào kiệt? niềm kiêu hãnh của giống nòi để thay vào đó bằng những biệt danh nặng mùi sắt máu?

Sàigòn ngày xưa của Loan và của Tâm là những tiếng cười rộn rả, với phố xá khang trang và xe cộ rộn ràng sau những buổi chiều tan học. Người dân Sàigòn ngày xưa, bây giờ họ đã đi đâu?? để làm cho đường phố quán hàng gần như cô đơn vắng lạnh! Phía bên kia đường, một vài anh phu xe ba bánh đang uể oải cúi mặt còng lưng đạp, trên xe chất đầy những thùng hàng quốc doanh, lẽ ra anh phải vui vẻ, ngước mặt lên để hãnh diện vì đất nước anh đã tiến mạnh, tiến nhanh lên xã hội chủ nghĩa rồi!

Nghĩ tới đây, Tâm lắc đầu thở dài chán nản, anh đưa tay kéo vội Loan bước qua đường đi về hướng công viên Tao Đàn.

— Em còn nhớ nơi nầy không?

Loan đưa tay nhéo nhẹ vào vai và liếc xéo vào mắt chồng, với giọng nửa nủng nịu nửa trách móc:

— Anh làm như có một mình anh nhớ, còn ai cũng quên hết sao? Chiều nào cũng rủ người ta ra đây mà còn làm bộ hỏi nữa?

— Thời gian qua nhanh thật phải không em? Mới đây mà đã trên mười lăm năm, chúng mình mới có dịp trở lại chốn nầy. Anh nhớ lúc ấy em thường mặc áo dài trắng của trường nữ Gia Long...

Tâm vừa nói đến đây, Loan đã cướp ngay lời chồng:

— Còn anh, lúc đó trong bộ quân phục thiếu úy, với đôi cánh bạc trên ngực áo của quân chủng Không Quân, trông anh "bô" trai và oai hết sẩy!

— Thôi đừng nhắc nữa em, chỉ thêm buồn chứ không ích lợi gì! chúng mình còn sống và gặp nhau lại là may mắn rồi!

Trời Sàigòn hôm nay không nóng lắm, thỉnh thoảng vài làn gió nhẹ của vùng nhiệt đới chỉ đủ làm phe phẩy những chiếc lá bàng tạo thành những bóng mát rung rinh như những bàn tay đang ve vẫy để chào đón người xưa trở lại? Những hàng rào trồng bằng cây "bùm sụm" ngày trước được cắt xén vén khéo trông hết sức đẹp mắt, sao bây giờ lại cằn cỗi tả tơi? bác phu làm vườn bây giờ đang ở đâu? mà để cỏ cây hoang dại thiếu người cắt xén? hay là bác cũng đã chạy theo đoàn người mà cộng sản cho là quân phản động không chịu ở lại đi xếp hàng để được mua vài ký gạo trộn bo bo, mà chạy theo miếng thịt bò *"beef-steak"*? Xuyên qua vài chiếc ghế đá công viên, như nhận diện được một điều gì, Tâm với tay kéo vợ dừng lại:

Em, mình ngồi xuống đây nghỉ chân một tí. Từ nãy giờ, hai người cứ yên lặng bước đi bên nhau như thả hồn về kỷ niệm của một thời để nhớ, để thương, bây giờ nàng mới sực nhớ ra.

— À! em còn nhớ chiếc ghế nầy rồi!

Tâm nhìn vợ, cười ra vẻ bí mật:

— Nếu nhớ, em nhắc lại cho anh nghe đi!

Loan nhìn vào mắt chồng, với vẻ yêu thương trìu mến, trách yêu:

— Người nào đã xí gạt em nhìn lên đọt cây bông sứ ở bên kia, rồi hôn trộm vào má người ta?

Một giọng cười thật cởi mở và hồn nhiên của Tâm làm cho Loan hơi ngượng nghịu, nàng ngả đầu vào ngực chồng, Tâm cúi xuống hôn nhẹ lên trán vợ:

— Tại em đẹp và dễ thương quá! chớ không phải tại anh đâu!

Loan ra chìu giải thích:

— Anh biết không? lúc đó có nhiều người qua lại làm em ngượng quá trời. À! mà khi ấy em nhéo anh có đau không?

Tâm lắc đầu làm ra vẻ anh hùng:

— Sức mấy! người đẹp nhéo không bao giờ đau cả! Loan có vẽ tinh nghịch hơn:

— Thôi để bây giờ em nhéo lại xem có đau không nhá?

Tâm hoảng hốt đưa hai tay ra vẻ chống đối:

— Ồ, ... Ồ...!

Hai vợ chồng cùng cười rất thoải mái. Trong giờ phút nầy, gần như thời gian và khung cảnh ngày xưa đã mang tuổi trẻ trả lại cho hai người.

Sau vài ngày tạm trú để theo dỏi tin tức tại Sàigòn, hôm nay Tâm và Loan phải trở ra Phú Lâm để đón xe về Cà Mau. Khi chiếc xe xích lô đạp chở hai vợ chồng vừa cặp bến xe đò lục tỉnh thì trời cũng bắt đầu đổ mưa. Cái hình ảnh hải hùng trên chín năm qua tại bến xe đò Pleiku đã xẩy đến cho đời anh, lại vô tình trở lại trong trí nhớ, cũng nhằm vào ngày trời mưa, cũng trên bến xe đò, cũng những bãi sình lầy động nước nhớ nhớp, anh đã

CHƯƠNG 9 - BONG BÓNG NƯỚC MƯA

tiễn người vợ đầu đời: Lệ và mẹ nàng di tản về Sàigòn trên chuyến xe đò cuối cùng, nhưng anh không ngờ lần tiễn đưa đó lại cũng là lần ngàn thu vĩnh biệt!

Thấy chồng cứ lầm lủi cúi đầu bước đi có vẻ hơi khác thường, Loan bước nhanh theo phía sau, nàng nắm chéo áo níu lại:

- Anh làm gì mà đi nhanh dữ vậy, chờ em với chớ?
- Ồ... Ồ! anh quên.
- Sao trông anh có vẻ buồn quá, có chuyện gì làm anh không vui?

Tâm yên lặng không nói một lời, nắm tay Loan dìu vợ về quầy hàng bán vé xe đò gần bên:

- Thôi, mình mua vé xe đi em, kẻo hết chỗ ngồi.

Chuyến xe đò tốc hành đã rời khỏi bến Phú Lâm theo quốc lộ về hậu giang, băng qua những cánh đồng đầy nước. Hai bên lộ, những đám ruộng vừa mới cấy, những cây mạ nan còn mang màu vàng yếu ớt vì chưa bắt được chất bồi dưỡng phù sa trong đất. Một vài con trâu đen, đang thư thả gậm cỏ bên đường.

Tâm vẫn yên lặng đưa mắt nhìn ra cửa sổ, anh đang hồi tưởng lại những ngày đầu tiên gặp Lệ, hai người thường đèo nhau trên chiếc xe Honda, chạy băng qua những cánh đồng trống ở ngoại ô thành phố Pleiku, lên thăm vườn cà phê của Lệ trong những ngày nghỉ cuối tuần. Những vòng tay ôm thật chặt của Lệ, hơi ấm tình yêu từ lòng ngực căng đầy của nàng đã làm cho anh có cảm giác say mê, như men rượu cần của dân bản xứ.

Tâm thường gọi nàng là sơn nữ *"phà ca,"* nữ hoàng sơn cước của riêng anh. hai người yêu nhau rồi cưới nhau, hy vọng suốt đời sẽ khắn khít bên nhau. Nhưng anh có ngờ đâu, trên cuộc đời nầy có những lúc hợp đó rồi tan đó, chẳng khác nào như bong bóng nước mưa mà có lần anh đã nói với Lệ.

Thấy chồng cứ đăm chiêu yên lặng, nhìn ra cửa sổ từ khi bước lên xe đến giờ, mà không hở môi nói với nàng một điều gì cả, Loan cảm thấy hơi khó chịu, nàng đưa tay xoa nhẹ vào vai chồng:

- Anh làm gì mà nhìn ra ngoài dữ vậy? Hồi sớm mơi tới giờ không nghe anh nói gì hết!
- Tâm quay lại, đưa tay choàng qua vai vợ, anh cố dấu kín những tâm tư thầm lặng của mình.
- Ờ! anh đang ngắm cảnh chớ có nghĩ gì đâu! Gió mát quá làm anh buồn ngủ.
- Vậy mà em cứ nghĩ là anh đang buồn bực về một chuyện gì đó!

Về đến Cà Mau, sau gần vài tháng còn do dự, vì một phần do gia đình bên vợ, và cũng ngay chính cả Tâm và Loan sợ sệt là sẽ lọt vào âm mưu lừa dối thâm độc của cộng sản nên anh không dám nộp đơn để xin đi định cư sang Hoa Kỳ ngay lúc đó. Vã lại vợ chồng anh đang trong hoàn cảnh nghèo túng đủ thứ khi sang Hoa Kỳ sẽ sống bằng cách nào?

Còn chuyện đồn đại, chánh phủ Hoa Kỳ hay bạn bè bên đó giúp đỡ chỉ là những tin đồn không chính thức. Nhưng nếu cứ ở lại tại đây thì cuộc đời còn lại của anh kể như sẽ chết dần dưới góc me già, nơi anh kiếm sống bằng nghề vá vỏ xe đạp và sự làm khó dể của công an địa phương thường xảy đến.

Hôm nay, sau bữa ăn chiều, tâm nhận thấy gương mặt của vợ có vẻ buồn bực, anh bước lại gần bên nắm tay Loan kéo lại ngồi chung trên chiếc võng treo giữa hai cây cột nhà:

– Chắc tụi nhỏ phá phách dữ lắm hay sao mà trông em có vẻ không vui?
– Không phải vậy đâu!... Em sắp nghỉ dạy rồi!

Một ít ngạc nhiên hiện lên trên gương mặt Tâm:

– Ủa! em nói là em thích đi dạy học lắm mà!
– Vâng, em thích! nhưng lúc sáng nầy công an ở khu vực, có đến hỏi giấy phép làm khó dể chất vấn đủ điều. Họ bắt buộc em đóng cửa lớp học vào cuối tháng nầy.

Lại một điều không may mắn sắp trút lên đầu, vì nhờ vào số tiền đi dạy học đều đặn của Loan, hai vợ chồng mới đấp đổi cháo rau qua ngày. Còn công việc làm của Tâm thì lúc có lúc không, chắc chắn không thể nào sống được.

Tâm đưa tay xoa lưng an ủi vợ:

– Trời sinh voi sinh cỏ, em đừng lo! Rồi mình sẽ kiếm nghề khác, anh sẽ chỉ cho em cách vá vỏ và bôm xe đạp để làm thay anh.
– Còn anh làm nghề gì?
– Anh sẽ đi thuê xe ba bánh đạp chở hàng quốc doanh, hoặc chở hàng mướn cho người ta, anh nghe cũng dễ kiếm sống lắm!

Loan quay nhanh lại nhìn sát mặt chồng:

– Trời ơi! thân xác anh như vầy còn sức đâu mà đạp với kéo...!

Tâm dang hai vòng tay ôm sát vợ vào lòng, anh cười và nói khéo cho vợ an lòng:

– Em chê anh à? Dù hèn mấy cũng là cựu Đại Úy phi công ngày xưa em nhớ không? trông ốm yếu như vậy chớ khỏe lắm nghe!

CHƯƠNG 9 - BONG BÓNG NƯỚC MƯA

Mặc dù nói như vậy để an ủi Loan, thực ra Tâm hiểu chàng nhiều hơn ai hết. Sau gần bảy năm tù tội nơi rừng hoang nước độc, lao động hơn trâu bò, mỗi ngày chỉ được hai ba vắt cơm gạo sấu trộn khoai sắn, thì thân xác dù là cỏ cây sắt đá cũng phải mục nát theo thời gian, huống chi là da thịt của con người!

Đôi mắt Loan bỗng vụt sáng lên như vừa tìm thấy một điều gì mới lạ, nàng đưa mắt liếc nhanh ra phía trước cửa nhà, xem chừng có ai đi qua không, hay nghe ngóng để ý gì không?

– Hay là anh cứ ra tỉnh nộp đơn xin đi, mình đã cùi rồi thì không còn sợ lở nữa! Em nghe đồn là đã có vài người đi nộp đơn rồi!

Một phút yên lặng suy nghĩ, Tâm quay sang nhìn vợ:

– Nếu em đồng ý thì anh cũng không sợ gì nữa! Sáng mai anh sẽ ra tỉnh xin đơn và coi tình trạng tụi công an nó đối xử như thế nào?

Con gà trống của vườn nhà bên cạnh vỗ cánh bành bạch, cất tiếng gáy tàn canh. Trời bên ngoài cũng đã bắt đầu rựng sáng. Loan đã thức dậy từ lúc nào, nàng đang sửa soạn vài thứ cần dùng và chút ít áo quần vào vali độc nhất mà mẹ nàng đã cho khi hai vợ chồng ra riêng. Khi đâu đấy xong xuôi, nàng đến vén mùng đánh thức Tâm dậy:

– Sáng rồi anh! dậy thay đồ xong, ghé lại thăm ba má lần cuối để còn kịp giờ lên xe đò.

Tâm giật mình, lòm còm bò ra khỏi giường, anh đưa tay vươn vai, mắt nhắm mắt mở, lên tiếng hỏi vợ:

– Mấy giờ rồi em?
– Gần sáu giờ sáng rồi! anh ra rửa mặt thay đồ, mình đi là vừa!

Chuyến xe đò Cà Mau- Sàigòn hôm nay hơi vắng khách, Tâm và Loan yên lặng ngồi ở hàng ghế trước. Có lẽ hai vợ chồng đang lo nghĩ rất nhiều cho cuộc hành trình sắp đến. Lẽ ra, anh phải vui vẻ vì rồi đây anh sẽ thấy được ánh sáng tự do và hưởng được sự tôn trọng quyền làm người ở một quốc gia dân chủ tiến bộ. Nhưng tâm trạng của anh bây giờ là tâm trạng của kẻ đã bị quá nhiều mất mát.

Quê hương anh còn đây, dân tộc anh còn đây, làng xã xóm giềng còn đó, nhưng sao trong lòng anh cảm thấy như xa xôi ngàn dặm! Anh chực nhớ tới người vợ hiền ngày xưa, với chiếc mả cô đơn ở ngoại ô tỉnh, tự dưng anh cảm thấy mình là con người vô tình, nhẫn tâm trên cả chục năm nay, anh đã không có một cơ hội may mắn nào để được phép trở lại Pleiku, ghé thăm ngôi mộ của người bạn đường quá cố! Anh cảm thấy như đã phản bội với Lệ. Anh đang âm thầm cầu nguyện vong linh nàng sẽ tha thứ cho anh trong hoàn cảnh hôm nay.

Đối với anh, cộng sản Việt Nam không phải là những người Việt có tinh thần quốc gia thuần túy, họ không giống như những chiến sĩ của Hưng Đạo Vương, Quang Trung Nguyễn Huệ, như ngày xưa, mà họ là những quân lính đánh thuê, của Max-Lê và Mao chủ tịch, đến để chiếm cứ và đặt nền đô hộ trên đất nước quê hương nầy. Cộng sản đã gán ép cho anh một cái danh từ thật xấu xa bỉ ổi là *"Mỹ Ngụy"*.

Thực sự cá nhân anh, mặc dù thân phận nhỏ bé, nhưng anh không bao giờ lại có ý nghĩ chấp nhận, tình nguyện để làm tay sai cho bất cứ một cường quốc nào! Chính anh, anh cũng không thích bất cứ một quân đội ngoại quốc nào có mặt trên lãnh thổ của tổ tiên anh. Anh tin chắc rằng, đa số những người dân miền Nam như anh, họ đều có cùng một lòng dạ rất giản dị như anh, là khi quê hương cần đến, thanh niên trai tráng phải có mặt để đứng lên đáp lời sông núi.

Trên thực tế, chiến tranh hôm nay và có lẽ sẽ mãi mãi về sau thường không phải là những cuộc chiến đơn thuần giản dị, có thể giải quyết trong nội bộ giữa hai đối tượng hoặc có tính cách địa phương như nhiều thế kỷ về trước. Vì thế giới của loài người ngày nay, càng ngày càng nhỏ hẹp do sự tiến bộ vượt bực về các lãnh vực truyền tin, giao thông và các loại vũ khí chiến tranh hiện đại.

Các quốc gia nhỏ bé, kém mở mang, không thể sống cô lập như những thời xa xưa nữa! nên dù muốn dù không cũng phải bị lệ thuộc ít nhiều vào những cường quốc hùng mạnh khác. Các danh từ được xử dụng trong chiến lược mới được sơn son thếp vàng thật hoa mỹ, là bạn đồng minh, đồng chí hay thần thánh hơn là chiến sĩ của tự do v.v... và v.v....

Vậy ta thử hỏi: *"ai là ngụy, ai không? ai tay sai, ai bán nước?"* Có chăng chẳng qua đó là lời lẽ của kẻ chiến thắng, gán lên trên đầu lên cổ những người kém may mắn hơn mình!

Tâm tư thật sự của Tâm ngày hôm nay là tâm tư của một người dân ở một quốc gia bị trị. Dù trực tiếp hay gián tiếp, vợ chồng anh vẫn cảm thấy như là đang bị trục xuất ra khỏi nơi chôn nhao, cắt rún của mình!

Hơn hai năm qua, Tâm và Loan, hai vợ chồng sống rất hạnh phúc trong một căn phố nhỏ, nằm về phía nam thành phố Seattle, vùng Tây Bắc Hoa Kỳ. Bây giờ, trời ở đây đã trở sang Thu, nên thời tiết bên ngoài bắt đầu lạnh, cây hai bên đường đã sửa soạn thay màu áo mới, những hạt mưa nhè nhẹ vẫn rơi đều đều chỉ đủ để làm ướt tóc những khách bộ hành trên con lộ phía trước công viên.

Kể từ ngày sang đây, vì vốn liếng anh ngữ hạn hẹp nên Loan lãnh các thứ đồ chợ về may tại nhà. Tâm nhờ có vốn anh ngữ từ trước, nên may

CHƯƠNG 9 - BONG BÓNG NƯỚC MƯA

mắn nhận được một công việc: lựa và đưa thư tại một trụ sở bưu điện ở quận ly kế cận. Vợ chồng anh đã lớn tuổi, nhưng không có con cái nên cuộc sống tương đối rất thoải mái.

Hôm nay nhằm vào ngày cuối tuần, tâm thức dậy sớm hơn thường lệ, anh đang ngồi trên chiếc ghế kê sát cửa sổ nhìn ra phía trước nhà. trên bàn, một ly cà phê nóng khói còn đang tỏa lên nghi ngút. Tự dưng anh chợt nhớ đến quê nhà, nhớ Ban Mê Thuột, Pleiku, Kontum, Đà Lạt... trong những ngày mưa phùn cứ rỉ rả suốt ngày gần như bất tận, cũng vừa lúc đó, Loan đã thức dậy, nàng bước tới kéo ghế ngồi sát bên chồng:

— Mưa bên này trông buồn giống như bên mình quá phải không anh?

Tâm đưa tay kéo vợ vào lòng:

— *Ờ! những ngày mưa phùn như vầy làm anh nhớ*... Rồi tự dưng như sực nhớ một điều gì nên anh ngưng ngay giữa câu chuyện và bàn sang đề tài khác:
— Thôi! chờ một lát hết mưa, mình đi ra phố ăn phở nghe em!

Loan ngẩn ngơ quay lại, nàng mở rộng đôi mắt hết sức ngạc nhiên nhìn vào mặt chồng:

— Ủa! sao anh nói một đàng, rồi chạy sang nẻo khác? Anh nói trời mưa làm anh nhớ một điều gì?

Tâm cố từ chối khéo để vợ khỏi chất vấn, nhưng Loan nhất quyết muốn tìm hiểu chàng đang nghĩ gì? Biết không thể nào giữ kín lâu hơn được nữa, anh thấp giọng kể lại cuộc đời tình ái của anh và Lệ, mang nhiều kỷ niệm lúc còn ở Pleiku.

— Em à! Anh sẽ cho em biết những gì đã xảy ra trong đời anh cách đây trên hai mươi năm về trước, vì có nhiều lúc sợ làm cho em buồn nên anh đã giữ kín từ lâu.

Loan cúi mặt gục đầu lên vai chồng:

— Em không buồn đâu, nếu chuyện đó mang nhiều kỷ niệm giữa anh và chị Lệ!
— Đúng vậy em, mỗi lần mưa phùn lả tả như hôm nay thường nhắc anh nhớ lại những kỷ niệm củ, ngày anh gặp Lệ, rồi ngày Lệ vĩnh viễn ra đi cũng đều nhằm vào ngày mưa phùn cả. Định mệnh sao quá cay nghiệt! Nàng rất sợ đời mình như bong bóng nước mưa, vừa thấy đó rồi mất đó, nhưng sau cùng cũng không sao tránh khỏi.
— Thôi anh đừng nhắc lại nữa tội nghiệp chị ấy quá! Bây giờ em mới hiểu tại sao đôi khi bắt gặp anh có những nỗi buồn đơn độc, em hy vọng ở hoàn cảnh mới nầy anh có em và có nhiều bạn bè tốt, sẽ

làm anh quên dần những chuyện đau buồn ngày cũ! Loan bỗng đổi giọng và sang qua chuyện khác:

– À! hình như chiều nay nghe nói anh sẽ đi họp với anh em ngoài phố phải không?

– Vâng, có vài anh em ở đơn vị cũ, muốn họp mặt nhau để có dịp hàn huyên và đồng thời dự trù quyên góp chút ít tiền để gởi về Việt Nam giúp đỡ những bạn bè đang lâm vào hoàn cảnh cơ cực bên đó.

– Em cũng nghe người ta đồn đại là ở đây có cả mấy chục hội đoàn hay đảng phái chánh trị gì đó. Có người lợi dụng hội nầy đảng kia rồi tranh giành hung hăng dữ lắm. Thậm chí có những nhân vật rất ngu ngơ, thiếu tài thiếu đức, nhưng lại háo danh, háo thắng, thường vỗ ngực, xưng tên như một chuyên viên lập hội. Họ mua chuộc những tên đánh thuê, chửi mướn để áp dụng thủ đoạn "cả vú lấp miệng em" che kín những hành động man trá của mình, để khuyến dụ những người nhẹ dạ. Em nghĩ anh nên tránh xa những người không tốt đó.

– Anh biết! làm thân chiến sĩ mà bại trận là một sự nhục nhã rồi. Bị gián tiếp hay trực tiếp xô đuổi ra khỏi xứ sở quê hương mồ mã ông bà là chuyện nhục thứ hai. Qua báo chí tại đây, có vài chính khách và ngay cả cựu bộ trưởng quốc phòng Mỹ Quốc, ông McNamara cũng đã tuyên bố có nhiều ác ý đổ lỗi và đánh giá trị rất thấp tinh thần chiến đấu của quân lực Việt Nam Cộng Hòa. bây giờ chúng mình thực sự như người ở trọ, đôi khi người chủ nhà muốn nói gì thì nói, kẻ ở đậu chỉ biết giã điếc qua đò, ngậm câm an phận, đó là cái nhục thứ ba! Còn cái nhục thứ tư là cái nhục gà nhà bôi mặt đá nhau ở xứ người, vì quyền lợi cá nhân bè phái hay vì có những tư tưởng quá khích cực đoan, thiếu suy xét cẩn thận, chụp mủ và đã kích vô căn cứ, họ đã cố ý hoặc vô tình gây chia rẽ sự đoàn kết của cộng đồng để làm trò cười cho người bản xứ.

– Như em đã thấy, người da đen ở đây, ai cũng nghĩ họ là thành phần nghèo và kém học so với các sắc dân khác, tuy nhiên nếu ta nhìn kỹ hơn, họ lại có một đặc tính rất đáng nêu gương là sự đoàn kết gắn bó bênh vực lẫn nhau hơn bất cứ một sắc dân nào khác trên đất nước nầy. Nhờ vào sự hợp quần chặt chẽ đó, cộng đồng của họ mới tạo được những tiếng nói mạnh mẽ trong các lãnh vực chánh trị và kinh tế Hoa Kỳ ngày nay.

Nghe chồng bàn tới đây, Loan lại xen vào câu chuyện:

– Mấy bữa rày báo chí và truyền hình bàn nhiều về vụ chà đạp nhân quyền ở chế độ cộng sản Trung Hoa và chiến sĩ nhân quyền Harry Vũ, anh nghĩ thế nào?

Tâm chẩm rải nâng ly cà phê nóng lên uống một hớp nhỏ, xong anh thư

CHƯƠNG 9 - BONG BÓNG NƯỚC MƯA

thả trả lời câu hỏi của vợ:

- Lâu quá hai đứa mình không có dịp bàn về các vấn đề thời sự, nói đúng hơn là không dám vì ở quê nhà tụi công an cộng sản hình như có lỗ tai đặt ở khắp nơi, lỡ hở môi một tí là có thể vào tù dễ dàng.

Loan cũng lại xen vào:

- Thì chính cũng vì lý do đó vợ chồng mình mới bỏ xứ sang đây, chứ nếu họ dễ dàng tự do một chút, ba má ở nhà có ruộng đất dưới quê tụi mình ở lại làm ăn cũng sướng vậy!

Tâm cũng gật đầu đồng ý với vợ:

- Nhưng để anh nói cho em nghe đây là ý kiến và sự suy luận của anh, nếu không đồng ý thì em cho biết nhá!

Loan đưa tay véo nhẹ vào bắp vế chồng:

- Cái tật anh hay rào trước đón sau, thì nói đi, nếu trật thì em chống báng ngay. Ở cái xứ văn minh nầy, anh được quyền tự do ngôn luận và phát biểu ý kiến, chớ đâu phải ở chế độ cộng sản đâu mà anh ngại?

Tâm chậm rãi tiếp tục câu chuyện:

- Trên nguyên tắc thì anh rất đồng ý với ông Harry Vũ, vì phải có người như ông để cho thế giới bên ngoài biết về sự cai trị độc tài, chà đạp nhân quyền của chính quyền cộng sản Trung Hoa. Nhân quyền nó gần như là một nhu cầu cần thiết như ăn với uống của con người để sống. Nếu không có nhân quyền, con người sẽ trở thành nô lệ, hay nói đúng hơn đời sống như là một con vật không hơn không kém cho một cá nhân hay một đảng phái độc tài nào đó thì những điều đó không một ai chối cải được.
- Tuy nhiên, đôi khi về phương diện chính trị quốc tế thì nó lại không giản dị như mình đã nghĩ. Nhiều quốc gia dùng nó như một chiêu bài để đả kích và đánh lạc hướng dư luận quốc tế để thực hiện một ý đồ thâm hiểm có lợi cho quốc gia họ. Như em đã biết, thế giới ngày nay không hoàn toàn giống như nhiều thập niên về trước là quốc gia hùng mạnh nầy đưa quân sang xăm chiếm và đô hộ quốc gia yếu kém khác, để tranh giành quyền lợi kinh tế và tìm kiếm, rút tỉa những tài nguyên thiên nhiên của quốc gia bị thống trị.
- Bây giờ, họ dùng những thủ đoạn xảo quyệt hơn, một trong những chiến lược mới là đặt ra những danh từ thật thơm tho hoa mỹ, bóng loáng và có vẻ anh hùng mã thượng như : "chiến sĩ của tự do, chiến sĩ của thế giới nhân quyền" v...v... và v...v.. Nhưng trong thâm tâm và ý đồ của họ là tìm cách xúi giục, tạo mầm mống bất mãn để gây

xáo trộn nội bộ, tìm cách lật đổ chính phủ để tạo những con bù nhìn có lợi cho họ đối với bất cứ quốc gia nào không cúi đầu hoặc có ý chống báng có hại đến quyền lợi hay mưu toan cạnh tranh về phương diện kinh tế với họ.

Tâm nói tới đây, Loan lại vọt miệng có vẻ hơi bất mãn:

– Như vậy thế giới nầy đâu có công bình chút nào?

Tâm nhìn vợ có vẻ đồng ý, rồi cười nhạt:

– Nếu ai cũng nghĩ thật thà như em thì thế giới nầy là thiên đàng rồi! Cái quy luật: "mạnh được, yếu thua, khôn thì sống vinh, dại thì sống nhục, làm thân trâu ngựa cho người khác" đã xảy ra từ khi loài người có mặt trên quả đất và chắc chắn nó sẽ còn tồn tại mãi mãi cho đến khi quả đất nầy nổ tung ra, thì hy vọng mới hết được! Cái quan trọng là chúng ta phải bình tỉnh suy luận để nhận định đâu là thực, đâu là giả để khỏi bị lầm lẫn a dua theo những điều bất chính.

Nghe Tâm bàn tới đây, Loan đã chán ngán bỏ đứng dậy, nàng bèn chuyển sang vấn đề khác có vẻ thích thú và thực tế hơn:

– Nghe anh nói bao nhiêu đó cũng đã thấy mệt rồi! Bây giờ trời đã hết mưa, mình vào thay đổ đi ăn sáng, sẵn dịp em sẽ ghé tiệm mua chút ít rau, giá về chiều nay nấu canh chua tôm.

Tâm đứng dậy, bưng ly cà phê theo vợ ra phía sau bếp:

– OK! Em nấu canh chua tôm ăn với cá kho tộ là nhất rồi!

Trưa hôm nay trời Seattle bổng trở nên quang đãng hơn. Những tia nắng vàng yếu ớt của mùa Thu hình như đang còn nuối tiếc cho một mùa Hè rực rỡ đã qua. Nắng không ấm lắm chỉ đủ làm cho khu phố bớt vẻ buồn tênh của những ngày Hè tàn và Thu lạnh sắp mở cửa bước sang.

Tâm và tôi đang ngồi nhìn từng giọt cà phê đang nhểu đều trong chiếc cốc thủy tinh đặt trên bàn trước mặt. Tôi được biết Tâm qua một phi vụ đổ quân thám sát cách đây trên hai mươi lăm năm về trước tại Pleiku.

Hôm nay, tình cờ gặp lại anh ở chốn nầy để rồi ngồi đây nghe anh thuật lại chuyện đời mình, tựa hồ như một bi kịch, một bi kịch được viết bằng những giọt nước mắt của chính anh, của những người Việt nam đã ra đi hay còn ở lại, có những hoàn cảnh như anh.

Anh Tâm! tôi viết lại bài nầy không những cho riêng anh, mà còn cho nhiều anh Tâm khác nữa, cho những người lính Việt Nam Cộng Hòa đã nghiệt ngã phải chấp nhận bại trận thương đau, nhưng họ vẫn hãnh diện đã làm tròn bổn phận làm trai trong thời quốc biến và luôn luôn vẫn giữ

CHƯƠNG 9 - BONG BÓNG NƯỚC MƯA

một lòng dạ sắt son và thủy chung cùng dân tộc. Tôi cũng viết để đề cao những người đàn bà Việt Nam hiền lành của quê hương tôi, bao giờ cũng nhẫn nại và chấp nhận chịu đựng những hy sinh cho chồng, cho con, ra đi theo tiếng gọi của non sông.

CHƯƠNG 10

Những Cánh Chim Việt

Trời đã sang Thu độ hơn tháng nay. Với những cơn mưa tầm tã kéo dài suốt ngày, những hạt nước mưa thật nhỏ, bay lất phất theo từng đợt gió giật.

Cây *"ALDER"* to lớn ở trước cửa nhà trông rất cằn cỗi thường cho tàng lá xum xê vào mùa hè, đã để rơi những chiếc lá vàng cuối cùng vào tuần trước. Những con sóc nhỏ có cái đuôi dài lông màu xám thật đẹp, cong lên như chiếc chổi lông gà trông rất dễ thương, thường chạy loanh quanh tìm mồi trước sân, hình như chúng đang ngửi thấy cái không khí lạnh của mùa đông sắp tới nên đã trốn tự lúc nào.

Trong chiếc áo ấm dày cộm, Tuấn ngồi trên chiếc ghế xích đu kê trước hiên nhà. Ly cà phê còn đang bốc khói kể bên, với điếu thuốc lá đầu ngày trong tay, anh cảm thấy thời gian gần như đi chậm lại. Kể từ ngày sang đây, mọi thói hư tật xấu của bốn món ăn chơi gần như được tạm thời vứt bỏ, không phải chỉ riêng mình anh mà hầu như các bạn bè và người anh quen biết, hình như họ cũng đã và đang đi vào quỹ đạo độc nhất đó.

Tuấn không bao giờ hút thuốc ở sở làm hay trong nhà như trước kia ở Việt Nam. Tuy nhiên những ngày cuối tuần hay có bạn bè đến đấu láo là anh thích được vun vít vài điếu cho thêm ngọt ngào câu chuyện. Có lẽ ông bà ta ngày xưa nói rất có lý: *"điếu thuốc miếng trầu là đầu câu chuyện."*

CHƯƠNG 10 - NHỮNG CÁNH CHIM VIỆT

Với một ly cà phê sữa nóng vào những buổi sáng mùa Thu lành lạnh như hôm nay, hay những ly bia lạnh xùi bọt vào mùa hè nắng cháy, nếu không có một điếu thuốc cặp trên đầu ngón tay thì chắc chắn chúng ta đã để thiếu một cái gì gắn bó trong cuộc sống?!

Tuấn không có ý ca tụng hoặc đề cao hình ảnh hút thuốc lá đó sẽ làm cho người đàn ông có vẻ tao nhã và lãng mạn hơn, vì chính anh vẫn bị bà xã cằn nhằn tối ngày, nào là bịnh lao phổi, khói thuốc làm hôi thúi quần áo, nhà cửa v.v.... và v.v.... Nhưng chứng nào vẫn tật ấy, lời nói như nước đổ lá môn, anh cứ lén ra cửa lai rai cho khỏi bị phiền phức.

Hớp xong ngụm cà phê cuối cùng, Tuấn đứng dậy đặng quay lưng mở cửa trở vào nhà thì có tiếng xe vừa quẹo vào hướng nhà anh. Tuấn dừng lại nhìn ra đầu ngõ, vì trời vẫn còn mưa lâm râm, anh cố nhướng đôi mắt để nhìn cho rõ hơn xem khách quen hay lạ. Chưa nhận diện được rõ ràng thì chiếc xe đã ngừng hẳn trước cửa "garage."

Cánh cửa bên phía tài xế vừa mở ra, một người đàn ông vào khoảng trên năm mươi tuổi bước ra ngoài, Tuấn chợt nhận ra người khách lạ ấy một cách dễ dàng. Anh mừng rỡ gọi lớn:

- Ê Trung! Hôm nay mầy lái xe mới, tao lại tưởng là khách nào lạ lắm! Thứ bảy tuần rồi bà xã tao có làm món nhậu, chờ mầy mãi không thấy tới.
- À! Tuần rồi tao bận đi Seattle có chút việc, khi về nhà nghe bà xã nói lại là mầy gọi điện thoại đến. Thôi! Dẹp chuyện đó qua một bên đi, hôm nay tao có một người bạn mới quen, không biết mầy còn nhớ không?

Tuấn còn đang phân vân thì cánh cửa xe bên phải cũng vừa mở ra. Một người đàn ông tuổi tác cũng vào khoảng hai người, anh ta nhìn về phía Tuấn gật đầu chào. Định bước ra phía ngoài để tiếp khách, Tuấn vụt đứng khựng lại, với sự ngạc nhiên hết sức tột cùng, anh không thốt lên được một lời nào cả. Trung bước lại gần, vỗ vai có vẻ bí mật:

- Mày có biết ai không?

Tuấn vẫn không trả lời trực tiếp vào câu hỏi của bạn. Anh vẫn nhìn người khách lạ lẩm bẩm:

- Hình như Tâm đây mà!?

Người khách bước tới trước mặt Tuấn, hình như đọc được sự ngỡ ngàng đang thể hiện trong ánh mắt của anh:

- Vâng! Anh Tuấn, Tâm đây!

Như không cầm được cơn xúc động, Tuấn dang tay ôm chầm lấy Tâm:

– Trời ơi! Hơn hai mươi năm nay, tụi mình mới gặp lại …!

Để tôn trọng sự gặp gỡ đầy ngạc nhiên và cảm động, Trung lặng lẽ bước nhẹ vào phía trong mái hiên nhà.

Nghe tiếng xe ngừng và những giọng nói xa lạ lao xao phía ngoài trước, Phượng mở cửa nhìn ra, thấy ba người còn lăng xăng nói chuyện, nàng vội lên tiếng:

– Anh Tuấn! Sao không mời các anh vào nhà? Ngoài ấy lạnh lắm!

Như chợt tỉnh lại, Tuấn vội vả hối thúc:

– Gặp lại Tâm mừng quá quên cả lạnh! Thôi tụi mình vào nhà đi!

Xoay qua nhìn Phượng đang đứng vịn cánh cửa chờ đợi, Tuấn giới thiệu với vợ:

– Em đã biết anh Trung rồi! Còn đố em biết ai đây không?

Phượng mở rộng đôi mắt nhìn Tâm như cố moi trí nhớ người khách lạ nầy có gặp lần nào chưa? Nàng lắc đầu xin lỗi:

– Anh có nhiều bạn quá, em không nhớ hết được!

Tuấn nhìn vợ cười có vẻ bí mật:

– Làm sao em biết được! Anh Tâm nầy là người cũ trong họ hàng của mình đó. Em còn nhớ, anh đã có lần kể cho em nghe câu chuyện của người em gái bạn dì của anh ở Pleiku là Lệ không?

Vừa nghe chàng nói tới đây, gương mặt của Phượng trở nên rạng rỡ hơn, nàng cướp ngay lời Tuấn:

– Ồ! Có phải anh Tâm là chồng của dì Lệ ngày xưa không?

Tâm đứng yên lặng từ lúc Phượng mở cửa mời vào. Bây giờ anh mới bước tới cúi đầu chào Phượng:

– Thưa Chị, đúng vậy!

Nét mặt Phượng đột ngột trở nên buồn bã, nàng cúi đầu thở ra:

– Tội nghiệp dì Lệ quá!

Tuấn không muốn nhắc lại câu chuyện buồn ngày xưa giữa Tâm và Lệ nên chàng cố tình đổi sang đề tài khác:

– Thôi lạnh lắm! Vào nhà mau lên, mình làm cái gì nhậu lai rai để mừng Tâm sang được bên đây!

CHƯƠNG 10 - NHỮNG CÁNH CHIM VIỆT

###

Tuấn là cựu Đại úy Không Quân của Quân Lực Việt Nam Cộng Hòa ngày trước. Anh được biệt phái sang làm Sĩ Quan Không Trợ cho Bộ Tư Lệnh vùng II Chiến thật đồn trú tại Pleiku. Cũng tại đơn vị mới nầy, anh đã gặp Đại úy Tâm thuyên chuyển từ Sư Đoàn II Không Quân ở Nha Trang lên làm việc chung trong văn phòng điều không, hành quân hỗn hợp giữa lục quân và không quân.

Thuở đó Tâm và Tuấn chưa lập gia đình nên hai người bạn ở chung trong khu cư xá sĩ quan độc thân. Thỉnh thoảng những ngày Pleiku mưa dầm không đi đâu được, hai đứa nằm nhà, Tâm kể lại mối tình ngang trái giữa Tâm và Loan cũng như chuyện gia đình côi cút thuở nhỏ của anh cho Tuấn nghe. Càng ở lâu và hiểu nhau hơn, hai người trở nên thân thiết như anh em ruột thịt, để rồi trong một dịp Tết, ở thị trấn buồn thiu nầy, Tuấn đã giới thiệu cho Tâm gặp gỡ và làm quen với người em gái bạn dì của anh ở Pleiku là Lệ. Chính mùa Xuân năm ấy tại thành phố biên trấn Pleiku hình như ấm áp và vui hơn. Những nụ mai vàng rực rỡ như đang nở rộ để chào đón một tình yêu mới vừa chớm nở.

Rồi Xuân qua, Hạ đến ... Thu về ... Có những ngày cuối tuần, với mưa rừng ướt át, rỉ rả kéo dài suốt ngày, người ta thấy có một cặp tình nhân đi sát bên nhau dưới mái hiên hè phố. Nàng ưa dừng chân lại để ngắm nhìn những bong bóng nước mưa đang nổi bập bềnh trên mặt nước, rồi cái buồn nhè nhẹ lại bất chợt đến cho nàng vì trong phút chốc sau đó những cái bong bóng ấy lại vỡ tan theo dòng nước.

Định mệnh là qui luật của Thượng Đế mà mọi sinh vật đều phải mặc nhiên chấp nhận như một thực trạng không thể giải thích hay cắt nghĩa được. Loài người dù có thông minh, tài giỏi xuất chúng đi nữa cũng phải khoanh tay trước sự xấp bày cho từng cá nhân của Thượng Đế, đó là *định mệnh.*"

###

Sau khi lệnh của tổng thống Nguyễn văn Thiệu rời bỏ chiến thuật tại các tỉnh Ban Mê Thuột, Kontum, Pleiku, Tâm được chuyển về Sư Đoàn IV Không Quân (Cần Thơ), còn Tuấn lúc đó được thuyên chuyển về căn cứ Biên Hòa.

Ngày chia tay lúc rời khỏi căn cứ Pleiku cũng là ngày giã biệt sau cùng của hai người.

Rồi độ gần nửa năm sau đó, Tâm phải vào nhà tù cộng sản để trả món nợ thua trận của một chiến sĩ quốc gia.

May mắn hơn, Tuấn và gia đình đã rời được Sài Gòn vào trưa ngày 30-4-1975 trên một chuyến tàu hải quân tại bến sông Bạch Đằng. Sau những ngày dài thay đổi trong thời gian tị nạn, cuối cùng gia đình anh định cư tại tỉnh Portland thuộc tiểu bang Oregon.

Trong những năm đầu, Tuấn có dọ hỏi tin tức về Tâm, nhưng số bạn bè củ của anh liên lạc được cũng chẳng ai biết là Tâm còn sống hay đã chết sau ngày cộng sản vào thống trị miền nam.

Thế rồi cái tên Tâm đã gần như biến mất dần trong trí nhớ của anh, có hoạ hoằn được nhắc lại cũng chỉ là những mẩu chuyện tình buồn đã xảy ra trong họ hàng gia đình thân thuộc của Tuấn.

Sau khi mọi người đã vào hẳn trong phòng khách, Phượng xoay qua bảo nhỏ chồng:

– Chắc là các anh ấy chưa ăn sáng, anh giúp em ra nhà xe lấy mấy gói mì trong thùng để ở trên đầu tủ lạnh, em sẽ nấu mì tôm, mời các anh ấy dùng sáng nay, rồi đi chợ mua thịt bò về làm "lúc lắc" ăn bánh mì sau.

Phượng chưa dứt lời, Trung đã bước vào lên tiếng:

– Nè! Chị Phượng đừng làm bận rộn mất công, tôi có ý định đến sớm để mời anh chị và Tâm ra phố ăn phở.

Phượng có vẻ không đồng ý:

– Anh Trung chê tài làm bếp của tụi nầy à?

Trung lắc đầu có vẻ phân bua:

– Cái đó là chị nói oan cho tôi nhá! Tất cả bạn bè ở đây, ai cũng khen chị nấu ăn ngon, nhất là khi chị trổ tài làm các món nhậu thì hết sẩy! Tôi chỉ sợ làm phiền chị thôi!

– Các anh thỉnh thoảng mới đến chơi, có gì đâu mà gọi là phiền. Vả lại hôm nay có Tâm thì các anh nên ở nhà nói chuyện cho vui, đi ra ngoài mưa ướt át dơ bẩn lạnh lẽo mất vui.

Như chợt nhớ tới một điều gì đang thiếu sót, Phượng tiếp lời:

– À! Quên nữa, sao hôm nay anh Trung không đưa chị Thảo đến đây chơi? Mà đi "sô lô" một mình vậy?

– Hôm nay nhà tôi có vài việc hơi bận nên để tôi đưa anh Tâm tới thăm hai ông bà cho biết nhà.

Vừa lúc đó, Tuấn cũng đang khệ nệ mang thùng mì vào nhà, để lên bàn. Phượng quay lưng trở ra sau bếp để lo làm món ăn sáng.

Tuấn và Trung, hai người chỉ mới quen biết nhau vào khoảng mười lăm

CHƯƠNG 10 - NHỮNG CÁNH CHIM VIỆT

năm nay cũng do một sự tình cờ gặp nhau tại nhà một người bạn.

Trung đã trốn thoát từ trại tù cộng sản sau khi di chuyển từ Bắc trở về trong Nam trong thời kỳ xảy ra chiến tranh Trung Việt, sau đó anh đã vượt biên bằng ghe và đến được Hoa Kỳ.

Khi biết được Trung là cựu thiếu tá, hoa tiêu thám thính cơ L-19 cùng quân chủng Không quân với anh, Tuấn thường đưa gia đình lại cư xá thăm viếng, giúp đỡ trong bước ban đầu. Rồi kể từ đó, hai người trở nên thân thiết hơn.

Sau khi bàn giao thùng mì lại cho Phượng, Tuấn quay trở ra phòng khách, với một cử chỉ hơi thắc mắc, anh hỏi Trung:

– Ê! Trung, tao có hơi khó hiểu là làm sao mầy biết được Tâm? Và biết Tâm có liên quan với gia đình tao mà đưa đến thăm?

Trung không trả lời vội, anh cười có vẻ như để giữ bí mật:

– Trên đời nầy có cái gì là khó khăn đâu mầy? Mầy nhớ không, quả đất nầy tròn như trái banh, mình đi lòng vòng rồi cũng có ngày gặp nhau ở một điểm nào đó, như kiến bò miệng tô vậy!

Tuấn có vẻ bực mình về lối nhập đề gián tiếp của Trung:

– Tao có nghe cái triết lý "kiến bò" của mầy sao mà nó lòng thòng quá, cứ nhập đề trực tiếp mẹ nó đi cho rồi!

Trung vẫn giữ vẻ tự nhiên, cười hã hã:

– Từ từ chứ mầy! Làm gì mà hối thúc như các em ở xóm Cầu Hàng ngày xưa vậy? Bà xã tao thương cũng nhờ cái tính từ từ của tao đó. Nhưng nếu để tao kể thì mất hay, để thằng Tâm nó kể thì hay hơn.

Trung bèn day qua bảo Tâm:

– Mầy kể cho thằng anh vợ mầy nghe đi, nó đang nóng lòng muốn tìm hiểu kìa!

Tâm đang ngồi yên, bây giờ mới lên tiếng:

– Trung muốn chọc anh chơi đó anh Tuấn! Sự thật thì cũng chẳng có gì khó hiểu. Tôi quen với anh Trung từ khi còn đi học ở xóm Bàn Cờ, Sàigòn. Chính Trung đã giới thiệu tôi ghi danh vào đơn tình nguyện đi khóa sinh viên sĩ quan hoa tiêu không quân ở Nha Trang lúc trước.

– Rồi sau đó, như anh đã biết, tổng thống Thiệu ra lệnh di tản chiến thuật, rời bỏ Pleiku, tôi được đưa về Sư Đoàn IV Không Quân Cần Thơ, còn anh chuyển về Sư Đoàn III Không Quân Biên Hòa. Cũng kể từ ngày ấy, anh và tôi, mất liên lạc. Vài tháng sau đó, thời cuộc đưa đẩy nhanh chóng, vân nước không may lọt vào tay cộng sản. Toàn khối quân lực VNCH, một sớm một chiều tan rã như bọt nước. Tôi và Trung, tình cờ gặp lại nhau trong một hoàn cảnh đắng cay trong nhà tù cộng sản. Chúng tôi ở chung trại để phân loại và cấp bực. Khoảng hơn tháng sau, họ đưa Trung đi nơi khác, sau nầy mới biết là họ đưa Trung ra Bắc, còn tôi vẫn còn trong Nam. Cũng cùng khoảng thời gian đó, tôi có tìm cách dọ hỏi tin tức về anh và dì dượng Hai thì được biết là cả gia đình đã đi khỏi từ lâu. Sau nầy, tôi sang Hoa Kỳ theo chương trình nhân đạo H.O. và mướn phố ở khu nam thành phố Seattle được hơn bốn năm nay. Tình cờ vào buổi chiều hôm qua, tôi đưa bà xã đi mua tạp hoá thì gặp lại Trung, cũng đưa vợ đi chợ ở Seattle...

Tuấn đang ngồi yên lặng chăm chú lắng nghe Tâm kể lại câu chuyện cũ, khi vừa tới đây, Tuấn bỗng dưng mở tròn đôi mắt tỏ vẻ ngạc nhiên, anh chận ngay câu chuyện:

— Ủa! Tâm đã lập gia đình rồi à?
— Vâng, tôi đã lập gia đình rồi anh à!

Ngưng một chút, Tâm cúi đầu nhìn xuống đất, như muốn giấu đi một kỷ niệm buồn đang trôi về từ dĩ vãng. Tuấn là người hiểu rõ hơn ai hết mối tình thật đẹp giữa Lệ và Tâm trong thời gian ở một tỉnh nghèo biên trấn.

Rồi cũng chính Tuấn là người đã chứng kiến một cảnh tượng thật hãi hùng xảy ra giữa đoạn đường Pleiku- Ban mê Thuột. Một quả *"mìn"* nổ, một chiếc xe đò lật ngược đưa bốn bánh lên trời còn đang bốc khói. Nhiều xác thây người được xếp dài trên mặt lộ, trong đó có một người đàn bà trẻ vừa mới chết, nhưng đôi mắt vẫn còn mở rộng như đang nuối tiếc, hay chờ đợi một bàn tay thân yêu nào đó đến vuốt nhẹ để nàng được thong thả ra đi. Tâm đã đến kịp lúc và Lệ đã thực sự nhắm mắt từ giã mọi người. Nàng bay lên cao, và cao mãi, như áng mây đang trôi về một phương trời vô định, chắc chắn rằng nơi đó sẽ không có chiến tranh và cũng không có sự thù hận của loài người.

Sau một phút mũi lòng, Tâm cố gắng lấy lại bình tỉnh, anh ngước mắt nhìn thẳng vào Tuấn:

— Anh Tuấn có còn nhớ cô Loan không?

Tuấn còn đang phân vân chuyện tâm đã có vợ, bất chợt câu hỏi của Tâm làm Tuấn hơi lúng túng:

— Cô Loan nào kìa?
— Cô Loan mà lúc trước tôi thường đem cho anh xem hình khi mình

CHƯƠNG 10 - NHỮNG CÁNH CHIM VIỆT

còn ở cư xá độc thân Pleiku đó!

Như chợt nhớ ra những chuyện đã xảy ra cách đây trên hai thập niên về trước, lúc hai người là sĩ quan không quân trẻ biệt phái cho Quân Đoàn II, ở chung với nhau trong trại:

- À! ... À! Tao nhớ lại rồi! Cô Loan có mái tóc đen dài thật mướt và đôi mắt bồ câu rất đẹp mà Tâm bảo là cô gái láng giềng phải không?
- Trí nhớ của anh còn khá lắm đó!
- Nhưng lúc đó Tâm nói là cô ấy đã dọn đi nơi khác mất địa chỉ tông tích, không còn liên lạc được rồi mà?

Gương mặt của Tâm trở nên rạng rỡ, vui vẻ hơn. Anh quay sang Trung đang ngồi cạnh đó:

Mấy nói đúng đó Trung, quả địa cầu tuy to lớn, nhưng đi lòng vòng *rồi cũng gặp nhau. Điều đó chứng tỏ cái triết lý "kiến bò miệng tô" của mầy đúng một trăm phần trăm!*

Nghe thấy có Tâm nghiêng về phía mình, Trung bèn lên tiếng:

- Nghe chưa Tuấn, tao nói là không bao giờ sai hết! Có thằng Tâm làm chứng đó.

Tuấn biết tính của Trung ưa diễu cợt, chọc ghẹo, nhất là bây giờ, anh chàng lại có thêm đồng minh nữa, nên đành giả vờ thua cuộc:

- Thưa "niên trưởng", em thua cái triết lý siêu đẳng "kiến bò" của "niên trưởng" rồi! Xin "niên trưởng" ngậm giùm cái mồm lại để cho thằng Tâm nói, đừng nhảy xổm vào làm "ốc trâu" hết!

Tâm lại tiếp tục câu chuyện giữa chàng và Loan, do nhiều sự ngẫu nhiên đưa đến gặp lại nhau để sau cùng cũng do định mệnh kết chặt cuộc đời giữa chàng và Loan thành vợ chồng như ngày hôm nay.

Phượng tuy bận rộn nấu nướng ở phía sau bếp, nhưng nàng vẫn lắng nghe được câu chuyện của ba người ở phòng khách kế bên. Đến khi Tâm kể hết những chuyện trái ngang giữa chàng và Loan từ lúc hai người gặp gỡ lần đầu tiên, thuở còn áo trắng học trò. Rồi tiếp theo đó là những tháng năm dài chồng chất những đau khổ phiền muộn cứ lần lượt tới tấp đưa đến. Cuộc đời chàng, ví như một con thuyền lúc ra khơi muốn ôm cả đại dương vào lòng, sau đó đã bất chợt gặp những bão táp phong ba của biển cả làm cho nó rách nát tả tơi, nhưng sau cùng thượng đế cũng đã mang nó về được bến cũ.

Phượng bước ra phòng khách, ngồi sát bên chồng:

– Câu chuyện của Tâm vừa kể sao mà buồn quá làm tôi muốn khóc!

Tâm xoay qua Phượng:

– Xin lỗi tôi đã làm chị buồn! Chính tôi cũng không muốn nhắc lại chuyện cũ, nhưng anh Tuấn và Trung là hai người bạn quá thân thiết ngày xưa xem như trong gia đình muốn biết, nên tôi kể lại chuyện đời tư của mình cho hai anh ấy biết thôi!

Cảm thấy trong phòng có vẻ trở nên yên lặng và buồn, Tuấn bèn đổi sang chuyện khác:

– Nè! Em nấu mì tôm xong rồi phải không? Tụi nầy đang đói bụng đây.
– Xong rồi! Em đã dọn lên bàn còn nóng. Bây giờ mời các anh xuống ăn sáng với tụi nầy. À! Quên nữa, lúc nầy Tâm có nói là chị Loan hiện đang ở nhà với chị Trung phải không?
– Đúng vậy, chị Phượng. Sở dĩ tôi không đưa chị Loan tới đây thăm chị và Tuấn là cũng do lời yêu cầu của chị Loan, muốn để Tâm tới đây một mình trước chi được tự do hơn, chị ấy sẽ đến thăm sau.

Tuấn vỗ nhẹ vào vai vợ:

– Hay là trưa nay mình tới nhà anh chị Trung chơi, sẵn dịp thăm chị Loan cho biết nhau?
– Em rất đồng ý, nhưng phải hỏi anh Trung và Tâm thấy có gì trở ngại không?

Tâm yên lặng chỉ đưa mắt nhìn sang Trung như chứng tỏ không có gì trở ngại cho anh hoặc Loan cả. Biết được ý định của bạn, Trung để lộ sự vui tươi hiếu khách:

– Rất "welcome" hai ông bà đến nhà chơi. Để tôi điện thoại về nhà báo bà xã biết để chuẩn bị nhá?

Phượng trề môi trách khéo:

– Anh Trung làm như tụi nầy xa lạ lắm, phải gọi báo trước để chuẩn bị tiếp đón như tổng thống không bằng!
– Không phải vậy đâu chị ơi! Tôi muốn dặn bà xã tôi ra phố mua thêm các thức rau ngò, đậu bắp và cá tươi để chị Loan trổ tài nấu canh chua và cá kho tộ cho hai ông bà thưởng thức món ăn đặc sản Cà Mau chiều nay!
– Anh lại làm phiền hai chị ấy nữa!

Nghe tới món canh chua cá kho tộ, Tuấn ra chìu thích chí, nheo mắt ra dấu với Trung:

– Thôi em kỳ quá! Ưa cản hoài, làm anh Trung buồn đổi ý bây giờ!

CHƯƠNG 10 - NHỮNG CÁNH CHIM VIỆT

Vừa giả bộ trấn an vợ, Tuấn quay sang bảo nhỏ với Trung:

- Ê! Tao khoái món đó lắm, gọi điện thoại về nói hai bà ấy lo đi, tao còn một chai "hennessy" mới toanh chưa khui, chiều nay mang sang nhà mầy, ba đứa lai rai giải sầu.

Cà Mau xưa tới nay vẫn nổi tiếng là vựa cá, cua nước ngọt ở miền nam. Những hũ mắm ruột cá lốc thơm phức, sau mùa tát hào, tát đìa, tát ruộng hoặc dậm cù, đã trở thành một trong những đặc sản nổi tiếng tại Việt Nam.

Những cô gái Cà Mau, với mái tóc để dài thật đen mượt, màu da bánh mật thật duyên dáng hiền từ, trong chiếc áo bà ba và vành nón lá nghiêng nghiêng, che dấu nụ cười duyên nửa miệng đã làm ngẩn ngơ nát lòng những chàng trai thành thị. Có nhiều lần bạn bè cũ biết Tâm lấy vợ Cà Mau nên thường trêu chọc:

- "Cà Mau đi dễ khó về,
- Trai đi có vợ, gái về có con"

Loan được sinh trưởng và giáo dục trong một gia đình kinh doanh bất động sản khá giả tại Sàigòn. Là con một, nên nàng được cha mẹ rất cưng yêu chìu chuộng. Mẹ nàng là một người đàn bà thông minh mẫu mực trong gia đình, không vì lẽ quá yêu con mà quên đi sự chăm sóc chỉ bảo cho Loan những điều: *"công-dung-ngôn-hạnh."*

Bà vẫn nghĩ và cho rằng đó là một trong những giáo điều rất quan trọng, đặc biệt dành cho nữ giới. Cái quan niệm làm vợ, làm mẹ của bà rất giản dị. Đối với chồng, bà là một người bạn đồng hành, an ủi, khuyến khích và hỗ trợ khi ông cần đến. Đối với con, bà là tàn cây cổ thụ, cho nhiều bóng mát trong cuộc đời.

Ngoài những công việc thường xuyên chuyên môn ở trường học hay ngoài sở làm, Loan thường giúp mẹ nấu nướng và các việc làm lặt vặt trong gia đình, nên sau khi Loan và Tâm cưới nhau, hai người dọn ra ở riêng, giống như mẹ nàng lúc còn ở chung trong gia đình, Loan để ý và lo lắng cho chồng từ miếng ăn mà chàng ưa thích và từng giấc ngủ sau những buổi chiều mệt mỏi đi làm về. Tâm nhiều lần đã nhận thấy điều đó, chàng rất quí vợ và thầm cảm ơn trời phật đã ban cho chàng một người bạn đường thật thông minh, hiền lành và đạo đức.

Sau bữa ăn cơm chiều thật ngon miệng do chính bàn tay Loan soạn nấu; nồi canh chua cá bông lau tươi thay đầu cá lóc thơm phức với mùi rau ôm, rau thơm. Tô thịt thay thế cá rô, kho tiêu mặn ngọt. Chén nước mắm dằm ớt, tất cả đều trông thật giản dị, đơn sơ, nhưng nghệ thuật nấu nướng và pha nếm nồi canh, tô thịt đã gần như tuyệt hảo, mọi người đều nức lòng khen ngợi.

Tuấn là người lên tiếng trước hơn ai hết:

- Chị Loan à! Lúc trước kia khi còn ở trong quân đội, thỉnh thoảng đi hành quân, tôi có đáp xuống Rạch Giá để ăn cơm trưa, vì lúc đó có nhiều tiếng đồn là, canh chua cá lóc Rạch Giá ngon số một. Nhưng bây giờ tôi mới thấy rằng canh chua cá kho tộ ở Cà Mau mới là số một, còn Rạch Giá chắc là phải xuống số hai!

Với câu nói lấy điểm của Tuấn làm mọi người khoái chí cười rộ. Phượng ngồi kế bên vọt miệng:

- Anh Tuấn nói đúng đó chị Loan. Suýt nữa là ổng có vợ ở Rạch Giá rồi, nhưng khi về Biên Hoà ổng cưới tôi vì bị bưởi Biên Hòa ngọt quá nên quên mất lối về!

Tuấn vỗ vào vai vợ chọc quê:

- Nè! Cho em nói lại đó. Bưởi ngọt hay cho người ta ăn nhằm bưởi the nên bị tê lưỡi ngộng luôn?

Tới đây, anh xoay qua nhìn Trung:

- Ê Trung! Tâm bị món canh chua cá kho tộ Cà Mau, tao bị bưởi Biên Hòa dụ dỗ, còn mầy bị cái gì đây?

Trung ra chìu suy nghĩ, nhìn vợ:

- Anh không nhớ anh bị cái gì em à?

Thảo nhìn Trung, nàng liếc xéo chồng:

- Anh "bị" hay là "được" đấy? Hai cái động từ "bị" và "được" áp dụng khác nhau nhá!

Tâm đang ngồi yên lặng lắng nghe nhận thấy Trung sắp sửa gặp "khổ nạn" nên xen vào đỡ lời bạn:

- Trung nó dùng chữ gần đúng chớ không sai gì lắm đâu chị Thảo. Chị thấy không như tôi "bị" ở tù nên mới "gặp" bà xã tôi. Nếu không bị ở tù, tôi cũng không biết sẽ được cái gì trong tương lai?

Mọi người đều cười rộ vì lối biện luận vô thưởng vô phạt đó của Tâm. Thảo cũng cười hùn theo, nàng lắc đầu:

- Các ông Không Quân nầy nhiều mồm mép lắm, cái gì cũng bàn trót lọt được hết.

Tâm không bỏ lỡ cơ hội, trong lúc Thảo còn đang phân vân:

- Ở đây mọi người đều biết "tẩy" của nhau, vậy chị còn giấu gì nữa

CHƯƠNG 10 - NHỮNG CÁNH CHIM VIỆT

mà không kể cho công bằng?

Trong lúc đó Phượng và Loan cũng tiếp tục chất vấn trêu chọc Trung:

- Đó! Anh Trung thấy không? Chị Loan nhờ nồi canh chua, tộ cá kho mà gặp được anh Tâm, cũng như tôi nhờ bưởi Biên Hòa mà níu được anh Tuấn, còn hai ông bà chắc là tình tứ lãng mạn lắm phải không nên cứ giấu hoài không chịu khai cho tụi nầy nghe?

Biết là đang bị mọi người tấn công sát ván, thảo bèn cướp lời:

- Thôi! Thôi! Tôi chịu quý vị. Nếu tụi nầy có được một khoảng thời gian vàng son để quen biết nhau trước trong thời thái bình như các anh chị thì nhất trên đời. Đàng nầy tôi và Trung gặp nhau trong cơn khổ nạn vượt biên thiếu thốn trăm bề ...

Số là sau ngày cộng sản chuyển tù từ Bắc trở lại vào Nam, trong một phút sơ hở của tụi cán bộ cộng sản áp tải, Trung đã trốn thoát được khỏi đoàn tù. Chàng đã lần mò ẩn nấp về tới nhà ở khu Bàn Cờ Sàigòn. Vì sợ công an địa phương và lối xóm dòm ngó, bà mẹ tìm cách đưa Trung về tạm trú tại nhà một người bạn cũ hiện là chủ vựa cá ở Gò Công để chờ ngày tìm cách vượt biên.

Trong thời gian chờ đợi, Trung phải giả là một nhân công khuân vác, phụ giúp thu nhận cá tôm khi ghe chài lưới từ biển về đổ hàng và phân phát cá cho bạn hàng đến mua đem ra chợ bán lẻ ...

Lúc ấy Thảo là đứa con gái út của gia đình bác Hai chủ vựa cá, lo chi xuất tài chánh trong việc mua bán. Bấy giờ Thảo vừa tròn hai mươi tuổi, nàng có hai người anh là cựu quân nhân trong QLVNCH: một người là trung úy hải quân đã theo tàu sang được Hoa Kỳ từ ngày 30-4-1975; người anh thứ hai lớn nhất trong gia đình là tiểu đoàn trưởng của binh chủng biệt động quân, đã tử trận tại chiến khu Đồng Xoài vào mùa hè đổ lửa năm 1972.

Bác Hai trai đã lớn tuổi, thường hay bịnh hoạn cộng thêm sự buồn rầu vì thằng con trưởng đã tử nạn, nên ít lâu sau đó, bác đã qua đời. Vựa cá chỉ còn lại mẹ con Thảo phải lo liệu trong ngoài. Đã có vài lần nhân viên hành chánh trong tỉnh yêu cầu bà ký tên gia nhập hợp tác xã quốc doanh, nhưng bà vẫn cầm cự chờ đợi vì biết chắc rằng trước sau gì thì cũng bị cướp mất vựa cá về tay chánh quyền cộng sản. Cái tài sản do công lao mồ hôi nước mắt của hai vợ chồng bà gầy dựng từ thuở hai người mới có đứa con trai đầu tiên.

Hơn tháng trước đây, bác Hai gái và Thảo đã lén lút nhận được một bức thư của người anh trai thứ nhì từ Hoa Kỳ gởi về cho mẹ qua ngõ Âu Châu. Anh ta khuyên mẹ và em gái nên tìm cách bán hết tài sản để mướn người đóng tàu vượt biển sang Mã lai hay Phi Luật Tân rồi anh sẽ làm giấy tờ bảo lãnh sang Hoa Kỳ.

Mẹ Thảo hơi ngại vì phương thức và đường đi, nước bước không biết sẽ ra sao nên còn nấn ná chần chờ. Bây giờ có Trung xuống phụ giúp, bà cảm thấy đây là một cơ hội lớn lao cho gia đình. Bác Hai gái và mẹ Trung là hai người bạn rất thân khi hai người còn đi học ở trường làng, rồi lớn lên lập gia đình, theo chồng mỗi người đi mỗi nẻo vì thế bà thương Trung và đối xử như con trai, Thảo cũng xem Trung như là người anh cả trong gia đình.

Trung được mẹ Thảo tin cậy, giao cho toàn quyền để bí mật lo việc đóng tàu vượt biển. Không bỏ lỡ cơ hội và thời gian tính, Trung dò tìm và móc nối được ông Bảy Hiền ở xóm Cầu Nối. Ông Bảy là người thợ giỏi chuyên thầu đóng tàu lớn đánh cá ngoài khơi.

Sau khi thương lượng giá cả, kích thước và số hàng trọng tải, ông hứa sẽ cố gắng đôn đốc thợ làm trong khoảng thời gian là ba tháng. Máy tàu sẽ dùng loại máy G.M. ba *"block"* mới của Mỹ. Phần còn lại là Trung phải tìm mua xăng nhớt, nước ngọt để uống và thức ăn dự trù trong nữa tháng cho khoảng bảy chục người. Đây là số người dự trù trong gia đình của bác Hai gái sẽ cho đi trong chuyến nầy.

Mặc dù là một cựu thiếu tá hoa tiêu quan sát nên phần theo dõi bản đồ hay địa bàn để lấy hướng đi của lộ trình đối với anh không phải là một vấn đề khó khăn, tuy nhiên phần máy móc nếu rủi ro có trục trặc thì nguy hiểm cả tàu nên Trung đã cẩn thận tìm được một hạ sĩ quan cơ khí, cựu hải quân của VNCH là Nguyễn Ngọc Oánh.

Anh Oánh trước ở trong đội hải quân tuần tiểu duyên hải của vùng IV chiến thuật nên anh rất rành và quen thuộc phần biển nơi đây. Trung hứa là sẽ cho toàn gia đình anh đi mà khỏi tốn một xu nào cả. Như vậy mọi việc được sắp xếp coi như ổn định trong vòng bí mật.

Vựa cá của bác Hai thường ngày vẫn hoạt động như không có việc gì xảy ra. Trung vẫn ở trần mặc quần *"xà lỏn"* phụ khuân vác cá lên xuống bến ghe.

Để tìm cách tẩu tán bớt các thứ bất động sản đáng giá, bác Hai thường đem cầm hoặc bán đứt cho những người có tiền trong tỉnh, có nhiều khi bán xong, bác phải mướn lại trong vài tháng để tạm thời xử dụng, nên có rất nhiều người tưởng rằng công việc buôn bán của bác đang thời suy sụp nên phải cầm bán đủ thứ để trả nợ. Với số tiền đó, bác len lén đi mua vàng lá về chứa trong tĩn nước mắm chôn dưới đất.

Ngày "N-7" đã đến, bác Bảy Hiền sai người báo cho Trung biết là chiếc tàu còn khoảng một tuần nữa là hoàn tất. Chiều hôm đó Trung với Oánh

CHƯƠNG 10 - NHỮNG CÁNH CHIM VIỆT

bí mật đi xuống Cầu Nổi chỗ đóng tàu để kiểm soát phần đặt máy và nếu có điều gì không ưng ý, bác Bảy sẽ cho sửa ngay trước khi hạ thủy ở ngay con sông nhỏ trước cửa nhà.

Sau khi xem xét cẩn thận từng chi tiết, Trung rất hài lòng cũng như Oánh khen Trung không phải là người trong nghề nhưng biết chọn lựa máy tốt, có mã lực mạnh để đi biển.

Mọi kế hoạch, giờ giấc để đưa người lên tàu được Trung sắp xếp cẩn thận. Tàu lớn sẽ được ngụy trang như một tàu đi đánh cá ngoài khơi của những dân chài lưới chuyên nghiệp, các ghe nhỏ chở người, thực phẩm cá nhân phải đậu sẵn trước, trốn ở dưới các tàng cây bần hay ô rô sát bờ trong rạch gần cửa sông lớn hướng ra biển v.v...

Sau khi hạ thủy, Trung cho người khiên dầu và các thứ cần thiết lên tàu đâu đó rất đầy đủ. Để làm quen với thủy lộ, Trung, Oánh và bác Bảy Hiền thường giả làm ngư phủ đi đánh cá, lấy tàu chạy ra vào cửa biển một đôi lần. Tụi công an cửa khẩu có chận lại xét hỏi, nhưng không thấy có gì khả nghi và chúng cũng quen biết với bác bảy Hiền nên mọi việc đều êm xui.

Ngày "N" đã đến, cũng nhằm vào ngày cộng sản tỉnh Gò Công tổ chức lễ ăn mừng kỷ niệm ngày giải phóng miền nam. Các cán bộ lớn nhỏ trong tỉnh, lo nhậu nhẹt vui chơi có phần lơ là dễ dải hơn đôi chút, Trung lợi dụng cơ hội nầy để di chuyển người ít sợ bị dân chúng địa phương hay công an dòm ngó. Khoảng chín giờ tối, bác Hai gái báo cho Trung biết là mọi người đã xuống ghe nhỏ để ra đi đến chỗ hẹn như dự trù. Oánh, tài công kiêm thợ máy của chuyến đi cũng đã đưa vợ con xuống tàu lớn từ lúc sáu giờ chiều.

Bây giờ Oánh đang có mặt tại nhà bác Hai gái chờ quyết định nổ neo trong giờ "G." Thảo ra chừng hồi hộp, nàng cuống quít theo sát bên mẹ. Các valy quần áo và đồ dùng cần thiết, Trung đã cho chuyển đi từ trưa rồi, chỉ còn lại cái xách tay nhỏ, đựng vàng bạc, nữ trang quý giá, Thảo đang ôm sát trong người.

Kiểm điểm lại lần chót bản đồ và địa bàn đi biển, Trung đưa tay xem đồng hồ và bảo Oánh:

– Đã đúng giờ, anh đưa bác Hai đi ra tàu, nhớ phải bình tỉnh để ý coi chừng tụi công an. Chừng năm phút sau, tôi sẽ đưa cô Thảo theo sau.

Oánh chở bác Hai gái ngồi phía sau chiếc xe đạp coi như không có chuyện gì xẩy ra. Một chập sau đó, Oánh đã khuất dạng ở cuối con đường.

Trung xếp chiếc bản đồ nhỏ gọn nhét vào bụng, đi một vòng khóa cửa nẽo trong nhà cẩn thận, anh nhìn sang Thảo:

– Tới phiên mình đi đó cô Thảo!

Trong giờ phút nầy, Thảo như một cô bé gái ngoan ngoãn, tuân lệnh Trung như một đứa học trò. Nàng nhanh nhẹn bước ra ngồi phía sau, choàng tay ôm vào bụng Trung cho khỏi ngã. Hai người chở nhau trên chiếc xe đạp, giống như một cặp tình nhân đi dạo mát hay đi xem hát tối ở phố về nên cũng chẳng ai để ý lắm.

Độ nữa giờ sau đó, Trung và Thảo phải xuống dẫn xe đạp tách vào đường ruộng, hướng về bờ sông. Trời đã tối nhưng nhờ có ánh sao đêm lờ mờ, đã nhiều lần Thảo phải ôm chặt lấy cánh tay Trung để khỏi ngã xuống ruộng. Thỉnh thoảng gặp những con mương dùng để tháo nước ruộng bị trâu đạp vỡ, nước sông đang lớn tràn vào, Trung phải bế Thảo trên tay để lội qua cho nàng khỏi ướt quần áo. Tuy hơi vất vả khó khăn, nhưng hai người vẫn cố giữ yên lặng để khỏi bị lộ tung tích. Không lâu sau đó, Thảo và Trung đã đến được bờ sông, bác Hai gái và Oánh đã đến trước đang ngồi đợi dưới đám bụi dừa nước. Gặp lại mẹ, Thảo hết sức mừng rỡ.

Trung bảo Oánh:

– Bây giờ, mình xuống ghe đi ra tàu!

Cả bốn người cùng trèo lên một chiếc ghe tam bản nhỏ đã dấu sẵn ở đó từ mấy ngày trước. Trung chèo mũi, Oánh chèo phía sau lái, Thảo và mẹ ngồi ở giữa. Chiếc ghe nhẹ nhàng trôi đi ra khỏi con rạch, hướng ra bờ sông, nơi chiếc tàu đang đậu.

Đã quá mười giờ đêm, mọi vật chung quanh đều yên tĩnh, chỉ nghe tiếng *"lõm bõm"* của mái chèo khua trong nước. Vài con vạt đang ngủ đêm trong đám ô-rô sát bờ rạch, nghe động, giật mình vội vỗ cánh *"bành bạch"* bay lên.

Khoảng một phút sau, chiếc ghe tam bản đã cập sát vào hông chiếc tàu lớn đang đậu và được ngụy trang bằng những lá dừa nước. Nghe tiếng động, hai đứa con trai lớn của Oánh, có nhiệm vụ canh gát tàu, xách đèn *"pin"* chạy ra xem xét. Sau khi nhận diện được người nhà, chúng thả dây thang xuống để mọi người lần lượt leo lên.

Bác Hai gái và Thảo, được Trung dành một chỗ đặc biệt trên tàu, có thể nằm để nghỉ lưng tương đối rất tươm tất.

Tàu mới đóng khá lớn, máy mạnh và chở ít người, chương trình ra đi lại được nghiên cứu rất cẩn thận nên Trung và Oánh hy vọng không bị lộ hay trở ngại khi vượt ra tới cửa biển.

Giờ "G" khởi hành là đúng một giờ khuya đã điểm, Trung cho người kéo neo và mở dây buộc tàu ở gốc cây. Oánh đã cho nổ máy, tiếng nổ rất êm, anh chỉ cần xài một phần tư tay *"ga"* là tàu đã nhẹ nhàng lướt trên mặt

CHƯƠNG 10 - NHỮNG CÁNH CHIM VIỆT

nước êm như chiếc lá trôi theo dòng thủy triều. Trung ngồi phía trước mũi để xem chừng chướng ngại vật và quan sát hai bên bờ sông. Vì được tập dượt ra vô vài lần trên khúc sông nầy nên Oánh hoàn toàn làm chủ được hướng đi của con tàu không khó khăn mấy.

Vào khoảng năm phút sau đó, bên mặt phía trước bờ sông, đèn *"pin"* ra hiệu đã chớp bốn lần, Trung cũng dùng đèn chớp lại bốn lần và anh ra dấu cho Oánh ngưng máy. Chiếc tàu đã giảm tốc độ và chậm lại, Trung thả các đường dây thang xuống trước, sáu chiếc ghe nhỏ đã xuất hiện, chui ra từ trong các bụi dừa nước ô-rô, chở đầy nhóc người.

Trẻ con và người già cả được đưa lên trước, tiếp theo là các thanh niên, khiêng giỏ xách, va li và thức ăn lên tàu. Mọi việc được thi hành đúng theo kế hoạch và thời gian dự trù. Trung, lúc bấy giờ như là một thuyền trưởng, chàng ra lệnh mọi người phải ngồi yên tại chỗ và giữ yên lặng tối đa. Ngay cả trẻ thơ, cha mẹ chúng cũng phải làm mọi cách, kể cả bụm miệng để khỏi khóc la thành tiếng, vì chuyến vượt biên nầy gần như chuyến đi định mệnh giữa tự do và tù tội của tất cả mọi người trên tàu.

Phút chốc sau, tàu đã ra đến cửa sông lớn, đang lúc nước thủy triều dâng cao tối đa, Oánh cho con tàu chạy nép về hướng bờ bên trái, vì anh biết bên mặt bờ sông có nhiều nhà cửa của dân chúng và trạm gác của công an.

Đã gần hai giờ khuya, mặt sông rộng đầy nước, láng thoáng chông chênh những ánh sao khuya, đang trồi sụp theo nhịp sóng gợn của con tàu. Những con đom đóm lập lòe trong các bụi lùm cây ven sông đang bay tới lui như bóng ma trơi.

Để giữ yên lặng tối đa, Oánh chỉ cho con tàu chạy nữa tay *"ga."* Tiếng máy nổ *"phìn phịt"* êm êm, con tàu chở trên bảy chục người và lương thực lướt tới rất đầm và vững vàng. Mũi tàu tiến thẳng tới trước như con dao thật sắc, xẽ vào mặt nước, chia làm hai phần một cách đều đặn. Bây giờ trên mặt sông và xung quanh chỉ còn có bóng đêm bao trùm cả không gian và tiếng róc rách rẽ nước của con tàu.

Những người đàn bà ôm con ép sát vào lòng, những người đàn ông có vẻ lo lắng, cố nhổm cổ lên cao để quan sát sự động tỉnh chung quanh hai bên bờ, Trung cảm thấy trong cái không khí yên lặng nhưng hết sức nặng nề đang đè nặng lên mọi người, anh rời mũi tàu bước ra phía sau lái căn dặn lại cho Oánh một lần chót:

- Anh cứ giữ nhịp độ nầy đi, khi đi ngang qua trạm gác ở cửa biển, nếu chúng không hay biết khi qua xong sẽ tăng tốc độ. Còn nếu chúng phát hiện được, kêu dừng lại thì anh cứ tống *"ga"* tối đa vọt luôn.

Trung cũng không quên căn dặn mọi người trên tàu là khi chạy ngang qua trạm gác công an là phải nằm rạt xuống trên sàn, vì tàu sẽ không ngừng có thể chúng sẽ bắn theo.

Trở lại phía đầu mũi, Trung đã nhận thấy ánh đèn điện trong chòi canh của công an cửa khẩu, vào khoảng cách độ hai trăm thước phía trước mặt, Trung cho mọi người nằm sát xuống sàn tàu, Oánh vẫn thản nhiên cho tàu chạy cùng tốc độ như không có việc gì xảy ra. Rồi khoảng cách thu ngắn dần, một trăm thước … năm chục… hai chục. Như giật mình tỉnh giấc, một tiếng gọi thật to của bọn công an đang canh trên chòi gác, ra lệnh cho tàu cặp lại để chúng khám xét.

Trung nhanh nhẹn nhảy vọt ra phía sau, nằm sát xuống tàu. Oánh đẩy mạnh hết tay *"ga"* về phía trước, con tàu giật mạnh và trườn tới như con khủng long, chiếc mũi nhóc lên cao xé nước như một giang tốc đỉnh của hải quân ngày xưa. Anh đèn pha thật sáng của trạm canh đang rọi rượt theo, tiếng súng AK-47 đã nổ ròn như pháo Tết.

Là một cựu quân nhân ngày xưa, Oánh thừa hiểu với khoảng cách khá xa nầy các súng cá nhân loại nhỏ chỉ bắn theo cầu may chứ không chính xác. Anh vẫn bình tỉnh cầm lái con tàu, tránh mọi chướng ngại vật lướt thẳng ra cửa biển.

Được vài phút sau cũng khá xa trạm gác, tiếng súng *"AK"* bắn theo đã ngừng hẳn, Trung nhổm dậy, quan sát không thấy tàu công an rượt theo, kiểm soát lại mọi người đều an toàn, anh bảo Oánh cứ giữ nguyên tốc độ, lấy hướng Đông (90 độ) để tránh công an tuần duyên, khi ra đến hải phận quốc tế sẽ đổi hướng đi Mã Lai Á cho an toàn.

Bờ biển Việt nam cứ xa dần và lờ mờ như một vật đen dài ở chân trời. Mặt đại dương thật bao la với những đợt sóng chập chờn, con tàu trở nên bé nhỏ như một chiếc lá tre, mong manh trôi bập bềnh trên mặt hồ.

Bây giờ không còn thấy gì nữa, dấu vết của đất liền, xung quanh chỉ có nước và trời cao bao bọc, Trung ước định tàu ra đến hải phận quốc tế, Oánh đã cho giảm tốc độ phân nữa để giữ cho máy móc an toàn. Thỉnh thoảng có vài con tàu lớn ở xa xa, đèn đuốc thật sáng, chạy qua lại, nhưng vì trời vẫn còn tối nên Trung không nhận định được các con tàu đó thuộc về quốc gia nào?

Những giờ phút nghẹt thở đầu tiên nhất của cuộc hành trình đã trải qua xong, mọi người gần như quá mỏi mệt, đều ngã đầu vào chỗ nào có thể dựa được tìm giấc ngủ vội để giết thời gian chờ sáng.

Tất cả mọi việc đã xảy ra và an toàn như ý muốn của mình, Trung bước vào phía trong khoan thuyền để hỏi thăm bác Hai và Thảo đang nằm ở phía trong tàu. Khi vừa nhận thấy Trung đang khom mình bước vào, Thảo

CHƯƠNG 10 - NHỮNG CÁNH CHIM VIỆT

đã nhanh nhẹn đứng dậy mừng rỡ nắm lấy tay anh:

— Anh Trung có sao không? Em nghe súng của tụi nó bắn theo làm em sợ quá!

Không để cho Trung kịp trả lời, nàng tiếp:

— Ở trong đây, em với má đều bình yên, chỉ sợ cho anh ngoài đó thôi!

Trung tỏ vẻ bình tĩnh, cười ra chìu cám ơn. Anh lấy tay ấn nhè nhẹ vào vai nàng:

— Cô Thảo ngồi xuống đi, đứng dễ bị say sóng lắm. Chàng xoay sang bác Hai gái:
— Tàu mình đã tới hải phận quốc tế rồi. Bác có mệt không?

Bác Hai đưa tay ra dấu bảo Trung ngồi xuống kế đó:

— Ờ! Bác hơi nhức đầu một ít, nhưng nhờ con Thảo nó mang theo chai dầu Nhị Thiên Đường cho bác xức thấy cũng đỡ. Mọi sự ngoài đó tốt phải không cháu? Trung đáp:
— Thưa Bác, mọi sự đều như mình đã ước định. Bác hai lại tiếp lời khen:
— Cháu giỏi đó! Ngồi ở đây con Thảo nó cứ nhắc cháu hoài, nó sợ súng đạn lắm! Bây giờ ra đi trong gia đình mình đâu còn ai nữa, cháu cứ coi con Thảo như em, đừng gọi nó là "cô", có vẻ xa lạ lắm.

Bác Hai vừa dứt lời, Thảo vội vàng xen vào:

— Đó! Anh nghe má nói không? Cứ gọi người ta bằng "cô" hoài nghe kỳ lắm! Gọi em bằng Thảo có được không?

Trung có vẻ bẽn lẽn cúi đầu:

— Vâng, từ nay cháu sẽ gọi là em Thảo. À! Trời vẫn còn tối, bác và Thảo nằm ngủ một chút đi cho đỡ mệt, cháu đi ra phía sau thay phiên cho Oánh đi ngủ.

Trời đã bắt đầu nhá nhem sáng, những chòm sao đêm đã mờ dần, mặt biển từ phía chân trời xa xa, cảm thấy dường như được nâng cao hơn. Gió đại dương vẫn liu riu thổi vừa đủ mát để ru ngủ đoàn người đang nằm chung với nhau tựa hồ như trên một chiếc nôi, được giăng mắc bằng một sợi dây vô hình căng giữa hai chân trời trên mặc bể.

Những tiếng *"lỏm bỏm"* khua nước của những con cá có chiếc thân dài bằng bắp chân, phóng mình lên khỏi mặt nước, như đoàn vũ sinh đang khiêu vũ trong ngày hội, ngoài ra tất cả chung quanh đều yên lặng.

Trong khoảng trống vắng nầy, Trung chợt nhớ đến thượng đế. Thượng Đế của anh có thể là Trời, là Phật, là một đấng tối cao nào đó, mà anh không thể hình dung hay xác định được, nhưng anh luôn luôn tin tưởng thượng đế của anh có phép mầu nhiệm cứu vớt cho tất cả mọi người khi họ cần đến. Cũng như lúc anh còn ở trong quân đội, đêm đêm mẹ anh thường thấp nhang khấn vái, cầu nguyện thượng đế che chở cho anh được tai qua nạn khỏi. Thượng đế là niềm hy vọng của mẹ, và cũng chính của anh.

Khi cộng sản vào Nam, họ đã chối bỏ thượng đế, chối bỏ và cách biệt giữa cái hữu thần của anh và cái vô thần của họ. Chủ thuyết cộng sản dựa vào những triết thuyết duy vật hoang đường của *Max-Lê*, muốn xây dựng một thiên đường thật sự trên quả đất, họ đã nhầm lẫn giữa *"con người"* và *"đồ vật."*

Con người là một sinh vật luôn luôn có sự sáng tạo khác nhau, không kềm chế hay áp đặt được, còn đồ vật là một vật thể thụ động, theo một qui luật nhất định, do sự sáng tạo của con người làm nên. Cộng sản không phải là một tôn giáo vì chắc chắn thiên đường thật sự không thể nào có trên mặt đất, như người cộng sản tin tưởng. Đối với tôn giáo, thiên đường chỉ có sau cõi chết, vì đó là niềm hy vọng cuối cùng trong phần linh hồn của con người sẽ đi đến, vì lẽ đó nên tôn giáo vẫn còn tồn tại được.

Một ngày mới đã ra đời, mặt trời đỏ ối to bằng chiếc nia, đang chểm chệ nằm sát trên mặt nước, những tia nắng vàng óng ánh đầu tiên, đang chiếu long lanh sáng ngời trên mặt bể. Có những tiếng thì thầm lâm râm của một cụ già thức sớm đang cầu kinh từ trong khoang vọng ra.

Tuy rằng đã quá mệt mỏi, Trung vẫn cố gắng chế ngự giấc ngủ để thay Oánh theo dõi máy móc, tốc độ và hướng đi cho con tàu được an toàn. Bây giờ thì như không còn kìm hãm được nữa, cơn buồn ngủ hình như từ trong xương, trong óc đưa ra, hai mí mắt cứ kéo trì xuống như bởi hai quả chì thật lớn. Anh cố bước tới vỗ mạnh vào vai Oánh đang nằm ngủ gần đó để thay phiên cho mình.

Oánh bị đánh thức tỉnh giấc ngồi dậy, còn đang mắt nhắm mắt mở lòm còm đứng lên đúng lúc ấy Trung cũng vừa quăng mình nằm xuống. Một giấc ngủ gần như vô tư thật ngon lành đã đến một cách dễ dàng.

Địa bàn hướng đi của tàu vẫn chỉ vào khoảng 180 độ về phương Nam. Thời tiết tốt, gió vẫn thổi nhè nhẹ nên độ giật của hướng đi không đáng kể lắm.

Ngoài trời đã sáng hẳn, mọi sinh hoạt trên tàu có vẻ sống động nhộn nhịp hơn, người lo nấu cơm, kẻ thổi nước cho buổi sáng, Thảo cũng đưa mẹ ra phía sau buồng lái để tìm Trung hỏi thăm tin tức, khi vừa thấy Oánh nàng lên tiếng:

— Anh Trung đâu rồi anh Oánh?

CHƯƠNG 10 - NHỮNG CÁNH CHIM VIỆT

Oánh đưa tay chỉ về hướng Trung đang nằm ngủ trên sàn tàu:

– Ông ta đang ngủ kia kià!

Thảo xoay người nhìn vào một góc nhỏ nơi Trung đang co người ngủ một cách rất thản nhiên như trẻ nít. Không nói một lời nào, nàng vội quay gót trở lại phía trong khoang. Một phút ngắn ngủi sau đó, trở ra với chiếc màn trên tay, nàng cẩn thận đắp lên cho Trung với một cử chỉ thật lo lắng như người vợ yêu chồng.

Bác Hai gái có hơi nôn nóng lên tiếng hỏi hỏi Oánh:

– Cháu có biết độ bao lâu nữa sẽ tới Mã Lai hay đảo gì đó không?

Thoáng một chút suy nghĩ, anh thong thả trả lời:

– Nếu thời tiết tốt như hôm nay, có lẽ vào khoảng vài ngày tới, mình sẽ đến được bờ biển mã Lai đó bác Hai.

Nghe tiếng động và nói chuyện lao xao của mọi người, tiếng trẻ nít khóc la cùng những tia nắng sáng ban mai, đã làm Trung tỉnh giấc. Anh ngạc nhiên khi nhìn thấy chiếc mền dầy cộm đang đắp trên người. Thảo cũng đang đứng gần đó nhìn Trung đang dụi mắt, nàng nhoẻn miệng cười:

– Anh Trung còn mệt ngủ thêm đi! Thấy anh nằm ở ngoài nầy lạnh, em đắp cho đó!

Trung lòm còm kéo mền đứng lên:

– Cám ơn Thảo, tôi không thấy lạnh lắm đâu! Bác Hai gái cũng tiếp lời con:
– Ở phía bên trong cũng còn chỗ trống, nếu có đi ngủ, cháu nên vô đó mà nằm, ở ngoài nầy gió mái dễ mắc bịnh lắm. Giữa biển khơi như thế nầy mình nên cẩn thận là hơn!

Trung không trả lời thẳng về câu khuyên bảo của bác hai, chàng xoay qua nhìn Thảo:

– Thảo đã lo cho bác Hai ăn sáng chưa?

Với một vẻ tinh nghịch và chút liếng thoắng:

– Anh khéo lo thì thôi! Em có hỏi rồi, má nói hơi nhức đầu vì bị say sóng nên chưa muốn ăn bây giờ, em cũng đã xin nước sôi pha cho anh ly cà phê sữa, nhưng thấy còn ngủ nên không mang ra, bây giờ để em vào bưng ra cho anh nhé!

Vừa dứt lời, Thảo giật chiếc mền trên tay Trung, nhanh nhẹn biến mất trong khoang thuyền. Bác Hai nhìn theo con gái cười dễ dãi:

– Tính tình nó hơi ngắn một chút, vậy chớ biết lo lắm cháu à! Bác vái Trời Phật cho chuyến nầy đi được bình an tới nơi tới chốn, chớ bác có nghe những người đi trước gặp hải tặc Thái lan khó sống lắm.

Trung thở ra nhưng cố gắng trấn an bác Hai:

– Cháu cũng nghe nói chuyện không may đó xảy ra cho những người đã đi trước, nên chuyến nầy cháu và Oánh sẽ cho tàu đi càng xa hải phận Thái Lan càng tốt.

Qua chiều ngày thứ tư của cuộc hành trình, thời tiết bắt đầu thay đổi, mây đen đã bao phủ một góc chân trời ở hướng Tây Nam, gió đổi chìu giật mạnh từng cơn. Những đợt sóng khá lớn nối đuôi nhau dồn dập ập vào mạn tàu nghe *"anh ách."* Mặc dù Oánh đã tận dụng tất cả khả năng và kinh nghiệm đã có sẵn từ ngày xưa khi anh còn trong hải đội tuần duyên của hải quân VNCH, cũng không giữ được con tàu khỏi bị nhồi sóng.

Mọi người trên tàu đều mệt lả, ói mửa tùm lum đầy cả trên áo quần và trên sàn tàu, mùi hôi hám xông lên rất là khó thở. Bác Hai và Thảo không chịu nổi cũng nằm dài trên sàn gỗ. Tuy đã thấm mệt vì sóng nhồi, Trung cố gắng chạy tới lui, lo lắng săn sóc cho bác Hai và ôm, đỡ Thảo dậy để nàng uống thuốc v.v… Mọi việc đều do Trung quán xuyến cả cho hai mẹ con nàng.

Thỉnh thoảng có gặp vài tàu buôn ngoại quốc mang các quốc tịch khác nhau đang chạy trên thủy đạo quốc tế. Đoàn người trên tàu cố gắng vẫy tay, treo cờ trắng nhờ cấp cứu, nhưng khi họ đến gần nhìn thấy lại bỏ chạy luôn.

Trung cảm thấy một sự tủi nhục thật tràn trề cho số phận da vàng của những quốc gia nhược tiểu. Người ta nói nhiều về lòng nhân đạo và giá trị mạng sống của con người, nhưng bây giờ đối với Trung không còn có nghĩa gì cả!

Loài người nhiều khi dã man hơn ác quỉ, họ chỉ nhìn thấy cái *"tôi"* vĩ đại. Cũng như khi cứu các anh, nhất là các anh lại là người da vàng ở các quốc gia nghèo đói và lạc hậu, chúng tôi chỉ mang lấy cái hoạ vào thân nhiều hơn. Ngược lại, nếu các anh là dân da trắng ở các quốc gia văn minh giàu có, khi cứu các anh, chúng tôi chắc chắn sẽ hưởng lợi và có tai tiếng tốt hơn.

Tuy nhiên sự bỏ đi của họ, cũng còn nhiều nhân đạo hơn với loài hải tặc Thái Lan, những con người được sinh ra trên vùng đất được mệnh danh là xứ Phật, nhưng lòng dạ họ lại tàn bạo ác nghiệt hơn loài man thú.

Nghĩ cho tận cùng, Trung không oán trách hay thù hận sự làm ngơ của những con tàu buôn đó, vì chính những người lãnh đạo, cùng nòi giống, cùng tổ tiên và cùng có quá trình lịch sử của bốn ngàn năm dựng nước và cứu nước như anh, họ lại còn cố ý muốn tận diệt, những kẻ có đầu óc tiến

CHƯƠNG 10 - NHỮNG CÁNH CHIM VIỆT

bộ yêu tự do bất chấp độc tài, huống hồ gì những người ngoại quốc xa lạ khác. Bất cứ một món hàng nào, dù trừu tượng hay cụ thể, cũng đều có cái giá trị của nó. Hôm nay chính anh và đoàn người dưới tàu nầy phải trả giá đó, cái giá có thể là mạng sống của con người.

Qua đến ngày thứ sáu, thời tiết tương đối tốt, gió đã yên, biển chỉ gờn gợn sóng, Thảo và bác hai cảm thấy dễ chịu hơn, nàng nhờ Trung đưa ra phía trước mũi tàu để thay đổi không khí, vì phía trong khoang vẫn còn nặng mùi hôi hám ẩm móc.

Thảo đưa tay níu chặt vào bả vai của Trung, gượng đứng dậy. Trung choàng cánh tay phải, ôm nhẹ vào chiếc hông thon nhỏ của nàng cho được vững vàng hơn, hai người lần hồi dìu nhau ra phía trước.

Một cảm giác thật nhẹ nhàng lâng lâng được truyền qua ánh mắt của hai người.

Gió ngoài khơi vẫn thổi nhè nhẹ man mát, mùi nước biển của vùng nhiệt đới xông lên mằn mặn rất dễ chịu, Thảo và Trung như một cặp tình nhân đang dạo mát hay đang hưởng tuần trăng mật trên một du thuyền. Họ đứng sát bên nhau như cần một sự che chở của chàng, Thảo đưa mắt nhìn thật xa, như cố ý đang tìm một nơi nào đó để làm điểm tựa để rồi một sự thất vọng qua tiếng thở dài:

– Ở đây sao hoang vắng cô đơn qua phải không anh? Nếu không có anh ở đây, chắc em sẽ khóc nhiều lắm! Trung kéo tay siết chặt nàng vào lòng.

– Người ta sợ cô đơn, mới đến với nhau và yêu nhau đó em. Cũng như mọi người đều sợ chết, vì cái chết là sự ra đi cô đơn, chỉ có một mình và không biết sẽ đi về đâu nên làm cho người ta sợ hãi, giống như con tàu của mình đang lênh đênh, trên sự mênh mông của biển cả, xung quanh toàn là chân trời giả định, do sự giới hạn của tầm mắt và độ cong của trái đất, thiếu hẳn những điểm chuẩn như bờ biển hay hoang đảo nào đó để nghĩ rằng mình vẫn còn hiện hữu, nên đã làm cho mọi người có vẻ băn khoăn lo ngại. Ngược lại, nếu mọi người nầy đều ngồi trên một xe buýt nào đó, chạy xuyên tỉnh thì chắc chắn họ sẽ có cảm giác hoàn toàn khác lạ hơn.

Trung vừa nói tới đây, Thảo vội ngắt lời có vẻ nghịch ngợm hơn:

– Thế trong cuộc hành trình này anh có sợ không?
– Anh không sợ vì anh có em bên cạnh nên đâu có bị cô đơn!

Thảo không hỏi nữa, nàng với tay nhéo nhẹ vào bên hông của Trung như ngầm hiểu anh muốn nói gì? Một phút yên lặng trôi qua, với đôi mắt buồn vời vợi Thảo hỏi:

– Không biết sau nầy khi đến được đất Hoa Kỳ, mình có còn gặp nhau nữa không anh? Em nghe người ta nói ở nơi đó là xứ lớn lắm, mỗi tiểu bang của họ bằng cả quốc gia Việt Nam nên em ngại quá! À! Hình như lúc trước kia, anh đã sang đó để học bay, anh thấy thế nào?

Trung không trả lời trực tiếp câu hỏi của Thảo, anh đưa ngón tay chỉ về một cụm mây trắng thật mỏng, đang lẩn thẩn một mình trên nền trời xanh biếc:

– Đố em biết cụm mây kia sẽ bay về đâu? Thảo quay lại liếc xéo:
– Làm sao em biết được! Mà sao anh hỏi kỳ vậy? Trung cười một cách dễ dãi:
– Để anh nói em nghe nhá! Cụm mây kia được đưa đi nhờ gió, thì gió với mây chẳng khác nào một đôi bạn đường, dẫn dắt nhau đi đến một phương trời nào đó, hay có thể nói một cách khác hơn, đó là do mối duyên tiền định của tạo hóa để kết hợp giữa gió và mây. Cũng như đất nước Hoa Kỳ, tuy rộng lớn thật, nhưng sự ước mơ và lòng gan dạ con người thật sự muốn tìm đến nhau thì dù có lớn gấp triệu lần cũng trở thành nhỏ tí ti trong vòng tay với. Vã lại, đất nước họ văn minh và tự do gấp trăm lần cái xứ sở của chúng ta. Bên mình từ đầu tỉnh xuống thăm người bạn ở cuối tỉnh, có thể bị làm khó dễ khó khăn hơn là chuyến du lịch xuyên nhiều tiểu bang trên đất Hoa Kỳ.

Thảo cúi mặt nhìn xuống với một giọng thật buồn:

– Thôi đừng nhắc lại những cảnh khốn nạn đó nữa anh, cũng vì tụi ác ôn đó nên mình mới ra đi gần như dở chết dở sống. Em cầu nguyện và hy vọng rằng có một ngày nào đó, đất nước Việt Nam ta sẽ được đổi mới để mọi người được dễ dãi tự do hơn. À! Mình ở đây tự giờ cũng lâu, thôi trở vào đi để má trong đó chờ!

Có lẽ nhờ Trời Phật giúp đỡ, cuộc hành trình qua đến chiều ngày thứ bảy tuy khá vất vả gây ra do nắng gió bảo táp của biển khơi, nhưng mọi việc vẫn êm xuôi, may mắn tàu không gặp quân cướp biển Thái Lan chận đón.

Hoàng hôn lại một lần nữa sắp sửa bao trùm xuống mặt bể, bóng mặt trời đỏ ối và tròn vo như chiếc mâm vàng, những tia nắng cuối cùng như những sợi tơ óng ánh, chiếu long lanh tuyệt đẹp. Những cụm mây ở chân trời phía Tây như rủ nhau thay áo mới, với màu sắc rực rỡ tạo thành một vòng cung bán nguyệt, tựa hồ như chiếc cổng khải hoàn môn để tiễn chân cho một ngày đã hết.

Bóng đen lại trùm xuống một cách vội vã, mặt biển đã đổi màu xanh

CHƯƠNG 10 - NHỮNG CÁNH CHIM VIỆT

dương thành màu đen xẩm man rợ, kỳ quái. Con tàu vẫn lênh đênh trôi đi, như một chiếc lá cô đơn trên bể nước trong không gian vô tận.

Trung nhìn lại bản đồ và hướng đi trên địa bàn một lần nữa, anh lẩm nhẩm bàn với Oánh:

– Theo lộ trình hướng đi và tốc độ của tàu thì chắc chắn không sai được, nhưng mãi tới bây giờ vẫn chưa thấy gì cả là thế nào? Tàu mình còn đủ dầu chạy thêm vài ngày nữa không anh Oánh?

Bây giờ trông Oánh có vẻ suy tư hơn, chính anh cũng đã lo lắng nhiều vì tất cả gia đình vợ con anh đều có mặt trên tàu, nên bằng mọi giá anh phải đưa những người thân yêu đó đến bờ đến bến cho được bình an. Anh trấn an Trung:

– Máy mới nên tàu rất ít uống dầu, theo số dầu dự trữ, mình có thể đi được năm ba ngày nữa cũng chưa sao, chỉ sợ gặp thời tiết xấu, hoặc những dòng thủy lưu chảy ngược chiều mình không khám phá ra được nên chậm tới. Bây giờ anh đi ngủ trước đi, tới khuya sẽ thức dậy thay tôi.

Hơn mười một giờ đêm, mọi người đều an giấc, Oánh bước tới khơi lại chiếc tim của ngọn đèn lồng đốt bằng dầu hôi đang treo kề bên buồng lái. Dưới ánh sáng dạ quang của chiếc địa bàn, kim vẫn chỉ về hướng 250 độ. Tiếng máy *"xình xịch"* vẫn chạy đều, vài con cá nhỏ thấy ánh sáng nhấp nhô phản chiếu, chúng cứ ngỡ là mặt trời đã thức sớm, tung mình lên cao rồi trở lại *nghe "lõm bõm"* xung quanh tàu. Oánh rót thêm cà phê vào tách từ chiếc bình thủy mà vợ anh đã chuẩn bị lo sẵn từ chiều.

Hình như rất xa về phía trước mặt, có một ánh đèn lạ nhỏ như con đom đóm, đang hụp lặng theo đợt sóng. Oánh đưa tay dụi mắt và cố nhướng thật to để nhìn và theo dõi cho rõ ánh sáng lạ lùng đó. Một cảm giác thật mừng rỡ cũng như lo âu và nghi ngờ xảy đến nhanh chóng vì ánh sáng đó chắc chắn là ngọn đèn điện của một con tàu đang chạy ngược chiều với hướng anh đang đi.

Anh chạy lại chỗ Trung đang nằm ngủ, gọi giật dậy:

– Anh Trung dậy mau lên, có tàu lạ đang chạy về hướng mình kia kìa!

Trung giật mình tỉnh nghủ một cách thật nhanh chóng, Oánh đề nghị tắt đèn để đánh lạc hướng con tàu lạ, nhưng Trung đã kịp cản lại:

Chắc không sao đâu anh Oánh, dù muốn dù không, tụi nó cũng đã thấy mình rồi, nết tắt đèn nó sẽ không thấy và đụng mình chìm luôn.

Trung quay trở ra, báo cho tất cả mọi người trên tàu là nên tìm cách dấu hết tiền bạc và nữ trang rồi cứ nằm la liệt ra trên đó giả như bị bịnh gần chết. Thảo và bác Hai cũng lo sợ, lăng xăng quýnh quáng ra mặt. Anh lấy dầu nhớt đen, bôi đầy cả chân tay mặt mày, tóc tai đánh lên rồi bù giống như một bà già ăn mày dơ dáy. Độ năm phút sau, là sự dàn cảnh do Trung sắp xếp đã đâu vào đấy, giống như một con tàu ma, chở đầy xác người trong đêm tối.

Oánh đã tắt máy dầu, anh cũng nằm xuống sàn giã như người đang đau bịnh nặng, để mặc cho con tàu tự do bập bềnh trôi đi.

Thời gian nặng nề kéo dài gần như thế kỷ, con tàu lạ đã tiến đến gần hơn. Ánh đèn điện càng lúc càng sáng rõ, Trung đang hồi hộp ngồi chồm hổm trên sàn tàu, anh cố đưa mắt quan sát thật kỹ. Anh lo sợ cho Thảo, vì chính anh đã nghe quá nhiều về chuyện của tụi đánh cá trở thành cướp biển của Thái Lan, giựt của hiếp dâm và giết người thả xuống biển vô cùng man rợ. Anh nghĩ rằng anh có thể liều chết nếu tụi nó dở trò làm ẩu với Thảo.

Một ánh đèn pha thật sáng trên tàu lạ từ đàng xa, đang xoay qua xoay lại, ánh sáng như chọc thủng qua màn đêm trên biển cả. Trung nghĩ thầm: với ánh đèn pha cực mạnh như vậy chỉ có loại tàu lớn mới có, tụi hải tặc làm gì có được thứ nầy? Sự hoài nghi của anh gần như chính xác, chỉ đôi phút sau đó, anh thấy đèn điện chói chang trên *"boong"* tàu, đủ cho anh biết là một loại tàu buôn quốc tế.

Hết sức mừng rỡ, anh gọi lớn báo cho mọi người biết là không phải tàu của tụi cướp biển. Oánh đã nhanh nhẹn ngồi dậy, anh lấy cái áo trắng buộc vào cây gậy làm cờ quơ qua quơ lại để xin họ cấp cứu.

Chiếc tàu lạ to lớn đã từ từ tiến lại và ngừng sát bên tàu vượt biên của Trung, chẳng khác nào chú chuột nhắt nằm kề bên một con voi khổng lồ. Rồi những chiếc dây thang đã thả xuống, trẻ nít, đàn bà, người già được đưa lên trước. Cuối cùng Trung và Oánh lên sau chót.

Với số vốn anh ngữ sẵn có, Trung được biết chiếc tàu ơn nghĩa nầy là của Hiệp Hội thương thuyền Nam Dương. Viên thuyền trưởng là một người âu châu, nói rành tiếng Anh. Ông nầy hứa sẽ cho họ đi nhờ đến đảo *"Bulau-Tanga"* của Mã Lai Á.

Hơn sáu tháng sau, nhờ có thân nhân bên Hoa Kỳ bảo lãnh, bác Hai, Thảo và Trung đã có mặt tại California, Hoa Kỳ. Trong những ngày đầu anh tạm trú chung với anh trai của Thảo, đã lập nghiệp và có nhà cửa tại đây. Độ tuần sau, Trung liên lạc được với những người bạn, cùng đơn vị lúc trước với anh trong không lực VNCH, đang định cư tại tiểu bang Oregon.

Hôm nay là sáng thứ bảy, Trung có ý định muốn đưa Thảo đi dạo phố Việt Nam tại San José lần cuối và cũng để từ giả nàng để lên Portland

CHƯƠNG 10 - NHỮNG CÁNH CHIM VIỆT

(Oregon) sống chung với bạn bè cũ và tìm việc làm. Trung đang chuẩn bị cuốn xếp gọn lại mấy bộ đồ mới giặt cho vào túi xách, Thảo cũng vừa đi trở tới:

– Anh Trung đang làm gì đó? Đồ mới giặt xong để em ủi rồi xếp lại cho.
– Cám ơn Thảo, đồ cũ người ta cho, chớ có mới mẻ gì đâu mà phải ủi, anh mặc như vậy được rồi. À! Lát nữa Thảo có bận gì không?
– Đâu có! Ở trong nhà cả tuần nay buồn quá, đâu có quen biết ai ở đây mà đi!
– Nếu Thảo không bận, anh rủ Thảo đi phố San José, nghe nói ở đó quán xá Việt nam đông lắm!

Với dáng điệu mừng rỡ và hơi nũng nịu:

– Mình có xe đâu mà đi anh? Ở đây đường xá rộng và xe cộ đông quá, mình đi bộ lỡ quá nó cán chết!

Trung để ý và liếc nhìn xung quanh không có ai đang ở gần đó, anh bước lại gần bên Thảo, nói nhỏ vừa đủ cho nàng nghe:

– Ở bên nầy không có bờ ruộng đất và nước đầy đồng như bên mình, nếu có ....

Nói tới đây, Trung vội ngưng ngay, Thảo như hiểu ý, nàng mĩm cười với đôi má tự nhiên ửng hồng thật dễ thương. Nàng quýt mắt, các cờ hỏi:

– Nếu có bờ ruộng thì sao hở anh?
– Trung kề môi sát vào tai Thảo nói nhỏ:
– Thì anh sẽ cõng em đi chớ sao! Để khỏi té xuống ruộng ướt áo!

Thật nhanh, Thảo đưa tay nhéo nhẹ vào cánh tay của Trung:

– Anh nhắc làm em mắc cở quá trời!

Trời San José trong xanh và cao vút, không một áng mây. Cái nắng trong ngần và man mác như cao nguyên Đà Lạt. Thảo, một cô gái mới lớn, vừa qua lứa tuổi hai mươi, nàng duyên dáng ngây thơ và đẹp như một đóa hoa đầu mùa. Tuy là gái Gò Công, một tỉnh duyên hải miền Nam, nhưng sống trong một gia đình thương nghiệp, nàng không phải dãy nắng dầm mưa, mua tảo bán tần, suốt ngày ở trong mát, nên nước da trắng muốt mịn màng như người Đà Lạt. Đã nhiều lần Trung gọi đùa nàng là cô gái xứ Hoa Anh Đào.

Trái lại, Trung, một chàng trai vừa quá ba mươi hai tuổi, nước da hơi ngâm, với màu đen phong sương nhẫn nại, một cựu thiếu tá hoa tiêu của không lực VNCH, đôi mắt đen sâu và long lanh sáng ngời, như chất chứa nhiều từng trải của cuộc đời. Anh đã xuất ngoại nhiều lần và gần mười hai năm chiến đấu trong cuộc chiến Việt Nam từ vĩ tuyến địa đầu mười bảy đến tận mũi Cà Mau, nơi đâu hình như cũng có vết chân anh bước đến.

Với tính tình hiền hòa và cởi mở, nụ cười vẫn luôn luôn là một vũ khí lợi hại để anh chinh phục gây cảm tình với những người mới quen lần đầu. Cũng chính vì đôi mắt và nụ cười dễ cảm đó đã làm cho Thảo nhiều lần hơi bối rối và vụng về khi tiếp chuyện.

Hai người vẫn yên lặng đi bên nhau qua các cửa hàng trong phố. Nắng bên ngoài vẫn chói chang, đẹp đẽ, mọi người qua lại đều cười nói lăng xăng một cách vô tư. Trong cái không khí bận rộn vui vẻ nầy, Trung không muốn tạo một cảm giác chia ly khi tâm hồn của Thảo đang muốn đi sâu vào một giấc mơ thật đẹp.

Đang lơ đểnh bước đi trong sự suy tư thầm kín, Thảo chợt thấy một chiếc áo dài đang treo trong tủ kính, nàng nắm tay kéo ghì Trung lại.

– Nè! Anh nhìn cái áo cưới nầy, màu trắng thật đẹp, nó có vẻ sang trọng quá phải không anh?

Trung cười cúi xuống nhìn vào sát mặt nàng trêu chọc:

– Em thích không?

Thảo lắc đầu có vẻ nủng nịu:

– Anh nói kỳ quá! Có ai thương em đâu mà đòi mặc áo cưới?
– Có chứ! Tại em không để ý đó thôi!
– Ai đâu?
– Em để ý tí xíu sẽ biết ngay!

Thảo với tay đẩy nhẹ Trung ra xa, cả hai cùng cười có vẻ hiểu ý nhau lắm.

Gần bốn giờ chiều, mặt trời hơi ngã màu nắng, không còn chói chang như trước. Trung nắm tay dìu thảo ra ngồi ở chiếc ghế đá kê sát dưới bóng cây phía trước công viên. Với một thoáng buồn trên nét mặt, tuy nhiên anh cố gượng làm vui nhìn Thảo:

– Thảo à! Anh sắp rời tiểu bang nầy rồi!

Trung chưa kịp dứt lời, thảo đột ngột đứng phắt dậy, với đôi mắt vô cùng ngỡ ngàng, nàng hỏi gặn lại:

– Anh nói cái gì? Và đi đâu?

Trung với tay kéo nàng ngồi xuống:

– Ngồi xuống đây em! Anh muốn nói với em, hôm nay là ngày chúng mình đi chơi lần đầu mà cũng là lần cuối, vì ngày thứ hai tới nầy,

CHƯƠNG 10 - NHỮNG CÁNH CHIM VIỆT

anh sẽ đi lên Portland, tiểu bang Oregon để ở và tìm việc làm, ở đó anh có mấy người bạn cũ, họ muốn anh lên ở chung cho vui.
- Trung nói tới đây, không thấy Thảo trả lời hay hỏi thêm bớt một tiếng nào cả, nàng gục đầu nhìn xuống đất. Anh đưa tay nâng nhẹ gương mặt nàng lên, những giọt nước mắt ấm áp đang nhỏ từng giọt xuống bàn tay chàng:
- Sao em khóc?

Trong tiếng thúc thích nho nhỏ gần như nghẹn lời:

- Mới qua đây chưa đầy một tuần, sao anh lại bỏ đi như vậy?

Trung cảm thấy như có gì nghèn nghẹn đang chặn trong cổ, anh cố gắng lấy lại bình tĩnh trả lời từng câu gần như bị đứt quảng:

- Thảo!... anh đâu có bỏ em!... Anh đang đi tìm việc làm trên đó... Ở đây ăn nhờ ở đậu, anh cảm thấy khó chịu lắm! Anh hứa sẽ về đây thăm em thường xuyên. Một niềm tin trong nàng đã trỗi dậy vào sự hứa hẹn của Trung, Thảo ngước mặt và ngã đầu vào vai chàng:
- Em thương anh, anh có biết không?

Trung cúi xuống hôn vào trán người yêu:

- Anh cũng thương em nhiều lắm!

Rồi thời gian cứ trôi đi... như bóng cây xuyên qua trước hiên nhà, bóng nắng nó cứ kéo dài ra dần đến khi mặt trời khuất sau dãy đồi trọc về hướng Tây thì mới hay một ngày đã nhanh chóng đi qua. Hằng ngày Thảo vẫn đến trường đại học cộng đồng trong tỉnh nhà để học anh ngữ và kế toán. Trung đã có việc làm chắc chắn trong một sở tư ở trong tỉnh Portland.

Hơn một năm sau đó, nhằm vào mùa Xuân ấm áp của vùng Tây Bắc Hoa Kỳ, Trung trở lại San José (California) để chính thức xin cưới Thảo.

Với màu áo cưới trinh bạch mà ngày nào đó nàng đã có lần mơ mộng khi cùng chàng đi dạo phố, bây giờ đã được nàng mặc vào trong buổi lễ vu quy. Giấc mộng kia đã trở thành sự thật, Thảo là cô dâu mới của xứ Hoa Hồng, là hoàng hậu chính thức của cựu thiếu tá không quân Nguyễn Văn Trung.

###

Sau câu chuyện được kể lại với đầy đủ những tình tiết éo le và hồi họp xảy ra giữa Trung và Thảo đã làm cho mọi người đang theo dõi một đoạn phim tình cảm với phần kết thúc thật hiền hòa trung hậu.

Phượng nhanh nhẹn lên tiếng trước:

– Vậy mà từ trước tới giờ, chị Thảo với anh Trung có bao giờ hé môi cho ai biết cái dĩ vãng quá tình tứ ướt át của hai ông bà đâu!

Trung cười vã lã:

– Thì bây giờ quí vị đã biết hết rồi còn gì nữa! Thảo xen vào nối lời chồng:

– Hai đứa em chắc có duyên nợ từ kiếp trước, vì ảnh lớn hơn em, ra đời đi lính quen biết tùm lum từ Huế, Quảng Trị về tới Cà Mau, chỗ nào ảnh cũng đến, rốt cuộc quen nhau ở Gò Công, thương nhau trên chuyến tàu vượt biển, anh chị thấy lạ không?

Loan ngồi gần đó, dường như cảm thấy Thảo nói còn thiếu một cái gì nên lên tiếng:

– Chị Thảo nói rất hay, nhưng hình như còn thiếu một câu chót, chị phải nói là: "quen nhau tại Gò Công, thương nhau trên tàu vượt tuyến và "mí nhau tại xứ hoa hồng" mới trọn nghĩa trọn tình chứ!

Câu nói dí dõm của Loan làm cho mọi người cười xòa thoải mái:

Tuấn lên tiếng tiếp lời:

– Ê Trung! Tao đã đọc nhiều chuyện ngắn và hồi ký của mầy viết trên báo, nhưng chưa thấy câu chuyện nào giống như cuộc đời tình ái của mầy và Thảo cả, hơi thiếu đó!

Tâm có vẻ ngạc nhiên khi nghe Tuấn bảo rằng Trung thường xuyên có viết bài trên báo, nên vội hỏi:

– Trung bây giờ viết báo nữa à? Mầy lấy bút hiệu là gì? Viết trên báo nào để tao biết đọc chơi cho vui!

Trung nhìn Tâm cười ha hả:

– Tao chỉ viết cho vui để giải tỏa những cái gì mà tao không thể diễn tả ra bằng lời nói được, nên nhờ giấy bút thay tao thế thôi. Nhà văn chuyên nghiệp, người ta viết lấy tiền nhuận bút, như làm kế sinh nhai, còn tao thì viết "chùa" cho bạn bè quen biết, chứ có phải là nhà văn, nhà báo gì đâu mà phải lấy bút hiệu cho có vẻ le lói rườm rà, tao cứ lấy cái tên cúng cơm của cha mẹ đã đặt để ghi vào ai muốn nghĩ sao thì nghĩ!

– Hèn gì tao có đọc một vài truyện ngắn, phóng sự, và hồi ky dưới đề tên tác giả là Nguyễn văn Trung, tao cứ ngỡ là ai khác, nào ngờ chính là mầy! Tao đề nghị mầy nên cẩn thận, như đưa ý kiến về những quan điểm chính trị nếu có, lên mặt báo vì dễ bị chụp nón cối lắm.

CHƯƠNG 10 - NHỮNG CÁNH CHIM VIỆT

Trung lại tiếp tục cười coi như không có gì quan trọng:

– Mầy mới qua đây vài năm mà đã biết và đoán không sai chút nào hết. Tao đã bị nằm vùng đó liệng cho vài cái nón cối rồi. Thật sự tao có giận chúng, nhưng tao quyết định không thèm để ý tới những thứ lặt vặt trẻ con đó, nên chúng cũng mắc cỡ lờ luôn.

Tới đây hình như có vẻ bực tức khó chịu khi nghe nhắc lại, Trung buột miệng chửi thề:

– Đ.M. Tao đã bị đày đi tận miền Bắc thượng du, rồi vượt ngục, vượt biển gần chết để tránh tụi ác ôn đó, bây giờ sang đây, tụi nằm vùng ăn hại đái nát lại cho mình cùng loại với quân ác ôn đó, tụi bây xem có buồn không? Nhiều khi tao nghĩ, chống cộng theo kiểu chúng nó chẳng khác như nhà thầu loại rẻ tiền, nhận tiền của chủ xong, là phải lao động bằng mồm. Tụi bây thử nghĩ, báo chí là cơ quan ngôn luận của xứ sở tự do, nếu mình viết bài đăng vào tờ báo nào mà tụi nó không thích thì trước sau gì cũng bị cho đội nón cối. Tao nghĩ tụi nó muốn tất cả những người viết ở hải ngoại đều phải thuộc vào loại "văn nô", kiểu như ông Tố Hữu, bí thư ban tuyên huấn trung ương đảng làm thơ khen Staline:
– "Hoan hô Staline
– Đời đời công đại thọ
– Rạp bóng mát hòa bình
– Đứng đầu sóng ngọn gió!"

Hay là:

– "Thương cha thương một
– "Thương ông thương mười! ..."

Trung nói tới đây, Tuấn đang ngồi nghe cũng cảm thấy ngứa ngáy, nhảy vào câu chuyện:

May là mầy có thành tích đã bị ở tù rồi vượt biển gần bỏ mạng, còn bị tụi nó gắn cho cái danh từ thân cộng, hòa hợp hòa giải dân tộc, còn tụi tao có cơ hội may mắn ra đi chiều ngày 30-4-75 là chắc phải ngậm miệng luôn để bắt chước theo chính sách "bốn không" của cựu tổng thống Nguyễn văn Thiệu. Cái chính sách tự trói tay bịt mắt đó, để kết quả sau cùng thật đau đớn, nhục nhã vì chính mình đã tự lừa dối mình, đã ngu xuẩn không lượng định được tình hình chính trị và quân sự của đôi bên. Giặc chiếm gần hết đất đai, xe tăng thiết giáp gần kề ding Độc lập, đài phát thanh Sàigòn và Quân Đội vẫn oang oang phát thanh lời vàng ngọc của Nguyễn tổng thống: "không nói chuyện với cộng sản ... không nhường một tấc đất cho giặc... v.v... Ông Thiệu nói đúng, miền nam đâu có nhường trên giấy tờ một tấc đất nào, vì nó quá nhỏ nhoi, ít ỏi, chi bằng nhường cả tỉnh, cả thị trấn, nghe hay hơn chẳng hạn như: Phước Long, Ban Mê Thuột, Kontum, Pleiku v…v… theo sách lược di tản chiến thuật của ông ta.

Để rồi khoảng 11 giờ 30 sáng 30-4-1975 tại Sàigòn, đoàn quân anh dũng miền Nam như rắn mất đầu, hoàn toàn tự rã ngủ. Tổng thống Dương văn Minh với ban tham mưu, áo mũ chỉnh tề ngồi trong dinh Độc Lập chờ đoàn quân xâm lăng của lữ đoàn 203 thiết giáp CSBV từ rừng núi tràn về ủi sập cửa dinh, xấc xược nói thẳng vào mặt nhà lãnh đạo cuối cùng miền Nam: "các ông không còn gì để mà bàn giao cả, chỉ có đầu hàng không điều kiện…."

Ta thử tự hỏi lòng, ngày xưa trước năm 1975, tổng thống Thiệu còn có đất đai và quyền hành quân đội trong tay nên đặt ra sách lược bốn không, còn bây giờ những người Việt quốc gia chân chính, không cộng sản, còn trong nước cũng như hải ngoại, thật tình yêu tự do, yêu nước và chủ quyền dân tộc, có được gì trong tay và được mấy cái "không"?

Các phu nhân từ lâu đến giờ đã lắng nghe câu chuyện bàn về chính trị của các ông chồng cũng thấy bực mình. Với kinh nghiệm đã sống trong chế độ cộng sản nhiều năm nên Loan lên tiếng trước:

- Các anh biết không? Sau ngày 30-4-75 vài tháng, tụi nó bắt hết các anh đi trình diện, rồi đưa đến các trại tẩy não trong rừng núi, ở lại nhà hình như chỉ còn ông già bà lão, đàn bà con nít, tụi nó tổ chức phường khóm, bắt dân chúng đi học tập liên miên. Cán bộ cộng sản giảng huấn, dốt thất học như chăn trâu, mà lại luôn luôn lên giọng thầy đời, coi mọi người như rơm rác. Cả đám người dưới đó, chúng nó nói sao hay vậy, như nước đổ lá môn, không ai có ý kiến gì cả. Có một lần nọ, chú Tư ở xóm trên, nghe tụi nó thuyết trình láo, khoác lác, bực mình, chú đưa tay lên có ý kiến. Xong giờ học mọi người đều ra về, tụi nó yêu cầu chú Tư ở lại buổi học chiều để học thêm vì lý do chú chưa thông hiểu triết lý Max-Lê(?). Từ đó về sau, mọi người từ bà già chốn gậy chưa biết đọc một chữ "i-tờ" tới đám trẻ con, cũng đều tự nhận là đã thấm nhuần các giáo điều và triết lý Max-Lê, không còn ai thắc mắc hay có ý kiến nào khác.

Loan vừa nói xong, mọi người đều cười rộ, Tâm lại nói thêm vào:

- Bà xã tôi nói đúng đó, ở trên Sàigòn lúc đó không biết tụi nó đối xử ra sao chứ ở các tỉnh nhỏ, miền quê, chỉ thấy tụi công an "nhóc tì" cũng đã sợ rồi, tụi nó gần như không có luật lệ gì cả, muốn làm khó dễ ai thì mặc tình, theo kiểu "phép vua thua lệ làng."

Ở các quốc gia văn minh, sự tự do dân chủ được thể hiện qua sự tranh luận công khai và đứng đắn của các đảng phái đối lập để đem đến sự kiện toàn và hoàn mỹ cho quốc gia xã hội. Nhưng đối với cộng sản, hình như

CHƯƠNG 10 - NHỮNG CÁNH CHIM VIỆT

không có chuyện đó vì họ không chấp nhận có đối lập. Trong một quốc gia hay một cộng đồng, nếu không có đảng phái hay cá nhân đối lập là đồng nghĩa với độc tài quân phiệt.

Để hiểu rõ hơn về nguyên do xảy ra chiến tranh tại Việt nam, như tất cả mọi người đều biết, qua lịch sử của cuộc chiến của Việt nam, nó đã bắt nguồn và phát xuất từ thời Pháp thuộc, đầu tiên do những người Việt yêu nước đứng lên tổ chức chống bạo quyền xâm lăng. Rồi thời gian kế tiếp, nảy sanh ra cộng sản quốc tế do Nga phát động.

Hồ chí Minh là một thanh niên được huấn luyện và học tập sách lược của Nga rồi được đưa về nước để tổ chức đảng cộng sản Việt Nam kháng chiến chống thực dân Pháp. Trong những giai đoạn sau đó có rất nhiều chiến sĩ quốc gia bị đảng cộng sản thủ tiêu dưới đủ mọi hình thức vì các đảng phái qiốc gia nầy không chấp nhận chủ *nghĩa Max-Lê*. Rồi theo sau trận đệ nhị thế chiến, mặc dù tình hình thế giới lúc đó tương đối yên ổn, chiến tranh nóng gần như chấm dứt, nhưng bề trái chiến tranh lạnh đang bộc phát mạnh mẽ để trang giành ảnh hưởng quốc tế giữa Nga và Mỹ. Việt nam chịu ảnh hưởng và bị áp lực của các cường quốc đưa vào quỹ đạo chuyển tiếp đó, hay nói cách khác hơn, chiến tranh Việt nam có hai hình thức:

Một là cuộc nội chiến giữa những người Việt quốc gia và những người Việt cộng sản.

Hai là chiến tranh ủy thác của quốc tế giữa hai ý thức hệ là : Cộng Sản chủ nghĩa và Tư Bản chủ nghĩa, do hai cường quốc Nga và Mỹ lảnh đạo phát động.

Tâm vừa nói tới đây, Phượng vội ngắt lời:

— Căn cứ theo sữ liệu và những lời anh đã nói, cộng sản Bắc Việt đã từng triệt hạ nhiều nhà ái quốc Việt nam vì họ không đồng chính kiến với đảng cộng sản, cũng như hiện tại họ dùng mọi thủ thuật chính trị để cũng cố quyền lợi tối thượng cho đảng, điều nầy không sớm thì muộn, cũng sẽ được phơi bày trước công chúng và lịch sử dân tộc Việt nam sẽ nguyền rủa họ.

Trung lại cười hề ... hề ...

— Thôi chị Phương ơi! Cái loại răng đen mã tấu đó, trời phật còn chưa kính nể thì chúng có sợ ai mà nguyền rủa. Cái thực tế nhất là mình mong muốn làm sao cho những người chạy bỏ xứ như tụi mình đừng cấu xé bôi bẩn lẫn nhau để làm trò cười cho bọn chúng thế là mạnh rồi! Nếu ở đây chúng ta không thể xem nhau là bạn thì tốt hơn nên đối xử với nhau như hai người khách lạ vừa mới quen ở dọc đường, trông còn đẹp và khá văn minh hơn.

Mặc dù Thảo không thích nghe mấy về các vấn đề chính trị xã hội, tuy nhiên vẫn ngồi yên để cho mọi người được tự do phát biểu ý kiến và cảm nghĩ của mình. Đến khi nàng thấy dường như Trung muốn kết thúc câu chuyện nên nàng mới lên tiếng:

- Tự nãy giờ các anh chị có vẻ thích thú bàn về chuyện xã hội nên quên uống nước nguội hết, để em xuống bếp nấu thêm nước pha trà nhá!

Cùng trong lúc đó, Phượng dường như nhớ chực lại một điều gì khá quan trọng:

- Chị Thảo nè! Mình cứ lo nói chuyện làng xã, tôi lại quên mất là hôm nay ở mấy tiệm bán áo quần ngoài phố đang bán "sale" rẻ lắm, hay là ba đứa mình đi ra đó xem, để mấy ổng ở nhà muốn bàn gì đó thì bàn, mình đi một mình cho được tự do hơn.

Loan và Thảo nghe nói đều gật đầu đồng ý ngay.

Chiều hôm đó Loan và Tâm từ giã bạn bè ở Portland, lái xe về lại Seattle. Giờ phút nầy, Tâm vẫn còn ngạc nhiên khi gặp lại Tuấn, vì chính anh cũng không ngờ Tuấn sang Hoa Kỳ, và ở cách anh chỉ trong vòng ba giờ lái xe. Lúc trước kia khi còn ở Việt nam, anh có hỏi thăm tin tức, thì không ai hay biết gia đình ba má Tuấn dọn đi nơi nào cả. Nghĩ tới đây, dường như cảm thấy thấm thía một điều gì hay hay làm anh mỉm cười nhìn sang Loan:

- Em à! Trái đất theo phương diện địa lý thì nó quá to và vĩ đại so với hình thể con người, trái lại nó quá nhỏ với những cơ duyên được sắp xếp bởi tạo hóa phải không?
- Anh muốn nói tình cờ gặp lại bạn bè cũ chứ gì? Còn em cứ ngỡ từ trước tới giờ, mình là người đàn bà khổ nhất, đến khi nghe kể lại chuyện của Thảo và trung vượt biển, anh chị ấy phải chấp nhận trải qua những cơn khủng hoảng, hồi hộp lo âu rồi bệnh hoạn thiếu thốn thuốc men nghe phát sợ luôn!
- Anh chị ấy kể ra cũng còn có phước hơn nhiều người khác, họ bị cướp biển Thái Lan hãm hiếp rồi nhiều khi nhận chìm ghe hoặc giết chết, liệng xác xuống biển để thủ tiêu. Thôi, những chuyện đau thương đó mình cứ cho nó về dĩ vãng đi, nhắc lại càng thêm đau chứ không ích lợi gì. Con người sống cho tương lai chứ không ai sống cho dĩ vãng cả. Chuyện làm anh thích thú nhất là tình cờ gặp lại Tuấn. Cách nhau trên hai mươi năm, cứ tưởng chừng như mình đang nằm mộng. Bây giờ trông Tuấn già và chững chạc hơn, nhưng anh ấy không khác xưa mấy.

CHƯƠNG 10 - NHỮNG CÁNH CHIM VIỆT

Khi nghe Tâm nói tới đây, Loan hình dung được sự liên quan giữa anh và Lệ, lúc hai người còn ở Pleiku. Nàng yên lặng đưa mắt nhìn ra bên ngoài, Loan biết chồng nàng vẫn còn mến thương người vợ trước đã quá cố. Điều đó không làm cho nàng ghen tức mà chỉ cảm thấy buồn buồn.

Ngưng một lúc lâu, không thấy Loan nói một lời nào cả, chỉ chăm chú nhìn ra ngoài, Tâm lên tiếng hỏi:

– Em đang nhìn cái gì vậy?

Loan xoay lại gượng cười:

– Có nhìn cái gì đâu! Tiếng xe chạy "rù rù" làm em buồn ngủ.

– Hay là em ngã đầu ra phía sau ngủ một tí đi! Đường về Seattle cũng còn xa.

– Thôi! Để em thức nói chuyện cho có bạn. À! Nầy anh, nghe nói người ta về Việt nam thăm nhà nhiều lắm, tụi Việt cộng bên đó hình như cũng muốn thu hồi ngoại tệ nên tương đối dễ dãi thong thả hơn trước. Bây giờ vé máy bay cũng rẻ hay là mình nên về thăm lại ba má một lần cho ổng bả mừng?

Trong một phút suy tư anh lẩm nhẩm: "mới đây mà đã gần năm năm rồi..." Tâm xoay qua nhìn vợ ra vẻ đồng ý:

– Đời sống của hai đứa mình ở đây cũng đã ổn định, vậy cũng nên về thăm ba má và xứ sở một lần để xem có khá hơn không?

Hơi một chút do dự, Loan đề nghị:

– Nếu anh định đi, em nghĩ nên rủ anh chị Tuấn cùng đi cho có bạn. Sẵn dịp đó, mình lên Pleiku thăm mộ chị Lệ luôn, anh nghĩ sao?

Tâm chợt giật mình và ngạc nhiên về sự đề nghị đột ngột lên Pleiku thăm mộ Lệ. Mặc dù Tâm vẫn có ý muốn đó từ lâu, nhưng anh sợ làm buồn lòng Loan nên đã dấu kín và chờ đợi có cơ hội sẽ bày tỏ sau, không ngờ hôm nay chính nàng đã mở lối thoát cho anh.

Một sự vui tươi thể hiện trên gương mặt, Tâm thầm cảm ơn sự đức độ và rộng lượng của vợ, anh đưa tay vuốt nhẹ trên vai nàng:

– Pleiku là thành phố nghèo, ngoài cảnh thỉnh thoảng bắt gặp những người Thượng gùi con sau lưng và đội bó củi trên đầu, thường đi hàng dọc trên đường, chớ không có những cảnh trí ồn ào, hay đẹp như bên nầy đâu!

Loan liếc xéo chồng:

– Chớ bộ anh nói Cà Mau giàu lắm à? Mặc dù không có người Thượng gùi con, mặc váy ngắn thì lại có mấy cô thôn nữ, mấy chú nông dân nhà quê, đầu đội nón lá buôn, khăn rằn quấn cổ, quần xăng tới háng, chèo ghe lội ruộng băng đồng đó sao? Mục đích em muốn lên đó là để thăm mộ chị ấy và cũng để biết Pleiku luôn vì từ trước tới giờ em chỉ nghe nói chứ chưa bao giờ được nhìn tận mắt.

###

Vào khoảng tháng bảy mùa Hè năm sau đó, Phượng, Tuấn, Loan và Tâm đã có mặt tại Sàigòn và đang trên đường trở lại Pleiku trên chuyến bay thường xuyên của hảng hàng không Việt Nam.

Xuyên qua khung cửa kính của con tàu, cũng những đám mây trắng rời rạc đang lơ đểnh như du hành đến một chân trời nào đó. Không gian vẫn cao và xanh như màu nước biển, phía dưới những rặng núi quen thuộc vẫn kiêu hãnh đứng sừng sững trơ gan cùng tuế nguyệt. Những cánh rừng xanh dầy đặc đầy bí ẩn của xứ *"hoàng triều cương thổ"* Ban Mê Thuột.

Những dòng suối uốn khúc quanh co theo triền đồi, nằm song song theo tỉnh lộ xuyên qua Cheo Reo, Phú Bổn, nơi mà khoảng tháng ba năm 1975, tướng Phú, Tư Lệnh vùng II Chiến Thuật chọn làm sinh lộ cho đoàn quân biên trấn Pleiku rút về Tuy Hòa, theo kế hoạch di tản chiến thuật của tổng thống Nguyễn văn Thiệu. Nhưng tiếc thay! Cửa ngõ tự do của đoàn người di tản đã biến thành tử lộ vì tai nạn, bệnh tật, đói khát và sự hung hản, tàn nhẫn của bom đạn giết người do chiến tranh gây ra.

Bây giờ, tất cả những dấu tích gì còn lại nơi đây và trên đất nước nầy, hãy xem như là những dư ảnh băng hoại của một thời để nhớ và cũng để quên!

Cuộc chém giết nào rồi cũng có ngày tàn, vết thương nào rồi cũng theo thời gian lành lặn. Những gì thuộc về dĩ vãng, hảy trả nó về dĩ vãng!

Tiếng động cơ phản lực và tiếng xé gió vang lên đều đều. Phượng và Loan đã yên lặng nhắm mắt tìm giấc ngủ trên hàng ghế phía trước. Tâm ngồi phía sau sát bên cửa sổ, vẫn chăm chú đưa mắt nhìn ra ngoài như đang quan sát một vật gì quan trọng lắm. Thật ra anh đang hồi tưởng lại những giây phút còn là Trung úy Tâm, hoa tiêu trực thăng của phi đoàn HU-1 đóng tại Đà Nẵng. Cũng chính vùng trời nầy anh đã từng bay qua nhiều lần để tăng phái hành quân cho đơn vị bạn. Hôm nay, không ngờ ba chục năm sau, anh đã trở lại bầu trời nầy để nhìn lại núi đồi, nhìn lại những đám mây trắng quen thuộc đang nằm nối đuôi nhau một cách thật vô tư nhàn hạ giữa lưng trời.

Đèn báo hiệu cho hành khách trước khi phi cơ hạ cánh đã bật sáng và tiếng chiêu đãi viên hàng không, yêu cầu mọi người ngồi lại vào ghế đã làm cho Tâm trở về với thực tại. Tuấn ngồi kế bên cũng vừa đọc xong một tin thật hấp dẫn trong tờ báo Tuổi Trẻ vừa mua khi sáng tại Sàigòn, về tin

CHƯƠNG 10 - NHỮNG CÁNH CHIM VIỆT

tức vụ án *"Tamexco"* lường gạt thật lớn lên đến cả chục triệu mỹ kim do một nhóm cán bộ cộng sản chủ mưu, để lấy tiền ăn chơi phung phí với các em út và mua sắm tài sản riêng tư do các tên Phạm Huy Phước, giám đốc công ty quốc doanh Tamexco, Lê Minh Hải, Trần Quang Vinh, Lê Đức Cảnh ...

Tuấn lắc đầu ngao ngán đưa tờ báo sang cho Tâm xem:

– Đây! Mấy xem vụ án nầy đúng thật là cán bộ cộng sản đã thực hiện được thiên đường dưới trần gian, theo ý muốn của bác Hồ(?)

Tâm hiểu ý, cười nhạt:

– Anh bỏ xứ ra đi đã khá lâu nên lấy làm lạ, chứ tụi tui không lạ lắm gì cái tụi "tư bản đỏ" nầy đâu. Cái vụ án lường gạt tham nhũng hàng chục triệu mỹ kim, làm thiệt hại ngân sách quốc gia lấy thuế từ đồng từ cắc của dân ngu khu đen lao động, tụi đó là loại thuộc vào hàng quí tộc của đảng nên mới có cơ hội chụp giựt một cách "cao cấp" như vậy, chứ còn cán bộ loại tép riu như công an cảnh sát gác đường canh lộ, tôi không dám quơ đũa cả nắm vì cũng có rất người tốt đứng đắn, còn phần lớn, vì có đồng lương không đủ sống, nên ưa hốt đại quơ càng, rồi nhắm mắt làm ngơ để cho những kẻ mánh mung buôn lậu chui thoát qua cửa pháp luật dễ dàng.

– Để tôi kể cho anh nghe một chuyện khó tin, nhưng có thật về một người phu quét đường làm tiền hối lộ. Như chúng ta biết ở các khu thương mại Sàigòn, Chợlớn thường có những người phu quét đường, họ có nhiệm vụ quét gom rác rưới lại thành từng đống, để sau đó cỡ thể một hai ngày, xe hốt rác lại gom đi sau. Nếu rủi ro nhà bạn ở dọc theo đường phố mà không biết điều lo lót tiền bạc hay phẩm vật cho người phu đó, thì đống rác sẽ nằm chình ình trước cửa nhà bạn, rồi thì lối xóm kế đó, cứ tự do mang những thứ thừa thải, cá mắm dơ dái ra đổ chồng lên trên, ruồi lằn ngửi thấy mùi thúi tha lầy lụa rũ nhau đến làm tiệc. Còn nếu bạn biết điều đút lót, cà phê cà pháo chút đỉnh, thì đống rác lại dọn tới căn nhà kế bên nếu người nầy không có đủ khả năng lo lót như bạn. Xã hội chủ nghĩa nước ta bây giờ là thế! Ngày xưa, thời đệ nhất, đệ nhị cộng hòa, như chúng ta đã biết, xảy ra những chuyện mua quan bán chức của các quan to không tốt lành gì cho lắm, nhưng so với bây giờ thì chỉ đáng loại học trò của sự mua bán mánh mung lường gạt và tráo trở của giới tư bản đỏ.

Tuấn yên lặng như chấp nhận cái thực tế phủ phàng đó, anh đưa mắt bâng quơ nhìn ra cửa sổ. Phi cơ cũng vừa nghiêng cánh sang hướng phải để vào vòng cận tiến. Những cái đồi trọc xung quanh phi trường bên dưới nhô lên một màu vàng úa quen thuộc, những mẫu cà phê xanh um, chia thành từng ô vuông vẫn còn đứng đó như đang cố đợi người xưa trở lại!

Một sự nôn nóng gần như khó tả trong nhịp tim hồi hộp đợi chờ. Tâm và Tuấn, hai người Việt nam hôm nay với vai trò tạm mượn là du khách nước ngoài, không có bạn bè hay thân nhân đang đón đợi dưới sân bay, nhưng đối với không gian và khung cảnh nầy, hai anh chính thật là người của ba mươi năm trước đang trở về thăm lại cố hương. Những kỷ niệm êm đềm ấm áp ngày xưa đang trở lại, để thay vào những vòng tay thân yêu của bạn bè thân thuộc.

Phi cơ đã đáp xuống an toàn, đang di chuyển vào bãi đậu. Xuyên qua khung cửa kính, nhìn vào phía trong phòng chờ đợi của hành khách, mọi người có vẻ xôn xao như đang nôn nóng gặp lại những người thân sắp tới trong chuyến bay nầy.

Tâm, Tuấn, Phượng, Loan cũng cảm thấy vui lây với cái không khí hân hoan đoàn tụ của những người dân bản xứ, nên đều nhường cho tất cả những người khác xuống trước, mới tiếp tục nối bước ra cầu thang leo theo sau.

Vừa ra khỏi phi cơ, Loan bước nhanh tới nắm chặt tay chồng:

– Ở đây có vẻ mát hơn ở Sàigòn phải không anh?
– Vâng! Ở đây tốt hơn ở Sàigòn nhiều nhờ khí hậu cao nguyên, nhưng đôi khi gió núi từ Lào thổi về cũng nóng lắm em à!

Tuấn và Phượng đang đi theo đoàn người phía trước, bỗng quay lại hỏi:

– Mầy có thấy gì thay đổi lạ không Tâm?

Đưa mắt đảo quanh một vòng như để quan sát chung quanh, anh trả lời thật gọn:

– Không! Y chang như hồi xưa hay còn có vẻ tệ hơn là đằng khác.

Phi trường Pleiku Cu Hanh, trên hai thập niên cách biệt, khung cảnh xưa vẫn còn nguyên vẹn, chỉ có khác đi là nước sơn đã bạc màu loang lở và cỏ dại mọc tùm lum úa vàng hoang dại.

Đột ngột, Tâm kéo tay vợ đi nhanh tới trước. Loan bỗng dưng cảm thấy chồng hơi bất thường về cử chỉ vội vả nầy, nên lên tiếng phàn nàn:

– Anh làm gì mà hấp tấp vậy? Từ từ để em đi chứ! Tâm giả vờ như không có gì khác lạ:
– Đi nhanh lên em, vào nhận hành lý để mình ra phố cho sớm!

Liếc nhìn thái độ bất chợt của Tâm, Tuấn đã hiểu ngầm, vì cũng chính tại nơi nầy, lần đầu tiên tâm đã gặp Lệ qua sự giới thiệu của Tuấn, để rồi hai người tha thiết yêu nhau và lấy nhau. Bây giờ có lẽ Tâm đang muốn

CHƯƠNG 10 - NHỮNG CÁNH CHIM VIỆT

chạy trốn những kỷ niệm riêng tư đó.

Tuấn nhìn sang Tâm gật đầu như thầm hiểu ý người bạn:

- Phải đó chị Loan, nhìn lại cảnh phi trường củ làm cho tụi nầy càng buồn thêm, ra ngoài phố chắc vui hơn!

Riêng Phượng như cô gái nhà quê mới ra tỉnh lần đầu, thấy gì cũng lạ cả, nàng hơi thắc mắc:

- Anh Tuấn! Phong cảnh ở đây đồi núi sao mà trọc lóc từa tựa như ở California quá phải không?

Tuấn nhìn vợ, cười dể dải:

- Em biết hôn! Hồi trước ở đây tụi anh đặt tên là xứ Thượng, cũng gọi là xứ "nắng bụi mưa bùn" vì khi trời nắng gặp gió thổi mạnh hoặc xe cộ chạy nhanh là bụi đất tung lên mù trời, còn nếu gặp ngày mưa thì khỏi nói, đi chân không khỏi cần mang giày! Nhưng em biết không? Ở đây có một đặc điểm là các cô gái có nước da thật trắng dễ thương lắm, như ở Ban Mê Thuột hay Đà Lạt vậy đó.

Phượng vọt miệng:

- Như vậy dì Lệ ngày xưa chắc là đẹp lắm phải không?

Tuấn không trả lời chỉ gật đầu, anh đưa ngón tay lên miệng làm dấu, Phượng hiểu ý chồng cũng lặng yên luôn.

Sau khi tìm mướn được *"hotel"* ở phố chính để tạm trú, lúc nầy mặt trời cũng đã gần đứng bóng, để khỏi mất thời giờ, bốn người rủ nhau đi sang một tiệm phở đối diện bên kia đường dùng trưa và sẳn dịp hỏi thăm cách thức thuê xe làm phương tiện di chuyển.

Ông chủ tiệm phở mặc quần xà lỏn, ở trần, biết khách từ phương xa tới, ông rất niềm nở thành thật chỉ dẫn và luôn tiện giới thiệu với anh hai chạy *"xe thổ"* quen biết, thường ghé quán uống cà phê.

Sau khi đã thoả thuận mọi việc, Loan đưa ý kiến:

- Bây giờ còn sớm, tôi đề nghị mình nên lại thăm mộ chị Lệ trước đi, rồi chiều có đi chơi đâu hẩy tính sau!

Phượng nhanh nhẹn đưa tay đồng ý:

- Chị Loan nói đúng! Nhưng trước hết là mình ghé chợ, mua chút ít trái cây và nhang đèn để cúng mã.

Chiếc *"xe thổ"* ba bánh của Tuấn và Phượng dẫn đường chạy trước hướng về xóm củ của Lệ ở về phía đông của phi trường Pleiku.

Tâm yên lặng với vẻ buồn trên mặt, anh nắm chặt bó nhang và đèn cầy trong tay, Loan ngồi kề bên rất thông cảm cho chồng, nàng cũng không nói nên một lời nào cả. Chiếc xe thổ cứ thản nhiên và vô tình đưa anh trở lại con đường làng ngày cũ, con đường đầy ắp kỷ niệm mang nhiều vết tích tình yêu thương và đau buồn của một thời xa xưa giữa Tâm và Lệ.

Gần mười lăm phút trôi qua, Loan đưa tay sang bóp chặt vào cườm tay của chồng, trong giọng buồn buồn:

– Anh đang nhớ chị ấy phải không?

Bị vợ đoán trúng ngay tâm tư, Tâm giật mình tìm cách nói bâng quơ khỏa lấp:

– Anh nhớ vì mình đang trở về xóm cũ. À! Còn độ vài chục căn nhà nữa là tới!

Tâm ngưng hẳn nơi đây, Loan tiếp tục câu nói bỏ dở của chồng:

– Nhà của chị Lệ phải không anh?
– Vâng!

Chiếc xe thổ của Tuấn và Phượng chạy chậm lại, sau cùng nó ngừng hẳn, sát bên xe ép nước mía ở phía trái lề đường.

Tâm hết sức bỡ ngỡ và thắc mắc, đưa tay chỉ cho vợ xem:

– Em thấy cái nhà nền đúc bằng gạch, nằm ở bên kia không? Đó là nhà cũ của Lệ, tại sao bây giờ là trụ sở công an của phường?

Tuấn và Phượng đã xuống xe cũng vừa bước tới.

– Tụi nó đã tịch thu nhà của dì Ba rồi, thôi đừng vào gặp tụi hắc ám đó, tao kỵ lắm!

Tâm có vẻ ngao ngán lắc đầu:

– Vào đó làm gì nữa? Mình ngồi tí xíu ở đây uống nước mía, rồi đi ra thăm mộ.

Bà già chủ xe bán nước mía thấy khách hàng đến từ phía trong nhà chạy ra đon đả mời ngồi xuống những chiếc ghế cây đặt xung quanh đó.

Tâm nghe giọng nói hơi quen quen, anh đưa mắt nhìn thật kỹ, chỉ một thoáng sau, như gặp lại người nhà anh mừng rỡ kêu lên:

– Bác năm nhớ con không?

Một phút ngỡ ngàng do dự, bà già tên bác Năm ngưng quay bánh xe ép mía, ngước mặt nhìn người khách lạ:

CHƯƠNG 10 - NHỮNG CÁNH CHIM VIỆT

– Ua! Có phải là cậu Tâm đó không? Dạ! Con đây bác!

Bà bước ra ngoài nắm lấy tay anh, bà nhìn từ trên xuống dưới, như đang quan sát một di tích lịch sử còn lại của hơn hai mươi năm về trước.

– Trời ơi! Mấy chục năm nay không thấy cậu về lại đây, mọi người tưởng là cậu chết rồi. Nhà cửa đồn điền cà phê bên vợ cậu tụi nó đã tịch thu hết sau năm giải phóng.

– Bác Năm trai còn khỏe không bác?

– Ông nhà tôi đã mất sau một năm ngày giải phóng, vì bị đói cơm đói thuốc đó cậu ơi! Tụi nó tịch thu đồn điền cà phê, ông nhà tôi bị thất nghiệp phải ở nhà bệnh lên bệnh xuống, thiếu thuốc men túng quẫn, nhiều khi phải nhịn cơm, ăn khoai mì, khoai lang cho đỡ đói. Hồi trước gia đình bên vợ cậu đối đãi phúc hậu bao nhiêu, thì tụi nó lại xấu và ác hiểm bấy nhiêu.

– Bác Năm trai ngày trước làm cai đồn điền cà phê cho ba má Lệ, sau khi ba của Lệ qua đời, bác Năm vẫn trung thành tiếp tục coi sóc trong ngoài nhân công làm việc cho đồn điền nên được gia đình Lệ hết sức tín cẩn, xem như người trong nhà.

– Tội nghiệp khi trước bác ấy tử tế lắm, tụi nầy thỉnh thoảng lên vườn chơi, bác lo chạy tìm hái trái cây cho ăn, dư còn bắt mang về nữa!

– À! Bây giờ cậu ở đâu? Về đây chơi hay có chuyện gì không?

– Dạ, tụi con ở xa lắm bác năm. Về đây để thăm mộ, nhìn lại nhà cũ và người quen lối xóm rồi đi.

– Thôi để bác ép mía cho mấy cháu uống đỡ khát, rồi thả ra thăm mộ của hai má con cô ấy cũng gần đây. Tội nghiệp cả mấy chục năm nay cỏ dại mọc đầy không ai săn sóc hết!

Sau khi tạm từ giã bác năm, bốn người đi bộ băng qua một khoảng đất trống khá lớn phía sau. Hai ngôi mộ mọc đầy cỏ dại, nằm song song kề bên nhau trên một gò đất cao trông thật cô đơn như mộ hoang.

Loan níu tay chồng với một dáng điệu thật buồn nàng hỏi nhỏ:

– Mộ nào là của chị Lệ?

Trước cảnh tượng bi quan nầy, Tâm gần như nghẹn lời, nước mắt đã trào ra và chạy dài xuống má. Anh không thốt được thành tiếng để trả lời câu hỏi của Loan, anh chỉ đưa tay ra dấu.

Biết Tâm đang bị xúc động mãnh liệt, Tuấn bước tới nói nhỏ bên tai Loan:

– Mộ bên trái là của Lệ, bên phải là của dì Ba tôi, mẹ Lệ đó!

Mọi người đều yên lặng đứng nhìn, hình như có đều có cùng một cảm giác buồn tủi, thương tiếc cho thân phận người quá cố, đã bị quên lãng từ lâu. Rồi không ai bảo ai, Tuấn, Phượng, Loan đều cúi xuống dùng tay nhổ sạch hết cỏ dại mọc ở phía trước hai ngôi mộ, xong đặt vào đó những dĩa trái cây và nhang đèn để cúng vái.

Tâm đốt nhang cầu nguyện trước, tới Tuấn rồi Loan và Phượng cũng lần lượt vái lễ một cách thật cung kính.

Sau đó Phượng kéo Loan ra xa rồi nói nhỏ vừa đủ nghe:

Hay là mình nên ở nán lại đây vài ngày để mướn người ta xây lại mộ cho Lệ và bì Ba, chị Loan tính sao?

Tôi rất mừng và đồng ý, chị Phượng bàn với anh Tuấn đi, tôi tin chắc Tâm rất sung sướng khi Lệ và mẹ chị ấy được mồ yên mã đẹp.

Hôm nay là trưa ngày thứ ba, đúng thời gian giao hẹn của trưởng toán công nhân thợ hồ xây cất mã. Tâm, Tuấn đã chuẩn bị đầy đủ nhang đèn, bánh trái và rước thầy đến để tụng cầu siêu cho vong linh người quá cố.

Nhờ bác Năm gái theo dõi và hối thúc, hai ngôi mộ đất, cỏ dại mọc đầy trông giống như mộ hoang, chết chủ chỉ cách đây vài ngày, bây giờ đã hoàn toàn đổi khác, xung quanh có hàng rào bằng gạch sắt chắc chắn che chở, trên mộ có nóc hứng mưa đỡ nắng, phía trong được lót bằng gạch tàu đỏ để làm chổ cúng kiến. Bác Năm đã nhanh nhẹn đặt vào đó những chậu hoa cúc, hoa vạn thọ trông thật ấm cúng.

Khách quen biết lối xóm đến thăm đã ra về hết từ lâu, mặt trời cũng sắp ngã về phương Tây, bác Năm gái kiếu từ trở về nhà để lo nấu cơm chiều. Loan và Phượng sắp xếp lại các ly tách, chén bát để mang vô trả lại cho bác Năm.

Tâm đến trước mặt Tuấn, đưa tay bắt, siết thật chặt:

— Cám ơn anh và chị Phượng rất nhiều, cũng nhờ anh chị giúp sức để Lệ và mẹ nàng có được chỗ an nghỉ ấm cúng như hôm nay.

Tuấn cảm động đưa tay choàng qua vai Tâm như hai người bạn thân thuở nào:

— Tâm đừng nói vậy, đó là nhiệm vụ của tụi mình phải lo. Bây giờ cũng đã xong rồi, mình chuẩn bị từ giã bác Năm một tí rồi về chứ?

Tâm cúi xuống đỡ chồng dĩa trên tay Loan:

— Em đi với chị Phượng và anh Tuấn vào nhà bác Năm trước đi, anh đốt thêm nhang rồi sẽ vào sau.

Loan hiểu ý chồng, chỉ gật đầu rồi bước theo Phượng và Tuấn đang đi phía trước.

CHƯƠNG 10 - NHỮNG CÁNH CHIM VIỆT

Nhìn nén nhang cuối cùng đã cháy sáng trên tay, Tâm cảm thấy như linh hồn của Lệ đã trở về để chứng kiến sự có mặt của anh hôm nay. Quì trước tấm mộ chí, anh lâm râm cầu nguyện như tâm sự với người yêu cũ, đang nằm ngủ sâu dưới lòng mộ: *"Lệ, em! Chiến tranh đã chấm dứt như ngày xưa em mong ước, nhưng buồn thay âm dương đã cách trở giữa hai đứa mình, mặc dù hôm nay anh đã có người vợ khác, nhưng trong trí nảo, tiềm thức của anh, vẫn luôn luôn bám chặt hình ảnh của em như thuở nào. Em còn nhớ không? Ngày xưa khi hai đứa mình đi chơi, anh thường gọi tên em là "phà ca" xứ Thượng, thì hôm nay em vẫn mãi là "phà ca" ngày cũ, sâu kín trong linh hồn anh.*

- Anh đã buồn nhiều khi nhìn thấy bong bóng nước mưa tan vỡ chảy trên hè phố, vì đã có lần em bảo là em sợ tình chúng mình sẽ tan nhanh như những cái bong bóng ấy! Đài phát thanh quốc gia bây giờ, cũng không còn báo cáo những sự chiến thắng vẽ vang, được đếm bằng xác thây người Việt Nam anh em bên nầy hay bên kia ngã quị trên trận tuyến mà em thường ghê tởm. Những người bên kia đã chiếm được miền Nam cũng như đã nhẫn tâm đưa em sang thế giới khác, và đã gián tiếp xua đuổi anh như một kẻ tử thù, anh đã bị tù tội rồi phải xa quê hương xứ sở, nên phải đành để em mồ hoang lạnh. Hôm nay vết thương hận thù trong lòng người gần như lui về quá khứ, nên anh có cơ hội trở về đây để lo xây lại mồ mã cho em được ấm cúng và cầu nguyện vong linh em hãy yên ngủ bình an!"

Sau lời cầu nguyện, Tâm cúi xuống cậm nhang và hôn nhẹ trên tấm mộ chí của Lệ.

Ánh mặt trời chiều vừa bị che khuất sau đám mây xám nằm vắt ngang ở cuối chân trời, phía trên các dãy nhà sàn của buôn Thượng gần kề chân núi, một thứ ánh sáng yếu ớt toả lên màu vàng nhạt. Cao nguyên biên giới đất rộng người thưa với những dãy núi chập chùng, khung cảnh xung quanh càng về chiều trông càng hoang vắng, thỉng thoảng có tiếng lá khô cọ nhau nghe xào xạt, lạc lỏng của đám cỏ tranh gần đấy khi gió núi lất phất thổi về.

Tâm bước vòng quanh ngôi mộ lần chót, đưa tay ngắt một bông cúc vàng thật đẹp, anh cúi cuống đặt trên mộ nàng: *"Lệ, anh giã biệt em ..."*

###

Chiếc Boeing 747 của hãng Hàng Không Đài Loan *"EVA"* vừa cất cánh rời khỏi phi trường Tân Sơn Nhất. Qua khung kính nhỏ, thành phố Sàigòn đã bị bỏ lại sau lưng. Những hàng cây, những ngôi nhà cứ nhỏ dần ...

Không gian tuy rộng lớn, cũng không đủ để chia cách hay cắt đứt những tình cảm của con người khi mà sự yêu thương gắn bó được nối liền bằng một thứ tình cảm siêu hình đã buộc chặt từ lâu trong tiềm thức qua những cặp mắt được dán chặt trong khung cửa kính nhỏ của con tàu như muốn trì hoãn để kéo dài thêm giây phút biệt ly nầy.

Phi cơ trở lại vị trí bình phi ở cao độ 37 ngàn bộ, phía dưới được che phủ bởi những tầng mây trắng dầy đặc như bông gòn, Tâm với tay giúp vợ tháo dây an toàn trên ghế:

- Lần đầu tiên trở lại thăm nhà em nghỉ thế nào?
- Em vui cũng có mà buồn cũng có nữa! Vui là được nhìn lại ba má ở Cà Mau vẫn khỏe mạnh, và có dịp đi với anh lên Pleiku để xây lại mộ cho chị Lệ và bác gái được ấm cúng. Buồn là khi mình phải trở lại cuộc sống hiện tại, xa cách người thương và quê hương xứ sở. Còn anh vui không?
- Có chứ! Nhưng có một điều anh muốn nói là rất cám ơn lòng tốt và quảng đại của em đã tận tình giúp anh lo xây cất lại mố mã cho Lệ một cách thật chu đáo ...

Loan đưa tay bụm miệng chồng không cho nói nữa.

- Đó là ý nguyện của em từ trước, dù sao chị ấy cũng đã có một thời chia sẽ tình cảm với anh, bây giờ chị ấy đã mất rồi, em có lo thì cũng như lo cho anh vậy thôi!

Tâm ra chìu biết ơn, anh nghiêng sang kề sát bên tai vợ thì thầm:

- Anh rất sung sướng và may mắn có được người vợ như em!

Đã gần xế trưa, mặt trời chênh chếch nằm sang hướng Tây, Tâm kéo vội khung cửa sổ xuống để che kín ánh sáng bên ngoài đang xuyên thẳng vào mặt. Tiếng động cơ phản lực vẫn rầm rì đều đều, theo một âm thanh triền miên cùng cường độ, kéo dài gần như bất tận. Loan kéo chiếc mền cá nhân lên tận cổ, cố nhắm mắt để tìm giấc ngủ vội ...

Cà Mau, Sàigòn, Pleiku, những thành phố ấy, bây giờ thật sự đã lùi xa về phía sau của vùng quá khứ. Tâm ngồi đây với thân xác trông thật vô tư, nhưng tâm hồn anh đã quay trở lại với những cơn xoáy lốc của cuộc đời. Vết đạn thù trên đầu gối là một di tích lịch sử của cuộc nội chiến tương tàn Việt nam, thỉnh thoảng vẫn còn nhức nhối khi thời tiết đổi mùa.

Khi xưa, sự bắt buộc ra đi khỏi xứ sở của anh không là một điều làm anh hãnh diện, nếu không muốn nói là nhục nhã, thì ngày trở về thăm lại quê hương cũng không làm anh vênh vang lên mặt như những thằng mán, thằng mọi, khi trong túi rũng rỉnh đầy xu. Mặc cho ai kia thay tên đổi họ để dấu chìm quá khứ, anh vẫn là người Việt nam, vẫn trung thành và khăng khăng hãnh diện với cái tên mộc mạc, vì đó là di tích của tình thương cha mẹ đã đặt khi anh vừa khóc chào đời.

CHƯƠNG 10 - NHỮNG CÁNH CHIM VIỆT

Đối với chiến tranh, anh cho là một lỗi lầm căn bản đã tái diễn trong lịch sử Việt Nam sau thời Trịnh Nguyễn phân tranh. Những sự thù hận chém giết giữa những người Việt Nam anh em đã được che đậy và ngụy biện qua những chiêu bài tốt đẹp giả dối của một loại chiến tranh ủy thác giữa Tư Bản và Cộng Sản Chủ Nghĩa. Cộng thêm vào đó, những tham vọng cá nhân và đảng phái đã đưa đất nước dân tộc đến chỗ kiệt quệ tận cùng.

Con người sống cho tương lai, chớ không ai sống cho dĩ vãng cả. Những sự thù hận oán ghét cá nhân, chỉ làm con gười thêm xấu xa, cằn cỗi, hẹp hòi và thiếu tự tin. Vì lẽ đó, anh đã cố gắng tẩy sạch và quện nó đi trong trí não.

Anh trở về cốt để thăm lại cảnh xưa, làng cũ, nhìn lại con kinh sau nhà với mực nước thay nhau lên xuống và hàn gắn lại những ân tình ngày xưa chưa trọn vẹn.

Anh LÊ VĂN TÂM, một trái tim Việt nam, đang cầu nguyện Thượng Đế, hãy ban cho anh và tất cả những người Việt ly hương khác một sự bình yên, vĩnh cữu.

CHƯƠNG 11

Những Chiếc Lá Cuối Mùa

Hoa nở để rồi tàn - - Bèo hợp để rồi tan!

Đó là định luật tự nhiên của tạo hoá. Cũng như con người từ đâu mà được sinh ra, rồi lớn lên già yếu lại phải trở về cõi hư vô nào đó.

Đó là cái nhìn tổng quát đầy vẻ yếm thế, mà người có tôn giáo gọi là kiếp "Phù sinh." Nhưng đối với những người có tinh thần tích cực đều chấp nhận, là sự chuyển biến phải theo định luật như thế, không thể trái ngược được. Họ chỉ chấp nhận chớ không công nhận nó, như điều kiện cuối cùng phải có, cho mọi kiếp nhân sinh.

Đâu có ai bắt buộc mình phải lấy vợ, lấy chồng, sinh con đẻ cái, rồi gọi" Con là tội báo, chồng hay vợ là oan gia"!? Hay đâu co ai bắc buộc mình phải sống, để gọi đời là "Bễ khổ." Nếu mọi người đều dùng lý trí, để phán đoán suy xét thì mọi việc đều phải như the, chứ không thể trái ngược được!

Nhưng thưa các bạn "Nói thì dể, nhưng khi thực hành thì lại là chuyện khác?" Theo những nhà triết học, thì sự suy nghĩ và kết luận thường xãy ra ở ba nơi:

- Kháć vọng, tham muốn... thường xuất phát từ qủa thận.
- Thương yêu, hờn ghét... thường xuất phát từ quả tim.

CHƯƠNG 11 - NHỮNG CHIẾC LÁ CUỐI MÙA

– Sai quấy, hư hèn... thường xuất phát từ khối óc.

Tuy nhiên xếp loại là như vậy, nhưng cũng tuỳ theo sự hiểu biết của từng người và từng trường hợp. Quyết định đưa ra có hợp lý hay không? Tôi không phải là triết- gia, hay nhà tâm lý học, nên không dám lạm bàn xa hơn về lãnh vực đó. Sở dĩ tôi bàn chút ít về lãnh vực đó, vì nó có liên quan đến những điều mà tôi muốn bài tỏ sau đây.

Tác giả: Nguyễn Văn Ba ("Nam")

###

Sau bài tôi viết "38 Năm nhìn lại" cho ngày hợp bạn khoá 63A tháng 7 Năm 2001. Bây giờ là tháng 7 Năm 2003 tôi phải viết gì đây, để kỷ niệm ngày 40 năm gặp lại nhau.

Sau ngày tàn binh lửa của cuộc chiến V.N. Cả gia-đình tôi đã định cư tại vùng tây bắc Hoa- Kỳ "Đất lành chim đậu." Thoáng một cái đã hai mươi tám năm dài. Nhiều khi tôi không ngờ lại có ngày nầy. Ngày mà một mình ngồi "Kéo đầu gối nói chuyện chơi cho vui" chớ có ai đâu rảnh-rang, mà nói chuyện trên trời dưới đất cả ngày với mình.

###

Caí già sòng- sọc, nó thời theo sau!

Bây giờ thì tôi đã hiểu tâm trạng những người già, thường hay ngồi bên cửa sổ, kéo màn nhìn ra ngoài hàng giờ, mà ngày xưa tôi lấy làm lạ, không hiểu tại sao người lớn tuổi không thích đi ra ngoài, hay có thái độ bảo thủ nhiều hơn.

Tôi đã về vườn gần hai năm nay. Ai nói tuổi về hưu, ưa thích làm vườn tưới cây, chớ tôi thì làm biến "Nhớt cốt lầy- thây" bà xã tôi thường nói thế. Vườn phía sau thì đủ trăm hoa ngàn tía, thỉnh- thoảng tôi mới đi cắt cho có vẻ vén- khéo để người hàng xóm vừa lòng, cả ngày cứ đứng lên ngồi xuống, hoặc đi ra thư viện mượn sách về đọc, chán rồi ngủ, cứ thế ngày nầy qua tháng nọ.

Nói như thế nhưng tôi không phải là người biến nhát đâu! vì tôi muốn sống đúng hoàn cảnh từng lúc từng thời. Khi đặc chân lên thành phố này, vào khoảng tháng bảy năm 1975, ở nhà sponsor được năm ngày, là tôi có việc làm từ đó, cho đến ngày về hưu năm 2001, tôi chưa bao giờ lãnh tiền thất nghiệp, có lẽ số tôi là số con kiến, cứ làm việc quần-quật suốt ngày.

Nói thế để mọi người hiểu, tôi không phải là cây chùm gởi, chỉ ăn bám vào xã hội! Các con tôi đã lớn, đứa trẻ nhất cũng đã hai mươi chín tuổi. Chúng tôi đã làm tròn bổn phận làm cha mẹ, như thế là vui rồi. Bây giờ thỉnh-thoảng gặp bạn bè đồng khoá, hay ngoài khóa, đi ăn uống đấu láo, nghe nhạc hát Karaoke du lịch là khoái, giết thời gian khỏi phiền hà đến đầu óc.

Cách nay vài tháng, tôi có nhận được giấy mời họp bạn 63A của Lê- van ở nam Cali, và sẵn dịp họp mặt anh em của phi đoàn 237 Lôi Thanh, có anh Nguyễn-phú Phi Đoàn Trưởng về tham dự, và tối lại có ca hát nhảy đầm, của hội Không Quân nam cali tổ chức, hàng năm trong ngày lễ độc lập Hoa Kỳ, và luôn tiện đi thăm đài chiến sĩ Việt- Mỹ mới được khánh thành cách đây mấy tháng.

Theo chương trình thì, ngày 04-07-2003 từ 5pm đến 11pm gặp mặt bạn bè 63A và dùng cơm tối, tại nhà anh Nguyễn-kim. Nhưng ở đây chúng tôi không tham dự được, vì phải đi gặp anh em phi đoàn nhà 237 Lôi Thanh, và các Phi Doàn Chinook khác tổ chức tại nhà hàng ở nam Cali.

Tôi và bà xã, đã bay xuống phi trường Burbank lúc 8.30 pm tối, ngày 03-07-2003 nhờ đứa con gái út, làm ở nhà thương Children hospital đón về nhà. Qua ngày hôm sau, nhờ Đại bàng Đặng đức Cường, chở tới nơi họp mặt với các anh em Phi Đoàn Chinook, nơi đây chúng tôi gặp lại Nguyễn văn Mai, Nguyễn-phú, Nguyễn-van, Đinh-van, Nguyễn-đức, và các anh em như: Hùng, Cầu, Tôn, Châu, Quế, Thục, Phước, Nguyên, Chánh, Vũ, Ngọc, và nhiều anh em có mặt những lần trước v..v.

Gần ba năm sau, nhìn lại anh em vẫn như xưa, chỉ có một Đại- Bàng tóc bạc trắng xoá để dài, làm tôi cứ ngỡ là ông tiên nào vừa mới hạ trần, sắp sửa chấp tay thưa cụ, nhưng nhìn kỹ lại thì hóa ra là ông Đại úy, Sĩ Quan thủ quỹ Phi đoàn "Lợi móm."

Nghe nói anh đã đi giải phẩu hôm trước, bây giờ đã mạnh như vậy là mừng. Chúc Đại-Bàng mau lành bệnh. Có Đại- Bàng Đinh-van, định cư tại Florida lâu lắm mới gặp lại, người xem còn trẻ đầy phong độ. Cách nay

CHƯƠNG 11 - NHỮNG CHIẾC LÁ CUỐI MÙA

cũng khá lâu, tôi có gặp lại anh ở phi trường Seatac Seattle, trong lúc anh sang tàu bay huấn luyện H34 cho phi- công Trung- Hoa rồi từ đó bặc tin luôn.

Rồi thì tiệc nào cũng tàn tại nhà hàng. Anh chị Phước có nhả ý mời tới nhà để nhậu tiếp, và ca hát chơi tới khuya mới kéo nhau ra về. Anh Lê van Cầu kỳ nầy đi solo, đưa ra một số tách uống cà phê, có in hình phù hiệu Lôi Thanh, và hội ngộ năm 2003, để tặng anh em. Các thành viên tham dự cũng không quên gởi tiền mua quà, cho các Đại- Bàng các phi đoàn Chinook còn lại tại VN.

Vài ngày sau, chúng tôi có xuống Sandiago thăm vợ chồng anh Hoa, cựu sĩ quan Hành Quân phi đoàn 237, sau về làm ở phòng Đặc- trách Trực-Thăng tại BTLKQ. Kể từ ngày rời trạm dừng chân ty, nạn tháng 7 năm 1975 tại Camp Penleton, tôi chỉ gặp lại anh chị hai lần. Nhưng chúng tôi không biết chỗ ở để đến thăm, bà xã tôi bảo sẵn dịp ở dưới nầy, mình đến cũng dể thôi, và rủ anh chị lên vùng tây bắc Hoa- Kỳ nhà mình chơi, cho biết cảnh xứ lạ quê người ở đây.

Nơi anh chị trú ngụ cách San diago độ 20 phút lái xe, là một quận ly nằm trong thung- lũng, bao boc bởi những ngọn núi thấp, giống như căn cứ Camp Penleton, nơi huấn luyện Thủy- Quân Lục -Chiến Hoa- Kỳ, cây cối mọc lưa thưa chứ không như vùng tây bắc. Mùa hè phải xài tiện tặng nước, nên cỏ bị chết cháy gần hết.

Ở đây chỉ có một hai gia đình người Việt, hảng xưởng lớn hầu như không có, dân chúng sống về nghề buôn bán nhỏ, nên không có những cao-ốc to rộng như những nơi khác. Con cái anh chị đã lớn, có gia đình hết cả, ở nhà còn có chị đi làm, còn anh Hoa ngày xưa mập- mạp ăn uống trông ngon lành, bây giờ thì ốm chút ít và đi đứng chậm rải như ông cụ. Nghe nói anh bị stroke hai lần, xem chừng mất phong độ rất nhiều. Chị có nói giỡn với nhà tôi.

– Gia đình hồi đó khác, bây giờ tụi nhỏ move out hết trơn, chỉ còn lại hai con khỉ già nhìn nhau cười trừ!

Thật ra gia- đình nào cũng thế, nước chảy mãi đá phải mòn, cũng như thời gian soi mòn thân xát. "Sinh, Lảo, Bệnh, Tử" mọi người dù muốn haykhông, đếu phải chấp nhân sự đào thảy đó!

###

Qua đến ngày thứ bảy, 5-7-2003 khoảng 9:00am vợ chồng anh Vũ đăng Hùng, lái xe lại cư xá đón chúng tôi xuống Anta Ana, tại nhà hàng Emerald Bay để gặp các bạn cùng khoá 63A. Tại đây tôi gặp lại các bạn: Bửu Vi, Cửu, Lê-Văn.v..v. Riêng tôi nhận thấy anh Lê-Văn, vẫn còn giữ lấy câu "Phi đoàn là thiên đàng..." Nên anh lăn-xăn lo chu toàn trách nhiệm trưởng ban tổ chức. Tôi thì lè- phè vẫn giữ cố tật. Thật ra muốn giúp cũng không biết gì phải làm, bèn rủ anh chị Hùng và chị Bửu Vi, đi ăn sáng cho đầy bao tử rồi, muốn ra sao hay chờ đợi gì cũng được.

Trời miền nam Cali, bóng nắng không thua gì vùng nhiệt đới, ánh nắng đốt cháy da, nhưng không rít và ẩm- ướt ở cổ, vàở nách như VN hay ở Texas.Tôi còn nhớ có lần đi xuống xứ Cao Bồi, để thăm người bạn củ, chúng tôi rũ nhau đi River walk chơi. Từ 11:00am đến chiều, trời bổng đổ cơn mưa ào-ào như ở Sai gòn, nhưng mưa ở đây không lạnh như nơi chúng tôi ở. Những giọt mưa ấm áp, như được đun nóng của ánh nắng mặt trời, trong những giờ trước đó.

Tôi bỗng thấy mình như trẻ lại, cái thời năm sáu tuổi ở dưới quê, thấy mưa là chạy cởi truồn ra đi tắm, hoặc bắc cá rô dưới hào lốc ngược lên, theo dòng nước chảy từ trên vườn xuống. Nhưng cái tuổi ấy đâu còn nửa, cái tuổi sáng-sáng ngồi cửa ngõ bờ tre, chờ mẹ đi chợ về, để được xâu bánh neo đeo vào cổ, hay miếng bánh bò bánh cam, bánh còng, là đủ thích chí nhảy tưng-tưng. Bây giờ những kỷ niệm đó đã đi thật xa, hơn năm mươi năm còn gì!

Nhiều khi ngồi một mình suy tư, đưa hồn về dĩ -vảng mới nhận ra, loài người có những cái vô lý của nó. Tại sao con người lại phải chạy theo, những cái mà người ta gọi là "Văn Minh", mà không sống theo thời nguyên thủy cổ sơ "Càng tranh đấu, càng dài dang nan". Suy cho cùng, nghĩ cho tận, chỉ có loài người là làm khổ cho nhau, chớ không có chúa, phật, thánh, thần làm cho ta khổ cả!?

Thôi, thì cuộc đời như dòng suối, phát xuất chảy từ trên cao đổ ra biển, ta có muốn dừng lại cũng không được, khi ra tới đại dương khuấy trộn lẫn nhau rồi, lại bốc thành hơi, gió đưa vào núi, gặp khí lạnh động lại thành mưa, rồi lại chảy từ trên cao ra biển cả. Chu kỳ đo, cứ lập đi lập lại không bao giờ thay đổi.

Hơn 10:00am, chúng tôi trở về địa điểm tập họp Emerald Bay seafood restaurant để gặp mọi người, xem có bạn nào mới không? Ngoài những người gặp trong những năm trước, còn có các bạn mới như: Tôn thất Thuần, Phan hiền Tính, Nguyễn quốc Đạt, Nguyễn quí An, Trần quốc Bàn, Nguyễn thành Cứ, Trần van Nghiêm, Bửu Vi v....v.

Phải thành thực mà nói, ban tổ chức 63A thật là chu đáo. Có bàn thờ Tổ Quốc trang nghiêm trên sân khấu, có trống lệnh (thúc quân) phèn la đầy đủ cả. Sau phần nghi lễ, thường làm cho các hội đoàn, và đoàn thể Quốc Gia. Chi Tạ thương Tứ làm MC cho buổi le, lần lược trình bày những bản hợp ca, do các bà nội bà ngoại (lái phi công) của khoá 63A, tuy luống tuổi nhưng thật tươi mát, trong tà áo dài màu xanh thuở nọ! Kế đến là phần đơn ca, của quí ông già sồn-sồn chịu chơi, đủ các loại nhạc Việt,

CHƯƠNG 11 - NHỮNG CHIẾC LÁ CUỐI MÙA

Pháp, Mỹ v....v.

Nhưng thiếu phần vọng co, của anh chàng (sợ cọp), làm mấy trự nhà quê như tôi cảm thấy thiếu thốn! Tóm lại phần tổ chức rất chu đáo, nội dung cuộc họp mặt hôm nay, là để anh em cùng khoá có cơ hội nhìn lại nhau, sau những năm dài trên vùng đất xa lạ nầy. Gia đình chúng tôi xin cảm ơn ban tổ chức 63A.

Chiều lại chúng tôi theo ông bà Vũ Đăng Hùng, tham dự đêm Không Gian Hội Ngộ tại Double Tree Hotel (Orange County) chị Hùng có chân trong ban tổ chức. Cho tôi xin mở dấu ngoặc tại đây, để nói chút ít về chị Hùng. Chị là em gái của Trung Uý Đặng Đức Cường, tên thật chị là Đặng thị tuyết Hường. Trước năm 1975, Cường ở Phi Đoàn 237 bay chung với tôi, Cường có một người em gái nửa, là bà xã của Trung Uý Quang mất nhưng cùng bay chung một phi đoàn, Quang rất đẹp trai, nhưng anh đã bỏ đàn, bay đi rất sớm trước năm 1975, để lại người vợ trẻ và một đứa con gái, chúng tôi có gặp lại chị Quang, ở nhà anh Hùng năm 2001. Chị Hùng có lẽ có duyên may với KQ nên gặp anh Hùng, cùng khoá với chúng tôi.

Chị rất sốt sắn trong công việc xã hội, hai ông bà có chân trong ban tổ chức của khóa 63A. Anh chị đã bỏ ra rất nhiều thời giờ, in ra quyển sách 63/SVSQ 40 năm hội ngộ, và đặc làm những cái tách uống càphê, có in tên các anh em để phân phát cho mọi người làm kỷ niệm, ngày họp mặt.

Ngoài ra anh chị còn có chân trong ban tổ chức của hội KQ miền trung Cali, chị tình nguyện giúp đỡ cho tờ báo Lý Tưởng KQ, trong việc khuyến khích mọi người mua báo dài hạn. Khi chúng tôi đến, anh chị rất nhiệt thành đưa đón từ cư xá. Chúng tôi rất cám ơn lòng hiếu khách và ấm áp, đối với bạn bè của anh chị Hùng. Tôi xin đóng ngoặc ở đây.

Sáng ngày chủ nhật, 06-07-2003 chúng tôi gặp nhau ăn sáng lần chót trước khi chia tay. Anh Trần phước Hội tác giả bài "Không Quân thời khuyết sử" trong đặc san Lý Tưởng, có kêu gọi anh em đóng góp chút ít, để làm qua cho các anh em khoá 63A đang gặp cảnh túng thiếu hiện tại ở Việt Nam.

Cũng như chúng tôi rất hoan nghênh tinh thần anh Tạ thượng Tứ, đã tình nguyện đứng ra làm trưởng ban xã hội, để giúp đỡ, báo tin, vòng hoa phúng điếu, đăng báo chia buồn, khi có anh em nào bay lạc vào cõi hư vô, để mọi người cùng biết mà say "See you later!" hay "Good Bye" cho người bạn đó. Nhắc tới đây thì cảm thấy hơi buồn phải không các bạn?! Nhưng có chiếc lá vàng nào, mà không phải lìa cành khi có những ngọn gió đầu đông thổi đến?!.

Còn lại buổi trưa, anh chị Hùng rũ lại hội quán, nơi anh Võ Ý đang trình làng đứa con đầu lòng của mình "Lý lịch dọc ngang của Thảo". Tôi còn nhớ lúc trước kia, chúng tôi còn ở Nha Trang phi đoàn Thần Tượng, nằm gần phi đoàn 114 nên tôi biết dung- nhan của anh Võ Ý, người trắng trẻo đẹp trai tính tình vui- vẻ, nhưng lúc đó anh còn quá trẻ nên chưa "Ngộ" như bây giờ. Tôi gặp lại anh, sau hơn 30 năm anh đã đổi khác, có lẽ bây giờ anh đã "Ngộ" nhiều, trông có vẻ đạo- mạo như ông cụ, ít nói hơn xưa? Chúc anh bán được kha-khá để thu lại tiền in sách.

Nam Cali, xứ của các cô gái, có nước da màu bánh mật, duyên dáng dễ yêu, nơi đây bốn mùa gần giống như nhau, khác hẳn chổ chúng tôi, mùa thu và mùa đông thì gần như suốt ngày ngồi trong nhà, nhìn ra sân thấy mấy chiếc lá vàng, lìa cành bay lất phất dưới mưa phùn, trông buồn "thúi ruột".

Nếu bạn là thi sĩ nặng ký, tôi tin chắc nó sẽ gây hứng cho bạn, tạo ra những vần thơ thật hay, còn hơn các đại thi hào đời nhà Đường.Nhắc đến mưa rơi suốt ngày, làm tôi hồi tưởng lại cái thuở bay H34 đi biệt phái cho các tỉnh miền cao nguyên "Nắng bụi mưa bùn". Sau những giờ bay hành quân, chiều về cả đám chất lên xe jeep đi ăn cơm, rồi chia nhau đi lại các quán càphê quen nghe nhạc Trịnh công Sơn, nhìn ra ngoài trời xem mưa rỉ rả xuống mặt đường. Nhớ lại cái thời ấy sao mà thương quá, cái tuổi không đắn đo suy tính, nhiều lãn- mạn yêu vội sống nhanh, để rồi sẻ không có ngày mai, khi bay đổ quân trên vùng địch.

Thôi, chuyện cũ nhắc lại thêm buồn, không ích lợi gì trong lúc nầy! Tóc cả bọn mình bây giờ đã bạc gần hết mái đầu, vài năm gặp lại nhau, cho nhau một nụ cười ấm áp, một cái bắt tay thật chặc là được rồi, không cần phải tương giao tâm hợp như thời Ba- Nha Tữ- Kỳ?!.

Như lúc đầu ngày 04-07-2003, chúng tôi rất hối tiết là không tới nhà anh Nguyễn-kim được. Nhưng nhờ vào DVD của anh Lê-Văn gởi, cho nên có thể theo dõi được những chuyện xẩy tối ngày hôm đó. Tôi nghe anh Lê-Văn nói trước mặt anh em, là sẻ từ chức Hội Trưởng SVSQ63/A, lý do là để anh em có dịp đi chổ khác. Có vài anh thắc mắc như: anh Bàn, anh Tứ, anh Nghiêm... Có đưa ra nhiều ý kiến khác nhau.

Nhưng tôi nghĩ (nói theo kiểu nhà binh) đừng đem con bỏ chợ. Mặc dù chúng tôi không có mặt đêm hôm đó, nhưng tôi có ý kiến "Tổ chức không khó, nhưng cảm tình của lòng người, nó khó khăn muôn vàng trắc trở..." Ở đâu cũng được, nó rất dễ cho những người có thừa phương tiện, còn những người thiếu phương tiện, đi xa mướn Hotel, mướn xe...tốn kém lắm chứ?

Nhưng tiền bạc không là điều kiện đủ, để đi tới kết luận là không đi?! Nhưng tôi mến ban chấp hành, với tình người, dù đi bộ hay khó khăn cách mấy tôi vẫn lết tới, ở đây không con là nhà binh, hay bè phái nữa, mà cần tinh thần lảnh đạo, cần sự thương yêu ấm cúng của bạn bè cùng khoá. Ở đây tôi xin miễn bàn thêm, nhưng tôi có đề nghị, là hãy giữ ban chấp hành

CHƯƠNG 11 - NHỮNG CHIẾC LÁ CUỐI MÙA

nồng cốt ở nam Cali như hiện nay của các anh em, còn "Người Tổ Chức" sẽ ở các nơi tuỳ theo sự quyết định của đa số.

Thí dụ ở Texas, anh Nghiêm làm trưởng ban tổ chức tại địa phương, lo sắp xếp trong công việc, đưa đón anh em và chỗ ăn ở. Cộng tác với ban chấp hành ở Cali, chia nhau công việc gởi thơ mời, cho các thành viên 63A về tham dự (Tôi nghĩ anh Nghiêm có đầy đủ bản lảnh để lo chuyện đó. Nhưng mai mốt tổ chức ở chỗ khác thì sao?).

Tóm lại muốn cho khoá 63A đừng rả gánh, các anh trong ban chấp hành ở nam Cali, nếu thấy đúng như lý tưởng lúc ban đầu của các anh đã đề ra, thì nên suy nghĩ lại? Tôi biết làm thì không ai làm, nhưng phê bình lời vô tiếng ra, dể như trở bàn tay. Như ông trời có lúc mưa lúc nắng, còn bị người ta phàn nàn huống chi là con người.

Tôi thiếc nghĩ các anh em làm, mà hảnh diện với lương tâm của chính mình là quí rồi.

Các bà có đọc bài này, xin vui lòng bàn với đức Lang Quân, hãy zui zẻ tiếp tục, bỏ ngoài tai những lời không được hay. Chúng tôi khoá 63A SVSQ không bao giờ bỏ các bạn đâu!

Xin các bạn đừng làm như những chiếc lá cuối mùa!

Redmond SVSQ/63A
Nguyễn Văn Ba [Nam]

Nguyễn Văn Ba
01/10/1940 – 06/17/2013

Về Tác Giả

Ông Nguyễn Văn Ba, một nhân vật đáng kính, sinh ngày 10 tháng 1 năm 1940 tại Long An, Việt Nam. Ông là con thứ hai trong gia đình gồm bốn anh em trai và năm chị em gái, trong một gia đình luôn coi trọng sự kiên cường và đoàn kết. Ở tuổi 23, ông Nguyễn gia nhập Không Lực Việt Nam Cộng Hòa, nơi ông được đào tạo làm phi công và thể hiện kỹ năng cùng lòng dũng cảm xuất sắc. Sự nghiệp quân sự của ông, được đánh dấu bởi những khóa huấn luyện nghiêm ngặt cả ở Việt Nam và Hoa Kỳ, đã dẫn ông đến vị trí Trung tá trong Không Lực, lái chiếc trực thăng Chinook (CH-47) hùng mạnh cùng nhiều loại trực thăng khác.

Vào ngày 29 tháng 4 năm 1975, trong một hành động anh hùng đầy tình yêu và dũng cảm, ông Nguyễn đã lái chiếc trực thăng Chinook của mình để cứu gia đình khỏi cuộc hỗn loạn của Chiến tranh Việt Nam. Hành động bay phi thường và sự nhanh trí của ông đã đưa những người thân yêu

VỀ TÁC GIẢ

đến nơi an toàn trên tàu USS Kirk, một khoảnh khắc được lưu danh trong lịch sử quân sự và được ghi nhớ như một hành động dũng cảm sâu sắc. "Câu chuyện anh hùng của ông là một điểm nhấn quan trọng trong bộ phim được đề cử giải Oscar năm 2015 "Last Days in Vietnam," do Rory Kennedy, con gái út của Robert F. Kennedy, viết kịch bản và sản xuất."

Sau khi thoát sang Hoa Kỳ, ông Nguyễn cùng vợ là bà Nhỏ Trần Nguyễn đã xây dựng lại cuộc sống từ hai bàn tay trắng, thể hiện sự quyết tâm không ngừng nghỉ của ông. Ông theo đuổi việc học, làm nhiều công việc, và cuối cùng đã có được vị trí tại Boeing, nơi ông đóng góp vào lĩnh vực điện tử quân sự trong 18 năm cho đến khi nghỉ hưu vào năm 2002. Mặc dù phải đối mặt với những thách thức khi bắt đầu lại ở một vùng đất xa lạ, lòng tận tụy với gia đình và tinh thần kiên định của ông Nguyễn không bao giờ lay chuyển.

Ông Nguyễn cũng là một nhà văn đam mê, đóng góp cho các tờ báo Việt Nam, và yêu thích nhiều sở thích khác nhau, bao gồm chơi đàn organ, hát karaoke, và dành thời gian bên các cháu - Lexi, Liam, Lucas, Miles, & Lila. Cuộc đời của ông là một minh chứng cho sức mạnh của hy vọng, sự kiên cường và tình yêu.

Được chẩn đoán mắc chứng Sa sút trí tuệ trán thái dương vào năm 2006, ông Nguyễn đã đối mặt với căn bệnh của mình bằng sự dũng cảm như cách ông đã sống. Ông qua đời thanh thản vào ngày 17 tháng 6 năm 2013, để lại di sản về lòng dũng cảm, tình yêu và sự truyền cảm hứng. Ông được vợ là bà Nho Nguyễn và các con cháu yêu thương tiếp tục tôn vinh ký ức của ông. Câu chuyện của ông Ba Văn Nguyễn là câu chuyện của một anh hùng thực sự, một người cha yêu thương, và một biểu tượng lâu dài của tinh thần con người.

www.nguyenvanba.com

CHUYẾN BAY SAU CÙNG